中 国 国 家 标 准 汇 编

365

GB 21201～21239

（2007 年制定）

中国标准出版社　编

中 国 标 准 出 版 社

北　京

图书在版编目（CIP）数据

中国国家标准汇编：2007年制定．365：GB 21201～21239/中国标准出版社编．—北京：中国标准出版社，2008

ISBN 978-7-5066-4960-5

Ⅰ．中…　Ⅱ．中…　Ⅲ．国家标准-汇编-中国-2007
Ⅳ．T-652.1

中国版本图书馆CIP数据核字（2008）第100962号

中国标准出版社出版发行
北京复兴门外三里河北街16号
邮政编码：100045

网址 www.spc.net.cn
电话：68523946　68517548
中国标准出版社秦皇岛印刷厂印刷
各地新华书店经销

*

开本 880×1230　1/16　印张 42.75　字数 1 276 千字
2008年8月第一版　2008年8月第一次印刷

*

定价 200.00 元

出 版 说 明

1.《中国国家标准汇编》是一部大型综合性国家标准全集。自1983年起，按国家标准顺序号以精装本、平装本两种装帧形式陆续分册汇编出版。本《汇编》在一定程度上反映了我国建国以来标准化事业发展的基本情况和主要成就，是各级标准化管理机构，工矿企事业单位，农林牧副渔系统，科研、设计、教学等部门必不可少的工具书。

2. 本《汇编》收入我国正式发布的全部国家标准。各分册中如有顺序号缺号的，除特殊情况注明外，均为作废标准号或空号。

3. 由于本《汇编》的出版时间与新国家标准的发布时间已达到基本同步，我社将在每年出版前一年发布的新制定的国家标准，便于读者及时使用。出版的形式不变，分册号继续顺延。标准的属性以本书目录上标明的为准。

4. 由于标准不断修订，修订信息不能在本《汇编》中得到充分和及时的反映，根据多年来读者的要求，自1995年起，在本《汇编》汇集出版前一年发布的新制定的国家标准的同时，新增出版前一年发布的被修订的标准的汇编版本，视篇幅分设若干分册。这些修订标准汇编的正书名、版本形式与《中国国家标准汇编》相同，但不占总的分册号，仅在封面和书脊上注明"20××年修订-1,-2,-3,……"字样，作为本《汇编》的补充。读者配套购买则可收齐前一年制定和修订的全部国家标准。

5. 由于读者需求的变化，自第201分册起，仅出版精装本。

6. 2007年制修订国家标准1 410项，全部收入在《中国国家标准汇编》第352～367分册和2007年修订-1～修订-23分册中。本分册为第365分册，收入国家标准GB 21201～21239的最新版本。

中国标准出版社

2008年6月

目　录

ICS 37.100.20
N 40

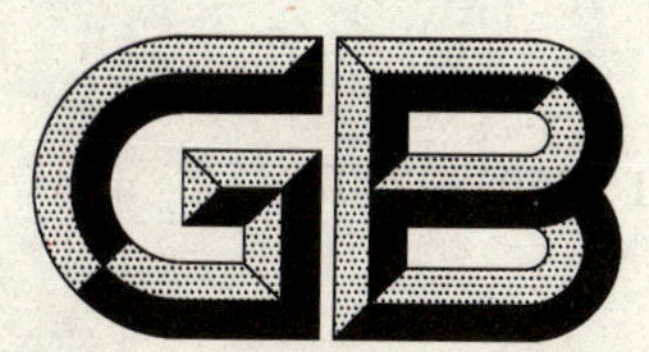

中华人民共和国国家标准

GB/T 21201—2007

激光打印机干式双组分显影剂

Dry dual-component developer for laser printer

2007-11-14 发布　　2008-04-01 实施

中华人民共和国国家质量监督检验检疫总局
中国国家标准化管理委员会　发布

前　言

本标准由中国机械工业联合会提出。

本标准由全国复印机械标准化技术委员会(SAC/TC 147)归口。

本标准的附录A为规范性附录。

本标准起草单位：无锡佳腾磁性粉有限公司、佳能(中国)有限公司、上海富士施乐有限公司、珠海天威飞马耗材有限公司、广州阳光科密电子有限公司、武汉宝特龙信息科技有限公司、机械办公自动化设备检验所、全国复印机械标准化技术委员会秘书处、柯尼卡美能达办公系统(武汉)有限公司。

本标准起草人：周学良、鲁俊和、仇相如、汤付根、明盛平、高军、毕明珠、宋倩、袁旺进。

激光打印机干式双组分显影剂

1 范围

本标准规定了黑白激光打印机干式双组分显影剂产品的分类、要求、试验方法、检验规则及标志、包装、运输、贮存。

本标准适用于黑白激光打印机上使用的正电性或负电性干式双组分显影剂(简称显影剂)。其他类型的干式双组分显影剂可参照采用。

2 规范性引用文件

下列文件中的条款通过本标准的引用而成为本标准的条款。凡是注日期的引用文件,其随后所有的修改单(不包括勘误的内容)或修订版均不适用于本标准,然而,鼓励根据本标准达成协议的各方研究是否可使用这些文件的最新版本。凡是不注日期的引用文件,其最新版本适用于本标准。

GB/T 2828.1—2003 计数抽样检验程序 第1部分:按接收质量限(AQL)检索的逐批检验抽样计划(ISO 2859-1:1999,IDT)

GB/T 2829—2002 周期检验计数抽样程序及表(适用于对过程稳定性的检验)

GB/T 10073—1996 静电复印品图像质量评价方法

GB/T 14670—1993 空气质量 苯乙烯的测定 气相色谱法

JB/T 8262.1—1999 静电复印干式色调剂结块温度试验方法

JB/T 8262.2—1999 静电复印干式色调剂荷质比试验方法

JB/T 8262.3—1999 静电复印干式色调剂含水量测定方法

JB/T 8264.1—1999 载体松装密度测定方法

JB/T 8264.2—1999 载体流动性测定方法

JB/T 9444—1999 复印机械基本环境试验方法

JB/T 10334—2002 激光打印机测试版(A4)

3 术语和定义

下列术语和定义适用于本标准。

3.1

色调剂浓度 toner concentration

在显影剂中色调剂的质量分数。

3.2

带电量 triboelectricity

色调剂与载体饱和摩擦所带的电量。以色调剂的荷质比表示,单位为 μC/g。

3.3

松装密度 loading density

在规定条件下装填容器所测得显影剂的密度,单位为 g/cm^3。

3.4

流动性 fluidity

在规定条件下 50 g 显影剂由标准漏斗流出所需的时间,以 s/50 g 表示。

4 要求

4.1 工作环境条件

温度:10℃～33℃

相对湿度:30%～80%

4.2 耐包装运输和运输贮存性能

包装中的显影剂应能承受以下环境条件的作用,而性能应符合本标准要求。

低温试验　温度:－25℃±2℃,试验时间:8 h。

恒定湿热试验　温度:40℃±2℃,相对湿度:(93^{+2}_{-3})%,试验时间:48 h。

4.3 外观

色泽均匀、无结块、无异物。

4.4 色调剂浓度

企业标准规定公称值和允许偏差。

4.5 荷质比(模拟带电量)

标称值和允许偏差由生产企业在企业标准中规定。

4.6 松装密度

企业标准规定公称值,极限偏差≤±15%。

4.7 流动性

企业标准规定公称值,极限偏差≤±20%。

4.8 结块性

在45℃条件下放置24 h后,无结块现象。

4.9 有害物质

4.9.1 加热挥发物

小于1.2%。

4.9.2 粉尘

使用中排放在室内空气中的浓度不应超过0.075 mg/m^3。

4.9.3 苯乙烯

使用中排放在室内空气中的浓度不应超过0.07 mg/m^3。

4.9.4 其他有害成分

显影剂中不应使用对人体有害、有毒及重金属等物质。

4.10 印品图像品质

4.10.1 印品的图像密度、底灰、层次、定影牢固度、图像异常、密度不均匀性应符合表1的要求。

表1 印图像品质要求

检验项目	T:15℃～25℃	T:10℃±2℃	T:33℃±5℃
	RH:45%～65%	RH:30%±5%	RH:80%±5%
图像密度	≥1.30	≥1.30	≥1.20
底灰	≤0.01	≤0.01	≤0.01
层次(级)	≥10	≥10	≥10
定影牢固度	≥90%	≥85%	≥90%
图像异常	无	无	无
密度不均匀性	≤10%	≤10%	≤10%

4.10.2 打印品分辨力

在上述条件下，分辨力应满足表2的要求。

表2 打印品分辨力要求

打印机分辨力设置	分辨力/(线对/mm)
94点/mm(2 400 dpi)	≥12
47点/mm(1 200 dpi)	≥6
24点/mm(600 dpi)	≥4
12点/mm(300 dpi)	≥3

4.11 环境适应性

显影剂在如下环境条件下打印，其打印品品质应符合表1、表2的规定。

低温低湿 温度：10℃±2℃，相对湿度：30%±5%。

高温高湿 温度：33℃±2℃，相对湿度：80%±5%。

4.12 耐久性

在温度15℃～25℃，相对湿度45%～65%的常温常湿条件下，完成的打印品张数不少于显影剂额定值的90%，打印图像品质应符合表1、表2的规定。

4.13 净含量

净含量由生产企业在企业标准中规定。

5 试验方法

5.1 耐包装运输和运输贮存试验

按JB/T 9444—1999中规定的方法和本标准中4.2的试验条件进行试验。

5.2 外观

目视检查外观质量。

5.3 色调剂浓度

用感度不低于0.02 g的天平精确称取显影剂2.00 g，置于干燥烧杯中，其质量为m_1，然后于烧杯中加入少量表面活性剂和一定量水，充分洗涤，用磁铁从杯底吸住载体，倾斜倒出上层液体反复洗涤数次，直到液体中无明显色调剂颗粒时，倒入一定量有机溶剂置换载体中的水分，进一步洗净色调剂，重复1～2次，倒尽液体，将烧杯中的载体烘干，冷却至室温，精确称其质量为m_2。

按下式计算色调剂浓度：

$$色调剂浓度=[(m_1-m_2)/2.00]\times100\% \quad \cdots\cdots(1)$$

每个样品测量三次，取其算术平均值，各次测量值与平均值之差不得超过0.1%。

注：试验用溶剂、数量、洗涤次数等可由企业标准规定。

5.4 荷质比(模拟带电量)

按JB/T 8262.2—1999规定的方法测定。

5.5 松装密度

按JB/T 8264.1—1999规定的方法测定。

5.6 流动性

按JB/T 8264.2—1999规定的方法测定。

5.7 结块性

按JB/T 8262.1—1999规定的方法进行试验。

5.8 有害物质

5.8.1 加热挥发物

按 JB/T 8262.3—1999 规定的方法测定。

5.8.2 粉尘

按附录 A 规定的方法测定。

5.8.3 苯乙烯

按 GB/T 14670—1993 测定。

5.8.4 其他有害成分

由制造商提供符合 4.9.4 要求的声明或相关文件。

5.9 印品图像品质

5.9.1 试验条件

5.9.1.1 在企业标准中明确色调剂适用的激光打印机型号，试验结束时，光导体和易损件都应在规定寿命以内。

5.9.1.2 在试验过程中，打印机的各项参数应为打印机的默认值，并避免使用一切节省模式。

5.9.1.3 在试验中检测打印品图像品质采用 JB/T 10334—2002 规定的综合版抽样，除另有规定外，其余打印均采用消耗量版。

5.9.1.4 应在 7.1.3 d)所明示的机型中，选择合格的激光打印机作为试验机。

5.9.2 印品图像品质

在常温常湿条件下，装入被测显影剂后进行运行试验，按表 3 抽样方法抽样和判定，图像品质检验参照 GB/T 10073—1996 中规定的方法检验。

表 3 抽样方法及判定

抽样时机	打印用版	样本批	检测项目	判定
开始时	综合版	连续 10 张	定影牢固度	0 1
第一次抽样(开始时) 第二次抽样(打印消耗量版 300 张后)	综合版 综合版	第一批 10 张 第二批 10 张 随机编组	图像密度、底灰、层次、分辨力、密度不均匀性、图像异常	0 2 1 2

5.10 环境适应性试验

本试验安排在常温常湿环境试验后进行，在规定环境条件下保持 12 h 以上开始试验，在 1 h 之内完成的打印品张数不低于 100 张后，按表 3 的规定进行抽样，并按检测项目进行检测和判定。

试验过程有异常时，若检查出是由试验机的故障所致，排除故障后再继续试验，并剔除抽取的异常打印品。

5.11 耐久性试验

按 5.9.2 的规定打印、抽样，检验合格后，打印消耗量版，以额定值 20% 的打印量为取样间隔，取综合版样品 3 张。当出现打印品图像不均匀时，允许取出卡盒组件摇动一次，取样 3 张，直至出现第二次图像不均匀时终止试验。然后统计打印量是否满足本标准 4.12 规定的要求。

5.12 净含量

任取一个未打开包装的显影剂样本，用适当精度的计量器具测量其总质量(W_0)；再测量其所有包装材料之质量(W_1)则

$$净含量 = W_0 - W_1 \quad \cdots\cdots (2)$$

6 检验规则

显影剂检验分交收检验和型式检验两类。

6.1 交收检验

6.1.1 交收检验项目

至少包括表 4 所示项目。

6.1.2 交收检验的抽样及判定规则

按 GB/T 2828.1—2003 的规定，采用的合格质量水平 AQL 不得大于 4.0，产品组批、检查水平、抽样方案及判定规则等由企业标准规定或交收双方协商规定。

6.1.3 每批产品出厂前，生产单位质量检验部门应按标准规定检验，合格后方可出厂。

6.2 型式检验

6.2.1 产品在下列情况之一时，应考虑进行型式检验：

a) 新产品投产前的定型鉴定；

b) 产品的工艺、材料有重大改变时；

c) 停产一年以上再生产时；

d) 质量不稳定时；

e) 连续生产的产品每年不少于一次；

f) 国家质量监督机构提出型式检验要求时。

6.2.2 型式检验项目

型式检验项目和不合格类别划分按表 4 规定，其中环境适应性试验、耐久性试验和有害物质试验只在 6.2.1a)、b)时进行。

表 4 检验项目表

检验项目			检验条件		不合格分类			检验分类	
类别	序号	项目名称	温度/℃	相对湿度	A类	B类	C类	交收检验	型式检验
包装与贮存	1	低温贮存	−25±2	—			△		√
	2	湿热贮存	40±2	$(93^{+2}_{-3})\%$			△		√
	3	包装标志与外观	15～25	45%～65%			△		√
	4	净含量	15～25	45～65		△		√	√
理化性能	5	外　　观	↑	↑			△	√	√
	6	色调剂浓度	↑	↑			△	√	√
	7	荷质比(模拟带电量)	↑	↑			△		√
	8	松装密度	↑	↑			△		√
	9	流动性	↑	↑			△		√
	10	结块性	45	—			△		√
印品品质	11	图像密度	15～25	45%～65%	△			√	√
	12	底　　灰	↑	↑	△			√	√
	13	分辨力	↑	↑	△			√	√
	14	层　　次	↑	↑		△		√	√
	15	定影牢固度	↑	↑	△			√	√
	16	密度不均匀性	↑	↑		△		√	√
	17	图像异常	↑	↑			△	√	√

表 4(续)

检 验 项 目			检验条件		不合格分类			检验分类	
类别	序号	项目名称	温度/℃	相对湿度	A类	B类	C类	交收检验	型式检验
环境适应性	18	低温低湿环境试验	10±2	30%±5%			△		√
	19	高温高湿环境试验	33±2	0%±5%			△		√
有害物质	20	加热挥发物	80			△			√
	21	粉尘	15～25	45%～65%		△			√
	22	苯乙烯	↑	↑		△			√
	23	其他有害成分	↑	↑		△			√
其他	24	耐久性	15～25	45%～65%			△		
表中:“△”——不合格类别;“√”——应考核项目;“↑”——同上。									

6.2.3 型式检验的抽样及判定规则

6.2.3.1 从交收检验合格的产品中随机抽取样本。

6.2.3.2 按 GB/T 2829—2002 的规定，采用二次抽样方案，使用判别水平Ⅱ，按表 4 划分的不合格类别，按表 5 规定的不合格质量水平、样本量、判定数组(按不合格项目数规定)作检验和判定。两次抽样的样本量要同时取足。每次试验用的 6 个样本同时进行包装及外观的试验后，分两组进行试验，第一组的 2 个样本进行物理性能试验及加热挥发物的检验；第二组的 2 个样本进行打印品质试验，合格后，1 个样品进行环境适应性试验；第三组样本进行耐久性试验，同时进行粉尘和苯乙烯检测。

表 5 不合格质量水平

不合格类别	不合格质量水平 RQL	样本量 n	判定数组 [Ac,Re]
B类 (不包括印品品质)	30	$n_1=6$ $n_2=6$	0,2 1,2
C类	50	$n_1=6$ $n_2=6$	0,2 1,2
A类	—	—	0,1
B类 (印品品质)	20	$n_1=10$ $n_2=10$ (打印品张数)	0,2 1,2
C类 (印品品质)	25	$n_1=10$ $n_2=10$	0,3 3,4
注：显影剂最少取样量应满足测试要求。			

7 标志、包装、运输和贮存

7.1 标志、包装

7.1.1 产品应采用避光、防潮包装。单位包装剂量和包装形式应符合使用方便的原则。外包装箱上应标明防潮、防热等标志。

7.1.2 每份包装应有产品合格证。

7.1.3 包装上应用中文标明：

a) 产品名称、型号、批号；

b) 制造商名称或标志、地址；

c) 采用的标准号；

d) 适用的激光打印机机型；

e) 制造日期或有效日期；

f) 净含量。

注：进口商品按国家有关规定执行。

7.2 运输和贮存

7.2.1 包装中的显影剂不得与酸、碱、卤素及有机溶剂等化学药品一起运输和贮存。

7.2.2 包装中的显影剂应存放于无太阳光直射、通风良好的场所，贮存环境温度为 0℃～35℃，相对湿度低于 85%。

附 录 A
（规范性附录）
粉尘的测定方法

A.1 适用范围

本附录规定了激光打印机干式双组分显影剂在工作状态下产生粉尘的测量方法。

A.2 试验条件

A.2.1 试验室条件

试验室容积为 50 m^3，密闭良好，当试验室容积与该标准值不同时，测量的浓度值可按式(A.1)进行修正：

$$C' = CV/V_0 \qquad \text{(A.1)}$$

式中：

C——测量的浓度，单位为毫克每立方米(mg/m^3)；

C'——容积修正后的浓度，单位为毫克每立方米(mg/m^3)；

V——试验室的容积，单位为立方米(m^3)；

V_0——50，单位为立方米(m^3)。

A.2.2 环境条件

试验室在开始测量时的温度设定在 25℃±2℃，湿度设定为 50%±2%，测量过程中无需温度湿度控制，但不应出现结露。

A.2.3 试验前的准备

将主机置于试验室中央位置的工作台上，工作台高度为 0.8 m。测量前进行不少于 1 h 的换气，主机连续工作时耗材（墨粉、纸张）应充足，以确保主机在测量期间能不间断运行。

A.2.4 主机以打印模式连续工作 120 min，考虑到补充纸张及处理纸路故障等，必须确保打印张数达到最大打印张数的 80%以上。

A.2.5 打印文件为 JB/T 10334—2002 的消耗量版。

A.3 粉尘浓度的测量

A.3.1 粉尘测试采用总量粉尘测量仪器，流量范围 10 L/min～30 L/min，流量稳定性：≤±5%，在玻璃纤维过滤器上采集粉尘。测量头处的气流速度为 1.25 m/s。

A.3.2 测量点的选择

粉尘测量采用气体纤维质过滤器收集粉尘，采样口位于主机前面 0.3 m，距地面高度 1.2 m 的位置上。

A.3.3 背景测量

粉尘的背景值以 K 表示，将主机按 A.2.3 的要求安放好后，使其处于不工作状态测量 120 min 的平均浓度值，作为背景值。

A.3.4 测量

粉尘的测量值以 C 表示，以主机从开始打印至打印结束时间内测量的平均浓度值，作为测量值。

A.3.5 粉尘浓度的测量值

粉尘浓度的测量值为经背景值修订后的浓度值，以 C' 表示。

$$C' = C - K \qquad \text{(A.2)}$$

A.3.6 重复测量两次，测量结果为两次测量的平均值，以 C_v 表示。

在第一次测量结束后，测试室内应进行充分的换气然后开始第二次测量。

ICS 37.100.10
N 47

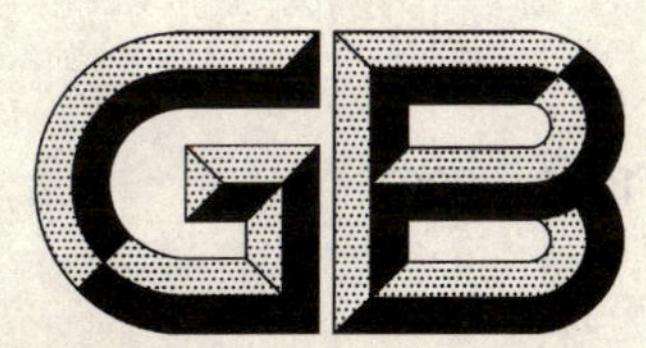

中华人民共和国国家标准

GB/T 21202—2007

数字式多功能黑白静电复印(打印)设备

Digital multi-function monochrome copier(printer)device

2007-11-14 发布　　2008-04-01 实施

中华人民共和国国家质量监督检验检疫总局
中国国家标准化管理委员会　发布

前　言

本标准由中国机械工业联合会提出。

本标准由全国复印机械标准化技术委员会(SAC/TC 147)归口。

本标准起草单位：理光(深圳)工业发展有限公司、佳能(中国)有限公司、上海富士施乐有限公司、东芝复印机(深圳)有限公司、珠海天威飞马打印耗材有限公司、柯尼卡美能达办公系统(武汉)有限公司。

本标准主要起草人：刘生应、鲁俊和、仇相如、陈颂昌、汤付根、袁旺进。

数字式多功能黑白静电复印(打印)设备

1 范围

本标准规定了数字式多功能黑白静电复印(打印)设备的技术要求、试验方法、检验规则及标志、包装、运输、贮存。

本标准适用于整机产品的设计、制造及质量检测。有附加功能的数字静电复印(打印)设备的外部信号接口应按标准接口配置,但不考虑与其相关的外部网络及相连设备的技术要求及其安装和维修的责任。

本标准适用于使用干式显影剂、热定影、普通纸的数字式多功能黑白静电复印(打印)设备。

2 规范性引用文件

下列文件中的条款通过本标准的引用而成为本标准的条款。凡是注日期的引用文件,其随后所有的修改单(不包括勘误的内容)或修订版均不适用于本标准,然而,鼓励根据本标准达成协议的各方研究是否可使用这些文件的最新版本。凡是不注日期的引用文件,其最新版本适用于本标准。

GB/T 148—1997 印刷、书写和绘图纸幅面尺寸(neq ISO 216:1975)

GB/T 191—2000 包装储运图示标志(eqv ISO 780:1997)

GB/T 2829—2002 周期检验计数抽样程序及表(适用于对过程稳定性的检验)

GB/T 4591—2005 静电图像测试版

GB/T 4857.5—1992 包装 运输包装件 跌落试验方法(eqv ISO 2248:1985)

GB 4943—2001 信息技术设备的安全(idt IEC 60950:1999)

GB 7247.1—2001 激光产品的安全 第1部分:设备分类、要求和用户指南(idt IEC 60825-1:1993)

GB 9254—1998 信息技术设备的无线电骚扰限值和测量方法(idt CISPR 22:1997)

GB/T 9969.1—1998 工业产品使用说明书 总则

GB/T 10073—1996 静电复印品图像质量评价方法

GB/T 10992.1—1999 静电复印机 文件复印机

GB/T 13334—1991 复印机调试版 A3

GB/T 13963—1992 复印机术语

GB/T 14436 工业产品保证文件 总则

GB/T 15464—1995 仪器仪表包装通用技术条件

GB/T 16981—1997 信息技术 办公设备 复印机规格表中应包含的基本内容(idt ISO/IEC 11159:1992)

GB/T 17618—1998 信息技术设备抗扰度限值和测量方法(idt CISPR24:1997)

GB 17625.1—2003 电磁兼容 限值 谐波电流发射限值(设备每相输入电流≤16A)(IEC 61000-3-2:2001,IDT)

GB/T 17712—1999 速印机和文件复印机 图形符号(neq ISO/IEC 6329:1989)

GB 19462—2004 复印机械环境保护要求 静电复印机环境保护要求(RAL-UE 62:1998,MOD)

JB/T 8273—1999 静电复印全黑测试版

JB/T 8274—1999 静电复印图像漏印测试版

JB/T 9444.1～9444.11—1999 复印机械基本环境试验方法

JB/T 10334—2002 激光打印机测试版(A4)

3 术语和定义

GB/T 13963 和 GB/T 10992.1 确立的以及下列术语和定义适用于本标准。

3.1

数字式多功能黑白静电复印(打印)设备 Digital multi-function monochrome copier(printer)device

将原稿图像或文字转换成数字信号并进行数字处理后,通过扫描以静电成像方式进行复印或打印,同时包含一种及一种以上附加功能,如打印、电话、传真、扫描、网络等的复印机或打印机。数字式多功能静电复印(打印)设备包括数字复印机、多功能复印机、多功能打印机等。

注:复合机是一种印刷设备中的专门名称,因此,不应使用"复合机"名称命名数字式多功能黑白静电复印(打印)设备。

4 要求

4.1 基本要求

4.1.1 图形符号

产品各部位使用的与安全有关的图形符号应符合 GB 4943—2001 的规定,其他图形符号应符合 GB/T 17712—1999 的规定。

4.1.2 安全性能

本标准范围内的产品其安全性能应首先满足 GB 4943—2001 规定的全部要求。

4.1.3 环境保护

本标准范围内的产品应满足 GB 19462—2004 标准中规定的相关要求。

4.1.4 电磁干扰(EMI)

本标准范围内的产品应满足 GB 9254—1998 和 GB 17625.1—2003 标准中规定的相关要求。

本标准范围内的产品应满足 GB/T 17618—1998 标准中规定的相关要求。

4.2 产品工作条件

4.2.1 工作电压与频率

额定工作电压:220 V±22 V(额定工作电压范围应包含 220 V)

频率:50 Hz

4.2.2 一般工作条件

环境温度:10℃～33℃

相对湿度:30%～80%RH

4.2.3 最佳印迹工作环境条件

指产品在此条件下应达到的最佳值,可在企业标准中自行规定。

4.3 耐运输、储存环境性能

产品在包装条件下应能承受表 3 规定的试验。试验结束后,打开包装,设备应完好无损,各项技术指标满足本标准要求。

4.4 外观质量

4.4.1 金属件应进行必要的防锈处理,其质量指标和要求在企业标准中规定。

4.4.2 塑料件表面应平整、光滑、色泽均匀,不得有裂纹、气泡、缩孔等缺陷。

4.4.3 所有构件应完整无损、连接可靠、紧固件无松动现象。

4.5 一般性能

4.5.1 规格表中要求的项目

按 GB/T 16981—1997 规格表要求的规定,一般性能的主要项目为:

a） 预热时间(启动时间)；

b） 首张印品时间；

c） 复印(打印)速度；

d） 最大原稿幅面；

e） 最大印品幅面；

f） 印品空白边；

g） 标配的附加功能。

以上项目的额定值在企业标准中自行规定。

4.5.2 面板操作和显示功能

运行过程中，控制面板上的各种操作应正常、无误；显示功能，应清晰正确。

4.6 运行考核

4.6.1 整机在安装后可进行不超过 1 h 的调整，使机器达到匹配状态。

4.6.2 运行考核试验中，不应出现机械和电气故障。运行考核时间及印量应符合表 1 的规定。

4.6.3 停机纸路故障和不停机纸路故障分别以考核时间内故障次数与运行考核复印(打印)总张数的百分比表示。技术指标应符合表 1 的规定。

4.6.4 具体考核要求和抽样要求在 5.6 中规定。

表 1 运行考核项目技术要求

序号	项目名称	技术要求		
		＜40 张/min	40～70 张/min	＞70 张/min
1	停机纸路故障率	≤0.4%	≤0.3%	≤0.2%
2	不停机纸路故障率	≤1.0%	≤0.6%	≤0.5%
3	运行时间	4 h		
4	印量	≥印量额定值的 65%		
5	机械、电气故障	无		
6	印品质量	符合表 2 规定		
注：印量额定值＝机器额定复印速度×运行时间。				

4.6.5 标配的功能的考核

在复印(打印)功能考核结束后，必须对标配的附加功能进行符合性考核。

4.7 电压波动运行

整机在额定负载时，电压波动运行试验中，将电源电压调到额定值的 110% 或额定范围上限值的 110%，以及额定值的 90% 或额定范围下限值的 90%，整机在运行中应无机械、电气故障。印品质量应满足表 2 中图像密度、底灰、分辨力、定影牢固度 4 个项目的质量要求。

4.8 环境适应性

整机在低温低湿和高温高湿条件下(见 5.8.1)，放置 4 h～12 h 后、运行 1 h，应无机械、电气故障，印品的图像密度、底灰、分辨力和定影牢固度等 4 个项目应满足表 2 中的规定。试验条件见表 4 中的规定。

4.9 印品质量

4.9.1 在运行试验中抽取的印品质量应符合表 2 规定。

4.9.2 整机在电压波动试验、环境适应性试验中抽取的印品质量应符合表 2 中图像密度、底灰、分辨

表 2　印品质量要求

序号	项目名称	技术要求		
		<40 张/min	40～70 张/min	>70 张/min
1	图像密度	≥1.2		
2	底灰	≤0.02		
3	密度不均匀性	≤20%		
4	密度变化(连续 19 页)	≤0.2		
5	层次/级	≥4		
6	分辨力/(线对/mm)	≥3.6		
7	起始线误差/mm	≤2.0	≤2.5	≤3.0
8	图像倾斜误差/mm	≤1.0		
9	对角线误差	≤0.8%	≤1.0%	≤1.2%
10	相对边误差	≤0.8%	≤1.0%	≤1.2%
11	等倍比例误差	≤1.0%		
12	定影牢固度 环境温度≥15℃ 环境温度<15℃	 ≥90% ≥80%		
13	漏印(等倍)	>1.0 mm² 无 0.8 mm²～1.0 mm² ≤5 个 0.3 mm²～0.8 mm² ≤10 个 在 40×50 mm 的区域中,无 2 个以上≥1 mm 的断线;印品整幅面内该缺陷数≤5 个		
14	印品异常	异常密度处的密度值≤0.03		

力、定影牢固度 4 个项目的要求。

5　试验方法

5.1　试验条件

5.1.1　除对试验环境条件另有规定外,试验应在环境温度 15℃～25℃、相对湿度 45%～65%、无影响设备工作的外气流、无直射阳光和其他辐射作用,无强烈无线电干扰的室内进行。

5.1.2　整机的其他使用条件应符合生产厂使用说明书中的规定。

5.2　调机规定

5.2.1　在进行运行试验以前,允许进行不超过 1h 的调整。调整期间不允许再换零、部件。

5.2.2　凡抽取印品的试验应使用表 4 规定的测试板。

5.2.3　试验时由整机制造厂推荐使用在国内市场上公开销售的 70 g/m² ～80 g/m² 复印纸及消耗材料。

5.2.4　试验中只允许一人操作。

5.2.5　除功能检查外,试验均为单面复印(打印)方式。

5.3　耐运输、储存环境试验

按表 3 的要求和 JB/T 9444 中相应的试验方法进行试验。

表 3 耐运输、储存环境试验项目

项 目	试验方法	试验条件
振动试验	按 JB/T 9444.9—1999 规定进行	1 g、6 Hz、30 min
跌落试验	包装毛重＜100 kg 时，按 JB/T 9444.8—1999 进行	按 GB/T 4857.5—1992 的要求，自由跌落高度 200 mm 跌落次数：4 次
	包装毛重≥100 kg 时，按 JB/T 9444.7—1999 进行	倾斜跌落
低温试验	按 JB/T 9444.2—1999 规定进行	−25 ℃±3 ℃，8 h
恒定湿热试验	按 JB/T 9444.4—1999 规定进行	20 ℃～30 ℃任一温度，48 h

5.4 外观质量检查

通过目视检查外观质量，检验其是否满足 4.4 的要求。

5.5 一般性能检验

5.5.1 规格表中要求项目的检验

a) 预热时间：用秒表测量从合上电源开关至可以复印(打印)的时间，以“min”或“s”表示。测量值不能大于额定值的 110%。

b) 首张印品时间：用秒表测量从按下开始键至第一张 A4(横送)印品完全排出机外所需的时间，以“s”表示。测量值不能大于额定值的 110%。

c) 复印(打印)速度：一张原稿连续复印(打印)，从第一张印品纸尾排出机外开始，用秒表计时，测量 60 s 内完全排出机外的 A4(横送)幅面印品张数。若最后一张印品在 60 s 时未完全排出，可等待纸尾完全排出时再停止计时，以“张/min”表示。

d) 最大原稿幅面：将被测试整机的 1∶1 倍率缩小到一个固定倍率(等倍除外)，用幅面不小于稿台玻璃的图样为原稿，以标准幅面复印纸(最大允许幅面)进行复印(打印)，用刻度为 0.5 mm 的钢板尺测量出原稿图样上对应于印品上印出的图像的最大幅面作为最大原稿幅面，以“长×宽”(mm×mm)表示。

最大原稿幅面(包括整机 固有的端边消边量)应为：A3 幅面时不小于 420 mm×297 mm，A4 幅面时不小于 297 mm×210 mm。

e) 最大印品幅面：用标准复印纸进行复印试验，复印(打印)时复印纸应能顺利排出机外，印品边缘应无任何损伤。最大印品幅面用在 GB/T 148 的规定中选取的用纸幅面规格(例 A3)表示。

f) 印品空白边：用 JB/T 8273 规定的全黑测试版作为原稿进行等倍复印，用游标卡尺测量印品上四周空白边的宽度，以“mm”表示。其结果不大于额定值。

用 JB/T 10334 激光打印机测试版软件生产生成的全黑版印品上，用游标卡尺测量四周空白边的宽度，以“mm”表示。其结果不大于额定值。

g) 标配的功能检查：产品有标配的功能时，进行符合性验证。

5.5.2 面板操作和显示功能

控制面板上的各种操作应正常、无误；显示功能应清晰正确。

5.6 运行考核试验

5.6.1 纸路故障

a) 停机纸路故障率：记录并计算总考核时间内停机纸路故障的总次数与同时间内复印总张数的百分比。计算公式为：

$$停机纸路故障率 = \frac{停机纸路故障总次数}{复印总张数} \times 100\%$$

b) 不停机纸路故障率：记录并计算总考核时间内不停机纸路故障的总次数与同时间内复印总张

数的百分比。计算公式为：

$$不停机纸路故障率 = \frac{不停机纸路故障次数}{复印总张数} \times 100\%$$

5.6.2 运行考核时间及印量

整机调整结束后进行本试验。试验中应记录试验的开始时间、结束时间和整机在各个时态的计数器数值。

a) 运行考核时间必须达到表1中运行考核时间的规定。

b) 印量必须达到表1中复印量的规定，印量达到要求后的剩余时间，只考核机械、电气故障。印量为本项试验中的全部印量(A3、A4)之和，A3不折合A4。

c) 试验中按印品抽样检查的规定抽取印样，并进行印品检测。

d) 运行试验中，除印品抽样为A3幅面外，其余为A4幅面。并在整机所有的纸道上(手送纸道除外)就A4总印量内做等额数量的试验。

e) 在试验时，每一纸道至少有一次按指标把纸盒加足复印纸，并应等待纸盒内复印纸全部用完后再次加纸。

5.6.3 关于试验中发生故障的处理

若试验中途出现机械或电气故障，则中止试验。可进行不超过1 h的检修，并作2 h加长试验。在加长试验内继续考核纸路故障、机械和电气故障及印品质量。检修只允许进行必要的调整和清洁，不允许更换零部件。

5.6.4 印品抽样要求

印品的抽样按表4中规定的要求进行抽样。

5.7 电压波动运行试验

5.7.1 整机在额定负载时，电压波动运行试验中，将电源电压调到额定值的110%或额定范围上限值的110%，运行10 min，然后按表5中电压波动运行试验的规定抽取第一次印样。再运行10 min后抽取第二次印样。抽样后整机工作时间不满30 min时，应工作至30 min。

5.7.2 整机在额定负载时，电压波动运行试验中，将电源电压调到额定值的90%或额定范围下限值的90%，运行10 min，然后按表5中电压波动运行试验的规定抽取第一次印样。再运行10 min后抽取第二次印样。抽样后整机工作时间不满30 min时，应工作至30 min。

5.7.3 印品的抽样按表4中规定的要求进行抽样。

5.7.4 对印样按4.9要求的检验项目进行检验。

5.7.5 检验在运行过程中整机是否出现机械、电气故障。

5.7.6 电压波动运行试验中有以下5个小项，5个小项中有一项不合格时，则判定为不合格：

a) 机械、电气故障；

b) 图像密度；

c) 底灰；

d) 分辨力；

e) 定影牢固度。

5.8 环境适应性试验

5.8.1 试验条件

a) 低温低湿试验条件：温度10 ℃±2 ℃，相对湿度30%±5%；

b) 高温高湿试验条件：温度33 ℃±2 ℃，相对湿度80%±5%。

5.8.2 试验方法

环境适应性试验按JB/T 9444.11—1999进行，并作如下规定：

a) 本试验安排在一般试验实施以后、振动跌落试验实施前进行；

b) 先进行低温低湿试验，中间平衡24 h后，再进行高温高湿试验。试验样机在规定的条件下，先保持 4 h～12 h，再连续运行 1 h，印样张数不低于额定值的 65%，按表 5 中相应项目的规定抽取印品；

c） 除用于定影牢固度检验的样品可连续取样外，其余的印品应单张取样；

d） 对印样按 4.9 要求的检验项目进行检验；

e） 检验在运行过程中整机是否出现机械、电气故障。

5.8.3 低温低湿运行试验和高温高湿运行试验中有以下 5 个小项，5 个小项中有一项不合格时，则判定为不合格。

a） 机械、电气故障；

b） 图像密度；

c） 底灰；

d） 分辨力；

e） 定影牢固度。

5.9 印品抽样程序及印品质量检验

5.9.1 印品抽样程序

5.9.1.1 曝光量要求

检验过程中印品取样时机器曝光量设置在适正位置上。应符合各测试版使用说明书的规定。

5.9.1.2 印品抽样检查规定

a） 印品抽样检查方法见表 4。

b） 印品样本批采用随机法编组。

表 4 复印品抽样检查表

序号	试验项目	抽样时机	复印用版	抽样次数	判别水平	样本抽取（张）	样本批（张）	不合格质量水平（RQL）	判定 Ac	判定 Re	检验项目
1	运行考核	整机预热结束	GB/T 4591—2005	1	1	连续 10	—	10	0	1	定影牢固度
2	一般性能检查	定影牢固度取样后	JB/T 8273—1999			连续 3	—	—	选其中一张最佳复印品		最大复印品幅面复印空白边
3	密度变化	定影牢固度取样后	GB/T 13334—1991	1	—	连续 19	—	—	选取其中密度最大与最小值		密度变化
4	运行考核	第一次运行考核开始时 第二次运行考核第二小时开始 第三次运行考核第三小时开始 第四次运行考核第四小时开始 第五次运行考核结束时	GB/T 4591—2005	5	1	第一次连续 6 第二次连续 6 第三次连续 6 第四次连续 6 第五次连续 6	样品随机编组 5 批 第一批 6 第二批 6 第三批 6 第四批 6 第五批 6	8.0	# # 0 0 2	2 2 2 2 3	图像密度 分辨力
			GB/T 4591—2005 GB/T 13334—1991	5	1	第一次连续 5 第二次连续 5 第三次连续 5 第四次连续 5 第五次连续 5	样品随机编组 5 批 第一批 5 第二批 5 第三批 5 第四批 5 第五批 5	10	# # 0 0 2	2 2 2 2 3	底灰 等比例误差 密度不均匀性

表 4（续）

序号	试验项目	抽样时机	复印用版	抽样次数	判别水平	样本抽取（张）	样本批（张）	不合格质量水平（RQL）	判定 Ac	判定 Re	检验项目
4	运行考核	第一次运行考核开始时 第二次运行考核结束时	JB/T 8274—1999	2	1	第一次连续 10 第二次连续 10	随机编组 第一批 10 第二批 10	12	0 1	2 2	漏印
4	运行考核	第一次运行考核开始时 第二次运行考核结束时	GB/T 4591—2005	2	1	第一次连续 10 第二次连续 10	随机编组 第一批 10 第二批 10	12	0 1	2 2	起始线误差 图像倾斜误差 印品异常 层次 对角线误差 相对边误差
5	电压波动运行试验	电压调至额定值+10%后整机预热结束	GB/T 13334—1991	1	1	连续 10	连续 10	10	0	1	定影牢固度
5	电压波动运行试验	第一批定影牢固度后 第二批本试验结束前	GB/T 4591—2005	2	1	第一次连续 12 第二次连续 12	随机编组 第一批 12 第二批 12	10	0 1	2 2	图像密度 分辨力 底灰
5	电压波动运行试验	电压调至额定值−10%后整机预热结束	GB/T 13334—1991	1	1	连续 10	连续 10	10	0	1	定影牢固度
5	电压波动运行试验	第一批定影牢固度后 第二批本试验结束前	GB/T 4591—2005	2	1	第一次连续 12 第二次连续 12	随机编组 第一批 12 第二批 12	10	0 1	2 2	图像密度 分辨力 底灰
6	低温低湿运行试验	温度达到并稳定 4 h～12 h 整机预热结束后运行 10 min	GB/T 13334—1991	1	1	连续 10	连续 10	10	0	1	定影牢固度
6	低温低湿运行试验	第一批定影牢固度后 第二批本试验结束前	GB/T 4591—2005	2	1	第一次连续 12 第二次连续 12	随机编组 第一批 12 第二批 12	10	0 1	2 2	图像密度 分辨力 底灰
7	高温高湿运行试验	温度达到并稳定 4 h～12 h 整机预热结束后运行 10 min	GB/T 13334—1991	1	1	连续 10	连续 10	10	0	1	定影牢固度
7	高温高湿运行试验	第一批定影牢固度后 第二批本试验结束前	GB/T 4591—2005	2	1	第一次连续 12 第二次连续 12	随机编组 第一批 12 第二批 12	10	0 1	2 2	图像密度 分辨力 底灰

5.9.2 印品质量检验

除另有说明外，以被检印品的质量检查项目中最差一处的测量值(但应排除因复印纸缺陷而引起的印品质量问题)作为对单张印品质量指标的判定依据。

5.9.2.1 试验方法

除印品异常检验项目外，表2中的其他项目按GB/T 10073—1996进行检验。

5.9.2.2 印品异常检验

以GB/T 4591—2005为标准原稿，目视检查复印品上有无比原稿多余的或有差异的图像以及明显的油污和散落的显影剂，并用反射密度计测量异常处的密度值。

6 检验规则

6.1 检验分类

产品检验分为交收检验、型式检验。

6.1.1 交收检验

交收检验项目及不合格类别见表5。

6.1.2 型式检验

在下列情况之一时可以进行型式检验：

a) 试制的新产品；

b) 间隔一年以上再生产时；

c) 当产品在设计、工艺、材料等有重大改变时，应视改变情况做全部或与改变有关的部分或相应项目的试验；

d) 合同规定时。

6.2 抽样方案

6.2.1 交收检验为全数检验或抽样检验。抽样检验的检查批量、抽样方案、检查水平、合格质量水平在企业标准中规定。

6.2.2 第三方需进行型式检验时，整机的样本从逐批检查合格的产品中，随机抽取二台。

6.3 判定规则

单位产品的检验项目及不合格类别见表5。

表5 检验项目表

类别	序号	检验项目	不合格类别			检验分类	
			A类	B类	C类	交收检验项目	型式检验项目
包装运输贮存及外观	1	振动试验	—	—	△	—	√
	2	跌落试验	—	—	△	—	√
	3	低温试验	—	—	△	—	√
	4	恒定湿热试验	—	—	△	—	√
	5	包装及标志	—	△	—	√	√
	6	包装齐套性	—	—	△	√	√
	7	机器外观质量	—	—	△	√	√
调整	8	1 h内调整到良好状态	—	—	△	—	√

表 5（续）

类别	序号	检验项目	不合格类别			检验分类	
			A类	B类	C类	交收检验项目	型式检验项目
一般性能	9	预热时间	—	—	△	—	√
	10	首张印品时间	—	—	△	—	√
	11	复印(打印)速度	—	—	△	—	√
	12	最大原稿幅面	—	—	△	—	√
	13	最大印品幅面	—	—	△	—	√
	14	印品空白边	—	—	△	—	√
	15	面板操作与显示功能	—	△	—	√	√
	16	标配功能	—	—	△	√	√
运行考核试验	17	停机纸路故障率	—	△	—	—	√
	18	不停机纸路故障率	—	—	△	—	√
	19	运行时间	△	—	—	—	√
	20	印量	△	—	—	—	√
	21	机械电气故障	△	—	—	—	√
图像质量	22	图像密度	△	—	—	√	√
	23	底灰	—	△	—	√	√
	24	密度不均匀性	—	△	—	√	√
	25	密度变化	—	—	△	—	√
	26	层次	—	—	△	√	√
	27	分辨力	△	—	—	√	√
	28	起始线误差	—	—	△	—	√
	29	图像倾斜误差	—	—	△	—	√
	30	对角线误差	—	—	△	—	√
	31	相对边误差	—	—	△	—	√
	32	等倍比例误差	—	△	—	—	√
	33	定影牢固度	—	△	—	—	√
	34	漏印	—	—	△	√	√
	35	印品异常	—	—	△	√	√
电压波动运行	36	机械、电气故障	—	△	—	—	√
		图像密度	—	△	—	—	√
		底灰	—	△	—	—	√
		分辨力	—	△	—	—	√
		定影牢固度	—	△	—	—	√

表 5（续）

类别	序号	检验项目		不合格类别			检验分类	
				A类	B类	C类	交收检验项目	型式检验项目
环境适应性	37	低温低湿运行试验	机械、电气故障	—	△	—	—	√
			图像密度	—	△	—	—	√
			底灰	—	△	—	—	√
			分辨力	—	△	—	—	√
			定影牢固度	—	△	—	—	√
	38	高温高湿运行试验	机械、电气故障	—	△	—	—	√
			图像密度	—	△	—	—	√
			底灰	—	△	—	—	√
			分辨力	—	△	—	—	√
			定影牢固度	—	△	—	—	√
注：△——表示所属不合格类别。 √——表示考核项目。								

7 标志、包装、运输、贮存

7.1 标志

7.1.1 每台整机在适当位置应有铭牌或标记，其上标出：

a) 制造厂家；

b) 产品名称；

c) 产品型号或标识；

d) 额定电压 V、额定频率 Hz、输入电流 A。

7.1.2 包装标志按 GB/T 191—2000 有关规定执行。

7.2 包装

7.2.1 对包装的要求，按 GB/T 15464—1995 中有关防震、防潮、防尘的规定执行。产品要求包装有效期由企业自行规定，但不应少于一年。

7.2.2 包装应保证在正常的运输和存放条件下，不致因颠震、装卸、受潮和侵入灰尘而使机器受损及紧固松动。

7.2.3 包装箱内应随带下列文件：

a) 产品合格证明。产品合格证的编写应符合 GB/T 14436 的规定；

b) 产品使用说明书。产品使用说明书的编写应符合 GB/T 9969.1—1998 的规定；

c) 装箱单；

d) 其他有关资料。

7.3 运输、贮存

7.3.1 运输过程中不得直接承受雨淋、曝晒、摔撞等剧烈冲击振动及重压。

7.3.2 整机应在仓库中贮存。贮存时应保持原包装状态。仓库内应通风良好，周围空气中不应有腐蚀性气体及有机溶剂气体。长期贮存要求环境温度为 5 ℃～35 ℃，相对湿度不超过 90%。

7.3.3 产品贮存堆放高度应不超过包装箱上的标记要求。

7.3.4 生产厂家未出厂产品贮存期限超过二年后，应对产品按本标准进行抽检，并判定。

7.4 消耗材料

产品随机所配带的光导体、显影材料等应是产品说明书中规定的消耗材料，按其各自的有关标准规定执行。

ICS 37.100.10
N 47

中华人民共和国国家标准

GB/T 21203—2007/ISO/IEC 14545:1998

信息技术　办公设备
复印机有效复印速率的测量方法

Information technology—Office equipment—Method for measuring copying machine productivity

(ISO/IEC 14545:1998,IDT)

2007-11-14 发布　　　　2008-04-01 实施

中华人民共和国国家质量监督检验检疫总局
中国国家标准化管理委员会　发布

前　言

本标准等同采用ISO/IEC 14545:1998《信息技术　办公设备　复印机有效复印速率的测量方法》(英文版)。

为了便于使用,本标准做了下列编辑性修改:

a) 删除国际标准的前言;

b) "本国际标准"一词改为"本标准";

c) 用小数点"."代替作为小数点的逗号",";

d) 按GB/T 1.1—2000的格式编号和编写。

本标准的附录A为资料性附录。

本标准由中国机械工业联合会提出。

本标准由全国复印机械标准化技术委员会(SAC/TC 147)归口。

本标准由上海富士施乐有限公司负责起草,珠海天威飞马打印耗材有限公司、佳能(中国)有限公司、国家复印机质量监督检验中心参加起草。

本标准起草人:仇相如、汤付根、鲁俊和、方晓时。

本标准为首次制定。

信息技术　办公设备
复印机有效复印速率的测量方法

1　范围

本标准规定了复印机实际输出速度或产生复印机的有效复印速率的测量方法。

本标准适用于装有自动输稿器或具有相应处理能力的普通纸复印机，适用于这些机器的单面及双面复印方式。本标准专门用于非数字复印机(通常指使用光学镜头的模拟机)。本标准允许对复印机自有的多种双面复印方式操作下产生的有效复印速率进行比较。

当使用自动输送原稿、排序和/或整理复印品功能时，多数复印机会以一个与标称速度[1)]不同的速率来输出双面复印品。

人们经常采用双面复印方式(1∶2、2∶1、2∶2)。在这些方式中，有效复印速度通常会明显地降低。根据经验，有效复印速率减小的程度主要取决于复印机原稿处理器的类型。有预分页功能的原稿处理器与有后分页功能的原稿处理器相比，其产生的有效复印速率有很大不同。所谓预分页就是，将原稿按分页顺序连续送入稿台，并为每一页制作一张复印品的方式。所谓后分页就是，在下一页原稿按顺序预先进入稿台准备复印之前，就将上一页原稿按要求的总页数复印的方式。此外，复印机的有效复印速率会受到任务相关参数的影响，最主要的是需复印的一套原稿的数量和运行长度或复印套数。现有的标准，包括当前普遍用于测试和记录复印机有效复印速率的试验，还没有充分地考虑到这些有关机器和任务的重要参数。

本标准为上述双面复印方式提供了实际输出速度或有效复印速率的一般测量方法，并允许复印机的制造方和购买方对各种具有该特性的复印机的有效复印速率进行说明和比较。

2　规范性引用文件

下列文件中的条款通过本标准的引用而成为本标准的条款。凡是注日期的引用文件，其随后所有的修改单(不包括勘误的内容)或修订版均不适用于本标准，然而，鼓励根据本标准达成协议的各方研究是否可使用这些文件的最新版本。凡是不注日期的引用文件，其最新版本适用于本标准。

GB/T 16981—1997　信息技术　办公设备　复印机规格表中应包含的基本内容(idt ISO/IEC 11159:1992)

ASTM F 1318:90　确定各种结构的静电复印机有效复印速率的标准试验方法

3　试验条件

3.1　环境

试验应在下列环境下进行：

- 温度：18℃～25℃；
- 相对湿度：30%～70%。

在正常工作中，复印机的外盖应完全关闭。机器及其足够数量的耗材应在进行试验之前适应试验环境。用于试验的所有耗材，包括复印纸在内，都应符合制造方的规定。

---

1)　此处的标称速度指对机器稿台上的静止原稿进行连续复印后，每分钟产生的复印品。复印机的常规测试应参照 GB/T 16981。

3.2 电压

在试验中,工作电压应保持在该机额定电压±10%的范围内。

3.3 复印纸

所使用的复印纸应具有以下特征:

- 裁切好的纸张;
- A4 尺寸;
- 定量 60 g/m²～90 g/m²。

4 测试方法

4.1 定义

“单面复印”——这是一个较少用到专业术语,在逻辑上对应于常用术语“双面复印”(见下文),描述了大多数常用的操作方式:

1:1 方式:单面原稿到单面复印品,简称单面到单面。

“双面复印”——该术语用于描述复印机对有单面或双面信息的指定数量的原稿进行一定数量的复印,以得到单面或双面复印品的操作方式。就页面容量而言,原稿和复印品之间有一一对应的关系,但是以下三种操作方式得到的复印品,却在页数上与原稿有或多或少的不同。这三种方式与原稿的关系如下所示:

1:2 方式:单面原稿到双面复印品,简称单面到双面;

2:2 方式:双面原稿到双面复印品,简称双面到双面;

2:1 方式:双面原稿到单面复印品,简称双面到单面。

4.2 测试

4.2.1 概述

试验的机器应按第 3 章的条件进行准备。复印纸的走向应与纸张长边方向一致,除非这种输送方向不是机器的特性。在后一种情况下,必须使用短边输送,并且应在试验报告中说明。

当机器有 1:1,1:2,2:2,2:1 的操作方式时,试验应按以下方式进行。每次试验应产生多套复印品,就像下面定义的试验条件表(见表 1)中所设置的那样。试验要求的差别取决于复印机的标称速度,这些试验要求和结果的示例参见附录 A。

表 1 有效复印速率运行表

原稿页数 N (按面计数)	复印方式	运行长度(复印套数)		
		1	n_{50} (5 或 10 或 20)	n_{95}
4	1:1	R	R	R
4	1:2	R	R	R
4	2:2	R	R	R
4	2:1	R	R	R
10	1:1	R	R	R
10	1:2	R	R	R
10	2:2	R	R	R
10	2:1	R	R	R
20	1:1	R	R	R
20	1:2	R	R	R

表 1(续)

原稿页数 N (按面计数)	复印方式	运行长度(复印套数)		
		1	n_{50} (5 或 10 或 20)	n_{95}
20	2:2	R	R	R
20	2:1	R	R	R
>20	1:1	O	O	O
>20	1:2	O	O	O
>20	2:2	O	O	O
>20	2:1	O	O	O
表中:R—要求项,O—可选项。				

表 1 中还考虑了以下几个方面:

原稿页数 N,可以选择大于 20 的值,如果要对高速复印机进行特性验证时,就必须采用该设置。

通常至少要求三种运行长度,判断依据如下:

a) 运行长度=1 对任何机器都是最基本的,无论复印速度和/或有效复印速率的值是多少。

b) 运行长度 n_{50},即接近机器 50%有效复印速率的点,在每种所选操作方式中都是必须的。在三种指定运行长度(5、10 或 20 复印套数)中,应采用 50%有效复印速率最匹配的运行长度。

c) 运行长度 n_{95},即满足用于测试机器大于或等于有效复印速率最人值的 95%的点,在每种所选操作方式中都是必须的。如果在运行长度(5~20 复印套数)的范围内不能达到有效复印速率最大值的 95%,就必须选择较大的运行长度以满足该条件。

在选择有效复印速率数据点时,对于这三种判断依据的应用参考附录 A 中的示例。

对于每种套数和复印方式:

a) 必须进行运行长度=1 和 10 时的数据测量;

b) 如果在运行长度=10 时的数据和 n_{95} 相同,那么必须进行运行长度=5 时的数据测量;

c) 如果在运行长度=10 时的数据和 n_{95} 不相同,那么必须进行运行长度=20 时的数据测量;

d) 如果在原稿页数 N 和运行长度 n 都大于 20 时已经达到最大有效复印速率,那么对这些数据不做要求。

复印品应连续复印,但不应进行包括如下特性或功能的操作,如缩小、放大、自动曝光以及其他处理或整理输出复印品的功能如排序或装订。为评价有效复印速率对这种附加功能的影响,前面所述的方法可以通过反复进行启动那些功能的特定试验来加以扩充。

在每种方式中产生完整复印品所需的时间以"s"进行测量和记录。对于在预分页等方式下的复印机,如那些装有原稿循环处理器的机器,在对指定的原稿页数单次复印的过程中,这种时间间隔可按复印顺序测量。例如,对一套 10 页的单面原稿进行 20 套的单次复印。可按复印顺序测量一次复印 20 套时复印 l 套、10 套和 20 套的时间间隔,和分别复印出 1 套、10 套和 20 套的时间间隔(复印套数可设定为运行长度范围内的任何数量)。对于后分页等方式下的复印机,例如装有自动输稿器的机器,所需原稿页数不同的每一项任务都必须独立执行和测试。数据的记录格式和处理方式以及结果的表述见第 5 章、第 6 章。

在进行多张复印时,首张复印品的输出时间(根据在 GB/T 16981 中的定义)包含在多张复印的速度的整个测试过程中,以反映机器在试验中的实际有效复印速度。

当"复印"按钮按下时,即开始计时;当最后一张复印品完全从机器输出时,即结束计时。重复进行这种测试以充分保证计时在±5%范围内。测得的时间间隔四舍五入后取整数,并保留到个位。

5 数据的计算和处理

在执行指定任务时，测得的时间间隔以至少二位有效数字的形式记录。如表2所示，采用与表1相同的格式。每项任务的时间(s)仅为计算有效复印速率所设，不做要求。

表2 每项任务的时间(s)

原稿页数 N (按面计数)	复印方式	运行长度(复印套数)		
		1	n_{50} (5或10或20)	n_{95}
4	1:1			
10	1:1			
20	1:1			
>20	1:1			
4	1:2			
10	1:2			
20	1:2			
>20	1:2			
4	2:2			
10	2:2			
20	2:2			
>20	2:2			
4	2:1			
10	2:1			
20	2:1			
>20	2:1			

根据上表中测量出的每个数据，可用公式计算出有效复印速率：

$$S = 60 \times (N/T)$$

式中：

S——每分钟的复印页数；

N——总的复印页数；

T——测得的时间，单位为秒(s)。

计算出的有效复印速率记录在表3中。

6 结果的表述

结果表述所需的最小数据见表3。

表3 复印机的有效复印速率(张/min)

原稿页数 N (按面计数)	复印方式	运行长度(复印套数)		
		1	n_{50} (5或10或20)	n_{95}
4	1:1			
10	1:1			
20	1:1			

表 3(续)

原稿页数 N (按面计数)	复印方式	运行长度(复印套数)		
		1	n_{50} (5 或 10 或 20)	n_{95}
>20	1:1			
4	1:2			
10	1:2			
20	1:2			
>20	1:2			
4	2:2			
10	2:2			
20	2:2			
>20	2:2			
4	2:1			
10	2:1			
20	2:1			
>20	2:1			

推荐的表述方式为图表,但不做要求。如下例所示为一种原稿页数的有效复印速率曲线图(见图 1),这种表述方式允许对一台指定机器做出快速直观的检查并对其性能差异进行比较,而且在需要时能非常容易地进行机器之间的比较。

1	5	10	15	20
17	26	27.9	28.5	28.9
6.1	15.4	19.1	20.7	21.6
5.6	14.7	18.5	20.3	21.3

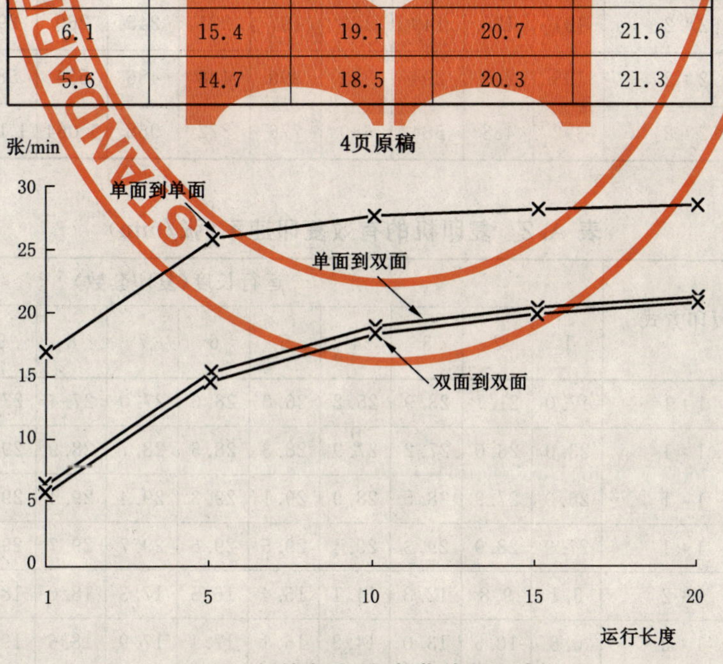

图 1 有效复印速率曲线图示例

附 录 A
（资料性附录）
应用示例

本附录仅为例证说明而用。例证中，提供了三种机器的典型数据，它们的标称复印速度分别为30、62和85张/min。所示数据旨在表明表2的格式应用和根据表2做出的结果报告，以及根据表3和有效复印速率曲线图做出的结果报告。

A.1 装有自动输稿器并有双面复印能力的30张/min的复印机

表A.1 每项任务的时间(s)

原稿页数 N（按面计数）	复印方式	运行长度（复印套数）											
		1	2	3	4	5	6	7	8	9	10	15	20
4	1：1	14	22	30	38	46	54	62	70	78	86	126	166
10	1：1	26	46	66	86	106	126	146	166	186	206	306	406
20	1：1	46	86	126	166	206	246	286	326	366	406	606	806
40	1：1	86	166	246	326	406	486	566	645	726	806	1 206	1 606
4	1：2	40	49	59	68	78	88	97	107	116	126	174	222
10	1：2	91	115	139	163	187	211	235	259	283	307	427	547
20	1：2	176	224	272	320	368	416	464	512	560	608	848	1 088
40	1：2	346	442	538	643	730	826	922	1 018	1 114	1 210	1 690	2 170
4	2：2	43	53	62	72	82	91	101	110	120	130	178	226
10	2：2	101	125	149	173	197	221	245	269	293	317	437	557
20	2：2	198	246	294	342	390	438	486	534	582	630	870	1 110
40	2：2	392	488	584	680	776	872	968	1 064	1 160	1 256	1 736	2 216

表A.2 复印机的有效复印速率(张/min)

原稿页数 N（按面计数）	复印方式	运行长度（复印套数）											
		1	2	3	4	5	6	7	8	9	10	15	20
4	1：1	17.0	21.7	23.9	25.2	26.0	26.6	27.0	27.4	27.6	27.9	28.5	28.9
10	1：1	23.0	26.0	27.2	27.9	28.3	28.5	28.7	28.9	29.0	29.1	29.4	29.5
20	1：1	26.0	27.9	28.5	28.9	29.1	29.3	29.4	29.4	29.5	29.5	29.7	29.8
40	1：1	27.9	28.9	29.3	29.4	29.5	29.6	29.7	29.7	29.7	29.8	29.8	29.9
4	1：2	6.1	9.8	12.3	14.1	15.4	16.5	17.3	18.0	18.6	19.1	20.7	21.6
10	1：2	6.6	10.5	13.0	14.8	16.1	17.1	17.9	18.6	19.1	19.6	21.1	22.0
20	1：2	6.8	10.7	13.3	15.0	16.3	17.3	18.1	18.8	19.3	19.8	21.2	22.1

表 A.2(续)

原稿页数 N (按面计数)	复印方式	运行长度(复印套数)											
		1	2	3	4	5	6	7	8	9	10	15	20
40	1:2	6.9	10.9	13.4	15.2	16.4	17.4	18.2	18.9	19.4	19.8	21.3	22.1
4	2:2	5.6	9.1	11.5	13.3	14.7	15.8	16.7	17.4	18.0	18.5	20.3	21.3
10	2:2	5.9	9.6	12.0	13.8	15.2	16.3	17.1	17.8	18.4	18.9	20.6	21.5
20	2:2	6.0	9.7	12.2	14.0	15.4	16.4	17.3	18.0	18.5	19.0	20.7	21.6
40	2:2	6.1	9.8	12.3	14.1	15.5	16.5	17.3	18.0	18.6	19.1	20.7	21.7

30 张/min 复印机

1	5	10	15	20
26	29.1	29.5	29.7	29.8
6.8	16.3	19.8	21.2	22.1
6	15.4	19	20.7	21.6

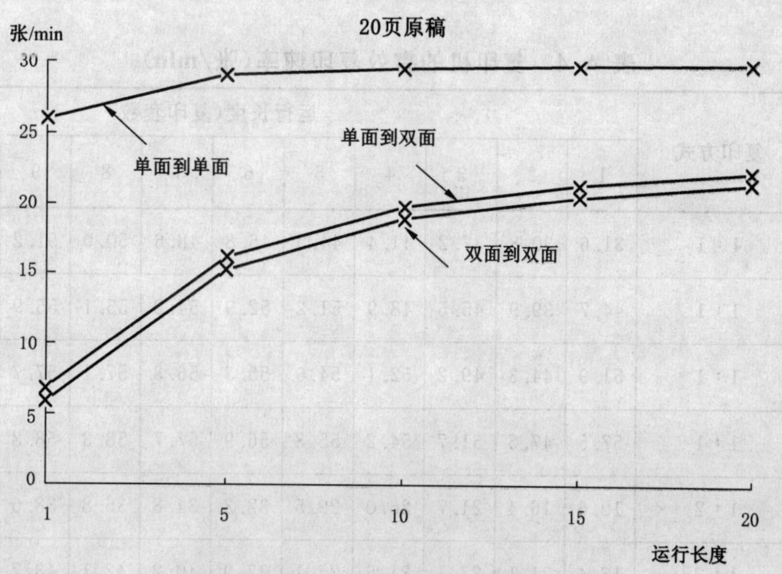

图 A.1 有效复印速率曲线图示例

A.2 装有自动输稿器并有双面复印能力的 62 张/min 的复印机

表 A.3 每项任务的时间(s)

原稿页数 N (按面计数)	复印方式	运行长度(复印套数)											
		1	2	3	4	5	6	7	8	9	10	15	20
4	1:1	8	16	19	23	27	31	35	38	42	46	65	84
10	1:1	13	30	40	49	59	68	78	87	97	106	154	201
20	1:1	23	54	73	92	111	130	149	168	187	206	301	396

表 A.3(续)

原稿页数 N (按面计数)	复印方式	运行长度(复印套数)											
		1	2	3	4	5	6	7	8	9	10	15	20
40	1∶1	52	126	174	221	269	316	354	411	459	505	744	981
4	1∶2	23	29	33	37	41	45	48	52	56	60	79	98
10	1∶2	45	57	66	76	85	95	104	114	123	133	180	228
20	1∶2	81	103	122	141	160	179	198	217	236	255	350	445
40	1∶2	191	241	288	336	383	431	478	526	573	621	858	1 096
4	2∶2	16	22	26	30	34	38	41	45	49	53	72	91
10	2∶2	35	47	57	66	76	85	95	104	114	123	171	218
20	2∶2	67	88	107	126	145	164	183	202	221	240	335	430
40	2∶2	162	212	259	307	354	402	449	497	354	592	829	1 067

表 A.4 复印机的有效复印速率(张/min)

原稿页数 N (按面计数)	复印方式	运行长度(复印套数)											
		1	2	3	4	5	6	7	8	9	10	15	20
4	1∶1	31.6	30.8	37.2	41.4	44.5	46.8	48.6	50.0	51.2	52.2	55.4	57.2
10	1∶1	44.7	39.9	45.5	48.9	51.2	52.9	54.2	55.1	55.9	56.6	58.6	59.7
20	1∶1	51.9	44.3	49.2	52.1	54.0	55.3	56.3	57.1	57.7	58.2	59.8	60.6
40	1∶1	57.5	47.5	51.7	54.2	55.8	56.9	57.7	58.3	58.8	59.2	60.5	61.1
4	1∶2	10.6	16.4	21.7	26.0	29.5	32.3	34.8	36.8	38.6	40.2	45.7	49.1
10	1∶2	13.4	21.1	27.1	31.6	35.1	37.9	40.2	42.1	43.7	45.1	49.9	52.6
20	1∶2	14.8	23.3	29.5	34.1	37.5	40.2	42.4	44.3	45.8	47.1	51.4	53.9
40	1∶2	15.7	24.9	31.2	35.7	39.1	41.8	43.9	45.6	47.1	48.3	52.4	54.7
4	2∶2	15.1	21.5	27.5	32.1	35.6	38.3	40.6	42.5	44.1	45.5	50.2	52.9
10	2∶2	17.2	25.5	31.8	36.3	39.7	42.3	44.4	46.1	47.5	48.8	52.8	55.0
20	2∶2	18.0	27.2	33.6	38.0	41.3	43.8	45.8	47.5	48.8	49.9	53.7	55.8
40	2∶2	18.6	28.3	34.7	39.1	42.3	44.8	46.7	48.3	49.6	50.7	54.3	56.2

62 张/min 复印机

1	5	10	15	20
31.6	44.5	52.2	55.4	57.2
10.6	29.5	40.2	45.7	49.1
15.1	35.6	45.5	50.2	52.9

4页原稿

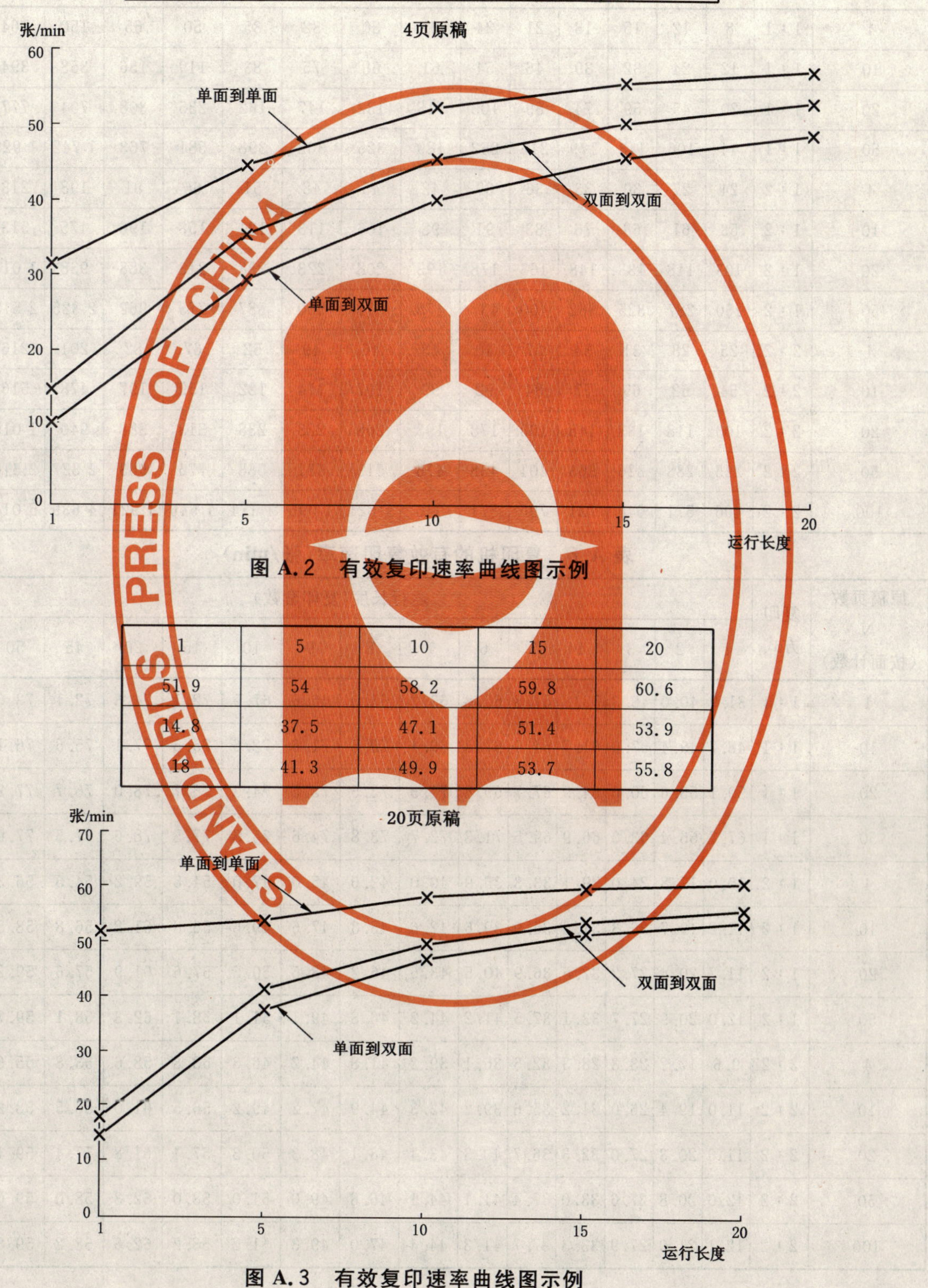

图 A.2 有效复印速率曲线图示例

1	5	10	15	20
51.9	54	58.2	59.8	60.6
14.8	37.5	47.1	51.4	53.9
18	41.3	49.9	53.7	55.8

20页原稿

图 A.3 有效复印速率曲线图示例

A.3 装有自动循环输稿器并有双面复印能力的85张/min的复印机

表 A.5 每项任务的时间(s)

原稿页数 N (按面计数)	复印方式	运行长度(复印套数)														
		1	2	3	4	5	6	7	8	9	10	15	20	45	50	100
4	1∶1	8	12	15	18	21	24	27	30	32	35	50	65	150	164	323
10	1∶1	12	24	32	39	46	54	61	68	75	83	119	156	358	394	779
20	1∶1	20	45	59	74	89	103	118	132	147	162	235	308	704	777	1 538
50	1∶1	44	106	143	179	216	252	189	325	362	398	581	763	1 742	1 925	3 817
4	1∶2	24	27	30	33	36	39	42	45	48	51	66	81	198	213	405
10	1∶2	53	61	68	76	83	91	98	106	113	121	158	196	475	513	980
20	1∶2	103	118	133	148	163	178	193	208	223	238	313	388	938	1 013	1 938
50	1∶2	250	287	325	362	400	437	475	512	550	587	775	962	2 325	2 512	4 812
4	2∶2	25	28	31	34	37	40	43	46	49	52	67	82	201	216	409
10	2∶2	54	62	69	77	84	92	99	107	114	122	159	197	478	516	984
20	2∶2	103	118	133	148	163	178	193	208	223	238	313	388	940	1 015	1 942
50	2∶2	215	288	326	363	401	438	476	513	551	588	776	963	2 327	2 516	4 816
100	2∶2	496	571	646	721	796	871	946	1 021	1 096	1 171	1 546	1 921	4 639	5 014	9 606

表 A.6 复印机的有效复印速率(张/min)

原稿页数 N (按面计数)	复印方式	运行长度(复印套数)														
		1	2	3	4	5	6	7	8	9	10	15	20	45	50	100
4	1∶1	31.9	40.0	48.3	53.8	57.8	60.8	63.2	65.0	66.6	67.9	72.1	74.3	72.1	73.0	74.3
10	1∶1	48.7	49.4	57.0	61.7	64.9	67.3	69.1	70.5	71.6	72.6	75.5	77.1	75.5	76.1	77.1
20	1∶1	59.1	53.6	60.6	64.9	67.7	69.8	71.3	72.5	73.5	74.3	76.7	78.0	76.7	77.2	78.0
50	1∶1	67.7	56.4	63.0	66.9	69.5	71.3	72.7	73.8	74.6	75.3	77.5	78.6	77.5	77.9	78.6
4	1∶2	10.0	17.8	24.0	29.1	33.3	36.9	40.0	42.6	45.0	47.0	54.5	59.2	54.5	56.3	59.2
10	1∶2	11.2	19.7	26.3	31.6	35.9	39.6	42.6	45.3	47.6	49.6	56.8	61.2	56.8	58.5	61.2
20	1∶2	11.7	20.4	27.2	32.5	36.9	40.5	43.6	46.2	48.5	50.5	57.6	61.9	57.6	59.2	61.9
50	1∶2	12.0	20.9	27.7	33.1	37.5	41.2	44.2	46.8	49.1	51.1	58.1	62.3	58.1	59.7	62.3
4	2∶2	9.6	17.2	23.3	28.3	32.5	36.1	39.2	41.8	44.2	46.3	53.8	58.6	53.8	55.6	58.6
10	2∶2	11.0	19.4	26.0	31.2	35.6	39.2	42.3	44.9	47.2	49.2	56.5	61.0	56.5	58.2	61.0
20	2∶2	11.6	20.3	27.0	32.3	36.7	40.3	43.4	46.1	48.3	50.3	57.4	61.8	57.4	59.1	61.8
50	2∶2	12.0	20.8	27.6	33.0	37.4	41.1	44.1	46.8	49.0	51.0	58.0	62.3	58.0	59.6	62.3
100	2∶2	12.1	21.0	27.9	33.3	37.7	41.3	44.4	47.0	49.3	51.2	58.2	62.5	58.2	59.8	62.5

85 张/min 复印机

1	5	10	15	20	45	50	100
31.9	57.8	67.9	72.1	74.3	72.1	73	74.3
10	33.3	47	54.5	59.2	54.5	54.5	59.2
9.6	32.5	46.3	53.8	58.6	53.8	55.6	58.6

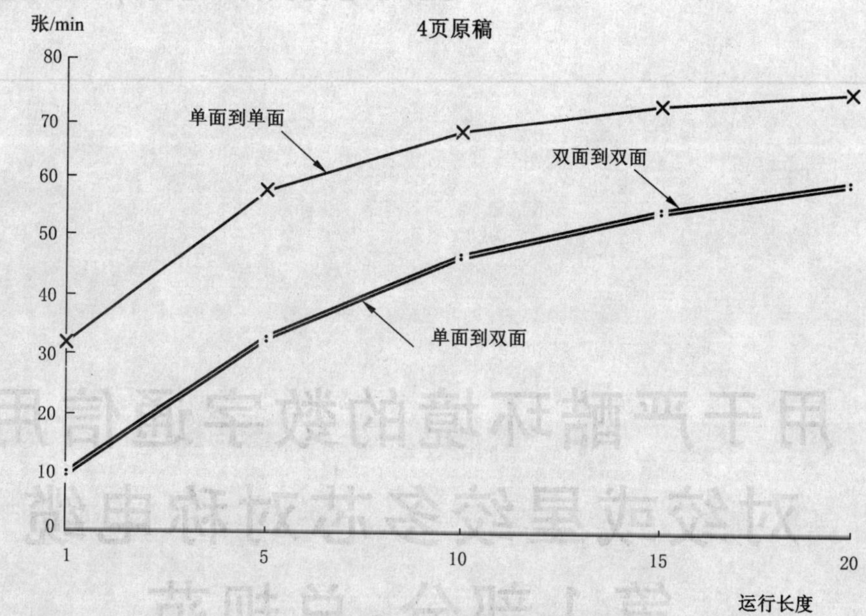

图 A.4　有效复印速率曲线图示例

1	5	10	15	20	45	50	100
59.1	67.7	74.3	76.7	78	76.7	77.2	78
11.7	36.9	50.5	57.6	61.9	57.6	59.2	61.9
11.6	36.7	50.3	57.4	61.8	57.4	59.1	61.8

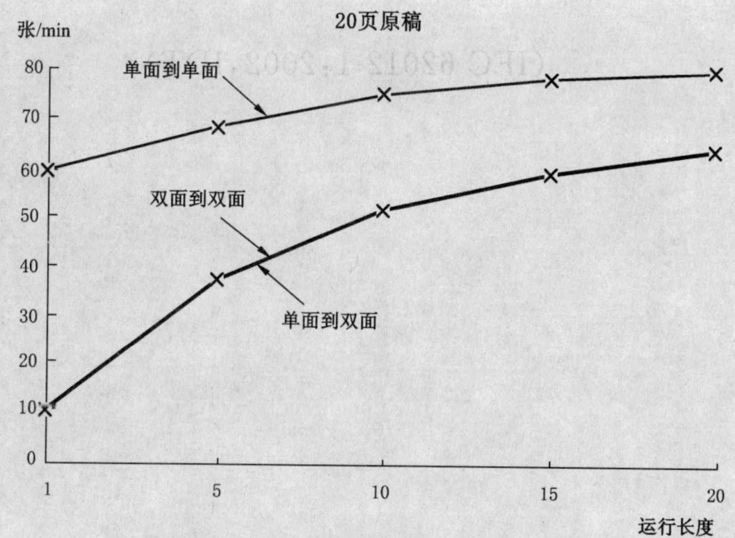

图 A.5　有效复印速率曲线图示例

ICS 29.060.20
K 13

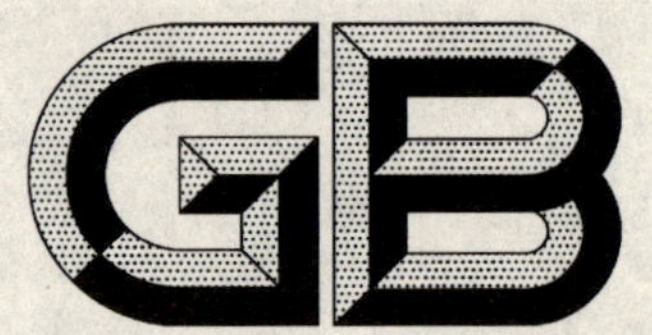

中华人民共和国国家标准

GB/T 21204.1—2007/IEC 62012-1:2002

用于严酷环境的数字通信用对绞或星绞多芯对称电缆 第1部分:总规范

Multicore and symmetrical pair/quad cables for digital communications to be used in harsh environments—Part 1:Generic specification

(IEC 62012-1:2002,IDT)

2007-12-03 发布　　2008-05-01 实施

中华人民共和国国家质量监督检验检疫总局
中国国家标准化管理委员会　发布

前言

本部分为 GB/T 21204《用于严酷环境的数字通信用对绞或星绞多芯对称电缆》的第 1 部分。

本部分等同采用 IEC 62012-1:2002《用于严酷环境的数字通信用对绞或星绞多芯对称电缆　第 1 部分:总规范》(英文版)。

为便于使用,本部分对 IEC 62012-1:2002 做了下列编辑性修改:

——删除 IEC 62012-1:2002 的前言;

——按照汉语习惯对一些编排格式进行了修改;

——对 IEC 62012-1:2002 中所引用的 IEC 标准出版物改为引用采用相应 IEC 标准出版物的我国标准;

——将一些适用于国际标准的表述改为适用于我国标准的表述。

本部分的附录 A 和附录 B 为规范性附录,附录 C 和附录 D 为资料性附录。

本部分由中国电器工业协会提出。

本部分由全国电线电缆标准化技术委员会归口。

本部分起草单位:上海电缆研究所、宁波东方集团有限公司、上海汉欣电线电缆有限公司、浙江兆龙线缆有限公司、江苏亨通集团有限公司、安徽新科电缆股份有限公司。

本部分主要起草人:辛秀东、孟庆林、叶信宏、汪家克、周红平、程奇松、巫志。

引　言

用户的建筑物布线或其他IT布线用电缆有可能必须在严酷的环境下工作。它可能因发生火灾亦可由工厂安装条件所致。本部分应与1.4定义的说明特殊功能的分规范一起使用。详细规范将根据实际电缆的设计参照一个或几个分规范。

用于严酷环境的数字通信用对绞或星绞多芯对称电缆 第1部分:总规范

1 总则

1.1 范围

GB/T 21204 的本部分规定了在严酷环境下使用时对绞或星绞多芯对称电缆的定义和试验方法,这种电缆用于数字通信系统,如综合业务数字网(ISDN)、局域网和数据通信系统。本部分是这类电缆的设计和试验的导则。

1.2 规范性引用文件

下列文件中的条款通过 GB/T 21204 的本部分的引用而成为本部分的条款。凡是注日期的引用文件,其随后所有的修改单(不包括勘误的内容)或修订版均不适用于本部分,然而,鼓励根据本部分达成协议的各方研究是否可使用这些文件的最新版本。凡是不注日期的引用文件,其最新版本适用于本部分。

GB/T 2423(所有部分) 电工电子产品环境试验 第2部分:试验方法[idt IEC 60068-2(所有部分)]

GB/T 2951.1—1997 电缆绝缘和护套材料通用试验方法 第1部分:通用试验方法 第1节:厚度和外形尺寸测量——机械性能试验(idt IEC 60811-1-1:1993)

GB/T 2951.3—1997 电缆绝缘和护套材料通用试验方法 第1部分:通用试验方法 第3节:密度测定方法——吸水试验——收缩试验(idt IEC 60811-1-3:1993)

GB 6995.2 电线电缆识别标志 第二部分:标准颜色(GB 6995.2—1986,eqv IEC 60304:1982)

GB/T 11327.1—1999 聚氯乙烯绝缘聚氯乙烯护套低频通信电缆电线 第1部分:一般试验和测量方法(neq IEC 60189-1:1986)

GB/T 11313—1996 射频连接器 第1部分:总规范 一般要求和试验方法(idt IEC 61169-1:1992)

GB/T 14733.1 电信术语 电信、信道和网络(GB/T 14733.1—1993,idt IEC 60050(701))

GB/T 14733.8 电信术语 电话(GB/T 14733.8—1993,idt IEC 60050(722))

GB/T 14733.11 电信术语 传输(GB/T 14733.11—1993,idt IEC 60050(704))

GB/T 17650.1 取自电缆或光缆的材料燃烧时释出气体的试验方法 第1部分:卤酸气体总量的测定(GB/T 17650.1—1998,idt IEC 60754-1:1994)

GB/T 17651.1 电缆或光缆在特定条件下燃烧的烟密度测定 第1部分:试验装置(GB/T 17651.1—1998,idt IEC 61034-1:1997)

GB/T 17651.2 电缆或光缆在特定条件下燃烧的烟密度测定 第2部分:试验步骤和要求(GB/T 17651.2—1998,idt IEC 61034-2:1997)

GB/T 18015.1 数字通信用对绞或星绞多芯对称电缆 第1部分:总规范(GB/T 18015.1—1999,idt IEC 61156-1:1994)

GB/T 18380.1 电缆在火焰条件下的燃烧试验 第1部分:单根绝缘电线或电缆的垂直燃烧试验方法(GB/T 18380.1—2001,idt IEC 60332-1:1993)

GB/T 18380.2 电缆在火焰条件下的燃烧试验 第2部分:单根铜芯绝缘细电线或电缆的垂直

燃烧试验方法(GB/T 18380.2—2001,idt IEC 60332-2:1989)

GB/T 18380.3 电缆在火焰条件下的燃烧试验 第3部分:成束电线或电缆的燃烧试验方法(GB/T 18380.3—2001,idt IEC 60332-3:1992)

IEC 60028:1925 铜电阻的国际标准

IEC 60068-2-42 环境试验 第2部分:试验 试验Kc 接触点和连接件的二氧化硫试验

1.3 定义

本部分采用GB/T 14733.1,GB/T 14733.8,GB/T 14733.11和GB/T 18015.1中确立的术语和定义。

1.4 环境条件

应将电缆设计为适用于以下一种或多种环境条件。

本部分的目的是适应1.3中定义的一种或多种环境条件的任何电缆亦应满足按第3章、第4章进行试验并满足其给出的电气、机械和环境要求。

1.4.1 耐火

当电缆按3.4.6所述的试验,受到火焰作用时,应能如详细规范中所述的降级或不降级地传输所预期的信号。

1.4.2 温度

当电缆按3.5所述的试验,受到温度作用时,应能如详细规范中所述的降级或不降级地传输所预期的信号。

1.4.3 核辐射(α,β,γ)

当电缆按3.7所述的试验,受到核辐射作用时,应能如详细规范中所述的降级或不降级地传输所预期的信号。

1.4.4 化学

当电缆按3.6所述的试验,受到化学试剂作用时,应能如详细规范中所述的降级或不降级地传输所预期的信号。

2 材料和电缆结构

2.1 一般说明

应选用适合于电缆预定用途和安装条件的材料和电缆结构。

2.2 电缆结构

电缆结构应符合相关电缆详细规范中给出的详细规定及尺寸。

2.2.1 导体

导体可以是实心的或是绞合的,实心导体应具圆形截面,可以是单一导体或有金属镀层导体。通常情况下,应将实心导体拉制成一整根。实心导体中允许有接头,接头处的抗拉强度应不低于无接头实心导体的85%。

导体应由均匀一致、无缺陷的退火铜制成,铜的特性应符合IEC 60028。

绞合导体应由圆形截面的导线用同心绞或束绞方式绞合而成,导线间没有绝缘。

绞合导体的单线可用单一导体或有金属镀层导体。

通常情况下,应将绞合导体的单线拉制成一整根。绞合导体的单线中允许有接头,只要接头处的抗拉强度不低于无接头单线导体的85%。除非在相关详细电缆规范中规定允许,绞合后的导体不允许接头。

2.2.2 绝缘

导体绝缘应由一种或多种适用的介电材料组成。绝缘可以是实心,泡沫或组合式(如泡沫实心皮)。

绝缘应连续并且厚度尽可能均匀。

绝缘应适当紧密地包覆在导体上。应按照 GB/T 11327.1—1999 中 5.4 规定的方法检验绝缘的剥离性能。应能容易地将绝缘从导体上剥下而不损坏绝缘或导体。

如要求绝缘导体应分色标识，颜色应符合 GB/T 6995.2 中所示的标准色。

2.2.3 色谱

绝缘的色谱在相关电缆详细规范中给出。

2.2.4 电缆元件

电缆元件是：

——单根绝缘导体；或

——两根绝缘导体一起扭绞成一对时，记作“a”线和“b”线；或

——四根绝缘导体一起扭绞成一个四线组，按旋转方向顺次记作“a”线和“c”线，“b”线和“d”线。

成品电缆中最大平均节距应按规定的串音要求、加工性能和线对或四线组的完整性选取。

注：用变化的节距制成电缆元件，允许偶然出现扭绞节距最大值大于规定值的情况。

2.2.5 电缆元件的屏蔽

如果线对或四线组外需要屏蔽，可按下列方式组成：

a） 一层金属塑料复合带；

b） 一层金属塑料复合带和一根与金属带接触的不镀金属或镀金属的铜屏蔽连通线；

c） 不镀金属或镀金属的铜丝编织层；

d） 一层金属塑料复合带和一层不镀金属或镀金属的铜丝编织层。

当不同种类的金属互相接触时，应特别谨慎。可能需要用涂覆层或其他防护方法以防止电化学作用。在屏蔽内层和(或)外层可绕包或挤包一层保护缓冲层。

2.2.6 成缆

电缆元件可用同心层绞式或单位式结构绞合成缆。缆芯可用一层非吸湿性包带(绕包或挤包)保护。

注：为保持缆芯圆整可使用填充物。

2.2.7 缆芯屏蔽

缆芯可采用以下屏蔽：

a） 一层金属塑料复合带；

b） 一层金属塑料复合带和一根与金属带接触的不镀金属或镀金属的铜屏蔽连通线；

c） 不镀金属或镀金属的铜丝编织层；

d） 一层金属塑料复合带和一层不镀金属或镀金属的铜丝编织层；

e） 裸金属带；

f） 金属管。

当不同种类的金属互相接触时，应特别谨慎。可能需要用涂覆层或其他防护方法以防止电化学作用。在屏蔽内层和(或)外层可绕包或挤包一层保护缓冲层。

2.2.8 护套

护套应有足够的机械强度与弹性。

护套应连续并且其厚度应尽可能均匀。护套的最小厚度按 GB/T 11327.1—1999 中 4.2.1.2 规定的方法测量。

护套应适当紧密地包覆在缆芯上。对于带屏蔽的电缆，除有意粘结外，护套不应粘结于屏蔽上。

2.2.9 护套颜色

护套颜色可在相关电缆详细规范中规定。

2.3 识别标记

2.3.1 电缆标志

除非另有说明，每个制造长度的电缆上应标有生产厂厂名，必要时还应有制造年份。标志可使用下列方法之一：

a) 颜色线或颜色带；

b) 印字带；

c) 在缆芯包带上印字；

d) 在护套上标记。

护套上可能还要有相关电缆详细规范中规定的其他标记。

2.3.2 标签

应在每根成品电缆所附的标签上或在产品包装的外面给出以下信息：

a) 电缆型号；

b) 生产厂厂名或专有标志；

c) 制造年份；

d) 电缆长度，单位：米(m)。

2.4 成品电缆

成品电缆应对储存及装运有足够的防护。

3 试验方法

3.1 一般说明

除非另有规定，所有的试验应在 GB/T 2423 规定的试验条件下进行。

3.2 电气试验

电气试验应按照 GB/T 18015.1 规定进行。相关的分规范给出适用的试验方法。

3.3 机械性能试验和尺寸测量

3.3.1 尺寸测量

应按照 GB/T 2951.1—1997 第 8 章规定测量厚度和直径。

3.3.2 导体断裂伸长率

应按照 GB/T 11327.1—1999 中 5.1 规定的方法测量导体的断裂伸长率。

3.3.3 绝缘抗张强度

应按照 GB/T 2951.1—1997 中 9.1.7 规定的方法测量绝缘抗张强度。

3.3.4 护套断裂伸长率

应按照 GB/T 2951.1—1997 中 9.2.7 规定的方法测量护套断裂伸长率。

3.3.5 护套抗张强度

应按照 GB/T 2951.1—1997 中 9.2.7 规定的方法测量护套抗张强度。

3.3.6 电缆压扁试验

3.3.6.1 目的

确定电缆组件承受施加到电缆任一部位的横向负荷(或力)的能力。

3.3.6.2 程序

试验应在 100 m 长的电缆距近端 1 m 处进行。

应无任何突然变化地逐渐施加相关的电缆规范中规定的负载(F)(见图 1)，保持 2 min 。如果逐级增加负载，其每级增加比率应不大于 1.5。

3.3.6.3 要求

在试验期间，传输特性应在详细规范中规定的限值之内。

详细规范可另外规定要完成的其他试验。

3.3.6.4 详细规范中要给出的条件

a) 力 F 的值；

b) 从试验区域到试验端口的距离；

c) 电气试验及其要求。

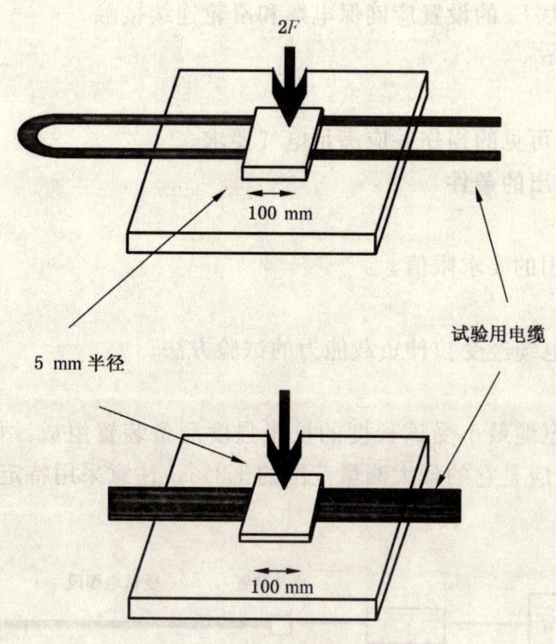

图 1　电缆压扁试验

3.3.7　张力下弯曲试验

3.3.7.1　目的

确定电缆承受多次反复弯曲的能力。

3.3.7.2　程序

试验应在 100 m 长的电缆距近端第一个 10 m 段上进行。

将电缆在整个长度上通过“往复”拉动，施加反复弯曲若干次。两个滑轮的半径应与相关的详细规范中规定的电缆最小动态弯曲半径相一致。滑轮应按图 2 方式安置，以使每个滑轮上电缆的弯曲角度都大于 90°。

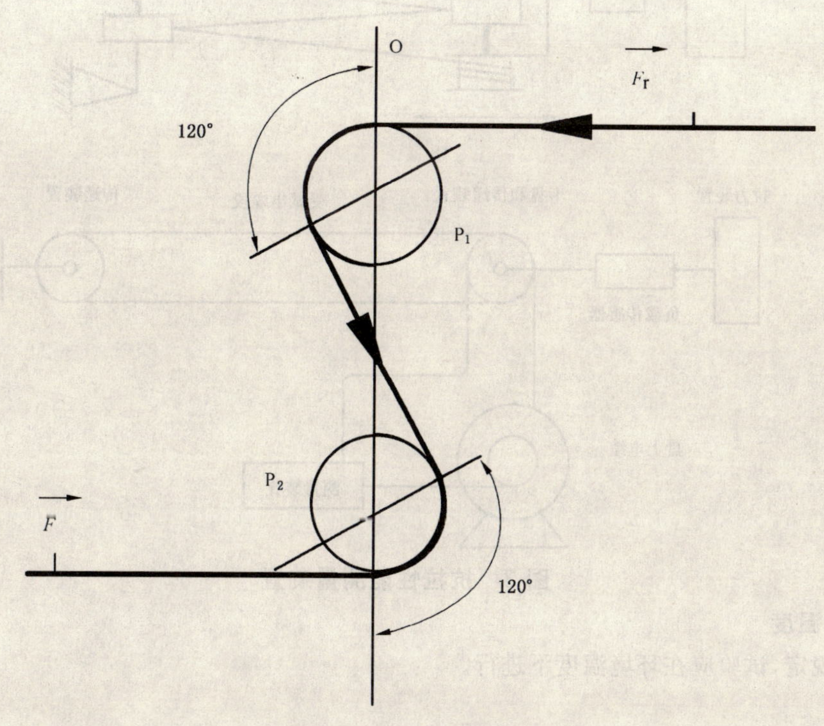

图 2　张力下的弯曲

电缆前后拉动的限制力 F_r 的设置应确保电缆和滑轮连续接触。

速度宜不小于 1 m/min 。

3.3.7.3 要求

试验后，电缆应无目力可见的损伤并应满足电气要求。

3.3.7.4 详细规范中要给出的条件

a) 循环次数；

b) 电气试验及其适用的要求限值。

3.3.8 电缆拉伸性能

本条规定了确定成品电缆经受拉伸负载能力的试验方法。

3.3.8.1 设备

设备应由一个可容纳电缆最小受试长度的抗张强度测量装置组成。可使用传递装置和负载传感器，负载传感器的最大误差应是它的最大测量范围的±3%。注意采用特定的夹紧电缆的方法以不影响试验结果(见图3)。

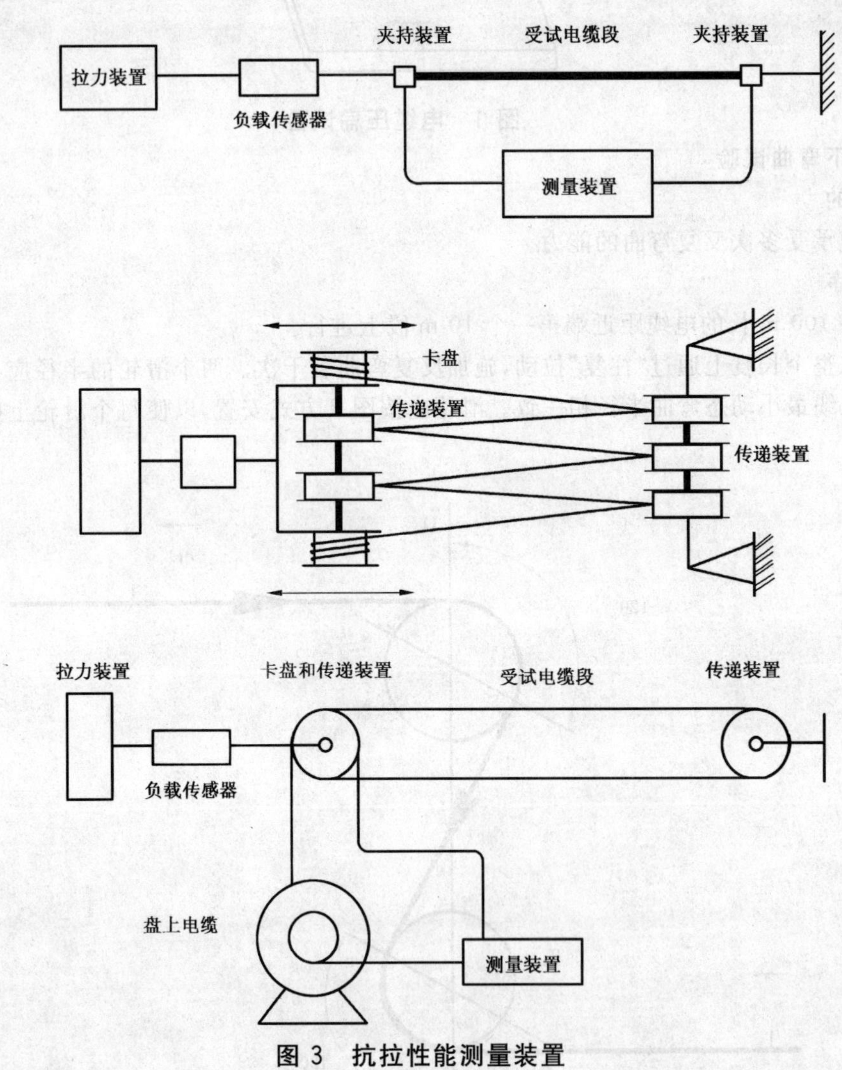

图 3 抗拉性能测量装置

3.3.8.2 试验温度

除非另有规定，试验应在环境温度下进行。

3.3.8.3 试样

试样应有足够的长度进行规定的试验。

3.3.8.4 **程序**

a) 将电缆安置在拉伸装置上并将其固定。在拉伸装置的两端,采用均匀夹紧的方法使电缆试样固定,以防止电缆中各元件相互滑移。对于多数的电缆结构,电缆的夹持是可行的;

b) 将拉伸试验的电缆连接到测量仪器上;

c) 张力负荷应连续地增加到详细规范中规定的要求值。

3.3.8.5 **要求**

试验后,衰减特性应在详细规范中规定的限值之内。

3.3.8.6 **要规定的详细要求**

——电缆长度和受拉伸长度;

——张力负荷;

——端部制备;

——张力增加速率;

——电缆长度测量的最小精确度(如果适用);

——试验温度。

3.4 **环境试验**

3.4.1 **绝缘收缩**

应按照 GB/T 2951.3—1997 中第 10 章规定的方法测量绝缘收缩。

3.4.2 **振动**

3.4.2.1 **程序**

本试验应按 GB/T 2423.10—1995 中试验 Fc 规定进行,如 GB/T 11313—1996 中 9.3.3 所规定。GB/T 11313—1996 中 9.3.3 包括关于电缆连续性监视的详细规定和应在有关分规范和详细规范给出的条件。

3.4.2.2 严酷度

振动严酷度应由频率范围,振幅和以循环次数表示的持续时间三个参数共同确定。相关规范应从下列推荐值中选取适当的参数。

振动频率范围:10 Hz~150 Hz

10 Hz~500 Hz

10 Hz~2 000 Hz

振幅:

频率低于 57 Hz 到 62 Hz 时应规定振动位移幅值,频率高于 57 Hz~62 Hz 时应规定加速度幅值(见表 1)。

表 1 振幅要求

位移幅值/mm	加速度/(m/s^2)	幅值 g
0.75	98	10
1.0	147	15
1.5	196	20

持续时间:

在每个轴线的振动循环次数:2 次,5 次,10 次或 20 次。

3.4.2.3 **要求**

除非在详细规范中另有规定,在恢复周期结束时,电缆应符合下列试验的要求。

a) 绝缘电阻;

b) 耐电压;

c) 插入损耗；

d) 目力检查。

绝缘电阻和耐电压试验应在试样恢复期终止后的 30 min 内进行。

3.4.2.4 详细规范中要给出的条件

a) 试验的严酷度；

b) 在预处理后和恢复周期后立即进行的电气试验及其要求。

3.4.3 碰撞

3.4.3.1 程序

本试验应按 GB/T 2423.6—1995 中试验 Eb 进行。

3.4.3.2 严酷度

除非在分规范或相关的详细规范中另有要求，应选择以下推荐的严酷度：

碰撞次数：1 000±10。

3.4.3.3 要求

除非在详细规范中另有规定，在恢复周期终止时，电缆应符合下列试验的要求。

a) 绝缘电阻；

b) 耐电压；

c) 插入损耗；

d) 目力检查。

绝缘电阻和耐电压试验应在试样恢复期终止后的 30 min 内进行。

3.4.3.4 详细规范中要给出的条件

a) 试验的严酷度；

b) 在预处理后和恢复周期后立即进行的电气试验及其要求。

3.4.4 冲击

3.4.4.1 程序

试验应按照 GB/T 2423.5—1995 中试验 Ea 进行。

3.4.4.2 严酷度

除非在分规范或相关详细规范中另有要求，应选择表 2 给出的一种脉冲波形。冲击的严酷度应由峰值加速度和标称脉冲的持续时间结合确定。

表 2 冲击严酷度

相应的速度变化量		加速度峰值	相应脉冲持续时间		
			锯齿波的最终峰值	半正弦波	梯形波
m/s	m/s	g	m/s	m/s	m/s
147	15	11	0.81	1.03	1.46
294	30	18	2.65	3.37	4.77
490	50	11	2.69	3.43	4.86
981	100	6	2.94	3.74	5.30
4 900	500	1	2.45	3.12	4.42
14 700	1 500	0.5	3.68	4.68	6.62

3.4.4.3 要求

除非在详细规范中另有规定，在恢复周期结束时，电缆应符合下列试验的要求。

a) 绝缘电阻；

b) 耐电压;

c) 插入损耗;

d) 目力检查。

绝缘电阻和耐电压试验应在试样恢复期终止后的 30 min 内进行。

3.4.4.4 详细规范中要给出的条件

a) 试验严酷度;

b) 在预处理后和恢复周期后立即进行的电气试验及其要求。

3.4.5 燃烧性能

3.4.5.1 单根电缆延燃特性

应按照 GB/T 18380.1 中规定的方法进行单根电缆的燃烧性能试验。当由于细小导体在火焰的作用下可能熔化,上述方法不适用时,电缆应按 GB/T 18380.2 中规定进行试验。

3.4.5.2 成束电缆延燃特性

应按 GB/T 18380.3 系列中规定的方法进行成束电缆的燃烧性能试验。

3.4.5.3 水平综合燃烧试验方法

水平综合燃烧试验方法规定见附录 A。

3.4.6 单根电缆的耐燃烧特性

3.4.6.1 目的

本条规定了在燃烧条件下保持电路完整性的要求并描述了为达到这一目的所应采用的方法。按本部分评定的保持电路完整性考虑了相关的应用和布线的性能要求。

3.4.6.2 传输性能的保持

按 3.4.6.4 规定对一定长度的电缆进行燃烧试验,如果表 3 中的传输性能的变化处于使用允许的范围内,则表示电路保持完整。

表 3 待检验的特性与应用频率的关系

应用的频率	检验的特性
100 kHz 及以下	工作电容/绝缘电阻
2 MHz 及以下	衰减
16 MHz 及以下	衰减/串音
100 MHz 及以下	衰减/串音/回波损耗

3.4.6.3 传输性能保持的等级

根据电路完整性保持时间的长短,确定电缆系统为表 4 中所列的某一种等级。

表 4 E 级电路完整性

电路完整性等级	电路完整性保持的最短时间/min
E30	30 或以上
E60	60 或以上
E90	90 或以上

3.4.6.4 程序

在距电缆的自由端 10 m 处,10 m 的电缆放在一个根据燃烧室的尺寸调节受试电缆最小的弯曲半径的金属的托架上,该托架的细节必须在详细规范中规定。

如可能,要将托架放入 GB/T 18380.3 系列标准规定的燃烧室内。对于大电缆,应使用 GB/T 17651.1定义的试验装置。

燃烧条件由 GB/T 18380.3 系列定义。

电缆的端部应安装合适的连接器，以便在良好状态下进行所要求的试验。

3.4.6.5 要求

在试验期间，应满足电气要求。

3.4.6.6 相关规范中要给出的条件

a) 置于火焰中的电缆总长度；

b) 适用的电气试验及其要求。

3.4.7 含卤气体释出

应按 GB/T 17650.1 中规定的测量方法测量产生的含卤素气体。

3.4.8 烟雾的产生

应按 GB/T 17651.2 中规定的方法测量发烟量。

3.4.9 有毒气体的散发

在考虑中。

3.5 温度试验

3.5.1 气候顺序

3.5.1.1 程序

试验应按 GB/T 11313—1996 中 9.4.2 进行。电缆应缠绕在一个最小静态弯曲半径的芯轴上。除非在详细规范中另有规定，总圈数应为 3 圈。

3.5.1.2 严酷度

除非在分规范或相关详细规范中另有规定，应从下列优选的严酷度中选择：

低温：−40℃、−50℃

高温：＋70℃、＋85℃、＋125℃、＋155℃、＋200℃

持续时间：4 天、10 天、21 天或 56 天

3.5.1.3 要求

除非在详细规范中另有规定，当试样恢复期终止时，电缆应满足下列试验的要求。

a) 绝缘电阻；

b) 耐电压；

c) 插入损耗；

d) 目力检查。

绝缘电阻和耐电压试验应在试样恢复期终止后的 30 min 内进行。

3.5.1.4 详细规范中要给出的条件

a) 气候顺序的每一阶段的严酷度；

b) 如果不是 3 圈时，应规定绕在芯轴上的圈数；

c) 在试验中和试验后进行的电气试验及其要求。

3.5.2 稳态湿热

3.5.2.1 程序

试验应按 GB/T 2423.3—1993 中的试验方法 Ca 进行。电缆应缠绕在一个最小静态弯曲半径的芯轴上。除非在详细规范中另有规定，总圈数应为 3 圈。

3.5.2.2 严酷度

除非在分规范或详细规范中另有规定，应选择下列推荐的一种严酷度：

持续时间：4 天、10 天、21 天或 56 天。

3.5.2.3 要求

除非在详细规范中另有规定，当试样恢复期终止时，电缆应满足下列试验的要求。

a) 绝缘电阻；

b) 耐电压;

c) 插入损耗;

d) 目力检查。

绝缘电阻和耐电压试验应在试样恢复期终止后的 30 min 内进行。

3.5.2.4 详细规范中要给出的条件

a) 试验的严酷度;

b) 如果不是 3 圈时,应规定在芯轴上缠绕的圈数;

c) 在预处理后和恢复周期后立即进行的电气试验及其要求;

d) 芯轴直径。

3.5.3 温度的快速变化

3.5.3.1 程序

本试验应按 GB/T 2423.22—2002 中的试验方法 Nc 进行。温度范围应按气候试验的规定选取。电缆应缠绕在一个最小静态弯曲半径的芯轴上。除非在详细规范中另有规定,总圈数应为 3 圈。

3.5.3.2 严酷度

变化速度:(1℃±0.2℃)/min

循环次数:除另有规定外为 2 次。

3.5.3.3 要求

除非在详细规范中另有规定,当试样恢复期结束时,电缆应满足以下试验的要求。

a) 绝缘电阻;

b) 耐电压;

c) 插入损耗;

d) 目力检查。

3.5.3.4 详细规范中要给出的条件

a) 最低和最高温度;

b) 如果不是 3 圈时,应规定在芯轴上缠绕的圈数;

c) 最终试验和测量及其要求;

d) 芯轴直径。

3.5.4 单根电缆的耐温特性

3.5.4.1 目的

确定电缆的耐温性能。

3.5.4.2 程序

除非在相关规范中另有规定,电缆应按图 4 经受 380℃的温度。

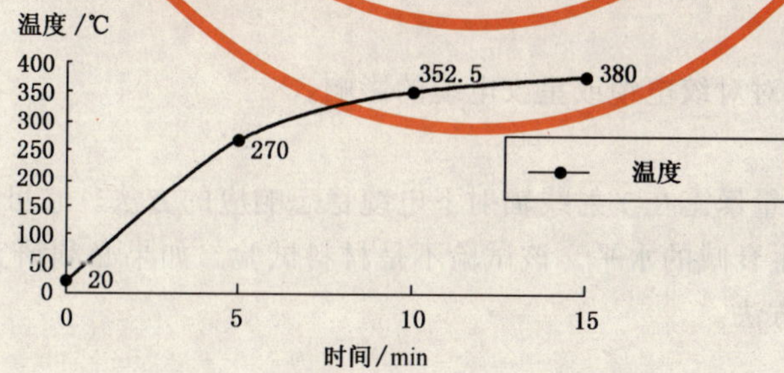

图 4 温度与时间的曲线图

3.5.4.3 要求

在试验过程中,应满足电气要求。

3.5.4.4 详细规范中要给出的条件

a) 受热的电缆长度；

b) 适用的电气试验及其要求；

c) 如果不按图 4 曲线升温，应规定温度升高的曲线。

3.6 化学试验

3.6.1 耐溶剂和污染流体

3.6.1.1 程序

试验应按 GB/T 11313—1996 中 9.7 进行。

3.6.1.2 要求

除非在详细规范中另有规定，当试样恢复周期结束时，电缆应符合下列试验的要求。

a) 绝缘电阻；

b) 目力检查；

c) 插入损耗；

d) 护套的抗张强度和伸长率。

3.6.1.3 详细规范中要给出的条件

a) 预处理液体；

b) 如果不是 70℃，应规定干燥温度；

c) 绝缘电阻和插入损耗的要求。

3.6.2 盐雾和二氧化硫试验

3.6.2.1 程序

本试验方法应从 GB/T 2423 系列标准中选取。严酷度应在详细规范中规定。

3.6.2.2 严酷度

盐雾试验应按 GB/T 2423.17—1993 中的试验方法 Ka 进行。试验持续时间应为 96 h 或 168 h。

二氧化硫试验应按 IEC 60068-2-42[1)] 中的试验方法 Kc 进行。试验持续时间应为 4 天。

3.6.2.3 要求

除非在详细规范中另有规定，当试样恢复周期结束时，电缆应满足下列试验的要求。

a) 绝缘电阻；

b) 如出现，导体和屏蔽腐蚀状态的目力检查；

c) 插入损耗。

3.6.2.4 详细规范中要给出的条件

绝缘电阻和插入损耗的要求。

3.7 辐射试验

3.7.1 核辐射

本试验是测量 γ 辐射对对绞电缆或星绞电缆的影响。

3.7.1.1 范围

本试验概述了一种测量暴露在 γ 射线辐射下电缆稳态响应的方法。它可用来测定由于暴露在 γ 辐射下，电缆产生的辐射感生衰减的水平。该试验不是材料试验。如果必须研究辐射导致的电缆材料的降级，则需要其他的试验方法。

3.7.1.2 背景

暴露在 γ 辐射下通常使电缆衰减增加。这主要由于辐射分解的电子和空穴在电介质的缺陷部位形

1) 等同采用 IEC 60068-2-42 的我国国家标准 GB/T 2423.19—1981 已废止，本条中按原文直接引用 IEC 60068-2-42。

成的陷阱。本试验程序集中在两个有意义的状态:适于评估环境背景辐射影响的低剂量率状态和适于评估有害的核辐射环境影响的高剂量率状态。环境背景辐射影响的试验是通过测量衰减的方法来实现的。恢复可能在 10^{-2} s 到 10^{4} s 宽的时间范围内发生。由于衰减与很多变量包括试验环境温度、试样的结构、施加到电缆上的辐射总剂量和剂量率有关,这使辐射感生衰减的表征变得复杂。

3.7.1.3 警告

该试验的实验室应有严格的规章和相应的保护设施。

3.7.1.4 试验装置

3.7.1.4.1 辐照源

3.7.1.4.1.1 环境背景辐射试验

应使用一个钴 60 或等同的离子源以 20 rad/h 的低剂量率释放 γ 射线。

3.7.1.4.1.2 有害的核环境试验

应使用一个钴 60 或等同的离子源在 5 rad/h 到 250 rad/h 范围内以要求的辐照剂量释放 γ 射线。

3.7.1.4.2 辐射剂量计

应采用热发光 LiF 或 CaF 晶体检测器(TLD)测量被试样接收的辐照剂量的总和。

3.7.1.4.3 温度控制器

除非另有规定,温度控制器应能保证在规定的温度±2℃之内波动。

3.7.1.4.4 试验用线盘

试验用线盘应不对试验过程的辐射产生屏蔽或减弱作用。

3.7.1.5 试验样品

试样应是如详细规范规定至少含四个线对的有代表性的电缆。

除非在详细规范中另有说明,试样长度应为 100 m。置于试验箱外,与测试设备相连的试样端部长度应尽量短(典型为 5 m)。应记录被辐照的试样长度。

3.7.1.6 试验程序

3.7.1.6.1 辐照源的校准

在将试样放入试验箱前应校准辐照源的剂量均匀性和剂量水平。辐照的区域应放置四个 TLD,并使它们的中心位于试验用线盘的轴线上(采用四个 TLD 以取得有代表性的平均值)。校准系统时的辐照剂量应等于或大于实际试验时的辐照剂量。为了保证测量试验辐照剂量的高度准确性,TLD 应只使用一次。

3.7.1.6.2 环境背景辐射试验

以下规定了在 γ 辐照源辐照前和辐照后试样的衰减的测量程序。

试验用的电缆线盘应根据图 5 所示安放在试验设备内。

试验前,试样应置于控温箱内在(25±5)℃温度下预处理 1 h,或在试验温度下按照详细规范中规定的预处理时间进行预处理。

应进行试样的衰减测量,记录 γ 射线辐射前的电缆衰减 A_1。

应通过将试样置于剂量率为 20 rad/h 的条件下确定因 γ 射线引起的环境背景辐射的影响。试样辐照的总剂量至少为 100 rad。

辐照过程的 2 h 内和结束时,应进行试样的衰减测量。记录 γ 辐照源辐照后试样的衰减 A_2。

按要求的试验温度重复上述试验步骤,在要求的每一温度下,都应使用新的未经辐照的试样。

3.7.1.6.3 有害核环境试验

γ 辐照源辐照前、辐照中和辐照后试样衰减的测试程序规定如下。

试验用的电缆线盘应根据图 5 所示放置在试验设备内。

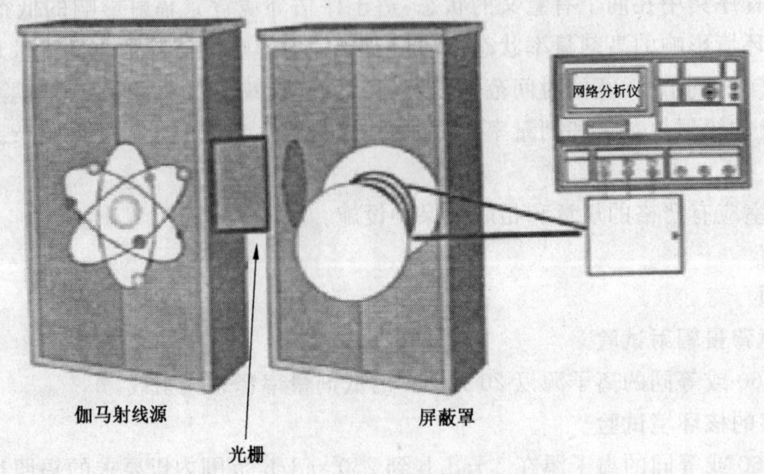

图 5　辐射试验设备

试验前，试样应置于控温箱内在 25℃±5℃温度下预处理 1 h，或是在试验温度下按照详细规范中规定的预处理时间进行预处理。

辐照前，应在规定的试验温度下测量衰减。

应将图表记录器或合适的连续测量装置连接到检测系统上用以对衰减进行连续测量。

因 γ 射线辐照引起的有害影响应通过将试样置于如表 5 规定的至少一种剂量率和总的剂量水平组合中或按详细规范规定的条件进行辐照来确定。

由于辐照源的性能改变，剂量率水平仅为近似水平。辐照源之间辐照剂量的变化预期高达±50%。辐照源开启或断开所需的时间应小于或等于总辐照时间的 10%。

在 γ 射线辐照周期内和辐照过程完成后 15 min 内，应记录试样的衰减。

按要求的试验温度重复上述试验步骤，在要求的每一温度下，都应使用新的未经辐照的试样。

表 5　总剂量/剂量率组合

总剂量/rad(sievert)	剂量率/(rad/s)
30	0.05
100	0.50
1 000	2
10 000	2

3.7.1.7　计算

衰减的变化 ΔA

$$\Delta A = A_2 - A_1 \quad (\text{dB})$$

式中：

A_1——γ 射线辐照前试样的衰减；

A_2——γ 射线辐照后试样的衰减。

3.7.1.8　详细规范中要给出的条件

应在详细规范中规定下列详细内容：

a）试样的型号；

b）试验用线盘的直径；

c）试验温度；

d）失效或可接收的标准；

e）试样的数量；

f）辐照总剂量和剂量率；

g）其他试验条件。

附 录 A
（规范性附录）
水平综合燃烧试验方法

A.1 定义、符号和缩写

A.1.1

火焰传播距离 flame travel distance

火焰传播超过燃气喷灯火焰区域的距离。

A.1.2

烟的光密度 optical density of smoke(OD)

以原始光强度与瞬态光强度的对数比描述烟的遮光度。

A.1.3

点火时间 time-to-ignition

燃烧开始的时间。

A.2 试验环境

燃烧实验室由试验箱和烟雾测量系统组成，它应装有通风设施，在每次试验的全过程中维持室内的受控压力，使之相对于大气压为 0 Pa 到 12 Pa 的水柱、温度为 23℃±3℃和相对湿度为 50%±5%，燃烧实验室应采取措施保持空气流通。燃烧实验室和烟尘测量区域应控制照明。

A.3 试验装置

燃烧试验装置应包括下列各项：

a) 进气箱；

b) 进气口风门片；

c) 燃烧试验箱；

d) 燃气喷灯；

e) 可移动顶盖；

f) 排气管过渡段；

g) 排气管道；

h) 排气管道流速测量系统；

i) 测烟系统；

j) 排气管道可调风门；

k) 排气管道鼓风机；

l) 热释放率测量系统。

A.3.1 进气箱

燃烧试验箱通风转换导管应为 L 形镀锌钢结构组成，固定于燃烧试验箱的进气端，该装置应保持(300 mm±6 mm)×(464 mm±6 mm)的矩形通路以让空气通过进气口风门片进入燃烧试验箱。进气箱的示意图见图 A.1。

A.3.2 进气口风门片

一个可垂直滑动且覆盖整个试验箱的风门片位于燃烧试验箱的进气端，风门片安装于离试验箱底面 76 mm±2 mm 的进气口，占据了试验箱的全部宽度，如图 A.1 所示(也见图 A.2)。

A.3.3 燃烧试验箱

燃烧试验箱应由一个形状和尺寸如图 A.2 和图 A.3 的水平管道组成。管道的侧面和底部应由高熔点耐火砖砌成保温炉墙，如图 A.3 所示。一侧配有一排厚 6 mm 的高温耐压双层观测窗。内层的窗格玻璃应与内侧墙壁齐平(见图 A.3)。暴露的玻璃窗面积为(70 mm±6.4 mm)×(280 mm±38 mm)。安装玻璃的目的是可以在燃烧试验箱的外面观察到燃气喷灯及起始于试样火焰端点上一段被测试样。

顶盖的支撑档由一种能承受非正常连续试验的结构材料制成。支撑档与箱体及其他各装置的长度和宽度齐平。

为提供燃烧用的空气湍流，应沿着燃烧试验箱的墙面安放 6 块尺寸为 229 mm×114 mm×64 mm 的耐火砖(长度方向垂直于墙，114 mm 尺寸方向平行于墙)作为导流板，从燃气喷灯的中心线到耐火砖的中心线测量耐火砖到墙的距离分别为：在有窗子一侧(不要遮住窗子)2.13 m±152 mm，3.66 m±152 mm，6.10 m±152 mm，在相反方向分别为 1.37 m±152 mm，2.90 m±152 mm，4.88 m±152 mm。

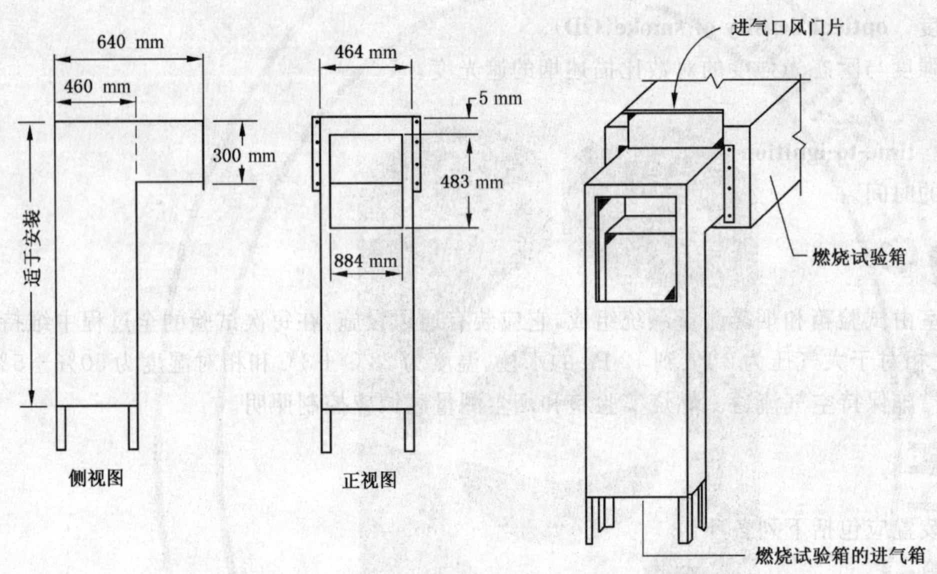

图 A.1 空气进气箱示意图

(公差在相应段落给出)

A.3.4 燃气喷灯

在燃烧试验箱的一端，即图 A.2 中标有进气端处，备有双口燃气喷灯，向上喷射喷没试样的火焰。如图 A.3 所示，燃气喷灯应横向安置于熔炉每侧的中心线，以便于火焰均匀的分布在试样的宽度方向上。该燃气喷灯离燃烧试验箱的进气端 292 mm±6 mm，在可移动顶盖以下 191 mm±6 mm 处(见图 A.2 和图 A.3)。燃气喷灯位于进气口风门片下游 1 320 mm±51 mm 处，计量时从燃气喷灯的中线量到风门片的外表面。燃气喷灯的燃气是由一根进气管提供，通过一个 T 形部件分散到各个燃气孔。出口是一个直径 19 mm 的肘管。孔的平面应平行于炉底面。以便燃气直接上升面向试样。各个孔的位置应是如此：其中线位于燃烧试验箱中线各侧 102 mm±6 mm 处，以便燃气喷灯火焰呈均匀分布(见图 A.3)。燃气喷灯是采用遥控的电子点燃系统点燃。控制器用于维持输送至燃气喷灯的甲烷气流保持稳定，它由以下几个部件组成：

a) 一个压力调节器；

b) 一个校准的燃气表，增量的读数不应高于 2.81；

c) 一个显示气压的量表，单位为 Pa(或水柱英寸数)；

d) 一个气体紧急开关阀；

e) 一个气体计量阀；

f) 一个连有压力计的带孔的板用以保持统一的气流条件。

如果是与控制装置同等的仪器,允许替换。

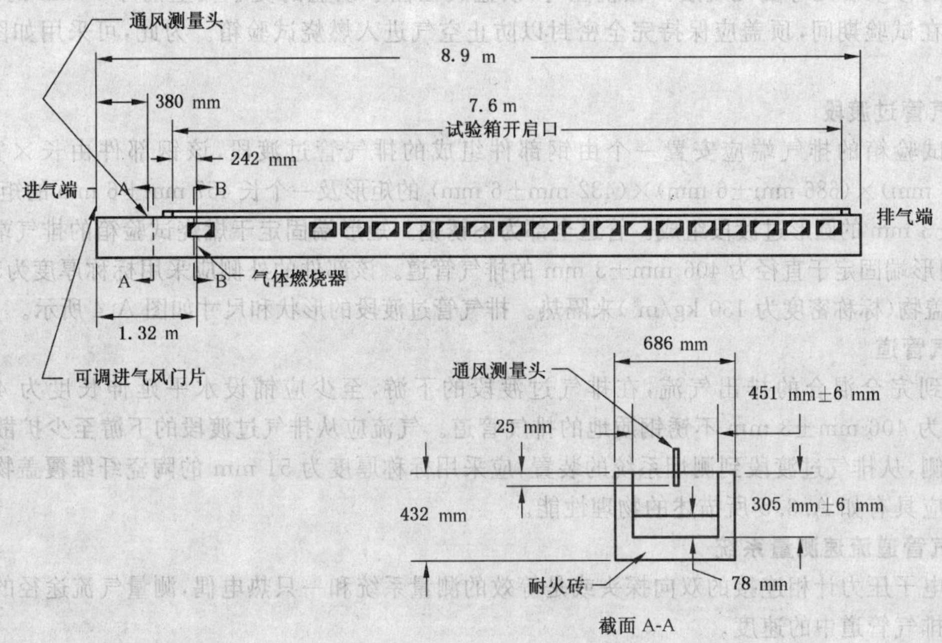

图 A.2 燃烧试验箱示意图

(公差在相应段落给出)

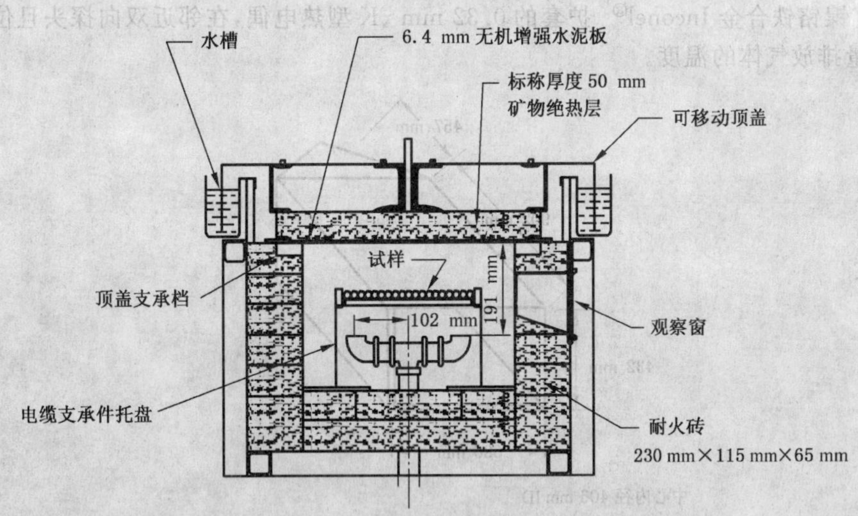

图 A.3 燃烧试验箱 T 型截面示意图(截面 B-B,图 A.2)

(公差在相应段落给出)

A.3.5 可移动顶盖

可移动顶盖是由金属和矿物复合件组成,绝热层应为标称 51 mm±6 mm 厚的矿物复合材料。顶部截面在图 A.3 中显示,应能完全覆盖燃烧试验箱。金属和矿物复合材料应具有如下的物理特性:

a) 最高的有效使用温度不能低于 650℃;

b) 容积密度为 335 kg/m^3±20 kg/m^3;

c) 导热率从 150℃到 370℃为 0.072 W/(m·K)到 0.102 W/(m·K);

d) K_pC 乘积为 1×104(W^2·s)/(m^2·K^2)到 4×104(W^2·s)/(m^2·K^2)。

这里 K_pC 等于导热率×密度×比热。

整个顶盖用扁平截面的高密度(标称密度 1 760 kg/m^3,6 mm 厚)的矿物纤维/水泥板保护,该板材应经过连续的移动后无弯曲无裂痕。在就位时,顶盖放在位于顶盖的支承档上的厚 3 mm 的编织玻璃纤维带上。在试验期间,顶盖应保持完全密封以防止空气进入燃烧试验箱。为此,可采用如图 A.3 所示的充水槽。

A.3.6 排气管过渡段

在燃烧试验箱的排气端应安置一个由钢部件组成的排气管过渡段,该钢部件由长×宽×高为(902 mm±6 mm)×(686 mm±6 mm)×(432 mm±6 mm)的矩形及一个长 457 mm±6 mm 的矩形和内径为 406 mm±3 mm 的圆形过渡段组成。管道全部为不锈钢。矩形端固定于燃烧试验箱的排气端,以保证空气密封,圆形端固定于直径为 406 mm±3 mm 的排气管道。该部件的外侧应采用标称厚度为51 mm 的陶瓷纤维覆盖物(标称密度为 130 kg/m^3)来隔热。排气管过渡段的形状和尺寸如图 A.4 所示。

A.3.7 排气管道

为了得到完全混合的排出气流,在排气过渡段的下游,至少应铺设水平延伸长度为 4.9 m 到 5.5 m,内径为 406 mm±3 mm 不锈钢质地的排气管道。气流应从排气过渡段的下游至少扩散 8.5 m 。在管道的外侧,从排气过渡段到测烟系统的装置,应采用标称厚度为 51 mm 的陶瓷纤维覆盖物隔热,陶瓷纤维材料应具有如 A.3.5 所描述的物理性能。

A.3.8 排气管道流速测量系统

采用与电子压力计相连接的双向探头或是等效的测量系统和一只热电偶,测量气流途径的压力差,以确定其在排气管道中的速度。

双向探头是由一个中央有一隔膜将其分为两个腔体的不锈钢筒构成。探头长 44 mm,内径为 22 mm 。位于隔膜两侧的测压孔用于支承探头。

探头的轴芯位于管道的中线。压力头与一个最小分辨率为 0.25 Pa 水柱的压力传感器连接。

用一个具有镍铬铁合金 Inconel®[1)] 护套的 0.32 mm 、K 型热电偶,在邻近双向探头且位于管道中线 152 mm 处,测量排放气体的温度。

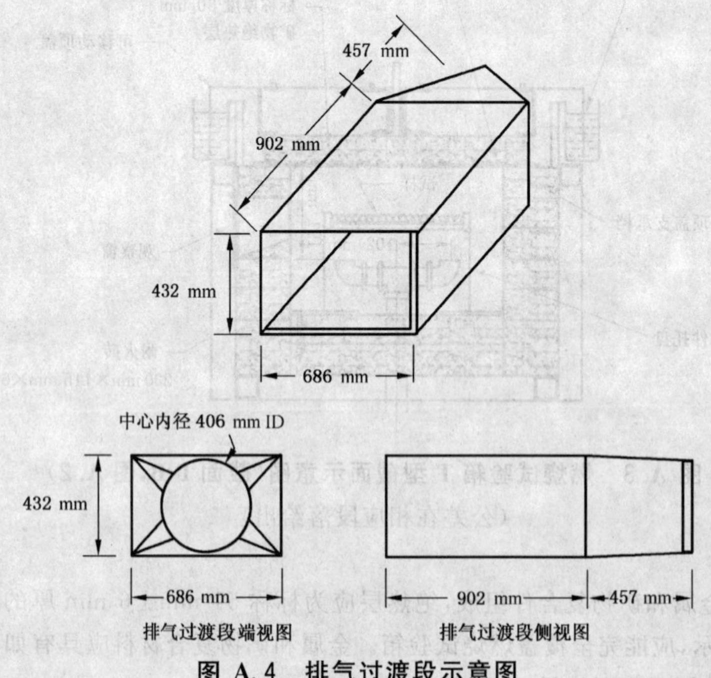

图 A.4 排气过渡段示意图

(公差在相应段落给出)

1) Inconel®是市场上可得到的适当的样品,给出此信息是为了方便本规范的使用者。并不是国家对这种产品的认可。

A.3.9 测烟系统

在排气管道的水平面上应装配一个 12-V 的密封集束透镜汽车聚光灯(见图 A.5)。聚光灯应置于一直的圆管前面,该管距排气过渡段的排气端至少 4.9 m 但不大于 5.5 m。光束沿排气管道的垂直轴朝上。输出与接收量成正比的光电池应放在光源上方,光源至光电池的全程为 910 mm±50 mm 。光源和光电池都应与实验室的环境相通。圆柱形的光束应通过直径为 406 mm 的管道顶部和底部的 76 mm±3 mm 的开启处。合成光束集中在光电池上。光电池应与记录仪器相连,以指示因通过烟雾而造成的光线的衰减。详细的工程图见附录 C。

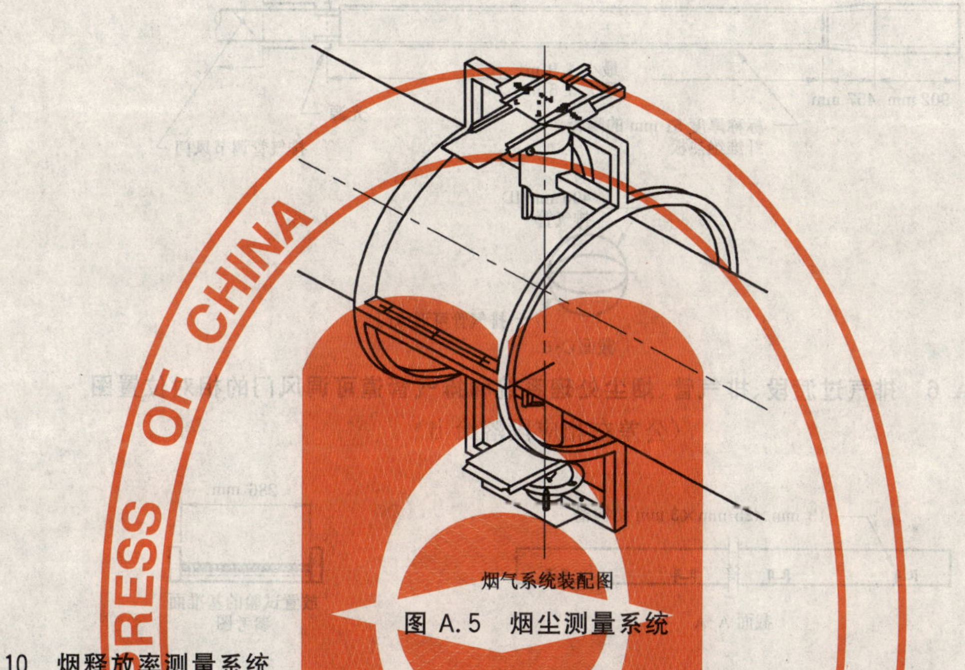

图 A.5 烟尘测量系统

A.3.10 烟释放率测量系统

烟释放率测量系统是由 A.3.9 描述的烟测量系统和 A.3.8 描述的气流测量系统组成的。

A.3.11 排气管道可调风门

在排气管道位于测烟系统下游 1.7 m±0.2 m 处应安装单片直径为 406 mm 的流量控制风门。排气管过渡段、排气管、测烟系统和排气管道可调风门的相对位置如图 A.6。为保障在整个试验过程控制空气流,应通过闭环的反馈系统根据测量气流的静压力来控制排气管道可调风门。

A.3.12 排气鼓风机

排气鼓风机应置于排气管道可调风门下游至少 1.8 m 处,两者相连的排气管的直径为 406 mm 。试样一旦就位,进气口风门片提供 76 mm±2 mm 的进气开启口,排气管道可调风门大幅度打开,鼓风机的功率应在通风测压点处,能产生至少 37 Pa 的水柱压力(见图 A.6)。排气管道可调风门和排气鼓风机之间应有一个密封的伸缩接头。

A.3.13 燃烧试验箱气流系统

在进气端应安装一个配有扩展到整个试验箱宽度的垂直滑动通风扇的通风口。应安装一块金属板作为通风口的舱门,如图 A.1。

贯穿整个排气管的空气流动应被诱导通风。诱导气流系统应至少有总体气流容量 37 Pa 水柱的压力,这时试样安装好,进气口风门片在进气端开在正常位置,排气管道可调风门也是大开着的(见图 A.6 的 C-C 部分)。用于显示静态压力的通风压力计应从上部插入在通道宽度的中间位置,在顶棚下方 25 mm±13 mm 处,并在进气口风门片下游 380 mm±13 mm,如图 A.2 的 A-A 部分。

A.3.14 梯形电缆托架

用于支撑自由放置的电缆试样或托架内的电缆试样的梯形电缆托架见图 A.7。托架应由最小抗张强度 350 MPa 的冷轧钢制成。侧面轨道的实心直杆标称尺寸应为(38 mm±3 mm)×(10 mm±3 mm),如图

A.7。横档应是结构尺寸为(13 mm±3 mm)×(25 mm±3 mm)×(3 mm±1 mm)的C型槽,如图A.7的A-A剖面所示。每根横档长度应为286 mm。应沿着托架长度方向取中心距299 mm±3 mm将横档焊接在侧面轨道上。托架应由一个或多个部分组成,总的装配长度为7.3 m±51 mm并且应总共由16个支承件沿着托架长度方向予以支撑。托架支承件应由钢棒制成,如图A.7。

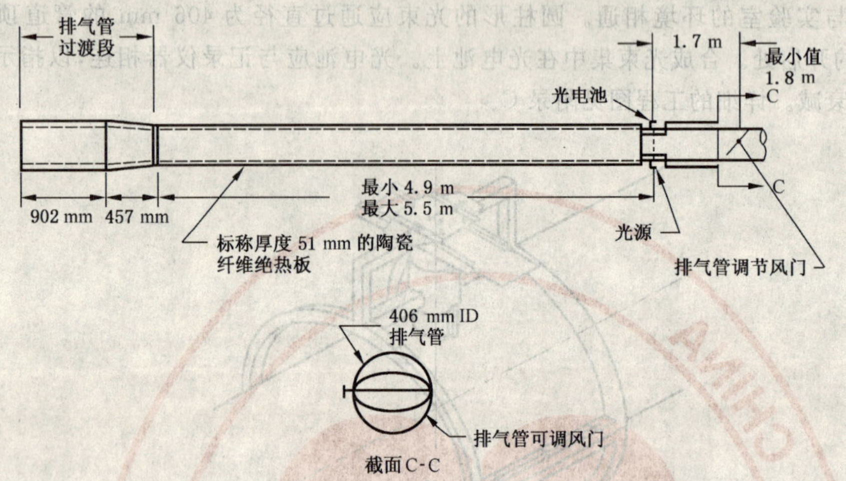

图 A.6 排气过渡段、排气管、烟尘处理系统和排气管道可调风门的相对位置图

(公差在相应段落给出)

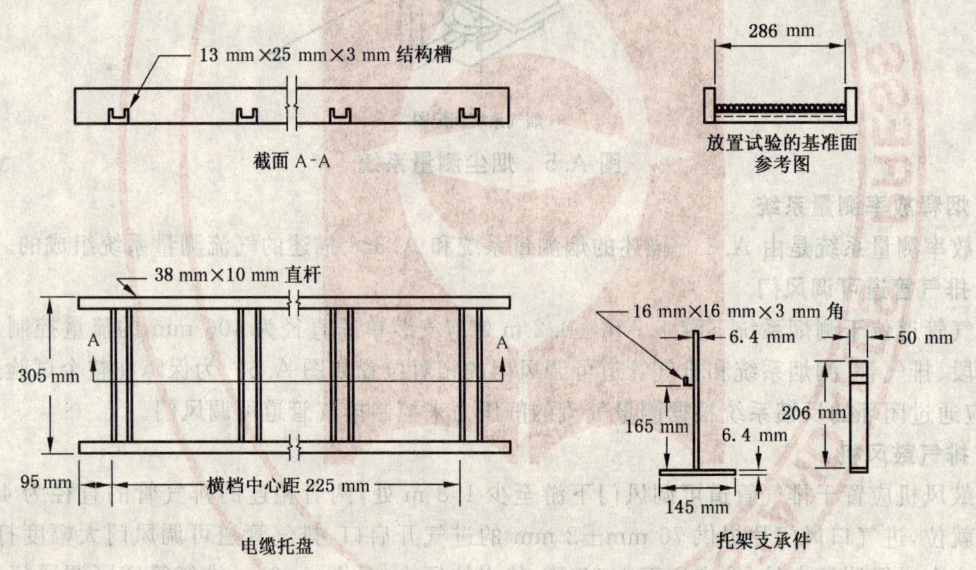

图 A.7 梯形电缆托架和支承件详细图

(公差在相应段落给出)

A.3.15 燃烧试验箱温度测量仪

在试验箱的底面插入一根直径为0.91 mm的镍铬合金—铝热电偶,10 mm±3 mm接头暴露于燃烧试验箱的空气中。热电偶的顶端应置于玻璃纤维带顶面下25 mm±3 mm,离燃气喷灯中线7 010 mm±13 mm,且位于试验箱宽度的中央。

直径0.91 mm的镍铬合金—铝热电偶嵌入试验箱的底面下3.2 mm±1.6 mm处,它应被安装在耐火砖或硅酸盐水泥里(小心干燥防止开裂),在燃气喷灯中线下游,距离为4.0 m±13 mm和7.1 m±13 mm且在试验箱的宽度的中央。

A.3.16 数据采集设备

一个数字数据采集系统用来采集和记录烟系统中的光衰减、温度、火焰的扩张和速度大小。数据采集系统应能每间隔 2 s 收集一次数据。数据采集系统应有对于温度系统 1.0℃的精确度、对于其他的仪表系统应有仪表满量程输出 0.01%的精确度。滤波程序不应用于处理数据。

A.3.17 热释放率测量系统

热量释放率设备应有如 A.5.8 所描述的空气流量测量系统和这里述及的气体分析仪及取样设备。气体分析仪及取样设备应由以下部件组成。

a) 不锈钢气体取样管,放置在排气管道内用以获得连续流动试样,以测定排放气体中的氧气浓度以确定其与时间的函数;

b) 微粒过滤器用来去掉微粒烟尘;

c) 冰池浴,无水硫酸钙和硅胶去掉气体试样中的湿气;

d) 烧碱石棉剂用来去掉二氧化碳;

e) 泵和气流控制设备;

f) 氧气分析仪。

过滤器和水阱在流程中位于分析仪前方用于去除颗粒和水分。在精确度为±0.25%的情况下,氧气分析仪应能测量氧气浓度范围从 0%到 21%。在经过气体取样管的气流混合物发生一步改变后,来自氧气分析仪的信号应是 30 s 内最后数值的 10%以内。热释放率气体取样设备的典型排列如图 A.8 所示。

A.4 试样

试样应为 7.32 m±152 mm 的电缆,电缆被横铺在电缆托架底部一层,如图 A.3 所示。

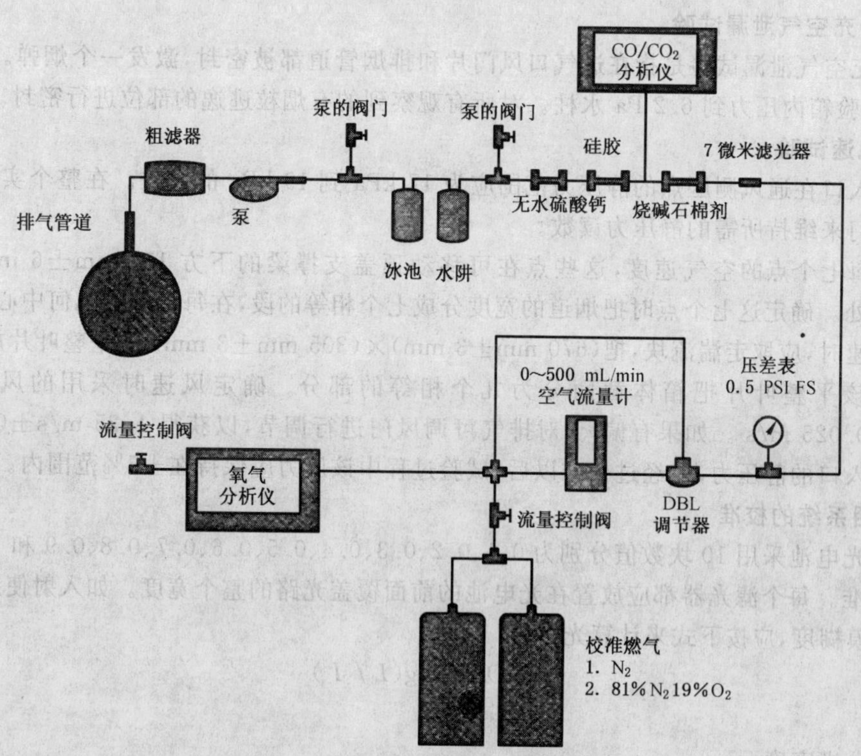

图 A.8 气体取样系统示意图

A.5 试验设备的校准和维护

A.5.1 维护

维护仪器应每 30 天常规进行一次,维护包括以下程序(当需要时更换部件):

a) 检查烟道和墙砖;

b) 检查窗子；

c) 检查无机水泥板；

d) 检查浇铸的块状混合物。

A.5.2 校准频率

试验仪器应每间隔一个月就按从 A.5.3 到 A.5.8 所描述的那样校准一次。

A.5.3 空气流

将一块(610 mm±3 mm)×(356 mm±3 mm)×(2 mm±1 mm)的钢板置于燃气喷灯上方燃烧试验箱的空气进入端上的顶盖支承档上。将三块尺寸为(2.44 m±13 mm)×(61 mm±13 mm)×(6 mm±3 mm)的矿物纤维/水泥板置于顶盖支承档上，以补充燃烧试验箱的剩余长度，如图 A.3 所示。板的材料应如 A.3.5 所定义。应将试验箱的可移动的顶盖安置就位。

在试验期间，应维持 23℃±3℃的空气浓度。相对湿度应保持在 50%±5%。

A.5.3.1 空气泄漏试验

应在下述条件下，将气流设置为可从气压计上读取 37 Pa 水柱的静压力。

a) 板子和可移动顶盖都安装就位；

b) 进气端进气口风门片打开 76 mm±2 mm；

c) 手工调节可调风门。

然后应关闭和密封进气端进气口风门片。静压力读数应至少增加 93 Pa 水柱，以表明不存在泄漏。应读取并记录静压力值。

压力有下降趋势，表明在燃烧试验箱或排气系统有泄漏。

A.5.3.2 补充空气泄漏试验

进行补充空气泄漏试验是指在进气口风门片和排烟管道都被密封，激发一个烟弹。这个烟弹应被点燃，燃烧试验箱内压力到 6.2 Pa 水柱。对所有观察到的有烟粒逃逸的部位进行密封。

A.5.3.3 风速试验

空气进入口在通风测压点的静压力范围应为 17 kPa 到 19 kPa 的水柱。在整个实验过程中，通过控制可调风门来维持所需的静压力读数。

应记录每七个点的空气速度，这些点在可移动顶盖支撑梁的下方 152 mm±6 mm，距离中心线 7 m±3 mm处。确定这七个点时把烟道的宽度分成七个相等的段，在每部分的几何中心记录风速。

测量风速时，应取走湍流块，把(670 mm±3 mm)×(305 mm±3 mm)的平整叶片放在离燃气喷灯 4.9 m 处。该平整叶片把箱体截面分为九个相等的部分。确定风速时采用的风速传感器应为 1.25 m/s±0.025 m/s 。如果有偏离，对排气可调风门进行调节，以获得 1.25 m/s±0.025 m/s 的风速。空气进入口的静压力，在经过校准以后，试验过程中该压力应保持在±5%范围内。

A.5.4 测烟系统的校准

光源和光电池采用 10 块数值分别为 0.1、0.2、0.3、0.4、0.5、0.6、0.7、0.8、0.9 和 1.0 的中性密度滤光器来校准。每个滤光器都应放置在光电池的前面覆盖光路的整个宽度。如入射使用中性密度滤光器，则光的模糊度，应按下式来计算光密度：

$$OD = \lg(I_0 / I)$$

式中：

OD ——光密度；

I_0——清晰的束状光电池信号；

I ——具有中性密度滤光器的光电池信号。

每个滤光器的光密度(OD)的计算值应相当于中性密度标准值±3%内。所有测量值平均偏差应不超过 1%。如果存在超出公差的偏离，须调整光源电压和光电池电阻。应通过再次校准来定量调整。

A.5.5 燃料

可产生 88 kW±2 kW 的试验火焰应是瓶装甲烷气体提供的燃料，甲烷应为最小 98%的纯度和最高发热值 37 MJ/m³±0.5 MJ/m³,这由气体热量计或燃料供应者提供的证明来确定。

气体源应在开始调整到 88 kW±2 kW 附近。在每次试验时,应记录气体压力、通过锐孔板的压力差和使用的气体体积。应在供气端和测量输出端之间插入一个长的卷曲铜管用以补偿需要的气流可能出现的误差,这些误差是由于与压力下降和越过调整器的膨胀有关的气体温度下降所致。

如能证明等值替代物达到相同的燃料水平,应允许使用其他适用的修正方法。当按照 A.5.3.3 和本段所述调整气流和气体供应时,试验火焰应在试样上顺流扩散 1.37 m。逆流覆盖的距离可以忽略。

A.5.6 无机加强水泥板试验

A.5.6.1 预热温度

试验之前应对燃烧试验箱预热,这时,如 A.5.3 所述的钢板和一层宽度足以如图 A.3 所示、标称厚度×长度为 6 mm×2.4 m 的矿物纤维/水泥板置于顶盖支承档上,板的材料应符合 A.5.5 规定。可移动顶盖应安装就位。应将燃料源即甲烷或天然气调整到产生 88 kW±2 kW 的火焰的所需气流,空气进入口的风门片应开启 76 mm±2 mm。

继续预热至位于 7.09 m±13 mm 底面的热电偶所示温度达到 66℃±3℃。试验箱直到在 3.96 m 的底面热电偶显示温度 41℃±3℃才允许冷却。

预热是为了以下继续的试验创造条件和指示控制进入试验箱的热输入量。

A.5.6.2 温度随时间的变化

按 A.5.6.1 条所述放置钢板、三块 2.4 m 长矿物纤维/水泥板和可移动顶盖,空气入口的风门片开启 76 mm±2 mm,以提供所要求的空气流。在试验的 10 min 内,调节甲烷燃气源,以产生 88 kW±2 kW 的燃气喷灯火焰。应最长每隔 15 s 记录一次燃烧试验箱空气中位于 7.01 m 处的热电偶所示温度。

在燃烧试验箱空气中 7.01 m 处的热电偶所示的温度随时间的变化应与如图 A.9 所示的同样时间间隔内温度随时间变化的函数典型曲线相比较。如果由于使用的气体特性改变引起典型预热曲线显示的温度发生明显变化,应进行调整并且在程序前再次进行试验。

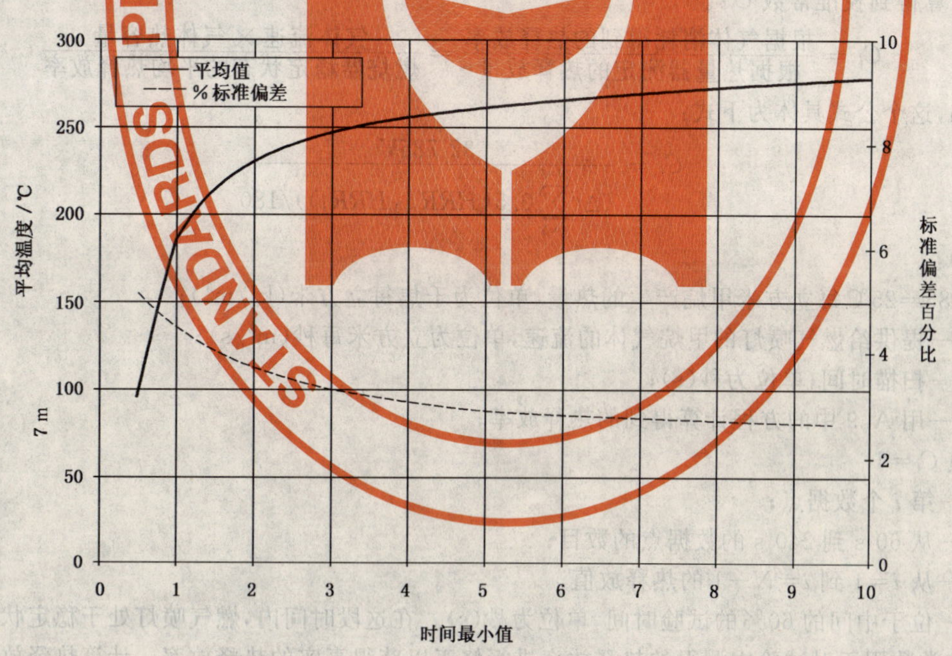

图 A.9 热电偶在空气中测量无机加强水泥板的温度记录(7 m)

A.5.7 标准绝缘导体试验

验证过程应使用已知火焰传播距离、平均光密度和最大光密度等特性的标准绝缘导体。使用的标准绝缘导体应是在标称直径 1.627 mm 的退火铜导体上挤包聚偏氟乙稀(PVDF)的标称直径 5.7 mm 的试样。试验应使用共计 50 段试样。导体应用如 A.7 所描述的同样的试验程序来确定火焰传播距离、烟尘的平均光密度和最大光密度。

标准绝缘导体典型的性能测试结果如下所示：

	标准	偏差
最大火焰传播距离	0.6	0.15
烟尘的平均光密度	0.12	0.07
烟尘的最大光密度	0.31	0.02

A.5.8 校准热释放率测量设备的程序

A.5.8.1 分析仪的校准

在每天试验之前，应对氧气分析仪进行零点调节和幅度调节。分析仪做零点调节时，将压力、流速均与取样气体设定值相同的100%的氮气引入仪器。对分析仪进行幅度调节时，引入管道大气，使用取样探头，并将幅度调节至20.95%氧气。连续进行幅度和零点调节程序，直到能正确显示有关数值。在调整幅度和零点后，为验证分析仪响应曲线的线性，应将已知氧浓度(例如，19% 氧)的瓶装气体引入分析仪进行调整。分析仪的延迟时间是通过引入外部管道空气进入分析仪来检查的，记录分析仪读数达到最终读数 90%的时间。

A.5.8.2 延迟时间

氧气分析仪的延迟时间应由试验期间使用的气流速度确定。燃气喷灯是点燃的而且达到稳定状态，然后熄灭。当燃气喷灯达到稳定状态的时间和分析仪的读数达到最终读数的90%的时间存在时间差时，氧气分析仪的延迟时间被确定。延迟时间被用来表示所有接下来的氧气读数的时间变化。

A.5.8.3 校准试验

每天开始试验时，应进行 5 min 的热释放校准试验。热释放的测量设备应通过点燃甲烷气体并比较测得的消耗氧气的总热释放量和计算得到的用表测量的输出的总热释放量来校准。燃烧甲烷的热量值为 50.0 MJ/kg，相应的燃烧每千克消耗氧气的热量值为 12.54 MJ/kg，两值被用来进行计算。用下述方程计算得到校准常数 C_f。

$$C_f = \frac{\text{根据气体消耗得到的热释放率}}{\text{根据热量器测定的热释放量}} = \frac{\text{气体流速} \times \text{气体热容量}}{\text{燃烧器稳定状态的平均热释放率}}$$

例如，这个公式具体为下式：

$$C_f = \frac{32\ 785V}{(\Delta t \sum_{i=1}^{N-1} 0.5(HRR_{i+1} HRR_i))/180}$$

式中：

32 785＝25℃每立方米甲烷产生的热量，单位为千焦每立方米(kJ/m³)；

V——提供给燃气喷灯的甲烷气体的流速，单位为立方米每秒(m³/s)；

Δt——扫描时间，单位为秒(s)；

HRR——用 A.9 中的方程计算得到的热释放率；

这里 $C_f=1$

i——第 i 个数据点；

N——从 60 s 到 240 s 的数据点的数目；

HRR_i——从 $i=1$ 到 $i=N-1$ 的热释放值；

180——位于中间的 60%的试验时间，单位为秒(s)。在这段时间内，燃气喷灯处于稳定状态。

校准常数用于对试验中测得的热释放率进行修正以获得真实的热释放率。计算热释放率的公式在 A.9 中详细说明。

A.6 试样制备

A.6.1 试样预处理

试验前，所有电缆试样应在(23±3)℃、相对湿度为(50±5)%的条件下处理至少 24 h。从电缆盘上取出的试样，在预处理之前应打开包装并除去任何包扎材料。

A.6.2 确定试样的直径

使用精度为 0.025 mm 的直径尺、游标卡尺或千分尺来测量试样的直径。

直径尺适用于均匀圆形的试样。直径尺应紧紧地缠绕在试样上，但是不能太紧以免试样受到压缩。在 0.3 m 长的试样上取三次读数的算术平均值应作为试样的直径。

游标卡尺可用于所有尺寸的电缆试样，特别适用于截面不均匀的小直径电缆。

如试样截面是圆形，游标卡尺卡在电缆上应稍紧，小心不要挤压它，然后记录数据。在 0.3 m 长的电缆上至少进行五次重复测量。取五次读数的算术平均值作为电缆的直径。

如试样的横截面是不规则的，宽度和厚度比小于 2∶1，应在试样的宽边测量三个点，窄边测量三个点。取六次读数的算术平均值作为试样的直径。

如果试样横截面宽度和厚度比大于 2∶1，则试样的宽度作为试样的直径。应在 0.3 m 长的电缆试样上对宽度分别测量六个点。取六个读数的算术平均值作为试样的直径。

千分尺适用于测量横截面均匀规则的电缆试样。应在 0.3 m 长的电缆上分别测量五个点。取五个读数的算术平均值作为试样的直径。

A.6.3 电缆试样段的数目

用于试验的电缆段数应如下计算：

a) 电缆的段数应等于 285.75 mm（电缆托架的宽度）除以试样的直径（单位 mm）；

b) 电缆试样的数目应等于测量得到的架子的内部宽度除以用直径尺或相等物确定的电缆直径（见 A.6.2）。安装在托架内的试样数目应为将计算结果修约到相邻的较小的整数，并且应考虑电缆系固物的存在。

A.6.4 电缆安装

应将试样平行排列在梯形电缆托架内，除非需要下面描述的电缆系固件，在相邻的电缆试样之间应没有空隙。

应使用标称直径不大于 1.02 mm 的裸铜线将电缆扎紧在电缆托架横档上的两个位置：电缆应被系在靠近进气端的第一个横档上和靠近排气端的最后一个横档。

A.7 试验程序

A.7.1 火焰传播距离和烟尘测试试验程序

在每天试验开始时，燃烧试验箱应如 A.5.6.1 和 A.5.6.2 所述进行预热。

燃烧试验箱应如 A.5.6.1 所述进行冷却。

电缆托架和支架应按如图 A.3 所示和 A.3.13 所述安装在实验箱中，靠近进气端的托架端距燃气喷灯的中心线的下游不要超过 25 mm。

电缆试样应如 A.6.4 所述安装。如果使用的是单一的电缆托架，电缆试样应在托架放入燃烧箱内前安装。

钢板应如 A.5.3 所述放置在燃烧试验箱内。应将一块 6 mm×1.22 m×0.6 m 的矿物纤维/水泥板放在炉子腔室的支撑壁架的顶盖上，如图 A.3 所示，在燃烧端，该板重叠在钢板上的最大值为 76 mm。应将用完全矿物纤维/水泥板保护的可移动的试验箱顶盖安放在炉子侧面壁架的顶部。

将空气进入口的风门片开启 76 mm±2 mm 。调节气流调节器，形成并维持空气流。用一个闭环反馈系统来控制排气管道可调风门，以维持在整个试验中对气流的控制，该反馈系统与进气通风测量表的静压力相关。空气源的温度应维持在 23℃±3℃、相对湿度为(50±5)%。试验室压力应保持比大气压力高 0 Pa 到 12 Pa 。

应对测烟系统进行验证以获得零光密度。

应对燃烧试验箱位于 3.96 m 处的底面热电偶上的温度进行校验以使其达到 41℃±3℃。如果温度低于这个范围，则应移去电缆试样并对燃烧试验箱按A.5.6.1所示进行预热。并让燃烧箱冷却使位于在3.96 m处的底面热电偶上的温度为41℃±3℃。如果燃烧试验箱已被冷却和再加热，应按A.6.4所述安装电缆试样。

应将排气管调整到与A.5.3.3对试验箱中气流的要求一致。应记录原始的光电池的输出。

同时点燃甲烷燃气喷灯火焰(按照A.5.6)并启动数据采集系统开始试验。应观测和记录点燃时间和火焰正面蔓延的最大距离。应在试验过程中不间断的每隔2 s记录一次光电池输出、气体压力、横穿锐孔板的不同压力和所用的气体体积。

试验持续20 min 。关闭甲烷气源并停止数据采集结束试验。

切断点燃火焰的气源后，应观察和记录无焰燃烧和炉内的其他状况，然后将试样移出用于测试。

A.7.2 热释放试验程序

接通分析仪的电源和泵的电源。检查所有的过滤器如有必要予以调换。在冷阱内的冰应填满。检查流量计，如必要则进行调节。

应按如A.5.8所述的程序进行试验。

接通数据采集设备和计算机的电源。

试验应按A.7.1所述程序进行。

A.7.3 点火时间试验程序

试验应按照A.9.6所描述的程序进行。

A.7.4 火焰滴或颗粒试验程序

试验应按照A.9.7所描述的程序进行。

A.8 试验后清理和检查

A.8.1 烟尘测试系统试验后程序

在燃烧试验箱中取出所有碎片。如果熔融碎片粘在燃烧试验箱的砖上，又不能用物理方法去除，应将碎木材放置箱中，将可移动顶盖就位，用燃气喷灯火焰引燃碎木材，直到所有熔融碎片被烧尽。从燃烧试验箱中取出所有碳化物和灰。去除熔融碎片的可选方案应是更换损伤了的试验箱底面的砖。

每次试验后应清洁观察窗。

应清理电缆梯形托架和支承器上的碎片。

每次试验后应更换损坏的用于保护可移动顶盖的矿物纤维/水泥板。每次试验后应报废顶盖支撑档上的一块6 mm×1.22 m×0.6 m矿物纤维/水泥板。

应将清理后的托架和支承架放入燃烧试验箱内，并将可移动顶盖放在顶盖支承档上。

应清理测烟系统并且应达到100%光透射。

A.8.2 热释放率测试的程序

检查用于热释放测量的燥石膏和烧碱石棉剂，如果燥石膏变成粉红色或烧碱石棉剂已变硬，则应予更换。

应在每次试验后检查过滤器，如变脏则应予更换。

检查水阱并除去任何凝结水。若水阱中使用的是冰，如有必要应予补充。

应吹扫气体取样管路及双向探头管路孔洞，以除净堆积的任何烟垢。

A.9 计算

A.9.1 烟尘光密度

烟的遮光度应像烟尘的光密度一样用光电池数据如下计算：

$$OD = \lg(I_0 / I)$$

式中：

OD——光密度；

I_0——清晰的光束电池信号；

I——试验中的光电池信号。

峰值光密度应是用试验中记录的光密度值的连续三点的平均值所确定的最大光密度。

平均光密度应按下式计算：

$$OD_{av} = \frac{\Delta t \sum_{i=1}^{N-1} 0.5(OD_{i+1} + OD_i)}{1\ 200}$$

式中：

Δt——扫描时间，单位为秒(s)；

N——数据点数目；

i——数据点的序数；

OD_i——从 $i=1$ 到 $i=N-1$ 每次扫描的光密度值；

1 200——以 s 记录的试验时间(20 min)。

用于方程的单独的烟光密度值应是每次单独扫描测量的值。

A.9.2 烟释放速率计算

烟释放速率应按下式计算：

$$SRR = \left(\frac{OD}{l}\right)\left(\frac{T_p}{T_s}\right)V_s$$

式中：

SRR——烟释放速率，单位为平方米每秒(m^2/s)；

OD——如 A.9.1 所述计算得到的光密度；

l——烟测量的路径长度(管直径，单位为米(m))；

T_p——光电池的温度，单位为开(K)；

T_s——双向探头的温度，单位为开(K)；

V_s——流量，单位为立方米每秒(m^3/s)。

峰值烟释放率是试验过程中烟释放率的最大值。

烟释放的总量应采用下式计算：

$$烟总量 = \Delta t \sum_{i=1}^{N-1} 0.5(SRR_{i+1} + SRR_i)$$

式中：

Δt——扫描时间，单位为秒(s)；

N——数据点数量；

i——数据点的序数；

SRR_i——从 $i=1$ 到 $i=N-1$ 的烟尘释放值。

A.9.3 排气管道中流速计算

管道中的流速应按下式计算：

$$v = k\sqrt{\Delta PT}$$

式中：

v——速度，单位为米每秒(m/s)；

k——双向探头的常数[$m/s(Pa^{-0.5})(K^{-0.5})$]；

ΔP——在双向探头两端记录的压力差，单位为帕(Pa)；

T——空气流温度，单位为开(K)。

常数 k 是用一个标准气流计量装置校正双向探头经试验所确定的。

A.9.4 排气管中流量计算

排气管中流量应按下式计算：

$$v_s = vA$$

式中：

v_s——流量，单位为立方米每秒(m^3/s)；

v——速度，单位为米每秒(m/s)；

A——管道面积，单位为平方米(m^2)。

A.9.5 热释放速率计算

热释放速率计算应按下式计算：

$$HRR = E'C_f M \frac{(0.209\,5 - Y)}{(1.105 - 1.5Y)}$$

式中：

HRR——试样和燃气喷灯的热释放速率，单位为千瓦(kW)；

E'——25℃时消耗每单位体积(m^3)的氧所产生的热量(kJ)(用于电缆试验时 $E'=17.2\times10^3$，采用甲烷气体做校正试验时 $E'=16.4\times10^3$)；

C_f——采用 A.5.8.3 条中规定的程序所确定的热量器的校准系数(当该公式用于校准试验时，$C_f=1$)；

M——25℃时管道中的流速，单位为立方米每秒(m^3/s)；

0.209 5——氧在大气中的摩尔浓度；

Y——氧气浓度(摩尔浓度)；

1.5——化学膨胀系数；

1.105——燃烧产物的摩尔浓度与被消耗的氧的摩尔浓度比。

A.9.5.1 峰值热释放率

峰值热释放率是在持续试验期间热释放率的最大值。

A.9.5.2 热释放总量

按 A.5 计算的热释放率，应按下式使用梯形法则对时间积分，计算出热释放总量：

$$\text{总的热释放量} = \Delta t\left[\sum_{i=1}^{N-1} 0.5(HRR_{i+1} - HRR_i)\right]$$

式中：

Δt——扫描时间，单位为秒(s)；

N——数据点数目；

i——第 i 个数据点；

HRR_i——从 $i=1$ 到 $i=N-1$ 的热释放值。

A.9.6 点燃时间计数

点燃时间是以秒记录开始发生燃烧的时间。它的确定需要仔细观测。

A.9.7 火焰滴或颗粒计算

测量的数值是用秒表示的第一次发生以下情况的时间：

a) 火焰滴或颗粒的坠落；

b) 滴落后保持燃烧超过 15 s 的滴落或颗粒；

c） 熔化的火焰或分解的材料的坠落流。

到达燃烧试验箱的地面的瞬间定义为滴落瞬间。

滴落材料流的特征为滴落或颗粒不可以区别为单独的坠落单元。

A.10 报告

每次试验报告应包括以下内容：

a） 被试电线或电缆的详细描述；

b） 试验中取用的电缆试样段的数目；

c） 火焰传播距离的最大值(m)；

d） 在试验期间火焰传播距离对时间的曲线；

e） 烟尘的光密度的最大值和平均值；

f） 在试验期间烟的光密度对时间的曲线；

g） 烟释放率对时间的曲线；

h） 烟释放率的值、烟释放率的峰值与 10 min 和 20 min 烟释放的总数；

i） 热释放率的最大值和发生时间；

j） 热释放率曲线；

k） 10 min 和 20 min 的总的热释放值；

l） 点燃时间值(在考虑中)；

m） 火焰滴或颗粒的计时(在考虑中)；

n） 试验后试样情形的观察资料；

o） 使用的采集数据的设备和使用的扫描周期的描述。

附 录 B
（规范性附录）
确定用于热释放测量的氧分析仪的适用性方法

B.1 总述

最适于燃烧分析的氧气分析仪是顺磁型的。已发现电化学分析仪和用氧化锆传感器的分析仪对该类型的试验没有足够的敏感度和适宜度。对这种仪器正常的范围是0～25 vol.%氧气。顺磁性分析仪的线性比实验室能检测的通常要好；因此，不必要检验分析仪的线性度。然而，确定所使用仪器的干扰和短期漂移的程序是很重要的。

B.2 程序

将两个氧含量相差二个百分点左右的瓶（例如 15 vol.%和 17 vol.%，或清洁干燥空气和 19 vol.%）与分析仪进口的选择阀相连接。

连接电源，使分析仪升温，稳定 24 h，并使一种试验气体通过分析仪。

将数据采集系统与分析仪的输出连接。从第一个气瓶切换到第二个瓶并且立刻开始收集数据，每秒记录一个数据点。进行 20 min 的数据收集。

确定漂移时，使用最小二乘法分析拟合法，经过最后 19 min 的数据作一根直线，将该直线反推，经过第一分钟的数据，在拟合直线上，在 1 min 和在 20 min 的读数的差，即为短期漂移。应记录漂移（氧）。

干扰用拟合直线的均方根偏差表示。计算均方根值并采用百万分之一（10^{-6}）为单位进行记录。

如果漂移加上干扰项的和≤50×10^{-6}，则分析仪可适用于热释放测量。（该两项均应用正数表示）。

B.3 附加的预防措施

顺磁性的氧气分析仪对输出部分的压力变化及试样供应气流的气流速率的波动均很敏感。因此必需用机械膜片型流速调节器或者电子质量流速率控制器对气流进行调节。为了防止由于气压改变引起的误差，应使用以下一种程序：(a)用绝对压力型和反压力调节器，控制分析仪的反压力，或(b)用电测量有关探测器元件上的实际压力并对分析仪的输出提供信号修正。

附 录 C
（资料性附录）
设备资料目录

以下产品资料仅为提供信息所用。

C.1 分析仪

适合本实验的是 Siemens Oxymat 5F 型氧气分析仪。

关于选择分析仪和合适的偏差和干扰性能，见附录 A。

C.2 燃烧试验箱

所用材料应适合高温。例子包括水制冷结构钢管和耐高温炉；例如，以锆材料为基础。（例如 Zicron®[1]）。

C.3 耐火砖

操作和校准这个设备是以使用绝热耐火砖为基础的。该砖的物理和热学性能如下：

a) 密度：0.82 g/cm^3；

b) 比热：1.05 kJ/(kg℃)；

c) 导热率：

1) 205℃时为 0.26 W/(m·℃)；

2) 425℃时为 0.30 W/(m·℃)；

3) 655℃时为 0.33 W/(m·℃)；

4) 870℃时为 0.36 W/(m·℃)；

5) 1 095℃时为 0.39 W/(m·℃)。

C.4 内部玻璃窗

满足这种用途的高温玻璃应包含 96%的硅和 3%的硼氧化物(B_2O_3)。这种玻璃宜具有如下的导热率：

a) −100℃时为 1.00×10^{-4} W/(m·℃)；

b) 0℃时为 1.26×10^{-4} W/(m·℃)；

c) 100℃时为 1.42×10^{-4} W/(m·℃)。

玻璃宜为标称厚度 6 mm 并能耐受直至 900℃的温度。

Vycor®[2] 耐热玻璃，Fisher Scientific，711Forbes 大街，Pittsburgh，PA，15219-4785(USA)，或它的等同物是合适的。

C.5 灯

常规电气型号为 4405 12—V 的密闭光束自动清晰聚光灯(型号 4405)是适合的。这个光源能从任何电气供应商处获得。

---

1) Zicron®是市场上可得到的适当的样品，给出此信息是为了方便本规范的使用者。并不是国家对这种产品的认可。

2) Vycor®是市场上可得到的适当的样品，给出此信息是为了方便本规范的使用者。并不是国家对这种产品的认可。

C.6 记录用的设备

适用于此设备的是韦斯顿仪器 No.856－990103BB 光电池，它可以从 Huygen 公司 316 信箱获得，Wauconda，IL 60084(USA)。

C.7 双向探测器

一个热系统有限公司型号 1610 风速传感器(热风速仪或等效仪器)，读数精确度到 0.001 V，能满足这种用途。

C.8 中性滤光器

柯达公司生产的 Wratten 滤光器适用于本实验。一些滤光器的零件号码如下：ND0.1-KF1702；ND0.3-KF1710；ND0.5-KF1718；和 ND1.0-KF1740 。从专业的摄影供应商处也能购得滤光器。须对滤光器进行校准。

C.9 气体量热计

点燃的火焰长度 1.37 m 是通过总气体输入量 88 kW 和通过通道气流速度 73 m/min 来控制的。一个“刀－锤子”气体量热计适合测量气体热值。

C.10 标准绝缘导体(标准电缆)

可适用的绝缘导体是由 Lucent Technologies 制造的标名“电缆 910ST”，部件 No. COMCODE 108210568。

附 录 D
（资料性附录）
砖块尺寸

表 D.1 砖块尺寸

序号	说 明	序号	说 明
1	63.5×114.3×228.6	22	63.5×114.3×228.6
	切掉一个角 25.4×25.4×3.2	23	63.5×114.3×228.6
2	63.5×114.3×228.6	24	63.5×114.3×228.6
3	63.5×114.3×228.6	25A	63.5×114.3×228.6
4	63.5×114.3×228.6	25B	63.5×114.3×228.6
5	63.5×114.3×228.6	26	63.5×114.3×114.3
6	63.5×114.3×114.3	27	63.5×114.3×228.6
7	63.5×114.3×228.6	28	63.5×114.3×228.6
8	63.5×114.3×228.6	29	63.5×114.3×228.6
9	63.5×114.3×228.6	30	63.5×114.3×228.6
10	63.5×114.3×228.6	31	63.5×114.3×228.6
11A	63.5×114.3×114.3	32	12.7×114.3×130.2
11B	63.5×114.3×114.3	33	25.4×76.2×228.6
12	63.5×114.3×228.6	34	63.5×114.3×228.6
13	63.5×114.3×228.6	35	63.5×114.3×228.6
	切掉一个角 25.4×25.4×1.6	36	63.5×114.3×228.6
14	63.5×114.3×228.6	37	63.5×114.3×228.6
15	63.5×114.3×228.6	38	63.5×114.3×114.3
16	63.5×114.3×228.6	39A	63.5×114.3×228.6
17	63.5×114.3×228.6	39B	63.5×114.3×228.6
18	63.5×114.3×114.3	40	在窗格子砖间（切成合适）
19	12.7×114.3×130.2	41	在窗格子砖间（切成合适）
20	25.4×76.2×228.6		
21	63.5×114.3×228.6		
	沿着边缘有一个 12.7×15.9 的切口		
注：尺寸单位均为毫米。			

参 考 文 献

[1] GB/T 2951.2—1997 电缆绝缘和护套材料通用试验方法 第1部分:通用试验方法 第2节:热老化试验方法(idt IEC 60811-1-2:1985).

[2] GB/T 2951.6—1997 电缆绝缘和护套材料通用试验方法 第3部分:聚氯乙烯混合料专用试验方法 第1节:高温压力试验——抗开裂试验(idt IEC 60811-3-1:1985).

[3] GB/T 2951.8—1997 电缆绝缘和护套材料通用试验方法 第4部分:聚乙烯和聚丙烯混合料专用试验方法 第1节:耐环境应力开裂试验——空气热老化后的卷绕试验——熔体指数测量方法——聚乙烯中炭黑和/或矿物质填料含量的测量方法(idt IEC 60811-4-1:1985).

[4] GB/T 2951.9—1997 电缆绝缘和护套材料通用试验方法 第4部分:聚乙烯和聚丙烯混合料专用试验方法 第2节:预处理后断裂伸长率试验——预处理后卷绕试验——空气热老化后的卷绕试验——测定质量的增加 附录A:长期热稳定性试验 附录B:铜催化氧化降解试验方法(idt IEC 60811-4-2:1990).

[5] GB/T 7424.1—1998 光缆 第1部分:总规范(eqv IEC 60794-1:1993).

[6] GB/T 12269—1990 射频电缆总规范(idt IEC 60096-1:1986).

[7] GB/T 18213—2000 低频电缆和电线无镀层和有镀层铜导体电阻计算导则(idt IEC 60344:1980).

[8] IEC 60708-1:1981 聚烯烃绝缘挡潮层聚烯烃护套低频电缆 第1部分:一般设计细则和要求.

[9] IEC 60708-1:1981 Amendment 3(1988) IEC 60708-1 的第3号修改单.

[10] ISO/IEC 11801:2000 信息技术用综合布线.

[11] ITU-T-电缆测量方法概要 蓝皮书 第9卷 对干扰的防护,K.10:通信线路的对地不平衡.

ICS 29.160
K 20

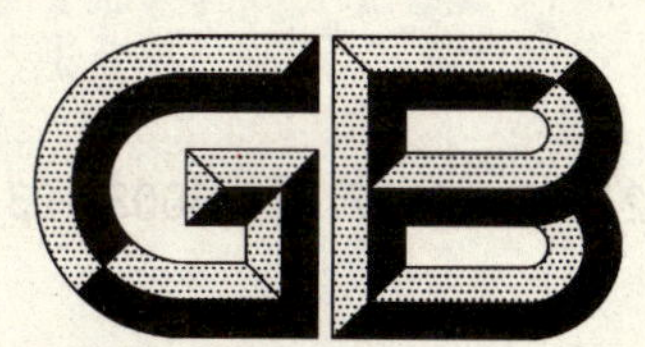

中华人民共和国国家标准

GB/T 21205—2007/IEC 60034-23:2003

旋转电机整修规范

Specification for the refurbishing of rotating electrical machines

(IEC 60034-23:2003,Rotating electrical machines—
Part23:Specification for the refurbishing of rotating electrical machines,IDT)

2007-12-03 发布　　2008-05-01 实施

中华人民共和国国家质量监督检验检疫总局
中国国家标准化管理委员会　发布

前　言

本标准等同采用IEC 60034-23:2003《旋转电机　第23部分:旋转电机整修规范》。

本标准的附录A、附录B及附录C为资料性附录。

本标准由中国电器工业协会提出。

本标准由全国旋转电机标准化技术委员会(SAC/TC 26)提出并归口。

本标准负责起草单位:上海电器科学研究所(集团)有限公司。

本标准参加起草单位:上海电机(集团)梅山电机维修有限公司、哈尔滨大电机研究所、武汉卧龙电机有限公司、山东华力电机(集团)股份有限公司、江苏大中电机有限公司、浙江金龙电机股份有限公司等单位参加起草。

本标准主要起草人:刘憬奇、刘永华、纪树钢、邓汉辉、张文斌、叶锦武、王荷芬。

旋转电机整修规范

1 范围

本标准规定了 IEC 60034 涉及的所有类型和尺寸旋转电机的整修与重绕所必需的技术性活动，包括：

- 如有必要，确定故障原因；
- 尽可能合适地确定可整修的范围；
- 如有要求，应详细说明电机的性能、运行要求和环境条件；
- 如有要求，应复查原始设计以重新设计；
- 检验整修电机的质量和性能。

本标准不包含 GB 3836.13 中描述的要求，或其他对有防爆场所要求的电机修理或大修时的要求。

特殊场合如气密型、潜水型、核能应用型、军用型、航空以及轨道交通等使用的电机的技术要求由整修者与用户协商。

2 规范性引用文件

下列文件中的条款通过本标准的引用而成为本标准的条款。凡是注日期的引用文件，其随后所有的修改单(不包括勘误的内容)或修订版均不适用于本标准，然而，鼓励根据本标准达成协议的各方研究是否可使用这些文件的最新版本。凡是不注日期的引用文件，其最新版本适用于本标准。

GB 755　旋转电机　定额和性能(GB 755—2000,idt IEC 60034-1)

GB/T 755.2　旋转电机(牵引电机除外)　确定损耗和效率的试验方法(GB/T 755.2—2003,IEC 60034-2,IDT)

GB/T 997　旋转电机　结构及安装型式(IM 代号)(GB/T 997—2003,IEC 60034-7,IDT)

GB 1971　旋转电机线端标志与旋转方向(GB 1971—2006,IEC 60034-8,IDT)

GB/T 1993　旋转电机　冷却方法(GB/T 1993—1993,eqv IEC 60034-6)

GB/T 2900.25　电工术语　旋转电机(GB/T 2900.25—1994,neq IEC 60050-411:1984)

GB/T 4772.1　旋转电机　尺寸和输出功率等级　第 1 部分:机座号 56～400 和凸缘号 55～1080(GB/T 4772.1—1999,idt IEC 60072-1:1991)

GB/T 4772.2　旋转电机　尺寸和输出功率等级　第 2 部分:机座号 355～1000 和凸缘号 1180～2360(GB/T 4772.2—1999,idt IEC 60072-2:1990)

GB/T 4772.3　旋转电机　尺寸和输出功率等级　第 3 部分:小功率装入式电动机　凸缘号 BF 10～BF 50(GB/T 4772.3—1999,idt IEC 60072-3:1994)

GB/T 4942.1　旋转电机整体结构的防护等级(IP 代码)　分级(GB/T 4942.1—2006,IEC 60034-5:2000,IDT)

GB/T 5321　量热法测定电机底损耗和效率(GB/T 5321—2005,IEC 60034-2A:1974,IDT)

GB/T 7064　透平型同步电机技术要求(GB/T 7064—2002,IEC 60034-3:1988,NEQ)

GB/T 7409.1　同步电机励磁系统　定义(GB/T 7409.1—1997,IEC 60034-16-1:1991,IDT)

GB/T 7409.2　同步电机励磁系统　电力系统研究用模型(GB/T 7409.2—1997,IEC 60034-16-2:1991,IDT)

GB/T 7409.3　同步电机励磁系统　大、中型同步发电机励磁系统技术要求(GB/T 7409.3—2007,IEC 60034-16-3:1996,NEQ)

GB 10068　轴中心高为 56 mm 及以上电机的机械振动　振动的测量、评定及限值(GB 10068—2000,IEC 60034-14:1996,IDT)

GB 10069.3　旋转电机　噪声测定方法及限值　第 3 部分:噪声限值(GB 10069.3—2006,IEC 60034-9:1997,IDT)

GB/T 15548　往复式内燃机驱动的三相同步发电机通用技术条件

GB/T 17948　旋转电机绝缘结构功能性评定　总则(GB/T 17948—2003,IEC 60034-18-1:1992,IDT)

GB/T 17948.1　旋转电机绝缘结构功能性评定　散绕绕组试验规程　热评定与分级(GB/T 17948.1—2000,idt IEC 60034-18-21:1992)

GB/T 17948.2　旋转电机绝缘结构功能性评定　散绕绕组试验规程　变更和绝缘组分替代(GB/T 17948.2—2006,IEC 60034-18-22:2000,IDT)

GB/T 17948.3　旋转电机绝缘结构功能性评定　成型绕组试验规程　50 MVA、15 kV 及以下电机绝缘结构热评定和分级(GB/T 17948.3—2006,IEC 60034-18-31:1992,IDT)

GB/T 17948.4　旋转电机绝缘结构功能性评定　成型绕组试验规程　50 MVA、15 kV 及以下电机绝缘结构电评定(GB/T 17948.4—2006,IEC 60034-18-32:1995,IDT)

GB/T 17948.5　旋转电机绝缘结构功能性评定　成型绕组试验规程　多因子功能性评估　50 MVA、15 kV 及以下电机绝缘结构的耐热应力和电应力评定(GB/T 17948.5—2007,IEC 60034-18-33:1995,IDT)

GB/T 17948.6　旋转电机绝缘结构功能性评定　成型绕组的试验规程　绝缘结构热机械应力评定(GB/T 17948.6—2007,IEC 60034-18-34:2000,IDT)

GB/T 20114　普通电源或整流电源供电直流电机的特殊试验方法(GB/T 20114—2006,IEC 60034-19:1995,IDT)

JB/T 8158　单速三相笼型感应电机的起动性能(IEC 60034-12,IDT)

JB/T 10098　交流电机定子成型线圈耐冲击电压水平(IEC 60034-15,IDT)

IEC 60034-10　旋转电机　第 10 部分:同步电机技术规范

IEC 60034-11　旋转电机　第 11 部分:装入式热保护　旋转电机的保护规则

3　术语和定义

如无特别说明,GB/T 2900.25 中确定的术语和定义、IEC 60034 中相关部分术语和定义和以下诸术语和定义均适用于本标准。

3.1

用户　user

准备整修或需要整修的物主或当事人。

3.2

整修者　refurbisher

承担整修工作者以及分承包商和供应商。

3.3

原制造商　original manufacturer

承担电机制造的原始提供者。

3.4

重新设计者　re-designer

承担整修工作中改变电机设计(如有)者。

3.5

整修 refurbishing

当普通维护已不能保证电机正常工作时，为了使之继续运行而进行的进一步维修的全过程。

3.6

重绕 rewinding

整修工作的一部分，包括拆除或者更换一部分或全部电机绕组、绝缘、连接和支持系统。

3.7

维护 maintenance

通过清洁保养，更换一些零部件等，对修复电机磨损和破裂而进行的活动，使电机能达到预期的工作状态。

3.8

升级 up-grading

整修后，电机特性（定额、性能和分级）得到改进。

3.9

定额提高 up-rating

整修后，电机额定输出功率（见 GB 755）增加。

3.10

拆卸 dismounting

电机从工作位置拆下。

3.11

分解 dismantling

将电机分拆为部件或零件。

3.12

修理 repair

有限范围内的整修，仅限于电机损坏部份的修复。

4 整修要求

4.1 全新整修

整修者应掌握原电机整修前的设计、技术和工艺，并应能预知整修对电机所带来的影响。

约定的整修质量方案应经过多种适当的检查、诊断、试验和检查流程，如果故障在于电机本身，则必须确保整修能够针对故障所在的根源进行，并证明整修后电机可以达到所需的性能要求。

应对再次使用的零部件进行评估，以证明他们可以达到日后的运行要求。

替换材料应达到电机原制造商的标准。替换材料的性能必须等同或高于原材料。质量方案应包含替换材料使用前的存储和试验要求。

附录C给出了质量方案可能包含的典型项目。

4.2 无改变设计的整修

电机应完全按原设计定额整修，并应达到用户的其他要求。可能导致电机特性发生改变的任何设计细节都不能够变动。整修后的电机性能必须在原适用容差范围内与原电机性能保持一致。

依据外壳防护等级（见 GB/T 4942.1）、冷却方法（见 GB/T 1993）、结构及安装型式（见GB/T 997）、线端标志和旋转方向（见 GB 1971）等标准对电机进行重新分级，并应在铭牌上做适当标记。

嵌入式热保护必须符合 IEC 60034-11 的规定。除非另有约定，嵌入的温度探测器的类型和安装位置都必须跟原先一致。

4.3 改变设计的整修

4.3.1 概述

当需要改变电机的性能或设计时，重新设计者应检查原设计中的工作制类型、定额、运行条件、电气条件和热性能。任何改变都必须依据GB 755中的适用工作制类型和定额级别来确定。

在任何可能情况下，重新设计者应确定故障原因，或在升级时探索电机性能可提高的程度，并负责按用户要求或允许实现时保证电机的性能。

下述4.3.2～4.3.5详细列出了重新设计中需要考虑的项目。

4.3.2 特殊要求

一些特殊要求可能应用到原电机上去，包括：

- 工业上认可的特殊情况；
- 特殊工作制和定额等级(见GB 755)；
- 特殊负载时的最高效率；
- 加速过程中的失步转矩限值；
- 起动电流限值；
- 电源电压及频率的最大范围；
- 电源电压不平衡度和波形畸变率；
- 标准允许的温升极限。

4.3.3 外部改变

驱动装置的劣化或者外部环境(例如：吸入和排出压头的变化)的改变，都会导致电机要求的工作制类型和定额等级的变化。

4.3.4 内部改变

其他一些可能需要的改变，包括：

- 与变频器电源的适应性；
- 改进电磁兼容性；
- 降低噪声限值；
- 要求更严格的环境适应性(例如：减少臭氧的散发)；
- 清除石棉；
- 与各种环境条件的适应性(例如：环境温度、压力、高度、湿度和污染程度)；
- 通过外壳来增强保护。

4.3.5 重新确认

为保证电机在危险环境中的运行，电机设计的改变应重新确认或咨询原设计人员。

4.4 性能和特性验证

性能验证试验应按照用户和整修者之间的协议进行，并且应符合GB 755、GB/T 755.2、GB/T 4942.1、GB/T 7409、GB 10069.3、GB/T 15548、JB/T 10098、GB/T 5321、GB/T 7064、IEC 60034-10、GB/T 17948和GB/T 20114中相关部分的规定。

4.5 整修场所

无论是在整修厂或是在其他场所，责任方应提供并保持适于被整修电机的清洁条件，并应采取预防措施，确保电机重新组装以及准备运行时防止异物遗留在电机内部。

4.6 整修工作的流程

附录A中的流程图给出了无改变设计和改变设计的整修操作推荐流程。此流程图为指导性而非规定性。

4.7 绕组拆除技术

整修者应保证所使用的绕组拆除技术不会损坏到铁心和破坏机座的完整性。

5 其他性能试验

附录B中列出的性能和试验程序的相关项目、条件监测测量方法及标准，都能对整修起到辅助作用。这些试验和诊断设备的适用性，取决于电机或者可应用部件的类别。如有必要，用户提出的需求宜同整修者协商一致。

商定的程序和试验应包含在整修质量方案中。如果选择一个新的、没有或只有很少运行史的绝缘结构，则建议在应用前检查其在原样机上的加速寿命试验结果。

6 铭牌

电机原铭牌应保留，并应提供符合 GB 755 的附加铭牌，以指出整修对电机所作的修改。整修者的名字和整修日期都应该包括在内。

7 容差

当电机显示的性能发生改变时，应按 GB 755 的规定。如果原先的技术说明中只允许一个方向的公差，则其也适用于整修后的电机。

附 录 A
（资料性附录）
整修流程图示例

A.1 无改变设计的整修

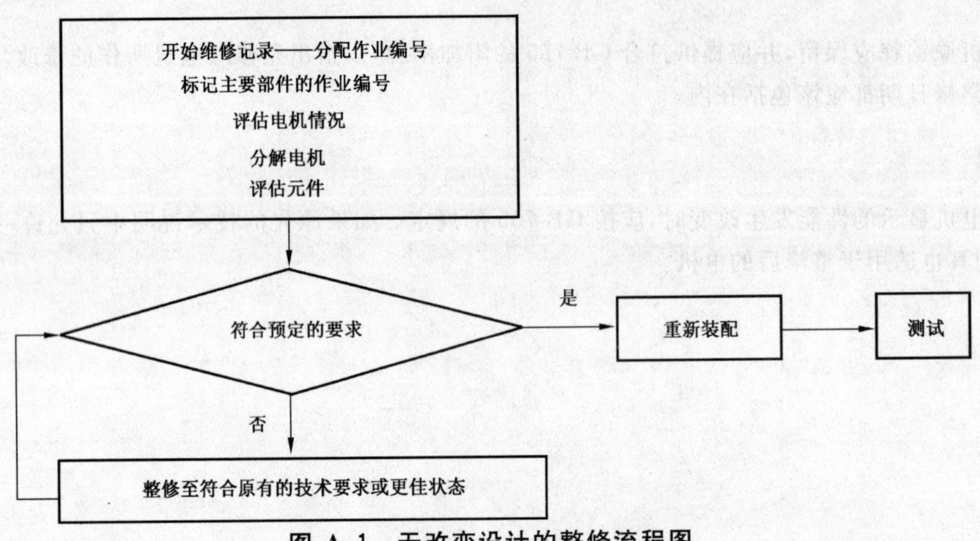

图 A.1 无改变设计的整修流程图

A.2 改变设计的整修

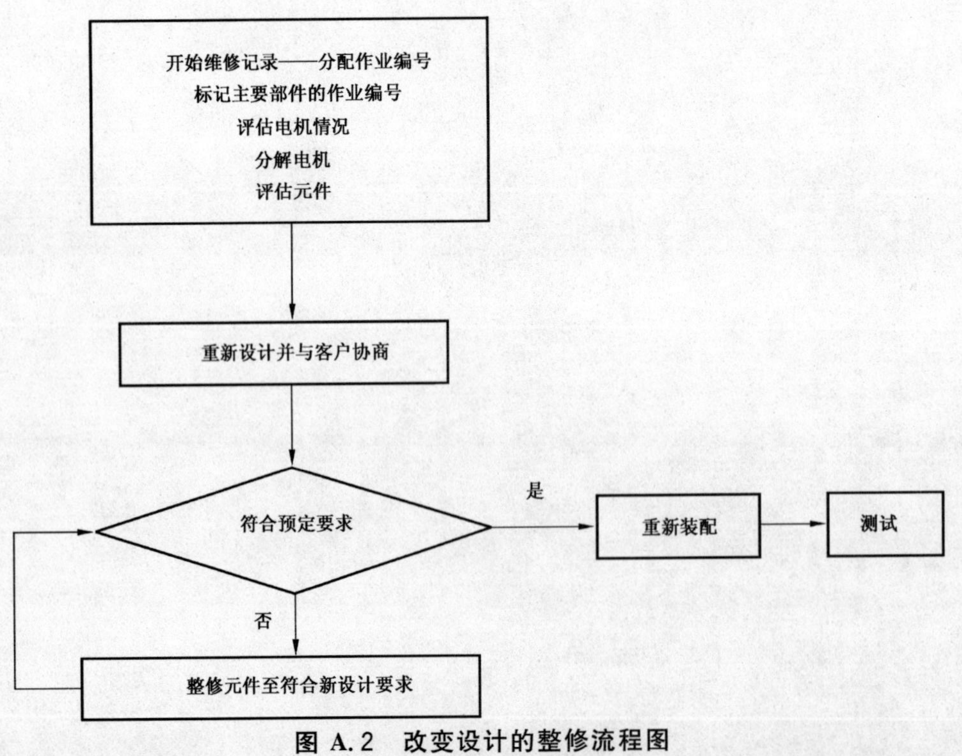

图 A.2 改变设计的整修流程图

附 录 B
（资料性附录）
评价程序和参数

B.1 停机前(负载或空载、励磁或未励磁,当适用时)

- 工作电压、电流、功率因数、转速和频率;
- 重新设计所需的运行特性(例如:直流电机及发电机的开路和短路曲线);
- 电源电压不平衡度、波形畸变率(例如:带动燃气轮机和抽水蓄能机的电机);
- 电流不平衡、波动或者频频谱分析;
- 漏磁通频频谱分析(例如:工业用电机);
- 环境温度、湿度、气压或者海拔高度;
- 电机绕组产生的臭氧(具有很高电应力的绕组);
- 电刷火花的检查(带换向器和滑环的电机);
- 换向试验(按 GB/T 20114)(直流电机);
- 轴承温度(若安装了传感器);
- 轴承和轴的跳动(若安装了传感器);
- 冷却剂的温度、流量、压力(若安装了传感器);
- 绕组温度(若安装了传感器);
- 绕组振动(若安装了传感器);
- 润滑剂的温度、流量、压力(若安装了传感器);
- 铁心振动(若安装了传感器);
- 机座振动;
- 轴的电压和电流;
- 逆变器馈电工作制时不规则绕组的局部放电试验;
- 定子绕组绝缘局部放电(具有高电介质应力的线棒或成型绕组);
- 转子鼠笼的完整性(相电流频谱分析)(振动频谱分析);
- 转子绕组匝间绝缘(磁通记录和分析)(圆柱形转子);
- 转子绕组匝间绝缘(阻抗测量)(圆柱形转子);
- 转子绕组匝间绝缘(重复浪涌示波图)(圆柱形转子);
- 转子绕组对地绝缘电阻(绕线转子)。

B.2 停机后

B.2.1 拆卸前

校准检查。

B.2.2 分解前

- 轴的直线性;
- 轴承、联轴器、支承座以及轴封(若绝缘)的绝缘电阻;
- 定子绕组绝缘的直流泄漏电流(成型绕组或线棒);
- 定子绕组绝缘电阻和极化指数;
- 定子绕组绝缘的介质损耗因数和增量(成型绕组或线棒);
- 定子绕组绝缘的局部放电(成型绕组或线棒);

- 定子绕组匝间绝缘的电涌对比试验；
- 转子绕组绝缘电阻和极化指数；
- 转子绕组匝间绝缘检查(阻抗测量)；
- 转子绕组匝间绝缘检查(重复浪涌示波图)；
- 定子、转子间的气隙测量；
- 转子鼠笼的完整性(单相转子鼠笼完整性试验)。

B.3 分解后

对任何损坏迹象进行全面的外部检查，例如：

- 绕组、铁心、以及铁心与机座接合处的磨损；
- 端部绕组支持和支撑系统的松脱；
- 定转子摩擦；
- 电晕和漏电痕迹；
- 闪络；
- 单相运行；
- 浪涌损坏；
- 换热器上冷却垫片的侵蚀痕；
- 铁心冲片燕尾槽和扣片间的烧损；
- 轴承、联轴器、支承座和轴封的绝缘电阻(如绝缘)；
- 轴孔引线、径向连接器和集电环(实心圆柱形转子)绝缘的完整性；
- 绕组连接器、导线、端子绝缘的完整性；
- 接线端套管(高压电机)的介质损耗角(介质损耗因数)试验；
- 轴孔引线和径向连接器(氢冷电机)的气密性；
- 铁心冲片绝缘的完整性(强磁场试验、弱磁场试验)(绕组拆卸前后)；
- 铁心损伤评估(重绕的验收标准)；
- 铁心冲片叠压的紧密度；
- 铁心槽不规则度评定；
- 机座和安装方式(焊接的完整性、裂纹检查、变形)的情况；
- 转子槽楔(如有)、极楔和定子槽楔的紧密性检查；
- 转子护环抗裂试验；
- 转子鼠笼的完整性(裂纹检查)；
- 定子槽楔劣化(特别是复合材料槽楔和磁性槽楔)；
- 定子绕组槽抑制放电的效力(如有)；
- 定子绕组端部抑制放电的效力(如有)；
- 定子绕组匝间绝缘电涌对比试验(双极性电涌试验)；
- 定子绕组的裂隙腐蚀检查(水冷绕组)；
- 空心线堵塞检查(直接冷却绕组)；
- 换向片的硬度检查(过电流损害)；
- 换向器、集电环、轴颈、密封面、轴跳动、联轴器、螺钉、轴伸、键和键槽、以及其他一些易磨损部件的尺寸检查。

B.4 整修过程中和整修后

B.4.1 嵌线前

- 外壳和机座的焊接质量(鉴定)(如需要,可检查焊接人员的资格);
- 压力容器的外壳鉴定(氢冷电机);
- 机座及安装的完整性(焊接的完整性、裂纹检查、变形);
- 轴的平直度;
- 轴锻件和端环的完整性(超声波、染色渗透液、磁性粒子)(如适合)(实心圆柱形转子);
- 轴,轮毂,轮缘和贯穿螺栓的完整性(水轮发电机);
- 定子铁心叠片绝缘的完整性(强磁场试验、弱磁场试验)(重绕的验收标准);
- 铁心损伤评估(重绕的验收标准);
- 铁心叠片叠压的紧密性试验(定子、转子、水轮发电机转子轮缘)(重绕的验收标准);
- 绕组材料的质量检查(按绕组设计者的要求);
- 绕组支撑部件的安装及其尺寸(在端部和槽中)(按绕组设计者的要求);
- 绕组连接器,导线和接线端绝缘的完整性;
- 轴承安装在轴上的配合;
- 轴承安装在轴承室中的配合;
- 轴承室安装在机架上的配合;
- 定子绕组单个线棒和线圈(具有很高电压应力的绕组)的定子绕组介质损耗因数试验;
- 定子绕组单个线棒和线圈(具有很高电压应力的绕组)的局部放电试验;
- 定子绕组每个线棒或线圈上的电介质试验。

B.4.2 嵌线后

- 铁心叠片绝缘的完整性(强磁场试验、弱磁场试验)。
- 铁损估算(通过协商)。
- 线圈极性检查。
- 转子绑扎带检查。
- 转子鼠笼的连续性检查。
- 定子绕组绝缘试验:
  ——直流泄漏电流(成型绕组或线棒);
  ——绝缘电阻和极化指数;
  ——耐电压试验(按 GB 755);
  ——匝间绝缘(成型绕组或者线棒)的电涌对比试验;
  ——介质损耗因数和增量(成型绕组或线棒);
  ——局部放电试验(成型绕组或线棒)(逆变器供电的不规则绕组);
  ——放电定位试验(超声波或峰值脉冲探查)(成型绕组或线棒)。
- 转子绕组绝缘试验:
  ——绝缘电阻和极化指数;
  ——高压下的电介质试验(按 GB 755)。
- 匝间绝缘试验:
  ——重复电涌示波图(实心圆柱形转子);
  ——阻抗测量(水轮发电机和实心圆柱形转子);
  ——绕组电阻(定子、绕线转子)。

B.5 修理时(在装配时和装配后)

- 机座和安装的完整性(焊接的完整性、裂纹检查、变形);
- 轴承安装在轴上的配合;
- 轴承安装在轴承室中的配合;
- 轴承室安装在机架上的配合;
- 轴瓦研磨(滑动轴承);
- 轴的平直度(跳动)和凸缘的同心度(按 GB/T 4772.1、GB/T 4772.2 和 GB/T 4772.3);
- 轴孔引线、径向连接器和集电环(实心圆柱形转子)绝缘的完整性;
- 轴上导线和径向连接器(氢冷转子)的气密性;
- 水冷发电机冷却回路的渗漏;
- 氢冷电机在非工作气压下的真空试验或常规试验;
- 定转子气隙测量(若可做到);
- 换向器或集电环相对于轴颈的跳动;
- 平衡试验和超速试验;
- 电刷的中性线设置(直流电机);
- 刷握的调整(直流电机);
- 极的几何和尺寸检查(直流电机);
- 电机参数(提高定额的情形下)(通过协商);
- 降压堵转试验(感应电机);
- 空载运行(通过协商)和磁化中心标注;
- 转子鼠笼的完整性(振动、漏磁通、定子电流的频谱分析);
- 振动、噪声试验(通过协商);
- 短路运行(通过协商)(发电机);
- 满载运行(如有可能,通过协商);
- 间接负载试验(如有可能,通过协商);
- 零功率因数下全电流的发热试验(如有可能,通过协商)(同步电机);
- 效率和温升试验(如有可能,通过协商);
- 偶然过电流(电动机);
- 短时过转矩(电动机);
- 转矩—转速曲线测量(电动机)(如有可能,通过协商);
- 电磁兼容(如有可能,通过协商);
- 电介质试验(按 GB 755);
- 换向试验(直流电机,通过协商);
- 剩余电压(旋转励磁机,通过协商);
- 检查温度、振动及转速探测器等;
- 绝缘电阻测量;
- 电阻测量(检查电机的内部连接);
- 冷却回路渗漏试验(水冷绕组。警告:避免渗漏到绕组绝缘中)。

B.6 现场,重新安装时和安装后

- 机座及安装排列的完整性(焊接的完整性、裂纹检查、变形)。
- 冷却剂泄漏试验。

- 轴承安装在轴上的配合。
- 轴承安装在轴承室中的配合。
- 轴承室安装在机架上的配合。
- 轴瓦研磨(滑动轴承)。
- 轴承、支承座、联轴器的绝缘检查。
- 温度探测器和设备线路的绝缘检查(如有)。
- 轴和轴承的接地装置(如有)。
- 定子、转子间的气隙测量(如可做到)。
- 间隙测量(轴承、密封、油挡板、烟气挡板)。
- 轴、联轴器校准,轴向位置、磁隙中心(通过协商)。
- 短路和开路特性(发电机,通过协商)。
- 轴,轴承的振动和平衡(经协商后)。
- 轴的平直度跳动及其校准。
- 电刷位于刷架中性线的位置上(直流电机)。
- 刷握的调整(直流电机)。
- 定子绕组绝缘试验:
  ——直流泄漏电流(成型绕组或者线棒);
  ——绝缘电阻和极化指数;
  ——高压下的电介质试验(直流或交流电机,见 GB 755);
  ——匝间绝缘的电涌对比试验;
  ——介质损耗因数和增量;
  ——局部放电试验(成型绕组或者线棒)(逆变器供电工作制的绕组);
  ——放电定位试验(超声波或峰值脉冲探查)(转子装入前)。
- 转子绕组绝缘试验:
  ——不同转速下的绝缘电阻(汽轮发电机,通过协商);
  ——端部放电(逆变器供电工作制的绕组);
  ——不同转速下的极化指数(汽轮发电机,通过协商);
  ——在高压和不同转速下的电介质试验(按 GB 755)(汽轮发电机,通过协商)。
- 匝间绝缘试验:
  ——不同转速下的重复电涌示波图(实心圆柱形转子)(汽轮发电机,通过协商);
  ——不同转速下的阻抗测量(水轮发电机、实心圆柱形转子)(汽轮发电机,通过协商);
  ——不同转速下的磁通试验(汽轮发电机,通过协商)。
- 温度传感器和振动传感器等的功能检查(如安装)。
- 绕组端部振动响应的模态分析(通过协商)。
- 噪声试验(通过协商)。
- 短路试验(发电机,通过协商)。
- 满载或者部分负载试验,如有可能检查换向器(通过协商)。
- 转子鼠笼的完整性检查(振动,漏磁通和定子电流的频谱分析)。
- 冷却回路的渗漏试验(水冷绕组。警告:避免渗漏到绕组绝缘中)。

附 录 C
（资料性附录）
质量方案——典型项目

根据电机的类型和尺寸以及用户和整修者之间的约定，质量方案可包括整修程序和验收标准：

- 陈旧绕组的拆卸（如有可能，用低温法）；
- 铁心熔断的温度极限，以及该温度的测量方法和热敏元件（相对于被熔断设备）的位置；适用于铁心叠片有机或氧化绝缘的温度-时间曲线；
- 用喷灯拆卸直流电枢（如许可）（换向器水浴冷却）；
- 为了再次使用材料而对其进行整修（按材料和尺寸的验收标准）；
- 绕组重新设计（使机器绕制线圈和手工绕制线圈等效）；
- 原有绕组的校验（拆卸后，绕线圈前后）；
- 铁损评估（如果作为重绕时的标准要求）；
- 旋转部件的校验（转子或叠片铁心、鼠笼式绕组、极面减震器、轮毂裂纹、轮缘螺栓、永久磁铁）；
- 新绕组，楔以及绕组端部支撑系统的技术说明和安装工序（真空压力浸渍或多胶模压）（转子端部绑扎带）；
- 确定替换绝缘结构的制造，购置和试验规范（GB/T 17948、GB/T 17948.1、GB/T 17948.2、GB/T 17948.3、GB/T 17948.4、GB/T 17948.5 和 GB/T 17948.6）；
- 真空压力浸渍处理测试，树脂质量的类型和频次测试（电介质试验进行前后）；
- 换向器检修（线棒-线棒试验，超速试验，干燥处理）；
- 转子绑扎带（型号由供应商提供）；
- 鼠笼的铜焊（如果电机在碳氢化合物或硫化氢环境中使用时，采用不含磷的铜焊合金）；
- 标记集电环最小容许直径；
- 绕组端部在冲击试验、摇动试验、或承受负载振动力时的模态响应试验；
- 冷却器和冷却回路的渗漏试验；
- 抗电晕涂料和带的材料验收；
- 抗电晕涂料和带的性能和质量验收；
- 跳动和平衡结果的验收；
- 校平衡后转子电气性能的验收；
- 磁心校验结果的验收；
- 磁心和磁极的拆卸及其重新叠装；
- 性能验证（按 GB 755、GB/T 755.2、GB/T 4942.1、GB/T 7409、GB 10068、GB 10069.3、GB/T 13002、JB/T 8158、JB/T 10098、GB/T 5321、GB/T 7064 及 IEC 60034-10）。

参 考 文 献

GB/T 12973 换向器和集电环的尺寸

JB/T 2839 电机用刷握及集电环

JB/T 7608 测量电机绕组线圈和线棒损耗角正切的导则

JB/T 5779 电机用电刷和刷握尺寸

JB/T 8156 电刷、刷握、换向器和集电环的定义

IEC 60034-26 旋转电机 第26部分:三相感应电机运行时不平衡电压的影响

IEC 60079-19 爆炸性气体环境下的电器设备 第19部分:应用于爆炸性气体环境下的电器设备的修理和大修(地雷和炸药除外)

IEC 60279 带电测量交流电机绕组电阻

IEC 60413 测定电机电刷物理性质的试验方法

IEC 60560 电机刷握的尺寸及术语

IEC 60681-1 小功率电机(限定用途)的尺寸 第1部分:燃油器电机

IEC 60773 测定电刷运行特性的试验方法和设备

ICS 29.080.10
K 48

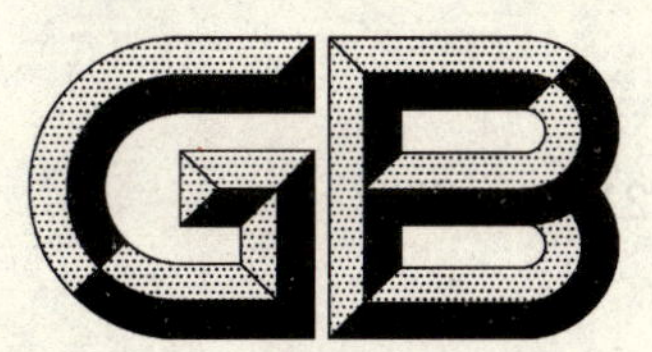

中华人民共和国国家标准

GB/T 21206—2007

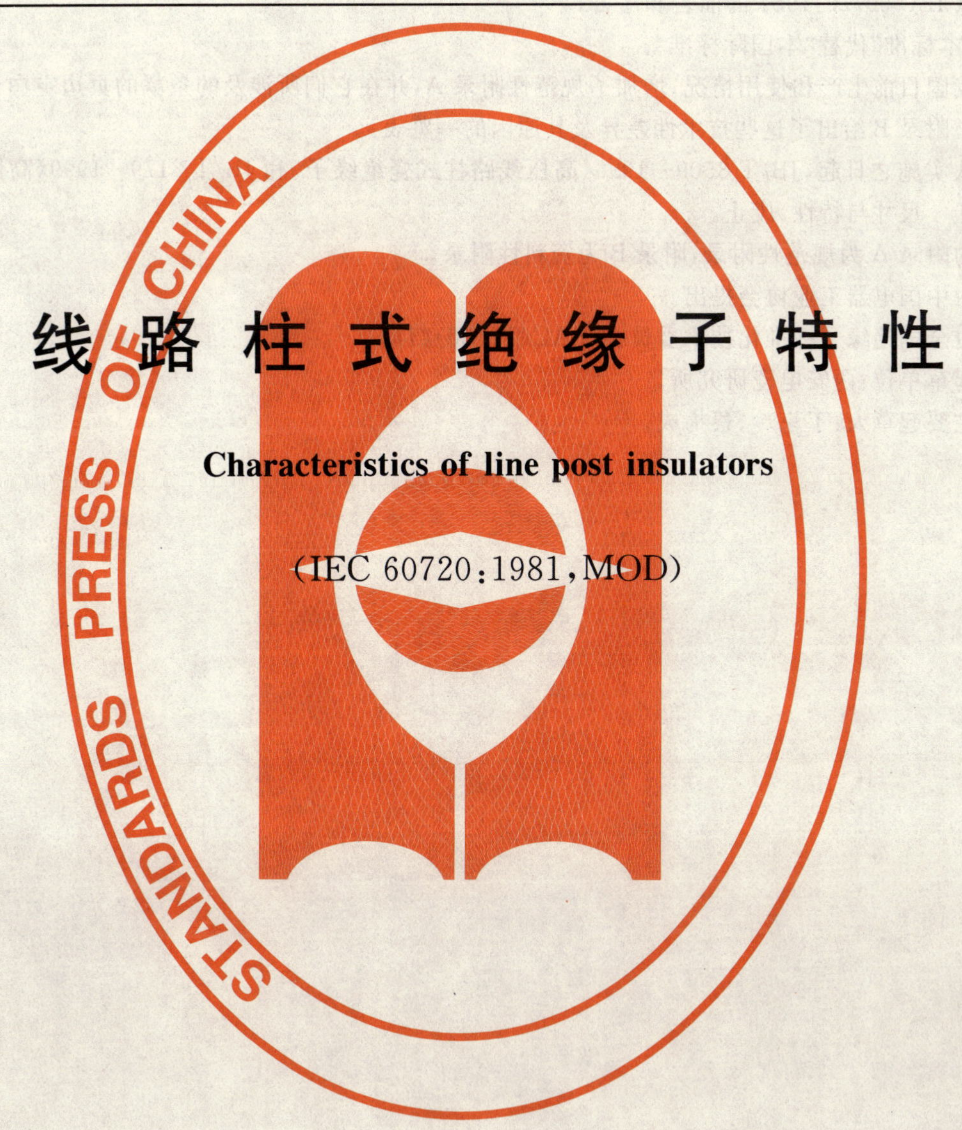

线路柱式绝缘子特性

Characteristics of line post insulators

(IEC 60720:1981,MOD)

2007-12-03 发布　　　　2008-05-01 实施

中华人民共和国国家质量监督检验检疫总局
中国国家标准化管理委员会　发布

前　言

本标准修改采用 IEC 60720:1981《线路柱式绝缘子特性》(英文版)。

为便于使用,对于 IEC 60720:1981 标准做了下列编辑性修改:

a)　删除 IEC 60720:1981 的前言和序言;

b)　用“本标准”代替“本国际标准”。

考虑到我国目前生产和使用情况,增加了规范性附录 A,并在它们所涉及的条款的页边空白处用垂直单线标识。附录 B 给出了这些技术性差异及其原因的一览表。

本标准从实施之日起,JB/T 8509—1996《高压线路柱式瓷绝缘子》和 JB/T 8179—1999《高压线路瓷横担绝缘子　尺寸与特性》废止。

本标准的附录 A 为规范性附录,附录 B 为资料性附录。

本标准由中国电器工业协会提出。

本标准由全国绝缘子标准化技术委员会(SAC/TC 80)归口。

本标准起草单位:西安电瓷研究所。

本标准主要起草人:丁京玲、蔡梅成。

线 路 柱 式 绝 缘 子 特 性

1 范围

本标准适用于额定电压高于 1 000 V,频率不大于 100 Hz 的交流架空线路用的线路柱式瓷绝缘子。

本标准适用于直立或水平安装(图 1)的顶部绑扎型线路柱式绝缘子,也适用于直立安装(图 4)和水平安装(图 5)的顶部线夹型线路柱式绝缘子。

本标准适用于处在清洁或中等污秽地区的架空线路用的、具有标准爬电距离的线路柱式绝缘子和处在污秽地区的架空线路用的、具有较长爬电距离的线路柱式绝缘子。

注:本标准以后可考虑推广用于玻璃绝缘子。

2 目的

本标准的目的是规定线路瓷绝缘子的电气特性、机械特性的给定值和主要尺寸(见表 1 和表 2)。

注:一般的定义和试验方法,在 GB/T 1001.1—2003《标称电压高于 1 000 V 的架空线路绝缘子 第 1 部分:交流系统用瓷或玻璃绝缘子元件——定义、试验方法和判定准则》中给出。

3 电气特性

根据 GB 311.1—1997《高压输变电设备的绝缘配合》,每一种线路柱式绝缘子都由规定雷电冲击耐受电压和额定工频湿耐受电压来表征。

注:运行电压未被规定,因为它取决于运行条件,对于给定的运行电压,有必要选择不同冲击耐受电压水平的绝缘子。

4 机械特性

每一种线路柱式绝缘子由规定的最小弯曲破坏负荷来表征。

通常,此弯曲破坏负荷为 12.5 kN,另外,对冲击耐受电压水平 170 kV 及以下(包括 170 kV)的顶部绑扎型线路绝缘子,其弯曲破坏负荷为 8 kN。

对于顶部绑扎型绝缘子,弯曲负荷施加在侧线槽中心,对于顶部线夹型绝缘子,弯曲负荷施加在由尺寸 H 确定的点上。

5 尺寸特性

规定了下列尺寸特性:

——最小公称爬电距离;

——公称总高;

——绝缘件的最大公称直径;

——底部金属附件的最小公称直径;

——底部金属附件的凹进部分和中心螺孔(图 8)尺寸。

注:示于表 1 和表 2 中的爬电距离适合于通常应用的两种绝缘水平,选择按 JB/T 5895—1991《污秽地区绝缘子使用导则》的规定。

5.1 对顶部绑扎型绝缘子(图 2 和图 3)

——头部直径;

——颈部直径；

——顶部线槽半径；

——侧线槽半径；

——顶部线槽的底部与侧线槽的中心线之间的距离。

注：经供需双方协议，绝缘子可不设顶部线槽。经协议，对于 R200、R250 和 R325 型，也可采用图 3 所示的头部结构。

5.2 对顶部线夹型绝缘子(图 6)

——顶部线夹固定夹的尺寸。

6 紧固装置

紧固装置应符合图 8。中心孔直径应为 ISO 米制螺纹，且扩径不大于 0.25 mm。紧固装置应适合于有标准螺纹的镀锌后的钢脚。

7 型号与标记

在表 1 和表 2 中，线路柱式绝缘子用字母 R 表示。R 后的数字表示弯曲破坏负荷(kN)，随后的字母 E 或 J 表示金属附件外胶装或内胶装。再后的字母 T、C 或 H 分别表示顶部绑扎型、直立安装的顶部线夹型或水平安装的顶部线夹型。

后缀的数字表示规定的雷电冲击耐受电压，峰值 kV；

后缀字母 N 或 L 分别表示标准的或较长的爬电距离。

例如：

R12.5ET170 N 表示：

R—线路柱式绝缘子；

12.5—最小弯曲破坏负荷 12.5 kN；

E—外胶装；

T—顶部绑扎型；

170—雷电冲击耐受电压 170 kV；

N—标准爬电距离。

在绝缘子瓷件上应标记规定的机械破坏负荷和爬电距离，例如：R12.5N 或 R8 L。

表 1 顶部绑扎型线路柱式绝缘子特性

线路柱式绝缘子型号	雷电冲击耐受电压峰值/kV	工频湿耐受电压有效值/kV	最小公称爬电距离/mm	最小弯曲破坏负荷/kN	公称总高[a] H/mm	底部金属附件最小公称直径 d/mm	底部金属附件中心螺孔	绝缘件最大公称直径 D/mm
R8 ET75L R8 JT75L	75	28	250	8	190	90	M20	140
R8 ET95L R8 JT95L	95	38	350	8	222	90	M20	145
R8 ET125L R8 JT125L	125	50	530	8	305	90	M20	150
R8 ET170L R8 JT170L	170	70	720	8	370	90	M20	160
R12.5 ET125N R12.5 JT125N	125	50	400	12.5	305	100	M20	160

表 1（续）

线路柱式绝缘子型号	雷电冲击耐受电压峰值/kV	工频湿耐受电压有效值/kV	最小公称爬电距离/mm	最小弯曲破坏负荷/kN	公称总高[a] *H*/mm	底部金属附件最小公称直径 *d*/mm	底部金属附件中心螺孔	绝缘件最大公称直径 *D*/mm
R12.5 ET170N R12.5 JT170N	170	70	580	12.5	370	110	M20	170
R12.5 ET200N R12.5 JT200N	200	85	620	12.5	430	120	M20	180
R12.5 ET250N R12.5 JT250N	250	95	860	12.5	510	120	M20	190
R12.5 ET325N R12.5 JT325N	325	140	1200	12.5	660	140	M24	200
R12.5 ET75L R12.5 JT75L	75	28	250	12.5	190	90	M20	160
R12.5 ET95L R12.5 JT95L	95	38	350	12.5	222	100	M20	165
R12.5 ET125L R12.5 JT125L	125	50	530	12.5	305	100	M20	170
R12.5 ET170L R12.5 JT170L	170	70	720	12.5	370	110	M20	180
R12.5 ET200L R12.5 JT200L	200	85	900	12.5	430	120	M20	190
R12.5 ET250L R12.5 JT250L	250	95	1140	12.5	510	120	M20	200
R12.5 ET325L R12.5 JT325L	325	140	1450	12.5	660	140	M24	210

[a] 公称总高 *H* 的公差允许±8%。

表 2 顶部线夹型线路柱式绝缘子特性

线路柱式绝缘子型号	雷电冲击耐受电压峰值/kV	工频湿耐受电压有效值/kV	最小公称爬电距离/mm	最小弯曲破坏负荷/kN	公称总高[a] *H*/mm	底部金属附件最小公称直径 *d*/mm	底部金属附件中心螺孔	绝缘件最大公称直径 *D*/mm
R12.5EC 125N R12.5EH 125N	125	50	400	12.5	350 370	100	M20	160
R12.5EC 170N R12.5EH 170N	170	70	580	12.5	420 440	110	M20	170
R12.5EC 200N R12.5EH 200N	200	85	620	12.5	495 515	120	M20	180
R12.5EC 250N R12.5EH 250N	250	95	860	12.5	570 590	120	M20	190
R12.5EC 325N R12.5EH 325N	325	140	1200	12.5	710 730	140	M24	200

表 2（续）

线路柱式绝缘子型号	雷电冲击耐受电压峰值/kV	工频湿耐受电压有效值/kV	最小公称爬电距离/mm	最小弯曲破坏负荷/kN	公称总高[a] H/mm	底部金属附件最小公称直径 d/mm	底部金属附件中心螺孔	绝缘件最大公称直径 D/mm
R12.5EC 75L R12.5EH 75L	75	28	250	12.5	235 255	90	M20	160
R12.5EC 95L R12.5EH 95L	95	38	350	12.5	270 290	100	M20	165
R12.5EC 125L R12.5EH 125L	125	50	530	12.5	350 370	100	M20	170
R12.5EC 170L R12.5EH 170L	170	70	720	12.5	420 440	110	M20	180
R12.5EC 200L R12.5EH 200L	200	85	900	12.5	495 515	120	M20	190
R12.5EC 250L R12.5EH 250L	250	95	1140	12.5	570 590	120	M20	200
R12.5EC 325L R12.5EH 325L	325	140	1450	12.5	710 730	140	M24	210

a　公称总高 H 的公差允许±8%。

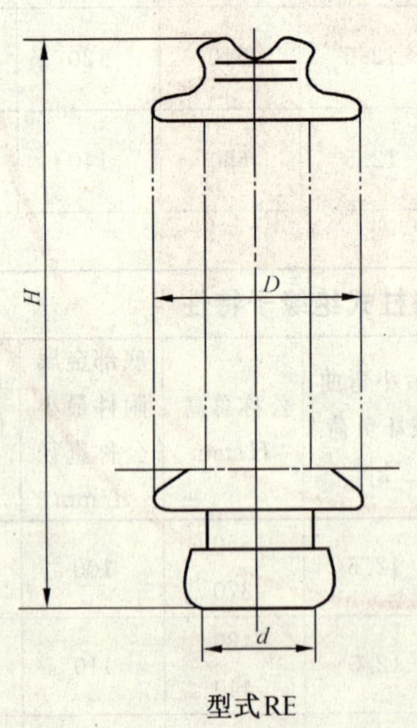

型式RE

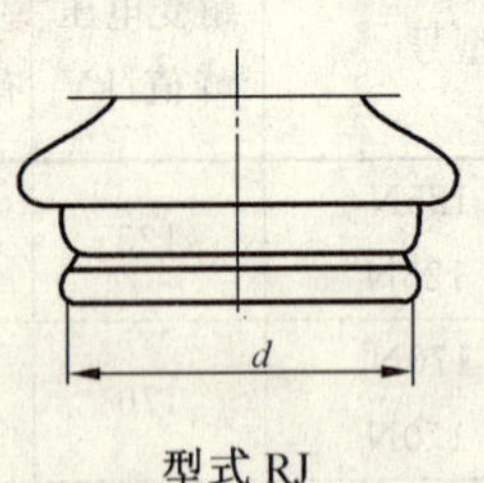

型式 RJ

图 1　顶部绑扎型线路柱式绝缘子

单位为毫米

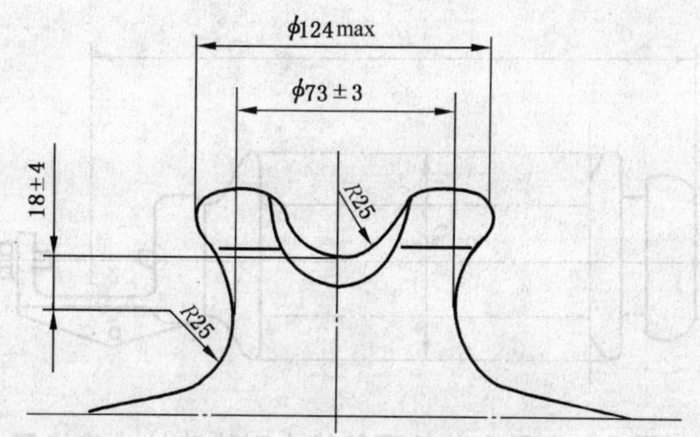

R75 至 R325 水平或垂直安装。

注：图 2 所示标准头部的顶线槽和侧线槽应能放置一根 49.2 mm 直径的圆棒。

图 2　标准头部

单位为毫米

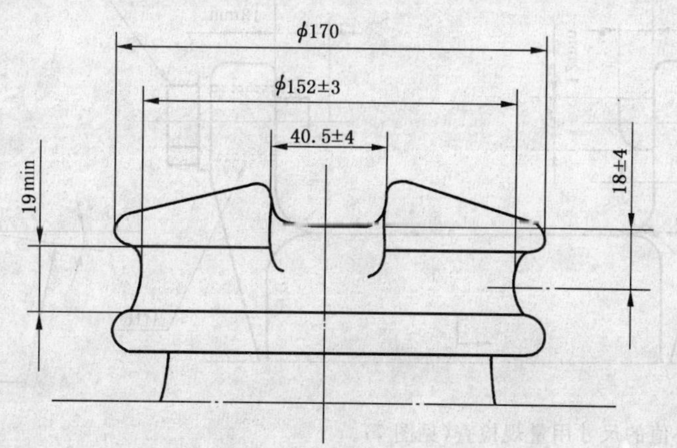

仅适于 R200、R250 和 R325 垂直安装。

图 3　替换头部

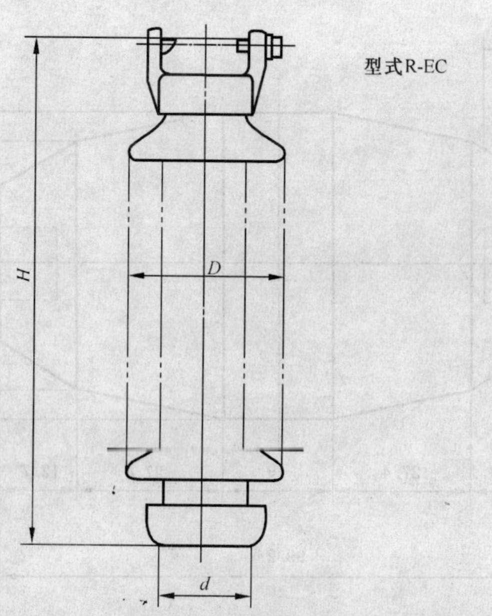

图 4　直立安装的顶部线夹型线路柱式绝缘子

型式 R-EH

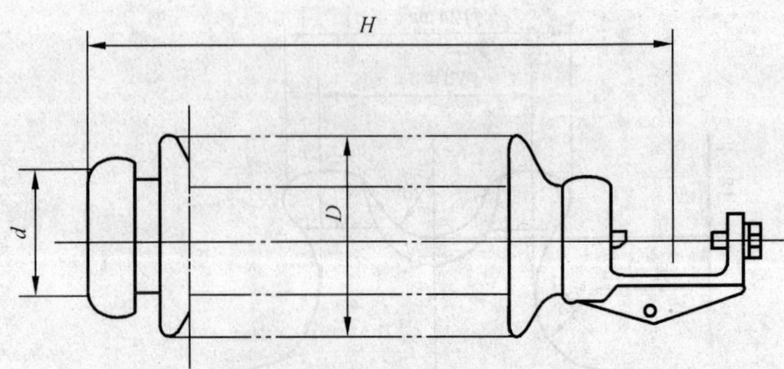

图 5 水平安装的顶部线夹型线路柱式绝缘子

单位为毫米

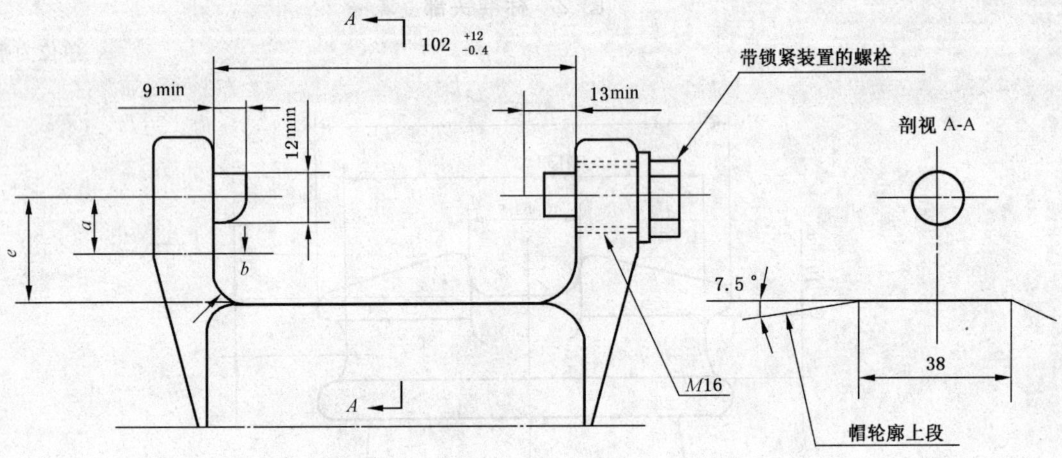

注：a、b、e 和图示最小值的尺寸用量规检查(见图 7)。

图 6 顶部线夹型线路柱式绝缘子头部详图

单位为毫米

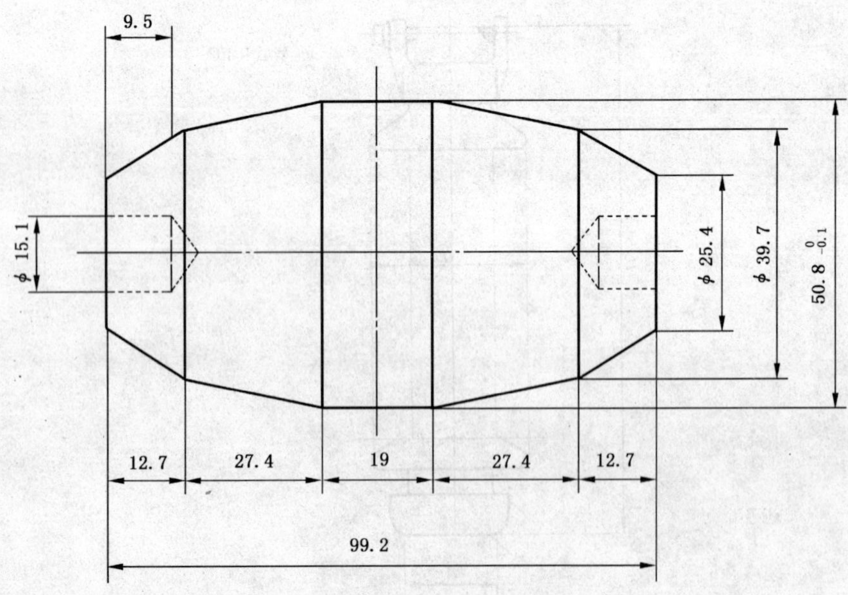

注：除图示尺寸偏差外其余尺寸偏差为±0.05 mm。

图 7 帽量规(仅举一例)

单位为毫米

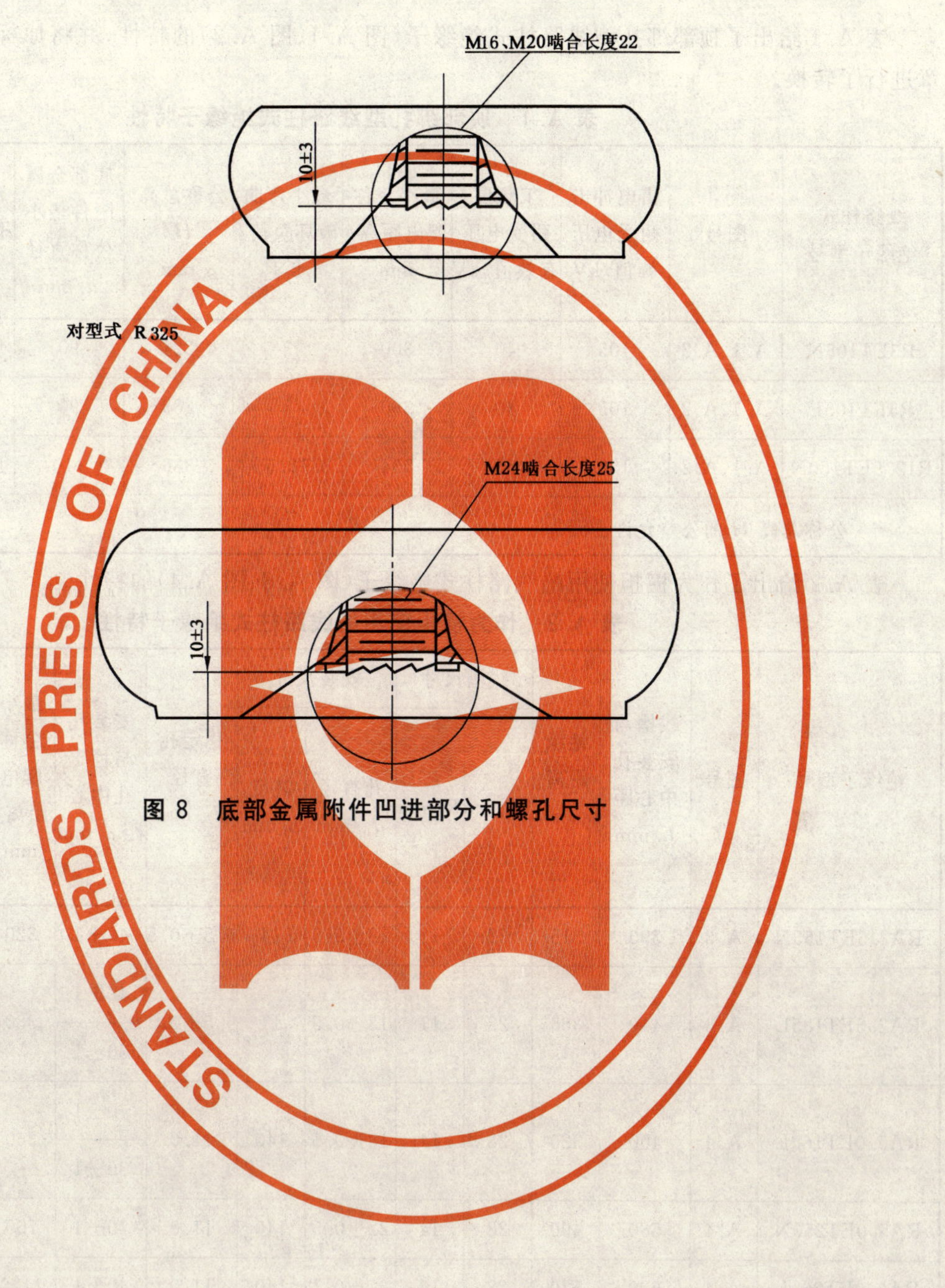

图 8 底部金属附件凹进部分和螺孔尺寸

附 录 A
（规范性附录）
增加的线路柱式绝缘子特性

表 A.1 给出了顶部绑扎型线路柱式绝缘子（图 A.1、图 A.2）的特性，并将原标型号按本标准第 7 章进行了转换。

表 A.1 顶部绑扎型线路柱式绝缘子特性

线路柱式绝缘子型号	图号	雷电冲击耐受电压峰值/kV	工频湿耐受电压有效值/kV	最小公称爬电距离/mm	最小弯曲破坏负荷/kN	公称总高[a] H/mm	底部金属附件最小公称直径 d/mm	底部金属附件中心螺孔	绝缘件最大公称直径 D/mm
R3ET105N	A.1、A.2	105	40	300	3	224	90	胶装钢脚	120
R5ET105L	A.1、A.2	105	40	360	5	283	90	M16	125
R12.5ET150N	A.1、A.2	150	65	534	12.5	336	110	胶装钢脚	170
[a] 公称总高 H 的公差允许±8%。									

表 A.2 给出了作为横担使用的线路柱式绝缘子（图 A.3、图 A.4）的特性。

表 A.2 作为横担使用的线路柱式绝缘子特性

绝缘子型号	图号	线槽与安装孔中心距 L/mm	绝缘距离 L_1/mm	线槽尺寸		安装尺寸		稳定孔直径 d_2/mm	安装孔与稳定孔中心距 a/mm	最小公称爬电距离/mm	工频湿耐受电压有效值/kV	雷电冲击耐受电压峰值/kV	额定弯曲破坏负荷/kN
				L_2/mm	R/mm	孔直径 d_1/mm	高度 h/mm						
RA2.5ET165N	A.3	390	315	22	11	18±0.5	14	6.5±0.5	40±1	320	45	165	2.5
RA2.5ET185L	A.3	440	365	22	11	18±0.5	14	6.5±0.5	40±1 30±1	380	50	185	2.5
RA5.0ET165L	A.4	400	320	28	14	18±0.5	140	11.0	40±1 30±1	360	45	165	5.0
RA5.0ET250N	A.4	580	490	28	14	22±0.5	140	11.0	40±1	700	85	250	5.0
RA5.0ET265L	A.4	620	520	28	14	22±0.5	140	11.0	40±1	1120	100	265	5.0
注：RA 表示作为横担使用的线路柱式绝缘子，其他字母表示的含义同本标准第 7 章。													

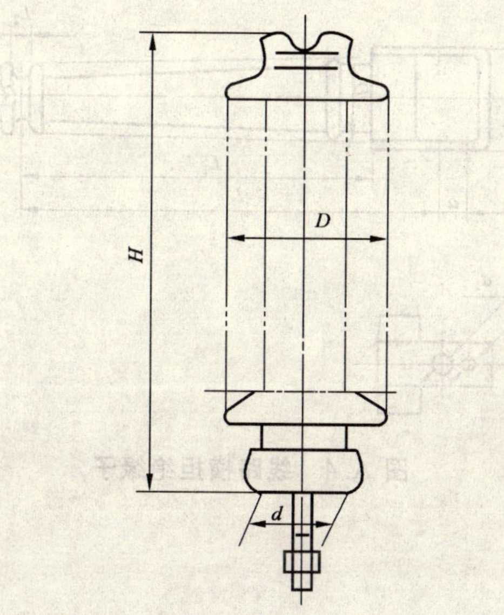

图 A.1 顶部绑扎型线路柱式绝缘子

单位为毫米

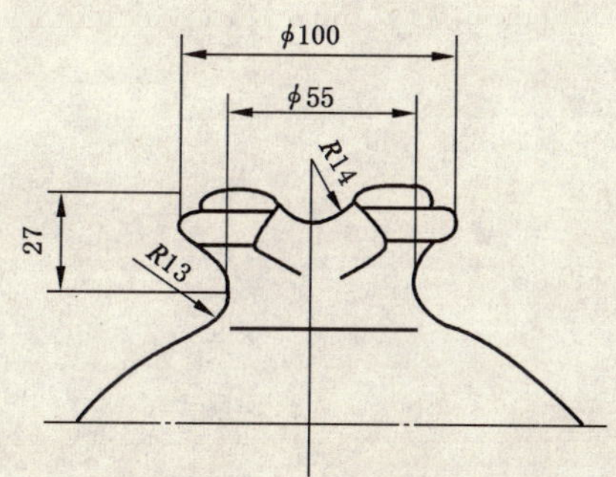

图 A.2 绑扎型头部尺寸

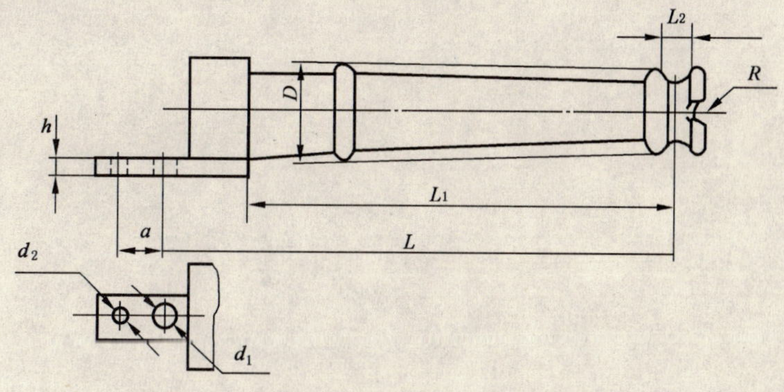

图 A.3 线路横担绝缘子

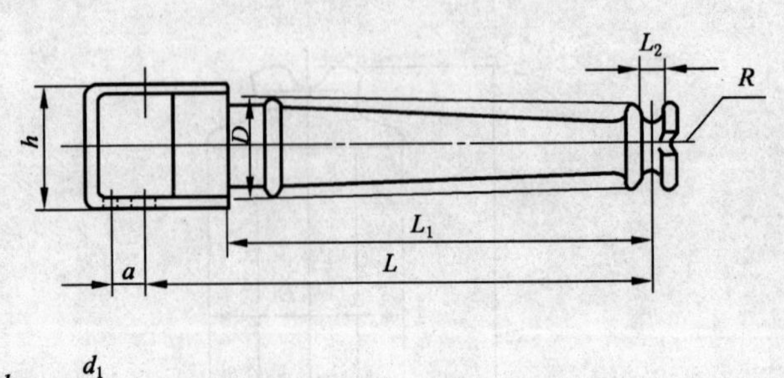

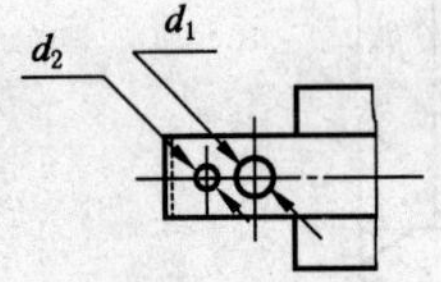

图 A.4 线路横担绝缘子

附　录　B
（资料性附录）
本标准与 IEC 60720:1981 技术性差异及其原因

表 B.1 给出了本标准与 IEC 60720:1981 技术性差异及其原因一览表。

表 B.1　本标准与 IEC 60720:1981 技术性差异及其原因

本标准章条编号	技术性差异	原　　因
附录 A	增加了规范性“附录 A”	由于国内的生产厂家很多是按英国标准或澳大利亚标准或美国标准生产的，为了不影响文本结构，扩大需求面，将国内生产和出口量大的品种继续保留在附录 A 的表 A.1 中。 另外，考虑到作为横担使用的线路柱式绝缘子，目前还有生产和使用，如果不列入，这一结构产品将出现无标可依的局面，鉴于此，也将其列入到附录 A 的表 A.2 中

ICS 29.130.20
K 30

中华人民共和国国家标准

GB/T 21207—2007/IEC/TS 61915:2003

低压开关设备和控制设备
入网工业设备描述的基本原则

**Low-voltage switchgear and controlgear—
Principles for the development of device profiles
for networked industrial devices**

(IEC/TS 61915:2003,IDT)

2007-12-03 发布　　2008-05-01 实施

中华人民共和国国家质量监督检验检疫总局
中国国家标准化管理委员会　发布

前　言

本标准等同采用 IEC/TS 61915:2003《低压开关设备和控制设备　入网工业设备描述的基本原则》。

本标准的附录 A 是规范性附录,附录 B、附录 C、附录 D 和附录 E 是资料性附录。

本标准由中国电器工业协会提出。

本标准由全国低压电器标准化技术委员会(SAC/TC 189)归口。

本标准负责起草单位:上海电器科学研究所(集团)有限公司。

本标准参加起草单位:杭申控股集团有限公司、苏州万龙集团有限公司。

本标准主要起草人:黄兢业、季慧玉。

本标准参加起草人:贺贵兵、程玉标。

引　言

本标准的目的在于提供一个框架，各产品标准技术委员会可以运用此框架在其范围内规定设备描述。每个产品标准技术委员会可以为所属设备规定“根设备描述”，制造商也可由此为其产品规定一个特定的描述。

本标准使产品标准化技术委员会在通用描述下通过任意网络判断其产品信息量成为可能，它为制造商提供一个通用框架来表征其入网设备，并允许制造商对设备描述进行特定的扩展。

本标准也有助于独立于网络的应用软件的编写。

低压开关设备和控制设备
入网工业设备描述的基本原则

1 范围

本标准规定了接入网络工业设备的通用模型框架,并提供了一个形成这种描述的、独立于所用网络的模板。

注1:本标准规定的设备描述格式与按位和字节接入的网络设备兼容。

各产品标准技术委员会应使用本标准来制定所属产品的根设备描述。

注2:制造商或用户组织可应用本标准规定的规则来制定用于其自己组织内的"根设备描述"。

产品生产商应使用产品标准技术委员会开发的根设备描述和本标准为创建生产商设备描述所规定的规则来表征和说明其设备。本标准允许生产商对产品标准技术委员会开发的根设备描述进行特定扩展。如果没有合适的根设备描述,制造商可使用本标准规定的规则来开发自己的设备描述。

为了便于通过网络工具和应用软件使用描述,本标准推荐使用描述互换语言来表征设备描述信息。

注3:本标准所指设备类型可以是如信号灯、按钮、限位开关等简单设备,也可以是具有多字节信息的复杂设备,如电动机控制器、半导体电动机起动器等。

2 规范性引用文件

下列文件中的条款通过本标准的引用而成为本标准的条款。凡是注日期的引用文件,其随后所有的修改单(不包括勘误的内容)或修订版均不适用于本标准,然而,鼓励根据本标准达成协议的各方研究是否可使用这些文件的最新版本。凡是不注日期的引用文件,其最新版本适用于本标准。

GB 3100—1993 国际单位制及其应用(eqv ISO 1000:1992)

GB 13000.1—1993 信息技术 通用多八位编码字符集(UCS)第一部分:体系结构与基本多文种平面(idt ISO/IEC 10464-1:1993)

GB/T 15969.3—2005 可编程序控制器 第3部分:编程语言(IEC 61131-3:2002,IDT)

GB/T 17966—2000 微处理器系统的二进制浮点运算(idt IEC 60599:1989)

IEC 61131-3:2003 可编程序控制器 第3部分:编程语言

ISO/IEC 10646-1:2000 信息技术 通用多八位编码字符集(UCS) 第一部分:体系结构与基本多文种平面

ISO/IEC DIS 19501-1 信息技术 统一建模语言(UML) 第1部分:规范[1)]

3 术语、定义、缩略语和符号

3.1 术语和定义

下列术语和定义适用于本标准。

3.1.1

设备描述 device profile

根据设备的参数、参数集和状态模式从网络的角度来说明设备的数据和性能的表示法。

3.1.2

设备描述框架(结构) device profile framework

标准中所包含的形成设备描述的规则组。

1) 即将出版。

3.1.3

制造商设备描述 manufacturer's device profile

由制造商规定的设备描述，它包含根设备描述的必备部分和相应的可选部分，还可包括制造商的特定扩展内容。

3.1.4

制造商特定扩展 manufecturer-specific extension

包含在特定制造商规定的制造商设备描述中的除根描述的必备和可选部分以外的信息。

3.1.5

参数 parameter

表示设备信息的不可分割的数据元素，该设备信息能够通过网络被读取或写入。

3.1.6

参数(汇编)集 parameter assembly

一个或多个可被读取或写入设备的参数集合。

3.1.7

参数组 parameter group

设备中具有相同功能的参数的逻辑集合。

注1：参数组可以是嵌套的，即定义一个由其他参数组组成的参数组是允许的。

注2：与参数集不同，参数组不必同时被读取或写入设备，相反地，定义参数组主要是为了把较多参数组织成有意义的数据集合。

3.1.8

根设备描述 root device profile

由必备元素和可选元素组合的通用设备的设备描述。

注：根设备描述由相关产品标准技术委员会规定。

3.1.9

服务 service

设备支持的功能，执行一个特定的动作(如，触发一个命令)。

注：实际的实现可以要求满足相关初始条件。

3.2 缩略语和符号

DTD 文件类型定义

ID 标识符

M 必备

O 可选

R 读

RW 读/写

UML 统一建模语言

W 写

XML 可扩展性标识语言

na 不适用

r 保留

4 设备描述

4.1 一般要求

一个设备描述由设备规定的数据(参数、参数集和参数组)和性能(状态模式和服务)组成。当设计一个自动化应用程序时,设备描述可用于表示一个设备,与网络无关。

设备描述应规定从设备接收和/或发送的所有控制和管理信息(见附录E)的格式和内容。附录A规定了设备描述的模板。整个模板是根设备描述和制造商设备描述的基础,除非本标准有其他说明,未用字段应保留空位。

注1:如果主模板某些段全部为空位(如用于根设备描述的制造商的报头),该段可在描述中省略。

每个描述应与其他描述保持独立,即一个描述不应包含其他被嵌入的描述(见附录C:描述创建导则)。较简单的设备描述应是较复杂设备描述的参数序列、参数集、参数组、状态模式和服务的子集,而不是这些信息的重新定义。

根设备描述既有书面格式也有电子格式。制造商设备描述有书面格式、独立的电子格式文件或储存于设备自身中。在网络上传递的信息将是由制造商设备描述规定的参数值。应用程序使用从设备或电子文件得到的描述信息来解释与设备交换的参数值。当设备存储了这些描述信息,这些信息也可通过网络从设备中读取。

参数集和参数组应只包含在设备描述中已定义的参数。

参数名称和设备状态名称应使用相应产品标准中规定的术语。

注2:附录D给出了当使用XML时文件和设备描述转换的推荐语法。

4.2 根设备描述

每一类设备的根设备描述由相关产品标准技术委员会创建。

在一个产品大类中,产品标准技术委员会应使用相同的参数来创建所有设备的根设备描述。每个参数值的指定含义在整个大类产品中应是相同的。如对于起动/停止位(布尔)参数,值1应总是表示起动。同样地,对于参数集的位和字节的顺序也应与其他属于同一产品大类的根设备描述的参数集一致,如在电动机起动器控制集中,起动位应与其他类型的电动机起动器的起动位在同一个位置。

根设备描述应规定哪些信息交换元素是必备,即对使用该特定根设备描述的所有设备是必需的元素,哪些元素是可选,即对使用该特定根设备描述的所有设备不是必需的元素。

根设备描述不应包含网络特定信息。

4.3 制造商设备描述

4.3.1 一般要求

制造商设备描述既可存储在设备中也可以存储在设备外部。可以规定下列两种制造商设备描述的主要类型。

——用于类似设备范围内的通用的制造商设备描述(如具有不同性能水平的类似设备类型)。

——用于单一设备的制造商设备描述(如一个特定类别的描述)。

4.3.2 使用根设备描述创建的制造商设备描述

制造商设备描述应包含所有根设备描述的必备部分,且不得变更。对于由根设备描述规定的每一个可选元素,如果这个元素确实有用,则制造商应在制造商设备描述中包含它,也不得变更。

另外,制造商可以按第6章规定的规则通过下列方式扩展根设备描述:

——规定附加参数;

——规定附加参数集;

——规定附加参数组;

——规定根设备描述状态模式中规定的状态的子状态;

——规定与那些在根设备描述的状态模式中规定的状态共存的状态;

——规定附加服务。

4.3.3 无可用的根设备描述时创建制造商设备描述

在没有合适的根设备描述的情况下,制造商可以根据第7章规定的规则来创建制造商设备描述。

注:制造商也可以在其他制造商为一系列设备(如由用户组织规定的描述)规定的设备描述的基础上为一单独设备

创建一个制造商设备描述。

4.4 描述之间的关系

图1表示了本标准、根设备描述和制造商设备描述之间的关系。

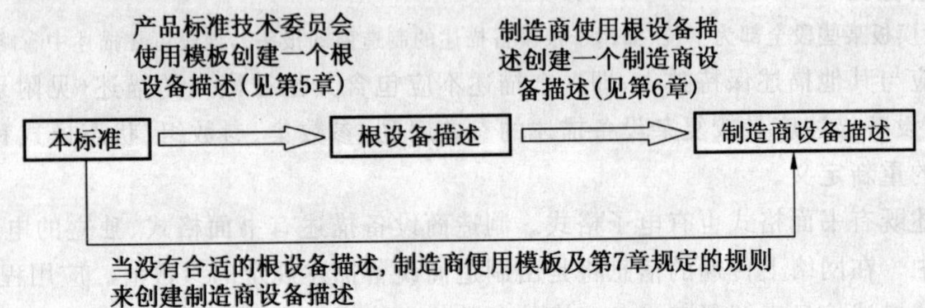

图1 本标准和设备描述之间的关系

5 使用设备描述模板创建根设备描述

5.1 一般要求

产品标准技术委员会应完成下列相关的设备描述模板(见附录A)部分:

——根设备描述报头,见5.2;

——参数(根设备描述),见5.3;

——参数集(根设备描述),见5.4;

——参数组(根设备描述),见5.5;

——状态模式(根设备描述),见5.6;

——服务(根设备描述),见5.7。

当产品标准技术委员会根据设备信息完成了模板,则创建了一个根设备描述。

5.2 根设备描述报头

5.2.1 一般要求

根设备描述报头应包含根设备描述ID,根设备描述版本,根设备描述发行日期和设备说明。

5.2.2 根设备描述ID

根设备描述ID应分配给每个根设备描述。根设备描述ID的格式应是使用P(SB SN)PN格式的文字串。其中:

P 大写字母P;

SB 是表示标准类别的文字串,后跟一空格;

SN 是表示含有根设备描述的标准代号的文件的文字串,文字串可以包含多个破折号或其他标点;

PN 是一个由产品标准技术委员会分配的5位数的整数(00001…99999),在规定的(SB SN)中是唯一的。

示例:P(GB/T 14048.10)10042

5.2.3 根设备描述版本

应为一个根设备描述分配根设备描述版本。版本号用于记录根设备描述的变更。当下列任一情况变化时版本号应发生变化:

——参数;

——参数集;

——参数组;

——状态模式;

——服务。

一个根设备描述的初始版本应为001版本。所有版本号为000的版本应被认为是未出版的。

根设备描述版本的格式应是使用VAAA格式的文字串，其中：

V　大写字母V；

AAA　是版本编号。

5.2.4 根设备描述出版日期

每一个根设备描述应包含一个版本出版日期，根设备描述的出版日期应使用YYYY-MM-DD(一个包含破折号的10字节字符串)格式的文字串，其中：

YYYY　年；

MM　月(01-12)；

DD　日(01-31)。

5.2.5 设备说明

设备说明是说明设备类型的文字串，它由产品标准技术委员会规定。

5.3 参数(根设备描述)

5.3.1 一般要求

根设备描述应包含1个或多个参数。对每一个参数都应按5.3.2～5.3.8的要求给出信息。

参数分类的示例在附录E中给出。

5.3.2 参数名称(必备)

“参数名称”段应包含由产品标准技术委员会规定的文字串(最大32个字符)。

5.3.3 数据类型(必备)

“数据类型”段应包含由产品标准技术委员会从表1列出的有效数据类型中选择的类型名称。

注：如果需要使用派生数据类型，优先推荐使用GB/T 15969.3—2005中规定的定义和派生数据类型。

数据类型“STRING”和“UNICODE”应包括它们的长度，在类型段里用字节表示。

示例：STRING10

表1　有效数据类型

类型名称	说明	定义和范围	标准
BOOL	位或布尔	用一个0或一个1表示	GB/T 15969.3—2005
BYTE	字节	8位的位串	GB/T 15969.3—2005
WORD	字	16位的位串	GB/T 15969.3—2005
DWORD	双字	32位的位串	GB/T 15969.3—2005
LWORD	长字	64位的位串	GB/T 15969.3—2005
SINT	短整数	－128～127	GB/T 15969.3—2005
USINT	无符号短整数	0～225	GB/T 15969.3—2005
INT	单整数	－32768～32767	GB/T 15969.3—2005
UINT	无符号整数	0～65535	GB/T 15969.3—2005
DINT	双整数	$-2^{31}\sim2^{31}-1$	GB/T 15969.3—2005
UDINT	无符号双整数	$0\sim2^{32}-1$	GB/T 15969.3—2005
LZNT	长整数	$-2^{63}\sim2^{63}-1$	GB/T 15969.3—2005

表 1(续)

类型名称	说明	定义和范围	标准
ULZNT	无符号长整数	$0\sim2^{64}-1$	GB/T 15969.3—2005
REAL	单实数	GB/T 17966 基础单浮点 允许近似范围 $-1.2\times10^{-38}\sim1.8\times10^{38}$	GB/T 15969.3—2005
LREAL	双实数	GB/T 17966 基础双浮点 允许近似范围 $-1.2\times10^{-308}\sim1.8\times10^{308}$	GB/T 15969.3—2005
STRING	字符串	每字符占 1 字节	GB/T 15969.3—2005
UNICODE	统一的字符编码标准 (采用双字节双字符进行编码)	每字符占 2 字节	GB 13000.1—1993

5.3.4 单位(必备)

"单位"段应包含使用在 GB 3100—1993 中(如合适)规定的 SI 单位来规定参数单位的文字串。

当没有规定单位(如对于计数器)或不需定义(如对于一个布尔数据类型)时,文字串应用"na"。

5.3.5 偏移量和乘数(必备)

"偏移量"和"乘数"段应根据下列公式共同规定如何解释参数值。

工程值=(参数值+偏移量)×乘数

偏移量和乘数应是浮点数,没有单位。应同时规定一个偏移量和一个乘数。

对于非数值的数据类型,"偏移量"和"乘数"段应包含文字串"na"。

对于数值的数据类型,如果不需要偏移量,则用"0"值表示偏移量。如果不需要缩放比例,则用"1"值表示乘数。

示例 1　工程单位为℃,值为 100 的参数,其偏移量为 0,乘数为 1,则工程值为 100 ℃。

示例 2　工程单位为℃,值为 100 的参数,其偏移量为 0,乘数为 0.1,则工程值为 10.0 ℃。

示例 3　工程单位为℃,值为 100 的参数,其偏移量为 1 000,乘数为 1,则工程值为 1 100 ℃。

示例 4　工程单位为℃,值为 100 的参数,其偏移量为 1 000,乘数为 0.1,则工程值为 110.0 ℃。

5.3.6 范围(必备)

"范围"段应规定偏移量和乘数变更之前的参数数据值的范围极限。范围应规定为最小值后跟省略号(…),然后再跟最大值,中间无空格。范围应包括所规定的最小值和最大值。

示例 1　工程单位为℃,参数范围为 40…200,其偏移量为 1 000,乘数为 1,则工程值为 1 040 ℃…1 200 ℃。范围内共有 161 个参数值。

示例 2　工程单位为℃,参数范围为 40…200,其偏移量为 1 000,乘数为 0.1,则工程值为 104.0 ℃…120.0 ℃。范围内共有 161 个参数值。

注:以上 2 个例子的参数值数量相同。

参数的范围要比参数的类型更加受到限制,如参数类型可以是 USINT(0…255),但参数范围仅为 40…200。

如对范围外的特殊值赋予含义,则应在参数的说明段对他们进行规定。

当不需要范围(如对于布尔值的数据类型)时,应在"范围"段中插入文字串"na"。

5.3.7 访问(必备)

"访问"段应规定通过网络可以访问参数的方式。

访问的方式为:

R　用于从相连设备上可读取的参数，或

RW　用于从相连设备上可读取并可写入的参数。

参数不应规定为只写。

5.3.8　要求(必备)

根设备描述应规定设备是否被要求支持每一个参数，根设备描述的要求段应包含：

M　用于必备参数，即那些要求设备必须支持的参数；或

O　用于可选参数。

5.3.9　参数说明(可选)

“说明”段(如使用)应包含参数和/或参数使用的文字说明。

本段也可以包含参数值的任何特殊含义的说明，格式为参数值后面为等号(=)，后面再跟参数值的含义。在等号的前后都不应有空格。整个字符串应如下列所示用引号引起来。

示例：“0=没检测到目标”；

“1=检测到目标”。

5.3.10　用于设备标识的推荐参数

5.3.10.1　一般要求

产品标准技术委员会可在根设备描述中规定一些用于设备标识的参数。为了使各产品标准技术委员会规定根设备描述之间协调一致，推荐使用下列分条款使用的参数。

5.3.10.2　根设备描述 ID

标识作为制造商设备描述基础的根设备描述(见 5.2.2)，推荐类型为 STRING24。

注：如果不使用根设备描述，则制造商应遵循第 7 章的规定。

5.3.10.3　根设备描述版本

标识作为制造商设备描述基础的根设备描述版本(见 5.2.3)，推荐类型为 STRING4。

5.3.10.4　制造商 ID

标识设备的制造商(见 6.2.6)。推荐类型为 STRING32。

5.3.10.5　模式编号

模式标识号码由制造商规定，推荐类型为 STRING32。

5.3.10.6　软件版本

包含在设备内的微处理器的代码的软件或固件的版本标识，由制造商规定，推荐类型为 STRING8。

5.3.10.7　硬件版本

设备版本标识，不包括微处理器代码，由制造商规定，推荐类型为 STRING8。

5.3.10.8　序列号

标识号或串，由制造商规定和分配，每一个单独的设备或所生产的一批设备的标识是唯一的。推荐类型为 STRING32。

5.3.10.9　附加信息

包含制造商规定的任何附加设备信息。推荐类型为 STRING64。

5.4　参数集(根设备描述)

5.4.1　一般要求

产品标准技术委员会可以根据 5.4.2～5.4.5 的规定定义一个或多个参数集。

制造商可以决定是否需要支持每一个参数集，即一个根设备描述内的所有参数集都是可选的(见 5.4.4)。

一个根设备描述可以包含多个参数集。各个参数可在根设备描述的多个参数集中进行说明。

参数集应规定用于交换一个或多个参数的数据结构，并应独立于操作系统和网络技术。参数集能

够被用于从设备中读取信息，将信息写入设备中，或二者均可。

应规定参数在参数集中的位置。

注：参数集不必表示数据在网络信息中的序列。

在每一参数集中，仅为了字节排列的目的不属于参数集数据的任何段都应标注“na”，并被认为未经定义，当集向一个按位访问的网络传输时这些段可以被废除。

5.4.2　参数集名称(必备)

“参数集名称”段应含有一参数集名称的说明文字(最多为 32 个字符)。

5.4.3　访问(必备)

“访问”段应规定通过网络可以访问参数集的方式。

访问的方式为：

R　用于从相联设备上可读取的参数集；或

W　用于可写入相联设备的参数集；或

RW　用于即可读取又可写入的参数集。

读访问参数集可以包含读和/或读/写访问参数。

写和读/写访问参数集应仅包含读/写访问参数。

5.4.4　要求(必备)

根设备描述应规定对于参数集的设备支持是可选，因此，“要求”段应包含字母“O”。

5.4.5　参数集数据(必备)

参数集应使用模板段(见附录 B 给出的示例)规定的参数名称识别特殊参数。如一个文字串，占据一系列字节参数，应在参数集“字节”段中列出字节的范围。

在多字节参数被用于参数集的场合，多字节参数应从字节界限即零位开始。

注：多字节参数的字节排序是技术细节问题，所以没有规定。

本标准规定的设备描述的格式应与联接至按位访问或按字节访问的网络设备兼容。

在按位访问的网络中，图 2、图 3 和图 4 所示的三种说明格式是等效的。

位	
0	参数 A
1	参数 B
2	参数 C
3	参数 D

图 2　说明格式示例(1)

位	3	2	1	0
	参数 D	参数 C	参数 B	参数 A

图 3　说明格式示例(2)

字节	位：(0～7 用于位和字节结构；0～15 用于字结构)							
	7	6	5	4	3	2	1	0
	15	14	13	12	11	10	9	8
0	na	na	na	na	参数 D	参数 C	参数 B	参数 A

图 4　说明格式示例(3)

为了能够使用相同的格式,不受网络类型的制约,适用于按位和按字节访问的网络的图4格式已被选作用于模板。

5.5 参数组(根设备描述)

5.5.1 一般要求

一些复杂的设备可以支持大量的参数。这些设备从逻辑上可划分为逻辑模块和/或功能单元(FE),如图5所示。

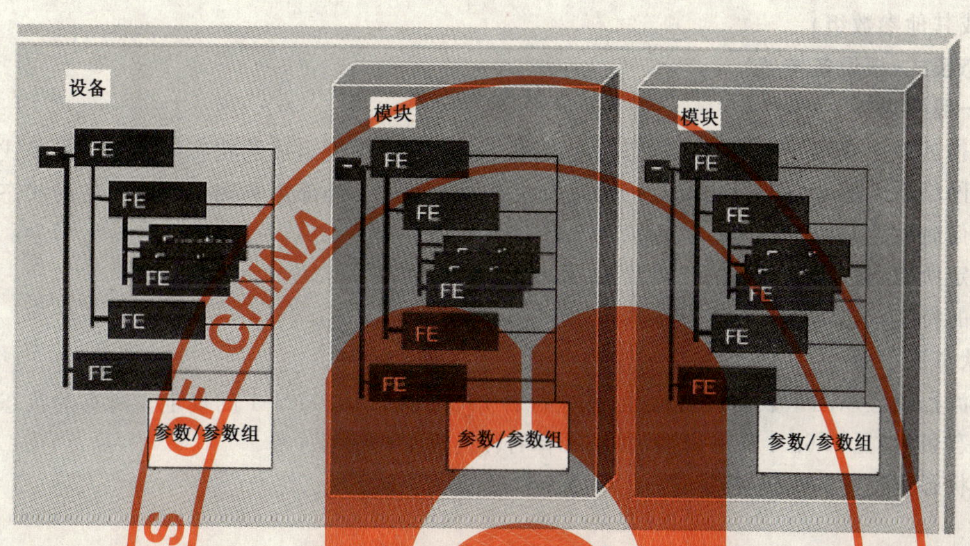

图5 设备结构示例

参数组应在一个设备中规定与相同功能单元相关的参数的逻辑组。他们应独立于操作系统和网络技术。附录E给出的分类表可以作为规定这些参数组的基础。

注:与参数集相反,参数组不需要同时由设备读出或写入设备。相反,他们主要用于将长参数序列表规定为有一定用途的组。

产品标准技术委员会可以根据5.5.2~5.5.7规定一个或多个参数组。

制造商可以决定是否要支持每个参数组,即在一个根设备描述中的所有参数组都是可选的。

根设备描述可以包含多个参数组。在根设备描述中,单独参数可在根设备描述的多个参数组中进行说明。

参数组可以是嵌套的,即可以规定一个由其他参数组组成的参数组。

5.5.2 参数组名称(必备)

"参数组名称"段应包含一个参数组名称的说明文字(最多为32个字符)。

5.5.3 参数组类型(必备)

"参数组类型"段应规定参数组的类型,即参数组各组成部分的类型。

参数组类型应规定为:

P 用于由参数组成的参数组;或

G 用于由其他参数组组成的参数组。

注:"G"类型允许规定组嵌套。

5.5.4 参数组成员数(必备)

"参数组成员数"段应在参数组中规定成员(参数或其他组)的数目。

5.5.5 说明(可选)

如选用,"说明"段应包含参数组和/或其用途的文字说明。

5.5.6 附加信息(可选)

如选用,“附加信息”段应包括对参数组的使用提供附加信息的文字说明。

注:它可以包含处置参数组里的参数的特殊条件(如需有从属关系,或仅能经由安全访问被调用,或从状态流程图的状态中调用),或包含被需要使用参数(如可执行文件,说明文件)的附加信息的外部文件的说明。

5.5.7 参数组成员名称(必备)

参数组应通过使用在模板段(见附录 B 的示例)规定的参数名或参数组名称来识别特殊参数组成员(参数或其他参数组)。

5.6 状态模式(根设备描述)

5.6.1 一般要求

所有描述都应规定一个由一个状态流程图和一个状态转换表组成的状态模式。状态模式用于帮助理解通过网络看到的设备的行为或运行情况。状态模式阐述了外部影响如何改变设备的状态或设备的内部状态何时改变其可见性能。

应规定所有通过网络可见的设备状态。

网络的特定状态不在本标准范围内。

5.6.2 状态流程图

状态流程图应以图来表示设备性能,并应符合 ISO/IEC DIS19501-1 的规定。所有的状态都应通过他们的状态名称(见 5.6.3.2)来识别,并且所有的转换表都应编号。

关于状态流程图的示例见图 6。

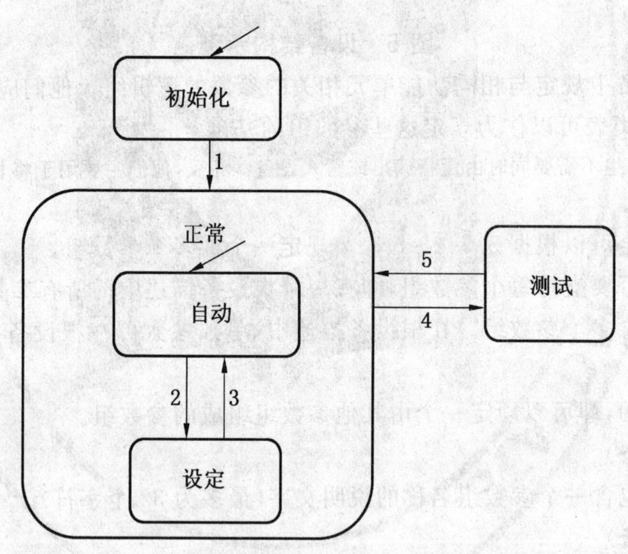

图 6 状态流程图示例

5.6.3 状态转换表

5.6.3.1 一般要求

状态转换表是状态流程图的补充。状态转换表的格式应在设备描述的模板(见附录 A)中说明。

状态转换表应描述每一个状态及引发状态转换的事件。这些事件可以包括通过网络发送的命令,内部发生的事件,或由连接的设备检测到的外部事件。

图 7 显示了与图 6 的状态流程图相对应的状态转换表。

注:推荐所有根设备描述包含报告设备当前状态的能力。

<table>
<tr><th colspan="3">状 态 名 称</th><th>状 态 说 明</th></tr>
<tr><td colspan="3">初始化</td><td>设备开机后的初始状态,设备还不能正常操作</td></tr>
<tr><td colspan="3">正常</td><td>设备可用于自动操作</td></tr>
<tr><td colspan="3">自动</td><td>可通过网络获取“在线”和“报警”参数值</td></tr>
<tr><td colspan="3">设定</td><td>当在这个状态时,设备能接受“操作模式”参数的命令来改变其相应的操作(亮或暗信号表示在线)
设备在此状态将不再实现其正常检测操作—不应通过网络读取“在线”和“报警”参数值</td></tr>
<tr><td colspan="3">测试</td><td>设备不实现其正常检测操作。“在线”和“报警”参数值被设定为 1</td></tr>
<tr><th>转换</th><th>源状态</th><th>目标状态</th><th>事 件</th></tr>
<tr><td>01</td><td>初始化</td><td>正常</td><td>设备初始化,准备进入正常操作</td></tr>
<tr><td>02</td><td>自动</td><td>设定</td><td>“设备模式”参数被命令由 0 变为 1,或设备“设定模式”被调用</td></tr>
<tr><td>03</td><td>设定</td><td>自动</td><td>“设备模式”参数被命令由 1 变为 0,或设备“调整自动模式”被调用</td></tr>
<tr><td>04</td><td>正常</td><td>测试</td><td>“测试”参数被命令由 0 变为 1,或设备“进入测试模式”被调用</td></tr>
<tr><td>05</td><td>测试</td><td>正常</td><td>“测试”参数被命令由 1 变为 0,或设备“退出测试模式”被调用</td></tr>
</table>

图 7 状态转换表示例

5.6.3.2 状态名称

“状态名称”段包含状态的文字名称(最多为 32 个字符)。

5.6.3.3 状态说明

“状态说明”段应包含状态和/或其用途的文字说明。

5.6.3.4 转换

每一个转换都应被编号。应规定每个转换的源状态和目标状态。“事件”段用于说明事件和引起这些转换发生的条件。

5.7 服务(根设备描述)

5.7.1 一般要求

根设备描述可以包含一个或多个服务。服务可由设备提供,允许用户或应用程序执行特定动作。如启动一个状态转换,触发一个命令,对设备进行配置或编程。服务与设备的参数交换或状态流程图的特定事件有关。

注:在 5.7 中,读/写操作不认为是服务。

5.7.2 服务名称(必备)

“服务名称”段应包含由产品标准技术委员会规定的文字串(最多为 32 个字符)。

5.7.3 请求参数组(可选)

如选用,“请求参数组”段应提及参数组的名称以便对发送给服务请求的设备的参数进行确认。

5.7.4 响应参数组(可选)

如选用,“响应参数组”段应提及参数组的名称以便对服务响应的设备发出的参数进行确认。

5.7.5 要求(必备)

根设备描述应规定设备是否需要支持每一项服务。根设备描述的“要求”段应包含:

M 用于必备服务,即设备必须支持的服务;或

O 用于可选服务。

5.7.6 说明(可选)

如选用,“说明”段应包含服务和/或其用途的文字说明。

5.7.7 附加信息(可选)

如选用,“附加信息”段应包含对服务用途的附加信息提供文字说明。

注:附加信息可以包含使用服务的特殊条件(如仅能由安全访问调用,或来自某些状态流程图的与5.5.6相关的状态)或涉及包含被需要使用服务(如可执行文件,说明文件)的附加信息的外部文件。

6 使用根设备描述创建制造商设备描述

6.1 一般要求

当设备制造商创建制造商设备描述时,设备制造商应在根设备描述(见附录A)的下列部分增加制造商特定信息(如合适):

——制造商设备描述报头(见6.2);

——根设备描述参数的实现(见6.3);

——参数(制造商特定)(见6.4);

——根设备描述参数集实现(见6.5);

——参数集(制造商特定)(见6.6);

——状态模式(制造商特定)(见6.9);

——根设备描述服务实现(见6.10);

——服务(制造商特定)(见6.11)。

6.2 制造商设备描述报头

6.2.1 一般要求

制造商设备描述的报头包含用于制造商设备描述的识别信息:制造商设备描述ID,制造商设备描述说明,制造商设备描述版本,制造商设备描述出版日期,制造商ID,模式兼容性,软件兼容性和硬件兼容性。

如果制造商的设备描述是用于特定设备,但此描述是基于另一制造商为一系列设备(如来自于用户组织)规定的设备描述,则可以在第一个报头的下面增加第二个制造商的报头以便于识别基础制造商设备描述。

注:在这种情况下,完整的“描述类型”段应是“设备”在第一个报头中,“通用”在第二个报头中(见6.2.10)。

6.2.2 制造商设备描述ID(必备)

制造商应在制造商设备描述中写入制造商设备描述ID。

注:如果制造商设备描述以电子文件的形式提供,则文件名中应包含制造商设备描述ID。

6.2.3 制造商设备描述说明(可选)

制造商可在制造商设备描述中写入设备描述的文字说明。

6.2.4 制造商设备描述版本(必备)

制造商应为每一个制造商设备描述分配描述版本编号。当制造商设备描述发生任何变化时制造商应分配一个不同的版本编号。

制造商设备描述的初始版本应是001版本。所有版本编号为000的版本被认为是未出版的。

一个描述版本的格式由使用格式为VAAA的文字串构成,其中:

V 大写字母V;

AAA 是版本编号。

6.2.5 制造商设备描述出版日期(必备)

每一个制造商设备描述应包含一个版本出版日期。制造商设备描述的出版日期应使用YYYY-MM-DD(一个包含破折号的10字节的字符串)格式的文字串,其中:

YYYY 年;

MM 月(01-12);

DD 日(01-31)。

6.2.6 制造商 ID(必备)

制造商 ID 用于识别设备的制造商。每个制造商有责任规定自己的制造商 ID。

注：每位制造商的 ID 应是唯一的，并且对于其提供的所有设备应是同一个 ID，通常使用商标或品牌名称。

6.2.7 模式兼容性(可选)

制造商可以在制造商设备描述中写入表明本描述与其何种模式兼容的文字。

6.2.8 软件兼容性(可选)

制造商可以在制造商设备描述中写入表明本描述与其何种软件/固件兼容的文字。

6.2.9 硬件兼容性(可选)

制造商可以在制造商设备描述中写入表明本描述与其何种硬件兼容的文字。

6.2.10 描述类型(可选)

可以规定两种制造商设备描述：

——用于类似设备(如具有不同性能水平的类似设备类型)范围内的通用的制造商设备描述；

——用于单一设备(如一个特定类别的描述)的制造商设备描述。

制造商可以在制造商设备描述中写入规定描述类型的文字串。如果制造商设备描述是用于类似设备范围则该文字串应是“通用的”。如果制造商设备描述是用于单个设备，则文字串应是“设备”。

如果本段为空，则默认为“设备”。

注：强烈推荐明确规定描述类型。

6.2.11 描述可获取性(可选)

制造商可以在制造商设备描述中写入一个文字串来规定是否能够从设备中读出设备描述信息，如果能够读出则该文字串为“Yes”，如果不能，则文字串为“No”。

如果本段为空，则默认为“No”。

6.2.12 附加信息(可选)

制造商可以在制造商设备描述中写入提供关于设备使用的附加信息的文字。

注：它可以包含使用设备的特殊条件(如要求安全访问管理)，或含有要求使用设备的附加信息(如可执行文件，说明文件)的外部文件的说明。

6.3 根设备描述参数的实现

所有根设备描述规定为必备参数都应包含在制造商设备描述中，并且在相应的制造商设备中实现。制造商应在制造商设备描述的“要求”段中写入大写字母“M”以表示根设备描述规定此参数为必备参数。

对每一个根设备描述规定为可选参数，如果此参数在制造商设备中确实能实现，则制造商应在制造商设备描述中包含此参数。

对于每一个被根设备描述规定为可选、并且被包含在制造商设备描述中的参数，制造商应按如下要求完成“要求”段：

——如果为一系列类似设备(如具有不同性能水平的相似设备类型)创建一个通用的制造商设备描述，制造商应写入大写字母“X”(如果对制造商设备描述来说此参数是必备)或“O”(如果其依然是可选)；

——如果为单个设备(如一个特殊种类描述)创建一个制造商设备描述，制造商应写入大写字母“O”来表示根设备描述规定此参数为可选参数；

——如果是在其他通用的制造商设备描述的基础上为单个设备创建一个制造商设备描述，制造商应写入大写字母“X”(如果在基础通用的制造商设备描述中此参数被指定为必备)或“O”(如果在基础通用的制造商设备描述中此参数被指定为可选)。

注：在制造商设备描述的“要求”段中，用字母“M”或“X”标识必备参数，制造商必须实现。字母“O”表示可选参数，

制造商可以选择实现。

如果产品标准技术委员会没有指定参数说明，制造商可以在制造商设备描述中写入参数说明。

6.4 参数（制造商特定）

制造商可以根据5.3创建附加的制造商特定参数。

对每一个制造商特定参数，制造商应按以下规定完成“要求”段：

——如果为一系列相似的设备（如具有不同性能水平的相似设备类型）创建一个通用的制造商设备描述，制造商应写入大写字母“M”（如果对制造商设备描述来说此参数是必备）或“O”（如果是可选）；

——如果为单个设备（如一个特殊种类描述）创建一个制造商设备描述，制造商应写入字符串“na”；

——如果是在其他通用的制造商设备描述的基础上为单个设备创建一个制造商设备描述，制造商应写入大写字母“M”（如果在基础通用的制造商设备描述中此参数被指定为必备）或“O”（如果在基础通用的制造商设备描述中此参数被指定为可选）。

在通用制造商设备描述中所有被规定为必备制造商特定参数都应由制造商在设备中实现。

6.5 根设备描述参数集的实现

在根设备描述中，参数集是可选的。

每一个由根设备描述规定的参数集，如果此参数集在制造商设备中确实实现，则制造商应在制造商设备描述中包含此参数集。

对于每一个被根设备描述规定的、并且被包含在制造商设备描述中的参数集，制造商应按以下规定完成“要求”段：

——如果为一系列类似设备创建一个通用的制造商设备描述（如具有不同性能水平的相似设备类型），制造商应写入大写字母“X”（如果对制造商设备描述来说此参数集是必备）或“O”（如果其依然是可选）；

——如果为单个设备（如一个特殊种类描述）创建一个制造商设备描述，制造商应写入大写字母“O”来表示根设备描述规定此参数集为可选参数集；

——如果是在其他通用的制造商设备描述的基础上为单个设备创建一个制造商设备描述，制造商应写入大写字母“X”（如果在基础通用的制造商设备描述中此参数集被指定为必备）或“O”（如果在基础通用的制造商设备描述中此参数集被指定为可选）。

注：在制造商设备描述的“要求”段中，用字母“X”标识必备参数集，制造商必须实现。字母“O”表示可选参数，制造商可以选择实现。

6.6 参数集（制造商特定）

制造商可以根据5.4创建附加的制造商特定参数集。

对每一个制造商特定参数集，制造商应按下列规定完成“要求”段：

——如果为一系列类似的设备（如具有不同性能水平的相似设备类型）创建一个通用的制造商设备描述，制造商应写入大写字母“M”（如果对制造商设备描述来说，此参数集是必备）或“O”（如果是可选）；

——如果为单个设备（如一个特殊种类描述）创建一个制造商设备描述，制造商应写入字符串“na”；

——如果是在其他通用的制造商设备描述的基础上为单个设备创建一个制造商设备描述，制造商应写入大写字母“M”（如果在基础通用的制造商设备描述中此参数集被指定为必备）或“O”（如果在基础通用的制造商设备描述中此参数集被指定为可选）。

在通用制造商设备描述中所有被规定为必备制造商特定参数集都应由制造商在设备中实现。

6.7 根设备描述参数组的实现

在根设备描述中参数组是可选的。

对每一个根设备描述规定的参数组，如果此参数组在制造商设备中确实被使用，则制造商应在制造商设备描述中包含此参数组。

如果产品标准技术委员会没有给予说明或附加信息，制造商可以在制造商设备描述中写入参数组说明或附加信息。

6.8 参数组（制造商特定）

制造商可以根据5.5创建附加制造商特定参数组。

6.9 状态模式（制造商特定）

制造商设备描述应使用根设备描述的状态模式。

制造商可以

——规定根设备描述的状态模式中已规定的简单状态（即状态中不包含次级状态）的次级状态；

——规定与那些在根设备描述的状态模式中已规定状态同时存在的状态。

制造商不可以

——修改在根设备描述的状态模式中已规定的任何状态（除上述已有规定外）；

——增加、删除或修改任何与在根设备描述的状态模式中已规定的状态相联系的转换。

除本章允许的对根设备描述状态模式的改变外，任何改变都应被看作为新的设备类型，新制造商设备描述应根据第7章的规定进行开发。

注：网络特定状态不在本标准范围内。

6.10 根设备描述服务的实现

所有被根设备描述规定为必备服务应包含在制造商设备描述中，在相应的制造商设备中实现。制造商应在制造商设备描述的“要求”段中写入大写字母“M”来表示根设备描述规定此服务是必须实现的。

对每一个根设备描述规定为可选服务，如果该服务在设备中确实实现了，则制造商应仅在制造商设备描述中包含它。

对于每一个被根设备描述规定为可选、并且被包含在制造商设备描述中的服务，制造商应按如下规定完成“要求”段：

——如果为一系列类似设备创建一个通用的制造商设备描述（如具有不同性能水平的类似设备类型），制造商应写入大写字母“X”（如果对制造商设备描述来说此服务是必备）或“O”（如果其依然是可选）；

——如果为单个设备（如一个特殊种类描述）创建一个制造商设备描述，制造商应写入大写字母“O”来表示根设备描述规定此服务为可选服务；

——如果是在其他通用的制造商设备描述的基础上为单个设备创建一个制造商设备描述，制造商应写入大写字母“X”（如果在基础通用的制造商设备描述中此服务被指定为必备）或“O”（如果在基础通用的制造商设备描述中此服务被指定为可选）。

注：在制造商设备描述的“要求”段中，用字母“M”或“X”标识必备服务，制造商必须实现。字母“O”表示可选参数，制造商可以选择实现。

如果产品标准技术委员会没有给予说明或附加信息，制造商可以在制造商设备描述中写入服务说明或附加信息。

6.11 服务（制造商特定）

制造商可以根据5.7创建附加的制造商特定服务。

对于每一个制造商特定的服务，制造商应按如下规定完成“要求”段：

——如果为一系列类似的设备（如具有不同性能水平的相似设备类型）创建一个通用的制造商设备描述，制造商应写入大写字母“M”（如果对制造商设备描述来说，此服务是必备）或“O”（如果是可选）；

——如果为单个设备（如一个特殊种类描述）创建一个制造商设备描述，制造商应写入字符串“na”；

——如果是在其他通用的制造商设备描述的基础上为单个设备创建一个制造商设备描述，制造商应写入大写字母“M”(如果在基础通用的制造商设备描述中此服务被指定为必备)或“O”(如果在基础通用的制造商设备描述中此服务被指定为可选)。

在通用制造商设备描述中所有被规定为必备制造商特定服务都应由制造商在设备中实现。

7 无可用根设备描述时创建制造商设备描述

7.1 一般要求

在没有合适的根设备描述的情况下，制造商可用本标准规定的规则来创建制造商设备描述。

7.2 制造商设备描述报头

7.2.1 一般要求

6.2.1 适用。

7.2.2 制造商设备描述 ID(必备)

6.2.2 适用。

7.2.3 制造商设备描述说明(可选)

6.2.3 适用。

7.2.4 制造商设备描述版本(必备)

6.2.4 适用。

7.2.5 制造商设备描述出版日期(必备)

6.2.5 适用。

7.2.6 制造商 ID(必备)

6.2.6 适用。

7.2.7 模式兼容性(可选)

6.2.7 适用。

7.2.8 软件兼容性(可选)

6.2.8 适用。

7.2.9 硬件兼容性(可选)

6.2.9 适用。

7.2.10 描述类型(可选)

6.2.10 适用。

7.2.11 描述可获取性(可选)

6.2.11 适用

7.2.12 附加信息(可选)

6.2.12 适用。

7.3 根设备描述报头

7.3.1 根设备描述 ID

因无根设备描述，本段应包含“na”。

7.3.2 根设备描述版本

因无根设备描述，本段应包含“na”。

7.3.3 根设备描述出版日期

因无根设备描述，本段应包含“na”。

7.3.4 设备说明(可选)

制造商可以写入说明设备类型的文字串。

7.4 参数(根设备描述)

因无根设备描述,本段应保留为空。

7.5 参数(制造商特定)

6.4 适用。

7.6 参数集(根设备描述)

因无根设备描述,本段应保留为空。

7.7 参数集(制造商特定)

6.6 适用。

7.8 参数组(根设备描述)

因无根设备描述,本段应保留为空。

7.9 参数组(制造商特定)

6.8 适用。

7.10 状态模式(根设备描述)

因无根设备描述,本段应保留为空。

7.11 状态模式(制造商特定)

制造商应根据 5.6 的要求规定状态模式。

7.12 服务(根设备描述)

因无根设备描述,本段应保留为空。

7.13 服务(制造商特定)

6.11 适用。

附 录 A
(规范性附录)
设备描述模板

设备描述模板见图 A.1。

整个模板被用作根设备描述和制造商设备描述的创建基础。除非本标准有其他说明,未使用段应为空。

注 1:如果某些主模板部分完全为空(如根设备描述中的制造商报头),可以在描述中省略这些部分。

注 2:阴影区域表示这些段可以由产品标准技术委员会或制造商来完成。

注 3:模板的可选段用斜体表示。

制造商设备描述报头			
制造商设备描述 ID: <???????? > [见 6.2.2]	*制造商设备描述说明:* <???????? > [见 6.2.3]	制造商设备描述版本: VAAA [见 6.2.4]	制造商设备描述出版日期: YYYY-MM-DD [见 6.2.5]
制造商 ID: <???????? > [见 6.2.6]	*模式兼容性:* <???????? > [见 6.2.7]	*软件兼容性:* <???????? > [见 6.2.8]	*硬件兼容性:* <???????? > [见 6.2.9]
描述类型: <???????? > [见 6.2.10]	*描述有效性:* <???????? > [见 6.2.11]	*附加信息:* <???????? > [见 6.2.12]	

根设备描述报头		
根设备描述 ID:	根设备描述版本:	根设备描述出版日期:
P(SB SN)PN	VAAA	YYYY-MM-DD
[见 5.2.2]	[见 5.2.3]	[见 5.2.4]
设备说明: <设备说明>[见 5.2.5]		

参数(根设备描述)								
参数名	数据类型	单位	偏移量	乘数	范围	访问	要求	*参数说明*
[见 5.3.2]	[见 5.3.3]	[见 5.3.4]	[见 5.3.5]	[见 5.3.5]	[见 5.3.6]	[见 5.3.7]	[见 5.3.8]	[见 5.3.9]

参数(制造商特定)								
参数名称	数据类型	单位	偏移量	乘数	范围	访问	要求	*参数说明*
[见 6.4]	[见 6.4]	[见 6.4]	[见 6.4]	[见 6.4]	[见 6.4]	[见 6.4]	[见 6.4]	[见 6.4]

参数集(根设备描述)		
参数集名称: <???????? > [见 5.4.2]	访问:RW [见 5.4.3]	要求:O [见 5.4.4]

字节	位:(0～7 用于位和字节结构;0～15 用于字结构)[见 5.4.5]							
	7	6	5	4	3	2	1	0
	15	14	13	12	11	10	9	8
0								
1								
n								

图 A.1 设备描述模板

<table>
<tr><td colspan="9">参数集(制造商特定)</td></tr>
<tr><td colspan="3">参数集名称:
<???????? >
[见 6.6]</td><td colspan="3">访问:RW
[见 6.6]</td><td colspan="3">要求:M/O
[见 6.6]</td></tr>
<tr><td rowspan="3">字节</td><td colspan="8">位:0~7 用于位和字节结构;0~15 用于字结构[见 5.4.5]</td></tr>
<tr><td>7</td><td>6</td><td>5</td><td>4</td><td>3</td><td>2</td><td>1</td><td>0</td></tr>
<tr><td>15</td><td>14</td><td>13</td><td>12</td><td>11</td><td>10</td><td>9</td><td>8</td></tr>
<tr><td>0</td><td></td><td></td><td></td><td></td><td></td><td></td><td></td><td></td></tr>
<tr><td>1</td><td></td><td></td><td></td><td></td><td></td><td></td><td></td><td></td></tr>
<tr><td>n</td><td></td><td></td><td></td><td></td><td></td><td></td><td></td><td></td></tr>
</table>

<table>
<tr><td colspan="5">参数组(根设备描述)</td></tr>
<tr><td>参数组名称</td><td>参数组类型</td><td>参数组成员数</td><td>说明</td><td>附加信息</td></tr>
<tr><td>[见 5.5.2]</td><td>[见 5.5.3]</td><td>[见 5.5.4]</td><td>[见 5.5.5]</td><td>[见 5.5.6]</td></tr>
<tr><td colspan="5">成员名称</td></tr>
<tr><td colspan="5">[见 5.5.7]</td></tr>
</table>

<table>
<tr><td colspan="5">参数组(制造商特定)</td></tr>
<tr><td>参数组名称</td><td>参数组类型</td><td>参数组成员数</td><td>说明</td><td>附加信息</td></tr>
<tr><td>[见 6.8]</td><td>[见 6.8]</td><td>[见 6.8]</td><td>[见 6.8]</td><td>[见 6.8]</td></tr>
<tr><td colspan="5">成员名称</td></tr>
<tr><td colspan="5">[见 6.8]</td></tr>
</table>

<table>
<tr><td colspan="2">设备性能(根设备描述)</td></tr>
<tr><td colspan="2">状态模式(根设备描述)</td></tr>
<tr><td colspan="2">状态流程图</td></tr>
<tr><td colspan="2">[见 5.6.2]</td></tr>
<tr><td colspan="2">状态转换表[见 5.6.3]</td></tr>
<tr><td>状态名称</td><td>状态说明</td></tr>
<tr><td></td><td></td></tr>
<tr><td></td><td></td></tr>
<tr><td>[见 5.6.3.2]</td><td>[见 5.6.3.3]</td></tr>
<tr><td></td><td></td></tr>
</table>

图 A.1(续)

转换	源状态	目标状态	事件(引起转换发生的事件和条件)
[见 5.6.3.4]	[见 5.6.3.4]	[见 5.6.3.4]	[见 5.6.3.4]

服务(根设备描述)					
服务名称	请求参数组	响应参数组	要求	说明	附加信息
[见 5.7.2]	[见 5.7.3]	[见 5.7.4]	[见 5.7.5]	[见 5.7.6]	[见 5.7.7]

设备性能(制造商特定)			
状态模式(制造商特定)			
状态流程图			
[见 6.9 或 7.11]			
状态转换表 [见 6.9 或 7.11]			
状态名称	状态说明		
[见 6.9 或 7.11]	[见 6.9 或 7.11]		
转换	源状态	目标状态	事件(引起转换发生的事件和条件)
[见 6.9 或 7.11]	[见 6.9 或 7.11]	[见 6.9 或 7.11]	[见 6.9 或 7.11]

服务(制造商特定)					
服务名称	请求参数组	响应参数组	要求	说明	附加信息
[见 6.11]	[见 6.11]	[见 6.11]	[见 6.11]	[见 6.11]	[见 6.11]

图 A.1(续)

附　录　B
（资料性附录）
设备描述示例

B.1　概述

本附录包含下列设备描述示例：

——由产品标准技术委员会根据第5章(见B.2)开发的根设备描述；

——根据第6章，使用上述根设备描述创建的制造商设备描述(见B.3)；

——根据第7章没有可用的根设备描述时创建制造商设备描述(见B.4)。

本标准所给出的示例并非实际的描述。实际描述将由各产品标准技术委员会制定。

B.2　根设备描述示例

图B.1和图B.2是根设备描述示例，其可以由产品标准技术委员会制定。

注：阴影区域表示那些段可以由产品标准技术委员会来完成。

B.2.1　光电开关

根设备描述报头		
根设备描述 ID： P(GB/T 14048.10)23068	根设备描述版本： V000	根设备描述出版日期： 2000-09-01
设备说明： 光电开关(具有模式控制的)		

参数(根设备描述)								
参数名称	数据类型	单位	偏移量	乘数	范围	访问	要求	参数说明
在线	BOOL	na	na	na	na	R	M	*指示光电开关是否检测到目标的存在： “0=没有检测到目标存在” “1=检测到目标存在”*
报警	BOOL	na	na	na	na	R	O	*指示边界或失败的传感条件： “0=检测到报警状态” “1=没检测到报警状态”*
设备模式	BOOL	na	na	na	na	RW	M	*触发设备在自动状态和设定状态之间转换： “0=命令设备状态转换至自动状态” “1=命令设备状态转换至设定状态”*
操作模式	BOOL	na	na	na	na	RW	M	*控制用亮或暗表示目标的存在： “0=亮信号表示在线” “1=暗信号表示在线”*
测试	BOOL	na	na	na	na	RW	O	*触发设备在正常和测试状态之间转换： “0=命令设备状态转换至正常状态” “1=命令设备状态转换至测试状态”*

图B.1　光电开关——根设备描述示例

参数集(根设备描述)								
参数集名称： 在线和报警			访问：R			要求：O		
字节	位：(0～7 用于位和字节结构；0～15 用于字结构)							
	7	6	5	4	3	2	1	0
	15	14	13	12	11	10	9	8
0	r	r	r	r	r	r	报警	在线 r
参数集名称： 设定		访问：RW		要求：O				
字节	位：(0～7 用于位和字节结构；0～15 用于字结构)							
	7	6	5	4	3	2	1	0
	15	14	13	12	11	10	9	8
0	r	r	r	r	r	r	操作模式	设备模式

参数组(根设备描述)				
参数组名称	参数组类型	参数组成员数	*说明*	*附加信息*
模式变化	P	2	用于模式改变的参数	
成员名称				
设备模式				
测试				

设备性能(根设备描述)

状态模式(根设备描述)

状态流程图

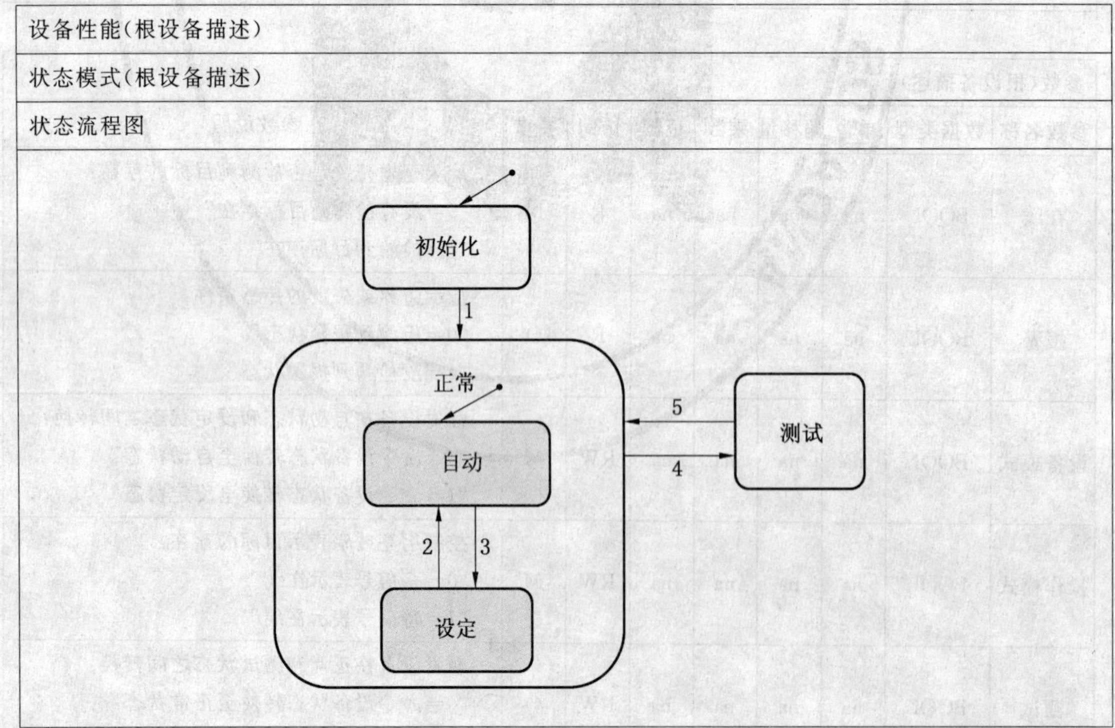

图 B.1(续)

状态转换表			
状态名称			状态说明
初始化			设备开机后的初始状态，设备尚未开始正常操作。
正常			设备可用于自动操作
自动			“在线”和“报警”参数值可用于网络
设定			当在这个状态时，设备能接受“操作模式”参数的命令来改变其相应的操作(亮或暗信号表示在线) 设备在此状态将不再实现其正常检测操作。 ——“在线”和“报警”参数值不应由网络读出
测试			设备不实现其正常检测操作。“在线”和“报警”值被设定为1
转换	源状态	目标状态	事件(引起转换发生的事件和条件)
01	初始化	正常	设备初始化，准备进入正常操作
02	自动	设定	“设备模式”参数被命令由0变为1，或设备“调整设定模式”被调用
03	设定	自动	“设备模式”参数被命令由1变为0，或设备“调整自动模式”被调用
04	正常	测试	“测试”参数被命令由0变为1，或设备“进入测试模式”被调用
05	测试	正常	“测试”参数被命令由1变为0，或设备“退出测试模式”被调用

服务(根设备描述)					
服务名称	*请求参数组*	*响应参数组*	要求	*说明*	*附加信息*
设置为设定模式			M	允许进入设定模式	
设置为自动模式			M	允许退出设定模式	
进入测试模式			O	允许进入测试模式	
退出测试模式			O	允许退出测试模式	

图 B.1(续)

B.2.2 电动机起动器

根设备描述报头		
根设备描述 ID： P(GB 14048.6)12345	根设备描述版本： V000	根设备描述出版日期： 2001-09-20
设备说明： 电动机起动机		

图 B.2 电动机起动器——根设备描述示例

参数(根设备描述)								
参数名	数据类型	单位	偏移量	乘数	范围	访问	要求	参数说明
准备	BOOL	na	na	na	na	R	O	已满足所有远程主控制器允许起动器运行的所有条件。 “0=未准备好” “1=准备好” “未准备好”与“准备好”意义相反。 注 1:起动器的制造商应明确所有需要满足的条件 注 2:起动器未准备好条件下,监测可以依然存在,例如在本地控制下起动器已起动,电流可以被传送。 注 3:必须满足的条件示例可以包括: ——脱扣复位; ——选择遥控
开	BOOL	na	na	na	na	R	O	主电路触头闭合或半导体起动器处于导通状态 “0=不运行” “1=运行” “不运行”与“运行”意义相反,通常“不运行”等同于“关”状态 注 1:在一些简单系统中,如一些直接在线的起动器,可能需要前提条件是当起动器在“运行”状态时,连接装置通电,电动机开始运行;在更多复杂的系统中,输入为“运行”状态,并且结合当前数据信息则表示电动机是否正确连接并运行。 注 2:在半导体起动器中,半导体在“运行”状态表示有电流流过电动机
正转	BOOL	na	na	na	na	R	O	电能传至电动机,旋转方向为正转 “0=不转” “1=正转” 注:在单向系统中,此参数表示电动机处于运行状态
反转	BOOL	na	na	na	na	R	O	电能传至电动机,旋转方向为反转 “0=不转” “1=反转” 注:在单向系统中,不使用此参数
故障	BOOL	na	na	na	na	R	O	有故障条件存在 “0=无故障” “1=故障” 注:“无故障”即为正常状态,故障状态指任何非正常的、需要停止起动器并且电动机与电源断开的状态
报警	BOOL	na	na	na	na	R	O	报警状态存在 “0=非报警状态” “1=报警” 如果不采取措施,报警状态将发展为故障状态。 “非报警状态”是正常状态。 注:报警状态为非正常状态,但不需要立即切断起动器或电动机电源

图 B.2(续)

本地控制	BOOL	na	na	na	na	R	O	对于远程主控制器由于操作者干预，不能接受命令或实现操作。 "0=遥控" "1=本地控制" 注1：应解释"本地控制"与"准备"之间的相互联系 注2：此标记是对"准备"标记的一个补充，可以不应用于所有场合
网络控制	BOOL	na	na	na	na	R	O	对于远程主控制器由于操作者干预，可以接受命令或实现操作。 "0=网络控制" "1=本地控制" 注：此标记是对"准备"标记的一个补充，可以不应用于所有场合
斜坡	BOOL	na	na	na	na	R	O	半导体控制器通过改变电动机端子间的电压来增加或降低电动机转矩以此控制电动机加速或减速的情况。 "0=无斜坡" "1=斜坡" 注：涉及"软起动"和"软停止"的操作模式，不涉及电动机在全速运行时的任何实际发生的电压变化
在基准值	BOOL	na	na	na	na	R	O	当半导体控制器通过改变电动机端子间的电压来增加或降低电动机转矩，电动机既未加速也未减速，但处于预定的中间电压状态。 "0=斜坡" "1=达到基准值" 注：涉及"软起动"和"软停止"的操作模式，不涉及电动机在全速运行，如最佳状态时的任何实际发生的电压变化
第 *N* 输入	BOOL	na	na	na	na	R	O	数字量输入信号 "0=第N无输入信号" "1=第N有输入信号"
电动机电流	UNIT	A	O	0.1	0-32767	R	O	电动机的瞬时电流平均值。 注：电流的平均值可以由多种方法获得，如通过计算真实均值或从操作人员或制造商选择的线电流来代表电动机瞬时电流平均值
电动机电流/%	USINT	%	O	3.125	0-63	R	O	电动机电流用电动机额定电流 I_e 的百分数来表示。 注：最大工程值为196.875%
线电流L1(%)	USINT	%	O	3.125	0-63	R	O	在指定相，电动机电流用额定电流 I_e 的百分数来表示。 注：最大工程值为196.875%
线电流L2(%)	USINT	%	O	3.125	0-63	R	O	在指定相，电动机电流用额定电流 I_e 的百分数来表示。 注：最大工程值为196.875%
线电流L3(%)	USINT	%	O	3.125	0-63	R	O	在指定相，电动机电流用额定电流 I_e 的百分数来表示。 注：最大工程值为196.875%

图 B.2(续)

正转	BOOL	na	na	na	na	RW	O	指示起动器使电动机正向转动。 "0=停止" "1=正转" 注:在单向起动器情况下,此命令用于表示给电动机通电
反转	BOOL	na	na	na	na	RW	O	指示起动器使电动机反向转动。 "0=停止" "1=反转" 注:在单向起动器情况下,不用此命令
制动	BOOL	na	na	na	na	RW	O	指示起动器脱扣来释放电机制动装置 "0=制动" "1=释放"
故障复位	BOOL	na	na	na	na	RW	O	指示起动器复位所有可以复位的故障。 "0=故障复位失效" "1=故障复位"
紧急起动	BOOL	na	na	na	na	RW	O	指示起动器不顾所有故障条件,允许电动机起动。 "0=不动" "1=紧急起动" 注:在生产工序或其他工业场所需要下达此命令,此命令在紧急情况下,下达给电动机及其相关设备以便达到一个有序结果
低速	BOOL	na	na	na	na	RW	O	指示起动器选择"双速"电动机的低速运行状态。 "0=高/常速" "1=低速" 注:此命令用于选择电动机至低速运行状态
自测试	BOOL	na	na	na	na	RW	O	指示起动器在其内部进行常规测试 "0=不动" "1=测试" 注:常规测试取决于应用,操作者、用户或制造商有此处理权
注:在实际设备描述版本中,配置参数可以增加。								

参数集(根设备描述)								
参数集名称:监测类型 1			访问:R			要求:O		
字节	位:(0~7 用于位和字节结构;0~15 用于字结构)							
	7	6	5	4	3	2	1	0
	15	14	13	12	11	10	9	8
0	输入 4	输入 3	输入 2	输入 1	报警	故障	运行(开)	准备
参数集名称:监测类型 2			访问:R			要求:O		

图 B.2(续)

字节	位：(0～7 用于位和字节结构；0～15 用于字结构)							
	7	6	5	4	3	2	1	0
	15	14	13	12	11	10	9	8
0	输入 4	输入 3	输入 2	输入 1	报警	故障	运行(开)	准备
1	斜坡	本地控制	电动机电流/%					

参数集名称：监测类型 3 | 访问：R | 要求：O

字节	位：(0～7 用于位和字节结构；0～15 用于字结构)							
	7	6	5	4	3	2	1	0
	15	14	13	12	11	10	9	8
0	输入 4	输入 3	输入 2	输入 1	报警	故障	运行(开)	准备
1	斜坡	本地控制	线电流 L1/%					
2	r	r	线电流 L2/%					
3	r	r	线电流 L3/%					

参数集名称：基本电动机起动器输入 | 访问：R | 要求：O

字节	位：(0～7 用于位和字节结构；0～15 用于字结构)							
	7	6	5	4	3	2	1	0
	15	14	13	12	11	10	9	8
0	r	r	r	r	r	正转	r	故障

参数集名称：扩展电动机起动器输入 1 | 访问：R | 要求：O

字节	位：(0～7 用于位和字节结构；0～15 用于字结构)							
	7	6	5	4	3	2	1	0
	15	14	13	12	11	10	9	8
0	r	r	网络控制	准备	r	正转	报警	故障

参数集名称：扩展电动机起动器输入 2 | 访问：R | 要求：O

字节	位：(0～7 用于位和字节结构；0～15 用于字结构)							
	7	6	5	4	3	2	1	0
	15	14	13	12	11	10	9	8
0	r	r	网络控制	准备	反转	正转	报警	故障

参数集名称：基础软起动输入 | 访问：R | 要求：O

字节	位：(0～7 用于位和字节结构；0～15 用于字结构)							
	7	6	5	4	3	2	1	0
	15	14	13	12	11	10	9	8
0	在基准点	r	r	r	r	正转	r	故障

图 B.2(续)

参数集名称:扩展软起动输入				访问: R		要求:O		
字节	位:(0~7 用于位和字节结构;0~15 用于字结构)							
	7	6	5	4	3	2	1	0
	15	14	13	12	11	10	9	8
0	在基准点	r	网络控制	准备	反转	正转	报警	故障

参数集名称:命令类型 1				访问: RW		要求:O		
字节	位:(0~7 用于位和字节结构;0~15 用于字结构)							
	7	6	5	4	3	2	1	0
	15	14	13	12	11	10	9	8
0	r	低速	自测试	紧急起动	故障复位	制动	反转	正转

参数集名称:命令类型 2				访问: RW		要求:O		
字节	位:(0~7 用于位和字节结构;0~15 用于字结构)							
	7	6	5	4	3	2	1	0
	15	14	13	12	11	10	9	8
0	r	低速	自测试	紧急起动	故障复位	制动	反转	正转
1	(制造商设定)	(制造商设定)	(制造商设定)	(制造商设定)	r	r	r	r

参数集名称:基础电动机起动器输出				访问: RW		要求:O		
字节	位:(0~7 用于位和字节结构;0~15 用于字结构)							
	7	6	5	4	3	2	1	0
	15	14	13	12	11	10	9	8
0	r	r	r	r	r	复位	r	正转

参数集名称:扩展接触器输出				访问: RW		要求:O		
字节	位:(0~7 用于位和字节结构;0~15 用于字结构)							
	7	6	5	4	3	2	1	0
	15	14	13	12	11	10	9	8
0	r	r	r	r	r	r	反转	正转

参数集名称:扩展电动机起动器输出				访问: RW		要求:O		
字节	位:(0~7 用于位和字节结构;0~15 用于字结构)							
	7	6	5	4	3	2	1	0
	15	14	13	12	11	10	9	8
0	r	r	r	r	r	复位	反转	正转

图 B.2(续)

参数组(根设备描述)				
参数组名称	参数组类型	参数组成员数	*说明*	*附加信息*
监测信号	P	10	控制参数	
成员名称				
准备				
运行				
正转				
反转				
故障				
报警				
本地控制				
网络控制				
斜坡				
在基准点				
参数组名称	参数组类型	参数组成员数	*说明*	*附加信息*
测量	P	5	控制参数	
成员名称				
电动机电流				
电动机电流/%				
线电流 L1/%				
线电流 L2/%				
线电流 L3/%				
参数组名称	参数组类型	参数组成员数	*说明*	*附加信息*
控制命令	P	7	控制参数	
成员名称				
正转				
反转				
制动				
故障复位				
紧急起动				
低速				
自测试				

设备性能(根设备描述)
状态模式(根设备描述)
状态流程图:

图 B.2(续)

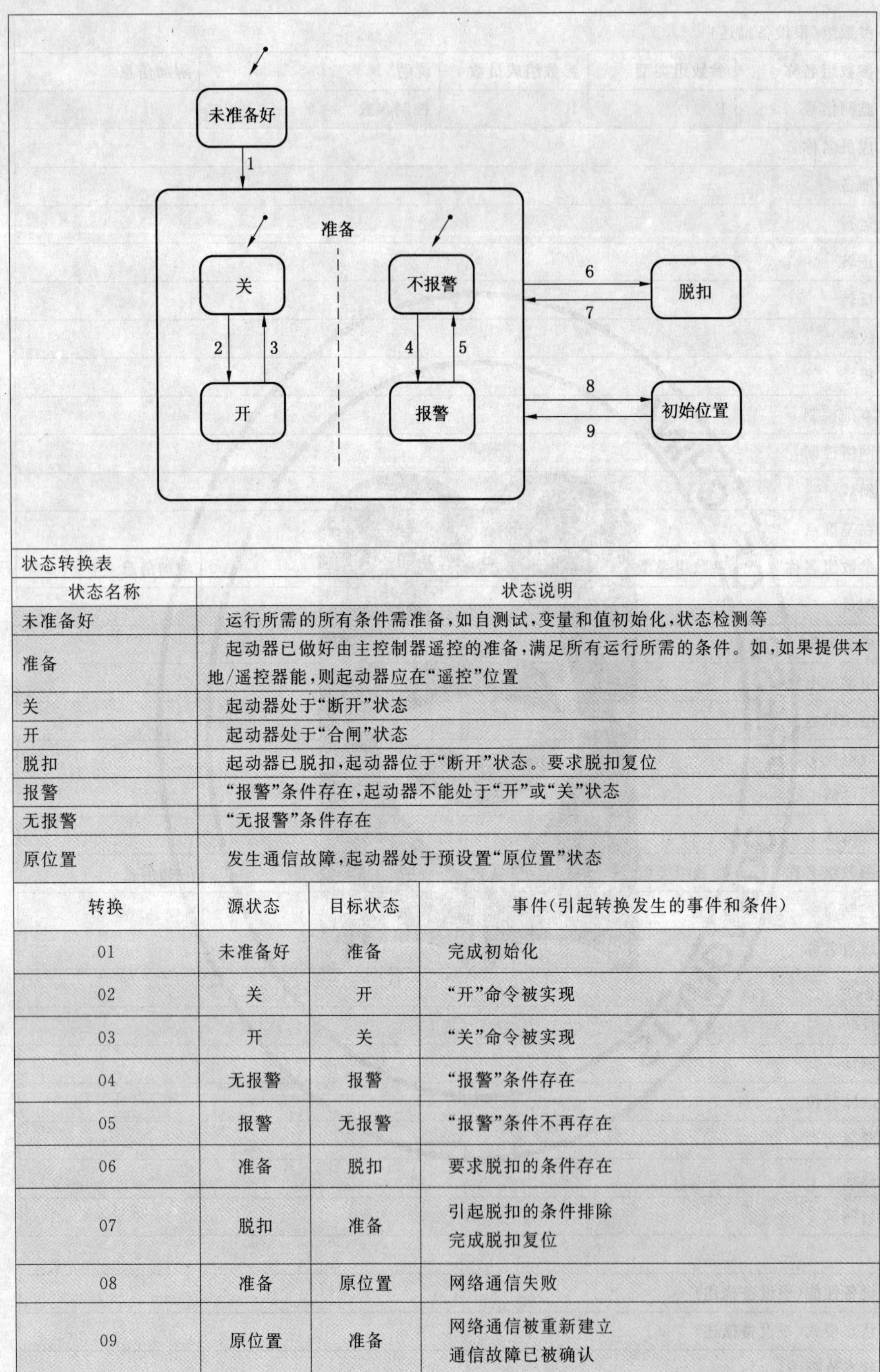

状态转换表

状态名称	状态说明
未准备好	运行所需的所有条件需准备，如自测试，变量和值初始化，状态检测等
准备	起动器已做好由主控制器遥控的准备，满足所有运行所需的条件。如，如果提供本地/遥控器能，则起动器应在“遥控”位置
关	起动器处于“断开”状态
开	起动器处于“合闸”状态
脱扣	起动器已脱扣，起动器位于“断开”状态。要求脱扣复位
报警	“报警”条件存在，起动器不能处于“开”或“关”状态
无报警	“无报警”条件存在
原位置	发生通信故障，起动器处于预设置“原位置”状态

转换	源状态	目标状态	事件(引起转换发生的事件和条件)
01	未准备好	准备	完成初始化
02	关	开	“开”命令被实现
03	开	关	“关”命令被实现
04	无报警	报警	“报警”条件存在
05	报警	无报警	“报警”条件不再存在
06	准备	脱扣	要求脱扣的条件存在
07	脱扣	准备	引起脱扣的条件排除 完成脱扣复位
08	准备	原位置	网络通信失败
09	原位置	准备	网络通信被重新建立 通信故障已被确认

图 B.2(续)

B.3 制造商设备描述示例(使用根设备描述创建)

图 B.3 是使用 B.2.1 中的根设备描述创建的用于系列设备的制造商设备描述示例。

注：阴影区域表示那些段可以由制造商来完成。

制造商设备描述报头			
制造商设备描述 ID： Photo-Prox	*制造商设备描述说明：* 具有延时和目标感测的光电开关	制造商设备描述版本： V002	制造商设备描述出版日期： 2000-09-05
制造商 ID： Acme Sensors Inc	*描述兼容性：* P-100-DS A	*软件兼容性*	*硬件兼容性*
描述类型： 通用	*描述有效性：* 无	*附加信息*	

根设备描述报头		
根设备描述 ID： P(IEC 60947-5-2)23068	根设备描述版本： VOOO	根设备描述出版日期： 2000-09-01
设备说明： 具有模式控制的光电开关		

参数(根设备描述)								
参数名称	数据类型	单位	偏移量	乘数	范围	访问	要求	*参数说明*
在线	BOOL	na	na	na	na	R	M	如果光电开关已检测到目标的存在，则显示： "0=感测到不在线" "1=感测到在线"
报警	BOOL	na	na	na	na	R	X	检测至限位或检测失败，则显示： "0=检测到报警状态" "1=检测到非报警状态"
设备模式	BOOL	na	na	na	na	RW	M	在自动状态和设定状态之间的触发器设备： "0=命令设备状态至自动状态" "1=命令设备状态至设定状态"
操作模式	BOOL	na	na	na	na	RW	M	如果用亮或暗的状态表示在线的操作： "0=亮信号表示在线" "1=暗信号表示在线"
测试	BOOL	na	na	na	na	RW	X	在正常和测试状态之间的触发器设备： "0=命令设备状态至正常状态" "1=命令设备状态至测试状态"

参数(制造商设定)								
参数名称	数据类型	单位	偏移量	乘数	范围	访问	要求	*参数说明*
输出模式	BOOL	na	na	na	na	RW	M	输出模式转化，输出开关的定义。 "0=正常断开" "1=正常闭合"

图 B.3 使用根设备描述创建通用制造商设备描述示例

开延时	UINT	ms	0	1	0…65535	RW	M	检测到目标后输出维持在“关”状态的时间量，以毫秒计
关延时	UINT	ms	0	1	0…65535	RW	M	未检测到目标后输出维持在“开”状态的时间量，以毫秒计
某一个基准点的延时	UINT	ms	0	1	0…65535	RW	M	检测到目标后输出维持在“开”状态的时间量，以毫秒计
敏感度	USINT	na	0	1	0…255	RW	M	敏感度为检测开关设定的门限值

参数集(根设备描述)								
参数集名称：在线和报警				访问：R			要求：X	
字节	位：(0～7 用于位和字节结构；0～15 用于字结构)							
	7	6	5	4	3	2	1	0
	15	14	13	12	11	10	9	8
0	r	r	r	r	r	r	报警	在线

参数集(制造商设定)								
参数集名称：高级配置				访问：RW			要求：M	
字节	位：(0～7 用于位和字节结构；0～15 用于字结构)							
	7	6	5	4	3	2	1	0
	15	14	13	12	11	10	9	8
0	r	r	r	r	r	输出模式	操作模式	设备模式
1-2	开延时							
3-4	关延时							
5-6	某一基准点的延时							
7	敏感度							

参数组(根设备描述)				
参数组名称	参数组类型	参数组成员数	*说明*	*附加信息*
模式变化	P	2	用于模式变化的参数	
成员名称				
设备模式				
测试				

参数组(制造商设定)				
参数组名称	参数组类型	参数组成员数	*说明*	*附加信息*
延时	P	3	用于设置不同延时的参数	

图 B.3(续)

成员名称
开延时
关延时
某一基准点的延时
设备性能(根设备描述)
状态模式(根设备描述)
状态流程图

状态转换表	
状态名称	状态说明
初始化	设备开机后的初始状态，设备尚未开始正常操作
正常	设备可用于自动操作
自动	“在线”和“报警”参数值可用于网络
设定	当在这个状态时，设备能接受“操作模式”参数的命令来改变其相应的操作(亮或暗信号表示在线) 设备在此状态将不再实现其正常检测操作。 ——“在线”和“报警”参数值不应由网络读出
测试	设备不实现其正常检测操作。“在线”和“报警”值被设定为1

转换	源状态	目标状态	事件(引起转换发生的事件和条件)
01	初始化	正常	设备初始化，准备进入正常操作
02	自动	设定	“设备模式”参数被命令由0变为1，或设备“调整设定模式”被调用
03	设定	自动	“设备模式”参数被命令由1变为0，或设备“调整自动模式”被调用
04	正常	测试	“测试”参数被命令由0变为1，或设备“进入测试模式”被调用
05	测试	正常	“测试”参数被命令由1变为0，或设备“退出测试模式”被调用

服务(根设备描述)					
服务名称	请求参数组	响应参数组	要求	说明	附加信息
设置为设定模式			M	允许进入设定模式	
设置为自动模式			M	允许退出设定模式	
进入测试模式			X	允许进入测试模式	
退出测试模式			X	允许退出测试模式	

图 B.3(续)

B.4 制造商设备描述示例(不使用根设备描述创建)

图 B.4 是用于单个设备的制造商描述示例,它不使用根设备描述来创建。

注:阴影区域表示那些段可以由制造商来完成。

制造商设备描述报头			
制造商设备描述 ID: Learn-Prox 1000	*制造商设备描述说明:* 具有记忆和感测功能的光电开关	制造商设备描述版本: V002	制造商设备描述出版日期: 2000-09-05
制造商 ID: Sensors Inc	*描述兼容性:* Smart-Prox 系列 A	*软件兼容性:* V001	*硬件兼容性*
描述类型: 设备	*描述有效性:* 无	*附加信息*	

根设备描述报头		
根设备描述 ID: na	根设备描述版本: na	根设备描述出版日期 na
设备说明: 具有记忆功能的光电开关		

参数(制造商设定)								
参数名称	数据类型	单位	偏移量	乘数	范围	访问	要求	*参数说明*
在线	BOOL	na	na	na	na	R	na	如果光电开关已检测到目标的存在,则标示: "0=感测到不在线" "1=感测到在线"
报警	BOOL	na	na	na	na	R	na	检测至限位或检测失败,则标示: "0=检测到报警状态" "1=检测到非报警状态"
设备模式	BOOL	na	na	na	na	RW	na	在自动状态和设定状态之间的触发器设备: "0=命令设备状态至自动状态" "1=命令设备状态至设定状态"
操作模式	BOOL	na	na	na	na	RW	na	如果用亮或暗的状态表示在线的操作: "0=亮信号表示在线" "1=暗信号表示在线"
输出模式	BOOL	na	na	na	na	RW	na	输出模式转化,输出开关的定义。 "0=正常断开" "1=正常闭合
故障	BOOL	na	na	na	na	RW	na	应用故障 "0=正常","1=故障"
敏感度	USINT	na	0	1	0～255	RW	na	敏感度为检测开关设定的门限值
测试	BOOL	na	na	na	na	RW	na	在正常和测试状态之间的触发器设备: "0=命令设备状态至正常状态" "1=命令设备状态至测试状态"

图 B.4 无可用根设备描述时创建制造商设备描述示例

参数集(制造商设定)								
参数集名称：先进配置				访问：RW		要求：na		
字节	位：(0～7 用于位和字节结构；0～15 用于字结构)							
	7	6	5	4	3	2	1	0
	15	14	13	12	11	10	9	8
0	r	r	r	r	r	输出模式	操作模式	设备模式

参数组(制造商设定)				
参数组名称	参数组类型	参数组成员数	*说明*	*附加信息*
问题	P	2	用于表示问题的参数	
成员名称				
报警				
故障				

设备性能(制造商设定)
状态模式(制造商设定)
状态流程图

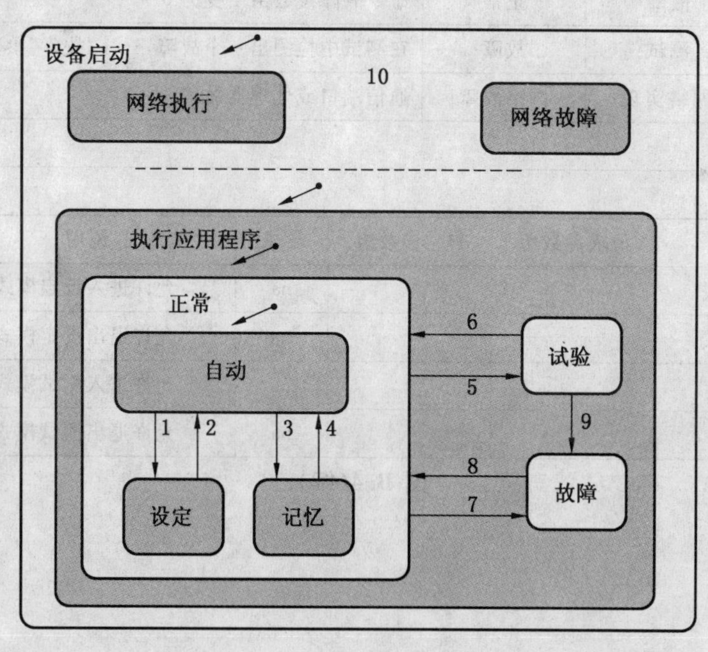

状态转换表	
状态名称	状态说明
网络执行	设备上电后的初始状态(与应用执行是共存状态)。设备具有响应网络正常操作命令的能力。处理器运行
网络故障	设备不能进行正常的通信操作，需要外部复位或上电复位至正常操作状态

图 B.4(续)

应用执行	设备上电后的初始状态(与网络执行是共存状态)。设备可进行正常操作
正常	设备可进行自动运行状态
设定	在此状态时,设备可根据"操作模式"、"输出模式"或"敏感度"参数的命令来改变其相应的操作 在此状态时,设备不能实现其正常检测操作——"在线"和"报警"参数值不能由网络读出
记忆	在此状态下设备记忆目标检测水平
故障	设备不能进行正常操作,需要外部复位或电源循环至正常操作状态
测试	设备不能进行正常检测操作,"在线"和"报警"参数值置1

转换	源状态	目标状态	事件(引起转换发生的事件和条件)
01	自动	设定	命令"设备模式"参数由0变为1
02	设定	自动	命令"设备模式"参数由1变为0
03	自动	记忆	当设备调节按钮被按下时实现此命令
04	记忆	自动	当设备调节按钮被释放时实现此命令
05	正常	测试	命令测试参数由0变为1
06	测试	正常	命令测试参数由1变为0
07	正常	故障	检测出一个应用程序故障,——"故障"参数被置1
08	故障	正常	命令故障参数由1变为0
09	测试	故障	在测试中检测出一个故障,——"故障"参数被置1
10	网络实现	网络故障	通信端口或处理器故障

服务(根设备描述)					
服务名称	*请求参数组*	*响应参数组*	要求	*说明*	*附加信息*
设定为设定模式			na	允许进入设定模式	
设定为自动模式			na	允许退出设定模式	
进入测试模式			na	允许进入测试模式	
退出测试模式			na	允许退出测试模式	

图 B.4(续)

附 录 C
（资料性附录）
描述创建导则

本附录规定的导则适用于设备描述的制定。一套规则不可能涵盖所有描述规定的内容，因此规定特定设备描述具有灵活性。使用规则是一些好的工程实例的汇集，这些实例应适用于设备描述的定义（如合适）。

产品标准技术委员会和制造商应考虑整个产品系列，因简单的设备描述可以是复杂设备描述的子集。简单设备描述应是复杂设备描述的参数表、状态模式和参数集的子集，而不是这些信息的重新定义。

例如，一个报告目标存在的简单接近开关设备描述可以由具有限位报警功能的带诊断的接近开关设备描述导出。

图 C.1 是一个简单的接近开关设备描述中参数集的示例。

7	6	5	4	3	2	1	0
r	r	r	r	r	r	r	在线

图 C.1 简单接近开关参数集

图 C.2 是一个带边界报警诊断功能的接近开关设备描述的参数集示例。

7	8	5	4	3	2	1	0
r	r	r	r	r	r	限位报警	在线

图 C.2 带诊断功能的接近开关的参数集

多个参数集中的参数应在同一位序和字节位置，就像一个参数集是一个较大参数集的子集一样。

附 录 D
（资料性附录）
描述互换语言

D.1 总则

本附录给出了推荐的 XML 模式以及相应的 DTD(文本类型定义)，设备描述的 XML 文档的生成和转换可引用该 XML schema 和 DTD。这个设备描述文档可用作设备描述的电子版本，这种定义形式使得软件程序可以解释设备描述，在自动化应用中使用。

ISO/IEC 8879 与 W3C 推荐版(REC-xml-20001006，REC-xmlschema-1-20010502 和 REC-xmlschema-2-20010502)中定义了 XML 的语法。本描述交换语言使用与 ISO/IEC 4873 规定一致的字符集。

XML 语法允许从 XML 文档和模式/DTD 中提取设备描述信息，这样就可以读取和显示设备描述。

D.2 设备描述模式

XML 模式以比 DTD 更详细的格式代表了设备描述的结构。设备描述的推荐模式如图 D.1 所示。

```
<?xml version="1.0" encoding="UTF-8"?>
<xsd:schema xmlns:xsd="http://www.w3.org/2001/XMLSchema"
elementFormDefault="qualified">

<xsd:element name="Device">
      <xsd:complexType>
           <xsd:sequence>
                <xsd:element ref="ManufacturersDeviceProfileHeader" minOccurs="0"
                             maxOccurs="2"/>
                <xsd:element ref="RootDeviceProfileHeader"/>
                <xsd:element ref="RootDeviceProfileParameters" minOccurs="0"/>
                <xsd:element ref="ManufacturersSpecificParameters" minOccurs="0"/>
                <xsd:element ref="RootDeviceProfileParameterAssemblies"
                             minOccurs="0"/>
                <xsd:element ref="ManufacturersSpecificParameterAssemblies"
                             minOccurs="0"/>
                <xsd:element ref="RootDeviceProfileParameterGroups" minOccurs="0"/>
                <xsd:element ref="ManufacturersSpecificParameterGroups"
                             minOccurs="0"/>
                <xsd:element ref="RootDeviceProfileStateModel" minOccurs="0"/>
                <xsd:element ref="RootDeviceProfileServices" minOccurs="0"/>
                <xsd:element ref="ManufacturersSpecificStateModel" minOccurs="0"/>
                <xsd:element ref="ManufacturersSpecificServices" minOccurs="0"/>
           </xsd:sequence>
      </xsd:complexType>
</xsd:element>
```

图 D.1 设备描述模式

```
<xsd:element name="ManufacturersDeviceProfileHeader">
    <xsd:complexType>
        <xsd:sequence>
            <xsd:element ref="ManufacturersDeviceProfileID"/>
            <xsd:element ref="ManufacturersDeviceProfileDescription"
                         minOccurs="0"/>
            <xsd:element ref="ManufacturersDeviceProfileVersion"/>
            <xsd:element ref="ManufacturersDeviceProfileReleaseDate"/>
            <xsd:element ref="ManufacturerID"/>
            <xsd:element ref="ModelCompatibility" minOccurs="0"/>
            <xsd:element ref="SoftwareCompatibility" minOccurs="0"/>
            <xsd:element ref="HardwareCompatibility" minOccurs="0"/>
            <xsd:element ref="ProfileType" minOccurs="0"/>
            <xsd:element ref="ProfileAvailability" minOccurs="0"/>
            <xsd:element ref="AdditionalInformation" minOccurs="0"/>
        </xsd:sequence>
    </xsd:complexType>
</xsd:element>

<xsd:element name="RootDeviceProfileHeader">
    <xsd:complexType>
        <xsd:sequence>
            <xsd:element ref="RootDeviceProfileID"/>
            <xsd:element ref="RootDeviceProfileVersion"/>
            <xsd:element ref="RootProfileReleaseDate"/>
            <xsd:element ref="DeviceDescription" minOccurs="0"/>
        </xsd:sequence>
    </xsd:complexType>
</xsd:element>

<xsd:element name="RootDeviceProfileParameters">
    <xsd:complexType>
        <xsd:sequence>
            <xsd:element ref="Parameter" maxOccurs="unbounded"/>
        </xsd:sequence>
    </xsd:complexType>
</xsd:element>

<xsd:element name="ManufacturersSpecificParameters">
    <xsd:complexType>
        <xsd:sequence>
            <xsd:element ref="Parameter" minOccurs="0" maxOccurs="unbounded"/>
        </xsd:sequence>
    </xsd:complexType>
</xsd:element>

<xsd:element name="RootDeviceProfileParameterAssemblies">
    <xsd:complexType>
        <xsd:sequence>
            <xsd:element ref="ParameterAssembly" minOccurs="0"
                         maxOccurs="unbounded"/>
        </xsd:sequence>
    </xsd:complexType>
</xsd:element>

<xsd:element name="ManufacturersSpecificParameterAssemblies">
    <xsd:complexType>
        <xsd:sequence>
            <xsd:element ref="ParameterAssembly" minOccurs="0"
                         maxOccurs="unbounded"/>
        </xsd:sequence>
    </xsd:complexType>
</xsd:element>
```

图 D.1(续)

```
<xsd:element name="RootDeviceProfileParameterGroups">
    <xsd:complexType>
        <xsd:sequence>
            <xsd:element ref="ParameterGroup" minOccurs="0"
                        maxOccurs="unbounded"/>
        </xsd:sequence>
    </xsd:complexType>
</xsd:element>

<xsd:element name="ManufacturersSpecificParameterGroups">
    <xsd:complexType>
        <xsd:sequence>
            <xsd:element ref="ParameterGroup" minOccurs="0"
                        maxOccurs="unbounded"/>
        </xsd:sequence>
    </xsd:complexType>
</xsd:element>

<xsd:element name="RootDeviceProfileStateModel">
    <xsd:complexType>
        <xsd:sequence>
            <xsd:element ref="StateTransitionTable" maxOccurs="unbounded"/>
        </xsd:sequence>
    </xsd:complexType>
</xsd:element>

<xsd:element name="RootDeviceProfileServices">
    <xsd:complexType>
        <xsd:sequence>
            <xsd:element ref="Service" minOccurs="0" maxOccurs="unbounded"/>
        </xsd:sequence>
    </xsd:complexType>
</xsd:element>

<xsd:element name="ManufacturersSpecificStateModel">
    <xsd:complexType>
        <xsd:sequence>
            <xsd:element ref="StateTransitionTable" maxOccurs="unbounded"/>
        </xsd:sequence>
    </xsd:complexType>
</xsd:element>

<xsd:element name="ManufacturersSpecificServices">
    <xsd:complexType>
        <xsd:sequence>
            <xsd:element ref="Service" minOccurs="0" maxOccurs="unbounded"/>
        </xsd:sequence>
    </xsd:complexType>
</xsd:element>

<!-- ManufacturersDeviceProfileHeader -->

<xsd:element name="ManufacturersDeviceProfileID" type="xsd:string"/>
<xsd:element name="ManufacturersDeviceProfileDescription" type="xsd:string"/>
<xsd:element name="ManufacturersDeviceProfileVersion"
        type="ManufacturersDeviceProfileVersionType"/>
<xsd:simpleType name="ManufacturersDeviceProfileVersionType">
    <xsd:restriction base="xsd:string">
        <xsd:pattern value="V\d\d\d"/>
    </xsd:restriction>
</xsd:simpleType>
<xsd:element name="ManufacturersDeviceProfileReleaseDate" type="xsd:date"/>
<xsd:element name="ManufacturerID" type="xsd:string"/>
<xsd:element name="ModelCompatibility" type="xsd:string"/>
<xsd:element name="SoftwareCompatibility" type="xsd:string"/>
<xsd:element name="HardwareCompatibility" type="xsd:string"/>
```

图 D.1(续)

```
<xsd:element name="ProfileType">
     <xsd:simpleType>
          <xsd:restriction base="xsd:string">
               <xsd:enumeration value="Generic"/>
               <xsd:enumeration value="Device"/>
          </xsd:restriction>
     </xsd:simpleType>
</xsd:element>
<xsd:element name="ProfileAvailability">
     <xsd:simpleType>
          <xsd:restriction base="xsd:string">
               <xsd:enumeration value="Yes"/>
               <xsd:enumeration value="No"/>
          </xsd:restriction>
     </xsd:simpleType>
</xsd:element>

<!-- RootDeviceProfileHeader -->

<xsd:element name="RootDeviceProfileID" type="RootDeviceProfileIDType"/>
<xsd:simpleType name="RootIDType">
     <xsd:restriction base="xsd:string">
          <xsd:pattern value="P\([A-Za-z0-9\-]+\s[A-Za-z0-9\-]+\) [1-9]\d\d\d\d"/>
     </xsd:restriction>
</xsd:simpleType>
<xsd:simpleType name="RootDeviceProfileIDType">
     <xsd:union memberTypes="RootIDType naType"/>
</xsd:simpleType>
<xsd:element name="RootDeviceProfileVersion" type="RootDeviceProfileVersionType"/>
<xsd:simpleType name="RootVersionType">
     <xsd:restriction base="xsd:string">
          <xsd:pattern value="V\d\d\d"/>
     </xsd:restriction>
</xsd:simpleType>
<xsd:simpleType name="RootDeviceProfileVersionType">
     <xsd:union memberTypes="RootVersionType naType"/>
</xsd:simpleType>
<xsd:element name="RootProfileReleaseDate" type="RootProfileReleaseDateType"/>
<xsd:simpleType name="RootDateType">
     <xsd:restriction base="xsd:date"/>
</xsd:simpleType>
<xsd:simpleType name="RootProfileReleaseDateType">
     <xsd:union memberTypes="RootDateType naType"/>
</xsd:simpleType>
<xsd:element name="DeviceDescription" type="xsd:string"/>

<!-- Parameters -->

<xsd:element name="Parameter">
     <xsd:complexType>
          <xsd:sequence>
               <xsd:element ref="ParameterName"/>
               <xsd:element ref="Length" minOccurs="0"/>
               <xsd:element ref="Units"/>
               <xsd:element ref="Offset"/>
               <xsd:element ref="Multiplier"/>
               <xsd:element ref="Range"/>
               <xsd:element ref="ParameterDescription" minOccurs="0"/>
               <xsd:element ref="ValuePair" minOccurs="0" maxOccurs="unbounded"/>
          </xsd:sequence>
          <xsd:attribute name="Access" use="required">
               <xsd:simpleType>
                    <xsd:restriction base="xsd:NMTOKEN">
                         <xsd:enumeration value="R"/>
                         <xsd:enumeration value="RW"/>
                    </xsd:restriction>
               </xsd:simpleType>
```

图 D.1(续)

```
            </xsd:attribute>
            <xsd:attribute name="DataType" use="required">
                <xsd:simpleType>
                    <xsd:restriction base="xsd:NMTOKEN">
                        <xsd:enumeration value="BOOL"/>
                        <xsd:enumeration value="BYTE"/>
                        <xsd:enumeration value="WORD"/>
                        <xsd:enumeration value="DWORD"/>
                        <xsd:enumeration value="LWORD"/>
                        <xsd:enumeration value="SINT"/>
                        <xsd:enumeration value="USINT"/>
                        <xsd:enumeration value="INT"/>
                        <xsd:enumeration value="UINT"/>
                        <xsd:enumeration value="DINT"/>
                        <xsd:enumeration value="UDINT"/>
                        <xsd:enumeration value="LINT"/>
                        <xsd:enumeration value="ULINT"/>
                        <xsd:enumeration value="REAL"/>
                        <xsd:enumeration value="LREAL"/>
                        <xsd:enumeration value="STRING"/>
                        <xsd:enumeration value="UNICODE"/>
                    </xsd:restriction>
                </xsd:simpleType>
            </xsd:attribute>
            <xsd:attribute name="Required" use="required">
                <xsd:simpleType>
                    <xsd:restriction base="xsd:NMTOKEN">
                        <xsd:enumeration value="M"/>
                        <xsd:enumeration value="O"/>
                        <xsd:enumeration value="X"/>
                        <xsd:enumeration value="na"/>
                    </xsd:restriction>
                </xsd:simpleType>
            </xsd:attribute>
            <xsd:attribute name="RootParameterFlag" use="required">
                <xsd:simpleType>
                    <xsd:restriction base="xsd:NMTOKEN">
                        <xsd:enumeration value="Y"/>
                        <xsd:enumeration value="N"/>
                    </xsd:restriction>
                </xsd:simpleType>
            </xsd:attribute>
        </xsd:complexType>
</xsd:element>

<xsd:element name="ParameterName" type="NameType"/>
<xsd:element name="Units" type="unitsrangeType"/>
<xsd:simpleType name="unitsrangeType">
    <xsd:union memberTypes="stringType naType"/>
</xsd:simpleType>
<xsd:simpleType name="stringType">
    <xsd:restriction base="xsd:string"/>
</xsd:simpleType>
<xsd:element name="Length" type="xsd:string"/>
<xsd:element name="Offset" type="scalingType"/>
<xsd:element name="Multiplier" type="scalingType"/>
<xsd:simpleType name="scalingType">
    <xsd:union memberTypes="floatType naType"/>
</xsd:simpleType>
<xsd:simpleType name="floatType">
    <xsd:restriction base="xsd:float"/>
</xsd:simpleType>
<xsd:element name="Range" type="unitsrangeType"/>
<xsd:element name="ParameterDescription" type="xsd:string"/>
```

图 D.1(续)

```
<xsd:element name="ValuePair">
    <xsd:complexType>
        <xsd:sequence>
            <xsd:element ref="ParameterValue"/>
            <xsd:element ref="ValueDescription"/>
        </xsd:sequence>
    </xsd:complexType>
</xsd:element>
<xsd:element name="ParameterValue" type="xsd:string"/>
<xsd:element name="ValueDescription" type="xsd:string"/>

<!-- Parameter Assembly-->

<xsd:element name="ParameterAssembly">
    <xsd:complexType>
        <xsd:sequence>
            <xsd:element ref="ParameterAssemblyName"/>
            <xsd:element ref="ParameterRef" maxOccurs="unbounded"/>
        </xsd:sequence>
        <xsd:attribute name="Access" use="required">
            <xsd:simpleType>
                <xsd:restriction base="xsd:NMTOKEN">
                    <xsd:enumeration value="R"/>
                    <xsd:enumeration value="W"/>
                    <xsd:enumeration value="RW"/>
                </xsd:restriction>
            </xsd:simpleType>
        </xsd:attribute>
        <xsd:attribute name="Required" use="required">
            <xsd:simpleType>
                <xsd:restriction base="xsd:NMTOKEN">
                    <xsd:enumeration value="M"/>
                    <xsd:enumeration value="O"/>
                    <xsd:enumeration value="X"/>
                    <xsd:enumeration value="na"/>
                </xsd:restriction>
            </xsd:simpleType>
        </xsd:attribute>
        <xsd:attribute name="RootAssemblyFlag" use="required">
            <xsd:simpleType>
                <xsd:restriction base="xsd:NMTOKEN">
                    <xsd:enumeration value="Y"/>
                    <xsd:enumeration value="N"/>
                </xsd:restriction>
            </xsd:simpleType>
        </xsd:attribute>
    </xsd:complexType>
</xsd:element>

<xsd:element name="ParameterAssemblyName" type="NameType"/>
<xsd:element name="ParameterRef">
    <xsd:complexType>
        <xsd:sequence>
            <xsd:element ref="ParameterID"/>
            <xsd:element ref="ParameterAssemblyStartByte"/>
            <xsd:element ref="ParameterAssemblyStartBit"/>
            <xsd:element ref="ParameterAssemblyEndByte"/>
            <xsd:element ref="ParameterAssemblyEndBit"/>
        </xsd:sequence>
    </xsd:complexType>
</xsd:element>
<xsd:element name="ParameterID" type="NameType"/>
<xsd:element name="ParameterAssemblyStartBit">
    <xsd:simpleType>
        <xsd:restriction base="xsd:nonNegativeInteger">
            <xsd:maxInclusive value="15"/>
        </xsd:restriction>
    </xsd:simpleType>
```

图 D.1(续)

```
</xsd:element>
<xsd:element name="ParameterAssemblyStartByte" type="xsd:nonNegativeInteger"/>
<xsd:element name="ParameterAssemblyEndBit">
     <xsd:simpleType>
          <xsd:restriction base="xsd:nonNegativeInteger">
               <xsd:maxInclusive value="15"/>
          </xsd:restriction>
     </xsd:simpleType>
</xsd:element>
<xsd:element name="ParameterAssemblyEndByte" type="xsd:nonNegativeInteger"/>

<!--Parameter Group-->

<xsd:element name="ParameterGroup">
     <xsd:complexType>
          <xsd:sequence>
               <xsd:element ref="GroupName"/>
               <xsd:element ref="NumberOfMembers"/>
               <xsd:element ref="GroupDescription" minOccurs="0"/>
               <xsd:element ref="AdditionalInformation" minOccurs="0"/>
               <xsd:element ref="MemberNames" maxOccurs="unbounded"/>
          </xsd:sequence>
          <xsd:attribute name="GroupType" use="required">
               <xsd:simpleType>
                    <xsd:restriction base="xsd:NMTOKEN">
                         <xsd:enumeration value="P"/>
                         <xsd:enumeration value="G"/>
                    </xsd:restriction>
               </xsd:simpleType>
          </xsd:attribute>
          <xsd:attribute name="RootGroupFlag" use="required">
               <xsd:simpleType>
                    <xsd:restriction base="xsd:NMTOKEN">
                         <xsd:enumeration value="Y"/>
                         <xsd:enumeration value="N"/>
                    </xsd:restriction>
               </xsd:simpleType>
          </xsd:attribute>
     </xsd:complexType>
</xsd:element>

<xsd:element name="GroupName" type="NameType"/>
<xsd:element name="NumberOfMembers" type="xsd:positiveInteger"/>
<xsd:element name="GroupDescription" type="xsd:string"/>
<xsd:element name="MemberNames" type="NameType"/>

<!-- StateModel -->

<xsd:element name="StateTransitionTable">
     <xsd:complexType>
          <xsd:sequence>
               <xsd:element ref="StateMapItem" maxOccurs="unbounded"/>
               <xsd:element ref="TransitionMapItem" minOccurs="0"
                            maxOccurs="unbounded"/>
          </xsd:sequence>
     </xsd:complexType>
</xsd:element>

<xsd:element name="StateMapItem">
     <xsd:complexType>
          <xsd:sequence>
               <xsd:element ref="StateName"/>
               <xsd:element ref="StateDescription"/>
          </xsd:sequence>
     </xsd:complexType>
</xsd:element>
<xsd:element name="StateName" type="NameType"/>
<xsd:element name="StateDescription" type="xsd:string"/>
```

图 D.1(续)

```
<xsd:element name="TransitionMapItem">
      <xsd:complexType>
            <xsd:sequence>
                  <xsd:element ref="SourceState"/>
                  <xsd:element ref="TargetState"/>
                  <xsd:element ref="Event"/>
            </xsd:sequence>
            <xsd:attribute name="TransitionID" type="xsd:positiveInteger"
                              use="required"/>
      </xsd:complexType>
</xsd:element>
<xsd:element name="SourceState" type="NameType"/>
<xsd:element name="TargetState" type="NameType"/>
<xsd:element name="Event" type="xsd:string"/>

<!--Services-->

<xsd:element name="Service">
      <xsd:complexType>
            <xsd:sequence>
                  <xsd:element ref="ServiceName"/>
                  <xsd:element ref="RequestParameterGroup" minOccurs="0"/>
                  <xsd:element ref="ResponseParameterGroup" minOccurs="0"/>
                  <xsd:element ref="ServiceDescription" minOccurs="0"/>
                  <xsd:element ref="AdditionalInformation" minOccurs="0"/>
            </xsd:sequence>
            <xsd:attribute name="Required" use="required">
                  <xsd:simpleType>
                        <xsd:restriction base="xsd:NMTOKEN">
                              <xsd:enumeration value="M"/>
                              <xsd:enumeration value="O"/>
                              <xsd:enumeration value="X"/>
                              <xsd:enumeration value="na"/>
                        </xsd:restriction>
                  </xsd:simpleType>
            </xsd:attribute>
            <xsd:attribute name="RootServiceFlag" use="required">
                  <xsd:simpleType>
                        <xsd:restriction base="xsd:NMTOKEN">
                              <xsd:enumeration value="Y"/>
                              <xsd:enumeration value="N"/>
                        </xsd:restriction>
                  </xsd:simpleType>
            </xsd:attribute>
      </xsd:complexType>
</xsd:element>

<xsd:element name="ServiceName" type="NameType"/>
<xsd:element name="RequestParameterGroup" type="NameType"/>
<xsd:element name="ResponseParameterGroup" type="NameType"/>
<xsd:element name="ServiceDescription" type="xsd:string"/>

<!--Common elements-->

<xsd:simpleType name="naType">
      <xsd:restriction base="xsd:string">
            <xsd:pattern value="na"/>
      </xsd:restriction>
</xsd:simpleType>

<xsd:simpleType name="NameType">
      <xsd:restriction base="xsd:string">
            <xsd:maxLength value="32"/>
      </xsd:restriction>
</xsd:simpleType>

<xsd:element name="AdditionalInformation" type="xsd:string"/>
</xsd:schema>
```

图 D.1(续)

D.3 设备描述 DTD

DTD 代表了设备描述结构的另一种格式。设备描述的推荐 DTD 如图 D.2 所示。

```
<?xml version="1.0" encoding="UTF-8"?>

<!ELEMENT Device (ManufacturersDeviceProfileHeader*, RootDeviceProfileHeader,
RootDeviceProfileParameters?, ManufacturersSpecificParameters?,
RootDeviceProfileParameterAssemblies?, ManufacturersSpecificParameterAssemblies?,
RootDeviceProfileParameterGroups?, ManufacturersSpecificParameterGroups?,
RootDeviceProfileStateModel?, RootDeviceProfileServices?,
ManufacturersSpecificStateModel?, ManufacturersSpecificServices?)>

<!--ManufacturersDeviceProfileHeader-->

<!ELEMENT ManufacturersDeviceProfileHeader (ManufacturersDeviceProfileID,
ManufacturersDeviceProfileDescription?, ManufacturersDeviceProfileVersion,
ManufacturersDeviceProfileReleaseDate, ManufacturerID, ModelCompatibility?,
SoftwareCompatibility?, HardwareCompatibility?, ProfileType?, ProfileAvailability?,
AdditionalInformation?)>

<!ELEMENT ManufacturersDeviceProfileID (#PCDATA)>
<!ELEMENT ManufacturersDeviceProfileDescription (#PCDATA)>
<!ELEMENT ManufacturersDeviceProfileVersion (#PCDATA)>
<!ELEMENT ManufacturersDeviceProfileReleaseDate (#PCDATA)>
<!ELEMENT ManufacturerID (#PCDATA)>
<!ELEMENT ModelCompatibility (#PCDATA)>
<!ELEMENT SoftwareCompatibility (#PCDATA)>
<!ELEMENT HardwareCompatibility (#PCDATA)>
<!ELEMENT ProfileType (#PCDATA)>
<!ELEMENT ProfileAvailability (#PCDATA)>

<!--RootDeviceProfileHeader-->

<!ELEMENT RootDeviceProfileHeader (RootDeviceProfileID, RootDeviceProfileVersion,
RootProfileReleaseDate, DeviceDescription?)>

<!ELEMENT RootDeviceProfileID (#PCDATA)>
<!ELEMENT RootDeviceProfileVersion (#PCDATA)>
<!ELEMENT RootProfileReleaseDate (#PCDATA)>
<!ELEMENT DeviceDescription (#PCDATA)>
<!--Parameters-->
<!ELEMENT RootDeviceProfileParameters (Parameter+)>
<!ELEMENT ManufacturersSpecificParameters (Parameter*)>
<!ELEMENT Parameter (ParameterName, Length?, Units, Offset, Multiplier, Range,
ParameterDescription?, ValuePair*)>
<!ELEMENT ParameterName (#PCDATA)>
<!ELEMENT Length (#PCDATA)>
<!ELEMENT Units (#PCDATA)>
<!ELEMENT Offset (#PCDATA)>
<!ELEMENT Multiplier (#PCDATA)>
<!ELEMENT Range (#PCDATA)>
<!ELEMENT ParameterDescription (#PCDATA)>
<!ELEMENT ValuePair (ParameterValue, ValueDescription)>
<!ELEMENT ParameterValue (#PCDATA)>
<!ELEMENT ValueDescription (#PCDATA)>
<!ATTLIST Parameter
      Access NMTOKEN #REQUIRED
      DataType NMTOKEN #REQUIRED
      Required NMTOKEN #REQUIRED
      RootParameterFlag NMTOKEN #REQUIRED
>

<!--Parameter Assembly-->

<!ELEMENT RootDeviceProfileParameterAssemblies (ParameterAssembly*)>
```

图 D.2 设备描述 DTD

```
<!ELEMENT ManufacturersSpecificParameterAssemblies (ParameterAssembly*)>
<!ELEMENT ParameterAssembly (ParameterAssemblyName, ParameterRef+)>
<!ELEMENT ParameterAssemblyName (#PCDATA)>
<!ELEMENT ParameterRef (ParameterID, ParameterAssemblyStartByte,
ParameterAssemblyStartBit, ParameterAssemblyEndByte, ParameterAssemblyEndBit)>
<!ELEMENT ParameterID (#PCDATA)>
<!ELEMENT ParameterAssemblyStartByte (#PCDATA)>
<!ELEMENT ParameterAssemblyStartBit (#PCDATA)>
<!ELEMENT ParameterAssemblyEndByte (#PCDATA)>
<!ELEMENT ParameterAssemblyEndBit (#PCDATA)>
<!ATTLIST ParameterAssembly
     Access NMTOKEN #REQUIRED
     Required NMTOKEN #REQUIRED
     RootAssemblyFlag NMTOKEN #REQUIRED
>

<!--Parameter Group-->

<!ELEMENT RootDeviceProfileParameterGroups (ParameterGroup*)>

<!ELEMENT ManufacturersSpecificParameterGroups (ParameterGroup*)>

<!ELEMENT ParameterGroup (GroupName, NumberOfMembers, GroupDescription?,
AdditionalInformation?, MemberNames+)>
<!ELEMENT GroupName (#PCDATA)>
<!ELEMENT NumberOfMembers (#PCDATA)>
<!ELEMENT GroupDescription (#PCDATA)>
<!ELEMENT MemberNames (#PCDATA)>
<!ATTLIST ParameterGroup
     GroupType NMTOKEN #REQUIRED
     RootGroupFlag NMTOKEN #REQUIRED
>

<!--State Model-->

<!ELEMENT RootDeviceProfileStateModel (StateTransitionTable+)>

<!ELEMENT ManufacturersSpecificStateModel (StateTransitionTable+)>

<!ELEMENT StateTransitionTable (StateMapItem+, TransitionMapItem*)>
<!ELEMENT StateMapItem (StateName, StateDescription)>
<!ELEMENT StateName (#PCDATA)>
<!ELEMENT StateDescription (#PCDATA)>
<!ELEMENT TransitionMapItem (SourceState, TargetState, Event)>
<!ELEMENT SourceState (#PCDATA)>
<!ELEMENT TargetState (#PCDATA)>
<!ELEMENT Event (#PCDATA)>
<!ATTLIST TransitionMapItem
     TransitionID CDATA #REQUIRED
>

<!--Services-->

<!ELEMENT RootDeviceProfileServices (Service*)>

<!ELEMENT ManufacturersSpecificServices (Service*)>

<!ELEMENT Service (ServiceName, RequestParameterGroup?, ResponseParameterGroup?,
ServiceDescription?, AdditionalInformation?)>
<!ELEMENT ServiceName (#PCDATA)>
<!ELEMENT RequestParameterGroup (#PCDATA)>
<!ELEMENT ResponseParameterGroup (#PCDATA)>
<!ELEMENT ServiceDescription (#PCDATA)>
<!ATTLIST Service
     Required NMTOKEN #REQUIRED
     RootServiceFlag NMTOKEN #REQUIRED
>
<!--Common elements-->
<!ELEMENT AdditionalInformation (#PCDATA)>
```

图 D.2(续)

附 录 E
（资料性附录）
参 数 分 类

E.1 总则

下面给出的参数分类的使用将确保不同产品标准技术委员会之间术语的一致性。

注：在一个设备描述中，此分类方案可以作为规定参数组的基础。

E.2 控制参数

控制参数是可交换的应用信息，应用信息取决于控制程序、控制器和网络相连的其他设备。控制参数由应用程序调用。

控制参数可以包括应用诊断程序信息。

E.3 管理参数

管理参数包括设备诊断信息，设备状态和设备设定信息。设备诊断信息用于提供设备情况的信息，设备状态参数用于规定提供设备运行状态的信息。设备设定信息用于在应用程序的开发，起动控制设定及其过程中构建设备。

注1：一些设备可以没有设定数据；

注2：一些网络不支持设备设定跨接于通信系统。

E.4 分类

参数可被划分为不同的类别，如：

1. 控制参数
    - 控制命令
        - 开关命令
        - 故障复位
        - 操作模式选择
    - 监视信号
        - 操作信号
        - 故障信号
        - 警告信号
        - 维护信号
        - 网络错误
    - 测量
        - 操作测量

维护测量

2. 管理参数

设定参数

操作级别

故障级别

警告级别

维护级别

I/O 分配

网络设定

诊断

操作诊断

故障诊断

警告诊断

维护诊断

网络计数器

计数器复位

标识

产品标识

制造商标识

参 考 文 献

ISO/IEC 4873　信息处理　ISO 用于信息交换的 8 位代号　实施用结构和规则

ISO/IEC 8879　信息处理　文本和功能系统　标准广义置标语言

REC-xml-20001006　可扩展性标识语言(XML)1.0 第 2 版:W3C 推荐版 2000.10.6

REC-xmlschema-1-20010502　XML 模式 第 1 部分:结构　W3C 推荐版

REC-xmlschema-2-20010502　XML 模式 第 2 部分:数据类型　W3C 推荐版 2001.5.2

ICS 29.130.20
K 30

中华人民共和国国家标准

GB/T 21208—2007

低压开关设备和控制设备 固定式消防泵驱动器的控制器

**Low-voltage switchgear and controlgear—
Controllers for drivers of stationary fire pumps**

(IEC/TS 62091:2003,MOD)

2007-12-03 发布　　2008-05-01 实施

中华人民共和国国家质量监督检验检疫总局
中国国家标准化管理委员会　发布

前　言

本标准修改采用 IEC/TS 62091:2003《低压开关设备和控制设备　固定式消防泵驱动器的控制器》。

本标准在采用 IEC/TS 62091:2003 时，根据我国国情作了修改。有关技术性差异已编入正文中，并在它们所涉及的条款的页边空白处用垂直单线标识，在附录 D 中给出了这些技术性差异及其原因的一览表以供参考。

本标准的附录 A 和附录 C 是规范性附录，附录 B 和附录 D 是资料性附录。

本标准由中国电器工业协会提出。

本标准由全国低压电器标准化技术委员会(SAC/TC 189)归口。

本标准负责起草单位：上海电器科学研究所(集团)有限公司。

本标准参加起草单位：沈阳斯沃电器有限公司、深圳泰永科技有限公司。

本标准主要起草人：曲德刚、刘金琰、白竞、黄正乾。

本标准为首次发布。

引　言

本标准是关于人身安全设备的标准。是部分基于 NFPA 20(1996)《离心消防泵安装标准》基础上编制。当建筑物着火，控制器接收到自动信号、手动-电气信号或手动-紧急操动发出的工作指令时，控制器应能起动消防泵驱动器(电动机或柴油机)。消防泵驱动器的起动失败将导致火灾损失(包括建筑物内的财产和人身安全)的进一步加剧。

这些控制器与 GB 14048 系列标准中规定的控制器的区别在于他们不处于运行状态。这些控制器的安装应符合安装地点的要求，通常它们被安装在具有规定防火等级的泵室或泵站内。这些场所通常有会产生凝露的管道，有可能受到喷淋，并位于装有其他建筑物配电设备附近。

消防泵用于提升水压。许多喷淋系统会有小的泄漏，因此，装有"辅泵"(也称为补水泵)以保持喷水管道中必须的压力，这样可以防止主消防泵的频繁的起动和停机。在消防泵不工作的长时期内，泄漏水流流过静止消防泵，会携带沙、建筑混凝土材料、石灰、铁锈等，并聚积在消防泵中。在泵的叶轮加速清理泵前，这些杂质会阻碍消防泵正常起动。无论消防泵起动方式为"冷起动"(首次起动)或"热起动"(重新起动)，本标准允许消防泵在堵转电流作用下运行达 20 s。因为关闭消防泵以保护设备可能会使消防泵连同建筑物及其内部财物全部被火烧毁，所以虽然起动一个有故障的消防泵可能会导致导线、设备和电动机的暂时性或永久性损坏，但仍然应该起动。

消防泵控制器和其他控制器结构及安装应用的几种示例如下。

1)　所有消防泵控制器：

a)　在试图起动一个有故障的电动机/消防泵并使其持续运行时，可以"牺牲"主电路导体及元件(即允许暂时性或永久性的损坏)。

b)　消防泵控制器应具有高度可靠性。在检测到喷淋管道中压力下降时或由其他自动火灾探测设备自动起动消防泵驱动器以抑制火灾。

c)　外部控制电路的故障不应阻碍由其他内部或外部方式操作消防泵。

d)　应将外部控制电路设置成为，任何外部电路的故障(开路或短路)均不会阻碍由其他内部或外部方式操作消防泵。这些电路的损坏、断开、短接或失电能引起消防泵的持续运行，但不因为外部控制电路以外原因而阻止控制器起动消防泵。

e)　外部自动起动方式应通过断开外部装置中一个常闭触点实现控制器中正常通电的控制电路断电。

f)　当允许有外部起动按钮或其他起动装置时，控制器不应配备用于远程关闭的装置(远程关闭按钮不应使用)。

g)　当控制元件的损坏可能引起电动机起动，这种不正常的起动是允许的。

2)　电动机消防泵控制器：

a)　在用电磁方式不能闭合接触器的情况下，要求控制器应具有外部、人工机械操作装置。

b)　控制器应只配备短路和堵转保护，不允许安装热过流保护装置。

c)　电源保护装置的脱扣器应允许长时间承载 300%的电动机额定工作电流。

3)　柴油机消防泵控制器：

a)　应提供至少每周一次自动起动发动机的方法。

b)　在需要时，不能因低油压或发动机高温而阻止发动机起动或停止运转。

因此，本标准最主要的目的是描述消防泵控制器的独特特性。

低压开关设备和控制设备 固定式消防泵驱动器的控制器

1 范围

本标准适用于起动、控制和停止固定式消防泵驱动器的控制器，包括用交流电动机或柴油机驱动消防泵的自动型和非自动型控制器。每个控制器只能控制一台单独的驱动器。

注：对于我国常用的一主一备电动消防泵系统，只要在任何情况下能保证它们不会同时运行，仍可视为该控制器控制一台单独的电动机驱动器。

电动机驱动消防泵控制器包含合适的短路保护装置，并与控制器组合成一个整体。这些控制器可以包含一电源转换开关，其最大电压的额定值为交流 1 000 V。

柴油机消防泵控制器包含电子电路，这些电路可以完成各种控制和监控功能，例如：远程控制（起动和停止），报警，信号，指示器以及电池充电器的正确动作。

本标准最主要的目的是描述消防泵控制器的独特特性，进而规定操作控制器的程序，以检验其独特特性的有效性。就本标准的目的而言，该程序被称为"消防泵控制器试验规程"。

本标准的目的是规定以下几个方面：

a) 消防泵控制器、其相关设备和其动作功能的独特特性。

b) 消防泵控制器应符合的条件涉及：

1) 控制器的结构；

2) 控制器的关键要素，包括安装、布置、配线和连接等；

3) 外壳防护等级；

4) 操作方式；

5) 在正常、过载及短路情况下的操作和性能；

6) 预告重大事件的能力；

7) 对其所处环境的电磁兼容性。

c) 用来确定满足这些条件的试验，以及这些试验所采用的方法。

d) 随控制器一起提供的资料或者在制造商的技术文件中提供的资料。

在此意义上，本标准给出了对电动机驱动和柴油机驱动消防泵的所有电气性能要求。本标准不涵盖爆炸性气体、核装置、船舶、航空器等特殊应用场合。关于电源，本标准的要求仅适用于提供给用户端口的电能的种类、性能和特征（见 IEC 60364-5-55）。

本标准的要求不适用于电能产生的方式或装置，也不适用于 IEC 60364 所提及的在建筑物输入端与消防泵控制器之间的装置。本标准不适用于可能与固定式消防泵组装在一起的柴油机驱动的发电机。

EMC 要求与其他类似产品的 GB 标准有关：

a) 电动消防泵控制器，EMC 要求包含在本标准中；

b) 柴油机消防泵控制器，用直流电池作为电气控制电源。

2 规范性引用文件

下列文件中的条款通过本标准的引用而成为本标准的条款。凡是注日期的引用文件，其随后所有的修改单（不包括勘误的内容）或修订版均不适用于本标准，然而，鼓励根据本标准达成协议的各方研究是否可使用这些文件的最新版本。凡是不注日期的引用文件，其最新版本适用于本标准。

GB 4208—1993　外壳防护等级(IP 代码)(eqv IEC 60529:1989)

GB 4824—2004　工业、科学、医疗(ISM)射频设备　电磁骚扰特性　限值和测量方法(CISPR 11:2003,IDT)

GB/T 5169.16—2002　电工电子产品着火危险试验　第 16 部分:50 W 水平与垂直火焰试验方法(IEC 60695-11-10:1999,IDT)

GB 6245—2006　消防泵(NFDA 20—2003,uL 448—1994,uL 1247—1995 等,NEQ)

GB 7251.1—2005　低压成套开关设备和控制设备　第 1 部分:对型式试验和部分型式试验成套设备的要求(IEC 60439-1:1999,IDT)

GB/T 11020—2005　固体非金属材料暴露在火焰源时的燃烧性试验方法清单(IEC 60707:1999,IDT)

GB 14048.1—2006　低压开关设备和控制设备　第 1 部分:总则(IEC 60947-1:2001,MOD)

GB 14048.2—2001　低压开关设备和控制设备　低压断路器(IEC 60947-2:1995,IDT)

GB 14048.3—2002　低压开关设备和控制设备　第 3 部分:开关、隔离器、隔离开关及熔断器组合电器(IEC 60947-3:2001,IDT)

GB 14048.4—2003　低压开关设备和控制设备　机电式接触器和电动机起动器(IEC 60947-4-1:2000,IDT)

GB/T 14048.11—2002　低压开关设备和控制设备　第 6 部分:多功能电器　第 1 篇:自动转换开关电器(IEC 60947-6-1:1998,IDT)

GB 16806—1997　消防联动控制设备通用技术条件

GB 16895　(所有部分)建筑物电气装置(idt IEC 60364(所有部分))

GB 16895.20—2003　建筑物电气装置　第 5 部分:电气设备的选择和安装　第 55 章:其他设备　第 551 节:低压发电设备(IEC 60364-5-551:1994,IDT)

GB 17625.1—2003　电磁兼容　限值　谐波电流发射限值(设备每相输入电流≤16 A)(IEC 61000-3-2:2001,IDT)

GB 17625.2　电磁兼容　限值　对每相额定电流≤16 A 且无条件接入的设备在公用低压供电系统中产生的电压变化、电压波动和闪烁限值(GB 17625.2—2007,IEC 61000-3-3:2005,IDT)

GB/T 17626.2　电磁兼容　试验和测量技术　静电放电抗扰度试验(GB/T 17626.2—2006,IEC 61000-4-2:2001,IDT)

GB/T 17626.3　电磁兼容　试验和测量技术　辐射、射频、电磁场抗扰度试验(GB/T 17626.3—2006,IEC 61000-4-3:2002,IDT)

GB/T 17626.4—1998　电磁兼容　试验和测量技术　电快速瞬变脉冲群抗扰度试验(idt IEC 61000-4-4:1995)

GB/T 17626.5—1999　电磁兼容　试验和测量技术　浪涌抗扰度试验(idt IEC 61000-4-5:1995)

GB/T 17626.6—1998　电磁兼容　试验和测量技术　射频场感应的传导骚扰抗扰度(idt IEC 61000-4-6:1996)

GB/T 17626.8　电磁兼容　试验和测量技术　工频磁场抗扰度试验(GB/T 17626.8—2006,IEC 61000-4-8:2001,IDT)

GB/T 17626.11—1999　电磁兼容　试验和测量技术　电压暂降、短时中断和电压变化的抗扰度试验(idt IEC 61000-4-11:1994)

GB 17799.3—2001　电磁兼容　通用标准　居住、商业和轻工业环境中的发射标准(IEC 61000-6-3:1996,IDT)

IEC 60364-5-55:2001 和修正件 1:2001　建筑物电气装置　第 5-55 部分:电气设备的选择和安装-

其他设备

IEC 60529:1989 和修正件 1:1999　外壳防护等级(IP 代码)

IEC 60947-2:1995 修正件 1:1997,修正件 2:2001　低压开关设备和控制设备　第 2 部分　断路器

IEC 61000-4-4 修正件 1:2000,修正件 2:2001　电磁兼容　试验和测量技术　电快速瞬变脉冲群抗扰度试验

IEC 61000-4-5 修正件 1:2000　电磁兼容　试验和测量技术　浪涌抗扰度试验

IEC 61000-4-6 修正件 1:2000　电磁兼容　试验和测量技术　射频场感应的传导骚扰抗扰度

IEC 61000-4-11 修正件 1:2000　电磁兼容　试验和测量技术　电压暂降、短时中断和电压变化的抗扰度试验

IEC 61000-4-13:2000 电磁兼容　试验和测量技术　交流电源端口谐波、谐间波及电网信号的抗扰度试验

3　术语和定义

就本标准用途而言,GB 14048.1—2006 中的术语和定义与下列术语和定义适用。

3.1

自动控制　automatic control

无需人工介入的操作控制。

3.2

自动转换开关电器　automatic transfer switching equipment

自动电源转换开关　automatic power transfer switch

包括转换开关电器和其他所必要器件用于监测电源线路,将一个或多个负载从一个电源转换到另一个电源能自行动作的电器。

3.3

控制器　controller

一组封闭的电器组合,以某些预定的方式控制电源传输给所连接的电器。

3.4

柴油机消防泵控制器　diesel engine fire pump controller

用以控制柴油机驱动的消防泵控制器。

3.5

柴油机泡沫泵控制器　diesel engine foam pump controller

用以控制柴油机驱动浓缩泡沫泵的控制器。

3.6

断开装置　disconnecting means

在负载条件下,用于将电路导线从电源切断的器件、一组器件或其他装置(例如:消防泵控制器中的电源保护器)。

3.7

驱动器　driver

驱动消防泵的电动机或柴油机。

3.8

电动消防泵控制器　electric fire pump controller

用以控制电动机驱动消防泵的控制器。

3.9

电动泡沫泵控制器　electric foam pump controller

用以控制电动机驱动浓缩泡沫泵的控制器。

3.10

电磁兼容性　EMC

设备或系统在其自身的电磁环境中,能正常工作而不对该环境中的其他事物造成不能承受的电磁骚扰的能力。(IEV 161-01-07)

3.11

电磁骚扰　electromagnetic disturbance

可能降低器件、设备或系统的性能,也可能对带电或不带电的物质产生不利影响的任何电磁现象。(IEV 161-01-05)

注:电磁骚扰可能是电磁噪声、无用信号或传播介质自身的变化。

3.12

电磁环境　electromagnetic environment

存在于给定环境以内的所有电磁现象的总和。(IEV 161-01-01)

注:一般而言,电磁环境随时间而变,其描述可能需要用到统计学的方法。

3.13

(电磁)发射　emission(electromagnetic)

电源电磁能的发射现象。(IEV 161-01-08)

3.14

(对骚扰的)抗扰度　immunity(to an disturbance)

某一电器、设备或系统在电磁骚扰的情况下准确完成其功能的能力。(IEV 161-01-20)

3.15

外部可操作　externally operable

不需移开盖子或打开外壳就能进行操作。

3.16

消防泵　fire pump

为建筑物的灭火系统提供规定压力和规定水流速率的泵。

3.17

消防泵控制器试验规程　fire pump controller test protocol

操动消防泵控制器以便验证其符合本标准要求的程序。

3.18

泡沫泵　foam pump

为建筑物的水灭火系统的系统比例混合器提供规定速率浓缩泡沫的泵。

3.19

泡沫泵控制器　foam pump controller

在扑灭火灾过程中使用的控制浓缩泡沫泵的控制器。

3.20

锁定功能　lockout feature

防止自动控制器响应于起动信号的外部操作方式。

3.21

手动电源转换开关　manual power transfer switch

直接用人力操作的，将一个或多个负载从一个电源转换到另一个电源的开关。

3.22

非自动控制　non-automatic control

用人工干预的操作控制。

3.23

过电流　over-current

超过额定电流的电流。

注：本标准中过电流保护只包括电动机堵转和短路保护。

3.24

电源保护电器　power-protector device

带有堵转和瞬时脱扣保护的开关电器，脱扣以后不使用工具或更换部件即能立即从外部复位，并不影响脱扣特性。

3.25

泵单元　pumping unit

泵、驱动器和控制器。

3.26

住宅消防泵控制器　residential fire pump controller

用于控制电动机驱动的住宅消防泵的控制器。

注：住宅消防泵主要适用于一个或二个家庭单元的民用住所。

3.27

维护用开关电器　service equipment

位于建筑物或其他构筑物或其他特定区域的电源导线入口处，作为电源控制和切断电源装置的必需设备。通常由断路器或开关和熔断器及其组合电器组成。

3.28

隔离开关　switch-disconnector

处于断开位置时符合隔离器规定的隔离要求的开关。

[IEV 441-14-12]

3.29

系统比例混合器　system proportioner

以一定比例将浓缩泡沫引入到灭火水流中的装置或同等的组合装置。

3.30

型式试验设备　type -tested device

符合已确定型式，由几个部分(元件、电器和装置)构成的单元，能重复典型设备(该典型设备经验证已符合指定的标准)的结构和性能特征的设备。

4 分类

4.1 电动消防泵控制器

4.1.1 自动电动消防泵控制器

4.1.1.1 压力驱动型

通过检测水压下降而起动电动机。

4.1.1.2 非压力驱动型

不通过检测水压下降，而通过例如喷淋阀、流量开关或火灾探测器而起动电动机。

4.1.2 非自动型电动消防泵控制器

通过手动电气装置（例如按钮）或手动机械方式（例如紧急运行机械控制，见 8.5.1.2）起动电动机。

4.1.3 有/无电源转换开关电动消防泵控制器

可以提供一至两个电源的控制器。

4.1.4 全压/降压起动电动消防泵控制器

控制器可用于直接在线起动（全压）或降低电动机冲击电流的起动（降压）。

4.2 住宅消防泵控制器（只由一个电动机驱动）

控制器可用于单泵或双泵的配置。

4.3 柴油机消防泵控制器

4.3.1 压力驱动型

通过检测水压下降而起动发动机。

4.3.2 非压力驱动型

不通过检测水压下降，而通过例如喷淋阀、流量开关或火灾探测设备而起动发动机。

4.4 泡沫泵控制器（通过电动机或柴油机驱动）

用于浓缩泡沫泵独特要求的电动消防泵控制器或特殊的柴油机消防泵控制器。

5 特性

5.1 电气参数

5.1.1 额定工作电压（U_e）

消防泵控制器的额定工作电压是与额定工作电流有关的电压值。该电压值决定设备的应用，并与相应试验有关。

5.1.2 额定工作电流（I_e）或额定工作功率

电动消防泵控制器的额定工作电流值是由驱动消防泵的电动机的额定工作电流值决定的。柴油机消防泵控制器的额定工作交流输入电流是由控制器内部的电池充电器电源的最大负载电流决定的。

对于直接通断单台电动机的控制器，最大额定工作电流标志可用与控制器相连的电动机的额定工作电压下的最大额定输出功率代替（或补充）。

5.2 各种特性的重要性级别

5.2.1 总则

不同特性的重要性级别分为：A 优先级和 B 优先级。A 优先级功能应高于 B 优先级。

5.2.2 A 优先级功能

在规定的情况下，A 优先级的操作可以取代正常的操作。

例如：非自动控制是优先级别最高的操作。根据定义，非自动操作的特征在于人工干预。在所有灭火的操作中，运用人工干预手段取代其他功能的优先级别是最高的。

符合这一优先权的要求见 8.3、8.5 和 8.8.1。

5.2.3 **B优先级功能**

在规定的情况下,B优先级的操作是受约束的或从属的。

例如:自动控制是一种无需人工干预的自发性动作。因此,所有形式的自动控制均从属于任何形式的经过慎重考虑的人工干预。

符合这一从属要求的规定见8.3、8.5和8.8.1。

5.3 **电动消防泵控制器**

5.3.1 **基本功能**

电动消防泵控制器应具备以下基本功能:

a) 将电动机连接(或切换)至合适的电源(常用电源、备用电源、第二路公共电网);

b) 起动、控制和停止电力驱动电动机的运行;

c) 提供防止堵转电流和短路电流的过电流保护;

d) 对系统的运行进行监控,并提供合适的信号和报警;

e) 应按图1、图2及图4进行总体布置。

实施这些功能的具体要求见第8章。

5.3.2 **标准设备**

电动消防泵控制器应由以下标准器件组成:

a) 外壳;

b) 元件(见8.1);

c) 电涌保护器;

d) 压力记录器,如适用;

e) 传感器、检测器、监控器、报警和合适的信号设备;

f) 型式试验设备。

根据制造商和用户达成协议,控制器可以包含其他可选器件。

电动控制器的结构、功能和性能要求见8.6。

5.4 **单相消防泵控制器**

单相消防泵控制器是在限定范围使用的(如民用住宅)次级电动消防泵控制器。

控制器的结构、功能和性能要求见8.7。

注:此条款不排除在具有三相电源的房屋、住宅或其他地方使用三相控制器。

5.5 **柴油机消防泵控制器**

5.5.1 **总则**

柴油机是这类消防泵控制器的驱动器,不需要电源主电路的电气功能。

5.5.2 **基本功能**

柴油机消防泵控制器应具有以下四个基本功能:

a) 控制电气装置以起动发动机;

b) 监控发动机和其他系统状态,如适用,可执行监视功能;

c) 维持对发动机起动电池的充电;

d) 起动系统的周测试。

执行这些功能的具体要求见8.8。

5.5.3 **标准设备**

柴油电动机消防泵控制器应配有以下标准设备(制造商可与用户协议,控制器可包含其他可选的设备):

a) 带有易碎玻璃面板的、防潮的、可锁定的外壳,允许进行紧急人工起动;

b) 人工操作的起动发动机的电气驱动器;

c) 可视的指示器和可听见的报警器；

d) 起动远程报警的电气触头；

e) 电池充电器；

f) 压力记录器，如适用；

g) 周试验定时器，包括最小运行定时器。

其具体的结构、功能和性能要求见8.8。

5.6 泡沫泵控制器

该类型的控制器可与电动机驱动系统组合或与柴油机驱动系统组合。所有电动驱动和柴油机驱动系统的相关要求均适用。

与水不同，泡沫的浓度是计量供给的，有其独特的要求。因此有一系列影响其使用的特殊要求，其中包括在灭火操作过程中，浓缩泡沫储备被耗尽。

泡沫泵控制器的具体要求见8.6.6和8.10。

5.7 消防泵控制器试验规程

消防泵控制器试验规程的要求见9.1。

6 产品信息

6.1 额定值和其他电气特征

6.1.1 带或不带消防泵电源转换开关的电动消防泵控制器

以下额定值和电气特征适用：

a) 额定工作电压和相数，如果对IT系统不适用，则有符号Ⓘ；

b) 额定工作电流（如果用于特殊电动机上，则为额定工作功率）；

c) 额定频率或“DC”指示；

d) 额定限制短路电流；

e) 最大传感水压。

6.1.2 柴油机消防泵控制器

以下额定值和电气特征适用：

a) 额定交流工作电压和相数；

b) 额定工作电源电流；

c) 额定频率；

d) 电池电压；

e) 电池类型；

f) 发动机接地极性；

g) 发动机停止方式（燃油电磁阀通电或断电）；

h) 最大传感水压。

6.1.3 泡沫泵控制器

6.1.1适用于电动泡沫泵控制器。6.1.2适用于柴油机泡沫泵控制器。

6.1.4 住宅消防泵控制器

6.1.1适用于住宅消防泵控制器。

6.2 标志

6.2.1 总则

除GB 14048.1—2006中5.2适用外，要求标志不易拭去且易于识别。

注：应考虑到标志在烟雾中也能被迅速识别。

6.2.2 标识

控制器应在安装之后的可视位置标注以下信息：

a) 制造商名称或商标；

b) 型号或产品序列号；

c) 外壳 IP 等级；

d) 如制造商声明产品符合本标准，应标明本标准号；

e) 电动消防泵控制器或柴油机消防泵控制器；

f) 非压力驱动型消防泵控制器(如无水压控制则不要求)。

这些标识应标志在设备上，最好标志在铭牌上。

注：这些标识的目的是使用户从制造商得到补充的信息。

控制器说明下列信息的标志，在安装过程中应可视：

g) 消防泵控制器不得连接辅助设备(例如补水泵)；

h) 控制器只可与控制器示意图中标明的设备相连接。

6.2.3 元件

控制器的每个操作元件应有标志，清楚地表示在电气示意图中出现的标识符号。控制器安装后，当外壳被打开时，其标志应清晰可见。

6.2.4 预期短路电流

电动消防泵控制器(当配有电源转换开关时，在常用电源和备用电源侧)应标明以下信息：

“适用于在(电压值)伏特(AC)下，额定限制短路电流不超过(电流值)安培(r.m.s)的电路。”

(电压值)应标明额定工作电压值，(电流值)应标明预期短路电流值。

根据 9.3.3.4.1.7 或者 9.3.3.4.1.8(如适用)，标注的预期短路电流值应该等于额定限制短路电流值。

6.2.5 特殊元件和控制器的标志

6.2.5.1 隔离开关

隔离开关应标有“警告”字样以及以下信息的标志(或类似于以下内容的信息)：

“电击危险——当电源保护电器处于闭合位置时，不要断开或闭合隔离开关”

如果隔离开关具有一定的接通和分断能力(AC-23 或 AC-3)，或其与电源保护电器或接触器联锁，不需要提出上述警告。如果省略时，则应使用操作顺序的说明来代替标志。

6.2.5.2 电源保护电器

电源保护电器应提供文字高度不低于 10 mm 的信息标志：

“电源保护电器——开关机构”

信息标志应位于控制器外壳的外表面，并靠近电源保护器的操作机构。

6.2.5.3 维护用开关电器

当电动消防泵控制器和消防泵电源转换开关在作维护设备时：

a) 应在设备外壳的外表面标明：“适用于维护设备”；

b) 标志应单独提供或作为包含制造商名或商标和其他额定值的铭牌的一部分；

c) 当标志单独提供时，标志应包含制造商的名称或商标；

d) 控制器应有一个“维护断开”的吊牌，并附有说明指出标牌应置于外壳的外表面及靠近电源断开装置的操作手柄。

6.2.5.4 外壳

控制器外壳上应标明 IP 代码表示防止异物进入的防护等级。当水压驱动控制器用于户外时，应在外壳上提供一标志指出控制器只使用在压力传感器和压力传感管道中的水温不低于+4℃的场所。

6.2.5.5 现场布线

对于只能使用铜导线进行用户连接的端子，应在其上加标志以标明只能使用铜导线。控制器的所有现场布线端子均应按照控制器的现场接线图清楚标志。

6.2.5.6 电动消防泵控制器

该类控制器应标志“电动消防泵控制器”。

6.2.5.7 单相消防泵控制器

该类控制器应标志“单相消防泵控制器”。

6.2.5.8 消防泵电源转换开关

消防泵电源转换开关应标志“消防泵电源转换开关”。电动消防泵控制器和消防泵电源转换开关应各自标上警示标志，指出在维修控制器、消防泵电源转换开关或电动机之前，控制器上和消防泵电源转换开关上的隔离开关应断开。

6.2.5.9 柴油机消防泵控制器

该类控制器应标志“柴油机消防泵控制器”。

控制器端子应按表1所述进行编号。

柴油机消防泵控制器制造商应提供导线尺寸的规格和说明，以及控制器和柴油机之间连接的最大距离。

6.2.5.10 泡沫泵控制器

6.2.5.10.1 电动泡沫泵控制器

该类控制器应标志“电动泡沫泵控制器”。

6.2.5.10.2 柴油电动泡沫泵控制器

该类控制器应标志“柴油电动泡沫泵控制器”。

6.2.6 电气图和说明

6.2.6.1 图表

表明所有内部布线、电路、试验端子、报警电路装置、所有的电源和其他元件的电气示意图应永久地贴在控制器外壳的内部。

6.2.6.2 操作说明

安装后，应在控制器的正面一可视位置提供起动、停止消防泵电动机和消防泵紧急操作的说明。

注：应考虑到这些说明能够在烟雾环境中被迅速识别。

6.3 安装、操作和维护说明

制造商应在其技术文件或目录中规定控制器的安装、操作和维护（包括备件）条件。此类信息至少应包括任何有关连接导体尺寸的信息。

7 正常工作、安装及运输条件

7.1 总则

GB 14048.1—2006 中第6章适用，并补充以下要求。

7.2 水温

当水压驱动控制器用于户外时，应在外壳上提供标志，指出控制器只能使用在压力传感器和压力传感管道中的水温不低于+4℃的场合。

7.3 湿度

GB 14048.1—2006 中6.1.3.1适用。

7.4 污染等级

除非制造商声明，否则消防泵控制器预期使用于GB 14048.1—2006 中6.1.3.2规定的污染等级3的环境中。然而，根据宏观环境可考虑其他污染等级。

7.5 EMC 条件

如制造商和安装者无其他协议，消防泵控制器适用于环境 A 或环境 B。

8 结构、功能和性能要求

8.1 总则

消防泵控制器的主要部件有：

a) 操动器(8.2.5)；

b) 隔离电器(8.4.3)；

c) 电源保护电器(8.4.4)；

d) 短路保护电器(8.4.4)；

e) 过电流保护电器(8.4.4)；

f) 全压起动电器(8.4.7)；

g) 降压起动电器(8.4.8)；

h) 电源转换开关(8.6.9)；

i) 电池充电器(8.8.4.1)。

所有的元件均应符合相应的 GB 产品标准和本标准的附加要求。

8.2 型式试验设备的结构要求

8.2.1 一般要求

GB 14048.1—2006 中 7.1 适用，并补充以下要求：

a) 控制器在安装前，应由制造商完整地装配、布线和试验；

b) 控制器应适合于在中等湿度的场所使用，如潮湿的地下室或上部有凝露的管道滴水；

c) 应在执行消防泵控制器试验规则的过程中通过直观检查，以及检查制造商的记录来验证型式试验设备的结构要求；

d) 用于现场安装接线的带电导线连接器的端面(或端子排)与导线指向方向的外壳壁之间的距离应不小于表 2 规定的值。应从连接器开口的中心，沿着导线离开端子方向至垂直于外壳壁的直线测量该距离。

8.2.2 材料

GB 14048.1—2006 中 7.1.1 适用，并补充以下要求：

所有安装在消防泵控制器外壳内部的元件应按照制造商说明书安装在耐燃材料的支撑构架上。耐燃材料的评估标准与 GB/T 5169.16—2002 和 GB/T 11020—2005 一致，见表 3。

材料的可燃性应通过 GB 14048.1—2006 中附录 M 中的程序进行验证。

8.2.3 载流部件及其连接

GB 14048.1—2006 的 7.1.2 适用，并作以下补充：

8.2.3.1 维护用开关电器

电动消防泵控制器预期作为维护用开关电器时，应适合于直接连接至电源导线的进户线。供电给控制器的电路要求见 GB 16895 系列标准。

8.2.3.2 主电路

控制器安装后，所有的母线和连接线都应易于接近，并应这样布置，使得维护时不需要断开外部电路导线。主电路母线、布线及接线端子的尺寸大小应按额定工作电流和适应于不间断工作制运行。仅在电动机起动期间在电路中使用的导体应根据它们自身的短时工作制确定尺寸。主电路中的导体和设备应能耐受 2 次 20 s 的堵转试验，间隔为 1 min。试验后应无永久性的损伤。

消防泵控制器不允许有将任何辅助设备连接至消防泵控制器的设施。消防泵控制器应配备国家有关规程规定的供维修用导线、接地极导体和接地连接(等电位连接)。

8.2.4 电气间隙和爬电距离

GB 14048.1—2006 中 7.1.3 适用。

8.2.5 操动器

除 GB 14048.1—2006 中 7.1.4 适用外,附加要求见本标准的 8.4～8.8。

8.2.5.1 外部控制

所有手动使用的接通、断开、起动、停止电动机的开关设备均应是外部可操作的。

8.2.5.2 传感器的使用

传感器,例如:欠压、断相、频率偏离、对地漏电保护的连接不能以任何方式妨碍消防泵控制器自动和/或手动操作。

8.2.6 接触器位置的指示

8.2.6.1 指示装置

采用 GB 14048.1—2006 中 7.1.5.1 以及本标准的 8.4～8.9 的附加要求。

8.2.6.2 操动器指示

采用 GB 14048.1—2006 中 7.1.5.2 以及本标准的 8.4～8.9 的附加要求。

8.2.7 带隔离功能控制器的附加安全要求

采用 GB 14048.1—2006 中 7.1.6 以及本标准的 8.4～8.9 的附加要求。

8.2.8 接线端子

GB 14048.1—2006 中 7.1.7 适用并作以下补充:

a) 消防泵控制器应配有接线端子或引出导线,用于连接连续载流能力不低于 125%电动机额定工作电流的导线;

b) 在有电源转换开关的情况下,电流不同于电动机额定工作电流,连续载流能力应基于 125%的最大额定输入电流;

c) 柴油机消防泵控制器的现场接线端子应适合使用多股线。

8.2.9 具有中性极的电器的附加要求

如需要,则 GB 14048.1—2006 中 7.1.8 适用。

8.2.10 接地要求

GB 14048.1—2006 中 7.1.9 以及本标准的 8.4～8.9 的附加要求适用。

8.2.11 外壳

参见 6.2.5.4,GB 14048.1—2006 中 7.1.10 适用。

8.2.12 外壳防护等级

外壳应符合 GB 14048.1—2006 中附录 C 的要求或 GB 4208—1993 的要求,其 IP 等级不应低于 IP31。

8.3 消防泵控制器的操作优先级

就本标准的用途而言,某些选定的功能被指定为优先级以警示制造商和用户需要特别注意,具体如下:

——A-优先级:在规定情况下,应具有取代正常操作能力的操作。

——B-优先级:在规定情况下,应是受到约束的或从属的操作。

8.4 元件的功能和性能要求

8.4.1 总则

所有用于起动、运行和保护电动机的元件均应符合相关 GB 产品标准的要求。

8.4.2 介电性能

控制器应能承受 GB 14048.1—2006 中表 H.1 中过电压类别Ⅳ的冲击试验而不被损坏。

注：为满足该要求，可在隔离开关上端的每相对地之间安装电涌保护器（见图 1 或图 4）。电涌保护器的额定值应能吸收大于控制器额定工作电压 U_e 的 150％的过电压。

8.4.3 隔离电器

隔离电器应是人工操作和外部操作的（对标记的特殊要求见 6.2.5.1），并且额定工作电流至少是电动机额定工作电流的 115％I_e。此隔离电器不需要有接通和分断能力。

如果使用不具备过电流保护功能但符合 IEC 60947-2：1995 及修正件 2：2001 附录 L 要求的断路器，则应这样连接，使其在同一控制器上的断路器脱扣后断开。

隔离电器应与断路器或接触器连锁，使得断路器或接触器闭合时隔离电器不能断开或闭合操作。隔离电器与断路器或接触器之间的操作顺序应符合 GB 14048.1—2006 中的 7.1.6.2 的规定，隔离电器的使用类别达到 AC-23 或 AC-3 除外。

8.4.4 电源保护电器

8.4.4.1 总则

电动机电路应由符合 GB 14048.2—2001 和本标准要求的断路器进行保护，断路器直接连接在隔离电器负载侧（见图 1 或图 4）。标志的特殊要求见 6.2.5.2。

注：当电动机电路转换至备用交流发电机，且发电机具有过电流保护设备时，则消防泵控制器内部的（备用）电源保护器无需连接。

8.4.4.2 断路器的机械性能

断路器应具有人工和外部操作性能。

8.4.4.3 短路保护

断路器的额定电流应不低于 115％的电动机额定工作电流，并符合以下要求：

a） 过电流感应元件应是电流敏感型，其脱扣性能对温度不敏感。脱扣后应能立即复位运行，其后脱扣特性保持不变；
b） 应提供瞬时短路保护；
c） 短路分断能力应与控制器的额定限制短路电流值匹配；
d） 断路器应满足正常和紧急起动电动机的机械性能要求（8.5.1.2），而不脱扣；
e） 瞬时脱扣整定值至少应在所有可预知的条件下，与起动电动机的能力相一致，而不脱扣。

8.4.4.4 堵转过电流保护

在隔离电器的负载侧和接触器之间应配备一个过电流保护器，它应安装在消防泵控制器的内部（见图 1 或图 4）。不应再配备其他任何过电流保护器。对于笼型电动机，过电流保护器应具有以下特性：

a） 应是延时型，在 7.2 I_e 或电动机制造商声明的起动冲击电流的情况下，脱扣的延时时间应在 8 s～20 s 之间；
b） 应在 3 I_e 的情况下，3 min 内不会发生脱扣；
c） 应在电器上提供可视的方式或标志，以便清楚地指示正确的整定值；
d） 过电流感应元件应是电流感应型，脱扣特性对温度不敏感。脱扣后它应能立即复位运行，其后脱扣特性保持不变。

注：建议使用分励脱扣或其他直接动作装置（见图 1 或图 4）。

8.4.5 控制电路

控制电路中不应提供过电流保护装置。

8.4.6 短路性能

消防泵控制器应具有接通和分断额定限制短路电流的能力。应根据 9.3.3.4.1.7 验证。

8.4.7 全压起动：接触器

每台控制器应装有接触器（接触器应是电磁式，每相有一个触头）。触头应具有接通、分断和承载直接控制笼型电动机电流的能力。接触器的操作电压应由主电源电路直接提供（见图 1 或图 4）或由一个仅在接触器运行时才激励的降压装置来提供。

接触器除满足 GB 14048.4—2003 的要求外，还应满足以下补充要求：

a) 满足使用类别 AC-3 的要求；

b) 能耐受 9.3.3.3.5 中所描述的堵转电流；

c) 能耐受 3 I_e(控制器额定电流)，3 min。

这些要求应通过试验验证，见 9.3.3.3。

8.4.8 降压起动装置

8.4.8.1 总则

降压起动方式有：

a) 主电路电阻起动；

b) 主电路电抗起动；

c) 自耦变压器起动；

d) 星-三角起动；

e) 部分绕组起动；

f) 半导体软起动/制动。

注：c)项、f)项不推荐使用。

8.4.8.2 定时加速极限

对于降压起动的控制器的电气操作，电动机从静止加速到全速的自动定时时间不能超过 10 s。

8.4.8.3 起动负载的要求

下列对热容量的要求是设计要求，不要与 8.4.8.2 中所给出的定时加速的最大极限值混淆。

a) 对于额定功率不大于 150 kW(或等效的电流额定值)的控制器，起动器应设计成允许每小时起动 3 次，每次起动时间不大于 30 s，每次间隔 30 s；持续至少 2 h；

b) 电阻器起动的热容量应在每 80 s 内允许有 1 次 5 s 的起动操作，并且持续至少 1 h；

c) 电抗器或自耦变压器起动的热容量应在每 240 s 内允许有 1 次 15 s 的起动操作，并且持续至少 1 h；

d) 半导体电动机起动器的使用类别应为 AC-53 b，并且每小时起动不少于 3 次；

e) 对于部分绕组或星-三角形起动，起动导线承受电流额定值如下：

1) 部分绕组：每根导线承受 50%的电动机额定工作电流；

2) 星-三角形：每根导线承受 58%的电动机额定工作电流。

8.4.9 报警装置和信号装置

8.4.9.1 控制器上报警装置和信号装置

应有从控制器外部读取线电流、线电压的设施。可视指示器应监视接触器的电源端每相电压，当可视指示器是指示灯时，应便于更换灯泡。

应有可视指示器监视接触器电源侧(电源保护器的负载侧)的反相，当可视的指示器是指示灯时，应便于更换灯泡。

当多个电源供电时，应允许在接触器电源端前面的任何点对每个电源的断相和反相进行监视。

8.4.9.2 控制器的远程报警装置和信号装置

控制器应配备远程触点报警电路指示接触器电源侧的反相，电动机运行及失电。远程报警电路的额定电压不高于 250 V 的，且具有过电流保护功能。

8.5 电动消防泵控制器的操作优先级

8.5.1 A 优先级功能

8.5.1.1 控制器的手动起动电气控制

控制器的手动起动电气控制操作应通过以下方式达到 A 优先级。

控制器外部应提供手动操作器件以确保在消防泵控制器在手动起动时，它的操作不受任何自动起动方式的影响。消防泵控制器必须保持运行状态直至手动操作停止。

8.5.1.2 控制器的紧急运行控制

控制器的紧急运行控制可以由一个机械驱动(例如一个接触器的机械操作)或由一个备用的开关电器(例如接触器、手动开关等)来完成。

在紧急情况下操作时，开关电器的电气特性根据 9.3.3.3.2.1 来验证。

控制器的紧急运行控制应通过以下方式达到 A 优先级：

a) 应提供紧急运行装置用于电动机非自动起动和连续运行的操作；

b) 紧急运行装置应能闭锁在运行位置，机械锁定不应是自动的，应是操作者可选择的；

c) 手动紧急操动器应设计成只向一个方向移动，即从断开位置到最终的运行位置；

d) 除了运行闭锁位置以外的其他位置，如果操作者释放手动紧急操动器，控制器应能自动返回到断开位置。

8.5.2 B 优先级功能

8.5.2.1 手动远程电气控制

应具有适应远程控制站点的设施，用于控制与压力控制开关无关的、非自动的泵单元的连续运行。不应提供远程停止泵驱动器的设施。

8.5.2.2 布线和连接

控制电路应设计成当被允许的外部控制元件按预期方式连接时，线路的击穿、开断、短路或电路的失电可导致消防泵连续运行，但不能因为除这些外部电路以外的其他原因阻止控制器起动消防泵。

8.6 电动控制器的功能和性能要求

8.6.1 总则

型式试验设备的功能要求按 9.1 进行验证。

8.6.2 额定值和极限值

控制器应规定额定工作电压 U_e、额定工作电流 I_e(或额定工作功率，见 5.1.2)，频率、相数和额定限制短路电流。

控制器应能在额定工作电压 U_e 的 85%至 110%的范围内正常操作。如果规定了额定电压范围，85%应适用于较低值，110%应适用于较高值。

8.6.3 短路性能

消防泵控制器应具有接通和分断额定限制短路电流的能力。其验证见 9.3.3.4.1.7。

8.6.4 自动和非自动操作

8.5 给出了电动控制器自动和非自动操作优先级功能的说明。

自动控制器应也可作为非自动控制器使用。

非自动控制器应通过手动起动电气装置驱动，也可以通过手动起动机械装置驱动。

8.6.5 自动控制器——压力驱动

8.6.5.1 水压控制

压力驱动自动控制器应配有压力驱动装置，该压力驱动设备在控制电路中具有独立的高压、低压调节器。压力驱动装置中不允许使用压力缓冲器或限压溢流孔。

压力驱动装置中的压力感应元件应能承受 2 750 kPa 或其 133%额定压力(两者取较大值)的瞬时冲击而不失去其准确性。

8.6.5.2 泵单元的顺序起动

多台泵单元中每一个驱动器的控制器都应具有顺序定时装置，以便减少任何两个泵单元同时起动的可能性。主泵不需要顺序定时装置。

当泵的容量不能满足用水量时，补充消防泵后续起动时间间隔应为 5 s～10 s。

当主泵未能起动时，后续泵单元可以不受影响而正常起动。

8.6.5.3 **压力记录器**

在控制器的输入的每个消防泵控制器的压力传感管道上可以有感应和记录压力的记录装置。如果配有压力记录器时，压力记录器应能在无须复位或倒带的情况下连续工作至少7天。记录设备的压力感应元件至少应能承受2 750 kPa或其133%额定压力(两者取较大值)的瞬时冲击而不失去其准确性。

8.6.6 **自动控制器——非压力驱动**

非压力驱动的自动控制器应通过断开一个远程触点来起动电动机。

当控制器具有远程起动消防泵电路的连接装置时，应确保这种装置不能从远程停止消防泵电动机。

8.6.7 **非自动控制器**

非自动控制器应通过独立的电气和机械方式人工操作。

8.6.8 **停止方式**

8.6.8.1 **总则**

应通过手动操作控制器外壳上的制动器来停止消防泵驱动器。对于自动控制器，手动操作制动器应能使控制器恢复到自动位置。如果控制器起动后情况正常，计时器应设置至少10 min的运行时间后控制器自动停止。当自动控制的消防泵是喷淋系统或水塔系统的唯一供水源时，控制器应保持运行直至手动停止。

8.6.8.2 **自动起动后的自动停止**

如选择自动停止，控制器应在所有的起动方式恢复到正常情况后的至少10 min后才能停止消防泵。

8.6.9 **电源转换开关的功能和性能要求**

8.6.9.1 **总则**

消防泵电源转换开关是自动电源转换开关电器，这是一个关键部件(见8.1)。此开关符合GB/T 14048.11—2002，且应置于以下两个位置之一：安装在控制器外壳内用隔板隔开的独立隔间，或安装在附加于控制器外部的独立外壳内。

只能以人工方式操作的电源转换开关不应用于消防泵控制器正常电源和备用电源之间的转换。

远程设备不应阻止电源转换开关的自动操作。

8.6.9.2 **额定值和极限值**

消防泵电源转换开关应规定其额定工作电压U_e、额定工作电流I_e(或额定电动机工作功率，见5.1.2)、频率、相数和额定限制短路电流。

带有电源转换开关的控制器应在额定工作电压的85%～110%的范围内正常操作。如果规定一个电压范围时，85%应适用于较低值，110%应适用于较高值。

电源转换开关未规定操作电动机额定负载的，其额定工作电流应至少是115%的电动机额定工作电流。

8.6.10 **自动转换开关电器**

8.6.10.1 **总则**

自动转换开关电器应是电气操作并用机械保持在适当位置。自动转换开关电器应能手动操作。

注：这种手动操作无须是外部操作。

自动转换开关电器应符合GB/T 14048.11—2002中PC级(见GB/T 14048.11—2002中第3章)的要求，同时其操作机构应能保证负载电路不能长时间地与常用电源和备用电源断开[1)]。自动转换开关电器应备有机械操作的辅助触头(断开、闭合，或两者)，以便指明电源转换开关所处的位置(常用电源或备用电源)。

1) 是指ATSE仅具有二个工作位置。

8.6.10.2 传感和信号装置

消防泵电源转换开关应配有欠电压传感器用以监视常用电源的各相电源线。其附加特殊要求见8.6.9.2。当控制器内部的电源保护器负载端的任何一相电压低于电动机额定电压的85%时,电源转换开关应能自动切换至备用电源。当常用电源所有相的电压恢复至正常范围内,消防泵控制器应可以自动返回至常用电源。常用电源反相时应检测到其故障信号。应在转换开关外壳上安装一个外部可操作的瞬时试验开关,用以模拟正常电源故障。应提供两个可视的指示器,用以显示与消防泵控制器连接的是那一路电源。

8.6.10.3 电源间的切换

8.6.10.3.1 切换延时

应具有延时,在常用电源恢复到正常电源范围以前,延迟从备用电源转换到常用电源。延时时间在5 min～30 min内可调。如果备用电源失效,时间延时应自动取消。

8.6.10.3.2 起动电流

当消防泵驱动器从一个电源转换至另一个电源时,应提供一种降低可能出现高于正常起动电流的装置。

8.6.10.4 用于独立发电机备用电源的电源转换开关

8.6.10.4.1 隔离开关

应在电源转换开关备用电源端的电源侧安装一隔离开关,隔离开关位于电源转换开关的隔间或独立壳体内。当备用电源隔离开关断开时,应提供一个音响且可视的信号。在电源转换开关的独立外壳上应安装一个由隔离开关机械操动的辅助触点,用以指示隔离开关的位置。

8.6.10.4.2 短路和过电流保护电器

当备用电源由独立的发电机组提供时,在电源转换开关隔间或独立外壳内,不需要提供备用电源的短路和过电流保护装置。

当电源转换开关连接至备用电源时,8.4.4.4所要求的堵转保护装置可以取消。

8.6.10.4.3 传感装置

应具有电压和频率感应装置,至少监视备用电源的一相。电压和频率达到消防泵驱动器的接受范围前,应阻止转换到备用电源。

8.6.10.4.4 辅助装置

当电源转换开关用于连接至发电机备用电源时,转换开关应有以下辅助装置:

a) 延时起动备用电源发电机装置,以便在正常电源发生瞬时下降和中断时减少可能发生的误起动;

b) 备用电源发电机回路,无论电路断开还是闭合均应能起动备用电源发电机;

c) 当位于电源转换开关备用电源侧的隔离开关处于断开位置时,应提供一种能阻止发送起动备用电源发电机信号的装置(当电源转换开关发出指令时)。

8.6.10.5 用于第二路公用电网备用电源的电源转换开关

8.6.10.5.1 隔离开关

8.6.10.4.1适用。

8.6.10.5.2 开关装置

当备用电源由第二路公用电网供电时,在电源转换开关的隔间或独立外壳内,要求在备用电源和转换开关之间设置一个开关装置。

8.6.10.5.3 短路和过电流保护电器

备用电源由第二路公用电网供电时,在电源转换开关的隔间或独立外壳内,要求有备用电源的短路和堵转电流保护电器。

8.6.10.5.4 传感装置

应用欠电压感应装置监视所有的相。在电压达到消防泵电动机的正常工作范围前,应阻止电源切换至备用电源。

8.7 住宅消防泵控制器

8.7.1 总则

8.1～8.6的要求适用,并作以下修改。

8.7.1.1 额定值

住宅消防泵控制器包括自动和非自动两种直接在线控制器,用以起动、停止和保护额定电压不高于交流250 V的单相电动机。电源保护器的标准额定值应不低于150%电动机满负荷电流,不高于250%电动机满负荷电流。

8.7.1.2 过电流保护

过电流保护应采用可复位的、反时限和不可调的脱扣器来实现。电动机堵转时在8 s～20 s之间脱扣。

注1:无需使用隔离开关。

注2:8.6.8.2中自动停止定时器可设置为3 min最小值。

额定限制短路电流不得小于10 kA。

8.7.1.3 外壳的入口

应通过一个可用钥匙/工具锁定的小门,或与门连锁的隔离开关外部手柄进入外壳内部和壳内元件。当使用外部手柄时,应这样布置,使得隔离开关或电源保护器不在断开位置时能防止进入外壳内部或壳内元件。

8.7.2 单一住宅消防泵控制器

单一住宅消防泵控制器应只能使用单一电源供电的单独的电动机。

8.7.3 复式住宅泵控制器

复式住宅泵控制器可以使用两个电动机由一个或两个电源供电。复式控制器应配有可调定时器,用来依次起动两个电动机。定时器在出厂时应整定在2 s～5 s。第一个泵的起动失败不能影响到第二个泵的起动。

8.8 柴油机消防泵控制器

8.8.1 柴油机消防泵控制器的操作优先级

8.8.1.1 总则

A优先级的操作在规定情况下,可以代替正常的操作。B优先级的操作在规定情况下,应受到约束或是从属的。

柴油机消防泵控制器总体布置见图3。

8.8.1.2 紧急控制

紧急控制是A优先权操作。

8.8.2 标准柴油机消防泵控制器

8.8.2.1 柴油机消防泵控制器分类

柴油机驱动控制器应能进行自动和非自动两种操作。

8.8.2.2 可锁住外壳

所有用于将控制器保持在自动位置的开关应位于可锁住的外壳内,只有打开外壳或经过可敲碎的玻璃面板才能进入。

8.8.2.3 报警和信号装置

所有可视的报警指示器对操作者来说应清晰可见。应配有可视的指示用于指示控制器位于自动位置。如果可视指示器为指示灯,指示灯应可以方便置换。

应提供发动机运行时能识别的可视指示及能听见的声音报警。除断开位置外，主开关在其他位置所有的报警均可以操作，它们应能对以下状况报警：

a） 油位低；

b） 发动机低油压；

c） 发动机冷却介质高温；

d） 发动机自起动故障；

e） 发动机超速停机；

f） 电池故障。

应提供能在不引起过早报警的条件下测试发动机油压位置开关触点的装置。

电源开关的“断开”操作应能消除上述音响报警的声音。如果配备有其他可选的音响报警，则可提供一个只消除可选报警声音的消声开关。

应提供可识别的可视指示以表明以下情况：

g） 控制器位于自动位置；

h） 电池充电器故障。

除控制器的电源开关外，本条款的音响报警不应配置静音开关。音响报警静音开关可提供给本条款外的其他报警。当引起报警的状况存在时，应不可能对相应于上述任何状况的报警进行消音。

8.8.2.4 远程指示的报警触头

控制器应配有触头（断开或闭合），对下列报警提供远程指示：

a） 发动机运行（独立信号）；

b） 控制器电源开关切换至“断开”或“手动”位置（独立信号）；

c） 控制器或发动机非正常情况（例如：发动机超速、冷却介质高温、低油压、起动失败、发动机故障）（独立或公共信号）。

8.8.3 起动和控制

8.8.3.1 正常控制

自动控制器也应能作为非自动控制器使用。用于柴油机驱动的控制器的主电源应为可充电电池。控制器的布线元件应设计成以连续工作制为基础。

8.8.3.2 泵单元的顺序起动

8.6.5.2 适用。

8.8.3.3 手动电气远程控制

8.5.2.1 要求适用。此外，当使用远程控制时，下列要求适用：

a） 控制器应配有远程操动器（按钮）的起动发动机；

b） 当控制器设置为自动停机时，除非通过周期运行定时器设定的动作，远程操动器应不能停止泵单元运行（见 8.6.8.1）。

8.8.4 电池和电池充电器

8.8.4.1 电池充电器

电池充电器应符合以下要求：

a） 整流器应为半导体型；

b） 充电器应能自动降低充电速率至适合于所充电池的速率；

c） 电池充电器在额定电压下，应能为放电完毕的电池输送能量且不损坏电池。充电器应能在 24 h 以内将电池恢复至 100％电池的安时或存储容量额定值；

d） 充电器应标明其可充电的最大容量电池的安时或存储容量额定值；

e） 每个电池组应配有一个电流表，其量程不超过 250％额定充电电流、精度为全量程的±5％，此电流表用于显示充电电流；

f) 充电器的结构应这样，当通过一个自动或手动的控制器操作时，在发动机的起动循环期间，充电器不应损坏或使熔断器熔断；

g) 当电池单元的充电状态需要时，充电器应自动以最大的速度充电；

h) 放电电流总值不应超过 50 mA 。

8.8.4.2 电压测量

每个电池组应配有一个电压表，其量程不超过 250％额定电池电压、精度为全量程的±5％，此电压表用于显示起动期间电压值。

8.9 柴油机控制器的自动操作——压力操动

8.9.1 控制器的要求

8.6.5.1 适用。

8.9.2 压力记录设备的要求

8.6.5.3 适用。

8.10 柴油驱动机控制器的自动操作——非压力操动

8.10.1 总则

非压力操动的自动控制器的自动起动应通过外部传感器的触头的断开来完成。当控制器具有用于消防泵远端起动的装置，该装置应符合 8.8.3.3 的要求。

8.10.2 起动方式

用于起动发动机的电源应为两个独立的电池单元。控制器应这样布置，使其能用任一电池单元完成发动机的手动和自动起动。在连续的起动期间，控制器应在第一电池单元和第二电池单元间切换。除手动起动，切换也应自动进行。“起动顺序”应为 6 个负载-空载的循环系列，并且设置成相同的 15 s 持续时间。如果“起动顺序”已经结束，并且如果控制器没有收到发动机运行的信号，那么控制器应停止所有另外的起动，并且操作控制器上的可视指示报警。在起动顺序期间，如果有一个电池单元不工作或失效，则控制器应锁定在另一个电池单元上。

作为一种选择，6 次操作程序可能会被每次操作在 5 s～10 s 之间，且两次操作时间的最小延迟为 10 s 的情况代替。

8.11 停机方式

8.11.1 手动停机

手动停机应通过以下二种方式之一来完成：

a) 位于控制器内部的电源开关的操作；

b) 位于控制器外壳外部的停止按钮的操作。

仅当所有起动的条件恢复到正常时，手动停止才能使得发动机关闭。然后，控制器应恢复全自动的位置。

8.11.2 自动起动后的自动关闭

当控制器设置为自动停机时，仅在所有起动的条件恢复到正常以及发动机至少运行 30 min 后，控制器才能停止发动机的运行。

当发动机的紧急超速装置动作时，控制器应断开发动机运行设备的电源，阻止起动，触发超速报警直至手动复位。发动机上应有超速电路的复位，并通过将控制电路的电源开关复位至断开位置完成。在发动机超速停止装置已手动复位前，控制器应不能复位。

当任何导致起动的条件存在时，在高水温和低油压情况下发动机不应自动停机。发动机试验过程中，无其他导致的起动条件存在，停机是允许的。

8.12 试验

8.12.1 自动操作的手动试验

控制器应能通过打开电磁排水阀来手动触发发动机的自动起动。对于非压力操动的控制器，其起动应通过除电磁阀以外的其他方式来触发。

8.12.2 周程序定时器

控制器中应安装每周自动起动和运行发动机的设备，持续时间由制造商和用户协商，但不能少于30 min。控制器允许有手动装置，在30 min最少时间结束后手动终止周试验。在压力控制管路上的电磁排水阀应是触发装置。非压力操动的控制器，周试验可允许除电磁阀之外的触发方式。

8.13 泡沫泵控制器的附加功能和性能要求

8.13.1 自动起动

自动起动应通过远程触点的断开完成。

注：不需要8.6.5.1中的压力操动的装置。

8.13.2 停机方法

手动停机应是唯一的停机方法。

8.13.3 闭锁功能

控制器应包含闭锁功能。闭锁应通过一个可视的指示器及远程指示装置来指示。

8.14 EMC要求

消防泵控制器的制造商应规定有关控制器的安装、操作和维修相关的EMC采取的措施(如果需要时)(参见GB 14048.1—2006中7.3.1)。

环境A的EMC抗扰度要求(低压非公共电网或工业场所)适用。

环境B的EMC发射要求(低压公共电网或居住场所)适用。

注：这些要求代表了最严酷的抗扰度和发射的等级，因此消防泵控制器可安装在环境A或环境B。

9 试验

9.1 试验类别

9.1.1 型式试验

型式试验是用来验证消防泵控制器的设计是否符合第8章的要求，型式试验包含以下验证：

a) 温升；

b) 介电性能；

c) 功能和性能要求；

d) 在正常和过载情况下的性能；

e) 操作限值；

f) 短路情况下的性能；

g) 外壳防护等级；

h) 电池充电器的能力(仅适用于柴油机消防泵的控制器)；

i) EMC。

9.1.2 常规试验

消防泵控制器常规试验的验证项目：

a) 操作限值；

b) 介电性能。

9.2 结构要求的一致性

GB 14048.1—2006中8.2和GB 7251.1—2005中第8章适用。

9.3 性能要求的一致性

9.3.1 试验程序

每个试验程序在一个新的样品上进行。在同一个样品上也可进行多个试验程序。对于每个样品，应按规定的程序进行试验。

a) 试验程序Ⅰ

——温升验证；

——介电性能验证；

——功能和性能要求验证；

——正常和过载情况下的性能验证；

——操作限值验证；

——接触器性能验证。

b) 试验程序Ⅱ

短路情况下的性能验证。

c) 试验程序Ⅲ

外壳防护等级的验证(GB 14048.1—2006 中附录 C)。

d) 试验程序Ⅳ

充电器能力的验证(仅适用于柴油机消防泵的控制器)。

e) 试验程序Ⅴ

EMC 的验证。

9.3.2 一般试验条件

GB 14048.1—2006 中 8.3.2 适用。

9.3.3 空载、正常负载和过载情况下的性能

9.3.3.1 温升

9.3.3.1.1 一般要求

GB 7251.1—2005 中 8.2.1 适用。

9.3.3.1.2 周围空气温度

GB 14048.1—2006 中 8.3.3.3.1 适用。

9.3.3.1.3 部件温度的测量

GB 14048.1—2006 中 8.3.3.3.2 适用。

9.3.3.1.4 部件温升

GB 14048.1—2006 中 8.3.3.3.3 适用。

9.3.3.1.5 主电路的温升

除 GB 14048.1—2006 中 8.3.3.3.4 适用外，增加以下内容：

a) 主电路应承受 8.4.3 规定的 115%的额定工作电流；

b) 如果适用两个电源，一个温升试验在主电源电路中进行，一个温升试验在备用电源电路中进行。

9.3.3.1.6 控制电路温升

除 GB 14048.1—2006 中 8.3.3.3.5 适用外，补充以下内容：

温升测量应在 GB 14048.1—2006 中 8.3.3.3.4 的试验过程中进行。

9.3.3.2 介电性能

9.3.3.2.1 耐受电压试验的一般条件

GB 14048.1—2006 中 8.3.3.4.1 1)适用。

9.3.3.2.2 冲击耐受电压的验证

GB 14048.1—2006 中 8.3.3.4.1 2)适用。

9.3.3.2.3 固体绝缘的工频耐受电压的验证

GB 14048.1—2006 中 8.3.3.4.1 3)适用。

9.3.3.3 功能和性能的验证

9.3.3.3.1 总则

应通过试验来验证符合本标准的要求。

试验如下：

a) 应在每一种特定电器的典型样品上进行型式试验；

b) 应在每台单独的消防泵控制器上进行的常规试验。

试验应由制造商选择在工厂或适当的试验室完成。

如适用时，制造商和用户协商也可进行特殊试验。

9.3.3.3.2 正常情况下的性能验证

9.3.3.3.2.1 总则

控制器应承接 9.3.3.1.5 规定的负载到达稳态温度，同时应使用正常操作方式起动和停止各 3 次。所有的响应、顺序、信号以及报警都应按预期要求正确工作(见 8.6)。

当控制器带有自动转换开关时，应验证自动转换开关在某一个电源失效时正确响应。

注：对于带有备用泵(见图 4)的控制器，应在备用泵侧进行该试验。

9.3.3.3.2.2 手动操动器及接通能力的验证

GB 14048.3—2002 中 7.2.1.1 在经以下补充后适用。

以下要求适用于直接由手动操动装置完成，其间没有其他机构介入的手动操动装置的闭合操作。

接通操作试验时的速度应符合 GB 14048.3—2002 中 8.3.6.2 中的以下规定：

a) 按照制造商的说明，电器应在空载条件下手动操作 15 次，3 人每人操作 5 次。在电器任何合适部件采用示波器或其他适当的方法测定在最后闭合触头闭合瞬间手操动器的速度；

b) 进行测量的点及在测量点的速度应记录在试验报告中。平均速度应该是在去掉最高值和最低值之后确定；

c) 试验设备应确保被试电器完全闭合，且电器的自由闭合运动不会受到阻碍。实际试验速度不应超过项 a)测定的平均速度。

试验设备(不包括被试电器)运动部分的质量应为 2×(1±10%)kg。

接通能力的验证应按表 4 中的规定值。

9.3.3.3.2.3 接通能力试验时的性能

控制器不应在以上试验中危及操作员或导致临近装置损坏。

极间或极与框架之间不应该有持续电弧或闪络，检测电路的熔丝不应熔断。

当正常操作手柄时，触头能够充分闭合，使控制器可以承受其额定工作电流，则认为闭合操作符合要求。

如果有熔焊现象，可用新的样品继续试验。

9.3.3.3.3 过载条件下性能的验证

控制器按正常使用连接，试验在任何合适电压下进行，但最小值为 100 V，控制器在环境温度下进行试验。

控制器应能承载 7.2 倍的电动机额定工作电流的负载。脱扣时间应在 8 s 至 20 s 之间。特殊设计的电动机由用户和制造商协商。

9.3.3.3.4 操作限值的验证

控制器应承受 9.3.3.1.6 规定负载达到稳态温度。

操作试验在 85% 和 110% 的额定控制电源电压 U_s 下进行。当标明一个电压范围时，85% 应适用于下限，110% 应适用于上限。所有的响应、顺序、信号以及报警都应正常运行。

控制器不能工作的电压限值为 75% 的额定控制电源电压 U_s。

注：对于带有备用泵(见图 4)的控制器，应在备用泵侧进行该试验。

9.3.3.3.5 堵转耐受电流试验

应在任何合适的电压下进行2项试验。但电压最小值为100 V,并且控制器处于周围环境温度下。试验可在一个完整的消防泵控制器上进行,也可在位于控制器外部的独立的开关电器样品上(例如,接触器或自动转换开关电器)进行,其连接的导线尺寸与控制器正常工作时的导线尺寸相同。在独立元件上的试验应在两个样品上进行。

在试验过程中,接触器的触头通过由额定控制电压供电的操作线圈保持在闭合位置。

应进行以下试验:

a) 在7.2倍的电动机额定电流下持续试验20 s(堵转电流)或直到断路器脱扣;

b) 在3倍的电动机额定电流下试验3 min。

试后,通过GB 14048.4—2003中9.3.3.6.6的试验来验证是否符合要求。该要求应通过视检来验证。

9.3.3.4 短路条件下的验证

9.3.3.4.1 短路试验的一般条件

9.3.3.4.1.1 短路试验的一般要求

GB 14048.1—2006中8.3.4.1.1和GB 14048.4—2003中8.2.5.1适用。

9.3.3.4.1.2 验证短路额定值的试验电路

GB 14048.1—2006中8.3.4.1.2适用,但熔断元件F和电阻R_L用直径为0.8 mm,长度为1.2 m～1.8 m的铜导线代替,铜导线连接至中性线(N相)或经制造商同意连接至一相线。

9.3.3.4.1.3 试验电路的功率因数

GB 14048.1—2006中8.3.4.1.3适用。

9.3.3.4.1.4 试验电路的调整

GB 14048.1—2006中8.3.4.1.5适用。

9.3.3.4.1.5 试验过程

除GB 14048.1—2006中8.3.4.1.6适用外,补充以下内容:

控制器按正常使用连接,每个主电路连接一根最长为2.4 m的电缆。

9.3.3.4.1.6 记录波形图的说明

GB 14048.1—2006中8.3.4.1.8适用。

9.3.3.4.1.7 控制器的额定限制短路电流

对于接触器,电磁铁应通过一个独立电源在规定的控制电压下保持在闭合位置。带有可调节电流脱扣整定值的电源保护器应调整至最大整定值。试验过程中,外壳的所有开口应如正常使用那样闭合。门和盖用所提供的方式关闭。试验应在最小额定限制短路电流下进行。

电路应根据GB 14048.4—2003中表12调整至与额定工作电流I_e对应的预期电流值。

9.3.3.4.1.8 较高额定限制短路电流下的试验

根据制造商和用户之间的协议,试验可以在较高额定限制短路电流下进行。功率因数应按GB 14048.1—2006中的表16。

9.3.3.4.1.9 试验结果

如果满足下列条件,则认为控制器通过GB 14048.4—2003中的O-CO试验顺序:

a) 故障电流被控制器成功分断,外壳和电源之间的连接导线没有熔断;

b) 外壳的门或盖未被斥开且可以打开。只要外壳的防护等级不低于IP2X,允许外壳变形;

c) 导体或端子应无损坏,且导线未与接线端子分离;

d) 绝缘基座不应有使带电部件安装整体受到破坏性的碎裂;

e) 可以通过其操作器件手动断开电源保护电器和/或隔离开关和/或自动转换开关电器;

f) 应在几个电流整定值下验证堵转保护器的脱扣特性,试验前和试验后均应符合8.4.4.4的脱扣要求；

g) 除允许接触器触头出现熔焊或完全被破坏外，堵转保护器或其他部件不应损坏；

h) 绝缘性能通过介电试验验证。试验在控制器上采用基本上为正弦波试验电压进行，试验电压为 $2U_e$ 的额定工作电压，但不能低于 1 000 V。试验电压应施加在电源进线端持续 5 s，试验时电源保护电器或隔离开关应处于断开位置，施加电压部位如下：

1) 在每一极和所有接至控制器外壳的各极之间；

2) 连接在一起的所有各极的带电部件和控制器外壳之间；

3) 连接在一起的控制器电源进线端子和连接在一起的负载端子之间。

9.3.3.5 电池充电器能力的验证(仅适用于柴油机消防泵控制器)

9.3.3.5.1 温度和充电能力验证(安培-小时)

当电池充电器按正常使用安装，连接两个电池组负载使每个电池在 20℃温度下，在 24 h 时间内放电至 1.75 V(对镍镉电池每个电池 1.08 V)时，电池充电器外部温度不能超过 75℃的，应验证元件符合 GB 14048.1—2006 中 8.3.3.3 的要求。

以下试验结果表示性能是合格的：

a) 在电池组不受损害的情况下，在 24 h 内恢复到电池安时额定值或储存容量的 100%。电池电解液温度不得超过 52℃；

b) 当电池组充电完毕时，电池充电器自动地将平均充电电流减少至不超过 500 mA；

c) 在两个电池组中均保持充电电平。

在上述试验中，应使用一个安时记录表，记录输入电池的安时数。

试验持续时间应在 24 h～48 h，以验证电池充电器符合以上 b)和 c)。

上述试验应该采用两个新的放电完毕的电池组重复做一次。

9.3.3.5.2 温度和充电容量试验—容量

a) 将储存容量乘以 25，除以 60 计算被充电电池的近似安时额定值。例如如果电池的储存容量额定值为 480 min，那么近似的安时额定值为 200 安时；

b) 用近似安时额定值除以 20 确定 20 h 放电率。例如：20 h 放电率为 10 安培；

c) 用 20 h 放电率测量电池放电至每个电池的端子电压为 1.75 V(镍镉电池为 1.08 V)，并记录 24 h 内放电的安时数；

d) 将充电器连接到电池上，并且测量电池充电的安时数；

e) 验证至少消耗的 100%的安时数被重新充满；

f) 在 25 A 的放电率下，对电池放电直至终端电压为每节电池 1.75 V(对镍镉电池为 1.08 V)，在负载情况下，24 h 内，电池中心电解液温度为 27℃时；

g) 应测量到达电池额定储备容量的时间，试验持续时间应为 24 h～48 h。

9.3.3.5.3 电池放电试验

完成 9.3.3.5.2 的试验后，电池处于满电的状态，应立即进行以下试验：

a) 电池充电器应与电源断开，应在电池连接时，测量充电器输出电路的放电电流；

b) 两组电池的总放电电流不能超过 50 mA。

9.4 EMC

9.4.1 总则

消防泵控制器通常制造成或安装在一个单独的基座上，构成一个限定的组合装置。

如满足以下条件，无需在控制器成品上进行抗扰度和发射试验：

a) 组合装置符合 8.14 规定的，与相关产品标准和一般的 EMC 标准一致的环境。

b) 内部安装和布线按照设备制造商说明书进行(有关相互影响的布置、电缆、屏蔽、接地等)。

所有情况下，EMC 要求均应通过 9.5 试验进行验证。

9.4.2 抗扰度

9.4.2.1 不带电子电路的控制器

在正常工作状态下，不带电子电路的组合装置对电磁骚扰不敏感，因此无需进行抗扰度试验。

9.4.2.2 带电子电路的控制器

组合装置中的电子装置应符合相关产品或通用 EMC 标准的抗扰度要求。

所有情况下，应通过 9.5 试验验证 EMC 要求。

装置和/或元件的制造商应基于表 A.3 给出的认可标准规定其产品的特定性能标准。

注：电子电路中所有的元件都是无源的（例如：二极管、电阻、压敏电阻、电容、浪涌抑制器、电感器）设备无需进行试验。

9.4.3 发射

9.4.3.1 不带电子电路的控制器

不带电子电路的控制器，仅在控制器偶而的开闭操作时才会产生电磁骚扰，骚扰持续时间为毫秒级。这些发射的频率、电平以及结果可认为是低压设备的正常电磁环境的一部分。因此，可认为满足电磁发射的要求，并无需验证。

9.4.3.2 带电子电路的控制器

9.4.3.2.1 高频发射

带电子电路的控制器（例如开关电源，带高频时钟的微处理器电路）可能产生持续的电磁骚扰。

这些骚扰不应超出表 A.1 对环境 B 规定的限值。只有当主电路和/或辅助电路带有基波开闭频率大于或等于 9 kHz 的元件时，需要进行试验。

试验应按照 9.5 的要求进行。

9.4.3.2.2 低频发射

对于产生低频谐波的控制器，GB 17625.1 的相关要求适用于该标准范围的设备。

对于产生低频电压波动的控制器，GB 17625.2 的相关要求适用于该标准范围的设备。

应根据相关的产品标准中详细说明或制造商规定进行任何必要的试验。

9.5 EMC 功能试验

9.5.1 总则

不符合 9.4.1a）和 b）要求的消防泵控制器中的功能单元应进行以下试验（适用时）。

发射和抗扰度试验应根据相关的 EMC 标准进行（见表 A.1 和表 A.2）。然而，制造商应规定一些必要的附加措施，以验证消防泵控制器的性能判别标准（如：停留时间）。

9.5.2 抗扰度试验

9.5.2.1 不带电子电路的控制器

无需进行试验。

9.5.2.2 带电子电路的控制器

除非电子器件制造商给出了不同试验等级和判别，否则试验值见表 A.2。

性能判别标准应由控制器制造商根据表 A.3 中的合格判别标准规定。

9.5.3 发射试验

9.5.3.1 不带电子电路的控制器

无需进行试验。

9.5.3.2 带电子电路的控制器

控制器制造商应规定操作和安装条件。

9.6 常规试验

9.6.1 操作限值的验证

应验证控制器按本标准的 9.3.3.3.4 和 GB 7251.1—2005 中 8.3.1 的要求动作。

9.6.2 介电性能的验证

对于工频耐受电压的验证，应采用基本上为正弦波电压值为两倍的额定工作电压 U_e，但不低于1 000 V的试验电压对控制器进行介电试验。在断路器和隔离开关都处于断开位置时，试验电压应施加在电源进线端持续5 s。应在所有电极和框架以及每个电极之间验证介电性能。

表1 柴油驱动消防泵控制器端子的编号

端子号	功　能
1	燃油/水螺线管，如适用
2	曲柄端子
3	超速
4	润滑油压
5	发动机冷却介质温度
6	电池1阳极
7	备用发动，如适用
8	电池2阳极
9	电池1上的曲柄
10	电池2上的曲柄
11	电池阴极
12	停机螺线管，如适用

表2 现场布线端子的导管弯曲间距

导线规格		端子至壁的最小弯曲间距/mm		
		每个端子的导线数		
mm^2	AWG/kcmil	1	2	3
2.5～6	14～10	—	—	—
10～16	8～6	38	—	—
25	4～3	51	—	—
35	2	64	—	—
—	1	76	—	—
50	1/0	127	127	178
70	2/0	152	152	191
95	3/0	178	178	203
—	4/0	178	178	216
120	250	203	203	229
150	300	254	254	279
185	350	305	305	330
—	400	305	305	356
240	500	305	305	381
300	600	356	406	457
—	700	356	406	508
—	750～800	457	483	559
—	900	457	483	610

表 3 评估标准

试验方法	标准
水平燃烧 垂直燃烧 水平火焰(FH)	方法 A,HB40 方法 B,V-0 HF-1

表 4 接通能力验证

接通			操作次数
I/I_e	U/U_e	$\cos\phi$	
10	1.05	0.45	3

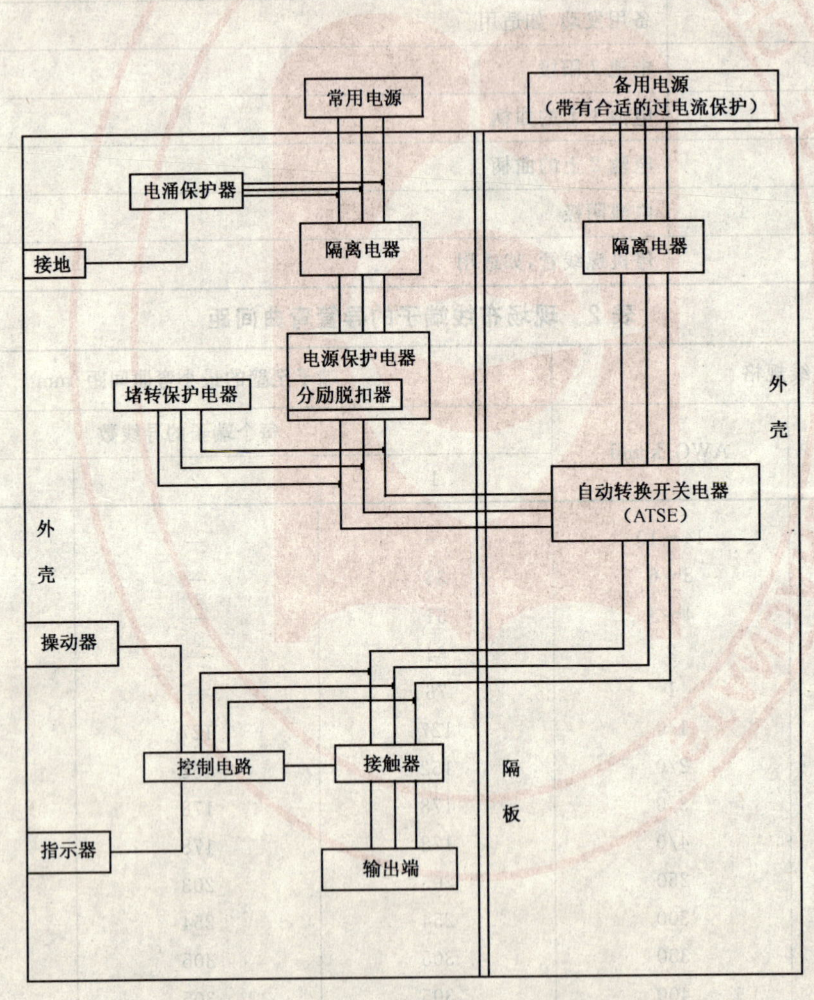

图 1 适用于双电源(其中一个为备用电源)的电动消防泵控制器的典型布置图举例

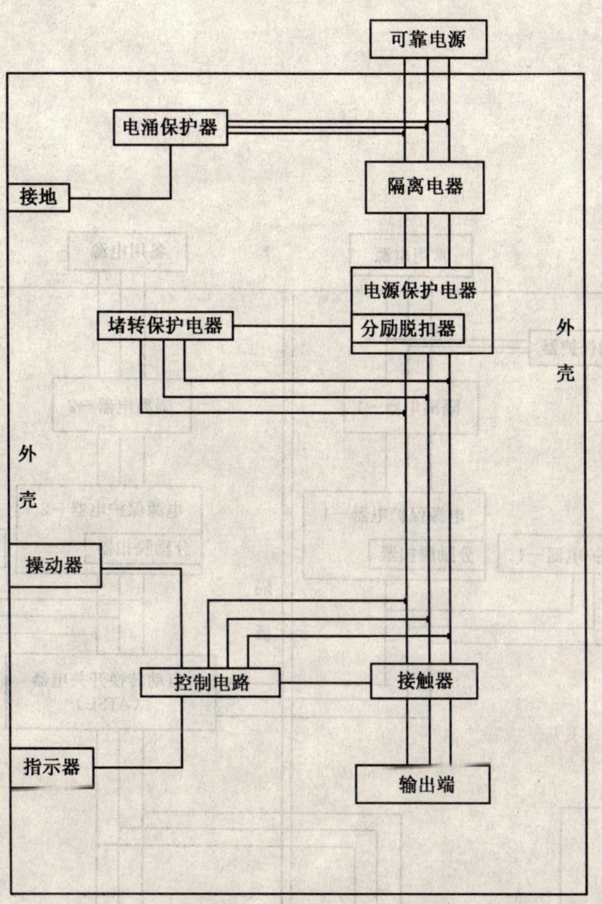

图 2 适用于一个电源的电动消防泵控制器的典型布置图举例

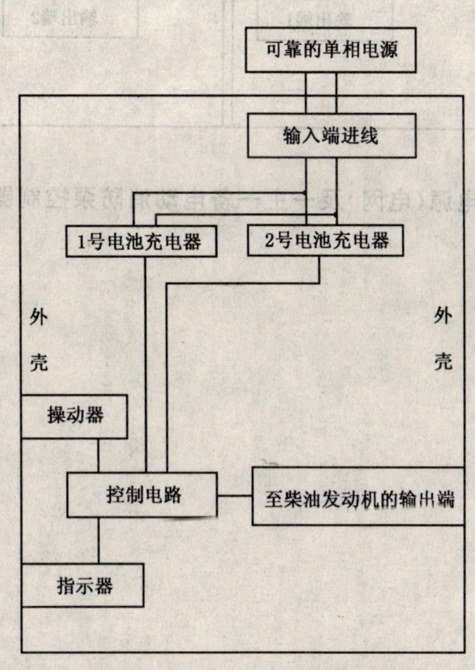

图 3 适用于单相电源的柴油机消防泵控制器的典型布置图举例

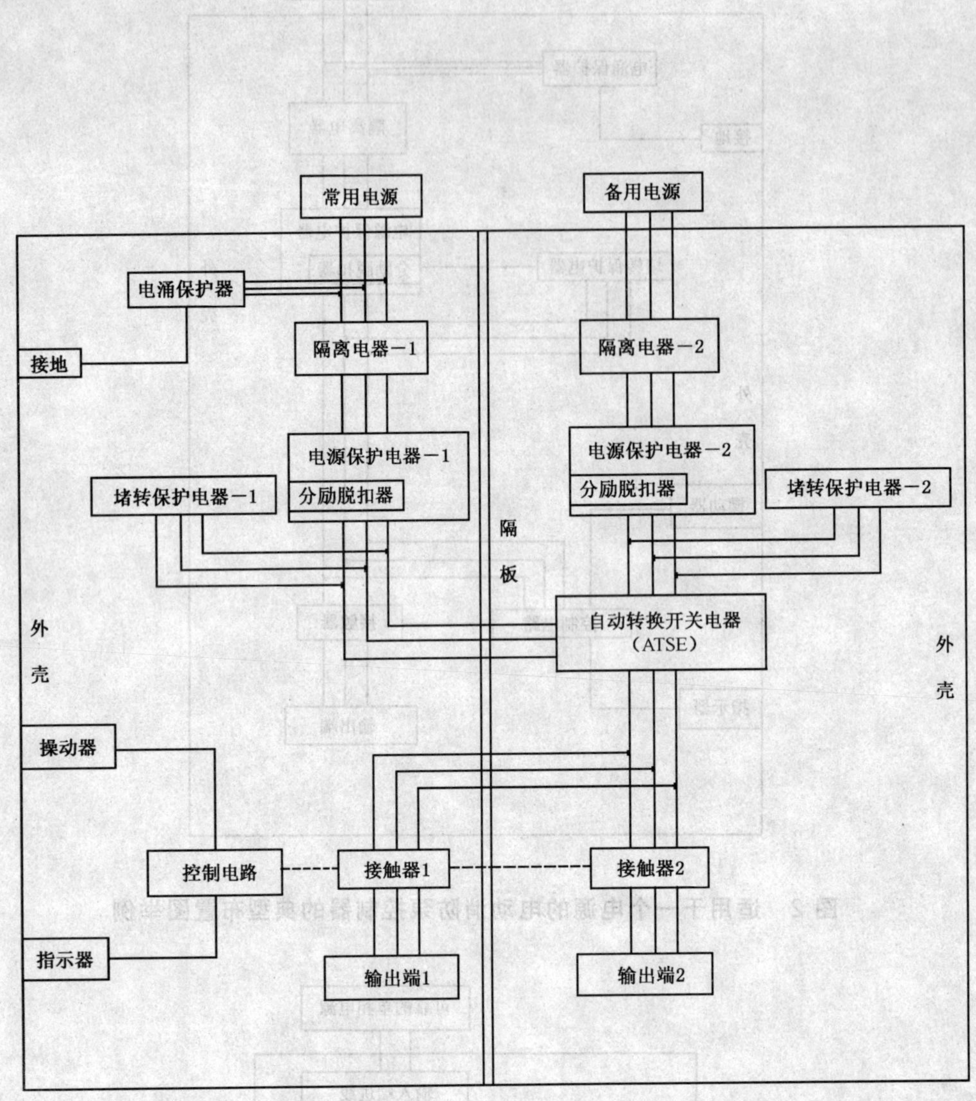

图4 适应于双电源(电网)及一主一备电动消防泵控制器的典型布置图举例

附 录 A
（规范性附录）
电磁兼容性

A.1 总则

本附录适用于不符合 9.4.1a)和 b)要求的带电子电路的控制器。

A.2 定义

就本附录用途而言，以下定义适用。

A.2.1

端口 port

指定电器与外部电磁环境的特定界面（见图 A.1）。

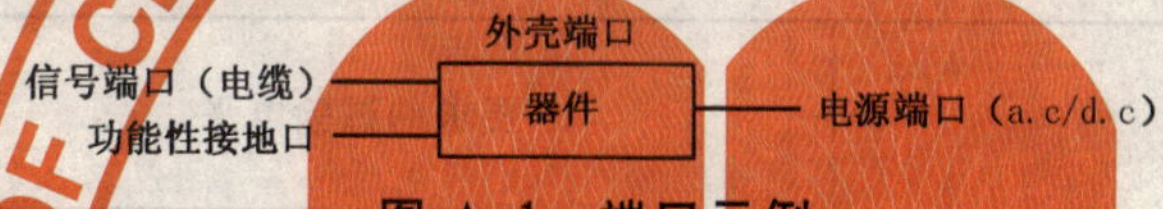

图 A.1 端口示例

A.2.2

外壳端口 enclosure port

电器的物理边界，电磁场可通过该边界辐射或进入。

A.2.3

电缆端口 cable port

导线或电缆可通过该端口连接至设备。

注：例如作为传输数据的信号端口。

A.2.4

功能性接地端口 functional earth port

除信号、控制或电源端口以外与地连接的端口，其目的不是为电气安全。

A.2.5

信号端口 signal port

携带用于传送数据的信息的电缆或导线可通过该接口连接至设备。

注：例如数据总线、通信网络、控制网络。

A.2.6

电源端口 power port

承载一个电器或组合电器的（功能性）操作所需要主电源的电缆或导线可通过该端口连接。

表 A.1 环境 B 的发射限值
（这些限值直接采用 GB 4824—2004 的有关信息）

	频率范围[a]/MHz	限 值	参考标准
辐射发射	30～230 230～1 000	30 dB(μV/m)准峰值 在 10 m 处测量 37 dB(μV/m)准峰值 在 10 m 处测量 见注	GB 17799.3—2001 或 GB 4824—2004 B级 1 组

表 A.1(续)

	频率范围[a]/MHz	限　值	参考标准
传导发射	0.15～0.5 限值以频率对数呈线性降低	66 dB(μV)至 56 dB(μV)准峰值 56 dB(μV)至 46 dB(μV)平均值	GB 17799.3—2001 或 GB 4824—2004 B 级 1 组
	0.5～5	56 dB(μV)准峰值 46 dB(μV)平均值	
	5～30	60 dB(μV)准峰值 50 dB(μV)平均值	

a　在频率转换处应采用较低的限值。

注：可以在离试品 3 m 处测量，限值增加 10 dB。

表 A.2　环境 A 的抗扰度试验

试验类型	要求的试验电平	性能判别标准 (合格判别标准)
静电放电 GB/T 17626.2—2006	8 kV/空气放电或 4 kV/接触放电	B
射频电磁场辐射 (80 MHz～1 GHz 和 1.4 GHz～2 GHz) GB/T 17626.3—2006	10 V/m	A
电快速瞬变/脉冲群 GB/T 17626.4—1998	连接至电源电压所有端口处 2 kV 包括辅助电路在内的信号口处 1 kV	B
浪涌[a] (1.2/50 μs-8/20 μs) GB/T 17626.5—1999	2 kV(线对地) 1 kV(线对线)	B
射频电磁场感应的传导骚扰 (150 kHz～80 MHz) GB/T 17626.6—1998	10 V	A
工频磁场[b] GB/T 17626.8—2006	30 A/m	A
电压骤降和中断 GB/T 17626.11—1999	半个周期降低 30% 5 个和 50 个周期降低 60%	B B
电源谐波 IEC 61000-4-13:2000	无要求	

a　对于额定电压为 24 V 或以下的设备和/或输入/输出端口，不要求做这些试验。

b　仅适用于具有易受磁场影响的器件的设备。

注：性能判别标准与环境无关。

表 A.3 存在电磁骚扰时的合格判别标准

(试验过程中的性能判别标准)

判别项目	A	B	C
自动和手动起动及运行操作	操作性能无明显变化。 操作按预期进行	性能发生暂时的降低或丧失，但可以自行恢复。 允许非预期起动和运行操作	性能发生暂时的降低或丧失，需操作者干预使系统复位
电源电路的操作	起动和运行能力不应减弱	性能发生暂时的降低或丧失，但可以自行恢复	性能发生暂时的降低或丧失，需操作者干预使系统复位
对消防泵操作非关键性的辅助电路操作[a]	暂时性微小性能衰减，但可自行恢复	性能发生暂时的降低或丧失，但可以自行恢复	性能发生暂时的降低或丧失，需操作者干预使系统复位
显示和控制板的操作	可视显示信息无变化。 只有 LED 的轻微波动或字符轻微移动	信息的暂时可视变化或消失。 LED 非预期的发光	关闭。 永久性显示消失或错误信息。 不允许的操作模式。 不能自行恢复
信息处理和感应功能	不干扰与外部设备的通信和数据交换	暂时通信干扰，可能有内部和外部装置出错报告	信息处理出错， 数据和/或信息的丢失。 通信错误。 不能自行恢复

[a] 操作不包括在开启和运行驱动器中。

附 录 B
（资料性附录）
信息资料

大部分由消防泵保护的建筑物是加入保险的。保险代理人根据承担的风险来确定保险费。这些风险评估是根据符合他们自己的标准或是包括消防系统可靠性在内的全面评估。很多全球性的保险商公布合格的灭火设备清单，包括有制造商的目录号码的消防泵控制器。除了地方官方的要求之外，这些保险代理人通常要求包括150％额定流量下性能的目击试验，该试验要求电动机在额定工作条件下运行时间延长数倍。

消防泵是一个安全设备。安全运行的供货要求在IEC 60364-5-55中给出。

本标准期望地方安装要求支持电源直接从专用设施连接，或馈电线前端的隔离器限制为一台。以便火灾突发事故减少非预期断开的可能性。前端过电流保护(如果使用)应具有适当的选择性以确保堵转和消防泵电动机电路的短路由消防泵控制器的保护装置清除，而不是由前端电器清除，这些装置可能在火灾建筑物的另一边，以至难以复位或更换(见IEC 60364-5-55)。

本标准考虑这些以及其他的特殊要求，也要求在紧急烟雾环境下可以被非专门人员阅读及遵守的标记和说明。

附 录 C
（规范性附录）
消防泵控制器的安装与使用环境的特殊要求

GB 6245—2006 对消防泵控制器提出安装及使用环境特殊要求。为使本标准符合 GB 6245—2006 标准，本附录列出 GB 6245—2006 中有关对消防泵控制器安装及使用环境特殊要求的条款。

C.1 安装要求

C.1.1 接线端子

接线端子应在控制器基础面上方不低于 0.2 m 处，并应便于维护检修。

C.1.2 接地

a) 控制器的金属结构体上必须有接地点，并有明显标识，与接地点相连接的保护导线的截面积应符合表 C.1 的规定。

表 C.1

相导线截面积 S/mm²	相应保护导体的最小截面积 S_P/mm²
≤16	S
16<S≤35	16
>35	S/2

b) 主接地点与任何有关的、因绝缘损坏可能带来的金属部件之间的电阻值应不大于 0.1 Ω。

C.1.3 绝缘电阻

控制器中有绝缘要求的外部带电端子与机壳之间的绝缘电阻应大于 20 MΩ，电源接线端子与地之间的绝缘电阻应大于 50 MΩ。

C.2 使用环境性能要求

C.2.1 耐高温性能

控制器连续进行不通电状态 14 h、正常监视状态 2 h(共计 16 h)、环境温度为 40℃的高温试验，试验后不应产生影响影响正常工作的事故。

C.2.2 耐低温性能

控制器连续进行不通电状态 14 h、正常监视状态 2 h(共计 16 h)、环境温度为 0℃的高温试验，试验后不应产生影响影响正常工作的事故。

C.2.3 抗湿热性能

控制器处于正常监视状态，连续进行 96 h、环境温度为 40℃、相对湿度为 92%的恒定湿热试验，试验后不应产生影响影响正常工作的事故。

C.2.4 抗振动性能

控制器处于不通电状态，进行 5 Hz～60 Hz、振幅为 0.19 mm、扫频速率为 1 倍频程/min、持续时间为 10 min 的振动试验，试验后不应产生影响影响正常工作的事故。

C.3 试验验证

C.3.1 接地性能验证

C.3.1.1 使用通用量器具测量主接地线尺寸，结果应符合 C.1.2 a)的规定。

C.3.1.2 用接地电阻测试仪测量接地点与任何有关的、因绝缘损坏可能带电的金属部件之间的电阻，结果应符合 C.1.2 b)的规定。

C.3.2 绝缘电阻验证

按 GB 16806—1997 中 5.8 规定的方法对控制器进行绝缘电阻检测，结果应符合 C.1.3 的规定。

C.3.3 耐高温性能试验

按 GB 16806—1997 中 5.12 规定的方法对控制器进行耐高温试验，结果应符合 C.2.1 的规定。

C.3.4 耐低温性能试验

按 GB 16806—1997 中 5.13 规定的方法对控制器进行耐低温试验，结果应符合 C.2.2 的规定。

C.3.5 抗湿热性能试验

按 GB 16806—1997 中 5.15 规定的方法对控制器进行抗湿热性能试验，结果应符合 C.2.3 的规定。

C.3.6 抗振动性能试验

按 GB 16806—1997 中 5.14 规定的方法对控制器进行抗振动性能试验，结果应符合 C.2.4 的规定。

附 录 D
（资料性附录）
本标准与 IEC/TS 62091:2003 技术性差异及其原因

表 D.1 给出了本标准与 IEC/TS 62091:2003 技术性差异及其原因的一览表。

表 D.1 本标准与 IEC/TS 62091:2003 技术性差异及其原因

本标准的章条编号	技术性差异	原 因
1	增加注“对于我国常用的一主一备电动消防泵系统，只要在任何情况下能保证它们不会同时运行，仍可视为该控制器控制一台单独的电动机驱动器”	第 1 章中的第二行“每个控制器只能控制一台单独的驱动器”这样的规定与我国现行的消防泵系统不一致，而我国常用的电动消防泵为一主一备系统，这样的系统更可靠。为此，本标准在此增加了注解，并增加了图 4 的举例。相应地在 5.3.1 e)、8.4.2 注、8.4.4.1、8.4.4.4、8.4.4.4 注、8.4.7 中增加了对“图 4”的要求，以及在 9.3.3.3.2.1 及 9.3.3.3.4 中增加了试验验证要求的注
2	第 2 章中增加引用了 GB 6245—2006 和 GB 16806—1997 两个标准	新增附录 C 中引用了 GB 6245—2006 和 GB 16806—1997 两个标准
5.2.2、5.2.3	各自最后一行“符合这一优先权的要求见 8.3 和 8.8.1”，修改为“符合这一优先权的要求见 8.3、8.5 和 8.8.1”	其中遗漏了“8.5”
5.3.1 e)	增加了对“图 4”的要求	我国常用的电动消防泵为一主一备系统（见本表的第 1 条差异）
6.2.4	将第二段““适用于在（额定电压）伏特（AC）下，输出电流不超过（额定电流）安培（r. m. s）的电路。”应标明额定电压和额定电流值。”，修改为：““适用于在（电压值）伏特（AC）下，额定限制短路电流不超过（电流值）安培（r. m. s）的电路。”（电压值）应标明额定工作电压值，（电流值）应标明预期短路电流值。”	为更确切表达此段内容的含义
6.2.5.1	将第三段“如果隔离开关具有一定的接通和分断能力，或其与电源保护电器联锁，不需要提出上述警告。”，修改为“如果隔离开关具有一定的接通和分断能力（AC-23 或 AC-3），或其与电源保护电器联锁或其与接触器连锁，不需要提出上述警告。”	与 8.4.3 的内容相对应
8.3	标题修改为“8.3 消防泵控制器的操作优先级”	“8.3 电动消防泵控制器的操作优先级”标题与 8.5 标题重复。从内容分析应去掉“电动”为宜
8.4.2 注	增加了对“图 4”的要求。	我国常用的电动消防泵为一主一备系统（见本表的第 1 条差异）

表 D.1(续)

本标准的章条编号	技术性差异	原 因
8.4.3	最后一段"隔离电器应与断路器联锁,使得断路器闭合时隔离电器不能断开或闭合操作。",修改为"隔离电器应与断路器或接触器联锁,使得断路器或接触器闭合时隔离电器不能断开或闭合操作,隔离电器与断路器或接触器之间的操作顺序应符合GB 14048.1—2006 中 7.1.6.2 的规定。隔离电器的使用类别达到 AC-23 或 AC-3 除外。"	这样的规定可以保证隔离电器操作的安全
8.4.4.1	增加了对"图 4"的要求	我国常用的电动消防泵为一主一备系统(见本表的第 1 条差异)
8.4.4.4	增加了对"图 4"的要求	我国常用的电动消防泵为一主一备系统(见本表的第 1 条差异)
8.4.4.4 注	增加了对"图 4"的要求	我国常用的电动消防泵为一主一备系统(见本表的第 1 条差异)
8.4.7	增加了对"图 4"的要求	我国常用的电动消防泵为一主一备系统(见本表的第 1 条差异)
8.4.8.1	增加了注:"c)项、f)项不推荐使用"	根据用户可靠性方面的要求
8.6.10.1	增加了脚注 1)"是指 ATSE 仅具有二个工作位置。"	为更清楚表达该句"同时其操作机构应能保证负载电路不能长时间地与常用电源和备用电源断开。"的内涵
9.3.3.3.2.1	增加了"注:对于带有备用泵(见图 4)的控制器,应在备用泵侧进行该试验。"	增加了试验验证要求(见本表的第 1 条差异)
9.3.3.3.2.2	将标题"手动操动器的验证"修改为"手动操动器及接通能力的验证"	该段的内容包含了接通能力的性能要求,为了标题与内容相符合
9.3.3.3.4	增加了"注:对于带有备用泵(见图 4)的控制器,应在备用泵侧进行该试验。"	增加了试验验证要求(见本表的第 1 条差异)
9.3.3.4.1.9	第一段中的"O-CO-CO",修改为"O-CO"	依据 GB 14048.4—2003 中的 8.2.5.1 和 9.3.4.2.1及 9.3.4.2.2 的规定,试验顺序仅为"O-CO"
9.3.3.4.1.9 e)	在最后增加了"和/或自动转换开关电器"	目的是防止自动转换开关电器的触头受到短路电流冲击后而熔焊不能转换,给控制器带来故障的隐患
图 4	增加了图 4	双电源(电网)及一主一备电动消防泵控制器的典型布置图举例
附录 C	本标准增加了附录 C	消防泵控制器的安装与使用环境的特殊要求应符合 GB 6245—2006 和 GB 16806—1997 标准的有关规定。附录 C 等同采用了 GB 6245—2006 中 9.7.4、9.7.6、9.7.8.3、9.7.10、9.7.11、9.7.12、9.7.13 及 10.12.4、10.12.6、10.12.10、10.12.11、10.12.12、10.12.13条款,因而本标准符合 GB 6245—2006 有关控制(柜)器的规定

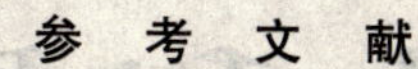

参 考 文 献

IEC 60050-161:1990　国际电工词汇(IEV)　第161章:电磁兼容性

IEC 60050-441:1984　国际电工词汇(IEV)　开关设备、控制设备和熔断器

ICS 29.160
K 20

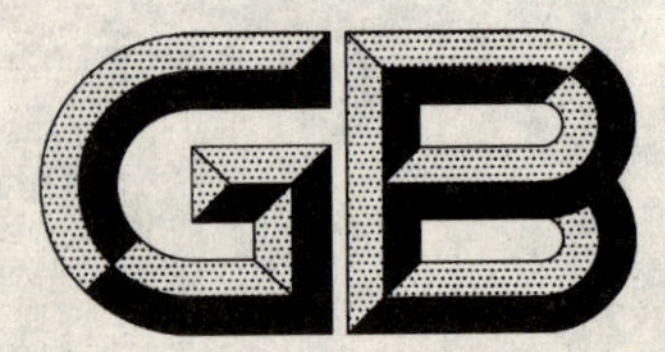

中华人民共和国国家标准

GB/T 21209—2007/IEC/TS 60034-25:2004

变频器供电笼型感应电动机设计和性能导则

Guide for the design and performance of cage induction motors specifically designed for converter supply

(IEC/TS 60034-25:2004,IDT)

2007-12-03 发布　　　　2008-05-01 实施

中华人民共和国国家质量监督检验检疫总局
中国国家标准化管理委员会　发布

前言

本标准等同采用IEC/TS 60034-25:2004《变频器供电的笼型感应电动机设计和性能导则》(英文版)。

本标准的附录A是资料性附录。

本标准由中国电器工业协会提出。

本标准由全国旋转电机标准化技术委员会(SAC/TC 26)归口。

本标准负责起草单位:上海电器科学研究所(集团)有限公司。

本标准参加起草单位:山东华力电机集团股份公司、武汉卧龙湖北电机有限公司、上海南洋电机有限公司、西安西玛电机有限公司、江苏锡安达防爆股份有限公司、无锡华达电机有限公司、浙江金龙电机股份有限公司、长江航运集团电机厂、威灵清江电机股份有限公司、江西特种电机股份有限公司、湘潭电机股份有限公司、闽东安波电器有限公司、中国北方机车车辆工业集团永济电机厂、江苏大中电机股份有限公司、河北衡水电机股份有限公司等。

本标准主要起草人:李秀英、顾卫东、张文斌、邓汉辉、岑兆奇、薄月琴、陆进生、吴国华、叶锦武、柏皓光、刘宇琼、吴冬英、李春林、韩顺虎、张彩霞、王荷芬、曹中水。

引　言

本引言的目的是为了说明本标准。

电动机的种类：

有两种类型的电动机可应用于变速驱动系统。

- 为一般用途设计的标准笼型感应电动机。这类电动机的设计和性能经过优化以适宜在恒频正弦波供电电压下运行。不过它们仍然适用于变速驱动系统。

  GB/T 20161—2006 给出了在这些场合应用的导则。

- 为变频供电专用设计的笼型感应电动机。这类电动机的设计和结构以标准笼型感应电动机符合标准的机座号及尺寸为基础，但进行了一些改造以适宜变频供电运行。

本标准涵盖了此类型的电动机，并且在本标准中推荐使用基准值对电动机进行标记。

1 000 V 以上变频器供电的电动机或除了电压源供电的变频器，均在本标准的下一版考虑。

电动机与电气传动系统的整合：

图 1 为电气传动系统(PDS)的图解。电气传动系统由电动机和成套传动模块(CDM)组成，但不包括由电动机传动的设备。成套传动模块(CDM)由基本传动模块(BDM)及可能的外部扩展(例如馈电部分)或者一些辅助设备(例如通风装置)组成。BDM 含变频器、控制器及自保护功能。GB/T 12668.2—2002 涵盖了整个 PDS 系统的额定值和性能。

注：GB/T 12668.2—2002 中的图 1 提供了 PDS 系统详尽的结构参数。

IEC 60034 系列涵盖了与电气传动系统适当整合的电动机本体及其附加要求。

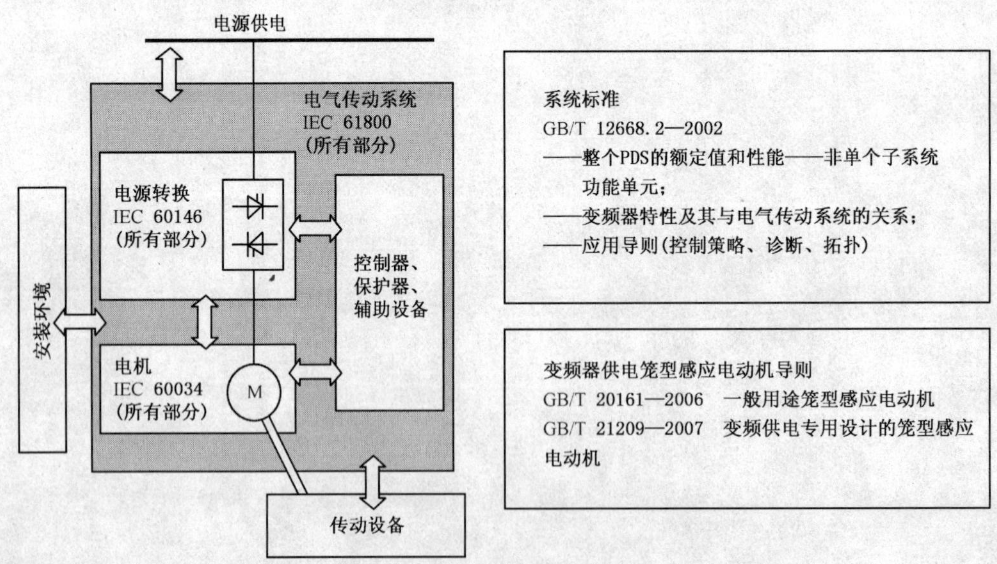

图 1　电气传动系统的组成部分

变频器供电笼型感应电动机设计和性能导则

1 范围

本标准描述了1 000 V及以下电压源型变频器供电专用多相笼型感应电动机的性能特征和设计特点。本标准还规定了作为电气传动系统一部分的电动机和变频器之间的接口参数和相互作用，包括安装指南。

注1：电动机若运行于潜在爆炸性气体环境，应符合GB 3836系列给出的附加要求。

注2：安全性并非本标准的主要涉及内容，但其给出的一些建议牵涉到必须考虑的安全性问题。

注3：若变频器制造商给出了特定的安装建议，则应优先采用其建议，再参照本标准。

2 规范性引用文件

下列文件中的条款通过本标准的引用而成为本标准的条款。凡是注日期的引用文件，其随后所有的修改单(不包括勘误的内容)或修订版均不适用于本标准，然而，鼓励根据本标准达成协议的各方研究是否可使用这些文件的最新版本。凡是不注日期的引用文件，其最新版本适用于本标准。

GB 755—2000　旋转电机　定额和性能(idt IEC 60034-1:1996)

GB/T 755.2—2003　旋转电机(牵引电机除外)确定损耗和效率的试验方法(IEC 60034-2:1972，IDT)

GB/T 1993—1993　旋转电机冷却方法(eqv IEC 60034-6:1991)

GB 10068—2000　轴中心高为56 mm及以上电机的机械振动　振动的测量、评定及限值(idt IEC 60034-14:1996)

GB 10069.3—2006　旋转电机噪声测定方法及限值　第3部分:噪声限值(IEC 60034-9:1997，IDT)

GB/T 12668.2—2002　调速电气传动系统　第2部分：一般要求　低压交流变频电气传动系统额定值的规定(IEC 61800-2:1998,IDT)

GB/T 12668.3—2003　调速电气传动系统　第3部分：产品的电磁兼容性标准及其特定的试验方法(IEC 61800-3:1996,IDT)

GB/T 20161—2006　旋转电机　第17部分:变频器供电的笼型感应电动机应用导则(IEC 60034-17:2002,IDT)

IEC 61800-5-1　调速电气传动系统　第5-1部分:安全要求　电气、热和能量

3 术语和定义

下列术语和定义适用于本标准。

3.1

搭接接地　bonding

设备的金属部件的电气连接并接地。

注：本标准中，该定义结合了IEV 195-01-10(等电位连接)和IEV 195-01-16(功能性等电位连接)中的要素。

3.2

变频器　converter

由一个或多个电子开关器件和相关的元器件，与变压器、滤波器、换相辅助器件、控制器、保护和辅

助部件(若有)组成的,用于改变一个或多个电气特性的电力变换用的工作单元。

注:这个定义取之于 GB/T 12668.2—2002,IEC 60034 这一部分中包含的成套传动模块(CDM)和基本传动模块(BDM)术语与 GB/T 12668 系列所述一致。

3.3

EMC(电磁兼容性) EMC(electromagnetic compatibility)

一个设备或系统能在其电磁环境中正常地运行而对该环境中的其他设备不产生过度电磁干扰的能力。

3.4

弱磁 field weakening

当电机磁通低于电动机相应的定额磁通时的一种运行模式。

3.5

峰值上升时间 peak rise time

从峰值电压的10%上升到90%之间的时间间隔(见图14)。

3.6

电气传动系统 power drive system

PDS

由电力设备(包括变频器部分、交流电动机和其他设备,但不限于馈电部分)和控制设备(包括开关控制,如通/断控制,电压、频率或电流控制,触发系统、保护、状态监控、通讯、测试、诊断、生产过程接口/端口等)组成的系统。

3.7

保护接地 protective earthing

PE

为了电气安全将一个系统、装置或设备中的一点或数点接地。

3.8

越程带 skip band

当PDS稳态运行被抑制时的运行频率中的小波段。

3.9

表面传输阻抗 surface transfer impedance

同轴电缆外表面上的电流在同轴电缆中心导线上单位长度感应的电压份额。

4 系统特性

4.1 概述

虽然对任何应用场合规定电动机和变频器特点的方法都很相似,但最终的选择在很大程度上受到应用类型的影响。在本章中,叙述了这些方法并讨论了各种类型应用负载的影响。

4.2 系统信息

了解包括传动负载、电动机、变频器和电网电源的完整的系统信息是使系统中电动机达到要求性能的最佳方法。通常该信息应包含:

- 不同转速时的功率或转矩要求;
- 负载和电动机的期望转速范围;
- 受控过程中的加速度和减速度要求;
- 起动要求,包括起动次数和负载说明(折算到电动机轴上的转动惯量、起动时的负载力矩);
- 是连续应用过程还是起动、停止和速度变化的周期工作制应用;
- 包括了传动系统元件运行的环境在内的应用类型的一般说明;
- 电动机和变频器本身不能满足的附加功能说明(如:电动机温度监控、必要时变频器的旁路能力、特殊的时序回路或控制系统的基准速度信号);

• 可用的电源和布线说明，最终的配置将受所选择系统的要求影响。

4.3 转矩/转速因素

4.3.1 概述

图 2、图 3 和图 4 所示分别为变频器供电的笼型感应电动机的典型的转矩/转速特性、主要影响因素和其结果。根据电气传动系统的性能要求，可以设计出适应各种限值的不同类型的电动机。

注：图 2～图 4 没有示出可能的越程带(见 4.3.5)。

4.3.2 转矩/转速性能

图 2 所示为变频器供电的笼型感应电动机的转矩/转速性能。可获得的最大转矩受电动机定额和变频器电流限值的限制。在弱磁频率 f_0 和转速 n_0 以上，电动机可以恒功率运行，其转矩正比于 $1/n$。如果达到了最大转矩的最小值(正比于 $1/n^2$)，则功率按 $1/n$ 比率降低，转矩按 $1/n^2$ 比率下降(扩充的区域)。最大转速 n_{max} 受机械强度和转子稳定性、轴承系统的速度承受能力和其他机械参数的限制。

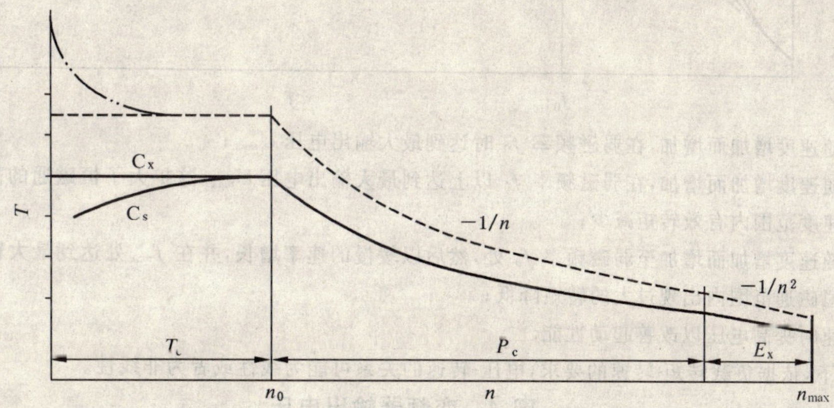

——— 连续运行

- - - - 短时运行

—·· — 起动提升

T_c——恒转矩范围；

P_c——恒功率范围；

E_x——扩展范围；

C_x——独立冷却；

C_s——自冷却。

图 2 转矩/转速性能

图 3 所示为相应的变频器输出电流(I)性能。

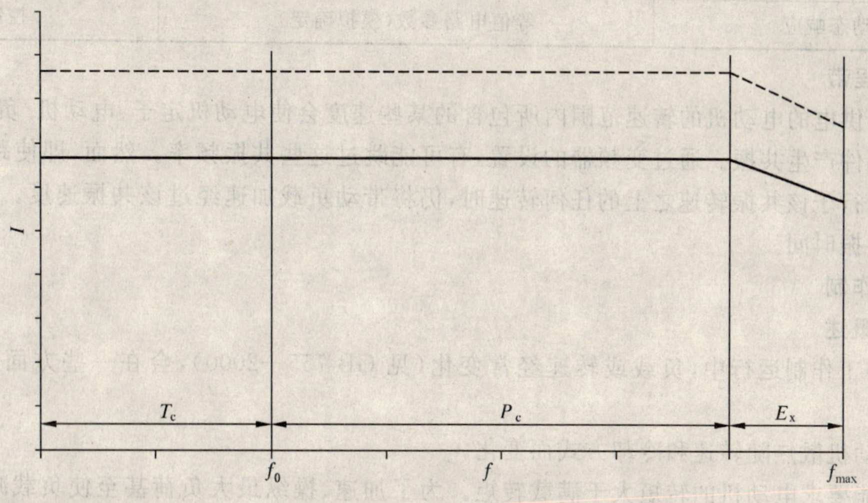

图 3 变频器输出电流

4.3.3 电压/转速特性

变频器输出电压(U)可按不同方式随转速变化,如图 4 所示。

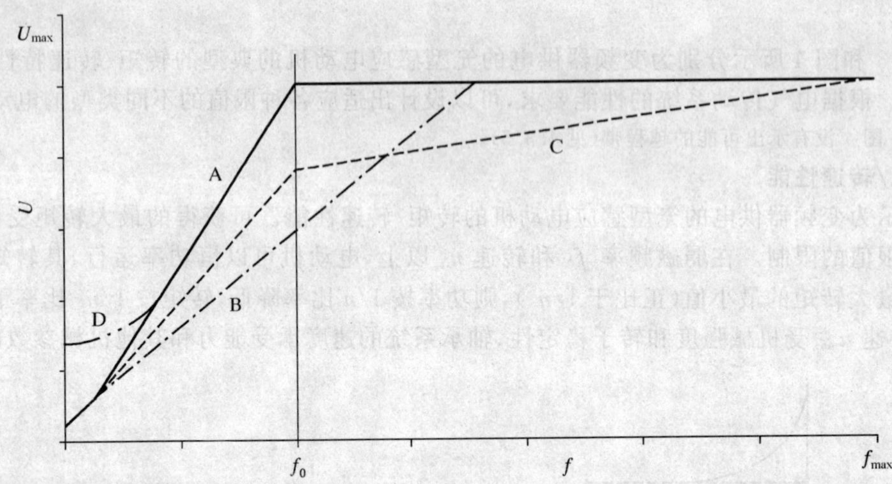

A——电压随速度增加而增加,在弱磁频率 f_0 时达到最大输出电压 U_{max};

B——电压随速度增加而增加,在弱磁频率 f_0 以上达到最大输出电压 U_{max},这扩大了恒磁通的范围(恒转矩),但在这一速度范围内有效转矩减少;

C——电压随速度增加而增加至弱磁频率 f_0 处,然后以缓慢的速率增长,并在 f_{max} 处达到最大输出电压 U_{max},以避免在恒磁通范围内出现过大的转矩降低;

D——在低速时提高电压以改善起动性能。

在任意情况下,依据负载转矩-转速的要求,电压-转速的关系可能为线性或者为非线性。

图 4 变频器输出电压

4.3.4 转矩/转速性能的限制因素

表 1 所示为影响转矩/转速性能的主要因素。

表 1 影响转矩/转速性能的主要因素

状态	电动机	变频器和电动机
最初起动	最大磁通	最大电流
恒定磁通	冷却(电流变化的 I^2R 损耗)	最大电流
弱磁运行(降低磁通)	最高转速(机械强度及稳定性) 最大转矩值(最大转矩)	最高电压
动态响应	等值电路参数(模拟确定)	控制性能

4.3.5 越程带

变频器供电的电动机的转速范围内所包含的某些速度会使电动机定子、电动机/负载的轴系统或从动设备的部件产生共振。通过变频器的设置,有可能跳过这些共振频率。然而,即使跳过了共振频率,当电动机运行于该共振转速之上的任何转速时,仍将带动负载加速经过该共振速度。减少加速时间有利于减少共振时间。

4.3.6 工作制

4.3.6.1 概述

在各种工作制运行中,负载或转速经常变化(见 GB 755—2000),会在一些方面影响电动机和变频器。

- 电动机散热随转速和冷却方式而变化。
- 可能要求电动机的转矩大于满载转矩。为了加速、操纵最大负荷甚至使负载减速,可能要求电动机高于满负荷运行。高于额定电流运行将增加电动机的发热。当电动机过载时需要采用比额定时更高温度的绝缘等级或对电动机所运行的工作制进行评定以确定电动机是否具有足够的冷却能力(见 GB 755—2000,S10 工作制)。

- 为使电动机减速,可能要采用直流制动、能耗制动或再生制动。无论电动机产生转矩驱动负载或电动机由负载驱动产生能量回馈至变频器,还是在减速时给绕组通以直流电以提供制动转矩,电动机的发热都近似与电流平方成比例。工作制分析时应包含该发热。而且,制动时在轴上产生的瞬态转矩应控制在不致使电动机损坏的程度。

注:IEC 61800-6 给出了负载工作制的信息和整个 PDS 的电流确定。

4.3.6.2 高冲击负载

高冲击负载运行是一种特殊的工作制,出现在特定的间歇转矩应用中(例如,GB 755—2000,S6 工作制)。在这些应用中,电动机快速加载或卸载。该负载转矩有可能是正的(与电动机旋转方向相反),也有可能是负的(与电动机旋转方向相同)。

这种高冲击负载将导致电动机所需的电流(来自于变频器)迅速增加或减少。如果该转矩是负的,电动机会回馈电流至变频器。这些瞬态电流在定子绕组中产生应力。该瞬态电流的大小是变频器和电动机容量的函数。

4.4 变频器控制类型

4.4.1 概述

变频器有多种控制类型:标量控制、矢量控制(无传感器或反馈控制)、直接磁通转矩控制等。每种类型都具有不同的特性,在4.4.1.1～4.4.1.3 中进行了说明。

4.4.1.1 标量控制

在电压/频率变频器中标量控制是最初的概念。在这种变频器中,根据输出频率控制输出电压。图 4 所示为各种实现方法的例子。

当变频器输出电压与频率成比例时,即使没有速度反馈信号电动机也近似恒磁通运行。

通常采用电压提升(在变频器输出电压上增加一个固定电压)、即常规的电压补偿(定子绕组电阻压降)或超前的动态电压补偿的方法来提高低速区的起动和运行性能。

当电动机电压较低时,在低速区提升电压效果较好,但应确保电压提升后不使电动机磁路饱和。

当电动机轻载时,电压提升量与电动机的电流大小成比例,电压补偿可改善其性能。许多标量控制采用特殊的算法对由电动机定子电阻和电感造成的电压降进行动态补偿。在低速区,这种方法对改善电动机的起动和运行性能更加有效,且通过附加的电机电压和电流反馈信号,即使在较低频率区,这种控制也能使电动机产生与矢量控制相近的转矩值。

标量控制通常用于对转矩或转速指令快速响应无要求的场合(如离心泵和风机),尤其适用于单台变频器给多台电动机供电的场合。

4.4.1.2 矢量控制

交流矢量控制变频器本质上是对产生电动机的磁通和转矩的定子电流进行分解,以便分别加以控制。

无论是否具有速度反馈信号,都可通过等效电路(数学模型)对电动机特性进行计算而实现电流分解。

可根据电动机的性能要求水平,采用不同的近似方法进行等效电路计算。此外,利用速度反馈(传感器)信号可进一步改善电机性能。

4.4.1.3 直接磁通转矩控制

直接磁通转矩控制变频器具有滞后(即“滑模”)控制型式,无论是否采用速度反馈信号,都通过电动机的数学模型计算调整其磁通和转矩。

这种控制类型中没有调制器,变频器中每个功率半导体的开关切换都是独立的。此外,利用速度反馈(传感器)信号可进一步提高电机性能。

这种控制类型的基本原理是使电动机以尽可能快的速度达到所要求的转矩和转速。

4.4.2 变频器类型选择

上述三种控制类型都适用于恒转矩应用和转矩随转速而增加的场合(如离心泵或风机)。然而,选择变频器时应考虑到每一项性能要求以确保达到最佳运行状态。

通常,应注意以下方面内容。

- 标量控制可用于一台变频器给多台不同定额的电动机供电并联运行的场合(多电机运行)。
- 虽然可通过动态电压补偿提高低速运行时的性能,但标量控制还是不能满足低速负载运行要求(约低于10%基准速度)。
- 通过动态电压补偿可使标量控制下的稳态转矩能力与无传感器矢量控制等同。
- 标量控制和矢量控制或直接磁通转矩控制之间最显著的差别在于动态响应。
- 如果需要满足以下一项或多项特性要求,则需采用矢量或直接磁通转矩控制:
  ——零转速附近运行;
  ——精确的转矩控制;
  ——低速时产生高峰值转矩。
- 矢量控制或直接磁通转矩控制,可用于多台相同定额电动机运行,可带或不带速度反馈。
- 矢量控制与直接磁通转矩控制的特性几乎相同,因为两者都用电动机数学模型计算,可带或不带磁通或转速传感器。

更为详尽的内容参见GB/T 12668.2—2002。

4.5 变频器输出电压

4.5.1 脉宽调制(PWM)

PWM适用于由"载波频率"同步控制器("调制器")控制变频器的转换切换而输出电压的方案。

调制器控制变频器的输出转换模式,使其输出电压与目标值相等。

注:输出电压是指对应于开关频率的电压的平均值和对应于变频器基本输出频率的电压的瞬时值。

载波频率可与工频或输出频率同步。选择适当的载波频率可以减少电动机的损耗、电流纹波或噪声,也可使载波频率保持波动("摆动"或"随机"PWM)以使输出电压的谐波频谱分布于较宽的范围。

此外,可应用特殊的控制技术优化电流波形或频谱,如使电流峰值最小或消除某些谐波。

4.5.2 滞后(滑模)控制

滞后控制适用于由"非载波频率"(非同步)控制器控制变频器的转换切换而输出电压的方案。一旦控制参数的实际值与基准值之差超过一定值时即进行转换切换。

滞后切换可具有多个控制参数:电压、电流、磁通或转矩,取决于控制型式。

4.5.3 开关频率的影响

变频器的输出开关频率将影响(电动机和变频器中的)损耗和整个系统的噪声及转矩脉动。虽然不可能给出这些影响的精确值,但图5、图6和图7以一般的方式进行了表示。这些图仅用于说明,不能进行比较计算。

注1:在图5中,纵坐标表示的电动机损耗和变频器损耗不同。变频器损耗通常低于电动机损耗。

注2:对于不采用固定载波频率的调制方案,"开关频率"是指平均每秒切换脉冲的次数。

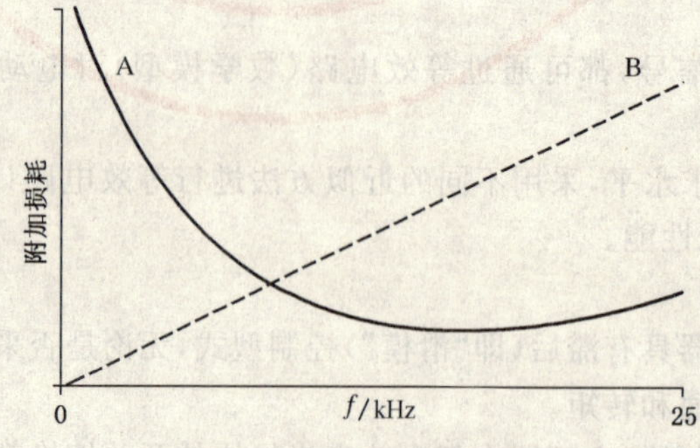

A——电动机损耗;

B——变频器损耗。

图5 开关频率对电动机和变频器损耗的影响

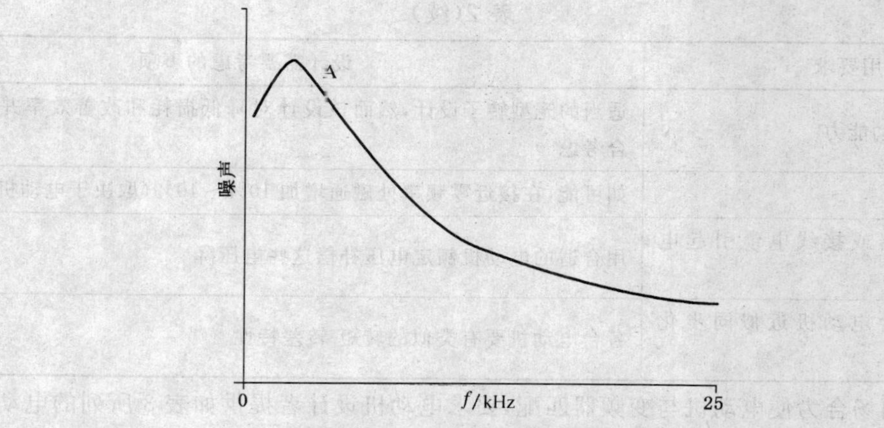

图 6 开关频率对噪声的影响

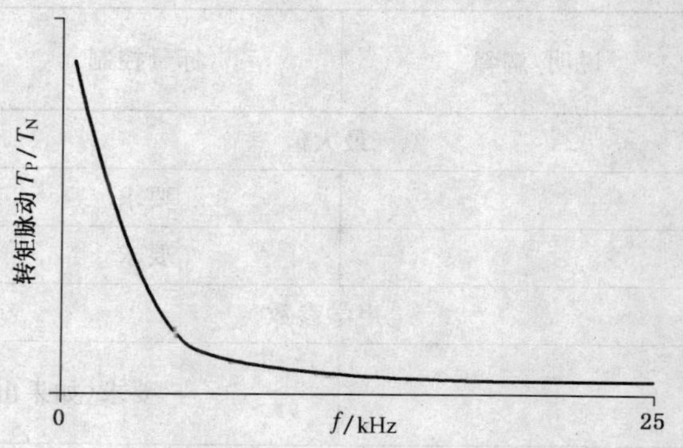

T_P——脉冲转矩的峰值；

T_N——额定转矩。

图 7 开关频率对转矩脉动的影响

4.5.4 多电平变频器

在上述两电平变频器方案中，其输出电压由直流总线电压的正、负电平之间的切换产生。

多电平变频器提供中间电位作切换，因此谐波频谱幅值显著降低并移向较高频率。

注：由于多电平变频器要使用更多的开关半导体器件，因此更多地用于高电压场合(见 GB/T 12668.4—2006)。

4.6 对电动机的要求

表 2 所示为一些主要的要求和设计考虑。

表 2 电动机设计考虑的因素

应用要求	设计需要考虑的事项
长期低速运行	热裕度要大或用强迫冷却 轴承长期运行于 10%基速以下，滑动轴承性能要由制造厂确认
大调速比	采用冷却效果与转速无关的冷却方式(独立风扇或其他冷却介质，如水冷)
速度反馈装置	防止机械相碰 速度传感器需电气绝缘
高速(弱磁)运行	机械方面的考虑 提高最大转矩(即漏抗要小) 在弱磁运行区，电压/频率特性达到最大
提高变频器供电时电动机效率	笼型转子设计(不用深槽，见 5.3) 不考虑直接启动和旁路能力

表 2(续)

应用要求	设计需要考虑的事项
有旁路或直接起动能力	适当的笼型转子设计,然而该设计对降低损耗和改善效率并不利,需要综合考虑
起动转矩高	如可能,在接近零频率处磁通增加 10%～40%(取决于电动机尺寸)
变频器或滤波器或接线电缆引起电压降	用合适的电动机额定电压补偿这些电压降
常用转速下多台电动机近似同步化运行	各台电动机要有类似的转矩-转差特性

在某些应用场合为使电动机与变频器匹配,要求电动机设计者提供如表 3 所列的电动机参数。

表 3 电动机参数

参数	说明/解释	标量控制	矢量控制或直接磁通转矩控制
最大值			
最高转速		要求	要求
定转子绕组最高温度		要求	要求
声学参数			
为避免电动机谐振,变频器应越过的频率		要求(如果出现离散载波频率时)	
机械参数			
转动惯量	对高的加速速率	可选	可选
风摩耗转矩与转速的多项式关系 $m=k_1n+k_2n^2$	对要求准确确定输出机械功率的某些自动线或生产作业	可选	可选
T 型等值电路电气参数			
定子电阻(R_S)	工作温度下	可选(对电压补偿)	要求
转子电阻(R_r')	工作温度下	可选(对改进标量控制)	要求
定子漏抗($X_{\sigma S}'$)	基频下	可选(对改进标量控制)	要求
转子漏抗($X_{\sigma r}$)	额定运行状态下,不同于堵转状态	可选(对改进标量控制)	要求
励磁电抗(X_m)	基频及额定运行状态下	可选(对改进标量控制)	要求
励磁电导(G_m)	基频及额定运行状态下	可选(对改进标量控制)	要求
励磁感抗特定多项式	对弱磁运行	要求(对改进标量控制)	要求
转子挤流效应(如梯形导体)	要求快速电流响应和精确动态控制时,准确确定谐波损耗和温升	可选	可选
定子挤流效应(如梯形导体)		可选	可选
注:转子电气参数 R_r' 和 $X_{\sigma r}'$ 是以定/转子匝数比的平方折算到定子边回路的值。			

在低速下要求精确控制的高转矩应用场合,为改进其热模型而提供电动机内部热容量和部件热阻数据对电动机设计者是有用的,这些参数与转速和开关频率有关。

5 损耗及其影响

5.1 概述

变频器以非正弦波供电时电动机内除由基波电压和电流产生的损耗外，还会产生一些附加损耗。这些附加损耗取决于电动机的转速、电压和电流、变频器输出电压波形和电动机的设计和大小。如果没有串联电感和滤波器，这些附加损耗将达到基本损耗的 10%～20%，即占电动机额定输出功率的 1%～2%。

附加损耗的大小和特性取决于变频器类型、参数及电动机和滤波电路的设计。

5.2 电压源变频器供电的电动机损耗

电压源变频器施加电压至所联接的电动机。由于输出切换，接近理想形状的平均电压由一个陡斜率且幅值接近恒定的准方波电压平均而来(带中间直流回路的两电平变频器施加的是中间直流回路电压的峰—峰值)。由于该“脉冲电压”的幅值和频谱恒定，电动机损耗几乎与电流、转速和磁通(电压)无关，类似于空载损耗。电动机磁路饱和(由磁通或电流所引起)对附加损耗的影响很小。

图 8 所示为一台由 50 Hz 正弦波和 5.5 kHz 电压源变频器供电的 37 kW、50 Hz 电动机在空载和满载时的损耗。

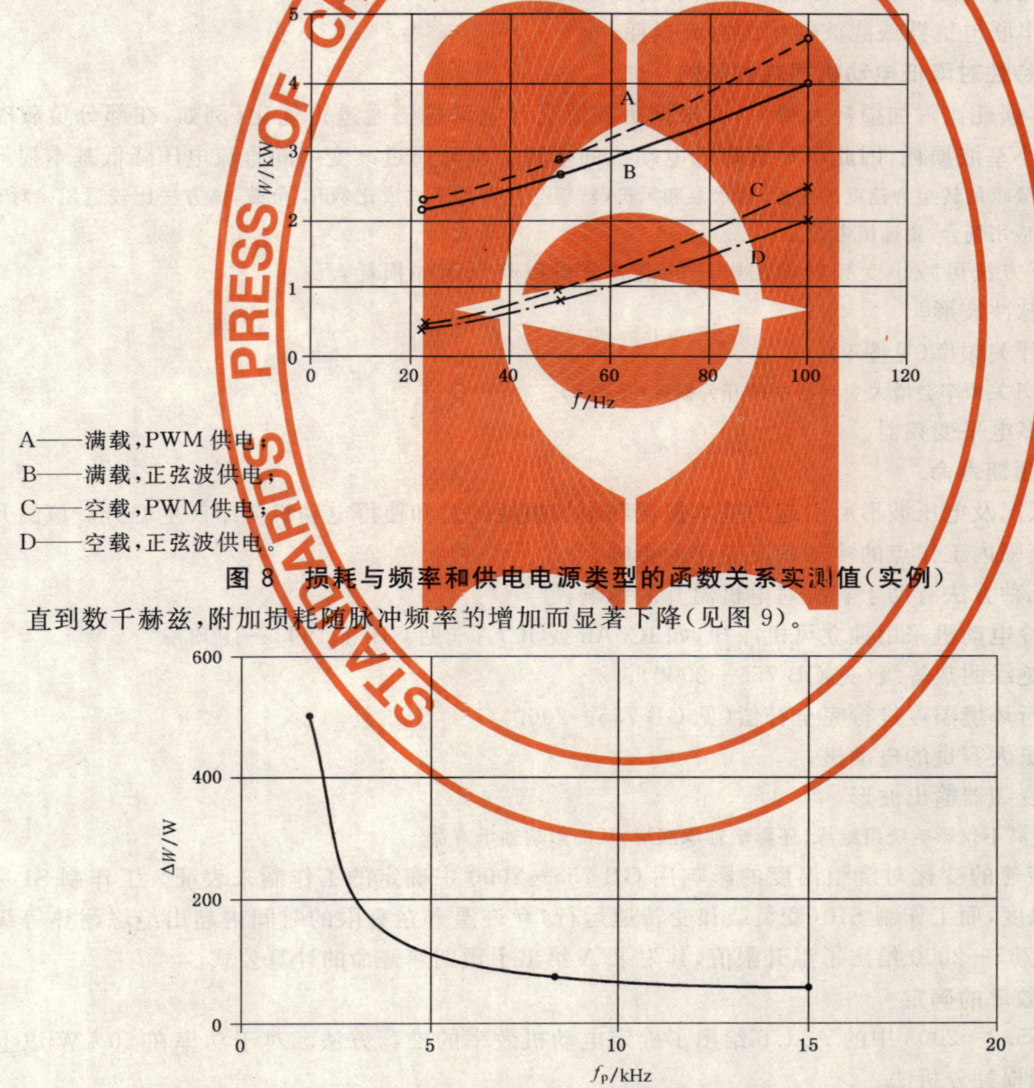

A——满载，PWM 供电；
B——满载，正弦波供电；
C——空载，PWM 供电；
D——空载，正弦波供电。

图 8 损耗与频率和供电电源类型的函数关系实测值(实例)

直到数千赫兹，附加损耗随脉冲频率的增加而显著下降(见图 9)。

图 9 50 Hz 时由变频器供电引起的电机附加损耗与脉冲频率的函数关系(与图 8 相同电动机)

然而，变频器中的换向损耗随脉冲频率的变化而增加，在数千赫兹时总损耗为最小值。

由变频器供电而引起的附加损耗的典型数值范围如下(随电动机容量增大而减小)：

- 两电平变频器为额定输出的0.4%～2%；和
- 三电平变频器为额定输出的0.2%～1%。

该附加损耗随磁通(电压)和转矩(电流)的变化较小，而主要取决于开关频率和基频。对于滞后或随机PWM控制变频器，也可采用与电压和电流有关的开关平均频率。

5.3 附加损耗的产生和减少方法

变频器输出电压近似为准矩形电压脉冲而组成的正弦波形。对这些脉冲来说，电动机表现为一个与频率有关的阻抗，其损耗主要由导体(主要为转子导条，某些情况下也包括定子导体)中的集肤效应和漏磁通路径(尤其是铁心叠片)中的涡流损耗产生。

由电压源变频器供电而产生的附加损耗可通过以下多种方法使其减小：

- 转子设计时减小集肤效应；
- 转子槽开口；
- 避免转子铁心叠片的片间短路；
- 采用更薄的定、转子铁心叠片以减小涡流损耗；
- 减少串联电抗器或滤波器中的涡流损耗。

5.4 变频器特性对降低电动机损耗的影响

由于基本损耗比附加损耗大得多，而根据负载情况对电动机磁通进行优化(例如，在部分负载时降低磁通)可减小基波损耗，因此可显著降低电动机的损耗。也可通过改变中间直流电压降低基本损耗。

注1：若所要求的转矩为速度的函数，如水泵和风机(转矩与速度的平方成比例)类负载，该方法比较适用。对于其他的应用场合，要谨慎考虑。

通过如下方法可减小变频器输出电压的谐波分量以降低附加损耗：

- 优化脉冲波形。
- 提高开关频率(见图9)。

注2：提高开关频率会增大变频器中的开关损耗(见图5)。

- 配置多电平变频器。

5.5 温度和预期寿命

由负载状况及电压波形所引起的基本损耗和附加损耗的总和使得电动机绕组产生温升。该温升还受规定速度范围内工作点的冷却状况变化的影响。

有如下几种方法有助于解决对电机温升的影响：

- 对空冷电动机采用独立风机冷却，如IC0A6或IC1A7(见GB/T 1993—1993)；
- 提高绝缘耐热等级(见GB 755—2000)；
- 对运行环境温度进行完全补偿(见GB 755—2000)；
- 选用更大容量的电动机；
- 优化变频器输出波形。

注：温度升高不仅影响绕组绝缘，还影响轴承润滑，从而影响轴承寿命。

负载和转速的变化对绕组温度的影响用GB 755—2000中确定的工作制来表征。工作制S1－S9考虑到最高温度，而工作制S10(变负载和变转速运行)允许温升在有限的时间内超出绝缘耐热等级的限定值。GB 755—2000给出了温升限值，其附录A给出了预期热寿命的计算公式。

5.6 电动机效率的确定

GB/T 755.2—2003中的A.1.6给出了确定电动机效率的推荐方法。对于功率在50 kW以上的电动机宜采用损耗分析法。

注：GB/T 755.2—2003的更新版本可能会把50 kW改成150 kW。

测量空载损耗(包括附加损耗)时所施加的脉冲频率和波形应与变频器在额定负载时产生的脉冲波

形和脉冲频率相同。

6 噪声、振动和振荡转矩

6.1 变频器供电的感应电动机的噪声和振动

6.1.1 概述

变频器及其作用产生三个直接影响噪声发射的变量。它们是：

- 转速从接近零到超过基速变化。这将会影响轴承和润滑、通风和其他任何受温度变化影响的特性。
- 电动机电源频率和谐波分量对其定子铁心中产生的电磁噪声其次是轴承噪声有很大影响。
- 由电动机气隙磁场中的不同频率的波相互作用而引起的扭转振荡。

6.1.2 由速度变化而引起的噪声发射变化

6.1.2.1 套筒(或滑动)轴承

对滑动轴承，转速变化时其发射的噪声级无显著变化。

6.1.2.2 滚动轴承

滚动轴承潜在的发射噪声基频直接随转速变化。如果轴承在基速时“寂静”，那么当速度减小时，其噪声级不会有显著变化。然而，当速度超过基速时，由于滚动零件间滑动加剧了基频谐波而导致轴承噪声显著增大。当速度因子(轴承直径 mm×转速 r/min)大于 180 000 时，对这一现象的敏感度迅速增加。经验表明，缩短加油时间间隔或用油浴或油雾补充轴承润滑剂可抑制噪声的增加。

当电动机运行于转速范围中的最高转速时，其轴承温度比运行于较低转速时高。因此，在设计时确保有足够的标称间隙和/或具有弹簧加载装置就尤其重要。

在低速运行时，润滑脂润滑的轴承性能相当好。

6.1.2.3 通风噪声

对于安装于轴上的风扇，其产生的噪声变化近似如图 10 所示(风扇圆周线速度小于 50 m/s)。转速降低 50%，风扇噪声约降低 15 dB；转速增加 50%，风扇噪声增加约 10 dB。如为单方向传动，电动机用单向叶片风扇对降低噪声非常有效。

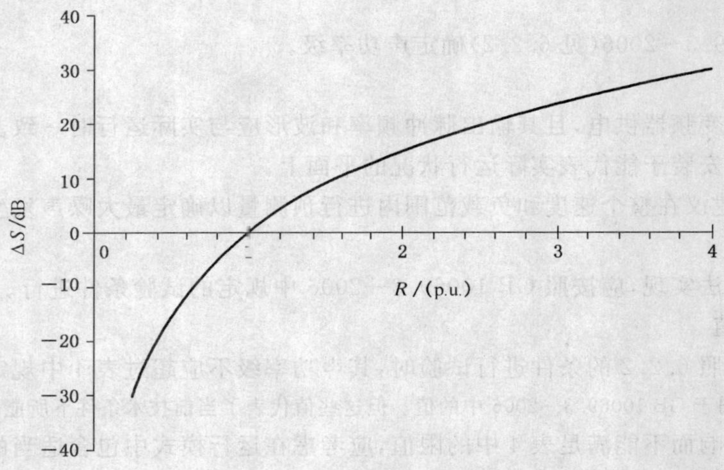

ΔS——声压级变化；

R——风扇相对速度。

图 10 风扇噪声与风扇速度的函数关系

6.1.3 磁励噪声

当电动机在宽速度范围运行时，由于供电频率的变化出现谐振是不可避免的。不仅是变频器供电时会出现这种现象，当由变频正弦波电压供电时，也会出现这种情况。

当电动机由变频器供电时，还应考虑由定转子电流的时间谐波引起的空间变化基波磁场与电动机结构的相互作用激发的磁励噪声。PDS设计者力求找出解决噪声问题的最佳方案，但必须意识到只有靠变频器和电动机设计者相互合作才能达到目的，单独依靠任何一方都无法解决问题。

电压源变频器对不同频率的正弦电压波形进行原始合成产生了大量的电压谐波分量，从而在定转子中产生了电流谐波分量，其幅值和频率取决于变频器脉冲控制情况和电动机的参数。经验表明，当脉冲频率小于 3 kHz 时，谐波频率接近于大中型电动机铁心和结构的自然频率，因而在宽调速范围应用场合，在运行速度范围内不可避免地在一些运行点出现谐振。对于轴中心高大于 315 mm 的 2、4 极电动机，r＝0 和 r＝2 p 模式的谐振频率低于 2.5 kHz。相反，随着变频器脉冲频率增高至 4 kHz 或 5 kHz 甚至更高时，谐振将会出现于更小的电动机中。

同一台电动机由 PWM 控制变频器供电和由正弦波供电相比较，当开关频率高于 3 kHz 时，前者的噪声增量较小(仅几 dB(A))；当开关频率较低时，前者的噪声增量很大(可达 15 dB(A))。一些先进的 PWM 或滞后控制变频器不再使用固定的载波频率而产生非基频的宽频谱，典型噪声增量和主观可听噪声都会大大降低。

某些情况下有必要在调速范围内设置越程带以避免因基频而发生谐振。

6.1.4 扭转振荡

变频器供电的电动机会在轴上产生振荡转矩。转矩脉动的幅值和频率可在完整联接的机械系统中产生扭转振荡，为了避免发生破坏性的机械谐振应进行仔细核查。

电压源 PWM 变频器低脉冲频率(小于 200 Hz)时振荡转矩可达额定转矩的 50％，与输出电压谐波含量有关。当脉冲频率高于 2 kHz 时，起重要作用的 6 倍和 12 倍基频振荡转矩往往小于 10％的额定转矩。

变频器输出电压不对称引起的直流分量和负序分量会产生 1 倍或 2 倍基频转矩分量，应小心预防。考虑到对直流分量仅是电阻起作用而对负序分量是短路阻抗起作用，因此很小的不对称电压将产生相当大的不对称电流，从而出现振荡转矩，特别是与轴系谐振频率相近时，由于齿轮组、联轴器或一些轴的联接中存在间隙，会在转矩传递表面分离并发生机械冲击而导致损坏。

6.2 声功率级的确定及限值

6.2.1 测量方法

应按照 GB 10069.3—2006(见 6.2.2)确定声功率级。

6.2.2 试验条件

被试电动机应由变频器供电，且其输出脉冲频率和波形应与实际运行时一致。

电动机宜刚性地安装于能代表实际运行状况的平面上。

在试验过程中，建议在整个速度和负载范围内进行预测量以确定最大噪声发生条件，然后在这些条件下进行最终测量。

如果上述条件无法实现，应按照 GB 10069.3—2006 中规定的试验条件进行。

6.2.3 声功率级限值

当一台电动机按照 6.2.2 的条件进行试验时，其声功率级不应超过表 4 中规定的值。

注：表 4 中的值不同于 GB 10069.3—2006 中的值。但这些值代表了当前技术条件下所能达到的声功率级水平。

如果由于谐振影响而不能满足表 4 中的限值，应考虑在运行模式中包含适当的“越程带”。

表 4 声功率级与输出功率的关系

最大转速时的输出功率/kW	负载声功率级/dB(A)	
	小于 2 000 r/min	2 000 r/min～3 750 r/min
≤2.2	80	86
5.5	84	90

表 4(续)

最大转速时的输出功率/kW	负载声功率级/dB(A)	
	小于 2 000 r/min	2 000 r/min～3 750 r/min
11	88	94
22	92	98
37	95	101
55	98	104
110	100	106
220	104	110
550	110	116

6.3 振动烈度的确定及限值

6.3.1 测量方法

应按照 GB 10068—2000 确定振动烈度。

6.3.2 试验条件

被试电动机应由变频器供电，且其输出脉冲频率和波形应与实际运行时一致。

电动机宜刚性地安装于能代表实际运行状况的平面上。

在试验过程中，建议在整个速度和负载范围内(见注 1)进行预测量以确定最大振动发生条件，然后在这些条件下进行最终测量。

注 1：该建议会显著增加试验时间，GB 10068—2000 中没有要求。

注 2：对于现场测量，参照 ISO 10816-3。

6.3.3 振动烈度限值

当按照 6.3.2 中规定的试验条件进行试验时，在电动机轴承室测得的振动烈度不应超过 GB 10068—2000 中表 1 所给出的 *N* 级振动烈度。

7 电动机绝缘介电应力

7.1 概述

当电动机由变频器供电时，其绝缘结构所承受的介电应力要高于由单纯交流正弦波电源供电时所承受的介电应力。

7.2 原因

电压源变频器产生不同宽度和频率的固定振幅电压矩形脉冲。变频器输出脉冲的电压振幅不会超出直流总线电压(1 倍标幺值)，取决于整流电源电压或制动电压水平或功率因数修正调整电压。

现代变频器输出电压上升时间在 50 ns～400 ns 范围，为了减小输出半导体中的开关损耗应尽可能缩短上升时间。变频器经电缆向电动机供电使电动机端子上产生重复的电压突增，如超过电动机耐重复电压强度势必降低其绝缘寿命。图 11 所示为在变频器供电电动机端子处测得的浪涌信号曲线。从图中可以看出，浪涌信号和浪涌上升时间和幅值之间并不是简单的关系。

电动机端子处电压突增与变频器输出脉冲电压上升时间、接线电缆长度及电动机阻抗有关(相间典型值可达相同电压 2 倍标幺值)。这些电压突增是由阻抗不匹配使电缆与电机端子界面的反射波所产生，该现象完全可用输出电压谐波在传输线上的行波理论作解释。由于上升时间缩短，电压波形频率会增高。图 12 所示为在变频器输出端和电动机端子处测得的典型的电压浪涌。图 13 所示为一个浪涌的放大图。

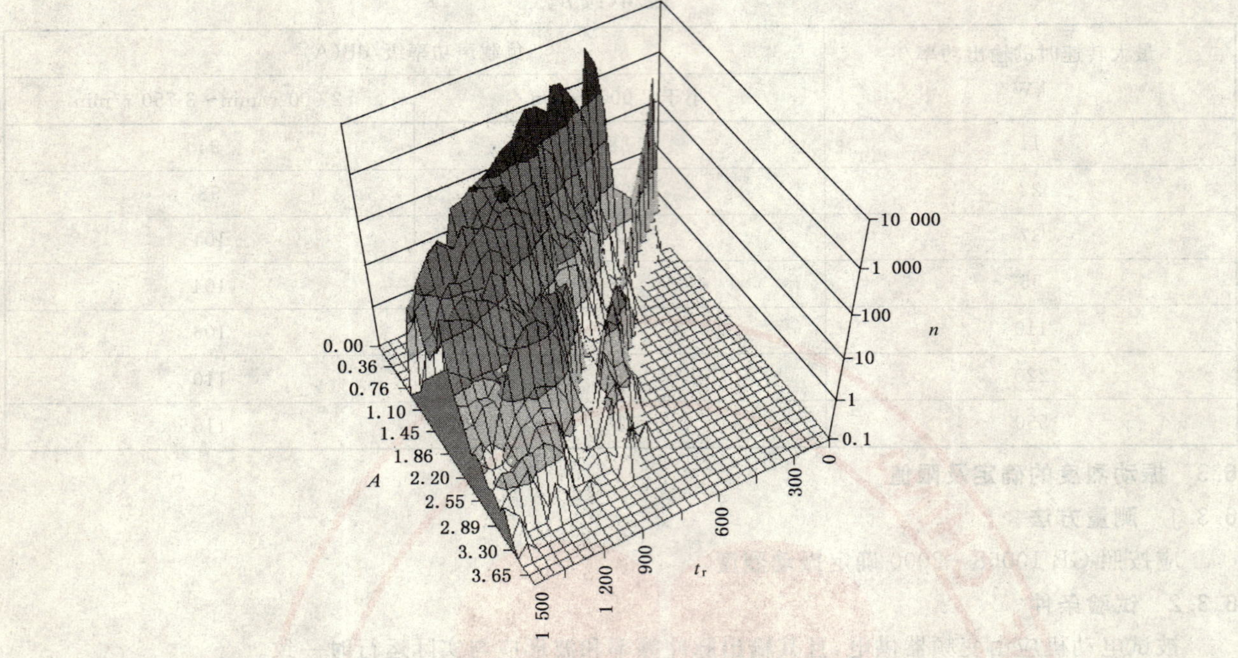

A——浪涌幅值(1倍标幺值);

t_r——浪涌上升时间(ns);

n——浪涌信号曲线(s^{-1})。

图 11　PWM 变频器供电电动机端子处测得的典型的浪涌信号曲线

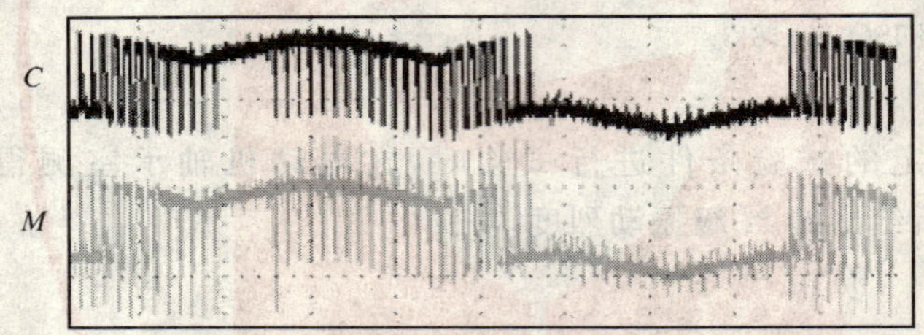

C——变频器相电压;

M——电动机相电压。

图 12　变频器输出端和电动机端子处测得的典型的相电压浪涌(2 ms/每格)

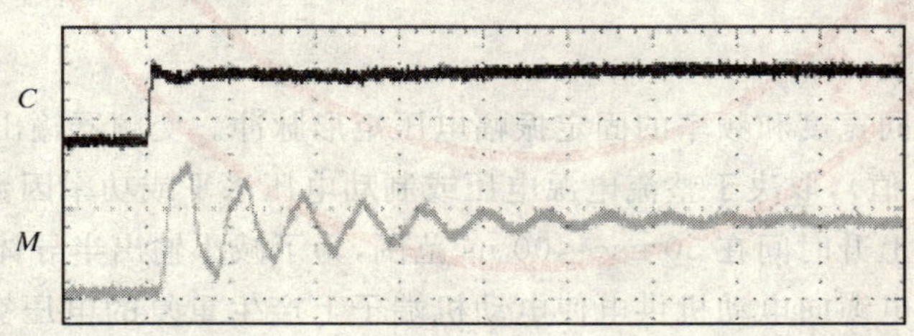

C——变频器相电压;

M——电动机相电压。

图 13　图 12 中的瞬时浪涌(1 μs/每格)

当电缆长度增加时,脉冲突起通常增加至最大值,然后再下降。同时,电动机端子处的脉冲电压上升时间增长。对于较短上升时间脉冲(在变频器输出端)且电缆长度超过 20 m～50 m(与电缆的类型和其他因素有关),电动机端子处电压上升时间主要取决于电缆的特性而非变频器输出的上升时间。

当采用分散拓扑(变频器与电动机靠近安装)安装时,由于变频器与电动机之间的电缆较短,电压突变会减小。

如果变频器与电动机组成一体就不会出现电压突起，此时变频器与电动机之间的电缆长度仅缩至10 cm。

由于变频器的双重换接以及由于变频器内缺乏设置脉冲之间最小时间间隔的算法，可能会产生大于2倍标幺值的电压应力：

- 例如，当电动机的一相由负直流电压切换为正直流电压，同时另外一相由正直流电压切换为负直流电压时会发生双重换接。它产生2倍电压(标幺值)行波到达电动机，经电动机端子反射会出现大于2倍的过电压。
- 若变频器中没有最小脉冲时间控制，且两个脉冲之间的时间与连接电缆的时间常数相匹配，在电动机端子处会出现大于2倍的过电压。

7.3 绕组介电应力

电动机绕组绝缘的介电应力由电动机端子处的脉冲峰值电压和上升时间(定义见图14)及变频器产生的脉冲频率确定。

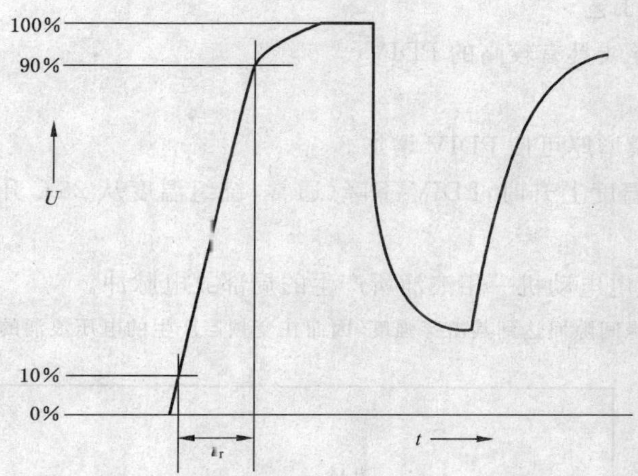

图14 电动机端子处的脉冲峰值电压和上升时间定义

一部分介电应力由施加到绕组线圈主绝缘(相间或相对地)的电压强度确定；另一部分介电应力受匝间绝缘限制而由脉冲上升时间确定。较短上升时间脉冲导致电压在整个线圈中分布不均衡，在单个相绕组最初几匝的线端出现高强度应力。图15所示为一个50匝线圈的电压分布与脉冲上升时间的关系。如图所示，上升时间越短，线圈第一匝承受的电压越大。

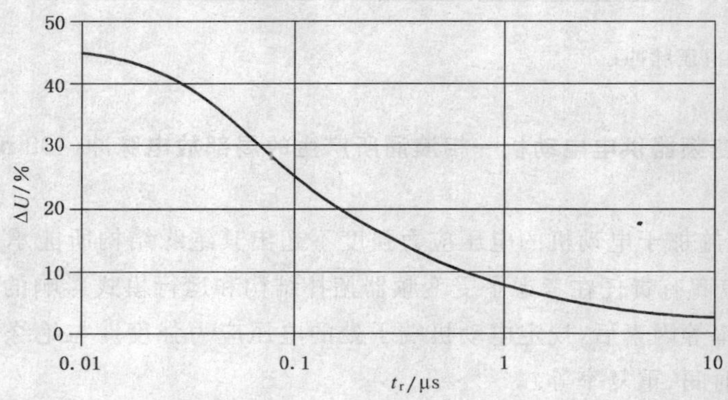

ΔV——线圈第一匝承受的电压(与输入电压的百分比)；

t_r——脉冲上升时间。

图15 第一匝线圈的电压与脉冲上升时间的函数关系

电动机端子处的短上升时间脉冲也会在每相绕组的最初几匝引起高线间电压，并导致线间过早介质击穿。出现这种现象通常是由于漆包层的介质强度不够。在这种情况下，介质击穿易在低于局部放电起始电压(PDIV)强度时出现。这种类型的绝缘失效无法用50 Hz或60 Hz的标准介电试验检测出，有待于开发新的验证方法。可以观察到，由于电缆中的高频损耗，在电动机端子处的电压上升时间随电缆长度的增加而增加。

7.4 绝缘应力承受能力

影响过电压应力承受能力的不利因素是PDIV(局部放电起始电压)或空气中CIV(电晕起始电压)。局部放电通过化学和机械腐蚀使绝缘结构等级降低。绝缘降级的速率取决于局部放电发生的能量和频率。

影响电动机PDIV和CIV的因素有：

- 绕组型式：散绕组或成型绕组。
- 设计：相间绝缘材料。
- 浸渍漆种类及浸渍工艺。
- 导线尺寸：大直径导线具有较高的PDIV。
- 导线绝缘类型。
- 漆膜厚度：导线漆膜增厚可使PDIV增加。
- 运行温度：当导线温度上升时，PDIV下降(通常，绕组温度从25℃升高到155℃时PDIV下降约30%)。

图16所示为变频器供电电动机一相浪涌所产生的局部放电脉冲。

注：由于电压应力穿过绝缘间隙而达到其击穿强度，因而在变频器产生的电压浪涌的上升沿发生放电。

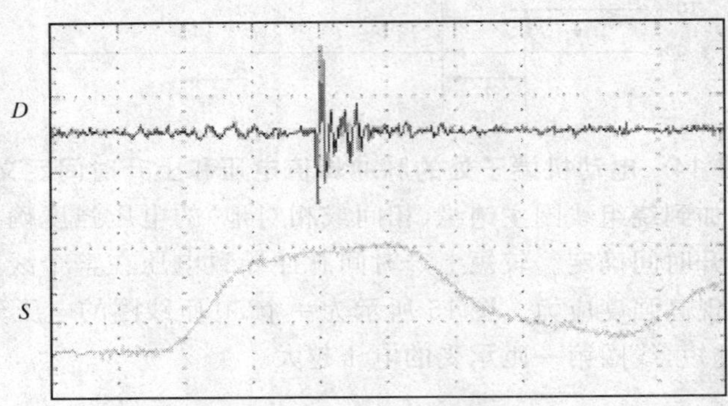

S——电动机端子处的电压脉冲；

D——放电脉冲。

图16 变频器供电电动机一相浪涌所产生的局部放电脉冲(100 ns/每格)

7.5 职责

系统供应商应保证施加于电动机的电压应力强度不超出其绝缘结构所能承受的电压应力容量(见图17)。因此，系统供应商有责任在考虑了受变频器拓扑结构和运行模式影响的电压反射、电缆类型和长度、上升时间和重复率等因素后，规定电动机端子处的电压应力强度。与绝缘电应力相关的参数有：瞬态峰值电压值、上升时间、重复率等。

电动机制造商应根据系统供应商的规范检查电动机的电压应力耐受能力。变频器运行产生的实际电压应力应低于电动机绕组绝缘结构的重复电压应力耐受能力，以确保电动机绝缘的使用寿命不至于降低。

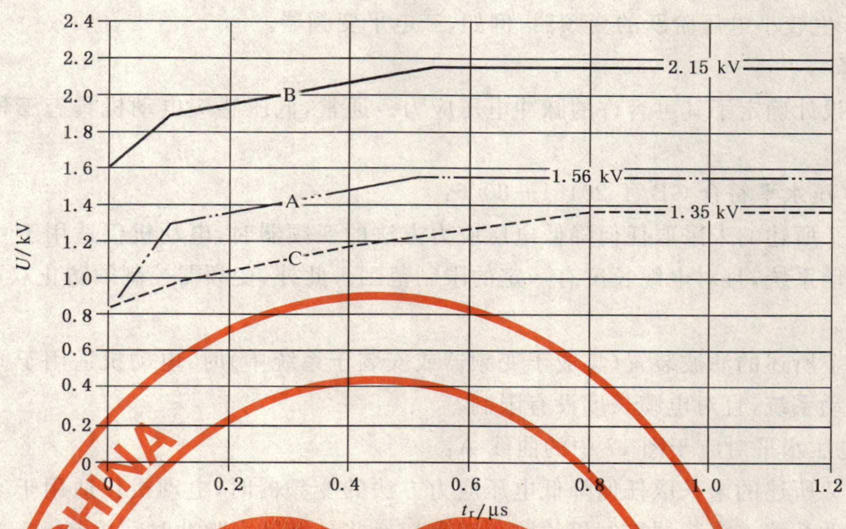

B——电压为600 V及以下，不带滤波器的交流电动机；

A——电压为500 V及以下，不带滤波器的交流电动机；

C——GB/T 20161—2006中的曲线。

图17 电动机二相线端间测得的脉冲电压作为脉冲上升时间的函数的限制曲线

7.6 变频器特性

通常，变频器输出电压脉冲幅值即为直流总线电压，其值取决于供电电源电压和输入整流器的类型（无源或有源，是否有电压补偿），且当再生运行时通常会增大（例如，制动时）。

脉冲的上升时间取决于功率半导体器件的开关特性和其驱动及缓冲电路。

注：电动机端子处和变频器输出端的脉冲电压上升时间并没有直接的关系，两者不可混淆。两者之间的关系很复杂，取决于电动机和电缆的高频特性。图17涉及的电压上升时间是电动机端子处而非变频器端子处的值。设计PDS时，从费用比较考虑，用变频器端子处的预期上升时间（可确定）比用电动机端子处的上升时间（很难预期）安全裕度较大。

7.7 降低电压应力的方法

以下是在给定情况下降低浪涌强度的几种可行方法：

- 尽管困难很大或很难实现，但改变电动机和变频器之间的电缆长度和/或使电缆接地可降低电动机端子处的浪涌电压幅值。
- 将装置改成分散拓扑结构或采用集成的电动机/变频器组合可降低电压突起。
- 改用高介电损耗的电缆（如丁基橡胶或油绝缘纸）。用铁氧体屏蔽的特殊类型电动机电缆比较有效，可减小电压振荡并改进EMC质量。
- 安装输出电抗器（见9.2.2）可与电缆电容一起增加行波的上升时间。

注：在这种情况下，系统设计时须考虑电感中的电压降。

- 在变频器和接入电动机的电缆之间接入输出 dV/dt 滤波器（见9.2.3）可显著延长浪涌的上升时间。这种情况下可允许使用较长的电缆。
- 接入输出正弦波滤波器（见9.2.4）可延长上升时间。然而，该滤波器的主要功能是降低EMC干扰和附加的电动机损耗以及噪声。而且，对于近似正弦波电压来说，可使用标准的无屏蔽电缆。是否可采用此种方法要取决于所要求的应用特性，尤其是速度范围和动态性能。
- 在电动机端子处安装终端装置（见9.2.5）可抑制电动机端子处的过电压。
- 防止变频器相间的交叉切换。

- 控制变频器脉冲间的最小时间(取决于电缆类型和长度)。
- 改用可产生较小电压阶跃的变频器,例如,三电平变频器。

7.8 电动机选择

绝缘结构的设计确定了其可容许的脉冲电压应力。通常,低压感应电动机具有三种耐冲击电压水平,如图 17 所示。

- 耐冲击电压水平符合 GB/T 20161—2006:

当采用如 7.7 所述的未采取任何降低电压应力方法的变频器时,电动机仅适用于 400 V 交流供电电压及以下的传动系统,且对电缆长度有一定的限制范围。此外,变频器控制须防止双重切换并具有最小脉冲时间控制。

当采用如 7.7 所述的滤波装置(集成于变频器或安装于系统中)时,电动机适用于 690 V 交流供电电压及以下的传动系统,且对电缆长度没有限制。

- 耐冲击电压水平对应于图 17 中的曲线 A:

当采用如 7.7 所述的未采取任何降低电压应力方法的变频器时,电动机仅适用于 500 V 交流供电电压及以下的传动系统。变频器控制仍须防止双重切换并具有最小脉冲时间控制。

- 耐冲击电压水平对应于图 17 中的曲线 B:

当采用如 7.7 所述的未采取任何降低电压应力方法的变频器时,电动机仅适用于 690 V 交流供电电压及以下的传动系统。变频器控制仍须防止双重切换并具有最小脉冲时间控制。

8 轴承电流

8.1 变频器供电电动机轴承电流的来源

8.1.1 概述

多种情况下可产生轴承电流。在所有情况下,当轴承两端建立的电压超出了润滑剂的绝缘能力时,轴承就会流过电流。该电压可有多种原因产生。

8.1.2 磁路不对称

电动机中的磁路不对称会产生低频轴承电流。这种现象在 400 kW 以上的电动机中更为普遍。非对称磁路在轭部产生一个圆周交流磁通(环形磁通),并在包括电动机的轴、轴承、端盖和机座所组成的导电回路感应出交流电压。如果所感应的电压足以击穿润滑剂绝缘,那么电流就会流过该回路,包括两端轴承。

8.1.3 静电聚集

该电压也可因传动负载(如电离过滤器风扇)在转轴上产生静电聚集而产生。

8.1.4 高频电压

电动机端子处的高频共模电压产生共模电流,其中一部分会流过电动机或传动设备的轴承。该共模电流还可通过变压器效应产生跨越轴承的电压。这些效应的产生是由于使用了快速开关的半导体器件,并且由于不同的影响,会在各种不同容量的电动机中产生轴承问题。这些影响的详细描述见 8.2。

8.2 高频轴承电流的产生

8.2.1 概述

判定哪种机理更突出的最重要的因素是电动机的大小和电动机的机座和轴是如何接地的。电气安装意味着适宜的电缆类型和接地导体的适当接合,电气屏蔽以及额定的变频器输出电压和变频器输出电压的上升速率也起着很重要的作用。轴承电流的来源是跨越轴承的电压。共有三种类型的高频轴承电流:循环电流、转轴接地电流和电容性放电电流。

高频循环电流(I_C)和转轴接地电流(I_S)这两类轴承电流的示意图见图 18。他们受接地布置和接地阻抗的影响较大。

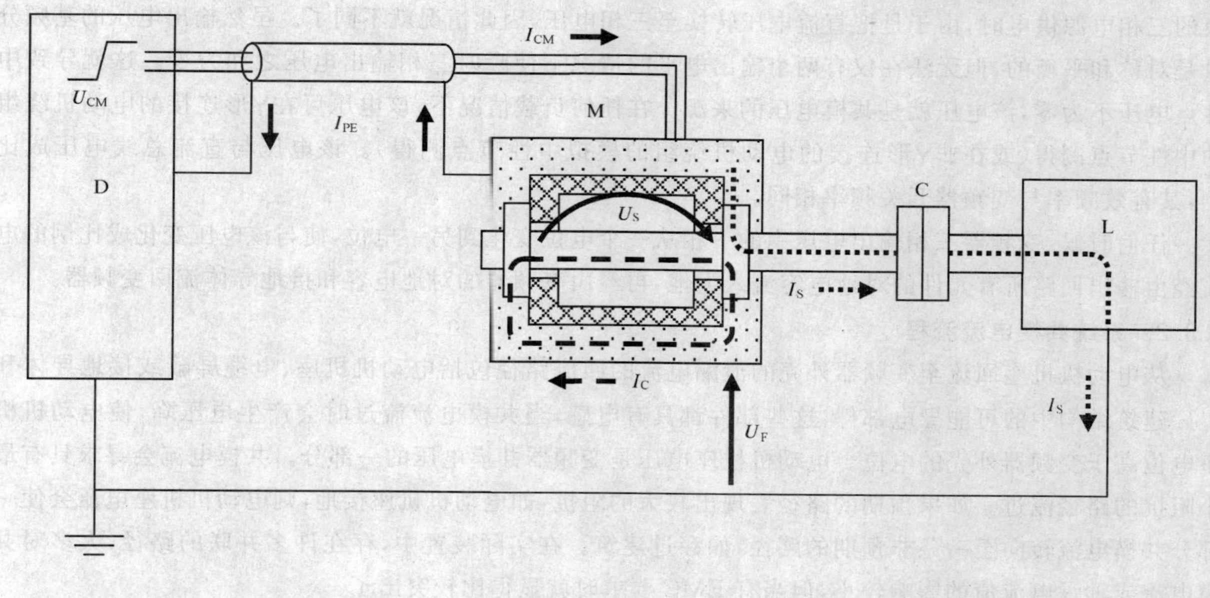

D——变频器；

M——电动机；

C——联轴器；

L——负载。

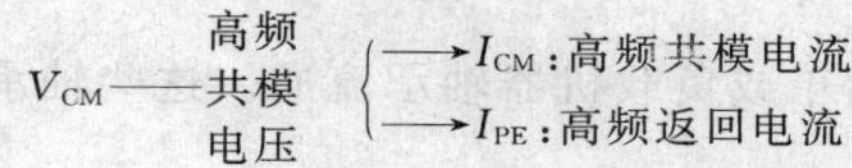

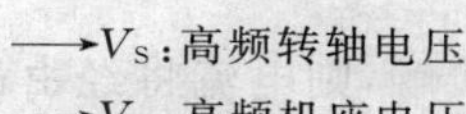

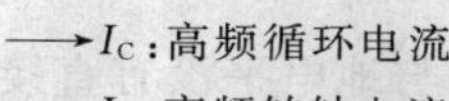

图 18　潜在的轴承电流

8.2.2　循环电流

在大电机中，由围绕定子轭部的高频磁通在 8.1.2 所述的闭合回路中感应出高频电压。该磁通是由从绕组泄漏到定子叠片的电容性电流所产生。感应出的转轴电压会影响轴承。如果该电压足够大，以至于能击穿轴承的润滑膜，那么就有补偿电流流过定子以平衡磁通，经转轴、轴承和定子机座形成闭环。

这些高频电流可叠加于 8.1.2 所述的低频电流之上。

8.2.3　转轴接地电流

泄漏到定子机座的电流须回流到它的源头变频器中。任何回流路线都包含阻抗，因此与地电平相比机座电位更高。如果电动机转轴经传动机械接地，那么电动机轴承将承受机座增加的电压。如果该电压的增加超出了润滑膜的绝缘能力，那么就会有部分电流流经轴承、转轴和传动机械再返回至变频器。

8.2.4　电容性放电电流

共模电压在电动机内部电容上的电压分布会引起足够大的轴承电压并产生高频轴承电流脉冲（称作静电放电加工电流）。如果转轴没有经传动机械接地而是电动机机座接地保护时，就会发生这种现象。

8.3　共模电路

8.3.1　概述

共模电路是在包括电动机及其轴承、负载和变频器在内的整个系统中，供循环电流流过的一个封闭的回路。

在正常情况下,典型的三相正弦波电源是平衡且对称的,中性点电压为零。然而,当采用PWM切换的三相电源供电时,由于是把直流电压转换至三相电压,因此情况就不同了。虽然输出电压的基频分量是对称和平衡的,但无法在仅有两个输出电平的情况下使瞬时三相输出电压之和为零。这就导致中性点电压不为零,该电压就是共模电压的来源。在任何负载情况下,该电压可在Y形连接的电动机绕组的中性节点测得(或在非Y形连接的电动机绕组的模拟中性节点测得)。该电压与直流总线电压成比例,其有效频率与变频器开关频率相同。

任何时候,变频器三相输出电压中的一相从一个电位变化到另一电位,使与该电压变化成比例的电流经由输出回路所有元件的对地电容流入大地,再经由变频器的对地电容和接地导体流回变频器。

8.3.2 系统共模电流流程

从电动机机座回流至变频器外壳的泄漏电流的回流路径包括电动机机座、电缆屏蔽或接地导体和工厂建筑结构中的可能导电部件,这些部件都具有电感,当共模电流流过时会产生电压降,使电动机机座电位高于变频器外壳的电位。电动机机座电压是变频器共模电压的一部分。共模电流会寻求具有最小阻抗的路径流过。如果预期的路径表现出较大的阻抗,如电动机机座接地,则电动机机座电压会使一部分共模电流转向至一条非预期的路径,如穿过建筑。在实际装置中,存在许多并联的路径,大多对共模电流或轴承电流值的影响较小,但当有EMC要求时就显得比较突出了。

然而,如果路径呈现的阻抗足够大,在电动机机座和变频器外壳之间可能出现大于100 V的电压降。在这种情况下,电动机的转轴通过金属联轴器联接至齿轮箱或其他牢固接地且与变频器外壳具有相近电位的传动机械,那么就可能有部分变频器共模电流流经电动机轴承、转轴和传动机械返回至变频器。

如果机器的转轴与地电平没有直接的接触,则电流将经由齿轮箱或负载机器轴承流通。这些轴承将先于电动机轴承而损坏。

8.4 杂散电容

8.4.1 概述

电动机中的杂散电容很小(见图19),对低频呈现出高阻抗而阻塞了低频电流。然而,现代变频器产生的快速上升脉冲具有很高的频率,即使电动机中很小的电容也会提供低阻抗路径供电流流通。

8.4.2 主要电容

电动机电容主要出现在定子绕组和电动机机座之间,沿定子圆周和长度方向分布。由于电流沿线圈泄漏到定子中,因此进入定子线圈的高频分量电流大于流出线圈的电流。

净轴向电流在定子叠片中流通产生的高频环形磁通,并在回路中产生8.1.2所述的轴向电压。如果转轴电压足够大,就会有高频循环电流流过转轴和两端轴承,且在某些情况下,会流过负载机械的转轴和轴承。该循环电流通常会造成轴承损坏,其峰值一般为3 A~20 A,取决于电动机的大小、电动机端子处的电压上升速率和直流环节电压水平。

8.4.3 其他电容

定子绕组和定子叠片之间的电容是共模电路的重要参数。此外,还有其他电容,如定子绕组端部和转子之间的电容或在电动机定子铁心和转子表面之间的气隙中的电容,且轴承本身也具有电容。

变频器输出的快速变化的共模电压不仅在电动机圆周和长度方向电容中产生电流,而且还在定子绕组和转子之间电容中产生电流并流入轴承。

流入轴承的电流可根据轴承的情况快速变化。例如,只有当轴承的滚动体被润滑剂包围且不导电时,轴承电容才存在。如果轴承电压超出了轴承润滑膜的击穿极限值或轴承润滑膜已减少而使之与轴承座圈接触,则轴承电容发生短路。在很低的转速下,轴承也会由于缺乏绝缘润滑膜而有金属接触。

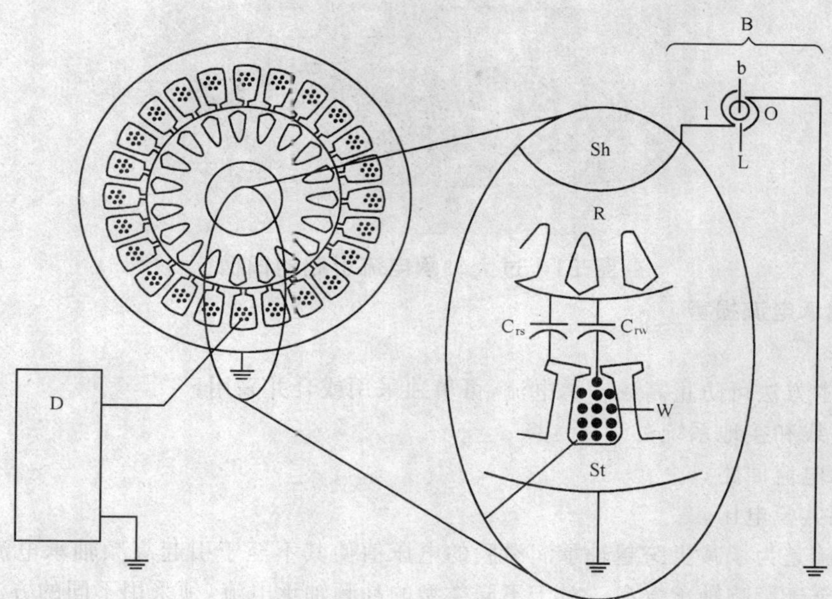

D——变频器；
W——绕组；
b——球式滚子；
Sh——转轴；
C_{rs}——转子-定子电容；
l——内圈；
R——转子；
C_{rw}——转子-绕组电容；
O——外圈；
St——定子；
B——轴承；
L——润滑模。

图 19 电动机电容

8.5 过量轴承电流的后果

图 20 和图 21 所示为由于共模电流和放电所引起的典型的轴承损坏。

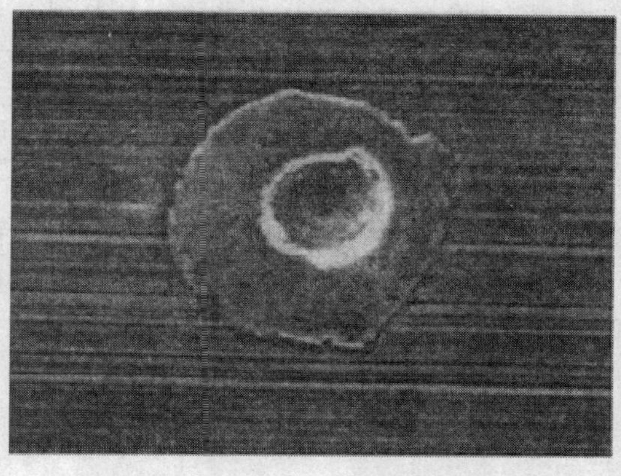

图 20 放电引起的轴承凹点(凹点直径为 30 μm～50 μm)

图 21 过大轴承电流引起的凹槽

8.6 防止高频轴承电流损害

8.6.1 基本方法

以下三种基本方法可防止高频轴承电流，可单独采用或合并采用：

- 适宜的布线和接地系统；
- 改变轴承电流回路；
- 削弱高频共模电压。

以上这些措施是为了减少跨越轴承润滑膜的电压值使其不至于引起高频轴承电流脉冲，或将脉冲值削弱而使其不至于影响轴承寿命。对于不同类型的高频轴承电流，须采用不同的方法。

解决高频电流的基础是采用适宜的接地系统。标准的设备接地设计主要是为了在系统频率发生故障时，为保护人员和设备而提供足够低的阻抗连接。如果按照第 9 章的要求进行安装，则在高共模电流频率下变速传动可有效接地。

8.6.2 其他预防措施

- 使用绝缘轴承。

注：在实际应用中，使用一些具有不同厚度类型的轴承绝缘并置于不同的位置(例如，在转轴和内轴承座圈之间、外轴承座圈和尾轴承架之间、尾轴承架和机座之间)。常用外表面具有陶瓷涂层的抗摩擦轴承(所谓的涂层轴承)，也可用带陶瓷滚动元件的轴承。

- 用滤波器降低共模电压和/或 dV/dt。
- 对于可能被轴承电流损坏的负载或其他设备采用非导电联轴器。
- 在转轴和电动机机座之间用电刷接触。
- 尽可能使用低电压电动机和变频器。
- 变频器以满足噪声和温度要求的最低开关频率运行。
- 避免使用双重转换(并联开关)。

表 5 对其中一些方法的效果进行了对比。

表 5 预防轴承电流的各种措施的效果

对策	电流类型			附加说明
	环路电流	轴对地电流	电容性放电电流	
1. 非传动端轴承绝缘或陶瓷层滚子	有效	无效 仅保护一个轴承	无效 仅保护一个轴承	非传动端已绝缘，不需要绝缘的联轴器
2. 两端轴承均绝缘或陶瓷层滚子	有效：对此类电流一个轴承绝缘已够	有效	有效：可能还需要用电刷连接	小机座号大多有效。大机座号很少用
3. 两端轴承均绝缘或陶瓷滚子，再用绝缘联轴器和转轴通过电刷接地	有效	有效	有效	大多有效(特别是对大电机)。避免损坏负载机械。需要维修

表 5(续)

对策	电流类型			附加说明
	环路电流	轴对地电流	电容性放电电流	
4. 非传动端轴承绝缘，传动端用电刷接地	有效：对此类电流不需要电刷，非传动端装转速计需保护	有效：不保护负载机械轴承	有效：电刷接触阻抗要小	需要维修。大机座号常用。传动端用电刷可不用绝缘的联轴器
5. 用一电刷接地，轴承不绝缘	无效：仅保护一个轴承	有效：不保护负载机械轴承	有效：电刷接触阻抗要小	需要维修
6. 两端用二电刷接地，轴承不绝缘	有效：电刷接触阻抗要小	有效：不保护负载机械轴承	有效：电刷接触阻抗要小	需要维修
7. 低电阻润滑油和/或石墨填充的轴承密封	稍有效	稍有效	有效：取决材料状况	无长期运行经验，降低润滑效果
8. 用法拉第笼转子	无效	无效	非常有效	大电机常出现变频器环路电流问题
9. 共模电压滤波器	有效：降低高频电压也可降低低频电流	有效	有效	滤波器安装在变频器输出侧，可大大降低共模电压
10. 联轴器绝缘	无效	非常有效	无效	也可防止损坏负载机械
11. 机座与负载机械联接	无效	有效	无效	也可防止损坏负载机械

9 安装

9.1 接地、搭接接地和布线

9.1.1 概述

9.1 所给出的建议仅是对用于保护接地连接的导体和电动机电缆的适用性、可靠性及 EMC 安装等问题给予一般指导。对于特殊安装，应遵循与接地有关的地方法规和适合于系统集成器，并且应遵守变频器供应商涉及 EMC 的指示。详见 GB/T 12668.3—2002 和 IEC 61000-5-1。通用 EMC 安装技术的综合指南见 IEC 61000-5-1 和 IEC 61000-5-2。

9.1.2 接地

9.1.2.1 接地目的

接地的目的是为了安全、可靠和无干扰地运行。传统接地是基于电气安全，有利于保障人身安全和限制因电气故障而造成的设备损坏。PDS 的无干扰运行须采取更有力的措施以保证在高频时的有效接地，这就要求地面、设备外壳、线路板与大地等电位。

另外，正确的接地可强有力地削弱电动机转轴和机座的电压，减小高频轴承电流并防止轴承过早失效和损坏辅助设备(见第 8 章)。

9.1.2.2 接地电缆

为了安全起见，接地电缆应遵照地方法规并根据不同情况确定尺寸。选择适宜的电缆特性和布线规则也有助于降低作用于 PDS 不同元件上的电应力水平，从而提高其可靠性。此外，所选用的电缆类型须符合 EMC 要求。

9.1.3 电动机搭接接地

搭接接地在某种程度上不仅是为了满足安全要求，还可以提高装置的 EMC 性能。可用金属条、网带或圆电缆等导体接地,对高频系统以金属条或编织带为好,带的长/宽比应小于5。

对于100 kW以上电动机,驱动机械的外部接地条件要求电动机机座与驱动机械之间搭接。典型的应用有水泵(用水接地)和集中润滑的齿轮箱(用油管接地)。这种联接是为了实现等电位和提高接地效果,其应具有低电感,因此应采用金属条或编织带,并且应沿着最短的路径。在有些情况下,可能要求有另外的电动机部件间进行搭接(见图22),例如在电动机机座和接线盒之间。

当电动机和驱动负载使用共同的润滑系统时,须小心防止联轴器跨越绝缘轴承室。

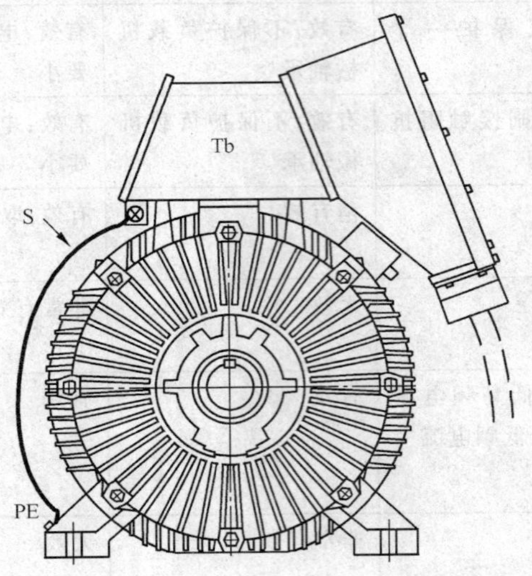

Tb——接线盒;

PE——连接至电动机机座;

S——搭接接地条。

图22 电动机接线盒与机座搭接

9.1.4 电动机电力电缆

9.1.4.1 推荐配置

大于30 kW电动机接线宜用单芯动力线和多根接地线对称配置的电缆。

较小功率且易于布线的场合优先采用多芯屏蔽电缆。30 kW及以下电动机和10 mm^2 及以下电缆也可为不对称配置电缆,但布线要特别小心,该功率范围常用金属箔屏蔽线。

如以屏蔽层作为防护导线,屏蔽层电导至少应达到相导体电导的50%,高频情况下至少要达到10%。对于用铜或铝屏蔽/铠装层来说,这些要求很容易达到。如以钢材料作为屏蔽层,因其电导率较低,就需要更大的横截面且屏蔽螺旋应具有较小的梯度。屏蔽层电镀将增大其高频电导。如屏蔽层阻抗过大,高频返回电流引起的电压降将明显提高机座相对于接地转子的电位,而引起非预期的轴承电流流过(见第8章)。对屏蔽层的表面传输阻抗进行估计可以评定其EMC效果。即使在高频状态下该阻抗也应相当低。

电缆屏蔽应两端接地。沿圆周360°搭接接地能有效屏蔽整个高频段,对EMC性能有利(见9.1.4.3)。

合适的屏蔽电缆实例有:

- 带一同心的铜或铝防护层的三芯电缆(见图23A)。在这种情况下,各相线彼此等距且与屏蔽层等距,屏蔽层也作为防护导体。
- 带三根对称接地导体和一同心屏蔽/铠装三芯电缆(见图23B)。该类电缆的屏蔽层仅用于EMC和人身保护。

注:对于小功率系统,宜使用单个导体作为保护接地。

- 用钢和镀锌铁绞线(小节距)作屏蔽/铠装的三芯电缆(见图23C)。如果屏蔽层的横截面不够大,需另加一独立的接地导体。

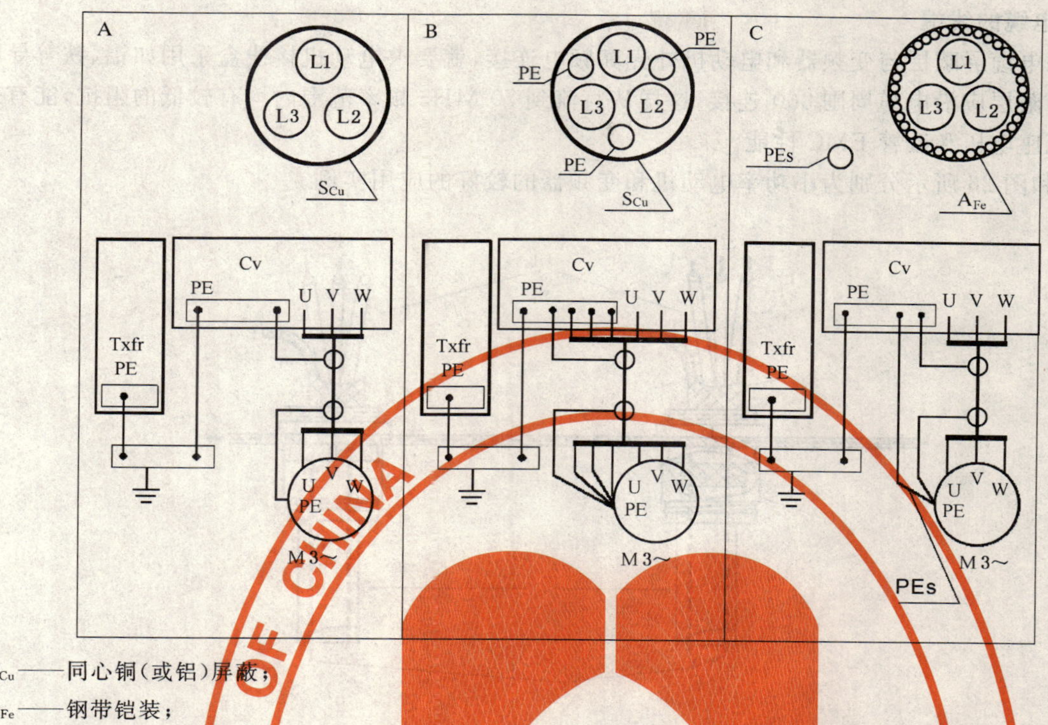

SCu——同心铜(或铝)屏蔽；

AFe——钢带铠装；

Txfr——变压器；

Cv——变频器；

PEs——独立的接地线。

图 23 电动机电缆屏蔽层连接实例

为了与变频器和电动机接线盒相联接，电缆两端应去除屏蔽层，该部分的长度应尽量短。

一般情况下，100 m 及以下长度的屏蔽电缆可不采取附加措施而直接使用。对于较长的电缆，可能要采取一些特殊的措施，如输出接滤波器。当使用滤波器时，从变频器输出至滤波器之间的电缆应符合以上要求。如果使用的滤波器 EMC 性能较好，则从滤波器至电动机之间的电缆不需屏蔽或对称，但可能要求电动机另外接地。

无屏蔽的单芯电缆也可用于大容量电动机，但须紧密安装在金属电缆桥上，电缆桥至少在电缆敷设路径的两端与接地系统搭接。需注意源自这些电缆的磁场可能会在附近的金属件中引发电流，从而产生发热并增加损耗。

9.1.4.2 并联对称布线

当连接大功率变频器和电动机时因电流很大需要用多根电缆并联，这时应按照图 24 采用易于(对称)安装的适宜布线。

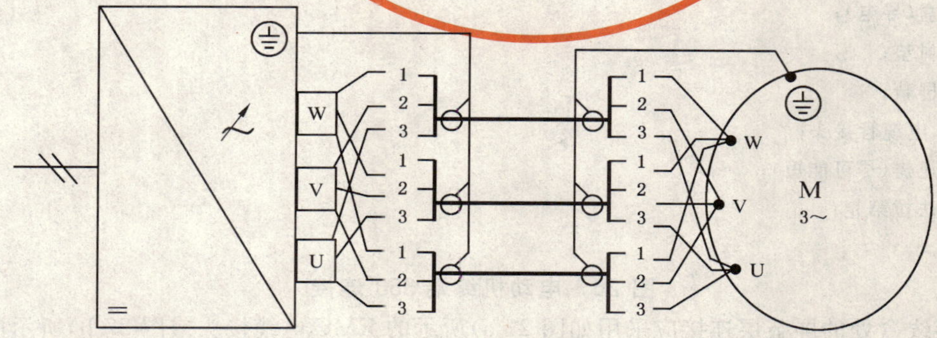

图 24 大功率变频器和电动机多根电缆并联连接

9.1.4.3 电缆的线端

要确保电缆屏蔽层与变频器和电动机外壳高频电连接，就要求电动机接线盒采用如铝、铁等导电金属制造。屏蔽层应沿电缆周围360°连接，这样从直流到70 MHz频率范围内均有较低的阻抗，能有效降低转轴和机座电压和改善EMC性能。

图25和图26所示分别为小功率电动机和变频器的较好的应用实例。

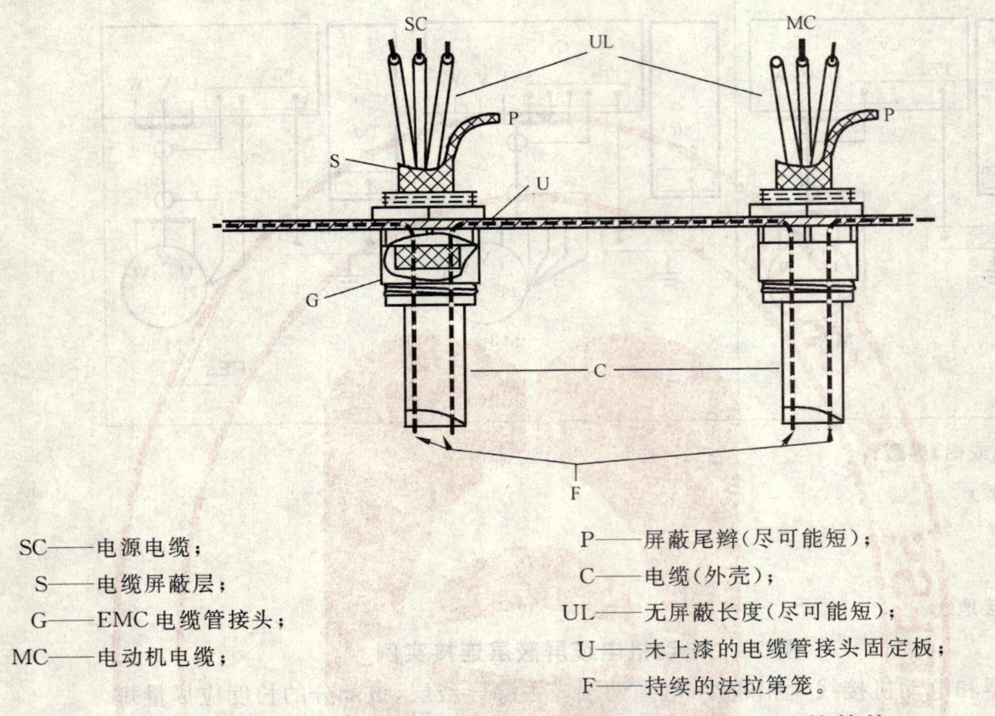

SC——电源电缆；
S——电缆屏蔽层；
G——EMC电缆管接头；
MC——电动机电缆；
P——屏蔽尾辫(尽可能短)；
C——电缆(外壳)；
UL——无屏蔽长度(尽可能短)；
U——未上漆的电缆管接头固定板；
F——持续的法拉第笼。

图25 变频器与高频电缆夹360°连接，见法拉第笼

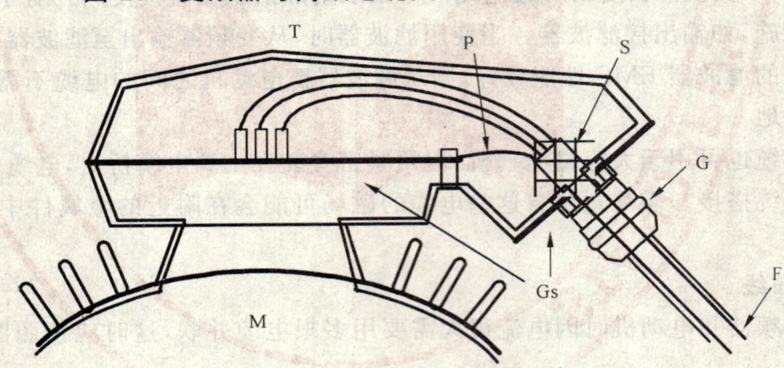

T——接线盒(导电)；
Gs——导电衬垫；
S——电缆屏蔽；
G——EMC电缆管接头；
P——屏蔽尾辫(尽可能短)；
F——持续法拉第笼；
M——机座。

图26 电动机终端360°连接

电动机接线盒处的屏蔽层连接应采用如图27 a)所示的EMC电缆接头或图27 b)所示的屏蔽接线夹。变频器外壳处也要按照此要求连接。

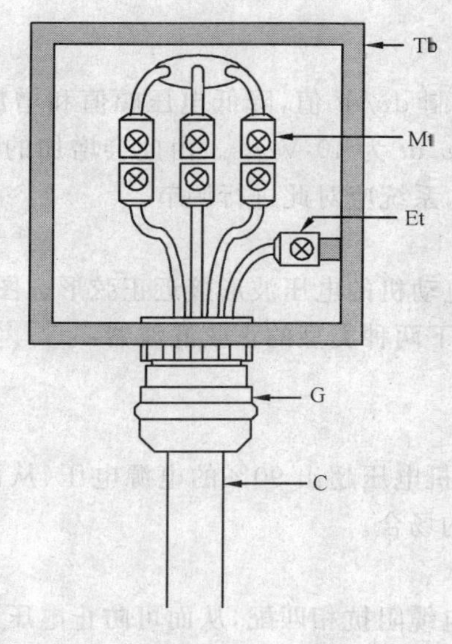

a） 管接头连接

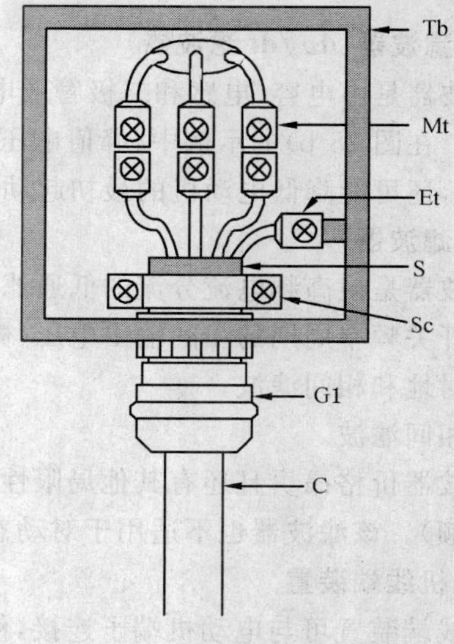

b） 接线夹连接

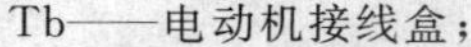

Tb——电动机接线盒；
Sc——屏蔽接线夹；
Mt——电动机端子；
G——EMC 电缆管接头；
Et——接地端子；
G1——非 EMC 电缆管接头；
S——电缆屏蔽；
C——电缆。

图 27 电缆屏蔽层连接

9.1.4.4 辅助设备的布线和接地

为防止在系统内形成电流通路而引发错误读数或损坏，一些辅助设备（如转速计等）在电气上应与电动机绝缘。对于联接器型的编码器，可采用绝缘的联轴器。对于空心轴型转速计可通过球关节或安装臂绝缘。转速计电缆屏蔽层应与其外壳绝缘。屏蔽层的另一端在变频器处接地。

空心轴转速计的空心轴与外壳之间有电气绝缘时，允许电缆屏蔽层与转速计外壳连接。

脉冲编码器最好采用双屏蔽电缆接线。为了减小高频干扰，屏蔽层应通过电容在编码器端接地。单屏蔽电缆可用于模拟转速计。

为了防止不需要的耦合，辅助设备的电缆线路应与动力布线分开。

9.1.4.5 集成传感器的布线

通常，9.1.4.4 所给出的对模拟转速计的建议适用于与电机集成的传感器（例如，热电偶）。然而，由于其接线通常在电动机内与动力线非常接近，因此其绝缘需有足够强度以耐高压。在这种情况下，不可能总是使用屏蔽电缆。

9.2 电抗器和滤波器

9.2.1 概述

在一些装置中，为了降低设备承受的电应力或改善 EMC 性能，可采用电抗器或输出滤波器。

9.2.2 输出电抗器

这类特殊设计的电抗器用以调节 PWM 输出波形，也可用来降低 dv/dt 和峰值电压。然而需要谨慎的是，从理论上说，如果电抗器选择不当就会延长上升持续时间，特别是铁氧体磁心的电抗器。在图 28 a）的示例中，电抗器的增加使峰值电压上升时间延长了 5 μs 左右且使其幅值降至 792 V。正常情况下，输出电抗器装在变频器箱体内。输出电抗器也可用于接线长达几百米的大型传动设备以补偿电缆充电电流。

9.2.3 限压滤波器(dv/dt 滤波器)

限压滤波器是由电容、电感和二极管或电阻组成，用以限制 dv/dt 值，降低电压幅值和增加峰值电压上升时间。在图 28 b)的示例中，峰值电压降低至 684 V，dv/dt 为 40 V/μs。由此会增加的 0.5%～1.0%的损耗，还可能降低电动机的最初起动转矩和最大转矩，系统应对此进行调节。

9.2.4 正弦滤波器

正弦滤波器是使高频电流分流的低通滤波器，使输出到电动机的电压波形接近正弦形。图 28 c)所示为 1.5 倍开关频率周期的相间输出电压(微分)。通常有以下两种类型的正弦滤波器：

1) 相对地和相间滤波；

2) 仅相间滤波。

这些滤波器价格昂贵且还有其他局限性。它们阻止电动机电压超出 90%的电源电压(从而可降低变频器的定额)。该滤波器也不适用于对动态性能要求较高的场合。

9.2.5 电动机线端装置

电动机线端装置可与电动机端子连接，使电动机阻抗和电缆阻抗相匹配，从而可防止电压反射。在图 28 d)的示例中，峰值电压仅为 800 V，上升时间为 2 μs。这类滤波器通常会增加约 0.5%～1.0%的损耗。

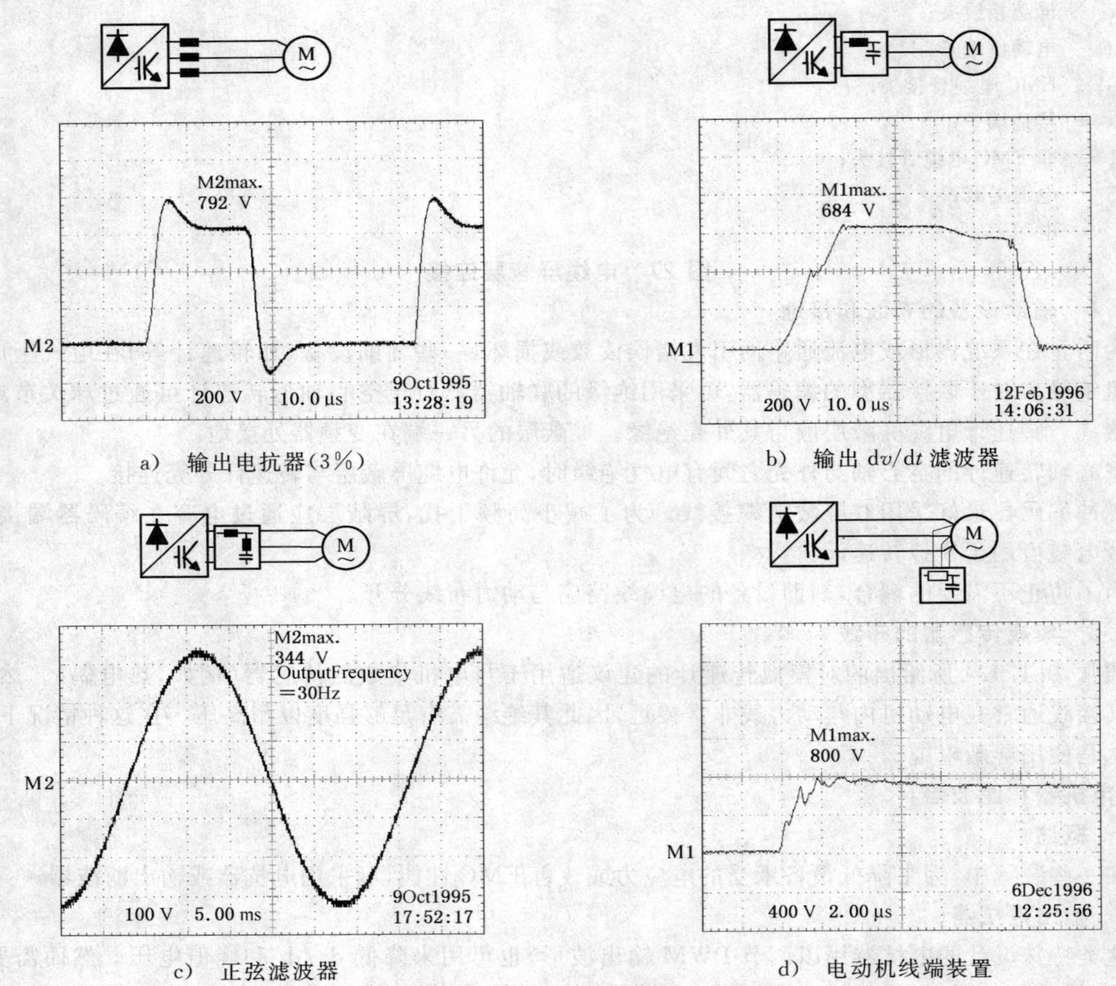

a) 输出电抗器(3%)

b) 输出 dv/dt 滤波器

c) 正弦滤波器

d) 电动机线端装置

图 28 预防性措施的特性

附 录 A
（资料性附录）
变频器输出频谱

变频器输出电压波形乃至输出电压频谱，随着变频器输出电压产生的方法不同而不尽相同。图A.1 a)和图A.1 b)所示分别为恒频(约2.5 kHz)切换和滞后切换(平均频率约2.2 kHz)变频器的输出频率成分。图A.2所示为一个随机频率(平均约2.2 kHz)PWM变频器和一个滞后切换变频器的典型频谱对比。输出至电动机的频率都约为40 Hz，电动机负载特性保持恒定。滞后或随机频率PWM切换的频率成分的幅值通常比恒定频率PWM开关的幅值低，但在频率范围的分布较广。

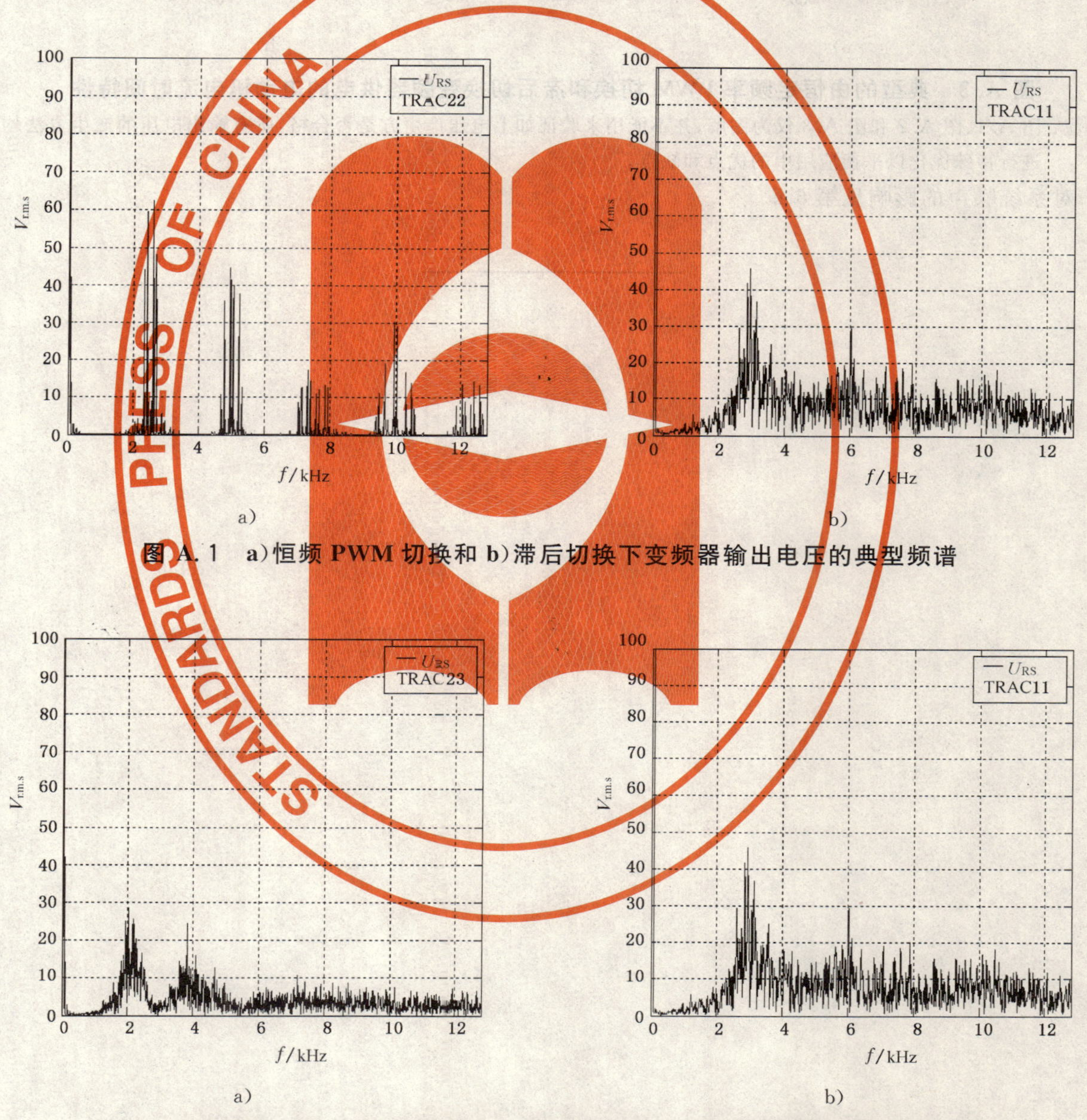

图A.1 a)恒频PWM切换和b)滞后切换下变频器输出电压的典型频谱

图A.2 a)随机频率PWM切换和b)滞后切换下变频器输出电压的典型频谱

图A.3所示为典型的(标准的)由恒定频率PWM切换(图A.3 a))和滞后切换(图A.3 b))变频器供电的电动机电流时间特性。输出至电动机的频率约为10 Hz。

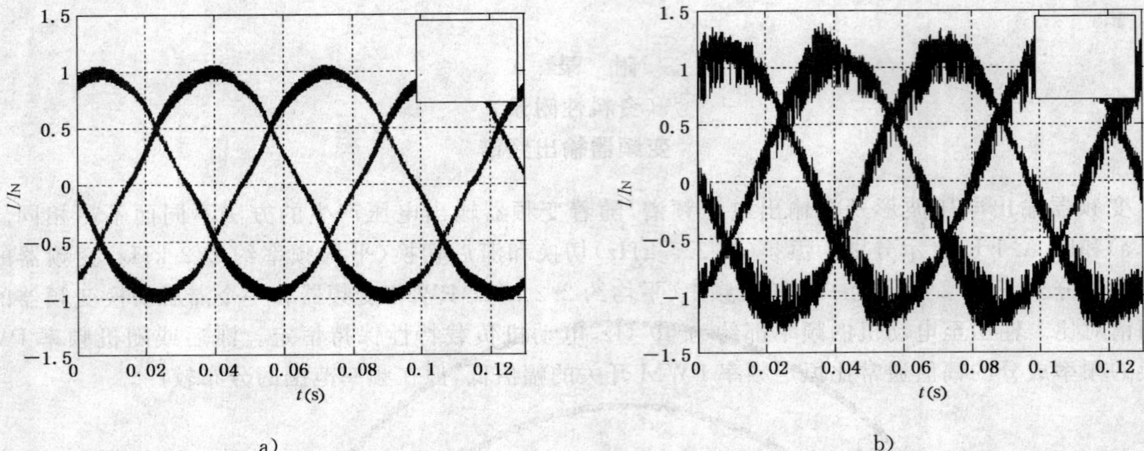

图 A.3　典型的由恒定频率 PWM 切换和滞后切换变频器供电的电动机电流时间特性

注：图 A.1、图 A.2 和图 A.3 仅为图解，并不能用来验证如上电压产生方是否合格，所有输出电压的产生方法均可进行特殊优化以平衡应用中的优点和缺点。

对系统噪声的影响见第 6 章。

ICS 29.160.01
K 20

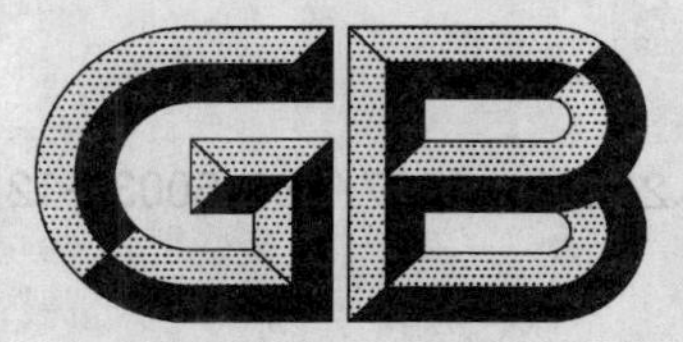

中华人民共和国国家标准

GB/T 21210—2007/IEC 60034-12:2002

单速三相笼型感应电动机起动性能

Starting performance of single-speed three-phase cage induction motors

（IEC 60034-12:2002,IDT）

2007-12-03 发布　　2008-05-01 实施

中华人民共和国国家质量监督检验检疫总局
中国国家标准化管理委员会　发布

前言

本标准等同采用IEC 60034-12:2002《单速三相笼型感应电动机起动性能》。

本标准由中国电器工业协会提出。

本标准由全国旋转电机标准化技术委员会(SAC/TC 26)归口。

本标准负责起草单位:上海电器科学研究所(集团)有限公司。

本标准参加起草单位:山东华力电机集团股份有限公司、武汉卧龙湖北电机有限公司、无锡华达电机有限公司、西安西玛电机有限公司、长江航运集团电机厂、江苏锡安达防爆股份有限公司、江苏大中电机股份有限公司、衡水电机股份有限公司、横店集团联宜电机有限公司。

本标准主要起草人:顾卫东、李秀英、张文斌、邓汉辉、吴国华、陆进生、薄月琴、柏皓光、项怀余、曹中水、黄海燕。

单速三相笼型感应电动机起动性能

1 范围

本标准规定了50 Hz或60 Hz单速三相笼型感应电动机起动性能的四种设计参数。电动机应符合GB 755—2000标准，且

- 额定电压不超过1 000 V；
- 直接起动或星—三角起动；
- 依据S1工作制类型设计；
- 可具有任一种防护等级。

本标准也适用于在两种电压下磁饱和程度相同的双电压电动机以及符合GB 3836.1—2000和GB 3836.3—2000标准的T1到T3温度组别的增安型电动机。

注1：本标准并不要求各制造厂生产所有这四种设计的电机，按本标准选择任何一种设计将由制造厂与用户协商。

注2：特殊用途电动机可以不按上述四种设计规定。

注3：本标准给出的转矩值和视在功率值是极限值(最小或最大值，无容差)。但须注意，制造厂在样本上给出的数值可能包括容差，容差应符合GB 755—2000标准的规定。

注4：附表中列出的转子堵转视在功率相应于转子堵转时对称的稳态电流有效值。电动机接通电流时会有一个0.5周的不对称瞬时峰值电流，为稳态值的1.8～2.8倍。此电流的峰值和衰变时间与电动机的设计及合闸相角呈函数关系。

2 规范性引用文件

下列文件中的条款通过本标准的引用而成为本标准的条款。凡是注日期的引用文件，其随后所有的修改单(不包括勘误的内容)或修订版均不适用于本标准，然而，鼓励根据本标准达成协议的各方研究是否可使用这些文件的最新版本。凡是不注日期的引用文件，其最新版本适用于本标准。

GB 755—2000 旋转电机 定额和性能(idt IEC 60034-1:1996)

GB 3836.1—2000 爆炸性气体环境用电气设备 第1部分:通用要求(eqv IEC 60079-0:1998)

GB 3836.3—2000 爆炸性气体环境用电气设备 第3部分:增安型“e”(eqv IEC 60079-7:1990)

3 术语和定义

下列术语和定义适用于本标准。

3.1

额定转矩 rated torque

T_N

电动机在额定输出和额定转速下的轴端转矩。

[GB/T 2900.25—1994]

3.2

堵转转矩 locked-rotor torque

T_l

电动机在额定频率、额定电压和转子在其所有角位堵住时所产生的转矩的最小测得值。

[GB/T 2900.25—1994]

3.3

最小转矩 pull-up torque

T_u

电动机在额定频率、额定电压下，在零转速与对应于最大转矩的转速之间所产生的稳态异步转矩的最小值。

本定义不适用于转矩随转速增加而连续下降的电动机。

注：在某些特定的转速下，除了稳态异步转矩外，还会产生与转子功角呈函数关系的谐波同步转矩。在这些转速下，对应于某些转子功角的加速转矩可能为负值。经验和计算表明这是一种不稳定的运行状态，谐波同步转矩不会妨碍电动机的加速，可从本定义中排除。

3.4

最大转矩 breakdown torque

T_b

电动机在额定电压和额定频率下所产生的无转速突降的稳态异步转矩最大值。

本定义不适用于转矩随转速增加而连续下降的电动机。

3.5

额定输出 reted output

P_N

定额中的输出值。

3.6

堵转视在功率 locked-rotor apparent power

S_l

在额定电压和额定频率下，电动机处于停止状态时的输入视在功率。

4 符号

符号	参量
J	负载转动惯量
p	极对数
P_N	额定输出
S_l	堵转视在功率
T_N	额定转矩
T_l	堵转转矩
T_u	最小转矩
T_b	最大转矩

5 设计代号

5.1 概述

本标准范围内的电动机分为下列 5.2～5.5 几种设计。

5.2 N 设计

本设计为正常起动转矩的三相笼型感应电动机。电动机采用直接起动，具有 2 极、4 极、6 极或 8 极，额定功率从 0.4 kW～1 600 kW。

5.3 NY 设计

本设计类似 N 设计，但采用星—三角起动，电动机星接起动时的堵转转矩 T_l 和最小转矩 T_u 的最小值应不低于 N 设计相应值(见表 1)的 25%。

5.4 H 设计

本设计为高起动转矩的三相笼型感应电动机。电动机采用直接起动，有 4 极、6 极或 8 极，额定功率从 0.4 kW～160 kW，频率为 60 Hz。

5.5 HY 设计

本设计类似 H 设计，但采用星—三角起动，电动机星接起动时的堵转转矩 T_l 和最小转矩 T_u 的最小值应不低于 H 设计相应值(见表 4)的 25%。

6 N 设计的要求

6.1 转矩特性

起动转矩由三个特征值来表现。这些特征值应符合表 1 或表 5 所给出的相应数值，这些数值均为额定电压下的最小值，但允许高于这些数值。

从转速为零至产生最大转矩的任一转速下，转矩应不小于转矩曲线上相应转矩值的 1.3 倍，此转矩曲线随转速的平方作变化且在额定转速时等于额定转矩。对额定输出大于 100 kW 的 2 极增安型电动机，在零转速到出现最大转矩的转速之间的任一转速下，电动机的转矩应不小于转矩曲线上相应转矩的 1.3 倍，此转矩曲线随转速的平方作变化且在额定转速时等于 70% 额定转矩。增安型电动机的三个特征转矩应符合表 5 规定的相应值。

注：考虑到电动机加速期间端电压比额定电压降低 10%，选择系数为 1.3。

6.2 堵转视在功率

堵转视在功率不应大于表 2 或表 6 中的规定。表 2 和表 6 中的数值与极数无关，并为额定电压下的最大值。增安型电动机的堵转视在功率应符合表 6 规定的相应值。

6.3 起动要求

电动机允许在冷态下连续起动二次(二次起动之间电动机应自然停机)，和在额定运行后在热态下起动一次，由驱动负载所产生的阻转矩均与转速的平方成正比，并在额定转速时等于额定转矩，此负载的转动惯量应符合表 3 或表 7 的规定。

上述情况下，当且仅当电动机起动前的温度不超过额定负载下的稳定温度时，才允许再次起动。额定输出大于 100 kW 的增安型 2 极电动机，其负载阻转矩与转速的平方成正比，且在额定转速时等于 70% 额定转矩。负载的转动惯量应符合表 7 的规定。电动机起动后容许承载额定转矩的负载。

注：应注意减少起动次数，因为多次起动会影响电动机的寿命。

7 NY 设计的起动要求

起动要求与 N 设计相同，但须降低阻转矩，使星接时的起动转矩能把某些负载加速到所需的转矩。

注：应注意减少起动次数，因为多次起动会影响电动机的寿命。

8 H 设计的要求

8.1 起动转矩

起动转矩由三个特征值来表现。这些特征值应符合表 4 所给出的相应数值，这些数值均为额定电压下的最小值，但允许高于这些数值。

8.2 堵转视在功率

堵转视在功率数值应不大于表 2 中规定。表 2 中的数值与极数无关，并为额定电压下的最大值。

8.3 起动要求

电动机允许在冷态下连续起动二次(二次起动之间电动机应自然停机),和在额定运行后在热态下起动一次,由驱动负载所产生的阻转矩为一常数(与转速无关)并等于额定转矩,此负载的转动惯量应为表3所规定数值的50%。

上述情况下,当且仅当电动机起动前的温度不超过额定负载下的稳定温度时,才允许再次起动。

注:应注意减少起动次数。因为多次起动会影响电动机的寿命。

9 HY设计的起动要求

起动要求与H设计相同,但须降低阻转矩,使星接时的起动转矩能把某些负载加速到所需的转矩。

注:应注意减少起动次数,因为多次起动会影响电动机的寿命。

表1 N设计各转矩的最小值

额定输出范围/kW	极数											
	2			4			6			8		
	T_l	T_u	T_b	T_l	T_u	T_b	T_l	T_u	T_b	T_l	T_u	T_b
$0.4 \leqslant P_N \leqslant 0.63$	1.9	1.3	2.0	2.0	1.4	2.0	1.7	1.2	1.7	1.5	1.1	1.6
$0.63 < P_N \leqslant 1.0$	1.8	1.2	2.0	1.9	1.3	2.0	1.7	1.2	1.8	1.5	1.1	1.7
$1.0 < P_N \leqslant 1.6$	1.8	1.2	2.0	1.9	1.3	2.0	1.6	1.1	1.9	1.4	1.0	1.8
$1.6 < P_N \leqslant 2.5$	1.7	1.1	2.0	1.8	1.2	2.0	1.6	1.1	1.9	1.4	1.0	1.8
$2.5 < P_N \leqslant 4.0$	1.6	1.1	2.0	1.7	1.2	2.0	1.5	1.1	1.9	1.3	1.0	1.8
$4.0 < P_N \leqslant 6.3$	1.5	1.0	2.0	1.6	1.1	2.0	1.5	1.1	1.9	1.3	1.0	1.8
$6.3 < P_N \leqslant 10$	1.5	1.0	2.0	1.6	1.1	2.0	1.5	1.1	1.8	1.3	1.0	1.7
$10 < P_N \leqslant 16$	1.4	1.0	2.0	1.5	1.1	2.0	1.4	1.0	1.8	1.2	0.9	1.7
$16 < P_N \leqslant 25$	1.3	0.9	1.9	1.4	1.0	1.9	1.4	1.0	1.8	1.2	0.9	1.7
$25 < P_N \leqslant 40$	1.2	0.9	1.9	1.3	1.0	1.9	1.3	1.0	1.8	1.2	0.9	1.7
$40 < P_N \leqslant 63$	1.1	0.8	1.8	1.2	0.9	1.8	1.2	0.9	1.7	1.1	0.8	1.7
$63 < P_N \leqslant 100$	1.0	0.7	1.8	1.1	0.8	1.8	1.1	0.8	1.7	1.0	0.7	1.6
$100 < P_N \leqslant 160$	0.9	0.7	1.7	1.0	0.8	1.7	1.0	0.8	1.7	0.9	0.7	1.6
$160 < P_N \leqslant 250$	0.8	0.6	1.7	0.9	0.7	1.7	0.9	0.7	1.6	0.9	0.7	1.6
$250 < P_N \leqslant 400$	0.75	0.6	1.6	0.75	0.6	1.6	0.75	0.6	1.6	0.75	0.6	1.6
$400 < P_N \leqslant 630$	0.65	0.5	1.6	0.65	0.5	1.6	0.65	0.5	1.6	0.65	0.5	1.6
$630 < P_N \leqslant 1\ 600$	0.5	0.3	1.6	0.5	0.3	1.6	0.5	0.3	1.6	0.5	0.3	1.6

注:列出的数值为 T_N 的标幺值。

表2 N和H设计堵转视在功率的最大值

额定输出范围/kW	S_l
$0.4 \leqslant P_N \leqslant 6.3$	13
$6.3 < P_N \leqslant 25$	12
$25 < P_N \leqslant 63$	11
$63 < P_N \leqslant 630$	10
$630 < P_N \leqslant 1\ 600$	9

注:用 P_N(kVA/kW)的标幺值表示 S_l。

表 3 负载转动惯量(J)

极数	2		4		6		8	
频率/Hz	50	60	50	60	50	60	50	60
额定输出/kW	转动惯量/kgm²							
0.4	0.018	0.014	0.099	0.074	0.273	0.205	0.561	0.421
0.63	0.026	0.020	0.149	0.112	0.411	0.308	0.845	0.634
1.0	0.040	0.030	0.226	0.170	0.624	0.468	1.28	0.960
1.6	0.061	0.046	0.345	0.259	0.952	0.714	1.95	1.46
2.5	0.091	0.068	0.516	0.387	1.42	1.07	2.92	2.19
4.0	0.139	0.104	0.788	0.591	2.17	1.63	4.46	3.34
6.3	0.210	0.158	1.19	0.889	3.27	2.45	6.71	5.03
10	0.318	0.239	1.80	1.35	4.95	3.71	10.2	7.63
16	0.485	0.364	2.74	2.06	7.56	5.67	15.5	11.6
25	0.725	0.544	4.10	3.07	11.3	8.47	23.2	17.4
40	1.11	0.830	6.26	4.69	17.2	12.9	35.4	26.6
63	1.67	1.25	9.42	7.06	26.0	19.5	53.3	40.0
100	2.52	1.89	14.3	10.7	39.3	29.5	80.8	60.6
160	3.85	2.89	21.8	16.3	60.1	45.1	123	92.5
250	5.76	4.32	32.6	24.4	89.7	67.3	184	138
400	8.79	6.59	49.7	37.3	137	103	281	211
630	13.2	9.90	74.8	56.1	206	155	423	317
1 600	30.6	23	173	130	477	358	979	734

注 1:转动惯量用 mr^2 表示,其中 m 为质量,r 为平均惯性半径。

注 2:转动惯量的定义见 ISO 31/3 1992,第 3 章~第 7 章。

注 3:负载转动惯量的中间值或更大值应按下式计算。本表列出的数值即按下式计算求得:

——50 Hz 电动机 $J=0.04P^{0.9}p^{2.5}$

——60 Hz 电动机 $J=0.03P^{0.9}p^{2.5}$

式中:

J——负载的转动惯量,单位为千克二次方米(kgm²);

P——电动机的输出,单位为千瓦(kW);

p——电动机的极对数。

表 4 H设计各转矩的最小值

额定输出范围/kW	极数								
	4			6			8		
	T_l	T_u	T_b	T_l	T_u	T_b	T_l	T_u	T_b
$0.4 \leqslant P_N \leqslant 0.63$	3.0	2.1	2.1	2.55	1.8	1.9	2.25	1.65	1.9
$0.63 < P_N \leqslant 1.0$	2.85	1.95	2.0	2.55	1.8	1.9	2.25	1.65	1.9
$1.0 < P_N \leqslant 1.6$	2.85	1.95	2.0	2.4	1.65	1.9	2.1	1.5	1.9
$1.6 < P_N \leqslant 2.5$	2.7	1.8	2.0	2.4	1.65	1.9	2.1	1.5	1.9

表 4(续)

额定输出范围/kW	极数								
	4			6			8		
	T_l	T_u	T_b	T_l	T_u	T_b	T_l	T_u	T_b
$2.5<P_N\leq4.0$	2.55	1.8	2.0	2.25	1.65	1.9	2.0	1.5	1.9
$4.0<P_N\leq6.3$	2.4	1.65	2.0	2.25	1.65	1.9	2.0	1.5	1.9
$6.3<P_N\leq10$	2.4	1.65	2.0	2.25	1.65	1.9	2.0	1.5	1.9
$10<P_N\leq16$	2.25	1.65	2.0	2.1	1.5	1.9	2.0	1.4	1.9
$16<P_N\leq25$	2.1	1.5	1.9	2.1	1.5	1.9	2.0	1.4	1.9
$25<P_N\leq40$	2.0	1.5	1.9	2.0	1.5	1.9	2.0	1.4	1.9
$40<P_N\leq160$	2.0	1.4	1.9	2.0	1.4	1.9	2.0	1.4	1.9

注 1：列出的数值为 T_N 的标么值。

注 2：T_l 的值为 N 设计相应值的 1.5 倍，但不小于 2.0。

注 3：T_u 的值为 N 设计相应值的 1.5 倍，但不小于 1.4。

注 4：T_b 的值等于 N 设计相应值，但不小于 1.9 和 T_u 值。

表 5 增安型 N 设计电动机各转矩的最小值

额定输出范围/kW	极数											
	2			4			6			8		
	T_l	T_u	T_b	T_l	T_u	T_b	T_l	T_u	T_b	T_l	T_u	T_b
$0.4\leq P_N\leq0.63$	1.7	1.1	1.8	1.8	1.2	1.8	1.5	1.1	1.6	1.4	1.0	1.6
$0.63<P_N\leq1.0$	1.6	1.1	1.8	1.7	1.2	1.8	1.5	1.1	1.6	1.4	1.0	1.6
$1.0<P_N\leq1.6$	1.6	1.1	1.8	1.7	1.2	1.8	1.4	1.0	1.7	1.3	1.0	1.6
$1.6<P_N\leq2.5$	1.5	1.0	1.8	1.6	1.1	1.8	1.4	1.0	1.7	1.3	1.0	1.6
$2.5<P_N\leq4.0$	1.4	1.0	1.8	1.5	1.1	1.8	1.4	1.0	1.7	1.2	0.9	1.6
$4.0<P_N\leq6.3$	1.4	1.0	1.8	1.4	1.0	1.8	1.4	1.0	1.7	1.2	0.9	1.6
$6.3<P_N\leq10$	1.4	1.0	1.8	1.4	1.0	1.8	1.4	1.0	1.6	1.2	0.9	1.6
$10<P_N\leq16$	1.3	0.9	1.8	1.4	1.0	1.8	1.3	1.0	1.6	1.1	0.8	1.6
$16<P_N\leq25$	1.2	0.9	1.7	1.3	1.0	1.7	1.3	1.0	1.6	1.1	0.8	1.6
$25<P_N\leq40$	1.1	0.8	1.7	1.2	0.9	1.7	1.2	0.9	1.6	1.1	0.8	1.6
$40<P_N\leq63$	1.0	0.7	1.6	1.1	0.8	1.6	1.1	0.8	1.6	1.0	0.7	1.6
$63<P_N\leq100$	0.9	0.65	1.6	1.0	0.8	1.6	1.0	0.8	1.6	0.9	0.7	1.6
$100<P_N\leq160$	0.8	0.6	1.6	0.9	0.7	1.6	0.9	0.7	1.6	0.8	0.6	1.6
$160<P_N\leq250$	0.75	0.55	1.6	0.8	0.6	1.6	0.8	0.6	1.6	0.8	0.6	1.6
$250<P_N\leq400$	0.7	0.55	1.6	0.7	0.55	1.6	0.8	0.6	1.6	0.7	0.55	1.6
$400<P_N\leq630$	0.6	0.45	1.6	0.6	0.45	1.6	0.7	0.55	1.6	0.6	0.4	1.6

注：列出的数值为 T_N 的标么值。

表 6 增安型 N 设计电动机堵转视在功率的最大值

额定输出范围/kW	S_l
$0.4 \leqslant P_N \leqslant 6.3$	12
$6.3 < P_N \leqslant 63$	11
$63 < P_N \leqslant 630$	10
注：用 P_N(kVA/kW)的标么值表示 S_l。	

表 7 增安型 N 设计电动机的负载转动惯量(J)

极数	2		4		6		8	
频率/Hz	50	60	50	60	50	60	50	60
额定输出/kW	转动惯量/kgm²							
0.4	0.017	0.013	0.097	0.073	0.267	0.200	0.548	0.411
0.63	0.025	0.019	0.140	0.105	0.386	0.289	0.792	0.594
1.0	0.036	0.027	0.204	0.153	0.561	0.421	1.15	0.864
1.6	0.053	0.040	0.298	0.223	0.821	0.616	1.69	1.26
2.5	0.076	0.057	0.428	0.321	1.18	0.884	2.42	1.81
4.0	0.110	0.083	0.626	0.469	1.72	1.29	3.54	2.66
6.3	0.160	0.120	0.904	0.678	2.49	1.87	5.12	3.84
10	0.232	0.174	1.31	0.986	3.62	2.72	7.44	5.58
16	0.340	0.255	1.92	1.44	5.30	3.98	10.9	8.16
25	0.488	0.366	2.76	2.07	7.61	5.71	15.6	11.7
40	0.714	0.536	4.04	3.03	11.1	8.35	22.9	17.1
63	1.03	0.774	5.84	4.38	16.1	12.1	33.0	24.8
100	1.50	1.13	8.49	6.37	23.4	17.5	48.0	36.0
160	2.20	1.65	12.4	9.32	34.2	25.7	70.3	52.7
250	3.15	2.36	17.8	13.4	49.1	36.9	101.0	75.7
400	4.61	3.46	26.1	19.6	71.9	53.9	148	111
630	6.66	5.00	37.7	28.3	104	77.9	213	160

注 1：转动惯量用 mr^2 表示，其中 m 为质量，r 为平均惯性半径。

注 2：转动惯量的定义见 ISO 31/3 1992，第 3 章～第 7 章。

注 3：负载转动惯量的中间值或更大值应按下式计算。本表列出的数值即按下式计算求得：

——50 Hz 电动机 $J=0.036P^{0.81}p^{2.5}$

——60 Hz 电动机 $J=0.027P^{0.81}p^{2.5}$

式中：

J——负载的转动惯量，单位为千克二次方米(kgm²)；

P——电动机的输出，单位为千瓦(kW)；

p——电动机的极对数。

ICS 29.160.30
K 23

中华人民共和国国家标准

GB/T 21211—2007/IEC 61986:2002

等效负载和叠加试验技术 间接法确定旋转电机温升

**Equivalent loading and super-position techniques—
Indirect testing to determine temperature rise of roating electrical machines**

(IEC 61986:2002, Roating electrical machines—
Equivalent loading and super-position techniques—
Indirect testing to determine temperature rise, IDT)

2007-12-03 发布　　2008-05-01 实施

中华人民共和国国家质量监督检验检疫总局
中国国家标准化管理委员会　发布

前　言

本标准等同采用 IEC 61986:2002《等效负载和叠加试验技术　间接法确定旋转电机温升》(英文版)。

本标准 7.2 公式(13)和 10.4 中公式(22)IEC 原文有误,这里已改正。

本标准由中国电器工业协会提出。

本标准由全国旋转电机标准化技术委员会(SAC/TC 26)归口。

本标准负责起草单位:上海电器科学研究所(集团)有限公司。

本标准参加起草单位:哈尔滨大电机研究所、西安西玛电机(集团)有限公司、重庆赛力盟电机有限责任公司、无锡华达电机有限公司、山东华力电机集团股份有限公司、江苏大中电机股份有限公司、山东齐鲁电机制造有限公司。

本标准主要起草人:金惟伟、邱毓鸿、庄晓芬、富立新、安继琰、周奇、王大庆、苏晓丽、徐晓刚、张际鑫。

等效负载和叠加试验技术 间接法确定旋转电机温升

1 范围

本标准适用于GB 755—2000所覆盖的因各种原因不能加载到规定条件(额定或其他负载)进行热试验的电动机和发电机,不适用于1 kW及以下的电机。

本标准的目的是说明确定旋转电机温升的各种间接负载试验法,包括交流感应电动机、交流同步电机和直流电机的温升。在某些情况下,本试验方法还附带给出测量或估算其他参数如损耗和振动的方法,但不特别规定本方法提供这些数据。

由于本标准所推荐的试验方法是等效的,因此仅能依据应用场合、试验设备、电机种类和试验结果的准确度选择试验方法。

不可把本标准理解为对任何电机都能按所述的任一或全部试验方法进行试验。某些特定试验应按制造商和用户之间的专门协议确定。

由于本标准所述方法仅是近似地模拟电机在正常额定负载条件下产生的热状态。用这些试验方法获得的试验结果,根据制造商和用户之间的协议,作为评价电机发热是否符合GB 755—2000中7.10的依据。

2 规范性引用文件

下列文件中的条款通过本标准的引用而成为本标准的条款。凡是注日期的引用文件,其随后所有的修改单(不包括勘误的内容)或修订版均不适用于本标准,然而,鼓励根据本标准达成协议的各方研究是否可使用这些文件的最新版本。凡是不注日期的引用文件,其最新版本适用于本标准。

GB 755—2000 旋转电机 定额和性能(idt IEC 60034-1:1996)

GB/T 755.2—2003 旋转电机(牵引电机除外)确定损耗和效率的试验方法(IEC 60034-2:1972, IDT)

3 符号和单位

K_{11}、K_{22},等	以部件1中的损耗确定部件1温升的热变换系数,……等等,K/W
K_{12}、K_{13},等	以部件2中的损耗确定部件1温升的热变换系数,……等等,K/W
$\Delta\theta$	温升,K
θ	温度,℃
K	表征温升随损耗直线变化的斜率,K/W
P	损耗,W
I	电流,A
R	电阻,Ω
X_L	定子漏抗,Ω
V	电压,V
f	频率,Hz
ω	角频率,rad/s
f_1/f_2	主/副频率,Hz

Δt	时间间隔,s
λ	副电压与主电压之比
F	调制频率,Hz
δ	调制频率的幅度,Hz
T	转矩,Nm
J	转动惯量,kgm^2
$\cos\varphi$	功率因数
γ	试验准确度,%
σ	修正系数

下标

m,n,o,p	试验条件
1,2,3,等	电机部件(例如:定子绕组、转子绕组、定子铁心等)
t	试验
f	励磁
A	环境
s	定子
N	额定值
α	过励/开路
β	欠励/短路
super	叠加试验
equiv	等效负载试验

4 通用试验要求

电量测量应遵循以下规定:

a) 测量仪器的准确度等级不低于 0.2 级,低功率因数功率表准确度不低于 0.5 级,频率表的准确度为 0.5 级。

b) 选择的仪表量程应该使其测量值大于满量程 30%,用两功率表法测量三相功率除外,但测量线路中的电流和电压至少是所用功率表的电流量程和电压量程的 20%。其他测量仪表量程选择应以不增加测量误差为前提。

c) 电机引出线端子处电源波形和对称性应符合 GB 755—2000 中 6.1~6.5 的要求。

d) 应测量各线电流,如果各线电流不相等,则用其算术平均值来确定电机的工作点。

e) 三相电机的输入功率可用按两表法接线的两只单相功率表,或一只多相功率表,或三个单相功率表进行测量。如果功率表电压回路或电流回路中的 I^2R 损耗明显影响功率值的话,功率表读数按其接线方法应减去此 I^2R 损耗。对数字式仪表,则不必减去此 I^2R 损耗。

除另有说明外,所有应测量电量为均方根值。

5 叠加试验原理

5.1 概述

叠加试验适用于任何直流或交流电机。本方法包括一系列不同于额定负载运行条件下的试验,例如较低负载、空载、短路、降低电压、感性或容性无功负载试验。

本方法给出电机中不同部件满载温升的计算方法,为此应知道每一部件在特定试验条件下和满载时的损耗。认为叠加试验的冷却条件与满载运行时相同。但堵转试验并非如此,因为气流分布和空气流量不同。

完成各项试验之后，可以写出一系列方程式，每个方程式的形式：

$$\Delta\theta_{1m} = K_{11}P_{1m} + K_{12}P_{2m} + K_{13}P_{3m} \quad (1)$$

式中：

$\Delta\theta_{1m}$——m 试验实测的部件 1 的温升；

P_{1m}、P_{2m}等——m 试验条件下，部件 1、2 等的损耗；

K_{11}、K_{12}等——部件 1 损耗决定部件 1 温升的热变换系数，部件 2 损耗决定部件 1 温升的热变换系数等。

例如，部件 1、2 和 3 可能是定子绕组、定子铁心和转子绕组。

在有些试验中，其损耗可能等于零，因此方程中的相关项就没有。例如同步电机在空载试验时 $K_{11}P_1 = 0$，而在短路试验时 $K_{12}P_2 = 0$。

本方法是基于各项试验之间系数 K 不变，即冷却条件不变的原理，因此要求各项试验中转速相同。本方法也是基于热线性叠加原理，这样，一种情况下的温升可以与另一种情况下的温升相加，这就需要相当准确地知道相关部件中的损耗，各种情况下的损耗可以用计算法或测量法确定。

完成各项试验并写出方程，通过简单的计算就可求得系数 K。在最终方程中用这些系数连同额定负载时的损耗就可计算部件 1 的温升。用类似的方法，可求得部件 2 和 3 的额定负载温升。

如果任一部件的损耗与温度有关（例如定子铜耗），则必须用修正后的损耗值重新计算已估算的温升。通常仅需一次迭代即可。

如果已知任何部件在任一负载下的损耗，则可以用叠加试验法确定该部件在该负载下的温升。在其他热模拟研究中，例如，分析电压不平衡，电压降低时，热变换系数可能是有用的。

在全部叠加试验中，对不同性能的热交换器（如电机安装热交换器）需做修正，因为交换器的热性能与各项试验中的总损耗有些关系。

5.2 叠加试验法允许温升

用叠加试验确定电机指定部分的温升与额定负载试验结果相比总是存在偏差（见本标准）。若误差是负的（见 6.1、6.2、7.1、7.2 和第 8 章），则按 GB 755—2000 规定的允许温升限值予以修正。

如果叠加法温升试验结果的准确度 γ(%) 是负值，则在额定负载运行时的温升可能等于：

$$\Delta\theta_{N} = \Delta\theta_{Nsuper} + \Delta\theta_{Nsuper}\frac{|\gamma|}{100} \quad (2)$$

因此，对负误差而言，GB 755—2000 规定的允许温升限值应乘以修正系数 σ，σ 按下式计算：

$$\sigma = \frac{1}{1 + \frac{|\gamma|}{100}} \quad (3)$$

6 感应电动机叠加法

6.1 降低电压额定电流法

本方法需要一个在额定频率下电压可调的电源和一个比被试电机定额小得多的负载发电机或制动设备。本方法包括三项试验，每项试验需测量电压、电流、定子绕组损耗和定子绕组温升。三项试验条件如下：

m 试验：降低电压，额定负载电流，测得 V_m、I_m、P_{1m}和 $\Delta\theta_{1m}$；

n 试验：与 m 试验相同的低电压，但为空载，测得 V_n、I_n、P_{1n}和 $\Delta\theta_{1n}$；

o 试验：空载额定电压，测得 V_o、I_o、P_{1o}和 $\Delta\theta_{1o}$。

式中：

$\Delta\theta_{1m}$——定子额定电流、近似额定的转子电流产生的 I^2R 损耗和空载降低电压下的铁耗和风摩耗所引起的定子绕组温升；

$\Delta\theta_{1n}$——降低电压下的空载定子电流产生的 I^2R 损耗、铁耗和风摩耗所引起的定子绕组温升；

$\Delta\theta_{1o}$——额定电压下的空载定子电流产生的 I^2R 损耗、铁耗和风摩耗所引起的定子绕组温升。

必须注意，对于大型感应电动机，m 试验可能出现转差率不会小于临界转差率(pull-out slip)的情况，在这种情况下，可选择在大于临界转差率时进行试验。用电阻法测量空载定子绕组温升，需采用某种措施迅速停机，或在负载下直接测量电阻。

本方法假定，每一项试验的冷却条件相同，其含义指转速实际上不变。

由下式确定的 $\Delta\theta_{1n}$ 值具有足够的准确度：

$$\Delta\theta_{1n} = \Delta\theta_{1o} P_{1n} / P_{1o} \qquad \cdots\cdots(4)$$

用上述给出的关系，可省略空载降低电压下 n 试验的发热试验，采用这种方式作为实用的替代方法。

对各种类型不同定额的电动机，所测温升的准确度在 $\gamma=-10\%$ 和 $\gamma=+6\%$ 的范围内。本方法最适合于笼型感应电动机，估计其准确度在 $\gamma=\pm3\%$ 的范围内。

结果可用下述的计算法或图解法求得。

6.1.1 计算法确定温升

对于铜导体，计算法假定在定子电流为额定值的任何负载下，定子绕组温升具有下述的线性关系。

$$\Delta\theta_{1} = \Delta\theta_{1P} + K_{11}^{*} P_{1} \qquad \cdots\cdots(5)$$

式中：

$\Delta\theta_{1P}$——理论上在额定电压和零电流时产生的定子温升(即温升是仅由铁耗和风摩耗产生的)；

P_1——特定负载下定子绕组损耗；

K_{11}^{*}——定子绕组损耗和转子绕组损耗以及附加损耗(见 GB/T 755.2—2003 的 8.3)的热变换系数。

通过 6.1 中的常规试验，可利用下式求出系数 K_{11}^{*}。

$$K_{11}^{*} = \frac{\Delta\theta_{1m} - \Delta\theta_{1n}}{P_{1m} - P_{1n}} \qquad \cdots\cdots(6)$$

即由于 m 试验和 n 试验中定子电流变化(铁耗恒定)导致的定子温升增加正比于两个试验中定子损耗的增加。

理论上仅由铁耗和风摩耗产生的定子温升 $\Delta\theta_{1P}$ 可由下式求出：

$$\Delta\theta_{1P} = \Delta\theta_{1o} - K_{11}^{*} P_{1o} \qquad \cdots\cdots(7)$$

即由定子绕组损耗和铁耗产生的温升减去定子绕组损耗产生的温升。

对于铜导线，在额定电流和额定电压时，定子绕组温升可由下式求出：

$$\Delta\theta_{1N} = \frac{\Delta\theta_{1o} - K_{11}^{*} P_{1o} + K_{11}^{*} P_{1N}(\theta_{A})(235+\theta_{AN})/(235+\theta_{A})}{1 - K_{11}^{*} P_{1N}(\theta_{A})/(235+\theta_{A})} \qquad \cdots\cdots(8)$$

式中：

θ_{A}——测定 $P_{1N}(\theta_{A})$ 时的环境温度；

θ_{AN}——基准环境温度；

235——铜导线在 0℃ 时电阻温度系数的倒数。

利用每次试验测得各部件的损耗值和温升值，可用类似方法求得转子绕组和定子铁心的温升。

6.1.2 图解法确定温升

图解法基于下列假设。

负载损耗只与电流有关，空载损耗只与电压有关。

温升可以相加，即热辐射效应可忽略，热变换系数与温度无关。

负载杂散损耗只与电流有关，实际上，此损耗也与电压有些关系。

这些假设本质上与上述 6.1.1 中所述的计算法的假设相同。通过 6.1 中的三项试验可画出测得的绕组温升与定子电流平方的关系曲线，通过降低电压试验的两点($\Delta\theta_{1m}$ 和 $\Delta\theta_{1n}$)可画一条直线，通过 $\Delta\theta_{1o}$ 作该直线的平行线。可得额定负载时的温升 $\Delta\theta_{1N}$，如图 1 所示。

如果 n 试验和 o 试验的定子电流与额定电流相比足够小，则在额定电压和额定负载时的定子温升由下式求得：

$$\Delta\theta_{1N} = \Delta\theta_{1m} + \Delta\theta_{1o} - \Delta\theta_{1n} \qquad \cdots\cdots\cdots\cdots\cdots\cdots (9)$$

6.2 额定电压降低电流法

本方法包括两项试验。本方法需要一个比被试电机定额小的负载发电机或制动设备。

加载方法可以是实际负载法或等效负载法。

在下列两项试验中测量定子温升和电流。

p 试验：电动机在额定电压和额定频率下降低负载运行。测量定子绕组温升 $\Delta\theta'_{1m}$和定子电流 I'_1。I'_1最好不小于 70%额定电流。

o 试验：电动机在额定频率和额定电压下空载运行。测量定子绕组温升 $\Delta\theta_{1o}$和定子电流 I_o。

满载温升由下式计算出：

$$\Delta\theta_{1N} = \frac{\dfrac{\Delta\theta'_{1m} - \Delta\theta_{1o}}{I_1'^2 - I_0^2} \times \left(I_N^2 \times \dfrac{235 + \theta_{AN}}{235 + \theta_m} - I_1'^2\right) + \Delta\theta'_{1m}}{1 - \dfrac{\Delta\theta'_{1m} - \Delta\theta_{1o}}{I_1'^2 - I_0^2} \times \dfrac{I_N^2}{235 + \theta_m}} \qquad \cdots\cdots\cdots\cdots (10)$$

式中：

I_N——定子额定电流；

θ_m——p 试验时的环境温度。

对各种类型不同定额的电动机而言，所测温升的准确度在 $\gamma = (-5 \pm 6)\%$的范围内。本方法最适合于高压绕线转子感应电动机，估计其准确度在 $\gamma = \pm 1\%$的范围内。

6.3 绕线转子感应电动机叠加方法

本方法包括下述两项试验：

a 试验：转子绕组短路，电动机在额定电压额定频率下空载运行。定子绕组温升主要由铁耗和风摩耗决定。

b 试验：电动机在转子侧励磁，定子绕组短路，驱动电动机在额定转速下运转。调节转子电流使定子电流达到额定值。定子绕组温升主要由定子 I^2R 损耗决定。定子绕组短路以及电压降低时铁耗也降低，风摩耗不变。

两项试验测得的定子绕组温升相加便得到在额定电压和额定电流下的定子绕组温升。由于 a 试验中空载定子铜耗和 b 试验中的风摩耗的微小作用，计算出的定子绕组温升比实际温升略高。

由于尚不知用这种方法确定温升试验数据的对比情况，专家估计本方法的准确度在 $\gamma = \pm 10\%$的范围内。

7 同步电机叠加法

7.1 开路、短路，零励磁电流法

同步电机由辅助电动机驱动到额定转速，做如下三项试验：

m 试验：电枢绕组短路，调节励磁电流，使电枢电流为额定值；

n 试验：电枢绕组开路，调节励磁电流，使电枢电压为额定值；

o 试验：电枢绕组开路，零励磁电流。

各项试验测定的电枢绕组温升分别是 $\Delta\theta_{1m}$，$\Delta\theta_{1n}$，$\Delta\theta_{1o}$。在额定转速，额定电压和额定电流时的电枢绕组温升由下式确定：

$$\Delta\theta_{1N} = (\Delta\theta_{1m} - \Delta\theta_{1o}) + (\Delta\theta_{1n} - \Delta\theta_{1o}) + \Delta\theta_{1o} \qquad \cdots\cdots\cdots\cdots\cdots (11)$$

（即，$(\Delta\theta_{1m} - \Delta\theta_{1o})$是 I^2R 损耗引起的温升，$(\Delta\theta_{1n} - \Delta\theta_{1o})$是铁耗引起的温升，$\Delta\theta_{1o}$是风摩耗引起的温升）。

除大型透平同步电机外，同步电机电枢绕组温升的实际准确度为 $\gamma=-10\%$。

同样，如果在上述三项试验中能测得励磁绕组温升的话，也能确定在额定工况下励磁绕组的温升。如能做第四项试验可以提高本方法的准确性，即或电枢绕组开路，调节励磁电流到额定值，电枢过电压。或电枢绕组短路，电枢电流大于额定值。由此两试验之一测得的温升分别代替 n 试验或 m 试验测得的励磁绕组温升。因为电枢绕组可能受损伤，应事先得到制造商的许可。

另一种方法是电机作为同步调相机在额定励磁电流和某个中间的电枢电流下运行，直到励磁电压稳定。励磁电压(对电刷压降修正后)除以励磁电流即得励磁绕组热电阻，根据此热电阻可计算励磁绕组温升。

可用作图法求得额定负载时励磁绕组温升，如果可由 $I_{ft}^2R_{ft}$ 求得每项试验的励磁损耗 P_{ft}，其中 P_{ft}、I_{ft} 和 R_{ft} 分别是励磁损耗、励磁电流和励磁绕组电阻的试验值。三项试验励磁绕组温升对励磁损耗的关系用曲线表示，此曲线近似于直线，如图 2 所示。然后画第二条直线，显示在额定励磁电流下，因励磁绕组电阻从环温下的数值随温度上升而增加所引起的励磁损耗的变化。这两条直线的交点即为额定负载时励磁绕组的温升。

7.2 零功率因数和开路空载法

被试电机由辅助电机驱动到额定转速，做如下试验：

m 试验：额定励磁电流，额定电枢相电流，零功率因数，降低的电枢相电压；

n 试验：电枢绕组开路，相电压等于 m 试验中的电枢感应电势，即：

$$V_n = V_m + I_m X_L \qquad \cdots\cdots\cdots\cdots\cdots\cdots(12)$$

式中：

X_L——定子漏抗设计值。

o 试验：电枢绕组开路，相电压等于额定负载时的感应电势，即：

$$V_o = \sqrt{(V_N + I_N X_L \sin\varphi)^2 + (I_N X_L \cos\varphi)^2}\ ^{1)} \qquad \cdots\cdots\cdots\cdots\cdots\cdots(13)$$

式中：

$\cos\varphi$——额定功率因数；

V_N——额定电枢相电压；

I_N——额定电枢相电流。

电枢绕组温升：

$$\Delta\theta_{1N} = \Delta\theta_{1m} - \Delta\theta_{1n} + \Delta\theta_{1o} \qquad \cdots\cdots\cdots\cdots\cdots\cdots(14)$$

式中：

$\Delta\theta_{1m}$、$\Delta\theta_{1n}$ 和 $\Delta\theta_{1o}$——分别是在 m，n，o 试验中测得的电枢绕组温升；

$\Delta\theta_{1m}$——由额定励磁电流、额定电枢相电流和额定转速时的风摩耗及降低电压下铁耗引起的电枢绕组温升；

$\Delta\theta_{1n}$——由开路相电压为 V_n 时的励磁电流，额定转速时的风摩耗和降低电压下时的铁耗引起的电枢绕组温升；

$\Delta\theta_{1o}$——由开路相电压为 V_o 时的励磁电流、额定转速时的风摩耗和额定电压下铁耗引起的电枢绕组温升。

对定额在 500 kVA 及以下的同步电机，公认的电枢绕组温升准确度 $\gamma=-10\%$。

取 m 试验中励磁绕组温升实测值作为励磁绕组的温升。

8 直流电机叠加法

大型直流电机大多采用对拖回馈法进行试验，直流电机仅有一种间接试验方法可用。此叠加法是

1) 原文公式有误。

被试直流电机由辅助电动机拖动到额定转速，辅助电动机的定额通常约为被试电机的 20%。做如下三项试验：

m 试验：电枢绕组短路，调节励磁电流使电枢电流为额定值；

n 试验：电枢绕组开路，调节励磁电流使电枢电压为额定电势；

o 试验：电枢绕组开路，零励磁电流。

对定额 1 000 kW 及以下的电机，进行两项开路试验时，电刷应提起，但测量电枢电压时除外。对于定额大于 1 000 kW 的电机电刷可不提起，因为电刷的摩擦耗与其他损耗比数值较小。

第三项试验仅对转子表面线速度大于 30 m/s 的高速电机是必要的，因为风阻损耗对温升有明显的影响。

应确定每项试验电枢绕组温升，$\Delta\theta_{1m}$、$\Delta\theta_{1n}$ 和 $\Delta\theta_{1o}$。在额定转速，额定电压和额定电流时电枢绕组温升由下式确定：

$$\Delta\vartheta_{1N}=\Delta\theta_{1m}+\Delta\theta_{1n}-\Delta\theta_{1o} \quad \cdots\cdots(15)$$

（即温升等于电枢 I^2R 损耗和风摩耗，不计铁耗和励磁 I^2R 损耗产生的温升加上由铁耗和风摩耗（零电枢 I^2R 损耗）和额定励磁 I^2R 损耗产生的温升，减去由风摩耗产生的温升）。

电枢绕组温升的准确度约在 $\gamma=\pm10\%$ 的范围内。

9 等效负载试验原理

9.1 概述

等效负载试验不同于叠加法的多项试验，是在非额定负载条件下通过单一试验近似确定所选部件（几乎仅指定子绕组）在额定负载时的温升。目的是在等效负载条件下复现电动机中额定负载损耗尤其是相关部件中损耗的分布。对定子绕组而言，意味着在绕组中产生有效（r. m. s）的满载电流。对于某些特殊电机，如电机的轴伸无法接近、高速电机或需制作特殊而又昂贵的联轴器（如带槽）与负载连接的电机，用等效负载试验。

等效负载法的优点是：所用的试验设备较之直接满载试验所要求的设备既简化又便宜，更何况降低了对电源容量的要求。理想情况下，被试电动机不需轴联结；这样就避免了被试电机与机械负载或辅助驱动电机对中联结的复杂性和时间。

在第 10 章、第 11 章中所述的方法在一定程度上能达到这些目的。

9.2 等效负载试验法允许温升

以等效负载试验法确定的电机指定部件温升与额定负载试验结果比较始终有差别，如果是负误差，则应对 GB 755—2000 规定的允许温升进行修正。

如果等效负载温升试验结果的准确度 γ 是负值，则额定负载运行时的温升可能等于

$$\Delta\theta_{N}=\Delta\theta_{N\ equir}+\Delta\theta_{N\ equir}\frac{|\gamma|}{100} \quad \cdots\cdots(16)$$

因此，对于负误差，GB 755—2000 规定的允许温升应乘以下述修正系数 σ：

$$\sigma=\frac{1}{1+\frac{|\gamma|}{100}} \quad \cdots\cdots(17)$$

10 感应电动机等效负载试验法

10.1 正向短路试验法

被试电动机由辅助电机驱动在额定转速运行并由电源供电，电源的频率约为被试电动机额定频率的 80%或 120%。调节电源电压直至被试电动机电流为额定值止。当电源频率约为被试电动机额定频率的 80%时，被试电动机以负转差感应发电机的方式运行，输出电功率；当电源频率约为被试电动机额定频率的 120%时，被试电动机以正转差感应电动机的方式运行，由辅助电机输出电功率。

与直接负载法满载试验比较，定子基频 I^2R 损耗相同，风摩耗相同，基频定子铁耗偏低，转子导条电流和转子铜耗及高频定子齿铁耗偏高。

通常，高频损耗的增加不足以补偿基频铁耗的减少。因此应补充两项空载试验，其一是额定频率，额定电压下空载试验；另一空载试验是额定频率，空载电压为正向短路试验时施加的较低电压。此两项空载试验的定子温升差与正向短路试验测得的温升之和为电动机的温升。为了确定正向短路试验法的总损耗是否等于直接负载法试验时的总损耗，有必要测量被试电动机的输入和输出功率，或计算电动机在正向短路试验状态时的总损耗。

当只有 50 Hz 的电源时，此法对各种定额的 60 Hz 电动机是适用的。同样，当仅有 60 Hz 电源时，对各种定额的 50 Hz 电动机也是适用的。试验时，用齿轮箱，交流变速驱动装置或直流电动机使辅助电动机达到规定转速。

对不同类型，各种定额的电机，此法确定的温升准确度在 $\gamma=\pm10\%$ 范围内。

此法更适合于低压绕线转子感应电动机，估计其准确度在 $\gamma=\pm3\%$ 范围内。

由于电机中不同部件内损耗明显的重新分配，必须自始至终仔细监视电机各部件的温度。如果某点的温度过高，即终止试验。

10.2 调制频率法

感应电动机由交流电源供电，电源频率环绕某一平均值是可调制的。其中

f：平均频率（Hz）；

δ：频率调制幅度（Hz）；

F：调制频率（Hz）。

由于频率重复增加和减小，致使电动机反复加速和减速，以此给电动机加负载。调频电源可以是低频励磁的交流发电机，励磁频率 f_{ex}：

$$f_{ex}=\delta\sin(2\pi Ft) \qquad (18)$$

发电机的输出频率 f 由下式计算：

$$f=f_{rot}+f_{ex} \qquad (19)$$

式中 f_{rot} 是由发电机转速决定的频率。

平均转矩 T_{av} 由下式计算：

$$T_{av}=2J\delta_{\omega}F \qquad (20)$$

式中：

J——电动机的转动惯量；

δ_{ω}——角频率变化幅度。

假设调制是正弦的，则转矩的最大瞬时值为：

$$T_{max}=\frac{\pi}{2}T_{av} \qquad (21)$$

此最大转矩值应小于电动机的最大转矩，这样电动机就能在负载特性曲线的稳定部分运行。

预期准确度约 $\gamma=\pm10\%$。[2)]

本方法特别适合于大惯量电动机，因惯量愈大，对调制幅度和调制频率的要求就愈小（典型 1 Hz～2 Hz）。对于小惯量电动机可用飞轮增加惯量。

调制幅度和调制频率整定至零，电动机由平均频率电源供电起动之，然后增加调制幅值和调制频率至定子电流等于额定满载电流为止。调节发电机的励磁电流使其定子电压为额定值。

10.3 直流注入法

被试电动机由交流发电机电源供电并在空载额定电压下运行。电动机和发电机都是星形接法，且两者的中性点是可用的。电源可以是对称多相励磁绕组的发电机（或绕线转子感应发电机），由周期变化的低频 f_{ex} 多相电流励磁。直流电源接在两个中性点中间，如图 3 所示。调节直流输出电流直到交流

2） 已充分考虑操作者、控制和测量设备的误差。

空载电流的有效值加上注入的直流电流等于电动机的满载电流为止。电源发电机提供额定电压并能承受额定电流。

目前尚不知本方法试验数据的对比情况，专家们估计本方法的准确度在 $\gamma=\pm10\%$ 的范围内。直流电源建立的是空间静止磁场，其极数是定子极数的 3 倍。由于转子旋转而产生的磁通和电流，在转子中就有额外的损耗。

电流测量使用有两根抽头的电流互感器，一个为“正”向，另一个为“反”向，这样直流分量就抵消了。

10.4 叠频或双频法

10.4.1 定子馈电

电动机的定子同时由两个不同频率的电源供电(图 4)，一个是主电源，另一个是副电源。或者在主发电机和电动机之间经三相变压器与副发电机连接(图 5)。主频率和副频率电压的相序应相同。电动机的电流，电压和转速以差拍频率摆动。主发电机为额定频率，副发电机的输出电压和频率是可调的。副电源的频率通常约为额定频率的 80%或 120%，副电压是额定电压的 20%～30%。副频率的选择在某种程度上是以这种摆动不妨碍准确读数为准。

电动机首先由主电源供电并空载运行，然后逐步增加副发电机的输出电压(必要时也调节主发电机的电压)直到同时达到下列条件：

a) 电动机摆动电流的有效值等于额定电流；

b) 电动机摆动电压的有效值等于额定电压；

c) 转速等于额定转速。

如果调节电动机摆动电流和摆动电压精确等于额定值有困难，可以调节电动机输入功率使其等于满载总损耗。在额定转速，电流和电压接近其额定值时进行试验。

对于 315 kW 及以下笼型感应电动机和低压绕线转子感应电动机，准确度在 $\gamma=+3.0\%$ 和 $\gamma=-13\%$ 的范围内。

对 7 000 kW 及以下高压绕线转子感应电动机，准确度在 $\gamma=\pm3.0\%$ 范围内，但对某些发热水平低的电机，误差可达 $\gamma=+20\%$。

对主电源频率为 50 Hz，副电源频率为 40 Hz，根据主、副频率的转速/转矩和转速/电流曲线可推导出电动机的工作点，如图 6 所示。50 Hz 电源产生的正转矩(A 点)被 40 Hz 电源产生的负转矩(B 点)平衡。有效电流(net current)主要是由 40 Hz 电源供给的电流(C 点)决定的。因为对于 50 Hz 而言，电动机工作转差率很低(因而低电流)。对主电源是 50 Hz，副电源是 60 Hz 而言，60 Hz 产生的正转矩被 50 Hz 产生的负载转矩所平衡，有效电流主要是由 60 Hz 电源供给的电流所决定。

双频组合导致有效频率(net frequence)按下式随时变化：

$$f=\frac{f_1+k^2f_2+k(f_1+f_2)\cos2\pi(f_1-f_2)t}{1+k^2+2k\cos2\pi(f_1-f_2)t}\text{ [3]} \quad\cdots\cdots\cdots\cdots(22)$$

式中：$k=\lambda\dfrac{f_1}{f_2}$。

通常，上式各数值如下：

主电源频率 $f_1=50$ Hz；

副电源频率 $f_2=40$ Hz；

副电压/主电压 $\lambda=0.25$。

在此条件下，工作频率在 48 Hz 和 53.3 Hz 之间变化，即 $50^{+3.3}_{-2.0}$ Hz，环绕 50 Hz 不对称变动。这就是叠频法与 10.2 所述调制频率法基本区别。在调制频率法中，频率是环绕额定频率按正弦变化。

10.4.2 转子馈电

对绕线转子感应电动机，另一种叠频方法是副电源与转子回路联结而不是与定子联结，如图 7 所示。调节副电源电压和频率以便建立起额定的定子电流或正常定子馈电法时电动机的额定损耗。副电

---

3) 原文公式有误。

源的相序是，定子短路时转子的转向与主电源定子馈电转子短路时的转向相同。副电源频率，小于主电源频率的一半。

10.4.3 叠频试验时的振动力度

由于定子(或转子)两种频率电流和磁场的组合，轴转矩就有可观的振荡分量，振动水平有大于正常值的趋势。由于电流和磁通的频谱宽，就增加了发生机械共振的机会，为此希望试验时监视振动水平，以防发生损害。

叠频试验完成后，电动机仅以主电源供电在额定电压下运行，尽快测量电动机在满载运行温度时的振动水平。电动机的温度由热电偶温度计监视以确保温度接近满载时的数值。假如温度低于可接受水平的话，混频试验可再持续一段时间。

11 同步电机等效负载试验——零功率因数法

本方法是被试电机在适当的定子电流、电压和频率下以同步调相机方式运行。过励的被试电机与空载欠励运行的负载同步电机电联结。调节被试电机的励磁电流改变负载电流。为使定子电流保持恒定，端电压可以变化。由于过励零功率因数时滞后于定子漏抗的电势 E_P 大于相同的端电压和定子电流、而功率因数较高时的电势，因此试验端电压可以降低到其相应的 E_P 与额定负载时的 E_P 相同。以此法测得的定子温升作为额定负载时的温升。

励磁绕组的损耗与正常工作时相差很大，因此用电阻法测得的励磁绕组温升应按额定励磁电流时的损耗进行修正。可以认为，温升与励磁绕组的 I^2R 损耗成正比：

$$\Delta\theta_{fN}=\left(\frac{I_{fN}}{I_{ft}}\right)^2\Delta\theta_{ft}\frac{235+\theta_{AN}}{235+\Delta\theta_{ft}+\theta_{Ft}-\left(\frac{I_{fN}}{I_{ft}}\right)\Delta\theta_{ft}} \qquad \cdots\cdots(23)$$

式中：

I_{fN}——额定励磁电流；

I_{ft}——实测励磁电流；

θ_{AN}——基准环境温度；

θ_{Ft}——实测环境温度；

$\Delta\theta_{ft}$——实测励磁绕组温升。

忽略电阻随温度变化的影响，可用下面简化公式，但准确度较差。

$$\Delta\theta_{fN}=(I_{fN}/I_{ft})^2\Delta\theta_{ft} \qquad \cdots\cdots(24)$$

上述计算励磁绕组温升的公式，忽略定子和转子表面及风阻损耗的影响。

对表面线速度高的电机，例如透平型发电机，不可忽略风摩耗对励磁绕组温升的影响，励磁绕组温升按下式确定：

$$\Delta\theta_{fN}=(I_{fN}/I_{ft})^2(\Delta\theta_{ft}-\Delta\theta_{fw})+\Delta\theta_{fw} \qquad \cdots\cdots(25)$$

式中：

$\Delta\theta_{fw}$——被试电机驱动到额定转速且其电枢和励磁绕组开路时实测的励磁绕组温升。

对于额定功率因数大于 0.9(尤其是额定功率因数为 1)的电机，由于受励磁绕组发热的限制，零功率因数法可能不适用。对这种电机，将励磁电流调节到额定值，降低端电压使定子电流为额定值。这样定子 I^2R 损耗等于其额定值。由于铁耗降低致使定子温升降低，虽然这种影响与铜耗的影响相比是比较小的，但也需要修正以补偿定子铁耗降低对温升的影响。可以补充两个开路试验求此修正量：

a) 调节励磁电流使开路电压等于降低的端电压；

b) 调节励磁电流使开路电压等于额定端电压。

实测上述两项试验的定子绕组温升。将此两项试验的温升差值与等效负载试验的实测温升值相加。

等效负载法不适用于短时定额电机，因为等效负载需要足够长的时间才能使电机达到热平衡。

图 1 感应电动机图解叠加法

R_{fA}——环温时励磁绕组电阻；

R_{fN}——额定负载时励磁绕组电阻；

I_{fN}——额定励磁电流。

图 2 额定负载时励磁绕组温升的求取(同步电机)

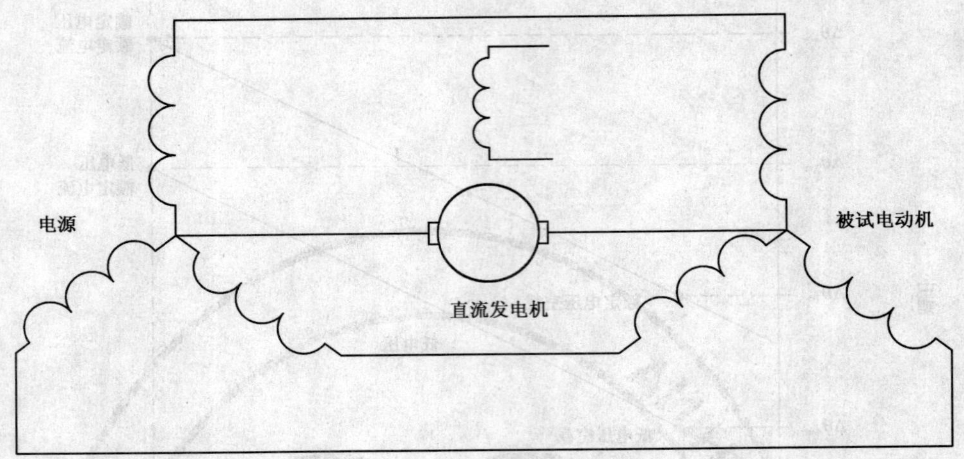

图 3　注入直流电流等效负载试验线路图

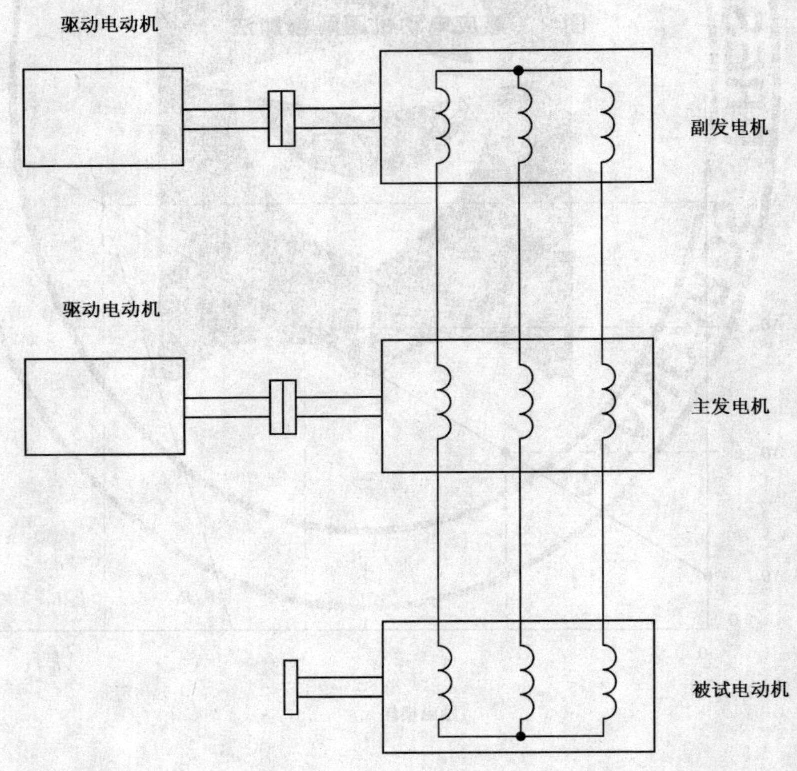

图 4　叠频试验——两发电机串连

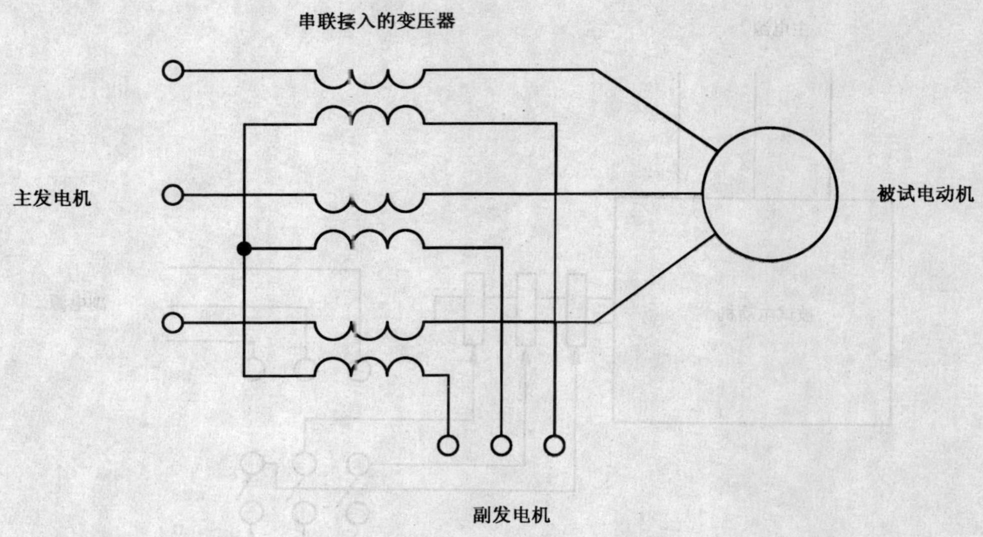

图 5 叠频试验——串连接入变压器

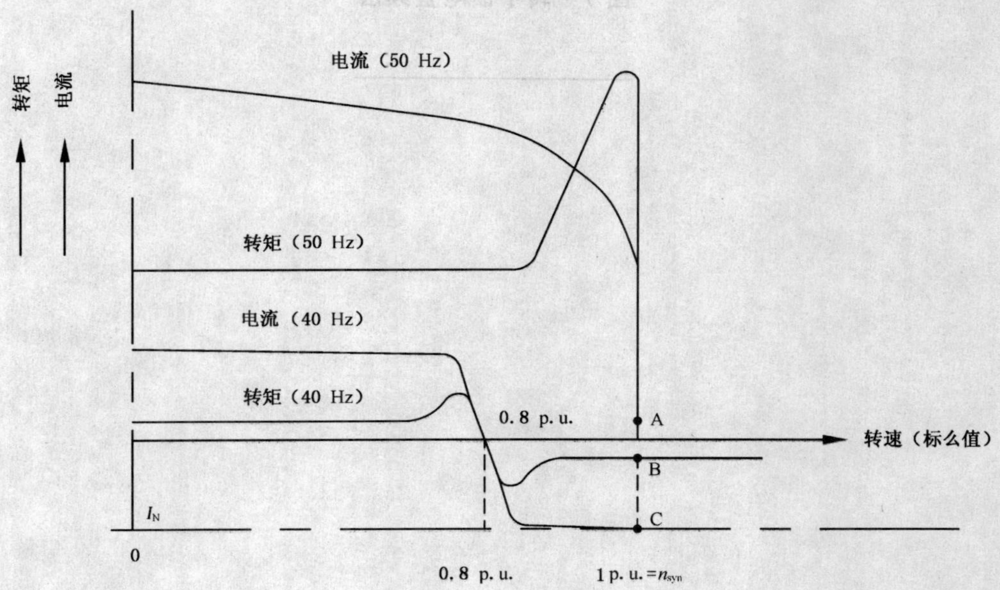

图 6 叠频试验运行点处电流和转矩的组合

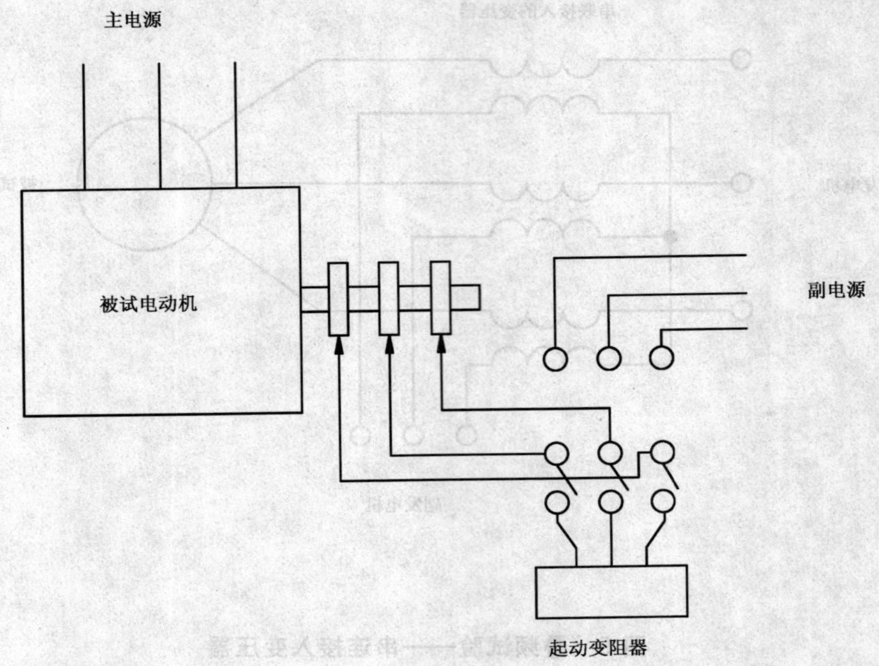

图 7 转子馈电叠频法

ICS 29.035.99
K 15

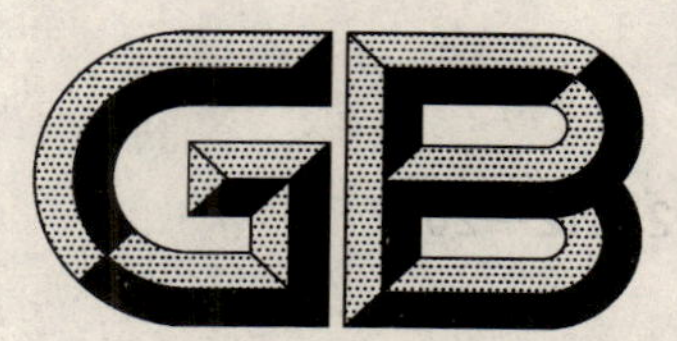

中华人民共和国国家标准化指导性技术文件

GB/Z 21212—2007

薄膜开关用聚酯薄膜

Polyester film for membrane switches

2007-12-03 发布

中华人民共和国国家质量监督检验检疫总局
中国国家标准化管理委员会 发布

前　言

本指导性技术文件参考了美国杜邦 EL 聚酯薄膜产品标准和 GB 12802.2—2004《电气绝缘用薄膜 第 2 部分:电气绝缘用聚酯薄膜》。

本指导性技术文件由中国电器工业协会提出。

本指导性技术文件由全国绝缘材料标准化技术委员会(SAC/TC 51)归口。

本指导性技术文件起草单位:东方绝缘材料股份有限公司。

本指导性技术文件主要起草人:罗春明、赵平。

本指导性技术文件为首次制定。

薄膜开关用聚酯薄膜

1 范围

本指导性技术文件规定了薄膜开关用聚酯薄膜的要求、试验方法、检验规则、标志、包装、运输和贮存。

本指导性技术文件适用于由聚对苯二甲酸乙二醇酯经铸片及双轴定向拉伸而制得的薄膜，适用于薄膜开关及柔性线路板制造行业。

2 规范性引用文件

下列文件中的条款通过本指导性技术文件的引用而成为本指导性技术文件的条款。凡是注日期的引用文件，其随后所有的修改单(不包括勘误的内容)或修订版均不适用于本指导性技术文件，然而，鼓励根据本指导性技术文件达成协议的各方研究是否可使用这些文件的最新版本。凡是不注日期的引用文件，其最新版本适用于本指导性技术文件。

GB/T 13541—1992 电气用塑料薄膜试验方法(neq IEC 60674-2:1988)

GB/T 13542—1992 电气用塑料薄膜一般要求(neq IEC 60674-1:1980)

IEC 61074:1999 用差示扫描量热法测定电气绝缘材料熔融热、熔点及结晶热、结晶温度的试验方法

3 分类

薄膜根据其特性分为两种型号，如表1所示。

表1 薄膜型号

型号	特性
1	超低热收缩、透明薄膜
2	超低热收缩、雾化薄膜

4 要求

4.1 外观

薄膜成卷供应，薄膜表面应平整光洁，不应有折皱、撕裂、颗粒、气泡、针孔和外来杂质等缺陷，薄膜边缘应整齐无破损。

4.2 膜卷、接头及管芯

膜卷、接头及管芯应符合GB/T 13542—1992中4.2、4.3及4.4的规定。

4.3 尺寸

4.3.1 厚度及公差

厚度范围从50 μm～150 μm，推荐优选的标称厚度：75 μm、100 μm、125 μm、150 μm。

100 μm及以下薄膜的厚度公差为标称厚度的±5%，大于100 μm薄膜的厚度公差为标称厚度的±4%。

4.3.2 卷径、宽度及极限偏差

卷径和宽度的规格由供需双方协商确定，推荐宽度为500 mm、1 000 mm。薄膜按用户要求可加

工成带盘,卷径、宽度的极限偏差应符合表 2 的规定。

4.4 **性能要求**

薄膜的性能要求应符合表 3 及表 4 的规定。

表 2 薄膜卷径、宽度的极限偏差

单位为毫米

宽 度	卷 径	极限偏差	
		宽 度	膜卷端面串膜高度
8～150	180～250	±0.5	<0.5
>150	>250	±1.0	<1.0

表 3 薄膜的性能要求

序 号	性 能		单 位	要 求
1	密度		kg/m^3	1 400±10
2	熔点	弯液面法	℃	≥258
		差示扫描量热法		≥253
3	相对电容率(50 Hz)		—	2.9～3.2
4	介质损耗因数(50 Hz)		—	$\leqslant 5.0\times10^{-3}$
5	体积电阻率		Ω·m	$\geqslant 1.0\times10^{14}$
6	表面电阻率		Ω	$\geqslant 1.0\times10^{13}$
7	高温下尺寸稳定性	拉力下	℃	≥200
		压力下		≥200
8	拉伸强度 (纵向及横向)	标称厚度:50 μm～100 μm	MPa	≥150
		标称厚度:>50 μm～150 μm		≥140
9	断裂伸长度 (纵向及横向)	标称厚度:≥75 μm	%	≥80
		标称厚度:<75 μm		≥60
10	收缩率	纵 向	%	≤0.8
		横 向		≤0.3
11	工频电气强度		V/μm	见表 4
12	表面粗糙度		μm	0.04±0.02
13	浸润张力		mN/m	≥40

表 4 薄膜的工频电气强度

标称厚度/ μm	指标值/ (V/μm)
50	≥130
75	≥105
100	≥90
125	≥75
150	≥70

5 试验方法

5.1 取样、预处理条件和试验条件

按 GB/T 13541—1992 第 3 章进行。

5.2 外观、膜卷及管芯

用眼睛观察及手感来评定薄膜外观、膜卷及管芯。

5.3 厚度

按 GB/T 13541—1992 中 4.1.1 进行。

5.4 长度

用计米器测量。

5.5 卷径及宽度

用游标卡尺进行测量。

5.6 密度

按 GB/T 13541—1992 第 5 章进行，采用浮沉法或密度梯度柱法进行测试，浸渍液采用碘化钾的水溶液，取三个测试值的中值为试验结果。

5.7 熔点

5.7.1 弯液面法

按 GB/T 13541—1992 中第 8 章进行。

5.7.2 差示扫描量热(DSC)法

按 IEC 61074:1999 的规定进行，升温速率 10℃/min。

5.8 相对电容率和介质损耗因数

按 GB/T 13541—1992 中 17.1 进行，试验时施加在试样上的交流电场强度不大于 10 V/μm。试样数为三个，取三个测试值的中值为试验结果。

5.9 体积电阻率

按 GB/T 13541—1992 中 16.1 进行，试验电压 100 V±10 V，电化时间为 2 min。试样数为三个，取三个测试值的中值为试验结果。

5.10 表面电阻率

按 GB/T 13541—1992 的第 15 章进行，试验电压 100 V±10 V，电化时间为 2 min。试样数为三个，取三个测试值的中值为试验结果。

5.11 高温下尺寸稳定性

5.11.1 拉力下尺寸稳定性

按 GB/T 13541—1992 的第 23 章进行。

5.11.2 压力下尺寸稳定性

按 GB/T 13541—1992 的第 24 章进行。

5.12 拉伸强度和断裂伸长率

按 GB/T 13541—1992 的第 11 章进行。

5.13 收缩率

按 GB/T 13541—1992 的第 22 章进行，试验条件为：温度 150℃±2℃，时间 30 min。

5.14 工频电气强度

按 GB/T 13541—1992 中 18.1 进行，采用直径为 6 mm 的电极系统，对厚度≤100μm 的薄膜应在空气中试验，对厚度＞100μm 的薄膜应在变压器油中试验，升压速度为 500 V/s，取 10 次试验的算术平均值作为试验结果。

5.15 表面粗糙度

5.15.1 测试原理

薄膜表面存在微小的凹凸不平的表面，利用仪器的触针（或探头）在薄膜表面移动，从而测出薄膜的表面粗糙度 Ra。

5.15.2 试验仪器和用品

a） 能满足薄膜试样的平均粗糙度测试范围及精度要求的表面粗糙度测试仪器均可使用，仪器误差不大于±10％。

b） 丙酮少许及端部包有脱脂棉花的棉签。

5.15.3 试样制备

从样品上纵、横向各取三块试样，其尺寸以能完全覆盖与仪器配套的测试小平面为准。试样表面必须洁净，无损伤、褶皱。

5.15.4 试验步骤

用棉签蘸上丙酮清洗仪器的测试平面。将试样放在仪器的测试平面上，试样要完全贴紧平面，无气泡存在。试样的被测试面朝向测试指针，读出 3 块试样纵、横向各六个 Ra 的数值。

5.15.5 结果的计算与表示

薄膜的表面粗糙度以三个试样的六个 Ra 的算术平均值表示，单位为 μm。

5.16 浸润张力

按 GB/T 13541—1992 的第 10 章进行。

6 检验规则

6.1 在同一设备上采用同一批树脂、同一工艺条件连续生产的同一厚度规格薄膜产品为一批。每批产品均应进行出厂检验，出厂检验项目为第 4 章中 4.1、4.3 及表 3 中 8 项～11 项，产品外观、接头数及宽度应逐卷进行检验，其他项目为型式检验项目。

6.2 每批产品任取一卷原幅宽薄膜进行检验。

6.3 其他按 GB/T 13542—1992 中第 6 章进行。

7 标志、包装、运输和贮存

产品自出厂之日起，贮存期为 18 个月，其他按 GB/T 13542—1992 第 7 章进行。

ICS 29.035.099
K 15

中华人民共和国国家标准化指导性技术文件

GB/Z 21213—2007

无卤阻燃高强度玻璃布层压板

High strength laminated sheet based on halongen-free flame-resistant resins and glass cloth

2007-12-03 发布

中华人民共和国国家质量监督检验检疫总局
中国国家标准化管理委员会 发布

前　言

本指导性技术文件参考了 IEC 60893-3-2:2003《绝缘材料　电气用热固性树脂工业硬质层压板　第 3 部分:单项材料规范　对环氧树脂硬质层压板的要求》(英文版)。

本指导性技术文件由中国电器工业协会提出。

本指导性技术文件由全国绝缘材料标准化技术委员会(SAC/TC 51)归口。

本指导性技术文件起草单位:东方绝缘材料股份有限公司。

本指导性技术文件主要起草人:刘锋、赵平。

本指导性技术文件为首次制定。

无卤阻燃高强度玻璃布层压板

1 范围

本指导性技术文件规定了无卤阻燃高强度玻璃布层压板的要求、试验方法、检验规则、标志、包装、运输和贮存。

本指导性技术文件适用于经偶联剂处理的无碱玻璃布为补强材料，浸以温度指数为155的无卤阻燃树脂，经热压而成的无卤阻燃高强度玻璃布层压板。

无卤阻燃高强度玻璃布层压板具有高的热态机械强度保持率，适用于温度指数为155的电机、电器设备，用作绝缘结构零部件，并可在潮湿环境和变压器油中使用。

2 规范性引用文件

下列文件中的条款通过本指导性技术文件的引用而成为本指导性技术文件的条款。凡是注日期的引用文件，其随后所有的修改单(不包括勘误的内容)或修订版均不适用于本指导性技术文件，然而，鼓励根据本指导性技术文件达成协议的各方研究是否可使用这些文件的最新版本。凡是不注日期的引用文件，其最新版本适用于本指导性技术文件。

GB/T 1410—2006　固体绝缘材料体积电阻率和表面电阻率试验方法(IEC 60093:1980,IDT)

GB/T 5130—1997　电气用热固性树脂工业硬质层压板试验方法(eqv IEC 60893-2:1992)

GB/T 11020—2005　固体非金属材料暴露在火焰源时的燃烧性试验方法清单(IEC 60707:1999,IDT)

GB/T 11026.1—2003　电气绝缘材料　耐热性　第1部分:老化程序和试验结果的评定(IEC 60216.1:2001,IDT)

3 要求

3.1 外观

板材表面光滑、无气泡、皱纹、裂纹并适当避免其他缺陷，例如：擦伤、压痕、污点，允许有少量斑点。

3.2 尺寸

3.2.1 宽度和长度的允许偏差应符合表1的规定。

表1　宽度和长度　　单位为毫米

宽度和长度	偏差
450～990	±15
>990～1 980	±25

3.2.2 标称厚度及其允许偏差应符合表2的规定。

3.3 平直度

平直度应符合表3的规定。

3.4 性能要求

性能要求应符合表4的规定。

表 2 标称厚度及其允许偏差

单位为毫米

标称厚度	偏 差	标称厚度	偏 差	标称厚度	偏 差
0.5	±0.12	3.0	±0.37	16	±1.12
0.6	±0.13	4.0	±0.45	20	±1.30
0.8	±0.16	5.0	±0.52	25	±1.50
1.0	±0.18	6.0	±0.60	30	±1.70
1.2	±0.20	8.0	±0.72	35	±1.95
1.6	±0.24	10	±0.82	40	±2.10
2.0	±0.28	12	±0.94	45	±2.30
2.5	±0.33	14	±1.02	50	±2.45

注 1：其他允许偏差可由供需双方协商。

注 2：对于标称厚度不在所列的优选厚度之一者，其允许偏差应采用下一个较大的优选厚度的偏差。

表 3 平直度

单位为毫米

厚 度 d	直尺长度	
	1 000	500
$3.0 \leqslant d \leqslant 6.0$	10	2.5
$6.1 \leqslant d \leqslant 8.0$	8	2.0
$8.1 \leqslant d$	6	1.5

表 4 性能要求

序号	性 能		单位	适合试验用的板材标称厚度/mm	要求
1	垂直层向弯曲强度	常 态	MPa	$1.6 \leqslant d \leqslant 10$	≥400
		155℃±2℃			≥250
2	平行层向冲击强度	简支梁，缺口	kJ/m^2	≥4	≥37
3	平行层向剪切强度		MPa	≥5	≥30
4	拉伸强度		MPa	≥1.6	≥300
5	垂直层向电气强度	90℃±2℃油中	MV/m	≤3	见表 5
6	平行层向击穿电压	90℃±2℃油中	kV	≥5	≥30
7	相对电容率	1 MHz	—	≤3	≤5.5
8	介质损耗因数	1 MHz	—	≤3	≤0.05
9	平行层向绝缘电阻	常 态	MΩ	全部	$\geqslant 1.0 \times 10^6$
		浸水 24 h 后			$\geqslant 1.0 \times 10^2$
10	体积电阻率	常 态	MΩ·m	全部	$\geqslant 1.0 \times 10^5$
		155℃±2℃			$\geqslant 1.0 \times 10^3$
11	燃烧性		级	≥3	FV0
12	密度		g/cm^3	全部	1.7～1.9
13	吸水性		mg	全部	见表 6
14	温度指数		—	≥3	155

表 5 垂直层向电气强度

试样平均厚度/mm	电气强度/MV/m	试样平均厚度/mm	电气强度/MV/m	试样平均厚度/mm	电气强度/MV/m
0.4	≥16.9	1.0	≥14.2	2.2	≥11.4
0.5	≥16.1	1.2	≥13.7	2.4	≥11.1
0.6	≥15.6	1.4	≥13.2	2.5	≥10.9
0.7	≥15.2	1.6	≥12.7	2.6	≥10.8
0.8	≥14.8	1.8	≥12.2	2.8	≥10.5
0.9	≥14.5	2.0	≥11.8	3.0	≥10.2

注 1：垂直层向电气强度可任选 20 s 逐级升压和 1 min 耐压试验要求中的一种。对符合二者之一要求的材料，应视其垂直层向电气强度是符合本指导性技术文件要求的。

注 2：如果测得的试样厚度算术平均值介于表中两厚度值之间，其指标值应按内插法求取。如果测得的试样厚度算术平均值小于 0.4 mm，则其要求值取≥16.9。如果标称厚度为 3 mm，并且测得的试样厚度算术平均值大于 3 mm，则其要求值取≥10.2。

表 6 吸水性

试样平均厚度/mm	吸水性/mg	试样平均厚度/mm	吸水性/mg	试样平均厚度/mm	吸水性/mg
0.5	≤17	2.5	≤21	12	≤38
0.6	≤17	3.0	≤22	14	≤41
0.8	≤18	4.0	≤23	16	≤46
1.0	≤18	5.0	≤25	20	≤52
1.2	≤19	6.0	≤27	25	≤61
1.6	≤19	8.0	≤31	单面加工至 22.5	≤73
2.0	≤20	10	≤34		

注 1：如果测得的试样厚度算术平均值介于表中两厚度值之间，其要求值应按内插法求取；如果测得的试样厚度算术平均值小于 0.5 mm，则其要求值取≤17 mg；如果标称厚度为 25 mm 并测得的厚度算术平均值大于 25 mm，则其要求值取≤61 mg。

注 2：标称厚度大于 25 mm 的板材，则应从单面加工至 22.5 mm 且加工面应比较光滑。

4 试验方法

4.1 外观

用肉眼观察。

4.2 试样预处理及试验环境条件

按 GB/T 5130—1997 的第 3 章进行。

4.3 宽度与长度

用刻度 1 mm 的直尺或卷尺，沿板宽或长各测三点，分别取平均值。

4.4 厚度

按 GB/T 5130—1997 的 4.1 进行。

4.5 平直度

按 GB/T 5130—1997 的 4.2 进行。

4.6 垂直层向弯曲强度

按 GB/T 5130—1997 的 5.1 进行。

4.7 冲击强度

按 GB/T 5130—1997 的 5.5.1 进行。

4.8 平行层向剪切强度

按 GB/T 5130—1997 的 5.6 进行。

4.9 拉伸强度

按 GB/T 5130—1997 的 5.7 进行。

4.10 垂直层向电气强度和平行层向击穿电压

按 GB/T 5130—1997 的 6.1 进行。

4.11 相对电容率及介质损耗因数

按 GB/T 5130—1997 的 6.2 进行。

4.12 平行层向绝缘电阻

按 GB/T 5130—1997 的 6.3 进行。

4.13 体积电阻率

按 GB/T 1410—2006 进行。

4.14 燃烧性

按 GB/T 11020—2005 的第 9 章进行。

4.15 密度

按 GB/T 5130—1997 的 8.1 进行。

4.16 吸水性

按 GB/T 5130—1997 的 8.2 进行。

4.17 温度指数

按 GB/T 11026.1—2003 进行，以弯曲强度为诊断性能，以其下降到起始(23℃±2℃时)值的 50% 作为寿命终点。

5 检验规则

5.1 无卤阻燃高强度玻璃布层压板须进行出厂检验或型式检验。

5.2 型式检验项目为本指导性技术文件第 3 章中的除温度指数外的所有项目，每三个月至少进行一次，当改变原材料和工艺时亦须进行。

5.3 同一原材料和工艺生产的层压板(同一设备)不超过 5 t 为一批。每批须进行出厂检验，出厂检验项目为 3.1、3.2、3.3 及性能要求表 4 中的第 1 项、第 5 项，其中 3.1、3.2、3.3 为逐张检验。

5.4 试验结果如有一项不符合产品技术要求时，则应由该批另两张板中各取一组试样重复该项试验，若仍有一组不符合要求时，则该批产品为不合格。

5.5 温度指数为产品鉴定项目。

6 标志、包装、运输和贮存

6.1 标志

层压板上应标明制造厂名称，产品型号、规格、批号和制造日期。包装箱上应标明制造厂名称、产品型号及名称、毛重及净重和出厂日期。

6.2 包装

层压板采用衬有纸板的木条箱包装，产品与产品之间应垫纸，经供需双方协商也可采用其他包装。

6.3　**运输**

层压板在运输过程中应防止机械损伤、受潮和日光照射。

6.4　**贮存**

层压板应存放在温度不超过40℃的干燥而洁净的室内，不得靠近火源、暖气和受日光照射。

层压板贮存期由出厂之日起为18个月，超过贮存期按标准检验，合格仍可使用。

ICS 29.035.99
K 15

中华人民共和国国家标准化指导性技术文件

GB/Z 21214—2007

行输出变压器用聚酯薄膜

Polyester film for flyback transformer

2007-12-03 发布

中华人民共和国国家质量监督检验检疫总局
中国国家标准化管理委员会 发布

前　言

本指导性技术文件参考了日本东丽公司 S10 聚酯薄膜标准和 GB 12802.2—2004《电气绝缘用薄膜 第 2 部分:电气绝缘用聚酯薄膜》。

本指导性技术文件由中国电器工业协会提出。

本指导性技术文件由全国绝缘材料标准化技术委员会(SAC/TC 51)归口。

本指导性技术文件起草单位:东方绝缘材料股份有限公司。

本指导性技术文件主要起草人:罗春明、赵平。

本指导性技术文件为首次制定。

行输出变压器用聚酯薄膜

1 范围

本指导性技术文件规定了行输出变压器用聚酯薄膜的要求、试验方法、检验规则、标志、包装、运输和贮存。

本指导性技术文件适用于由聚对苯二甲酸乙二醇酯经铸片及双轴定向拉伸而制得的薄膜，适用于行输出变压器制造行业。

2 规范性引用文件

下列文件中的条款通过本指导性技术文件的引用而成为本指导性技术文件的条款。凡是注日期的引用文件，其随后所有的修改单(不包括勘误的内容)或修订版均不适用于本指导性技术文件，然而，鼓励根据本指导性技术文件达成协议的各方研究是否可使用这些文件的最新版本。凡是不注日期的引用文件，其最新版本适用于本指导性技术文件。

GB/T 13541—1992 电气用塑料薄膜试验方法(neq IEC 60674-2:1988)

GB/T 13542—1992 电气用塑料薄膜一般要求(neq IEC 60674-1:1980)

ANSI/UL 94—2001 设备零件用塑料的燃烧性试验

IEC 61074:1999 用差示扫描量热法测定电气绝缘材料熔融热、熔点及结晶热、结晶温度的试验方法

3 要求

3.1 外观

薄膜成卷或成盘供应，薄膜表面平整光洁，无折皱、撕裂、颗粒、气泡、针孔和外来杂质等缺陷，薄膜边缘应整齐无破损。分切成盘时端面整齐，手感光滑，无卷边，无毛刺。

3.2 膜卷、管芯

膜卷、管芯应符合 GB/T 13542—1992 中 4.2、4.4 的规定。

3.3 尺寸

3.3.1 厚度范围及公差

厚度由供需双方协商确定，推荐优选的标称厚度：75 μm、100 μm。厚度公差为标称厚度的±3%。

3.3.2 接头数及最短段长度

每卷的接头数为 0，最短段长度由供需双方协商确定。

3.3.3 卷径、宽度及极限偏差

卷径和宽度的规格由供需双方协商确定。推荐宽度为 26.5 mm、28 mm、32 mm、34 mm、36 mm、38 mm、40 mm。薄膜按用户要求加工成带盘。卷径、宽度的极限偏差应符合表 1 的规定。

表 1 薄膜卷径、宽度的极限偏差

单位为毫米

宽　度	卷　径	极限偏差	
		宽度	膜卷端面串膜高度
15～50	≥180	±0.2	<0.3

3.4 性能要求

薄膜性能要求应符合表 2 的规定。

表 2　薄膜的性能要求

序　号	性　　能		单　位	要　　求
1	密度		kg/m³	1 400±10
2	熔点	弯液面法	℃	≥258
		差示扫描量热法		≥253
3	相对电容率	(50 Hz)	—	3.2±0.2
4	介质损耗因数	(50 Hz)	—	$\leqslant 3.0\times10^{-3}$
5	体积电阻率		Ω·m	$\geqslant 1.0\times10^{14}$
6	表面电阻率		Ω	$\geqslant 1.0\times10^{14}$
7	高温下尺寸稳定性	拉力下	℃	≥200
		压力下		≥200
8	拉伸强度(纵向及横向)		MPa	≥170
9	断裂伸长率(纵向及横向)		%	≥110
10	收缩率	纵向	%	≤0.8
		横向		≤0.2
11	工频电气强度		V/μm	≥150
12	燃烧性		—	94 VTM-2

4　试验方法

4.1　取样、预处理条件和试验条件

按 GB/T 13541—1992 第 3 章进行。

4.2　外观、膜卷及管芯

薄膜外观、膜卷及管芯的评定用眼睛观察及手感评定。

4.3　厚度

按 GB/T 13541—1992 中 4.1.1 进行。

4.4　长度

用计米器测量。

4.5　卷径及宽度

用游标卡尺进行测量。

4.6　密度

按 GB/T 13541—1992 第 5 章进行，采用浮沉法或密度梯度柱法进行测试，浸渍液采用碘化钾的水溶液，取三个测试值的中值为试验结果。

4.7　熔点

4.7.1　弯液面法

按 GB/T 13541—1992 第 8 章进行。

4.7.2　差示扫描量热(DSC)法

按 IEC 61074:1999 的规定进行，升温速率 10 ℃/min。

4.8　相对电容率和介质损耗因数

按 GB/T 13541—1992 中 17.1 进行，试验时施加在试样上的交流电场强度不大于 10 V/μm。试样数为三个，取三个测试值的中值为试验结果。

4.9 体积电阻率

按 GB/T 13541—1992 中 16.1 进行，试验电压 100 V±10 V，电化时间为 2 min。试样数为三个，取三个测试值的中值为试验结果。

4.10 表面电阻率

按 GB/T 13541—1992 的第 15 章进行，试验电压 100 V±10 V，电化时间为 2 min。试样数为三个，取三个测试值的中值为试验结果。

4.11 高温下尺寸稳定性

4.11.1 拉力下尺寸稳定性

按 GB/T 13541—1992 的第 23 章进行。

4.11.2 压力下尺寸稳定性

按 GB/T 13541—1992 的第 24 章进行。

4.12 拉伸强度和断裂伸长率

按 GB/T 13541—1992 的第 11 章进行。

4.13 收缩率

按 GB/T 13541—1992 的第 22 章进行，试验条件为：温度 150℃±2℃，时间 30 min。

4.14 工频电气强度

按 GB/T 13541—1992 中 18.1 进行，采用直径为 6 mm 的电极系统，对厚度不大于 100 μm 的薄膜应在空气中试验，对厚度大于 100 μm 的薄膜应在变压器油中试验，升压速度为 500 V/s，取 10 次试验的算术平均值作为试验结果。

4.15 燃烧性

按 ANSI/UL 94—2001 进行。

5 检验规则

5.1 在同一设备上采用同一批树脂、同一工艺条件连续生产的同一厚度规格薄膜产品为一批，每批产品任取一卷原幅宽薄膜进行检验，每批产品的出厂检验项目为第 3 章中的全部项目。

5.2 其他按 GB/T 13542—1992 的第 6 章进行。

6 标志、包装、运输和贮存

产品自出厂之日起，贮存期为 18 个月，其他按 GB/T 13542—1992 的第 7 章进行。

ICS 29.035.99
K 15

中华人民共和国国家标准化指导性技术文件

GB/Z 21215—2007

改性二苯醚玻璃布层压板

Rigid laminated sheet based on modified diphenyl ether resins and glass cloth

2007-12-03 发布

中华人民共和国国家质量监督检验检疫总局
中国国家标准化管理委员会 发布

前　言

本指导性技术文件参考了 IEC 60893-3-7:2003《绝缘材料　电气用热固性树脂工业硬质层压板　第 3 部分:单项材料规范　第 7 篇:对聚酰亚胺树脂硬质层压板的要求》。

本指导性技术文件由中国电器工业协会提出。

本指导性技术文件由全国绝缘材料标准化技术委员会(SAC/TC 51)归口。

本指导性技术文件起草单位:东方绝缘材料股份有限公司。

本指导性技术文件主要起草人:刘锋、赵平。

本指导性技术文件为首次制定。

改性二苯醚玻璃布层压板

1 范围

本指导性技术文件规定了改性二苯醚玻璃布层压板的要求、试验方法、检验规则、包装、运输和贮存。

本指导性技术文件适用于经偶联剂处理的无碱玻璃布为补强材料，浸以温度指数为180的改性二苯醚树脂，经热压而成的改性二苯醚玻璃布层压板。

改性二苯醚玻璃布层压板适用于温度指数为180的电机、干式变压器和其他电器设备，用作绝缘结构零部件。

2 规范性引用文件

下列文件中的条款通过本指导性技术文件的引用而成为本指导性技术文件的条款。凡是注日期的引用文件，其随后所有的修改单(不包括勘误的内容)或修订版均不适用于本指导性技术文件，然而，鼓励根据本指导性技术文件达成协议的各方研究是否可使用这些文件的最新版本。凡是不注日期的引用文件，其最新版本适用于本指导性技术文件。

GB/T 5130—1997 电气用热固性树脂工业硬质层压板试验方法(eqv IEC 60893-2:1992)

GB/T 11026.1—2003 电气绝缘材料 耐热性 第1部分:老化程序和试验结果的评定(IEC 60216-1:2001,IDT)

3 要求

3.1 外观

板材表面应光滑、无气泡、皱纹、裂纹并适当避免其他缺陷，例如:擦伤、压痕、污点等，允许有少量斑点。

3.2 尺寸

3.2.1 宽度和长度的允许偏差应符合表1的规定。

表1 宽度和长度　　单位为毫米

宽度和长度	偏差
450～990	±15
>990～1 980	±25

3.2.2 标称厚度及其允许偏差应符合表2的规定。

表2 标称厚度及其允许偏差　　单位为毫米

标称厚度	偏差	标称厚度	偏差	标称厚度	偏差	标称厚度	偏差
0.5	±0.12	2.0	±0.28	8.0	±0.72	25	±1.50
0.6	±0.13	2.5	±0.33	10	±0.82	30	±1.70
0.8	±0.16	3.0	±0.37	12	±0.94	35	±1.95
1.0	±0.18	4.0	±0.45	14	±1.02	40	±2.10
1.2	±0.20	5.0	±0.52	16	±1.12	45	±2.30
1.6	±0.24	6.0	±0.60	20	±1.30	50	±2.45
注1:其他允许偏差可由供需双方协商。 注2:对于标称厚度不在所列的优选厚度之一者，其允许偏差应采用下一个较大的优选厚度的偏差。							

3.3 平直度

平直度应符合表 3 的规定。

表 3 平直度

单位为毫米

厚　　度 d	直尺长度	
	1 000	500
$3.0 \leqslant d \leqslant 6.0$	10	2.5
$6.1 \leqslant d \leqslant 8.0$	8	2.0
$8.1 \leqslant d$	6	1.5

3.4 性能要求

性能要求应符合表 4 的规定。

表 4 性能要求

序号	性　　能		单位	适合试验用的板材标称厚度/mm	要求
1	垂直层向弯曲强度	常　　态	MPa	$1.6 \leqslant d \leqslant 10$	≥500
		180℃±2℃			≥320
2	平行层向冲击强度	简支梁，缺口	kJ/m²	≥4	≥42
3	平行层向剪切强度		MPa	≥5	≥28
4	拉伸强度		MPa	≥1.6	≥320
5	垂直层向电气强度 90℃±2℃油中	板厚 0.5 mm～1.0 mm	MV/m	≤3	≥20
		板厚 1.1 mm～2.0 mm			≥18
		板厚 2.1 mm～3.0 mm			≥16
6	平行层向击穿电压	90℃±2℃油中	kV	≥3	≥35
7	介质损耗因数	1MHz	—	≤3	≤0.05
8	相对电容率	1MHz	—	≤3	≤5.5
9	浸水后绝缘电阻		MΩ	全部	$\geqslant 1.0 \times 10^2$
10	密度		g/cm³	全部	1.7～1.9
11	吸水性		mg	全部	见表 5
12	温度指数		—	≥3	180

表 5 吸水性

试样平均厚度/mm	吸水性/mg	试样平均厚度/mm	吸水性/mg	试样平均厚度/mm	吸水性/mg
0.5	≤17	2.5	≤21	12	≤38
0.6	≤17	3.0	≤22	14	≤41
0.8	≤18	4.0	≤23	16	≤46
1.0	≤18	5.0	≤25	20	≤52
1.2	≤17	6.0	≤27	25	≤61
1.6	≤19	8.0	≤31	单面加工至 22.5	≤73
2.0	≤20	10	≤34		

注 1：如果测得的试样厚度算术平均值介于表中两厚度值之间，其要求值应按内插法求取；如果测得的试样厚度算术平均值小于 0.5 mm，则其要求值取≤17 mg；如果标称厚度为 25 mm 并测得的厚度算术平均值大于 25 mm，则其要求值取≤61 mg。

注 2：标称厚度大于 25 mm 的板材，则应从单面加工至 22.5 mm 且加工面应比较光滑。

4 试验方法

4.1 外观

用肉眼观察。

4.2 试样预处理及试验环境条件

按 GB/T 5130—1997 第 3 章进行。

4.3 宽度与长度

用刻度 1 mm 的直尺或卷尺，沿板宽或长各测三点，分别取平均值。

4.4 厚度

按 GB/T 5130—1997 的 4.1 进行。

4.5 平直度

按 GB/T 5130—1997 的 4.2 进行。

4.6 垂直层向弯曲强度

按 GB/T 5130—1997 的 5.1 进行。

4.7 冲击强度

按 GB/T 5130—1997 的 5.5.1 进行。

4.8 平行层向剪切强度

按 GB/T 5130—1997 的 5.6 进行。

4.9 拉伸强度

按 GB/T 5130—1997 的 5.7 进行。

4.10 垂直层向电气强度和平行层向击穿电压

按 GB/T 5130—1997 的 6.1 进行。

4.11 相对电容率及介质损耗因数

按 GB/T 5130—1997 的 6.2 进行。

4.12 浸水后绝缘电阻

按 GB/T 5130—1997 的 6.3 进行。

4.13 密度

按 GB/T 5130—1997 的 8.1 进行。

4.14 吸水性

按 GB/T 5130—1997 的 8.2 进行。

4.15 温度指数

按 GB/T 11026.1—2003 进行，以弯曲强度为诊断性能，以其下降到起始(23℃±2℃时)值的 50% 作为寿命终点。

5 检验规则

5.1 改性二苯醚玻璃布层压板须进行出厂检验或型式检验。

5.2 型式检验项目为本标准第 3 章中的除温度指数外的所有项目，每三个月至少进行一次，当改变原材料和工艺时亦须进行。

5.3 同一原材料和工艺生产的层压板(同一设备)不超过 5 t 为一批。每批须进行出厂检验，出厂检验项目为 3.1、3.2、3.3 及性能要求表 4 中的第 1 项、第 5 项，其中 3.1、3.2、3.3 为逐张检验。

5.4 试验结果如有一项不符合产品技术要求时，则应由该批另两张板中各取一组试样重复该项试验，若仍有一组不符合要求时，则该批产品为不合格。

5.5 温度指数为产品鉴定项目。

6 标志、包装、运输和贮存

6.1 标志

层压板上应标明制造厂名称，产品型号、规格、批号和制造日期。包装箱上应标明制造厂名称、产品型号及名称、毛重及净重和出厂日期。

6.2 包装

层压板采用衬有纸板的木条箱包装，产品与产品之间应垫纸，经供需双方协商也可采用其他包装。

6.3 运输

层压板在运输过程中应防止机械损伤、受潮和日光照射。

6.4 贮存

层压板应存放在温度不超过 40℃的干燥而洁净的室内，不得靠近火源、暖气和受日光照射。

层压板贮存期由出厂之日起为 18 个月，超过贮存期按标准检验，合格仍可使用。

ICS 29.035.10
K 15

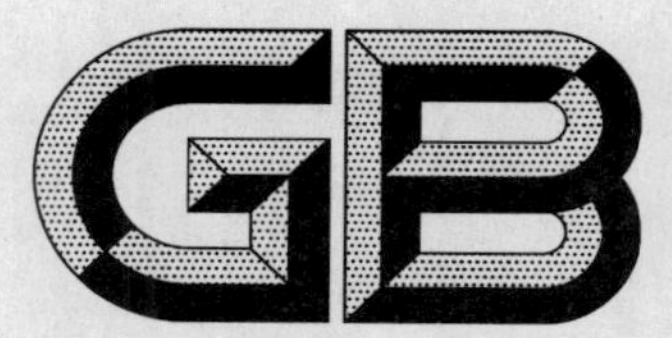

中华人民共和国国家标准

GB/T 21216—2007/IEC 61620:1998

绝缘液体 测量电导和电容确定介质损耗因数的试验方法

Insulating liquids—Determination of the dielectric dissipation factor by measurement of the conductance and capacitance—Test method

(IEC 61620:1998,IDT)

2007-12-03 发布 2008-05-20 实施

中华人民共和国国家质量监督检验检疫总局
中国国家标准化管理委员会 发布

前　言

本标准等同采用IEC 61620:1998《绝缘液体　测量电导和电容确定介质损耗因数的试验方法》(英文版)。

为便于使用,本标准与IEC 61620:1998相比,做了下列编辑性修改:

a) 删除了国际标准的"前言";

b) 用小数点符号'.'代替小数点符号',';

c) 用"V/mm"代替"Vmm^{-1}"、"S/m"代替"Sm^{-1}"、"kV/cm"代替"$kVcm^{-1}$";

d) 删除"规范性引用文件"中的引用标准"IEC 60475　液体电介质取样方法",因为其已包含在GB/T 5654—2007中。

本标准的附录A、附录B为规范性附录,附录C为资料性附录。

本标准由中国电器工业协会提出。

本标准由全国绝缘材料标准化技术委员会(SAC/TC 51)归口。

本标准起草单位:桂林电器科学研究所、西安交通大学。

本标准主要起草人:王先锋、曹晓珑。

本标准为首次制定。

引　言

只有在热力学平衡条件下测得的电导率 σ 才可以认为是绝缘液体的一个特征参数。

为了满足这个要求，应避免高电场强度和/或持续电压作用，这种情况不同于 GB/T 5654—2007 中直流电阻率的测量(电场强度可达 250V/mm，充电时间为 1 min)。

大部分电工用的液体在没有偶极损耗的情况下，其介质损耗因数 $\tan\delta$、电导率 σ 和相对电容率 ε 之间满足下述关系：

$$\tan\delta = \frac{\sigma}{\varepsilon\omega}$$

式中 $\omega = 2\pi f$，f 为电源频率。

因此，通过测量 $\tan\delta$ 或 σ 都可以获得液体的电导性能。实际上，利用常规仪器测得 $\tan\delta$ 后换算来的电阻率与根据 GB/T 5654—2007 测得的直流电阻率之间有很大差异。

在热力学平衡条件下测量电导率 σ 的新仪器得到普遍的应用。这种仪器测量方便，并可获得准确的很小的 σ 值，新仪器甚至可以在室温下测量未使用过的绝缘液体的 σ。

绝缘液体　测量电导和电容确定介质损耗因数的试验方法

1　范围

本标准介绍了一种测量绝缘液体的介质损耗因数 $\tan\delta$ 的方法，该方法通过同步测量电导 G 和电容 C 后经换算得到 $\tan\delta$，本标准适用于未使用过的绝缘液体和运行中的变压器或其他电力设备中使用的绝缘液体。

尽管本标准适用于 GB/T 5654—2007 中提到的所有液体，甚至是高绝缘性能液体，但该标准并不能替代 GB/T 5654—2007。本方法可以在工频下准确的测量小到 10^{-6} 的介质损耗因数，其测量范围为 10^{-6} 到 1 之间，特殊条件下可以达到 200。

2　规范性引用文件

下列文件中的条款通过本标准的引用而成为本标准的条款。凡是注日期的引用文件，其随后所有的修改单(不包括勘误的内容)或修订版均不适用于本标准。然而，鼓励根据本标准达成协议的各方研究是否可使用这些文件的最新版本。凡是不注日期的引用文件，其最新版本适用于本标准。

GB/T 5654—2007　液体绝缘材料　相对电容率、介质损耗因数和直流电阻率的测量(IEC 60247:2004,IDT)

GB/T 6379.1—2004　测量方法与结果的准确度　第 1 部分：总则与定义(ISO 5725-1:1994,IDT)

GB/T 6379.2—2004　测量方法与结果的准确度　第 2 部分：确定标准测量方法的重复性和再现性的基本方法(ISO 5725-2:1994,IDT)

ISO 5725-3:1994　测量方法与结果的准确度　第 3 部分：标准测量方法精密度的中间度量

ISO 5725-4:1994　测量方法与结果的准确度　第 4 部分：确定标准测量方法正确度的基本方法

3　定义

下列定义适用于本标准。

3.1

电导率　conductivity

σ

电导电流密度 j 与电场强度 E 之比的一个标量或矩阵量，其关系式为：

$$j=\sigma E$$

3.2

电阻率　resistivity

ρ

电导率的倒数，如下：

$$\rho=\frac{1}{\sigma}$$

3.3

电阻　resistance

R

充满液体试样的试验池的电阻为施加在该试验池上的电压 U 和直流电流或同相电流 I_R 的比值，

如下：

$$R=\frac{U}{I_{R}}$$

在最简单的平板电极系统中，当电极面积为 A、间距为 L 时，

$$R=\frac{\rho L}{A}$$

3.4

电导　conductance

G

电阻的倒数，如下：

$$G=\frac{1}{R}$$

3.5

电容　capacitance

C

充满液体试样的试验池的电容为电极的电量 Q 和施加在该试验池上的电压 U 的比值。对于平板电容器为：

$$C=\frac{\varepsilon A}{L}$$

其中 ε 为液体的相对电容率。

3.6

介质损耗因数　dielectric dissipation factor

介质损耗角正切　dielectric loss tangent

$\tan\delta$

对于正弦电压作用下的材料，$\tan\delta$ 是指吸收的有功功率与无功功率的比值。在简单的电容 C 与电阻 R 并联等效电路中：

$$\tan\delta=\frac{G}{C\omega}$$

其中 $\omega=2\pi f$，f 为电源的频率。

附录 C 中详细的介绍了液体电导的影响因素。

4　试验原理

本方法是在试验池上施加交变方波电压的情况下来测量电容电流和电导电流。电容电流是在电压上升时间测量，电导电流是在电压稳定期间且在离子积累引起的电场干扰前测量。电流可以在方波电压的正、负半周期测量，并且采用多次测量来提高测量的准确度（见图 1）。

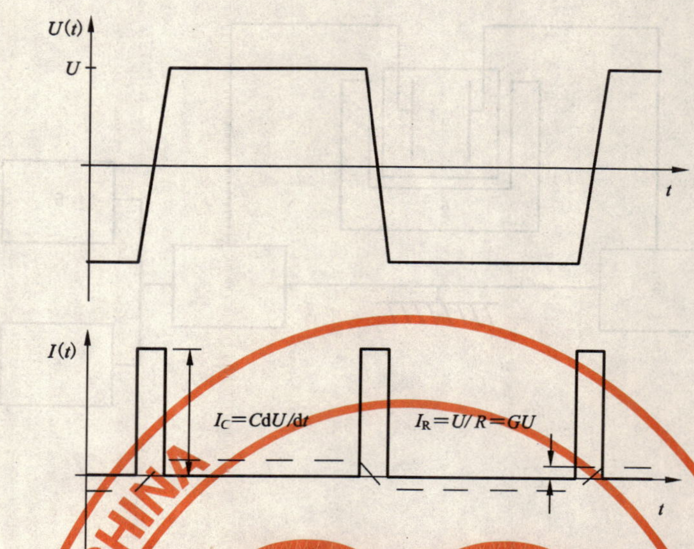

图 1 使用方波方法的工作原理

方波电压 $U(t)$ 的幅值为 $\pm U$，斜率为 $\mathrm{d}U/\mathrm{d}t$，且周期性的翻转。在电压上升期间到下降期间的总电流为电容电流（位移电流）和电导电流之和，例如：

$$I=C\times(\frac{\mathrm{d}U}{\mathrm{d}t})+\frac{U}{R}$$

电容电流 I_C 在 $U(t)$ 的上升时间和下降时间期间测量。

电导电流 I_R 在 $U(t)$ 的平稳期间测量，即当 $U/R\ll I_C$，系统在每个平稳期间稳定一小段时间后测量。当角频率 ω 给定时，电容 C、电阻 R（或电导 G）和 $\tan\delta$ 的关系如下所述：

$$C=\frac{I_C}{(\frac{\mathrm{d}U}{\mathrm{d}t})}$$

$$R=\frac{U}{I_R}\text{或}G=\frac{I_R}{U}$$

$$\tan\delta=\frac{1}{\omega CR}$$

5 仪器

本测试方法所用仪器由多个独立部件组装而成，仪器装置组成模块图如图 2 所示。

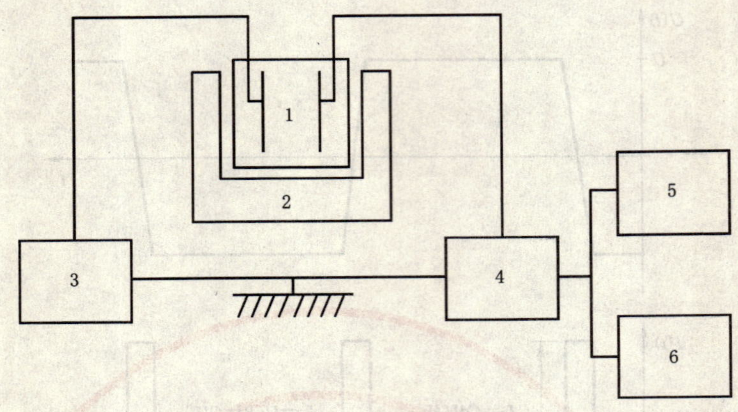

图解：

1——试验池；

2——加热装置；

3——方波发生器；

4——测试电路；

5——仪表；

6——记录仪。

图 2　测量装置方框图

5.1　试验池

在一般情况下 GB/T 5654—2007 中推荐的三端试验池适合本测试方法。

另外一种在固体绝缘材料和测量电极间没有任何桥接线的试验池也适用于本方法，如图 3 所示。这种试验池可以提高高绝缘性能材料测量的精确性。

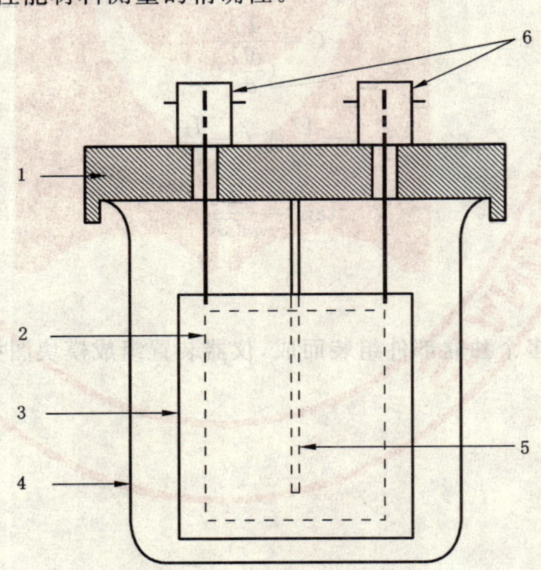

图解：

1——封盖；

2——内电极；

3——外电极；

4——不锈钢容器；

5——温度测量护套；

6——用于电气连接的 BNC 插头。

图 3　用于高绝缘液体的试验池示例

内外电极间距离的典型值为 4 mm;最小距离不能小于 1 mm。推荐电极的使用材料为不锈钢。例如,内电极的直径为 43 mm,外电极的直径为 51 mm;电极高度为 60 mm;不锈钢容器的直径为 65 mm。

尽管接触的表面依然很大,但是由于液体的总体积很大($V=200\ cm^3$),所以比率 χ=“电极表面”/“液体体积”仍然很小($\chi=2.6/cm$),这种试验池的设计减小了与液体接触的表面污秽影响。

注:对于一些特殊类型的液体应该限制使用该试验池。

5.2 加热装置

加热装置应该满足保持测量单元在规定的温度,且误差在±1℃内的要求,该装置可以由强迫通风烘箱或恒温控制油浴配以支架构成。

加热装置应具有与试验池的屏蔽电气连接。

5.3 方波发生器

方波发生器应该提供一个高稳定性的准矩形电压信号。需满足下列要求:

——幅值:10 V~100 V;

——频率:0.1Hz~1Hz;

——波动:<1%;

——上升时间:1 ms~100 ms。

5.4 测试电路

通过试验池的电导电流 I_R。在每个半波的第二部分测量,并根据测量范围取多次测量的平均值。试验池的电导 G 由测试电路给出:

$$G=\frac{I_R}{U}$$

例如:当被测电导值的范围为 2×10^{-6}S~2×10^{-14}S 时,最大误差必须小于 2%。

试验池的电容 C 由电压上升期间测得的电流推导出。当被测电容值的范围为 10pF~1 000pF 时,不确定度必须小于 1%。

例如:一种相对电容率为 $\varepsilon_r=2$,电导值为 2×10^{-14}S 的液体,在工频 50Hz 下其 $\tan\delta=0.8\times10^{-6}$。

6 取样

根据 GB/T 5654—2007 进行绝缘液体的样品取样,在运输和保存时注意避光。

7 标识

绝缘液体试样在发送到实验室前需要贴标识。

下列信息应注明:

——用户或工厂;

——液体的名称(类型和等级);

——设备的名称;

——取样日期和时间;

——取样时的温度;

——取样地点;

——其他相关信息。

8 试验程序

为了使介质损耗因数 $\tan\delta$ 的测量准确可靠,必须遵循以下相关的规则:

——试验池的清洗;

——试样的注入以及对试验池和试样的操作规程。

8.1 试验池的清洗

8.1.1 操作程序

根据试验池的清洁程度和被测液体的电导率大小，试验池清洗程序的复杂程度和所用时间都有所不同。

如果试验池的清洁程度未知或者有什么疑问，就需要进行试验池的清洗程序。

只要被证明有效的各类清洗程序都可以使用。

附录A提供了一种参考程序，适用于在两个实验室有争议的情况下使用。

附录B以举例的方式介绍了一种简单实用的清洗程序。

注：对于例行试验中同一批类型相同未使用过的液体试样进行连续试验时，如果所测得的试样性能参数值比规定值好，则同样的试验池可以不需清洗就可继续使用。如果不是这种情况，试验池在进行进一步试验前必须清洗。

8.1.2 空试验池清洁度的检查

为了获得有意义的测试数据，空试验池的介电损耗值必须远小于被测液体。

注：容器壁和电极可能会含有一些杂质，这些杂质最终可能溶解于液体中。

8.1.3 室温下充满待测液体的试验池清洁度的检查

如果试验池非常清洁且液体的温度保持恒定，则 σ 和 $\tan\delta$ 值与时间无关，整个测试过程应该尽可能快的进行。实际上，可以在一分钟内完成，所以，对于单个试样的一次测量有足够把握获得准确值。

在恒定温度下，电导率 σ（或者 $\tan\delta$）有可能会随着时间增加而增大或减少，但是在注入液体两分钟内不会超过2%。在这种情况下可认为试验池足够清洁，而且在试样注入1 min或更短时间内获得的第一个值可以被记录。

如果这样不成功，就需要再次清洗试验池，对同样的液体进行第二次取样和测试。同GB/T 5654—2007推荐的一样，两次测量取较小值。

8.1.4 高于室温情况下测试试验池的检查

在高温下进行测试时，首先要保证试验池中液体的温度恒定。除非试验池非常清洁，否则测试结果将和试验池如何加热到指定温度的方法有关。

如果试验池非常清洁且液体的温度保持恒定，则 σ 和 $\tan\delta$ 值与时间无关。整个测试过程应该尽可能快的进行。实际上，在温度被认为达到恒定时，可尽快进行测试。所以，对于单个试样的一次测量有足够把握获得准确值。

尽管试验池中的液体保持在恒定温度下，电导率 σ（或者 $\tan\delta$）仍然有可能随着时间增加而增大或减少。这种现象归结为以下几种原因：例如，高温加热可能会引起某种绝缘液体的组份变化，或者改变局部湿气含量。实际上，温度并不是恒定不变的，它的变化自然会影响到电导率 σ（或者 $\tan\delta$）的变化。根据液体的性质，电导率 σ（或者 $\tan\delta$）总会随着温度的改变而改变，一般可以到5%/℃。因此，只有当温度波动足够小时，电导率 σ（或者 $\tan\delta$）变化的起因才可以确定。如果电导率 σ（或者 $\tan\delta$）的变化在2 min后小于2%时，电极杯被认为足够清洁，在温度被认为恒定后1 min或更短时间内获得的测试值可以记录。

如果电极杯不是很清洁，加热时间将影响测试结果，特别是第一个值，因为来自试验池的杂质溶解到了液体中，第一个测得的数据就需要被放弃，然后重新清洗试验池。

8.2 注入试样

当注入试样时，要保证周围空气中尽可能不含有易于溶解在液体中的蒸气或其他气体。

电极应该完全浸在液体中。

注：试验池在不使用时，应放在干燥器内。

8.3 测试温度

液体的电导率和损耗因数可以在任意温度下测量。

应从操作简单和节约时间的角度来考虑测试的环境温度。实际上环境温度一直在变化，所以应该确定一个公认的值(例如 25℃±1℃)。

当然在更高温度下也可以进行测试(例如 40℃±1℃,90℃±1℃或更高)。

8.4 加热方法

要使测试达到预定温度,可以采用几种不同的加热方法。加热过程所需的时间与所采用加热的方法有关,基本上在 10 min~60 min 之间。如果试验池不是足够清洁,则由杂质持续溶解而引起的电导率增加会受加热周期的影响,电导率的测量就会和加热方法有关。

因此推荐试验池的加热越快越好。

为达到这个目的,可以将试验池和被测液体(放在一清洁容器内)分开加热。另一种方法就是快速加热试验池中的液体。

注:将试验池和液体快速加热的方法可能导致比较明显的温度差。所以应用这种方法时,要根据被测液体的类型来证实温度的均匀性。

8.5 测试

将被测试样注入试验池,应避免液体和试验池受到其他污染(见 8.2)。

按 8.1.3 和 8.1.4 检查清洁度,如果试验池足够清洁(见 8.1),记录 G 值和 C 值。

9 结果计算

结果可以根据下式计算:

$$\tan\delta=\frac{G}{C\omega}$$

式中:

G——表示电导,单位为西门子(S);

C——表示电容,单位为法(F);

ω——表示角频率,单位为弧度每秒(rad/s),$\omega=2\pi f$;

f——表示所选频率,单位为赫兹(Hz)。

注:如果被测液体在测试温度下的相对电容率 ε_r 已知。则液体的电导率可以根据下式计算:

$$\sigma=\frac{\varepsilon G}{C}$$

式中:

$\varepsilon=\varepsilon_0\varepsilon_r$;

G——表示电导,单位为西门子(S);

C——表示电容,单位为法(F);

σ——表示电导率,单位为西门子每米(S/m)。

10 试验报告

报告应包含以下内容:

——样品名称;

——测试温度;

——G 和 C 的测量值;

——$\tan\delta$ 的计算值。

11 精确度

11.1 概述

测试方法的精确度是指同一样品几次测量结果接近程度,GB/T 6379.1—2004 中规定利用重复性 χ 和再现性 R 来评定精确度,计算方法由 GB/T 6379.2—2004,ISO 5725-3:1994,ISO 5725-4:1994 来确定。

描述绝缘液体介质损耗因数的 χ 值和 R 值决定于被测液体的固有性质、是否使用过或未使用过，以及测试的温度。这些参数在 $\tan\delta$ 值很小时（小于 10^{-4}）被削弱，对于高绝缘性液体则受污染、处理、试验池的清洗等影响。

11.2 重复性(χ)

如果两次测量结果 A 和 B 为在同一实验室室温下获得，且其差值的绝对值满足下述关系，则该结果被接受：

$$|A-B|<\alpha\min(A,B)$$

其中 $\min(A,B)$ 表示 A 和 B 中的较小值。

对于未使用的绝缘液体：$\alpha=0.2$；

对于使用过的绝缘液体：$\alpha=0.1$。

11.3 再现性(R)

如果两次测量结果 A 和 B 为在两个不同的实验室室温下获得，上述关系依然成立，但是 α 值不同。

对于未使用的绝缘液体：$\alpha=0.35$；

对于使用过的绝缘液体：$\alpha=0.20$。

11.4 χ 和 R 的举例

下表为在实验室间室温下对矿物绝缘油测试所得的 χ 值和 R 值。

表 1 不同条件的矿物绝缘油测试的 χ 值和 R 值

	$\tan\delta$	R	χ
未使用的矿物油	2.0×10^{-6}	1.2×10^{-6}	0.4×10^{-6}
使用过的矿物油 1	1.5×10^{-4}	3.5×10^{-5}	1.2×10^{-5}
使用过的矿物油 2	1.0×10^{-3}	1.2×10^{-4}	0.8×10^{-4}

附 录 A
（规范性附录）
试验池的详细清洗程序

a) 清空试验池，将试验池各部分残留液体流尽。

b) 将试验池用去离子水稀释约 5% 磷酸三钠溶液中煮沸至少 5 min，然后再用去离子水清洗几遍。

c) 再用自来水清洗 5 min。

d) 在去离子水中至少煮 0.5 h。

e) 在干净的烘箱中将各部件在 105℃下干燥 2 h。

f) 将各部件在干燥器中冷却到室温，注意不要用裸手直接接触电极表面。

g) 将各部件组装成试验池，同样注意不要接触电极表面。

h) 将被测液体注入试验池。

i) 将第一次注入液体倒掉，用第二次注入的液体做试验。

注：如果试验池不是立即使用，将试验池保存在干燥器内，防止被污染。

附 录 B
（规范性附录）
对某类液体专用的简化清洗程序

与 GB/T 5654—2007 中规定的一样，需要限制这类特殊液体专用的试验池的使用。在这种情况下，一种简化的清洗程序是可以满足要求的。实际上，试验池要求的清洁程度依赖于先前装有的液体的损耗水平和被测液体的损耗水平期望值的比值。因此，与 GB/T 5654—2007 中规定的一样，如果该测量值没有超过规定值，在进行下一次测量时，就不需要进行清洗。在这种情况下，试验池可以在充有先前测量液体的情况下储存，当然，放在干燥器中更为合适。

如果清洗必须进行，则按以下程序处理：

a) 清空试验池，使残留在试验池各部分的液体流尽；

b) 根据先前被测液体，选用合适的分析纯的清洗溶剂洗涤试验池各部分（不同液体推荐使用的溶剂见注）；

c) 用分析纯的乙醇来清洗试验池各部分；

d) 在 80℃烘箱中烘干 3 h，然后在干燥器中冷却至室温；

e) 用被测液体充满试验池；

f) 清空第一次注入的被测液体，再次注入被测液体用于测量。

注：推荐的分析纯的溶剂：

环己烷适用于：

——碳氢化合物液体，例如矿物油（IEC 60296）；

——聚丁烯（IEC 60693）；

——烷苯基，单一/二苄甲苯，苯基乙烷和异丙基萘（IEC 60867）。

乙醇适用于：

——有机脂，例如邻苯二甲酸二辛脂、四元醇脂（IEC 61099）。

甲苯适用于：

——硅油（IEC 60836）。

附 录 C
（资料性附录）
影响液体电导性能的主要因素

C.1 体积电导率

电导率 σ 是一个标量，和电场强度 E 及电导电流密度 j 有关，且满足下述关系：

$$j=\sigma E$$

这是一个局部区域内成立的关系式，被称为欧姆定律。它适用于材料的任一局部区域。

电导率 σ 决定于材料本身的性质和它所包含的其他杂质，也和加在材料上的电场作用有关。

对于均质材料，特别是低场强作用下的液体，σ 是一个常数，所以体积电导率是液体的特征参数。

低场强作用下的绝缘液体的电导主要是由于一些可电离物质而产生的离子的分解和复合过程而引起的。

在热力学平衡条件下（没有或是只有很小的外加电场作用），体积电导率（单位为 S/m）：

$$\sigma=\sum_i k_i q_i$$

式中：

k_i——表示正负电荷携带者（离子）的迁移率，单位为 $m^2/V \cdot s$；

q_i——表示体积电荷密度，单位为 C/m^3。

例如：对于单一电离物质：

$$\sigma=k_+q_++k_-q_-$$

σ 是液体电离程度的一个特征参数。

为了获得 σ，需要在严格规定的条件下，利用一方便的试验池在电压 U 的作用下来测量电流 I_R。实际上，试验池的设计必须保证电场均匀或者准均匀。

如果电极间距是 L，电极表面积是 A，则下述关系式成立：

$$E=\frac{U}{L}$$

$$\sigma=\frac{j}{E}=\frac{I_R L}{UA}$$

$$j=\frac{I_R}{A}$$

其中：$\frac{U}{I_R}$ 表示充满液体的试验池的电阻，单位为欧姆；

$G=\frac{1}{R}$ 表示电导；

体积电阻率是体积电导率的倒数：$\rho=\frac{1}{\sigma}$。

C.2 介质损耗因数（tan*δ*）

当正弦电压施加于材料上时，$\tan\delta$ 表示复电容率的虚部与实部之比。

对一无损耗电容，则电容电流 I_C 的相位超前电压 U 相角 $\pi/2$，且其幅值为：

$$I_C=C\omega U$$

其中：$\omega=2\pi f$，f 是电源频率。

对一阻容并联模型，其中还有一部分同步分量 $I_R=\frac{U}{R}$，所以总电流 I^* 超前电压 U 一个相角 φ

$$\varphi=\frac{\pi}{2}-\delta$$

其中：

δ表示损耗角，即电流I^*和电容电流I_C间的夹角(见图4)。

而且：

$$\tan\delta=\frac{1}{RC\omega} \qquad \tan\delta=\frac{G}{C\omega}$$

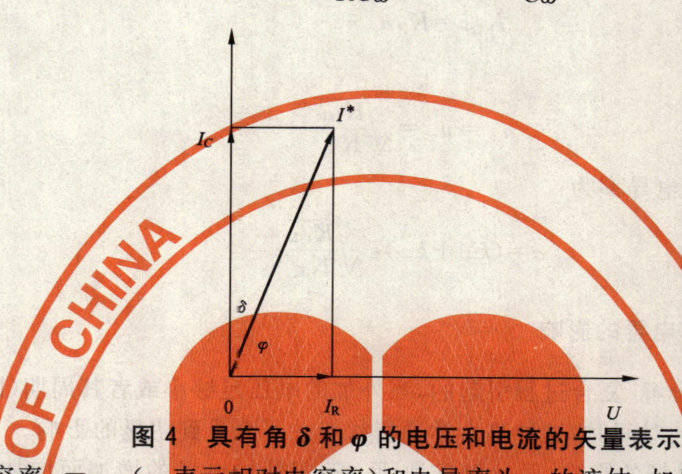

图4 具有角δ和φ的电压和电流的矢量表示

对于绝对电容率$\varepsilon=\varepsilon_0\varepsilon_r$($\varepsilon_r$表示相对电容率)和电导率为$\sigma$的液体，如果在所考虑的频率范围内没有偶极损耗，则可等效为一阻容并联网络：

$$R=\frac{L}{\sigma A} \qquad C=\frac{\varepsilon A}{L}$$

所以：

$$\tan\delta=\frac{\sigma}{\varepsilon\omega}=\frac{1}{\varepsilon\rho\omega}$$

这就表明可以通过测量σ来获得$\tan\delta$。

C.3 电荷携带者的性质和迁移率

在严格过滤过的液体中，电荷携带者主要是离子或者是由少量可电离物质的自发分解或自然辐射作用而产生的高阶离子群。本标准中不考虑电子和空穴电导作用。

离子容易吸附中性分子(附和现象)，尤其是小尺寸离子。所以，对一给定的液体，无论离子的性质和极性如何，离子迁移率差异都不大。如果一个带电荷e的离子可以看做是一个半径为a的球型，液体动态粘性系数为η，并且把库仑力等效为粘滞力，则离子迁移率k可以表示为：

$$k=\frac{e}{6\pi\eta a}$$

这个公式基本上给出了k的正确的数量级，例如：

$$k=10^{-9}\left(\frac{\mathrm{m}^2}{\mathrm{V}\cdot\mathrm{s}}\right)$$

其中：$\eta=10^{-2}\,\mathrm{Pa}\cdot\mathrm{s}$(室温下变压器油的典型值)，$a=0.8$ nm。

关系式$\eta k=$常数，被称为瓦尔登定则，受到广泛的推广，当温度变化时，我们可以将离子迁移速度等效为：

$$v=kE$$

而且离子在均匀电场中穿过距离L的传输时间t为：

$$t=\frac{L}{kE}=\frac{L^2}{kU}$$

C.4 电导率和分解物的某些性质间的关系

根据良好的绝缘液体中分解产生单一电解液的简化理论，电解液中未分解的分子 AB(浓度为 ν)和离子 A^+、B^+ 满足平衡关系：

$$AB \longleftrightarrow A^+ + B^+$$

在热力学平衡条件下，分解产生的离子数等于复合的离子数。如果 K_D 是分解常数，K_R 是复合常数，n_+ 和 n_- 是离子密度，则平衡关系为：

$$K_D \nu = K_R n_+ n_-$$

因此：

$$n_+ = n_- = \sqrt{\frac{K_D \nu}{K_R}}$$

体积电荷密度 $q_\pm = n_\pm \mathrm{e}$，电导率为：

$$\sigma = (k_+ + k_-)\mathrm{e}\sqrt{\frac{K_D \nu}{K_R}}$$

C.5 电场和电压作用对液体电导的影响

由于大量的电导都是由分解/复合过程引起的，当外加的电压足够小或者其周期(同极性)远小于离子从电极一端迁移到另一端的时间时，这种热力学平衡状态并不会受到明显的影响。

复合常数 K_R 不受外加电场的影响，而分解常数 K_D 随着外加电场的增加而增加。根据昂萨格理论，电场增强引起的分解现象在 $E > 1\mathrm{kV/cm}$ 时，并不明显，但是当 $E > 5\mathrm{kV/cm}$ 时，电导会明显增加(当 $E > 10\mathrm{kV/cm}$，$\varepsilon_r = 2.2$ 时，电导可能增加 50%)。

当离子到达电极时，理想的中和现象在实际条件下并不明显，主要因为：

一方面，离子有可能被阻挡，而且它们的放电并不是瞬时的，因此累积后会形成单极性的电荷层，当电场反相时，该电荷层会释放。

另一方面，无论是对阳极还是阴极而言，或者二者皆有，在电极附近由于各种不同的注入机理会产生同极性的离子(不管是极性液体或非极性液体)。

这种离子注入取决于液体的性质、纯净度和电极的金属材料。在电场高于 1 kV/cm 时，这种现象才比较明显。

电荷注入、电荷损耗和单极性电荷层的运动会导致液体的电流体力学(electrohydrodynamic)(EHD)现象，从而有利于电荷传输，进一步增加了视在电导率，特别是对粘性液体。

EHD 运动对电导的贡献通常在电压达到几百伏时就可以忽略不计。

C.6 温度对液体电导的影响

温度的升高会导致电导率的增加，主要是由液体的性能(电容率、黏度)和分解物(分解常数)决定的。

温度升高时，液体黏度就会下降，根据瓦尔登定则，离子迁移率会随着增加。

分解常数随着温度增加而增加的关系对于不同的物质并不相同，但基本上成幂指数级增长。

ICS 29.035.10
K 15

中华人民共和国国家标准

GB/T 21217.1—2007/IEC 61628-1:1997

电气用波纹纸板和薄纸板 第1部分:定义、命名及一般要求

Corrugated pressboard and presspaper for electrical purposes—
Part 1:Definitions,designations and general requirements

(IEC 61628-1:1997,IDT)

2007-12-03 发布　　2008-05-20 实施

中华人民共和国国家质量监督检验检疫总局
中国国家标准化管理委员会　发布

前　言

GB/T 21217 由下列三部分组成：

——第 1 部分：定义、命名及一般要求；

——第 2 部分：试验方法；

——第 3 部分：单项材料规范。

本部分为 GB/T 21217 的第 1 部分。

本部分等同采用 IEC 61628-1:1997《电气用波纹纸板和薄纸板　第 1 部分：定义、命名及一般要求》(英文版)。

本部分删除了 IEC 标准的"前言"。

本部分由中国电器工业协会提出。

本部分由全国绝缘材料标准化技术委员会(SAC/TC 51)归口。

本部分起草单位：桂林电器科学研究所、西安交通大学。

本部分主要起草人：李学敏、曹晓珑。

本标准为首次制定。

电气用波纹纸板和薄纸板
第1部分：定义、命名及一般要求

1 范围

本部分规定了电气用波纹纸板和薄纸板的定义、命名及一般要求。

符合本部分的材料，满足一定的性能水平。然而，对某一具体应用时，应根据实际应用对材料所需要的具体性能要求来选择，而不是仅根据本部分来定。

尽管本材料主要用于电气绝缘，但并不排斥将其用在其性能符合的其他方面。

2 规范性引用文件

下列文件中的条款通过GB/T 21217的本部分的引用而成为本部分的条款。凡是注日期的引用文件，其随后所有的修改单(不包括勘误的内容)或修订版均不适用于本部分，然而，鼓励根据本部分达成协议的各方研究是否可使用这些文件的最新版本。凡是不注日期的引用文件，其最新版本适用于本部分。

IEC 60641-1:1979 电气用纸板和薄纸板 第1部分：定义及一般要求

3 定义

下述定义和IEC 60641-1:1979中的定义适用于GB/T 21217的本部分。

3.1

波纹 corrugation

均匀遍布于片状材料宽度上的有规律、重复的平直表面的形变。

3.2

波纹形式 type of corrugation

——正弦型：按正弦波形状的波纹。

——角状波：具有平直斜侧面和/或平直顶部的波纹，在平直部分交接处，有或没有半径过渡。

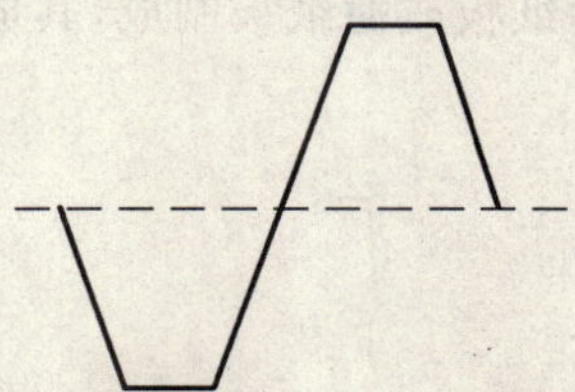

——对称型：峰和谷处的波纹形状和大小是完全相同的。

——非对称型：峰和谷处的波纹形状和/或大小是不相同的。

因此,可以有下述四种不同类型的波纹:

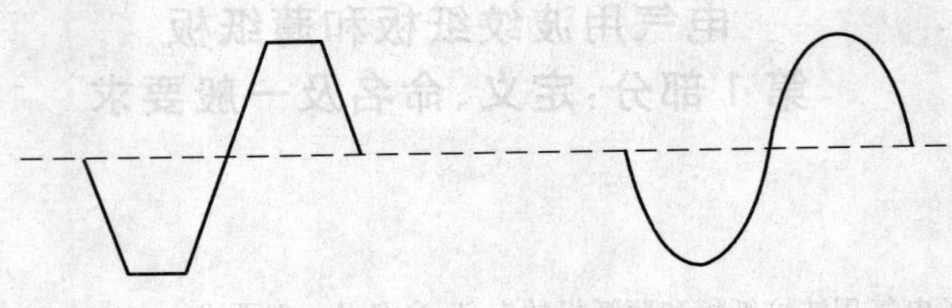

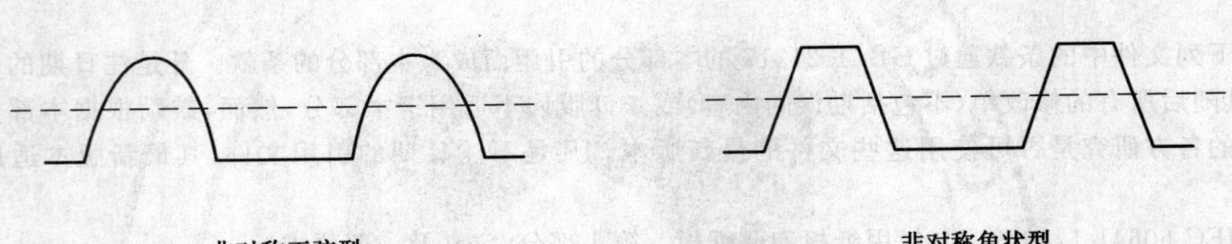

4 命名

按 GB/T 21217 的本部分供货的材料,可用下述代码字母和数字组合进行命名。

按 IEC 60641-1:1979 中表 1 命名的基础材料型号/厚度/波纹类型。

波纹类型按表 1 规定。

表 1 命名代码

	正 弦	角 状
对称的	SS	SA
不对称的	NS	NA

命名实例:按 GB/T 21217 的本部分供货,由 B.3.1 制成,1 mm 厚,具有对称的正弦波纹型的材料,其命名如下:

B.3.1/1/SS

5 一般要求

5.1 组成

材料由符合 IEC 60641-1:1979 的纸板或薄纸板制成,其成型既可以通过机械加压、加热或加湿,也可以通过三者结合,但不含有添加剂。

6 供货条件

6.1 包装

供货材料应予以包装,以保证在搬运、运输和贮存过程中对其有足够的保护。

7 标志

7.1 每一批材料应用清楚可鉴别的代码予以清晰标记。

7.2 标记用的材料

在波纹材料上用作任何标记的材料应不导电且耐油但不对油造成污染。

ICS 29.035.99
K 15

中华人民共和国国家标准

GB/T 21218—2007/IEC 60836:2005

电气用未使用过的硅绝缘液体

Specifications for unused silicone insulating liquids for electrotechnical purposes

(IEC 60836:2005,IDT)

2007-12-03 发布　　　　2008-05-20 实施

中华人民共和国国家质量监督检验检疫总局
中国国家标准化管理委员会　发布

前　言

本标准等同采用 IEC 60836:2005《电气用未使用过的硅绝缘液体规范》(英文版)。

为便于使用,本标准做了下列编辑性修改:

a) "本国际标准"一词改为"本标准";

b) 删除了 IEC 60836:2005 的前言和引言;

c) 小数点符号","改为"."、容积符号"cm^3"和"dm^3"改为"mL"和"L";

d) 表 1 中"允许值"改为"要求";

e) 中和值计算公式按 GB/T 1.1—2000 及 GB/T 20001.4—2000 规定表示。

本标准由中国电器工业协会提出。

本标准由全国绝缘材料标准化技术委员会(SAC/TC 51)归口。

本标准起草单位:桂林电器科学研究所。

本标准主要起草人:马林泉。

本标准为首次制定。

电气用未使用过的硅绝缘液体

1 范围

本标准规定了用于变压器和其他电工设备中的未使用过的硅绝缘液体规范和试验方法。

T1 型变压器硅绝缘液体的规定性能列于表1,其他类型将在需要时列出。

注:已用于电工设备中的硅绝缘液体的维护包括在另一个出版物 IEC 60944 中。

2 规范性引用文件

下列文件中的条款通过本标准的引用而成为本标准的条款。凡是注日期的引用文件,其随后所有的修改单(不包括勘误的内容)或修订版均不适用于本标准,然而,鼓励根据本标准达成协议的各方研究是否可使用这些文件的最新版本。凡是不注日期的引用文件,其最新版本适用于本标准。

GB/T 261 石油产品闪点测定法(闭口杯法)(GB/T 261—1983,neq ISO 2719:1973)

GB/T 265 石油产品运动粘度测定法和动力粘度计算法

GB/T 507 绝缘液体 工频下击穿电压的测定 试验方法(GB/T 507—2002,idt IEC 60156:1995)

GB/T 1884 石油和液体石油产品密度测定法(密度计法)(GB/T 1884—2000,eqv ISO 3675:1988)

GB/T 3535 石油倾点测定法(GB/T 3535—1983,neq ISO 3016:1974)

GB/T 3536 石油产品闪点和燃点测定法(克利夫兰开口杯法)(GB/T 3536—1983,eqv ISO 2592:1973)

GB/T 5654 液体绝缘液体 相对电容率、介质损耗因数和直流电阻率的测定(GB/T 5654—2007,IEC 60247:2004,IDT)

GB/T 10065 绝缘液体在电应力和电离作用下的析气性测定方法(GB/T 10065—2007,IEC 60628:1985,MOD)

IEC 60475 液体电介质取样方法

IEC 60814 绝缘液体 油浸纸及油浸压纸板 用卡尔·费休自动电量滴定法测定水分

ISO 2211 液体化学品 哈森单位(铂-钴标度)色度测定

ISO 5661 石油产品 液态烃类 折射率的测定

3 术语和定义

下列术语和定义适用于本标准。

3.1

硅绝缘液体 silicone insulating liquids

液体有机硅多分子聚醚,其分子结构主要由硅、氧原子交替的线性链组成,而烃基则连接在硅原子上。

3.2

T1 型变压器硅液体 silicone transformer liquid type T1

聚二甲基硅氧烷,不含添加剂,主要月于变压器。

注1:当按第8章规定的方法试验时,T1 型变压器硅液体应符合本标准表1给出的要求。

注2:按 IEC 61039,T1 型变压器硅液体被归入 L-60836-1 类,而按 IEC 61100 则被归入 K3 类。

4 性能

4.1 一般性能

变压器硅液体(T1 型)具有高的闪点和燃点，因此难以燃烧。如果发生燃烧，其释放热量的速率远远低于烃油。

除了用于类似工作温度下的含变压器矿物油的那些变压器外，变压器硅液体(T1 型)也可用于在较高温度下工作的经合理设计的电工设备中。

水在硅液体中的溶解度大于在矿物油中的溶解度。对电工设备的设计来说是重要的其他性能，即热传导，也许会不同于变压器矿物油，设计者必须充分关注这一点。

4.2 有关健康、安全和环境(HSE)方面的性能

4.2.1 使用

硅液体在自然界中会分解成单体，自然会产生一些物质。但硅液体的使用不会危及健康。

硅液体直接触及眼睛会引起轻度刺激。应戴上安全眼镜以防溅入眼内。一旦溅入眼内，用大量清洁流动的水冲洗即可消除刺激。如果刺激依然存在，则建议去医院诊疗。

有关安全使用这些液体的详细资料由制造商或供应商提供。

4.2.2 处理

应遵守地方法规。推荐的处理方法是由一有资格的承包商进行回收。废液可作焚烧处理。洒落的液体应当采用吸收介质清理。进入环境的少量液体并无特别的危害。

5 通用交货要求与分类

硅绝缘液体应装于清洁密闭的容器中运输。容器的衬里与所装的液体相互不起作用。

每个容器应标明下列信息：

——本标准号；

——供应商名称；

——批号；

——地方行政管理部门要求的其他注意事项。

注：充注硅绝缘液体的电工设备应根据电工设备标准的要求标明所用绝缘液体的种类。

6 贮存与维护

最好应贮存于室内，且必须装于密闭容器中以防潮气和灰尘浸入。若贮存期间意外受到水和/或固体粒子污染，通常通过 IEC 60944 中所述的处理工艺可将其质量恢复到可接受的水平。

7 取样

硅液体应依据 IEC 60475 采用与所取液体的密度相协调的程序进行取样。异丙醇适用于清洗取样器具。

8 性能与试验方法

8.1 颜色与外观

8.1.1 颜色

该性能应按 ISO 2211 测定。

8.1.2 外观

该性能应通过在透光及室温条件下观察一厚度约 100 mm 的有代表性的试样进行评定。

8.2 密度

该性能应按 GB/T 1884 在 20℃下测定。

8.3 运动粘度

该性能应按 GB/T 265 在 40℃下测定。

8.4 闪点

该性能应按 GB/T 261 测定。

8.5 燃点

该性能应按 GB/T 3536 测定。

8.6 折射率

该性能应按 ISO 5661 测定。

8.7 倾点

该性能应按 GB/T 3535 测定。

8.8 水分含量

该性能应按 IEC 60814 测定。

8.9 中和值

该性能应采用下列化学试剂和程序测定。

8.9.1 试剂

a) 氢氧化钾：c(KOH)＝0.1 mol/L 乙醇标准溶液。

b) 甲苯，不含硫。

c) 恒沸乙醇溶液（沸点 78.2℃）。

d) 盐酸：c(HCl)＝0.1 mol/L 标准溶液。

e) 碱性蓝指示剂溶液：将 2 g 碱性蓝 6B 溶解在 100 mL 含 1 mLc(HCl)＝0.1 mol/L 标准溶液的恒沸乙醇中。24 h 后进行酸值试验，以检验指示剂是否具有足够的灵敏度。如果颜色明显地从蓝色变为如同 10％硝酸钴[$CO(NO_3)_2 \cdot 6H_2O$]溶液那样的红色，说明该指示剂灵敏度令人满意。

如果灵敏度不够，则重复加 c(HCl)＝0.1 mol/L 标准溶液，并在 24 h 后再次检验之。如此继续直至灵敏度令人满意为止。然后将溶液过滤到棕色玻璃瓶中存放于暗处。

8.9.2 程序

将(20.00±0.05)g 试样称入 250 mL 具塞磨口锥形瓶中。

取第二个锥形瓶，加入 60 mL 甲苯和 40 mL 乙醇，然后向该混合物中加入 2 mL 指示剂溶液。用 c(KOH)＝0.1 mol/L 乙醇标准溶液中和，直至出现如同 10％硝酸钴[$CO(NO_3)_2 \cdot 6H_2O$]溶液那样的红色并至少保持 15 s 为止。

将此溶液加到上述试样中，搅拌并在温度不高于 25℃的条件下立即用 c(KOH)＝0.1 mol/L 乙醇标准溶液滴定到如上所述的终点。

中和值计算公式如下：

$$NV=\frac{V\times N\times 56.1}{m}$$

式中：

NV——试样的中和值的数值，单位为毫克氢氧化钾每克(mgKOH/g)；

V——滴定所用氢氧化钾乙醇标准溶液容积的数值，单位为毫升(mL)；

N——氢氧化钾乙醇标准溶液之物质的量浓度的数值，单位为摩尔每升(mol/L)；

56.1——氢氧化钾的摩尔质量的数值，单位为克每摩尔(g/mol)；

m——试样的质量的数值，单位为克(g)。

8.10 击穿电压

该性能应按 GB/T 507 测定。

8.11 介质损耗因数、电容率、直流电阻率

这些性能应按 GB/T 5654 中所述方法在 90℃下测定。异丙醇或丙酮适合于清洗测量池。

8.12 电应力和电离作用下的析气性

该性能应按 GB/T 10065 测定。

8.13 燃烧性

有关绝缘液体着火危险性测定,IEC TC89 正在研究中。

9 单项规范

本规范仅适用于未使用过的拟用于电工设备中的硅液体,作为买入时和进行处理或注入电工设备之前的验收标准。按第 7 章规定抽取的液体样品应按第 8 章中规定的适当试验方法进行试验。经试验,液体的性能应符合本规范表中的要求。

9.1 T1 型变压器硅液体

该液体为不含添加剂的聚二甲基硅氧烷,主要用于变压器。

当按第 8 章中规定的方法进行试验时,T1 型变压器硅液体的性能应符合表 1 所列的要求。

表 1 T1 型变压器硅液体

性能	单位	试验方法(章或条)	要求	备注
颜色	—	8.1.1	≤35	
外观		8.1.2	透明、无悬浮物、无沉淀物	
密度(20℃)	g/cm^3	8.2	0.955～0.970	
运动粘度(40℃)	mm^2/s	8.3	40±4	
闪点	℃	8.4	≥240	
燃点	℃	8.5	≥340	
折射率(20℃)	—	8.6	1.404±0.002	
倾点	℃	8.7	−50 或更低	
水分含量	mg/kg	8.8	≤50	a
中和值	mgKOH/g	8.9	≤0.01	a
击穿电压	kV	8.10	≥40	a
介质损耗因数(DDF)(90℃,50 Hz)	—	8.11	≤0.001	a,b
电容率(90℃)	—	8.11	2.55±0.05	a
直流电阻率(90℃)	Ω·m	8.11	$\geq 1.00\times 10^{11}$	a

a 指未经处理的收货状态下的油。

b 指在 40 Hz～60 Hz 的频率范围内,其转换值如下:DDF(50 Hz)=DDFf(Hz)/50。

参 考 文 献

[1] IEC 60944　变压器硅液体维护指南
[2] IEC 61039　绝缘液体一般分类
[3] IEC 61100　绝缘液体按燃点和净热值分类

ICS 29.030
K 14

中华人民共和国国家标准

GB/T 21219—2007/IEC 60404-1:2000

磁性材料　分类

Magnetic materials—Classification

（IEC 60404-1:2000,IDT）

2007-12-03 发布　　　　2008-05-20 实施

中华人民共和国国家质量监督检验检疫总局
中国国家标准化管理委员会　发布

前　言

本标准等同采用 IEC 60404-1:2000《磁性材料　分类》。

本标准在采用国际标准时作了少量编辑性修改:

——用小数点符号“.”代替小数点符号“,”;

——表格中的数值范围遵照我国习惯一律按从小到大排列并用表示范围的符号“～”代替符号“—”。

本标准由中国电器工业协会提出。

本标准由全国电工合金标准化技术委员会归口。

本标准由桂林电器科学研究所起草。

本标准主要起草人:谢永忠、詹亚萍、陈京生。

本标准为首次发布。

磁性材料　分类

1　总则

1.1　范围和目的

本标准适用于对大批量生产的磁性材料进行分类。

"磁性材料"表示应用中要求其具有铁磁性或亚铁磁性的物质。

本标准中，磁性材料的分类以公认的主要两类产品为基础：

——软磁材料(矫顽力≤1 000 A/m)；

——永(硬)磁材料(矫顽力>1 000 A/m)。

在这些主要类别中，当分类合理时可辨别出如下一些特性：

——材料的主要合金元素、冶金状态和物理性能；

——在可能和方便时，可辨认出这些特性间的相互关系。

按特殊应用领域的分类不适用于所有的材料，因为根据其要求的特性，不同的材料常可用于相同的用途。

1.2　规范性引用文件

下列文件中的条款通过本标准的引用而成为本标准的条款。凡是注日期的引用文件，其随后所有的修改单(不包括勘误的内容)或修订版均不适用于本标准，然而，鼓励根据本标准达成协议的各方研究是否可使用这些文件的最新版本。凡是不注日期的引用文件，其最新版本适用于本标准。

GB/T 2900.60—2002　电工术语　电磁学(eqv IEC 60050-121:1998)

GB/T 3655—2000　用爱泼斯坦方圈测量电工钢片(带)磁性能的方法(neq IEC 60404-2:1996)

GB/T 9637—2001　电工术语　磁性材料与元件(eqv 60050-221:1990)

GB/T 13304　钢　分类(GB/T 13304—1991,neq ISO 4948-1:1982 及 ISO 4948-2:1981)

GB/T 13789　单片电工钢片带磁性能测量方法(GB/T 13789—1992,eqv IEC 60404-3:1982)

GB/T 13888—1992　在开磁路中测量磁性材料矫顽力的方法(eqv IEC 60404-7)

GB/T 17951—2005　硬磁材料一般技术条件(IEC 60404-8-1:2001,IDT)

GB/T 21220—2007　软磁金属材料(IEC 60404-8-6:1999,IDT)

IEC 60050-151:1978　国际电工术语(IEV)　第 151 章:电磁元件

IEC 60401:1993　铁氧体材料　变压器电感器磁心产品规格目录

IEC 60404-4:1995　磁性材料　第 4 部分:铁和钢直流磁性能的测量方法

IEC 60404-6:1986　磁性材料　第 6 部分：E1、E3 和 E4 类各向同性铁镍软磁合金磁性能的测量方法

IEC 60404-8-2:1998　磁性材料　第 8 部分第 2 节　单项材料规范:以半工艺状态交货的冷轧合金电工钢片和钢带技术条件

IEC 60404-8-3:1998　磁性材料　第 8 部分第 3 节　单项材料规范:以半工艺状态交货的冷轧非合金电工钢片和钢带技术条件

IEC 60404-8-4:1998　磁性材料　第 8 部分第 4 节　单项材料规范:以全工艺状态交货的冷轧无取向电工钢片和钢带技术条件

IEC 60404-8-5:1989　磁性材料　第 8 部分第 5 节　单项材料规范:具有特殊机械性能和磁导率的钢片和钢带技术条件

IEC 60404-8-7:1998　磁性材料　第 8 部分第 7 节　单项材料规范:以全工艺状态交货的冷轧晶粒

取向电工钢片和钢带技术条件

IEC 60404-8-8:1991 磁性材料 第8部分第8节 单项材料规范:在中频下应用的薄磁性钢带技术条件

IEC 60404-8-9:1994 磁性材料 第8部分第9节 单项材料规范:烧结软磁材料技术条件

IEC 60404-8-10:1994 磁性材料 第8部分第10节 单项材料规范:继电器用磁性材料(铁和钢)技术条件

IEC 60404-10:1988 磁性材料 第10部分:在中频下磁性钢片和钢带磁性能的测量方法

1.3 术语和定义

本标准中采用的各个术语及其定义按照 GB/T 2900.60—2002、GB/T 9637—2001、IEC 60050(151):1978 及 IEC 60404-8 系列产品标准的规定。

2 软磁材料(矫顽力≤1 kA/m)

2.1 A类——铁

2.1.1 概述

这些材料被 GB/T 21220—2007 和 IEC 60404-8-10:1994 涵盖。

2.1.1.1 化学成分

这些材料的基本组分是铁,它们常被称为“工业纯铁”或“磁性软铁”。控制对剩(顽)磁、矫顽力、饱和磁通、磁极化强度和磁性能的稳定性有影响的元素,能产生推荐用途所需要的磁性能。除铁外,当最重要元素存在于这些材料中时,其含量以表1中所示范围为特征。

表1 化学成分范围

质量分数%

C	Si	Mn	P	S	Al	Ti	Va
≤0.03	≤0.1	0.03～0.2	≤0.015[a]	≤0.03[a]	≤0.08	≤0.1	≤0.1
a 为改善机加工性能,P和S的含量可高于表1中所列上限。							

2.1.1.2 细分类依据

推荐以矫顽力作为细分类的依据。

2.1.1.3 供货方式

这些材料以多种形状供货。它可以以厚板、方块、铸块和锻件;以热轧矩形或正方形截面的棒;以热轧圆形、六边形和八边形截面的条;以冷轧和冷拉棒、线材;以热轧成冷轧板材和带材供货。

2.1.2 物理特性

除矫顽力值外,这些材料更完整的定义可以以下述特性为基础:

——磁特性:饱和磁极化强度、在各种磁化场下的磁极化强度(从中可求得磁导率)、特性对时间的稳定性;

——机械特性:硬度、对冲压操作的适应性、易加工性、深冲性能、抗拉强度;

——冶金状态:热加工或冷加工、锻、深冲、全工艺即最终退火状态。

注:对于不以全工艺状态交货的材料,依据产品标准的要求或生产厂家的建议,以在热处理后测得的矫顽力进行细分类。

在全工艺状态下,上述磁性能规定值的范围见表2。

表2 磁性能规定值的范围

最大矫顽力	H 为下列各值时的最低磁极化强度			最低饱和磁极化强度[a]
	300 A/m	500 A/m	4 kA/m	
A/m	T	T	T	T
12～240	1.30～1.15	1.40～1.30	1.6	2.10～2.16
a 此值不是规定值而是典型值。				

2.1.3 主要用途

主要用于直流继电器、扬声器、电磁铁、磁性离合器、制动器、仪器和控制设备的磁路部件，以及极头、发电机和电动机的其他直流部件。

2.2 B类——低碳软钢

2.2.1 B.1类——整体材料

2.2.1.1 概述

这些材料中部分被 IEC 60404-8-10:1994 涵盖。

2.2.1.1.1 化学成分

这些材料的基本组分是铁并含有不可避免的杂质以及低含量的其他元素。这些元素可能来源于生产过程中所需的添加物。这些合金元素的总量限制在 GB/T 13304 对非合金钢的规定以下，特别是硅含量应在 0.5%以下。

2.2.1.1.2 细分类依据

推荐以矫顽力作为细分类的依据。

2.2.1.1.3 供货方式

这些材料通常在最终热处理后以铸件或锻件的形式供货。或者按用户要求以线材，也可以以热轧、冷拉的棒、条或线材供货。

2.2.1.2 物理特性

除矫顽力外，这些材料更完整的定义可以以下述特性为基础：

——磁特性：在各种磁化场下的磁极化强度；

——机械特性：屈服强度(或 0.2%弹性极限应力)、延伸率($L_0 = 0.5\ d_0$)、抗损伤性；

——冶金状态：热加工或冷加工、为产生所要求磁特性的退火状态。

机械和非破坏性试验根据相应的 ISO 标准进行。应根据 GB/T 13888—1992 测量矫顽力。其他磁性能按 IEC 60404-4:1995 测量。

磁性能和机械性能的典型值的范围见表 3。

表 3 磁性能和机械性能的典型值的范围

屈服强度	延伸率 ($L_0=5\ d_0$)	矫顽力	*H* 为下列各值时的磁极化强度		
			2 500 A/m	5 000 A/m	10 000 A/m
N/mm²	%	A/m	T		
100～180	25～45	40～400	1.55～1.65	1.65～1.75	1.75～1.85

2.2.1.3 主要用途

这些材料用于无机械强度要求的大型直流磁体，如核子物理学中的旋磁体及继电器。

2.2.2 B.2类——扁平材料

2.2.2.1 概述

这些材料被 IEC 60404-8-3:1998、IEC 60404-8-4:1998 和 IEC 60404-8-10:1994 涵盖。

2.2.2.1.1 化学成分

这些材料的基本组分是铁并含有不可避免的杂质以及低含量的其他元素。这些元素可能来源于生产过程中所需的添加物。这些合金元素的总量限制在 GB/T 13304 规定的非合金钢标准以内，尤其是硅含量应低于 0.5%。这些材料在冲片操作后可以进行热处理以提高其磁性能。

2.2.2.1.2 细分类依据

推荐以比总损耗作为细分类依据。比总损耗是厚度的函数，并且通常在 1.5 T 的磁极化强度和工频下测量。应用于继电器时也可以以矫顽力作为细分类依据。

2.2.2.1.3　供货方式

这些材料以冷轧卷材或片材供货。应用于继电器时，以热轧带材、片材或板材供货。

2.2.2.2　物理特性

除比总损耗外，这些材料更完整的定义可以以下述特性为基础：

——磁特性：在各种磁化场下的磁极化强度；

——机械特性：对冲片操作的适应性、表面状态、叠装系数；

——冶金状态：热轧状态、硬态即冷轧状态、半工艺状态即退火和最终冷轧状态、全工艺状态以最终退火状态。

注：对于以硬态或半工艺状态交货的材料细分类，可以以比总损耗或矫顽力为依据，而矫顽力是在热处理后按产品标准的要求或生产厂家推荐的方法测得的。

——尺寸：厚度、宽度及(按要求的)长度。

对于冷轧材料，推荐的公称厚度为：0.47 mm、0.50 mm、0.65 mm 和 1.0 mm。

磁性能测量按 GB/T 3655—2000、GB/T 13789 或 GB/T 13888—1992 进行。

退火后，对于公称厚度的材料，其比总损耗规定值的范围见表 4。

表 4　最大比总损耗规定值范围

公称厚度 mm	频率 Hz	J=1.5 T 时的比总损耗范围 W/kg
0.50	50	6.6～10.5
0.65	50	8.0～12.0
0.50	60	8.4～13.4
0.65	60	10.2～15.3

对于继电器用材料，规定矫顽力的最大值范围为 40 A/m～240 A/m。

2.2.2.3　主要用途

这些材料用于制造电气设备特别是小型旋转电机及继电器的叠片铁心。

2.3　C 类——硅钢

2.3.1　C.1 类——整体材料

2.3.1.1　概述

这些材料中有些被 GB/T 21220—2007 和 IEC 60404-8-10:1994 涵盖。

2.3.1.1.1　化学成分

这些材料的基本组分是铁，其中主要的合金元素硅含量为 0.5%～5%。

2.3.1.1.2　细分类依据

推荐以矫顽力或电阻率作为细分类的依据，电阻率是硅含量的函数。

2.3.1.1.3　供货方式

这些材料以热轧和冷拉的棒、线材、圆棒和锻坯供货，并且在机加工后进行热处理以达到所要求的磁性能。

2.3.1.2　物理特性

除在表 5 中给出的矫顽力和电阻率范围之外，这些材料更完整的定义可以以下述特性为基础：

——磁特性：饱和磁极化强度、在各种磁化场下的磁极化强度、剩余磁极化强度；

——机械特性：机加工性、延展性、硬度；

——冶金状态：热加工或冷加工、为产生所要求磁特性的退火状态。

表 5 磁性能和电性能规定值范围

硅含量[a]	电阻率[a]	矫顽力	H 为下列各值时的最低饱和磁极化强度			
			100 A/m	300 A/m	500 A/m	4 000 A/m
%	μΩm	A/m	T			
2～4.5	0.35～0.60	12～48	0.6～1.2	1.1～1.3	1.2～1.35	1.5

a 所列不是规定值而是典型值。

2.3.1.3 主要用途

主要用作继电器、磁离合器、磁极靴、步进电机和陀螺仪罩的磁路。

2.3.2 扁平材料

2.3.2.1 C.21 类——在工频下使用的各向同性[1)](无取向)钢

2.3.2.1.1 概述

这些材料被 IEC 60404-8-2:1998、IEC 60404-8-4:1998、GB/T 21220—2007 和 IEC 60404-8-10:1994 涵盖。

2.3.2.1.1.1 化学成分

这些材料的基本组分是铁,主要合金元素是硅,其含量可以在 0.5%～5%之间。其他合金元素如铝也可以存在。此材料也含有不可避免的杂质以及低含量的其他元素。这些元素可能来源于生产过程中所需的添加物。

2.3.2.1.1.2 细分类依据

推荐以比总损耗作为细分类依据。比总损耗是厚度的函数,并且通常在 1.5 T 的磁极化强度和工频下测得。

在应用中需要细分类的依据时(如继电器),以矫顽力或磁导率作为细分类的依据可能更合适。

2.3.2.1.1.3 供货方式

这些材料通常以冷轧卷材或片材的形式供货。

2.3.2.1.2 物理特性

除比总损耗外,这些材料更完整的定义可以以下述特性为基础:

——磁特性:在各种磁化场下的磁极化强度、各种磁极化强度下的比视在功率、损耗的各向异性;

——电特性:表面绝缘类型及其电阻、电阻率;

——机械特性:冲片操作的适应性、延展性、抗拉强度、硬度、表面状态及表面粗糙度、叠装系数、平直度、边缘曲度(镰刀弯);

——冶金状态:硬态即冷轧状态、半工艺状态即退火或退火并硬化冷轧状态、全工艺状态即最终退火状态。

注:对于以硬态或半工艺状态交货的材料,细分类以热处理后的比总损耗为依据。比总损耗的测量依据产品标准要求或生产厂家推荐的方法进行。

——尺寸:厚度、宽度及(按要求的)长度。

通常推荐的公称厚度为:0.35 mm、0.47 mm、0.50 mm、0.65 mm 和 1.00 mm。

磁性能测量按 GB/T 3655—2000 或 GB/T 13789 进行。磁性测量所应用的密度值应按相应的产品标准的规定。例外情况,密度值应协商确定。

1) 描述一种本质上是各向同性的并通过精密加工而成的材料。

在最终退火后，对于四种通用厚度的材料，其比总损耗规定值的范围见表6。

表6 最大比总损耗规定值范围

公称厚度	频率	$J=1.5$T时的比总损耗
mm	Hz	W/kg
0.35	50	2.3～3.6
0.50	50	2.5～10
0.65	50	3.1～10
1.00	50	6.0～13
0.35	60	2.9～4.6
0.50	60	3.2～11.9
0.65	60	4.1～12.8
1.00	60	8.1～17.3

2.3.2.1.3　**主要用途**

这些材料主要用于电气设备的磁路，特别是用于非单向磁通的旋转电机部件。也可用于电磁继电器、小型变压器、荧光灯镇流器、电表、电子和质子加速器的屏蔽和磁极。

2.3.2.2　**C.22类——在工频下使用的各向异性[2)]（取向）钢**

2.3.2.2.1　**概述**

这些材料被IEC 60404-8-7:1998涵盖。

2.3.2.2.1.1　**化学成分**

这些材料的基本组分是铁，主要合金元素是硅（约3%），还含有不可避免的杂质以及低含量的其他元素。这些元素可能来源于生产过程中所需的添加物。这类磁性材料具有各向异性（方向性），以使在平行于轧制方向具有最低的比总损耗和最高的磁导率。这些性能对于机加工是敏感的，而消除应力的退火可以使其固有的性能最佳化。

2.3.2.2.1.2　**细分类依据**

推荐的细分类依据是晶粒取向度和比总损耗。晶粒取向度用800 A/m磁场强度下的磁极化强度来表示。比总损耗是厚度的函数，通常在1.5 T或1.7 T的磁极化强度和工频下测得。

2.3.2.2.1.3　**供货方式**

这些材料通常以具有无机绝缘涂层的冷轧卷材和片材的形式供货。

2.3.2.2.2　**物理特性**

除晶粒取向度和比总损耗值外，这些材料更完整的定义可以以下述特性为基础：

——电特性：表面绝缘类型及其电阻、电阻率；

——机械特性：延展性、表面状态及表面粗糙度、叠装系数、平直度、边缘曲度（镰刀弯）；

——冶金状态：退火和完全重结晶状态；

——尺寸：厚度、宽度及（按要求的）长度。

通常推荐的公称厚度为：0.23 mm、0.27 mm、0.30 mm、0.35 mm。如需要其他厚度的材料，推荐的厚度为0.18 mm和0.50 mm。

磁性能测量按GB/T 3655—2000或GB/T 13789进行。用于计算的密度值通常为7.65 kg/dm^3。试样应平行于轧制方向截取。测量前，根据厂家的建议进行消除应力的退火。

在消除应力的退火后，对于公称厚度的材料其比总损耗规定值的范围见表7。

2）　描述一种本质上是各向异性的并通过精密加工而成的材料。

表 7 最大比总损耗规定值范围

公称厚度	常规材料		高磁导率材料	
	最大比总损耗			
	50 Hz	60 Hz	50 Hz	60 Hz
	J=1.7 T		J=1.7 T	
mm	W/kg	W/kg	W/kg	W/kg
0.23	1.20～1.27	1.57～1.65	0.90～1.00	1.21～1.32
0.27	1.30～1.40	1.68～1.85	1.03～1.10	1.35～1.45
0.30	1.40～1.50	1.83～1.98	1.05～1.17	1.38～1.54
0.35	1.50～1.65	1.98～2.18	1.25～1.35	1.64～1.77

此外，没有在 IEC 60404-8-7:1998 规定的通用材料所具有的性能见表 8。

表 8 最大比总损耗典型值范围

公称厚度	精炼材料	
	J=1.7 T 时的最大比总损耗(W/kg)	
mm	50 Hz	60 Hz
0.23	0.80～0.90	1.06～1.21
0.27	0.85～0.95	1.12～1.25

2.3.2.2.3 主要用途

这些材料主要用于制造磁心。在此磁心中，磁通基本上平行于轧制方向，例如在变压器铁心中就如此。

2.3.2.3 C.23 类——薄硅钢片

2.3.2.3.1 概述

这些材料被 IEC 60404-8-8:1991 涵盖。

2.3.2.3.1.1 化学成分

这些材料的基本组分是铁，主要合金元素是硅，其含量可以在 2%～4%之间。其他合金元素如铝也可以存在。材料也含有不可避免的杂质以及低含量的其他元素。这些元素可能来源于生产过程中所需的添加物。

2.3.2.3.1.2 细分类依据

推荐以各向异性和比总损耗作为细分类依据。比总损耗是厚度、磁极化强度和测试频率的函数。

2.3.2.3.1.3 供货方式

这些材料通常以冷轧卷材和片材的形式供货。

2.3.2.3.2 物理特性

除比总损耗外，这些材料更完整的定义可以以下述特性为基础：

——磁特性：在各种磁化场下的磁极化强度；

——电特性：表面绝缘类型及其电阻、电阻率；

——机械特性：延展性、叠装系数、平直度、边缘曲度(镰刀弯)；

——冶金状态：退火和完全重结晶状态；

——尺寸：厚度、宽度及(按要求的)长度。

对于通用厚度的材料，其最大比总损耗规定值见表 9。

表 9　最大比总损耗规定值范围

类型	公称厚度	J 为下列各值时的最大比总损耗		频率
		1 T	1.5 T	
	mm	W/kg		Hz
晶粒取向	0.05	24	—	1 000
	0.1	—	15	400
	0.15	—	16	400
无取向	0.05	45	—	1 000
	0.1	13	—	400
	0.15	14	—	400
	0.2	15	—	400

磁性能测量按 IEC 60404-10:1988 进行。除 0.2 mm 厚的无取向材料外，试样应根据厂家的建议经退火处理。

2.3.2.3.3　**主要用途**

这些材料主要用于变压器和在 100 Hz 以上运行的旋转电机的磁路中。

2.3.2.4　**C.24 类——具有规定机械性能和规定比总损耗的钢**

2.3.2.4.1　**概述**

这些材料没有被 IEC 出版物涵盖。

2.3.2.4.1.1　**化学成分**

这些材料的基本组分是铁，主要合金元素是硅，其含量可以在 2%～5%之间。为了提高机械强度和磁性能，也可以添加其他合金元素，如铝、锰。材料也含有不可避免的杂质以及低含量的其他元素。这些元素可能来源于生产过程中所需的添加物。

2.3.2.4.1.2　**细分类依据**

推荐以曲服强度作为细分类的依据。

2.3.2.4.1.3　**供货方式**

这些材料通常以冷轧并经最终退火的卷材或片材的形式供货。

2.3.2.4.2　**物理特性**

除了曲服强度之外，这些材料更完整的定义可以以下述特性为基础：

——磁特性：比总损耗、在各种磁化场下的磁极化强度；

——电特性：表面绝缘及其电阻、电阻率；

——机械特性：抗拉强度、延伸率、硬度、叠装系数；

——冶金状态：全工艺即最终退火状态；

——尺寸：厚度、宽度及(按要求的)长度。

对于厚度为 0.5 mm 材料的机械性能和磁性能的典型值见表 10。

表 10　厚度为 0.5 mm 时的机械性能和磁性能的典型值

屈服强度 (L)	J=1.5 T 和 f=50 Hz 时的比总损耗 (L+C)	H=5 kA/m 时的磁极化强度 (L+C)	叠装系数
N/mm²	W/kg	T	%
470	4.6	1.69	98.0
620	6.7	1.63	98.0
注：L 为平行于轧制方向；C 为垂直于轧制方向。			

2.3.2.4.3 主要用途

这些材料广泛用于交变磁通下磁路的受力部件，如高速旋转电机的转子。

2.3.2.5 C.25类——6.5%硅钢

2.3.2.5.1 概述

这些材料没有被IEC出版物涵盖。

2.3.2.5.1.1 化学成分

这些材料的基本组分是铁，主要合金元素是硅，其含量在6%～7%之间。其他合金元素也可以存在。此材料也含有不可避免的杂质以及低含量的其他元素。这些元素可能来源于生产过程中所需的添加物。

2.3.2.5.1.2 细分类依据

推荐以比总损耗作为细分类的依据。比总损耗是厚度、磁极化强度和测试频率的函数。

2.3.2.5.1.3 供货方式

这些材料通常以冷轧卷材或片材的形式供货。

2.3.2.5.2 物理特性

除比总损耗值外，这些材料更完整的定义可以以下述特性为基础：

——磁特性：不同磁场下的磁极化强度；

——电特性：表面绝缘类型及其电阻、电阻率；

——机械特性：叠装系数、平直度、边缘曲度(镰刀弯)；

——冶金状态：全工艺即最终退火状态；

——尺寸：厚度、宽度及(按要求的)长度。

材料的磁性能典型值见表11。

表11 磁性能典型值

公称厚度	J=1.0 T时的最大比总损耗		在1.0 T和400 Hz时的磁致伸缩(峰-峰值)
mm	W/kg	Hz	×10⁻⁷
0.05	20.0	1 000	1.2
0.10	6.0	400	1.2
0.20	8.0	400	1.2
0.30	10.0	400	1.2

按IEC 60404-10:1988测定比总损耗。测量所需样品一半平行于轧制方向截取，一半垂直于轧制方向截取。磁致伸缩在J=1.0 T及f=400 Hz的条件下用光纤位移计测量。

2.3.2.5.3 主要用途

这些材料广泛用于在工作频率为100 Hz以上的电子仪器的磁路中。这种仪器要求在较高的频率下具有低噪声输出和低磁心损耗，如用在轻便型仪器中的高频变压器、电抗器和电动机中。

2.4 D类——其他钢

2.4.1 D.1类——整体材料

2.4.1.1 D.11类——铸造整体钢

2.4.1.1.1 概述

这些材料没有被IEC出版物涵盖。

2.4.1.1.1.1 化学成分

这些材料的基本组分是铁及不可避免的杂质。主要合金元素是碳，其含量低于0.45%以及为提高性能所必需的其他元素(即铬、镍、锰、钼和硅)。

2.4.1.1.1.2 **细分类依据**

推荐以屈服强度或0.2%弹性极限应力作为细分类的依据。屈服强度和弹性极限应力是化学成分和热处理的函数。

2.4.1.1.1.3 **供货方式**

这些材料通常以经最终热处理铸件或按用户图纸加工的形式供货。

2.4.1.1.2 **物理特性**

除屈服强度外,这些材料更完整的定义可以以下述特性为基础:

——磁特性:在各种磁化场下的磁极化强度、矫顽力;

——电特性:电阻率;

——机械特性:抗拉强度、延伸率、冲击特性、无缺陷性;

——冶金状态:经正火和回火状态或者经淬火和回火状态。

机械试验和非破坏性试验按相应的ISO标准进行。矫顽力的测量按GB/T 13888—1992进行。其他磁性能按IEC 60404-4:1995测量。

磁性能和机械性能的典型值范围见表12。

表12 磁性能和机械性能的典型值范围

屈服强度	抗拉强度	延伸率 $L_0=5.65\sqrt{S_0}$	冲击值	当 H 为下列各值时的磁极化强度		
				2 500 A/m	5 000 A/m	10 000 A/m
N/mm²	N/mm²	%	J	T		
200～500	350～700	12～25	20～50	1.30～1.50	1.50～1.65	1.65～1.80

2.4.1.1.3 **主要用途**

这些材料用于电子仪器的磁路。在磁路中要求材料具有一定的机械强度,特别是用于旋转电机的部件如转子、极靴、压板和磁框架。

2.4.1.2 **D.12类——锻造整体钢**

2.4.1.2.1 **概述**

这些材料没有被IEC出版物涵盖。

2.4.1.2.1.1 **化学成分**

这些材料的基本组分是铁,主要合金元素是碳,其含量可以在0.15%～0.5%之间变动。其他合金元素根据机械性能要求和锻件的尺寸而定,例如镍(最大4%)、铬(最大1.8%)、钼(最大0.5%)、钒(最大0.12%)和锰(最大1.9%)。材料中也含有不可避免的杂质以及低含量的其他元素。这些元素可能来源于在生产过程中所需的添加物。

2.4.1.2.1.2 **细分类依据**

推荐以屈服强度或0.2%弹性极限应力作为细分类的依据。屈服强度和弹性极限应力是化学成分和热处理的函数。

2.4.1.2.1.3 **供货方式**

这些材料通常以经最终热处理锻件并按用户图纸半加工的形式供货。

2.4.1.2.2 **物理特性**

除屈服强度外,这些材料更完整的定义可以以下述特性为基础:

——磁特性:在各种磁化场下的磁极化强度;

——电特性:电阻率;

——机械特性：抗拉强度、延伸率、弯曲性、无缺陷性；

——冶金状态：经正火和回火状态或者经淬火和回火状态；

——尺寸：按用户图纸。

机械试验和非破坏性试验按相应的ISO标准进行。磁性能按IEC 60404-4:1995测量。机械性能的典型值范围见表13。

表13 机械性能的典型值范围

屈服强度	抗拉强度	延伸率 $L_0=5.65\sqrt{S_0}$	冲击值 V型缺口试验
N/mm²	N/mm²	%	J
200～800	300～1 000	12～20	16～136

2.4.1.2.3 **主要用途**

这些材料用于电气设备的磁路，特别是用于旋转电机的受力部件如：轴、极靴、极体及极端板。

2.4.2 **D.2类——扁平材料**

2.4.2.1 **D.2类——高强度钢——具有规定机械性能和规定磁导率的钢**

2.4.2.1.1 **概述**

这些材料被IEC 60404-8-5:1989涵盖。

2.4.2.1.1.1 **化学成分**

这些材料的基本组分是铁，合金元素是碳或其他元素如：硅。材料中也含有不可避免的杂质以及低含量的其他元素。这些元素可能来源于在生产过程中所需的添加物。

2.4.2.1.1.2 **细分类依据**

推荐以0.2%弹性极限应力值作为细分类的依据。

2.4.2.1.1.3 **供货方式**

这些材料通常以卷材或片材的形式供货。

2.4.2.1.2 **物理特性**

除弹性极限应力值外，这些材料更完整的定义可以以下述特性为基础：

——磁特性：在各种磁化场下的磁极化强度、根据各种磁化场下的磁极化强度推算出来的相对磁导率；

——电特性：电阻率；

——机械特性：抗拉强度、延伸率、表面状态、对冲片操作的适应性。平直度、边缘曲度(镰刀弯)；

——冶金状态：冷轧、热轧和精整、冷轧和最终退火、冷轧、退火和精整状态；

——尺寸：厚度、宽度及长度(如需要)。

通常推荐的厚度公称值为0.5 mm～4.5 mm。

对热轧产品机械性能和磁性能规定值的范围见表14，冷轧产品见表15。

表14 热轧产品的机械性能和磁性能的规定值范围

0.2%弹性极限应力最小值	最小抗拉强度	断裂后最低延伸率 $L_0=80$ mm	H为下列各值时的最低磁极化强度	
			5 000A/m	15 000A/m
N/mm²	N/mm²	%	T	
250～700	350～800	10～22	1.46～1.60	1.78～1.80

表 15 冷轧产品的机械特性和磁特性的规定值范围

0.2%弹性极限应力最小值	最小抗拉强度	断裂后最低延伸率 $L_0=80$ mm	H 为下列各值时的最低磁极化强度	
			5 000A/m	15 000A/m
N/mm²	N/mm²	%	T	
250～400	325～450	10～16	1.46～1.60	1.80～1.83

2.4.2.1.3 主要用途

这些材料一般用于直流磁化条件下，旋转电机磁路的受力部件，特别是星形轮、轮缘及磁极。

2.4.3 D.3 类——不锈钢

2.4.3.1 概述

这些材料目前没有被 IEC 出版物涵盖。

2.4.3.1.1 化学成分

这些材料的主要组分是铁，主要合金元素是约 11%～20%的铬。其他合金元素如硅和锰也可能存在。材料中也含有不可避免的杂质以及低含量的其他元素。这些元素可能来源于生产过程中所需的添加物。如为提高机械性能添加硫、硒或铅，或者为提高耐腐蚀而添加银钛或铌。与通用的不锈钢相比，这类为磁性应用而开发的材料具有更精确的化学成分和工艺过程，以获得更一致的磁性能。

2.4.3.1.2 细分类依据

推荐以铬含量和表 16 中的构成特性作为细分类的依据。

表 16 化学成分范围

质量分数%

牌号	Cr	Si	Mo	Mn	C	S[a]
D31-01	11～13	≤1.5	≤0.5	≤0.8	≤0.065	≤0.025
D31-02	11～13	≤1.5	≤0.5	≤0.8	≤0.065	0.02～0.40
D31-03	16.5～18.5	≤1.5	≤0.5	≤0.8	≤0.065	≤0.025
D31-04	16.5～18.5	≤1.5	≤0.5	≤0.8	≤0.065	0.25～0.40
D31-05	16.5～18.5	≤1.5	1.0～2.5	≤1.0	≤0.065	≤0.03
D31-06	16.5～18.5	≤1.5	1.0～2.5	≤1.0	≤0.065	0.25～0.40

a 可以添加硒和铅来取代硫或者除硫以外再添加硒和铅。

牌号 D31-01、D31-03、D31-05 供要求有较好的冷态成型特性和可焊接性的应用。牌号 D31-02、D31-04、D31-06 供要求高机械强度的应用。牌号 D31-01 和 D31-02 已减少了铬含量以降低合金的成本和较高的磁极化强度，但它们仅能应用于具有一定腐蚀性的环境中。牌号 D31-03、D31-04 适用于在更具腐蚀性的环境中应用。尽管磁性能有些降低，但牌号 D31-05、D31-06 适合于在极具腐蚀性的环境中应用。

2.4.3.1.3 供货方式

这些材料通常以坯料、棒、杆、线材、片材或带材的形式供货。

2.4.3.2 物理特性

这些材料更完整的定义可以以下述特性为基础：

——磁特性：饱和磁极化强度、最大磁导率、剩余磁极化强度、矫顽力；

——电特性：电阻率；

——机械特性：可加工性、冷态可成型性、可焊接性、硬度；

——化学特性：耐腐蚀性。

全工艺材料磁性能的典型值见表 17。尽管铬含量影响了磁极化强度和电阻率，但对最大磁导率和矫顽力没有明显影响。

表 17 磁性能和机械性能的典型值

牌号	电阻率	最大磁导率	矫顽力	当 H 为下列各值时的磁极化强度			
				300 A/m	500 A/m	1 000 A/m	8 000 A/m
	μΩm		A/m	T			
D31-01	0.55	2 000	200	1.2	1.3	1.35	1.6
D31-02	0.55	2 000	200	1.2	1.3	1.35	1.6
D31-03	0.75	2 000	200	0.95	1.1	1.2	1.45
D31-04	0.75	2 000	200	0.95	1.1	1.2	1.45
D31-05	0.75	1 300	240	0.5	0.6	0.8	1.1
D31-06	0.75	1 300	240	0.5	0.6	0.8	1.1

2.4.3.3 主要用途

这些材料用于磁心和其他要求具有高磁导率不锈钢部件的制造(要求不锈钢具有低矫顽力和低剩磁):磁性电磁阀和自动机电设备如喷油器和反锁制动系统。

2.5 E类——铁镍合金

2.5.1 E类——含镍72%～83%的铁镍合金

2.5.1.1 概述

这些材料被GB/T 21220—2007涵盖。

2.5.1.1.1 化学成分

这些材料的基本组分是铁和含量在72%～83%的镍。可添加如钼、铜、铬或硅等合金元素以提高电阻率和改善磁性能。材料中也含有不可避免的杂质以及低含量的其他元素。这些元素可能来源于在生产过程中所需的添加物。

2.5.1.1.2 细分类依据

推荐以0.4 A/m磁化场下的振幅磁导率和磁滞回线的形状(圆形、狭长形或矩形)作为细分类依据。

2.5.1.1.3 供货方式

此材料以热轧型材和带材、锻件。冷拉线材和冷轧片材、带材的形式供货。通常它们以半工艺状态供货,这些材料中个别的具有狭长形或矩形磁滞回线,但许多材料是以经最终处理状态的形式供货,如带绕环形磁心。

2.5.1.2 物理特性

此材料更完整的定义可以以下述特性为基础:

——磁特性:在各种磁化场下的磁极化强度、饱和磁极化强度、矫顽力、最大磁导率范围、剩余磁极化强度和磁极化强度的静态偏移范围;

——电特性:电阻率;

——机械特性:对冲片、深冲或缠绕操作的适应性;

——冶金状态:半工艺状态即热加工或冷加工状态。这种状态材料需经热处理以充分显示其磁性能。全工艺状态即最终退火。

全工艺状态材料的磁性能值在表18～表20中给出。

磁性能测量根据产品形状既可以按IEC 60404-4:1995,也可以按IEC 60404-6:1986进行。

表 18 具有圆形磁滞回线材料的规定磁性能

牌号[a]	最大矫顽力[b]	当 H=0.4 A/m时的最小振幅磁导率[c]	当 H 为下列各值时的磁极化强度				
			20 A/m	50 A/m	100 A/m	500 A/m	4 A/m
	A/m	10^3	T				
E11	1～4	100～30	0.50	0.65	0.70	0.73	0.75

表 18（续）

牌号[a]	最大矫顽力[b]	当 H=0.4 A/m 时的最小振幅磁导率[c]	当 H 为下列各值时的磁极化强度				
			20 A/m	50 A/m	100 A/m	500 A/m	4 A/m
	A/m	10^3	T				

a 可获得在 H=0.4 A/m 时，最小振幅磁导率达到 250 000 的改进牌号。

b 仅适合于厚度 t>0.4 mm 的材料。

c 仅适合于厚度 0.4 mm≤t≤1.5 mm 的材料。

表 19 具有狭长形磁滞回线材料的典型磁性能

饱和磁极化强度	剩余磁极化强度	测量点的磁场强度的振幅	磁极化强度的振幅	f=50 Hz 时磁极化强度的静态偏移范围
T	T	A/m	T	T
0.74	0.2	1.5	0.22	0.18
0.74	0.15	5	0.44	0.35
0.74	0.1	10	0.44	0.38

表 20 具有矩形磁滞回线材料的典型磁性能

饱和磁极化强度	矫顽力	剩余磁极化强度	最大振幅磁导率
T	A/m	T	
0.8	0.8	0.73	250 000

2.5.1.3 主要用途

这些材料适于在低磁场下要求具有高磁导率，并具有高剩余磁极化强度或饱和磁极化强度的应用。

a) 圆形磁滞回线：测量仪器、电流互感器、小功率变压器、继电器部件、变换器、防接地故障断路器、转子和定子叠片、磁屏蔽；

b) 狭长形磁滞回线：脉冲变压器、可控硅保护扼流圈、防接地故障断路器；

c) 矩形磁滞回线：磁性放大器、交直流变换器、饱和电感器、脉冲变压器磁心。

2.5.2 E.2 类——含镍 54%～68% 的铁镍合金

2.5.2.1 概述

这些材料被 GB/T 21220—2007 涵盖。

2.5.2.1.1 化学成分

这些材料的基本组分是铁和含量在 54%～68% 的镍。在某些情况下部分镍可由钴来替代。另外，还可以添加如钼、铜、铬或硅等合金元素以提高电阻率和改善磁性能。材料中也含有不可避免的杂质以及低含量的其他元素。这些元素可能来源于在生产过程中所需的添加物。

2.5.2.1.2 细分类依据

一种可能的细分类依据是磁滞回线的形状：圆形、狭长形（磁场退火）。

2.5.2.1.3 供货方式

此材料以半工艺状态的冷轧带材，或以全工艺状态的带绕磁心的方式供货。

2.5.2.2 物理特性

此材料更完整的定义可以以下述特性为基础：

——磁特性：最大振幅磁导率、饱和磁极化强度、剩余磁极化强度、矫顽力；

——电特性:电阻率;

——机械特性:对缠绕操作的适应性;

——冶金状态:半工艺状态即冷轧状态,或全工艺状态即最终退火(加或不加磁场)状态。

全工艺状态材料磁性能典型值在表21和表22中给出。

磁性能测量按IEC 60404-6:1986进行。

表21 具有圆形磁滞回线材料的典型磁性能

牌号	矫顽力 A/m	H=0.4 A/m时的振幅磁导率	最大振幅磁导率
E21	1.2	50 000	110 000

表22 具有狭长形磁滞回线材料的典型磁性能

矫顽力	饱和磁极化强度	磁极化强度的静态偏移范围	剩余磁极化强度
A/m	T	T	T
5~7	1.25~1.5	0.8	0.1~0.2

2.5.2.3 主要用途

这些材料适于在低磁场下要求具有高磁导率的应用。

a) 圆形磁滞回线:防接地故障断路器、变换器、测量仪器;

b) 狭长形磁滞回线:防接地故障断路器、脉冲变压器、可控硅保护扼流圈。

2.5.3 E.3类——含镍45%~50%的铁镍合金

2.5.3.1 概述

这些材料被GB/T 21220—2007涵盖。

2.5.3.1.1 化学成分

这些材料的基本组分是铁和含量在45%~50%的镍。可添加如钼、铜、铬或硅等合金元素以提高电阻率和改善磁性能。材料中也含有不可避免的杂质以及低含量的其他元素。这些元素可能来源于在生产过程中所需的添加物。

2.5.3.1.2 细分类依据

推荐以0.4 A/m磁化场下的振幅磁导率和磁滞回线的形状:圆形(各向同性)、狭长形(磁场下退火)或矩形(各向异性)作为细分类依据。

2.5.3.1.3 供货方式

各向同性材料以热轧型材和带材、锻件、冷拉线材和冷轧片材、带材的形式供货;具有狭长形磁滞回线的材料以带绕磁心的形式供货;各向异性材料以冷轧带材或冷轧条材供货。

2.5.3.2 物理特性

材料更完整的定义可以以下述特性为基础:

——磁特性:在各种磁化场下的磁极化强度、饱和磁极化强度、矫顽力、剩磁比;

——电特性:电阻率;

——机械特性:对冲片或深冲操作的适应性;

——冶金状态:半工艺状态即热加工或冷加工、退火状态。这种状态的材料需经热处理以充分显示其磁性能;全工艺状态即最终退火。

全工艺状态材料的磁性能值在表23至表25中给出。

磁性能测量根据产品形状既可以按IEC 60404-4:1995,也可以按IEC 60404-6:1986进行。

表 23 具有圆形磁滞回线材料的规定磁性能[a]

牌号	最大矫顽力	当 H=0.4 A/m 时的最小振幅磁导率[b]	当 H 为下列各值时的磁极化强度				
			20 A/m	50 A/m	100 A/m	500 A/m	4 A/m
	A/m	10^3	T				
E31	6～12	4～10	0.5	0.9	1.1	1.35	1.45

a 仅适合于厚度 t>0.4 mm 的材料。

b 仅适合于厚度 0.4 mm≤t≤1.5 mm 的材料。

表 24 具有狭长形磁滞回线材料的典型磁性能

矫顽力	饱和磁极化强度	磁极化强度的静态偏移范围	剩余磁极化强度
A/m	T	T	T
7	1.52	1.1	0.08～0.23

表 25 具有矩形磁滞回线材料的典型磁性能

饱和磁极化强度	矫顽力	剩余磁极化强度	最大振幅磁导率
T	A/m	T	
1.15～1.60	8～12	1.5～1.57	50 000～70 000

2.5.3.3 主要用途

这些材料适于在低磁场下要求具有高磁导率，并具有高剩余磁极化强度和饱和磁极化强度的应用。

a) 圆形磁滞回线：测量仪器、电流互感器、小功率变压器、继电器部件、变换器、防接地故障断路器、转子和定子叠片、磁屏蔽；

b) 狭长形磁滞回线：脉冲变压器、可控硅保护扼流圈、防接地故障断路器；

c) 矩形磁滞回线：磁性放大器、交直流变换器、饱和电感器、脉冲变压器磁心。

2.5.4 E.4 类——含镍 35%～40%的铁镍合金

2.5.4.1 概述

这些材料被 GB/T 21220—2007 涵盖。

2.5.4.1.1 化学成分

这些材料的基本组分是铁和含量在 35%～40%的镍。可添加如钼、铜、铬或硅等合金元素以提高电阻率和改善磁性能。材料中也含有不可避免的杂质以及低含量的其他元素。这些元素可能来源于在生产过程中所需的添加物。

2.5.4.1.2 细分类依据

推荐以 1.6 A/m 磁化场下的振幅磁导率作为细分类依据。

2.5.4.1.3 供货方式

此材料以冷轧型材和带材、锻件、冷拉线材和冷轧片材、带材的形式供货。通常这些材料以半工艺状态供货，但也有不少材料以全工艺状态供货。

2.5.4.2 物理特性

材料更完整的定义可以以下述特性为基础：

——磁特性：矫顽力、在各种磁化场下的磁极化强度；

——电特性：电阻率；

——机械特性：对冲片或深冲操作的适应性；

——冶金状态：半工艺状态即热加工或冷加工、退火状态。这种状态的材料需经热处理以充分提高其磁性能。全工艺状态即最终退火状态。

全工艺状态材料的磁性能规定值在表 26 给出。

磁性能测量根据产品形状既可以按 IEC 60404-4:1995，也可以按 IEC 60404-6:1986 进行。

表 26　全工艺状态下材料的规定磁性能

牌号[c]	最大矫顽力[b]	当 H=0.4 A/m 时的最小振幅磁导率[a]	当 H 为下列各值时的磁极化强度				
			20 A/m	50 A/m	100 A/m	500 A/m	4 kA/m
	A/m		T				
E31-02	—	2 200	—	—	—	—	—
E31-03	24	2 900	0.20	0.45	0.70	1.00	1.18

a　仅适合于厚度 0.4 mm≤t≤1.5 mm 的材料。

b　仅适合于厚度 t>0.4 mm 的材料。

c　可获得在 H=0.4 A/m 时的最小振幅磁导率达到 9 000 的改进牌号。

2.5.4.3　主要用途

这些材料适于在高频和脉冲中应用：电讯译码器、高频滤波器或高频变压器、间歇变压器、脉冲变压器、磁屏蔽。

2.5.5　E.5 类——含镍 29%～33%的铁镍合金

2.5.5.1　概述

这些材料没有被 IEC 出版物涵盖。

2.5.5.1.1　化学成分

这些材料的基本组分是铁和镍，居里温度与镍含量有着密切的关系。为提高磁性能可添加合金元素如铜。材料中也含有不可避免的杂质以及低含量的其他元素。这些元素可能来源于在生产过程中所需的添加物。

2.5.5.1.2　细分类依据

一种可能是以最高使用温度作为细分类依据。

2.5.5.1.3　供货方式

这些材料通常在全工艺状态下以冷轧带材和冷拉线材的形式供货。

2.5.5.2　物理特性

材料更完整的定义可以以下述特性为基础：

——磁特性：对于一给定的磁化场和给定的温度范围，磁极化强度随温度的变化；

——电特性：电阻率；

——冶金状态：半工艺状态即冷轧或冷拉状态。全工艺状态即最终退火状态。

在全工艺状态下，材料特有的磁性能典型值在表 27 中给出。

表 27　典型磁性能

居里温度	在 0℃和 H=10 kA/m 时的磁极化强度	H=10 kA/m 时的 $\Delta B/\Delta T$
℃	T	T/K
30～120	0.15～0.7	−0.005～−0.007

2.5.5.3　主要用途

用于永磁测量仪器的温度补偿器，特别是用作电流表（电能表）和自动稳压器中的温度补偿器。

2.6　F 类——铁钴合金

2.6.1　F.1 类——含钴 47%～50%的铁钴合金

2.6.1.1　概述

这些材料被 GB/T 21220—2007 涵盖。

2.6.1.1.1 **化学成分**

这些材料的基本组分是铁和含量在47%～50%的钴。可添加钒、铬、镍或钛等合金元素以改善其延展性。

2.6.1.1.2 **细分类依据**

推荐以矫顽力和磁滞回线的形状作为细分类依据。

2.6.1.1.3 **供货方式**

具有圆形磁滞回线的材料以热轧矩形和圆形(截面)的棒、冷拉线材、带材、片材、铸件及冷轧带材的方式供货。具有矩形磁滞回线的材料以带材和条材或者以带绕磁心的方式供货。

2.6.1.2 **物理特性**

材料更完整的定义可以以下述特性为基础：

——磁特性：最大相对磁导率、饱和磁极化强度、各种磁化场下的磁极化强度、剩磁、矫顽力、比总损耗；

——机械特性：冷加工状态下对冲操作的适应性、在热加工状态或热处理状态下的机加工性能、屈服强度；

——冶金状态：具有圆形磁滞回线的材料通常以半工艺状态即热加工或冷加工状态供货。以这种方式供货的材料需要热处理以充分提高其磁性能。具有矩形磁滞回线的材料以全工艺状态即最终退火状态供货。

磁性测量根据产品形状按 IEC 60404-4:1995 或 IEC 60404-6:1986 进行。

经最终退火的材料磁性能在表28和表29中给出。

表 28 具有圆形磁滞回线材料的规定磁性能范围

牌号	最大矫顽力	当 H 为下列各值时的磁极化强度				
		300 A/m	800 A/m	1 600 A/m	4 000 A/m	8 000 A/m
	A/m	T				
F11	60～240	1.4～1.8	1.7～2.1	1.9～2.2	2.05～2.25	2.15～2.25

表 29 具有矩形磁滞回线材料的典型磁性能

牌号	矫顽力	剩磁
	A/m	T
F12	20～40	1.90～2.10

2.6.1.3 **主要用途**

各向同性材料适于在低磁场或中磁场下具有极高磁极化强度的应用中，如：变压器、继电器、航空或宇航设备的电磁和机电装置、电话机膜片、电磁铁极靴、磁透镜和磁轴承。

各向异性材料用于小体积高负荷磁放大器和特种变压器中。

2.6.2 **F.2 类——含钴35%的铁钴合金**

2.6.2.1 **概述**

这些材料被 GB/T 21220—2007 涵盖。

2.6.2.1.1 **化学成分**

这些材料的基本组分是铁和含量约35%的钴。可添加合金元素钒或铬以改善材料的延展性。

2.6.2.1.2 **细分类依据**

推荐以矫顽力作为细分类依据。

2.6.2.1.3 **供货方式**

这些材料以热轧带材和片材、铸件和锻件的形式供货。

2.6.2.2 **物理特性**

这些材料更完整的定义可以以下述特性为基础：

——磁特性：在各种磁化场下的磁极化强度、饱和磁极化强度；

——机械特性：在热加工或热处理状态下的机加工性能；

——冶金状态：半工艺状态即热轧或热加工。这种状态的材料需经热处理以充分提高其磁性能。

磁性能测量根据产品形状按 IEC 60404-4:1995 或 IEC 60404-6:1986 进行。

经最终退火的材料磁性能的规定值见表 30。

表 30 规定的磁性能值

牌号		最大矫顽力	当 H 为下列各值时的最小磁极化强度			
			4 000 A/m		8 000 A/m	
		A/m	T			
F21	整体材料	300	1.2	1.3	—	—
	带材或片材		1.5	1.6	2.0	2.2

2.6.2.3 **主要用途**

材料主要用于在高温环境中要求具有极高磁极化强度的应用中，如电磁铁的极靴。

2.6.3 **F.3 类——含钴 23%～27%的铁钴合金**

2.6.3.1 **概述**

这些材料被 GB/T 21220—2007 涵盖。

2.6.3.1.1 **化学成分**

这些材料的基本组分是铁和含量为 23%～27%的钴。可添加合金元素钒或铬以改善材料的延展性。

2.6.3.1.2 **细分类依据**

推荐以矫顽力作为细分类的依据。

2.6.3.1.3 **供货方式**

这些材料以热轧圆棒、热轧带材和片材、锻件、冷拉线材及冷轧带材和条材的形式供货。

2.6.3.2 **物理特性**

这些材料更完整的定义可以以下述特性为基础：

——磁特性：在各种磁化场下的磁极化强度、饱和磁极化强度；

——机械特性：延展性、冷加工状态下对冲片操作的适应性，以及在热加工或热处理状态下的机加工性能；

——冶金状态：半工艺状态即热轧、冷轧、锻、铸造或冷拉状态。这种状态材料需经热处理以充分提高其磁性能。

磁性能测量根据产品的形状按 IEC 60404-4:1995 或 IEC 60404-6:1986 进行。

经最终退火的材料磁性能的规定值见表 31。

表 31 规定的磁性能值

牌 号		最大矫顽力	当 H 为下列各值时的最小磁极化强度	
			4 000 A/m	8 000 A/m
		A/m	T	
F31	整体材料	300	1.1	1.75
	带材或片材		1.85	2.0

2.6.3.3 主要用途

这些材料主要用于极高磁极化强度或特高温度的应用中，如航空或宇航设备的电磁和机电装置。特别是在运行时受到机械载荷的应用中，如液力金属泵和磁轴承。也应用在电磁铁的极头上。

2.7 G类——其他合金

2.7.1 G1类——铁铝合金

2.7.1.1 概述

这些材料没有被IEC出版物涵盖。

2.7.1.1.1 化学成分

这些材料的基本组分是铁和含量为12%～16%的铝以及不可避免的杂质。材料中可添加铬和铼以改善其磁性能。

2.7.1.1.2 细分类依据

推荐以铝含量作为细分类的依据。

2.7.1.1.3 供货方式

这些材料以热轧棒、带材和片材或者以铸造或烧结构件的方式供货。

2.7.1.2 物理特性

除铝含量外，这些材料更完整的定义可以以下述特性为基础：

——磁特性：起始磁导率和最大磁导率、矫顽力、饱和磁极化强度、磁致伸缩；

——机械特性：硬度、对冲压操作的适应性、表面状态；

——冶金状态：热轧、铸造、烧结；

——尺寸：厚度、(按要求的)宽度、直径。

2.7.1.3 主要用途

这些材料用于磁头的叠片铁心制造，以及超声变换器或磁路构件。

2.7.2 G.2类——铁铝硅合金

2.7.2.1 概述

这些材料没有被IEC出版物涵盖。

2.7.2.1.1 化学成分

这些材料的基本组分是铁和含量可能为5%～6.5%的铝，以及含量可能为7%～9.5%的硅。这些材料中含有不可避免的杂质。材料中可添加合金元素钛、铈、镍和钒以提高磁性能和机械性能。

2.7.2.1.2 细分类依据

推荐以起始磁导率作为细分类的依据。

2.7.2.1.3 供货方式

这些材料通常以铸件或半成品如粉末的方式的供货。

2.7.2.2 物理特性

除起始磁导率外，这些材料更完整的定义可以以下述特性为基础：

——磁特性：饱和磁极化强度、矫顽力、起始磁导率、最大磁导率；

——电特性：电阻率；

——机械特性：硬度；

——冶金状态：铸造状态；

——尺寸：根据应用确定。

2.7.2.3 主要用途

这些材料适用于磁路部件、磁头和半成品(如粉末)。

2.8 H类——以粉末冶金工艺生产的软磁材料

2.8.1 H.1类——软磁铁氧体

2.8.1.1 概述

这些材料被 IEC 60401:1993 涵盖。

2.8.1.1.1 化学成分

大多数在市场上供应的软磁铁氧体是具有立方晶体结构的多晶陶瓷，其典型化学式为 MFe_2O_4。式中 M 通常代表一个或多个二价过渡金属。在最常见的材料中，M 是锰和锌的组合物或者是镍和锌的组合物。

2.8.1.1.2 细分类依据

推荐以起始磁导率作为细分类的依据。

2.8.1.1.3 供货方式

软磁陶瓷材料一般以磁性元件的方式供货。这些元件是把原料制成粉末，成型为所需的形状，再经烧结和机械磨加工而成。仅很少部分材料以(经烧结的)磁粉供货。

注：用于元件生产的已烧结成的粉末不应当作本类所述的铁氧体材料。

2.8.1.2 物理特性

这些材料更完整的定义可以以下述特性为基础：

注：这里引用的材料数据，通常是在规定尺寸的环形磁心上测得的。必须注意到，对于不同几何尺寸的磁性元件，不能总得到相同的特性。

——磁特性：起始磁导率、比总损耗(是频率的函数)、磁滞损耗(是磁极化强度的函数)、温度与磁导率的关系、磁导率减落系数、各种磁化场下的磁极化强度、矫顽力；

——温度特性：居里温度；

——电特性：电阻率；

——形状特性：杆、槽、柱、螺杆形和管形磁心、环形磁心、筒形磁心、EP、RM 和 E 形磁心。

锰锌铁氧体和镍锌铁氧体的典型性能范围分别在表 32 和表 33 中给出。

表 32 锰锌铁氧体典型性能

起始磁导率	f=50 kHz 时相对损耗系数	磁滞材料系数	磁导率温度系数[a]	40℃时磁导率降落系数	H=1 000 A/m 时的磁极化强度	居里温度	电阻率
	10^{-6}	T^{-1}	10^{-6}/k	10^{-6}	mT	K	Ω·m
700～10 000	1～20	0.8～2	0～8	2～10	300～480	390～470	0.05～5

a 20℃～55℃。

表 33 镍锌铁氧体典型性能

起始磁导率	f=10 kHz 时相对损耗系数	磁滞材料系数	磁导率温度系数[a]	40℃时磁导率降落系数	H=3 000 A/m 时的磁极化强度	居里温度	电阻率
	10^{-6}	T^{-1}	10^{-6}/k	10^{-6}	mT	K	Ω·m
10～250	100～400	10～40	0～30	<60	50～400	520～770	10^3～10^7

a 20℃～55℃。

材料性能主要地依赖于材料组织结构(即金属离子及其比例)。包括处理气氛和冷却速率在内的热处理工艺对提高性能有着至关重要的作用。

通常一项性能的变化会影响到其他各项性能值，这就产生了许多性能各异的材料，每种材料用在比较小的领域中。

2.8.1.3 主要用途

其中最主要的应用如下：

——工作在音频至几百兆赫的电感器和变压器磁心；

——频率高达几百兆赫的脉冲变压器磁心；
——天线棒；
——工作在约 5 kHz 到约 30 MHz 的电源变压器磁心；
——用于数据存储装置的环形磁心和多孔磁心；
——录音头磁心；
——阴极射线管上的偏转线圈磁心；
——可逆和不可逆微波装置的磁心；
——用于射频去偶和衰减有害讯号的磁心。

2.8.2 H.2 类——烧结软磁材料

2.8.2.1 概述

这些材料被 IEC 60404-8-9:1994 涵盖。

2.8.2.1.1 化学成分和生产方法

烧结软磁材料采用粉末冶金(PM)工艺生产。这种生产工艺考虑到生产构件的经济性。如果构件必须机加工以便达到规定的尺寸或完成最终形状，必须对构件进行附加热处理。

除纯铁外，通常 FeP 合金含有 0.3%～0.8%的 P，FeNi 合金含有 30%～85%的 Ni，FeCo 合金含有 40%～55%的 Co，FeSi 合金含有 0.3%～3.5%的 Si。

2.8.2.1.2 细分类依据

对各种合金，推荐以矫顽力作为细分类的依据。

2.8.2.1.3 供货方式

烧结软磁材料一般以构件的方式供货。

2.8.2.2 物理特性

这些材料更完整的定义可以以下述特性为基础：
——磁特性：在给定磁化场下的磁极化强度、饱和磁极化强度、最大磁导率；
——机械特性：密度、孔隙度、硬度；
——电特性：电阻率。

材料的物理性能和磁性能在表 34 和表 35 中给出。

表 34 规定的性能范围

材料	最小密度	最大矫顽力
	kg/m³	A/m
Fe	6 400～7 300	150～175[a]
FeP	6 800～7 300	110～150[a]
FeNi	7 600～8 300	8～20
FeCo	7 700	100～200
FeSi	7 200～7 400	50～80

a 采取特殊的保护措施可获得较低的矫顽力。

表 35 典型物理性能和磁性能

材料	孔隙度	H=500 A/m 时的磁极化强度	H=80 kA/m 时的磁极化强度	最大相对磁导率的最小值	维氏硬度	电阻率
	%	T	T		HV5	μΩm
Fe	6～16	0.7～1.3	1.55～1.85	2 000～5 500	50～70	0.12～0.15
FeP	5～10	1.05～1.35	1.65～1.85	3 400～6 900	95～105	0.18～0.20

表 35（续）

材料	孔隙度	H=500 A/m 时的磁极化强度	H=80 kA/m 时的磁极化强度	最大相对磁导率的最小值	维氏硬度	电阻率
	%	T	T		HV5	μΩm
FeNi	3～7	0.75～1.30	0.80～1.55	20 000～74 500	70～95	0.45～0.60
FeCo	3	1.50～1.55	2.15～2.20	2 000～3 900	190～240	0.10～0.35
FeSi	2～4	1.35～1.40	1.85～1.95	8 000～9 500	170～180	0.45

2.8.2.3 **主要用途**

这些材料用于磁路构件中。

2.8.3 **H.3 类——粉末成型材料**

2.8.3.1 **概述**

这些材料没有被 IEC 出版物涵盖。

2.8.3.1.1 **化学成分和生产方法**

粉末成型材料由基材磁粉以及无机或有机绝缘添加剂和粘结剂组成。纯铁(Fe)、铁硅(FeSi、FeSiAl)和铁镍(FeNi、FeNiMo)的粉末成型材料正在应用中。粉末冶金工艺如冷均压、模压和注射造型等技术正在生产中应用。

2.8.3.1.2 **细分类依据**

对各种材料，推荐以起始磁导率作为细分类的依据。另一种可能是以合金元素作为细分类依据。

2.8.3.1.3 **供货方式**

粉末成型材料以构件(粉末成型磁心)或冷均压坯件的方式供货。对有机粘结的复合材料可用机械成型的方式供货。

2.8.3.2 **物理特性**

这些材料更完整的定义可以以下述特性为基础：

——磁特性：起始磁导率、饱和磁极化强度、总损耗密度；

——机械特性：密度；

——电特性：电阻率。

材料的物理性能和磁性能的典型值在表 36 中给出。

表 36 典型物理性能和磁性能

材料	起始磁导率	饱和磁极化强度	J=0.1 T 和 f=1 kHz 时的总损耗密度	电阻率
		T	W/m³	Ω·m
Fe 基	10～90	0.5～2.0	10～35	$1\sim10^6$
FeNi 基	10～500	0.5～1.5	3～15	$1\sim10^6$

2.8.3.3 **主要用途**

这些材料用于制作电感元件(储能轭流圈)的环型磁心，以及电动机的构件。

2.9 **I 类——非晶软磁材料**

非晶合金是非晶态材料，这种材料经快速固化而铸造成薄片材料或线材。由于缺少大范围的原子有序排列，它们没有磁晶体各向异性，然而在铁基合金和钴基合金中发现其具有软磁性能。铁基合金具有相对高的饱和磁极化强度，而钴基合金具有近乎为零的磁致伸缩。

2.9.1 **I.1 类——铁基合金**

2.9.1.1 概述

这些材料没有被 IEC 出版物涵盖。

2.9.1.1.1 化学成分

这些材料的基本组分是铁和非金属(主要是硅和硼)。非金属含量通常在 16%～30%(按原子数计)。这些合金可以含有更多的合金元素如钛、钒、铬、锌、镍或钼,以提高磁性能和改善机械性能。部分铁可由镍或钴来代替。

2.9.1.1.2 细分类依据

推荐以饱和磁极化强度和磁滞回线的形状作为细分类的依据。

2.9.1.1.3 供货方式

这些材料通常以快速固化的(典型厚度为 20 μm～50 μm)的薄带和带绕磁心的形式供货。

2.9.1.2 物理特性

更完整的定义可以以下述特性为基础:

——磁特性:比总损耗(为磁极化强度和频率的函数)、比视在功率、饱和磁极化强度、磁致伸缩。矫顽力、起始磁导率、各种磁化场下的可逆磁导率、*B-H* 曲线的方形度、剩磁;

——电特性:电阻率;

——温度特性:居里温度、结晶温度;

——尺寸:厚度;

——机械特性:延展性、叠装系数;

——冶金状态:半工艺状态即铸造状态,通过在磁场中热处理以改善其磁性能。

材料的磁性能与材料的准确成分和热处理有着密切的关系。

热处理后材料的典型物理性能和磁性能见表 37。

表 37 典型物理性能和磁性能

材料	$J=1.4$ T 和 $f=50$ Hz 时的比总损耗	$J=1.4$ T 和 $f=50$ Hz 时的比视在功率	矫顽力	$H=800$ A/m 时的磁极化强度	结晶温度	电阻率	密度	叠装系数
	W/kg	VA/kg	A/m	T	℃	MΩ·m	kg/m³	%
$Fe_{92}Si_5B_3$	0.2	1.0	3	1.55	550	1.2	7 200	80～85

2.9.1.3 主要用途

通常一项性能指标的变化会影响到其他各项性能值,这就产生许多种性能各异的材料。每种材料应用于比较小范围的领域中。

最重要的应用是:

——制作工频配电变压器的磁心;

——制作频率至几百千赫兹运行的电感器、变压器的磁心;

——防盗磁条。

2.9.2 I.2 类——钴基合金

2.9.2.1 概述

这些材料没有被 IEC 出版物涵盖。

2.9.2.1.1 化学成分

这些材料的基本组分是钴和含量在 2%～10%(按原子数计)的铁或锰,以及含量在 18%～30%(按原子数计)的非金属(主要是硅和硼)。部分钴可由镍来代替。合金中还可以含有钛、钒、铬、锌、铌、钼、钌、钽和铪等添加物,以提高其磁性能和改善机械性能。

2.9.2.1.2 细分类依据

推荐以饱和磁极化强度和磁滞回线的形状作为细分类的依据。

2.9.2.1.3 供货方式

这些材料通常以快速固化的(典型厚度为 20 μm～50 μm)薄带和带绕磁心的方式供货。

2.9.2.2 更完整的定义可以以下述特性为基础:

——磁特性:磁致伸缩、起始磁导率、各种磁化场下的可逆磁导率、比总损耗(是频率的函数)、*B*-*H* 曲线的方形度、矫顽力;

——电特性:电阻率;

——温度特性:居里温度、结晶温度;

——尺寸:厚度、宽度;

——冶金状态:半工艺状态即铸造状态。

材料的磁性能与材料的准确成分和热处理有着密切的关系。有些磁性能通过更进一步的加磁场或不加磁场的热处理得到提高。

2.9.2.3 主要用途

通常一项性能指标的变化会影响到其他各项性能值,这就产生许多种性能各异的材料。每种材料应用于比较小的领域中。

最重要的应用是:

——制作在 50 Hz 至几百 kHz 运行的电感器和变压器磁心;

——制作脉冲变压器磁心;

——录音头磁心;

——柔性磁屏蔽。

2.9.3 I.3 类——镍基合金

2.9.3.1 概述

这些材料没有被 IEC 出版物涵盖。

2.9.3.1.1 化学成分

这些材料的基本金属组分是差不多等质量的镍和铁,它们约占合金总量的 90%。有些合金中可能含有钼。合金中也存在非金属磷和硅,但主要是硼。

2.9.3.1.2 细分类依据

没有公认的细分类依据。

2.9.3.1.3 供货方式

以快速固化的(典型厚度为 15 μm～50 μm)薄带供货。

2.9.3.2 物理特性

更完整的定义可以以下述特性为基础:

——磁特性:磁致伸缩、起始磁导率、各种磁化场下的可逆磁导率、比总损耗(是频率的函数)、*B*-*H* 曲线的方形度、矫顽力、磁屏蔽衰减系数;

——电特性:电阻率;

——温度特性:居里温度、结晶温度;

——尺寸:厚度、宽度;

——冶金状态:半工艺状态如铸造状态。

材料的磁性能与材料的准确成分和热处理有着密切的关系。有些磁性能通过更进一步的加磁场或不加磁场的热处理得到提高。

2.9.3.3 主要用途

这种材料主要用于制作产品防盗磁条的专感器和 EMI 磁屏蔽。

3 永(硬)磁材料(矫顽力>1 kA/m)

3.1 Q类——磁致伸缩合金——稀土铁合金(Q.1类)

3.1.1 概述

这些材料没有被 IEC 出版物涵盖。

3.1.1.1 化学成分

这些材料的基本组分是铁、铽和镝。在化合物 $Tb_xD_{y(1-x)}Fe_y$ 中,x 确定 Tb/Dy 的比率,y 由 Fe/(Tb+Dy)求出。最适宜的 x 值是接近 0.3,这时可在没有过大磁滞损耗的情况下获得高的磁致伸缩性能。对于 $y=2.0$ 的化学计算法,可得到最佳磁致伸缩性能,但所得到的材料很脆。当 y 值从 2 减小时,材料的脆性减弱,而在 $y=1.95$ 时,可获得较好的折衷效果。

3.1.1.2 细分类依据

没有公认的细分类依据。

3.1.1.3 供货方式

以用区域熔炼法或固化工艺制备多晶体取向圆柱体供货,圆柱体的轴是易磁化轴。

3.1.2 物理特性

更完整的定义可以以下述特性为基础:

——磁特性:饱和状态下的磁致伸缩应变、居里温度、磁致弹性偶合系数 K_{33}、微分常数($d\lambda/dH$)、相对磁导率、磁性声阻抗率、能量密度;

——机械特性:密度、弹性模量、声速、抗拉强度、抗压强度;

——温度特性:热膨胀系数;

——电特性:电阻率;

——冶金状态:晶粒取向及热处理状态。

由于材料的脆性,其机械性能有限,仅能进行磨加工、电火花切割或金刚石砂轮切割。

$Tb_{0.3}Dy_{0.7}Fe_{1.95}$ 在 20℃时的典型物理性能见表 38。

表 38 典型物理性能

H 为下列各值时的弹性模量		H 为下列各值时的声速		抗拉强度	抗压强度	在饱和状态下的磁致伸缩应变	耦合系数	居里温度	H=80 kA/m 时的相对磁导率	
									试样	
O	H_o^a	O	H_o^a							
10^4 N/mm²		km/s		N/mm²	N/mm²	%		K	自由态	固定态
2.65	5.50	1.69	2.45	28	700	0.15~0.20	0.72	660	9.3	4.5

a H_o:试验时的磁场强度,通常 H_o<240 kA/m。

3.1.3 主要用途

这些材料最终应用在涉及高压和高速、大功率状态下高精度运行的装置,如应用在声纳和防护系统的大功率声音发射器、油田开采和海洋学研究中。其他正在发展中的应用如放射性元素在机电技术中的应用。

3.2 R类——永(硬)磁合金

3.2.1 R.1类——铝镍铁钴钛合金

3.2.1.1 概述

这些材料被 GB/T 17951—2005 涵盖。

3.2.1.1.1 化学成分和生产方法

这些材料由 6%~13%的铝、13%~28%的镍、0%~42%的钴、0%~9%的钛、2%~6%的铜和铁(余量)组成。它们还可以含有硅、铌或其他添加物。它们可以由铸造和粉末冶金方法制造。其磁性能可在热处理时加磁场产生磁各向异性而在择优的方向提高。铸造磁体的最佳磁性可由柱状晶或单晶结构的合金获得，所加磁场平行于柱状晶轴。

3.2.1.1.2 细分类依据

以磁各向异性和生产方法作为细分类的依据。

3.2.1.1.3 供货方式

磁体主要制成环型、棱柱形、立方体形、圆柱形或弧扇形等形状。具有柱状晶或单晶结构的铸造磁体受到形状和尺寸的限制。

3.2.1.2 物理特性

除各向异性程度和生产方法之外，材料更完整的定义可以以下述特性为基础：

——磁特性：最大磁能积、剩磁、矫顽力、回复磁导率；

——温度特性：剩磁和矫顽力温度系数、居里温度；

——机械特性：密度、机加工性能；

——冶金状态：铸造或烧结及热处理状态；

——尺寸：根据应用来确定。

规定的磁性能范围在表 39 中给出。

表 39 规定磁性能的范围

类别		最大磁能积 $(BH)_{max}$	剩磁 B_r	矫顽力 H_{cB}	矫顽力 H_{cJ}
		kJ/m³	mT	kA/m	kA/m
各向同性合金		9～17	550～630	44～80	47～86
各向异性合金	铸造	36～72	700～1 300	48～140	49～148
	烧结	26～34	650～1 120	47～136	48～150

3.2.1.3 主要用途

这些材料应用在测量装置和扬声器中。

3.2.2 R.3 类——铁钴钒铬合金

3.2.2.1 概述

这些材料被 GB/T 17951—2005 涵盖。

3.2.2.1.1 化学成分

这些材料由 51%～54%的钴、4%～13%的钒、0%～6%的铬和铁(余量)组成。

3.2.2.1.2 细分类依据

推荐以内禀矫顽力作为细分类的依据。

3.2.2.1.3 供货方式

材料一般以直径小于 3 mm 的线材或厚度小于 2 mm 的带材供货。

3.2.2.2 物理特性

这些磁各向异性材料更完整的定义可以以下述特性为基础：

——磁特性：最大磁能积、剩磁、矫顽力；

——温度特性：剩磁和矫顽力温度系数、居里温度；

——机械特性：淬火前的机加工性能；

——冶金状态：热轧和冷轧状态、为提高磁性能而进行的热处理状态；

——尺寸：根据应用来确定。

经最终退火后材料规定的磁性能值在表 40 中给出。

表 40　磁性能规定值

最大磁能积/ $(BH)_{max}$	剩磁 B_r	矫顽力 H
kJ/m³	mT	kA/m
4～11	800～1 400	3.6～24

3.2.2.3　**主要用途**

这些材料用在指南针、磁滞电机、速度表和传感器以及机电显示器的激励器中。

3.2.3　**R5 类——稀土钴(RE-Co)合金**

3.2.3.1　**概述**

这些材料被 GB/T 17951—2005 涵盖。

3.2.3.1.1　**化学成分和生产方法**

市场上供应的稀土钴有两种主要型号,它们是以 $SmCo_5$ 和 Sm_2Co_{17} 为基础的。磁体可由粉末在磁场中压制成型后烧结制成。

3.2.3.1.2　**细分类依据**

推荐以化学成分和生产方法作为细分类的依据。

3.2.3.1.3　**供货方式**

材料典型的供货方式是方块、圆柱、环形和弧扇形。

3.2.3.2　**物理特性**

所有稀土钴磁性材料通常都是磁各向异性的,更完整的定义可以以下述特性为基础:

——磁特性:最大磁能积、剩磁、矫顽力、回复磁导率、磁场强度的均匀性;

——温度特性:剩磁和矫顽力温度系数、居里温度;

——机械特性:密度、机加工性能;

——冶金状态:烧结状态;

——尺寸:根据应用来确定。

烧结材料很脆但可进行磨加工。

材料的物理性能值在表 41 中给出。另外,具有更高磁性能的材料也有供应。

表 41　烧结材料规定的磁性能和密度的范围

材料	最大磁能积 $(BH)_{max}$	剩磁 B_r	矫顽力 H_{cB}	矫顽力 H_{cJ}	密度
	kJ/m³	mT	kA/m	kA/m	kg/m³
$RECo_5$	140～170	860～930	600～660	700～1 200	8 200
RE_2Co_{17}	140～220	900～1 100	600～700	700～1 600	8 300

3.2.3.3　**主要用途**

这些材料主要用在旋转电机和许多其他电机、变换器、选矿器(分离器)、磁吸合器和医学中。它们还能应用在要求小型化的特殊领域。

3.2.4　**R.6 类——铁铬钴合金**

3.2.4.1　**概述**

这些材料被 GB/T 17951—2005 涵盖。

3.2.4.1.1　**化学成分**

这些材料由 25%～35%的铬、10%～25%的钴和铁(余量)组成。

3.2.4.1.2 细分类依据

推荐以材料的磁各向异性程度和生产方法作为细分类的依据。

3.2.4.1.3 供货方式

材料主要以线材、带材和棒材供货，也可以以铸件的方式供货。

3.2.4.2 物理特性

这些材料更完整的定义可以以下述特性为基础：

——磁特性：最大磁能积、剩磁、矫顽力、回复磁导率；

——温度特性：剩磁和矫顽力温度系数、居里温度；

——机械特性：可机加工性和可塑性；

——冶金状态：冷轧或冷拉、铸造、烧结；

——尺寸：根据应用来确定。

经最终退火材料规定的磁性能值在表 42 中给出。

表 42 规定的磁性能范围

材料	最大磁能积 $(BH)_{max}$ kJ/m³	剩磁 B_r mT	矫顽力 H_{cB} kA/m	 H_{cJ} kA/m
各向同性	10～12	800～850	27～40	29～42
各向异性	28～44	1 000～1 300	40～50	41～51

3.2.4.3 主要用途

这些材料用在测量装置、扬声器、旋转电机（包括磁滞电机）、速度表和防盗磁条中。

3.2.5 R.7 类——稀土铁硼合金

3.2.5.1 概述

这些材料被 GB/T 17951—2005 涵盖。

3.2.5.1.1 化学成分和生产方法

这些合金以化合物$(RE)_2Fe_{14}B$为基础。RE 主要是钕(Nd)。部分钕可由镝(Dy)、镨(Pr)或其他稀土元素替代。这类材料可分为两种主要类别：

——第一种类别是采用由合金粉末在磁场中压制成型，再烧结使其致密化。以这种方法生产的磁体具有磁各向异性；

——第二种类别是通过旋熔法用快淬薄片制得。通过加工这种薄片可获得三种不同的产品，一种是各向同性的树脂粘结磁体（见 3.5.3）；一种是各向同性热压磁体；一种由热模镦锻或挤压获得的具有磁各向异性的磁体。

在磁体表面涂覆金属、树脂可提高抗腐蚀性。

3.2.5.1.2 细分类依据

推荐以材料的磁各向异性程度和生产方法作为细分类的依据。

3.2.5.1.3 供货方式

这些材料典型的供货方式为：坯块、圆柱体、圆环和扇形磁体。

3.2.5.2 物理特性

这些材料更完整的定义可以以下述特性为基础：

——磁特性：最大磁能积、剩磁、矫顽力、回复磁导率、磁场强度的均匀性；

——温度特性：剩磁和矫顽力温度系数、居里温度；

——机械特性：密度、可机加工性；

——尺寸：根据应用来确定。

烧结材料较脆但可进行磨加工，磁性能值在表 43 中给出。

表 43 各向异性 RE-FeB 合金规定的磁性能和密度的范围

最大磁能积 $(BH)_{max}$	剩磁 B_r	矫顽力		密度[a]
		H_{cB}	H_{cJ}	
kJ/m³	mT	kA/m	kA/m	kg/m³
170～360	980～1 350	700～920	800～2 400	7 500

a 不是规定值而是典型值。

3.2.5.3 主要用途

这些材料主要用在音圈电机和许多其他电机、电声学、分离器(选矿机)、磁共振成像中。

3.3 S 类——永(硬)磁陶瓷——永(硬)磁铁氧体(S.1 类)

3.3.1 概述

这些材料被 GB/T 17951—2005 涵盖。

3.3.1.1 化学成分和生产方法

永(硬)磁铁氧体的组成可用分子式 $MO \cdot nFe_2O_3$(式中 M 为 Ba 或 Sr)描述。n 的值可以从 4.5 变到 6.5。通过加入特殊添加剂可提高磁性能。永(硬)磁铁氧体具有六角形晶体结构和磁各向异性。在加或不加磁场下进行粉末压制，而得到磁各向异性或磁各向同性磁体，成型后的坯块再烧结。

3.3.1.2 细分类依据

推荐以材料的磁各向异性程度和生产方法作为细分类的依据。

3.3.1.3 供货方式

磁各向同性和磁各向异性烧结永(硬)磁铁氧体主要制成环形、棱柱形、圆柱形和弧扇形。

3.3.2 物理特性

这些材料更完整的定义可以以下述特性为基础：

——磁特性：最大磁能积、剩磁、矫顽力、回复磁导率、磁场强度的均匀性(对各向异性材料)；

——温度特性：剩磁和矫顽力温度系数、居里温度；

——机械特性：密度、可机加工性；

——尺寸：根据应用来确定。

烧结材料较脆但可进行磨加工。与其长度相比，通常烧结磁体具有较大的横截尺寸。

磁性能的规定值在表 44 中给出。

表 44 磁性能规定值的范围

材料	最大磁能积 $(BH)_{max}$	剩磁 B_r	矫顽力	
			H_{cB}	H_{cJ}
	kJ/m³	mT	kA/m	kA/m
各向同性 S1-0	6.5	190	125	210
各向异性 S1-1	20～35	420～430	130～295	135～380

3.3.3 主要用途

这些材料用在旋转电机、扬声器、吸持装置和玩具中。

3.4 T 类——其他永(硬)磁材料——马氏体钢(T.1 类)

3.4.1 概述

这些材料没有被 IEC 出版物涵盖。

3.4.1.1 化学成分

这些材料为四方晶体结构，它是由奥氏体相用水淬火而得到。这种结构兼有机械和硬磁性。除碳外，钴或铬也作为合金元素。

3.4.1.2 细分类依据

推荐以钴含量作为细分类依据。

3.4.1.3 供货方式

这种材料以热轧件的形式供货。

3.4.2 物理特性

这些材料更完整的定义可以以下述特性为基础：

——磁特性：最大磁能积、剩磁、矫顽力；

——温度特性：剩磁和矫顽力温度系数、居里温度；

——机械特性：密度；

——冶金状态：热轧和淬火、回火状态；

——尺寸：根据应用来确定。

在淬火状态下材料的磁性能典型值见表45。

表45 磁性能典型值

钴含量 %	最大磁能积 $(BH)_{max}$	剩磁 B_r	矫顽力	
			H_{cB}	H_{cJ}
	kJ/m³	mT	kA/m	kA/m
9～40	3.3～8.2	750～1 000	10～19	11～21

因为这些材料主要用在磁滞电机中，合适的回火处理温度范围为300℃～550℃，这样可降低矫顽力 H_c 和提高曲线的方形度。这种应用要求材料具有薄壁圆柱的形状、较强的机械强度和均匀的磁性能。

3.4.3 主要用途

在退火状态下此材料用于磁滞电机中，而在其他情况下几乎不再应用。

3.5 U类——粘结（硬）磁材料

这些树脂粘结永（硬）磁体是复合材料，它们由胶合在树脂基体中的永（硬）磁粉末组成。粘结剂在很大程度上决定合成材料的机械性能，而磁粉决定其磁性能。复合材料的性能不仅由永（硬）磁粉末和基体材料的类型来决定，还要决定于填充系数和各向异性的取向度。它们具有宽广的磁性等级变化。

与烧结材料相比尽管它们的磁性能较低，但由于在生产中具有合适的成本—效果综合效益并能提供各种形状和良好的机械性能。这种材料不需要粉末冶金中必需的昂贵而又复杂的工艺流程，因而粘结永（硬）磁体在许多应用中具有经济和技术上的优势。

3.5.1 U.1类——粘结铝镍钴铁钛磁体

3.5.1.1 概述

这些材料被GB/T 17951—2005涵盖。

3.5.1.1.1 化学成分和生产方法

这些粘结磁体由在R.1类中给出的合金粉以及树脂粘结剂组成，配料经压制和固化成型。

3.5.1.1.2 供货方式

这种材料主要以小方块的形式供货。

3.5.1.2 物理特性

材料的磁性能决定于合金成分和粘结剂的填充系数。温度性能取决于合金成分和粘结剂。规定的磁性能在表46中给出。

表 46 磁性能规定值

最大磁能积 $(BH)_{max}$	剩磁 B_r	矫顽力	
		H_{cB}	H_{cJ}
kJ/m³	mT	kA/m	kA/m
3.1～7.0	280～340	37～72	46～84

3.5.1.3 主要用途

这些材料用在瓦特—小时表(电能表)和测量装置中。

3.5.2 U.2 类——粘结稀土钴磁体

3.5.2.1 概述

这些材料被 GB/T 17951—2005 涵盖。

3.5.2.1.1 化学成分和生产方法

这些粘结磁体由在 R.5 类中给出的合金制成的粉末组成。合金粉末与适量的粘结剂混合,然后采用压制或注模法压实成型。

3.5.2.1.2 供货方式

简单形状的磁体用压模法生产,而形状复杂的则用注模法生产。

3.5.2.2 物理特性

材料的磁性能决定于合金成分和粘结剂的填充系数。磁体可以是各向同性或用磁场获得磁各向异性。温度性能取决于合金成分和粘结剂。

各向异性粘结 RE-Co 磁体规定的磁性能在表 47 中给出。

表 47 磁性能规定值

材料	最大磁能积 $(BH)_{max}$	剩磁 B_r	矫顽力	
			H_{cB}	H_{cJ}
	kJ/m³	mT	kA/m	kA/m
各向异性 RE-Co	48	500	360	600

3.5.2.3 主要用途

这些材料用在小电机、伺服电机、高保真(HiFi)设备、传感器和手表中。

3.5.3 U.3 类——粘结钕铁硼磁体

3.5.3.1 概述

这些材料被 GB/T 17951—2005 涵盖。

3.5.3.1.1 化学成分和生产方法

这些粘结磁体含有 R.7 类中给出的合金粉末。合金粉末与适量的粘结剂混合采用压模或注模法成型。

3.5.3.1.2 供货方式

简单形状的磁体用压模法生产,而形状复杂的则用注模法生产。

3.5.3.2 物理特性

材料的磁性能决定于合金成分和粘结剂的填充系数。磁体可以是各向同性或用磁场获得磁各向异性,温度性能取决于合金成分和粘结剂。

典型的物理性能和磁性能范围在表 48 中给出。

表 48 典型的物理性能和磁性能范围

材料	最大磁能积 $(BH)_{max}$	剩磁 B_r	矫顽力		密度
			H_{cB}	H_{cJ}	
	kJ/m³	mT	kA/m	kA/m	kg/m³
各向同性 NdFeB 磁体	28～82	430～700	270～500	560～950	4 200～6 200

3.5.3.3 主要用途

这些材料用在小电机、电动工具、伺服电机、传感器和高保真(HiFi)设备中。

3.5.4 U.4类——粘结永(硬)磁铁氧体

3.5.4.1 概述

这些材料被GB/T 17951—2005涵盖。

3.5.4.1.1 化学成分和生产方法

这些粘结磁体含有S.1类中给出的铁氧体粉末。铁氧体粉末与适量的粘结剂混合压制成型。可采用压制、注模、挤压或碾压成型。

3.5.4.1.2 供货方式

简单形状的磁体用压制或挤压法生产。片状磁体可采用碾压法生产。而形状复杂的则用注模法生产。

3.5.4.2 物理特性

材料的磁性能决定于合金成分和粘结剂的填充系数。磁体可以是各向同性。采用压制、碾压或应用磁场可获得磁各向异性。温度性能取决于合金成分和粘结剂。

规定的磁性能范围在表49中给出。

表49 规定的磁性能范围

材料	最大磁能积 $(BH)_{max}$	剩磁 B_r	矫顽力	
			H_{cB}	H_{cJ}
	kJ/m^3	mT	kA/m	kA/m
各向同性	0.8～3.5	63～145	50～110	160～215
各向异性	6.5～15	180～280	110～190	170～240

3.5.4.3 主要用途

这些材料用在磁制动、吸持磁体、磁显示、小电机和玩具中。

ICS 29.030
K 14

中华人民共和国国家标准

GB/T 21220—2007/IEC 60404-8-6:1999

软磁金属材料

Soft magnetic metallic materials

(IEC 60404-8-6:1999,IDT)

2007-12-03 发布　　　　2008-05-20 实施

中华人民共和国国家质量监督检验检疫总局
中国国家标准化管理委员会　发布

前　言

本标准等同采用IEC 60404-8-6:1999《软磁金属材料》。

本标准由中国电器工业协会提出。

本标准由全国电工合金标准化技术委员会归口。

本标准起草单位:桂林电器科学研究所起草。

本标准主要起草人:谢永忠、詹亚萍、陈京生。

本标准为首次发布。

软磁金属材料

1 范围

本标准规定了纯铁、铁硅、铁镍和铁钴的一般要求、磁性能、尺寸公差及其检验方法。材料可以以棒、板、片、带或线材的形式供货，这些材料与 IEC 60404-1 磁性材料类别中的 A，C1，C2，E1 至 E4 及 F1 至 F3 规定的合金材料相对应。

主要应用于继电器的磁性材料纯铁和钢被 IEC 60404-8-10 涵盖，IEC 60404-8-10 在磁性能上对纯铁(A 类)和铁硅(C21、C22 类)的规定条款不如本标准规定的细，但给出了更宽的尺寸公差。

应用于工频下无取向和取向硅钢(C21 及 C22 类)按比总损耗分类，被 IEC 60404-8-2、IEC 60404-8-4 和 IEC 60404-8-7 涵盖。

应用于中频下的无取向和取向薄磁性材料按比总损耗分类，它们被 IEC 60404-8-8 涵盖。

2 规范性引用文件

下列文件中的条款通过本标准的引用而成为本标准的条款。凡是注日期的引用文件，其随后所有的修改单(不包括勘误的内容)或修订版均不适用于本标准，然而，鼓励根据本标准达成协议的各方研究是否可使用这些文件的最新版本。凡是不注日期的引用文件，其最新版本适用于本标准。

GB/T 2900.1　电工术语　基本术语(neq IEC 60050)

GB/T 2900.60　电工术语　电磁学(GB/T 2900.60—2002，eqv IEC 60050-121)

GB/T 3655—2000　用爱泼斯坦方圈测量电工钢片(带)磁性能的方法(neq IEC 60404-2:1996)

GB/T 9637—2001　电工术语　磁性材料与元件(eqv IEC 60050-221:1990)

GB/T 13012—1991　钢材直流磁性能测量方法(neq IEC 60404-4)

GB/T 13888—1992　开磁路中测量磁性材料矫顽力的方法(eqv IEC 60404-7)

GB/T 17505—1998　钢及钢产品交货一般技术要求(eqv ISO 404:1992)

IEC 60050-131:1978　国际电工术语(IEV)　第 131 章：电路和磁路

IEC 60404-1:1979　磁性材料　分类

IEC 60404-6:1986　磁性材料　第 6 部分：E1、E3 和 E4 类各向同性铁镍软磁合金磁性能的测量方法

IEC 60404-8-2:1998　磁性材料　第 8 部分第 2 节　单项材料规范：以半工艺状态交货的冷轧合金电工钢片和钢带技术条件

IEC 60404-8-4:1998　磁性材料　第 8 部分第 4 节　单项材料规范：以全工艺状态交货的冷轧无取向电工钢片和钢带技术条件

IEC 60404-8-7:1998　磁性材料　第 8 部分第 7 节　单项材料规范：以全工艺状态交货的冷轧晶粒取向电工钢片和钢带技术条件

IEC 60404-8-8:1991　磁性材料　第 8 部分第 8 节　单项材料规范：在中频下应用的薄磁性钢带技术条件

IEC 60404-8-10:1994　磁性材料　第 8 部分第 10 节　单项材料规范：继电器用磁性材料(铁和钢)技术条件

IEC 60404-9:1987　磁性材料　第 9 部分：磁性钢片和钢带几何特性测定方法

IEC 60635:1978　软磁带绕圆环磁心

3 定义

本标准采用的与电路和磁路有关术语的定义除在 GB/T 2900.1、GB/T 2900.60、GB/T 9637—2001 和 IEC 60050-131:1978 给出外，还采用如下一些定义。

3.1

时效 ageing

由热处理引起的矫顽力的变化，用百分率来表示。

3.2

棒材 bar

以直的一段段供货的横截面均匀的实体产品，该横截面可以是圆形、正方形、矩形或规则的多边形。

扁平形：由四面轧制而成，其厚度通常为 5 mm 或更大、宽度不超过 150 mm 的矩形横截面的棒。

圆形：其横截面直径大于或等于 8 mm 的棒。

3.3

坯 billet

横截面均匀的实体产品，横截面可以是正方形、圆形或矩形，其宽度小于厚度的 2 倍。

3.4

边缘曲度（镰刀弯） edge camter

边缘曲度用钢片的边缘和这边上测量长度的两个末端连线之间的最大距离来表征（见 IEC 60404-9）。

3.5

平直度（波浪系数） flatness（wave factor）

钢片的平直度用波浪系数来表征，为波高与波长之比（见 IEC 60404-9:1987）。

3.6

一炉 heat

一炉熔化或浇注前混合的多次熔化的产品。

3.7

一批 lot

由同一炉、同一类型、同一时间生产的并一起退火、热处理或顺序地在一连续炉中退火、热处理的材料。

3.8

杆 rod

以直的一段段供货的均匀圆形或矩形横截面的冷拉产品。

3.9

片材和板材 sheet and plate

成卷或剪切成段供货的平轧产品，其宽度超过 600 mm；厚度在 5 mm 以下的称为片，厚度 5 mm 以上的称为板。

3.10

长形产品的平直度 straightness of long products

平直度用棒与棒两端连线的最大距离来表征。

3.11

带材 strip

成卷或剪切成段供货具有均匀截面的平轧产品，其宽度在600 mm以下，厚度在5 mm以下。

3.12

线材 wire

成卷供货的均匀圆形或矩形横截面的轧制或拉拔产品。

3.13

试样的缩写 abbreviations for test specimens

E.S.型：用于试验的细长样品，截面为圆形、矩形或多边形，根据GB/T 13888—1992，其长径比至少为5/1。

L.R.型：模压或蚀刻线圈的叠片铁心(对磁头线圈，应采用外径为10 mm，内径为6 mm的铁心)。

S.R.型：由实体材料构成的实心线圈或方形框架，线圈的外径为30 mm～50 mm，外径与内径之比为1.2～1.4。

注：L.R.型和S.R.型主要用于各向同性材料。

S.W.型：如IEC 60635所规定的带绕铁心，尺寸要求见表5，试验用磁心的外径为30 mm～50 mm。

4 分类

本标准所涵盖的材料根据合金的主元素及其含量来分类，根据合金的不同用途进行细分类。

4.1 合金A类(纯铁)

这类材料根据其矫顽力的最大值来分类。

4.2 合金C类(铁硅)

合金C1类，Si含量为0%～5%，根据其矫顽力的最大值来分类。

合金C2类，Si含量为0.4%～5%，根据磁滞回线的形状和交流下的最低磁导率来分类。采用厚度为0.35 mm的材料制成的L.R.型样品测量，测量点为$H=1.6$ A/m。

4.3 合金E类(铁镍)

这些合金根据磁滞回线的形状和交流下的最低磁导率来分类。采用厚度为0.10 mm的材料制成的S.W.型样品测量；测量点为$H=0.4$ A/m。E41类合金除外，它的测量点为$H=1.6$ A/m。

4.4 合金F类(铁钴)

这些合金根据其磁滞回线的形状和矫顽力的最大值来分类。

5 牌号

材料的牌号由以下各项组成：

a) 合金类别的符号：A，C，E或F(见表1)。

b) 根据主元素的含量给出的数字(见表1)。

c) 对于合金C类、E类和F类，根据磁滞回线的形状给出数字1或2：
数字1表示圆形(无取向)；
数字2表示方形(经织构取向或热磁处理取向)。

d) 添加物。

e) 根据合金的类别，或者是矫顽力的最大值(A/m)，或者是一给定磁场(H为0.4 A/m或1.6 A/m)下的最低磁导率峰值的1/1 000。

f) 试样的厚度。

示例：

E31-10类：含镍量45%～50%的铁镍，圆形磁滞回线，并且由厚度为0.10 mm的带材制成的带绕磁心，其最低磁导率为10 000。

6 一般要求

6.1 化学成分和生产方法

本标准所涵盖的材料类别的典型成分在表1给出。

实际成分和生产方法由生产厂酌情而定,供需双方另有约定的,则按协议规定。

6.2 供货状态

材料可以以经过热精整、冷加工或回火的状态交货,所要求的状态应在订货协议中规定。

6.2.1 供货形式

卷材应有固定的宽度和绕法,边缘应整齐平直、绕制紧密,以便在自重下不致散塌。

必要时,带材应有由于去除有缺陷部位而出现焊缝或接带的空白纸标记,这可在协议中注明。有焊缝或接带的卷,各部分钢带的性能应相同。

焊接在一起的两部分钢带应对齐,边缘不应凸出太多,以免影响材料的下一步加工。

每卷钢带的质量应在订货时商定。

6.2.2 表面状态

片材和带材的表面应均匀、洁净,无油污和锈斑。允许有在厚度公差范围内且不影响材料正常使用和性能的如划痕、砂眼等缺陷。

表面状态取决于最终的热处理,对热轧材料,材料表面会有氧化皮。

7 技术要求

7.1 磁性能

除非协议中另有要求,每批材料的磁性能,应从该批产品中抽取、并按照生产者推荐或用户规定的工艺进行热处理的样品测定。钢片和钢带的验收应按叠片环(L. R. 型)或带绕磁心(S. W. 型)的交流试验方法测试,或者按实体环(S. R. 型)、叠片环(L. R. 型)或细长试样(E. S. 型)的直流试验方法测试。

磁性能应符合表2～表4规定的要求以及定货时规定的磁性等级和厚度。

厚度小于或等于0.4 mm钢片和钢带,应按交流方法试验;厚度大于0.4 mm材料,应按直流方法试验。

如果定货时要求时效值,应符合表3脚注的规定,材料应在100℃±5℃下进行100 h的热处理。

7.2 几何特性及公差

7.2.1 扁平产品:片、板和带

7.2.1.1 厚度

钢片和钢带的厚度变化不应有大于表6所示的公差。

7.2.1.2 宽度

钢带的宽度变化不应有大于表7所示的公差。

7.2.1.3 平直度

以百分率表示的波浪系数,不应超过2%,或由供需双方商定。

7.2.1.4 边缘曲度

a) 热轧钢片和钢带

对于公称长度不超过5 000 mm的钢片或2 m长的钢带,其边缘曲度不应超过其实际长度的0.5%。

b) 热轧钢板

边缘曲度不应超过其实际长度的0.2%。

c) 冷轧产品

经过修边的带材,在任意2 m的长度其边缘曲度不应超过4 mm。轧制的带材在任意2 m的

长度其边缘曲度不应超过 6 mm。对于长度不超过 2 m 的材料，经修边的钢带边缘曲度不应超过其实际长度的 0.2%，轧制的带材不应超过其实际长度的 0.3%。

宽度小于 80 mm 的产品，在任意 2 m 的长度其边缘曲度不应超过 8 mm。

7.2.2 冷拉棒、杆和线材

其直径、宽度和厚度的公差应符合表 8 的规定。

7.2.3 热精整棒

尺寸公差由供需双方商定。

8 检验和测试

8.1 总则

本标准所涵盖的材料一般按 GB/T 17505—1998 的规定检验，在签订定货协议时，买方应规定需检验的项目、试样的型式以及相关文件(参见 GB/T 17505—1998)。

对于免检项目，供需双方认为某一项性能(例如最大矫顽力)是得到保证的，则按 GB/T 17505—1998 执行。

相同等级和相同公称尺寸的验收批不应超过 23 t，另有协议的则按供货协议。

以卷供货的产品，每卷为一个验收批。

当产品以纵切的窄卷供货时，应提供原始卷的测试结果。

除非有专门协议，用相同的规则检测规定的特性。

8.2 试样的选择

应尽可能地从每一验收批中截取一个试样。应选择合适的测试次序，以便在同一试样上完成多项性能的检测。

8.2.1 扁平产品

钢卷的最内圈和最外圈应视为包装皮，不能代表材料的性能，选择试样时，应避开作为包装皮的最内圈和最外圈。选择试样应避开焊接区段和有标记的部位。材料为钢片或钢板时，应在捆的上层取样。

8.2.2 长形产品

应在该捆产品中取样。

8.2.3 线材

应在卷的末端取样。

8.3 磁性能

8.3.1 磁性试验(直流方法)

应根据 GB/T 13012—1991 和 IEC 60404-6:1986 测量磁通密度、磁导率和矫顽力。

8.3.2 磁性试验(交流方法)

应根据 GB/T 3655—2000 和 IEC 60404-6:1986 测量磁通密度和磁导率。应在 50 Hz 或 60 Hz 的频率下测量(除非另有规定)。

8.3.3 试样

试样类型的缩写(3.13)在表 2 至表 4 中给出。

8.4 几何特性和公差

8.4.1 扁平产品的厚度

宽度小于 25 mm 的产品，应在任意点测量，其余宽度的产品应在距边缘等于或大于 10 mm 的任意点测量。

厚度的测量应采用精确到 1/100 mm 的千分尺。

8.4.2 扁平产品的宽度

应垂直于钢带的轴线测量其宽度。

8.4.3 平直度

扁平产品的平直度(波浪系数)应按 IEC 60404-9:1987 测量。

8.4.4 边缘曲度

边缘曲度按 IEC 60404-9:1987 测量。

8.4.5 长形产品的尺寸

长形产品的尺寸应由任意两点读数的平均值来确定,读数精确至 0.1 mm。

8.4.6 长形产品的正直度

正平直度的测量精度应为 0.1 mm。

8.5 复验

如有测试结果不符合规定的要求,应从同一验收批中取双倍试样重新测试,如果重取的两个试样的所有测试结果都符合本标准的要求,则认为这批产品符合本标准的要求;如果其中任何一个试样有不合格项,则这批产品不合格。

重新处理后,供方拥有将这些产品再交验的权利。

9 申诉

只有当材料的内部或外部缺陷明显地影响到材料的加工或材料正常使用时才成为申诉的理由。

用户在提出申诉时,应呈交有争议的材料货样和公正的、令生产厂信服的证据。

在各种情况下,应按 GB/T 17505—1998 的条款和规则处理申诉。

10 订货单内容

为使材料完全满足本标准的要求,买方在咨询函或订单中应包含如下信息:

a) 根据第 5 章,产品的类别与材料的牌号。

b) 质量要求,包括每卷质量的限制(见 6.2)。

c) 检验程序包括相关文件要求的检验类别(见 8.1 和第 11 章)。

d) 如必要,给出公差类型(见 7.2)。

e) 买方在订货时应规定如下附加要求,在没有规定附加要求的情况下,厂家将认为在这一项上没有特殊要求:

—— 有焊缝或分界,做出标记(见 6.2);

—— 材料以全工艺状态供货(见第 6 章);

—— 时效状态下的磁性能(见 7.1)。

11 证书

如果买方需要并在订货时指明,则生产厂应证明所生产和测试的材料与本标准的要求一致。证书应列出订货时所要求的所有试验结果。

表 1 按 IEC 60404-1 分类的合金的化学成分

合金类别	组分	典型成分[a](质量分数%)[a]						
		Co	Cr	Cu	Mo	Ni	Si	V
A	100 Fe	—	—	—	—	—	—	—
C1	0～5 Si	—	—	—	—	—	2～4.5	—
C21	0.4～5 Si	—	—	—	—	—	1～4.5	—

表 1(续)

合金类别	组分	典型成分[a](质量分数%)[a]						
		Co	Cr	Cu	Mo	Ni	Si	V
C22	3 Si	—	—	—	—	—	2.5～3.5	—
E1	72～83 Ni	—	2～3	4～6	—	75～78	—	—
		—	—	4～6	3～4.5	75～78	—	—
		—	—	—	3.5～6	79～82	—	—
E2	54～68 Ni	—	—	—	—	53～65	—	—
E3	45～50 Ni	—	—	—	—	45～49	—	—
E4	35～40 Ni	—	—	—	—	36～40	—	—
F1	47～50 Co	47.5～50.0	—	—	—	—	—	1.7～2.1
F2	35 Co	34.5～36.0	—	—	—	—	—	—
F3	23～27 Co	23.0～28.0	—	—	—	—	—	—

[a] 余量为铁。

表 2 在交流(50 Hz 或 60 Hz)测量时钢片和钢带最低磁导率(厚度 0.05 mm～0.38 mm)

合金类别	磁性能等级	测量点 $H/(A/m)$	试 样	在下列厚度(单位为 mm)时的最低振幅磁导率			
				0.35	0.20		
A				由供需双方商定			
C1				由供需双方商定			
C21	—9	1.6	L. R.	900	750		
C22	—13			1 300	—		
合金类别[a]	磁性能等级	测量点 $H/(A/m)$	试 样	在下列厚度(单位为 mm)时的最低振幅磁导率			
				0.30～0.38	0.15～0.20	0.10	0.05
E11	—30	0.4	L. R.	20 000	20 000	18 000	16 000
	—60			40 000	40 000	35 000	30 000
	—100			50 000	60 000	60 000	50 000
	—200			100 000	120 000	120 000	100 000
E31	—4	0.4		4 000	4 000	4 000	4 000
	—6			6 000	6 000	6 000	6 000
	—10			10 000	10 000	8 000	8 000
E41	—2	1.6		2 200	2 200	2 200	2 200
	—3			2 900	2 900	2 900	2 500
E11	—30	0.4	S. W.	b	30 000	30 000	30 000
	—60			b	60 000	60 000	60 000
	—100			b	80 000	100 000	100 000
	—200			b	160 000	200 000	200 000
E31	—4	0.4		b	4 000	4 000	4 000
	—6			b	6 000	6 000	6 000
	—10			b	10 000	10 000	10 000
E41	—2	1.6		b	2 200	2 300	2 200
	—3			b	2 900	2 900	2 500

表 2(续)

合金类别[a]	磁性能等级	测量点 H/(A/m)	试 样	在下列厚度(单位为 mm)时的最低振幅磁导率			
				0.30～0.38	0.15～0.20	0.10	0.05
E21		由供需双方商定					
E32							
F1		由供需双方商定					
F2							
F3							

a 合金分类的第二位数字代表磁滞回线的形状：

1 代表圆形(无取向)；

2 代表矩形(取向)。

b S.W.型不在此厚度范围。

表 3 棒、板、杆、片、带和线材的直流磁性能要求

(厚度或直径大于 0.05 mm[a] 的 S.R.,L.R.或 E.S.型试样)

合金类别[b]	磁性能等级	最大矫顽力/A/m	在下列磁场(A/m)下的最低磁极化强度/T					
			100	200	300	500	1 000	4 000
A	—240	240	—	—	1.15	1.30	—	1.60
	—120	120	—	—	1.15	1.30	1.45	1.60
	—80	80	—	1.10	1.20	1.30	1.45	1.60
	—60	60	—	1.15	1.25	1.35	1.45	1.60
	—20	20	1.15	1.25	1.30	1.40	1.45	1.60
	—12	12	1.15	1.25	1.30	1.40	1.45	1.60
C1	—48	48	0.60	—	1.10	1.20	—	1.50
	—24	24	1.20	—	1.30	1.35	—	1.50
	—12	12	1.20	—	1.30	1.35	—	1.50

合金类别[b]	磁性能等级	最低磁导率			最大矫顽力/A/m		在下列磁场(A/m)下的最低磁极化强度/T				
		H/(A/m)	厚度/mm		厚度/mm						
			0.4～1.5	＞1.5	0.4～1.5	＞1.5	20	50	100	500	4 000
E11	—30	0.4	30 000	1 500	4	4	0.50	0.65	0.70	0.73	0.75
	—60		60 000	30 000	2	4					
	—100		100 000	50 000	1	2					
E31	—4	0.4	4 000	3 000	12	12	0.50	0.90	1.10	1.35	1.45
	—6		6 000	5 000	10	10					
	—10		10 000	7 000	6	6					
E41	—3	1.6	2 500	2 500	24	24	0.20	0.45	0.70	1.00	1.18
E21		由供需双方商定									
E32											

表 3(续)

合金类别[b]	磁性能等级	供货方式	尺寸/ mm	最大矫顽力/ A/m	在下列磁场(A/m)下的最低磁极化强度/T				
					300	800	1 600	4 000	8 000
F11	—240	实体材料,热轧	>6	240	1.40	1.70	1.90	2.06	2.15
	—120	杆,线材	$d \leqslant 6$	120	1.70	2.00	2.10	2.20	2.25
		片,带	$0.05 \leqslant t \leqslant 2.0$	120					
	—60	片,带	$0.05 \leqslant t \leqslant 2.0$	60	1.80	2.10	2.20	2.25	2.25
F12	—30	S. W.	$0.05 \leqslant t \leqslant 1.5$	30	供需双方商定				
F21	—300	实体材料	>6	300	—	1.20	1.30	—	—
		片,带	$0.05 \leqslant t \leqslant 2.0$	300	—	1.50	1.60	2.00	2.20
F31	—300	实体材料	>6	300	—	—	—	1.10	1.75
		片,带	$0.05 \leqslant t \leqslant 2.0$	300	—	—	—	1.85	2.00

a 仅适用于厚度为 0.05 mm～2 mm 的片材和带材的性能,对于小截面的棒、坯、杆和线材从半成品中选取 S. R. 型试样测定磁极化强度。

b 合金类别的第二位数字表示磁滞回线的形状:1 表示圆形(无取向);2 表示方形(织构取向或热磁处理取向)。

注:如有协议要求,E11,E31 和 E41 类合金的时效值不应超过 5%(见 3.1 和 7.1),A,C1 和 F 类合金不应超过 10%。

表 4 钢片和钢带的最大磁导率增长系数(L. R. 型试样,交流 50 Hz 或 60 Hz 测量)

合金类别	磁性能等级	$\delta_{0.4}$[a]/(10^{-2} m/A)	δ_{8}[b]/(10^{-2} m/A)
E41	—2	4.98	3.1
C21	—9	—	15.7
C22	—13	—	15.7

a $\delta_{0.4}=(\mu_{1.6}-\mu_{0.4})/(\mu_{0.4}\cdot\Delta H)=0.833(\mu_{1.6}-\mu_{0.4})/\mu_{0.4}$(A/m)

b $\delta_{8}=(\mu_{8}-\mu_{1.6})/(\mu_{1.6}\cdot\Delta H)=0.156(\mu_{8}-\mu_{1.6})/\mu_{1.6}$(A/m)

注:这个指标表示以安培每米(A/m)为单位的场强。

表 5 环形带绕磁心的尺寸要求(按 IEC 60635)

尺寸比	合金类别	
	E11～E41	E32
外径/内径(d_1/d_2)	1.6	1.25
高度/内径(h/d_2)	0.3 或 0.6	0.25 或 0.5
内径/钢带厚度(d_2/t)	>100	>100

注:外径为 10 mm 内径为 6 mm 的环形铁心可用于磁头。

表 6 冷轧钢片和钢带的厚度公差

厚度 t /mm	公称宽度 w (mm[a])下的公差/ mm			
	$50 < w < 150$	$150 < w \leqslant 300$	$300 < w \leqslant 600$	$w > 600$
$0.05 \leqslant t < 0.15$	±5%	±5%	±7.5%	±10%
$0.15 \leqslant t < 0.25$	±0.020	±0.020	±0.025	±0.030
$0.25 \leqslant t < 0.50$	±0.025	±0.030	±0.030	±0.040

表 6(续)

厚度 t /mm	公称宽度 w (mm[a])下的公差/ mm			
	50< w <150	150< w ≤300	300< w ≤600	w >600
0.50≤ t <0.75	±0.030	±0.045	±0.045	±0.050
0.75≤ t <1.00	±0.030	±0.045	±0.045	±0.065
1.00≤ t <1.25	±0.040	±0.045	±0.045	±0.065
1.25≤ t <1.50	±0.040	±0.045	±0.045	±0.075
1.50≤ t <1.75	±0.040	±0.050	±0.065	±0.075
1.75≤ t <2.00	±0.040	±0.050	±0.065	±0.090
2.00≤ t <2.25	±0.050	±0.055	±0.065	±0.100
2.25≤ t <2.50	±0.050	±0.055	±0.065	±0.120

a 0.05≤ t <0.15 时,公差以百分数给出。

表 7 钢片和钢带宽度的公差

公称厚度 t /mm	公称宽度 w (mm)下的公差/mm			
	w <125	125≤ w <250	250≤ w <400	400≤ w <1 200
12 轧制				
0.30≤ t <6.00	3.0	3.5	4.0	4.5
切边后				
0.10≤ t <0.40	+0.3 −0.0	+0.4 −0.0	+0.6 −0.0	+0.6 −0.0
0.40≤ t <1.50	+0.4 −0.0	+0.6 −0.0	+0.8 −0.0	+0.8 −0.0
1.50≤ t <2.50	+0.6 −0.0	+0.8 −0.0	+1.0 −0.0	+1.0 −0.0
2.50≤ t <6.00	+0.8 −0.0	+1.0 −0.0	+1.2 −0.0	+1.2 −0.0

表 8 冷拉棒、杆和线材的尺寸公差

线材和杆		棒材	
直径 d/mm	公差/mm	直径 d/mm[a]	公差/mm
0.20≤ d <0.35	±0.015	0.5≤ d <1.5	+0.00 −0.06
0.35≤ d <0.55	±0.020	1.5≤ d <4.5	+0.00 −0.05
0.55≤ d <0.90	±0.030	4.5≤ d <10	+0.00 −0.08
0.90≤ d <1.40	±0.040	10≤ d <25	+0.03 −0.05
1.40≤ d <2.20	±0.060		
2.20≤ d <3.50	±0.080		
3.50≤ d <6.00	±0.100		

a 圆形:直径;
正六边形、正方形:两平行面之间的距离;
矩形:宽度和厚度。

参考文献

GB/T 1800(所有部分) 极限与配合 基础

ICS 29.035.99
K 15

中华人民共和国国家标准

GB/T 21221—2007

绝缘液体
以合成芳烃为基的未使用过的绝缘液体

Insulating liquids—
Specifications for unused insulating liquids based on synthetic aromatic hydrocarbons

(IEC 60867:1993,MOD)

2007-12-03 发布　　　　2008-05-20 实施

中华人民共和国国家质量监督检验检疫总局
中国国家标准化管理委员会　发布

前 言

本标准修改采用IEC 60867:1993《绝缘液体　以合成芳烃为基的未使用过的液体规范》(英文版)。

考虑到我国国情,在采用IEC 60867:1993时,本标准作了一些修改。有关技术差异已编入正文中并在它们所涉及的条款页边空白处用垂直单线标识。在附录A中列出了本标准章条编号与IEC 60867:1993章条编号的对照一览表。在附录B中给出了这些技术差异及其原因的一览表以供参考。

为便于使用,本标准做了下列编辑性修改:

a) "本国际标准"改为"本标准";

b) 删除了IEC 60867:1993的前言和引言;

c) 删除了"第3章"引导语中"要点 气相色谱仪可用于组成鉴定和杂质检测"一段;

d) 小数点符号"," 改为".",容积符号"mm^3"、"cm^3"和"dm^3" 改为"μL"、"mL" 和"L";

e) 删除了6.7.1 d)条注中"有机卤试剂:"一节;

f) 四个规范篇中,篇头"第一篇"、"第二篇"、"第三篇"和"第四篇"分别改为"表1"、"表2"、"表3"和"表4","允许值"改为"要求",表的脚注编号上标形式由"1)"开始的阿拉伯数字改为从"a"开始的小写拉丁字母。

本标准的附录A、附录B为资料性附录。

本标准由中国电器工业协会提出。

本标准由全国绝缘材料标准化技术委员会(SAC/TC 51)归口。

本标准起草单位:桂林电器科学研究所、桂林电力电容器总厂、常州市武进东方绝缘油有限公司、锦州永嘉化工有限公司、烟台金正精细化工有限公司、南京泰荣特种油品有限公司。

本标准主要起草人:马林泉、李兆林、徐建华、陈海波、鲍贻清、曹继林。

本标准为首次制定。

绝缘液体
以合成芳烃为基的未使用过的绝缘液体

1 范围

本标准规定了用作电气设备绝缘液体介质的未使用过的几种合成芳烃绝缘液体的规范和试验方法。

2 规范性引用文件

下列文件中的条款通过本标准的引用而成为本标准的条款。凡是注日期的引用文件,其随后所有的修改单(不包括勘误的内容)或修订版均不适用于本标准,然而,鼓励根据本标准达成协议的各方研究是否可使用这些文件的最新版本。凡是不注日期的引用文件,其最新版本适用于本标准。

GB/T 261—1983 石油产品闪点测定法(闭口杯法)(neq ISO 2719:1973)

GB/T 265—1988 石油产品运动粘度测定法和动力粘度计算法

GB/T 1884 原油和液体石油产品密度实验室测定法(密度计法)(GB/T 1884—2000,eqv ISO 3675:1998)

GB/T 3535—1983 石油倾点测定法(neq ISO 3016:1974)

GB/T 5654—2007 绝缘液体 工频相对介电常数、介质损耗因数和体积电阻率的测定(IEC 60247:2004,IDT)

GB/T 10065—2007 绝缘液体在电应力和电离作用下的析气性测定方法(IEC 60628:1985,MOD)

GB/T 11133—1989 液体石油产品水含量测定法(卡尔·费休法)(neq ASTM D 1744:1983)

GB/T 11142—1989 绝缘油在电场和电离作用下的析气性测定法(neq ASTM D 2300:1981)

SH/T 0205—1992 电气绝缘液体的折射率和比色散测定法

ISO 5662:1978 石油产品 电绝缘油 腐蚀性硫的检测法

IEC 60475:1974 液体电介质取样方法

IEC 61039:1990 绝缘液体一般分类

IEC 60156:1995 绝缘液体 工频下击穿电压的测定 试验方法

3 定义

下列定义适用于本标准。

3.1

烷基苯 alkylbenzenes

由一个苯环和一个烷基构成的分子组成的绝缘液体,其烷基可以是直链型的或支链型的。

注:这两种型式的烷基苯可通过红外线光谱分析加以区别,直链型烷基苯在 360 cm^{-1}～380 cm^{-1}区域显示出一个吸收单峰,而支链型烷基苯在 360 cm^{-1}～380 cm^{-1}区域显示出一个吸收双峰。

3.2

烷基二苯基乙烷 alkyldiphenylethanes

由二苯基乙烷的衍生物组成的绝缘液体,通常两个芳基带有短链烷基。

注:这类产品的红外线特征吸收峰在 3 070 cm^{-1}、1 606 cm^{-1}和 705 cm^{-1}处。

3.3

烷基萘 alkylnaphthalenes

由带有烷基取代基的萘组成的绝缘液体。

注：这类产品的红外线特征吸收峰在 3 070 cm^{-1}，1 605 cm^{-1}，1 380 cm^{-1} 和 1 360 cm^{-1} 处。

3.4

甲基多芳基甲烷 methylpolyarylmethanes

由主要以单/双苄基甲苯(M/DBT)的混合物为基的甲基多芳基甲烷衍生物组成的绝缘液体。

注：这类产品的红外线特征吸收峰在 3 025 cm^{-1}，1 606 cm^{-1}，1 380 cm^{-1} 和 705 cm^{-1} 处。

4 标志和一般交货要求

4.1 包装和运输

产品通常以公路或铁路油罐车或桶进行运输，这些容器须经特殊清洗以免对产品造成二次污染。

4.2 标志

供方发运的桶或样品容器上至少应具有以下标志：

——本标准号；

——供方名称；

——产品型号。

5 取样

取样按 IEC 60475:1974 规定的程序进行。

6 试验方法

6.1 外观

外观是通过在透射光下检验具有代表性的厚约 10 cm、环境温度下的液体样品来评价。

6.2 密度

任何公认的试验方法均可采用。在有争议的情况下，应当采用 GB/T 1884 规定的方法。密度应在 20℃测定。

6.3 运动粘度

运动粘度应按 GB/T 265—1988 进行测定。

6.4 闪点

闪点应按 GB/T 261—1983 进行测定。

6.5 倾点

倾点应按 GB/T 3535—1983 进行测定。

6.6 折射率和比色散

折射率和比色散应按 SH/T 0205—1992 进行测定。

6.7 中和值

6.7.1 试剂

a) 氢氧化钾：c(KOH)= 0.1 mol/L 乙醇标准溶液；

b) 甲苯，不含硫；

c) 恒沸乙醇溶液(沸点 78.2℃)；

d) 盐酸：c(HCl)= 0.1 mol/L 标准溶液；

e) 碱性蓝指示剂溶液：将 2 g 碱性蓝 6 B 溶解在 100 mL 含 1 mL c(HCl)= 0.1 mol/L 标准溶液的恒沸乙醇中。24 h 后进行酸值试验，以检验指示剂是否具有足够的灵敏度。如果颜色明显地从蓝色变为如同10%硝酸钴[$CO(NO_3)_2 \cdot 6H_2O$]溶液那样的红色，说明该指示剂灵敏度令人满意。

如果灵敏度不够，则重复加 $c(HCl)=0.1$ mol/L 标准溶液，并在24 h后再次检验之。如此继续直至灵敏度令人满意为止。然后将溶液过滤到棕色玻璃瓶中存放于暗处。

6.7.2 程序

将(20.00±0.05)g 试样称入250 mL 具塞磨口锥形瓶中。

取第二个锥形瓶，加入60 mL 甲苯和40 mL 乙醇，然后向该混合物中加入2 mL 指示剂溶液。用 $c(KOH)=0.1$ mol/L 乙醇标准溶液中和，直至出现如同10%硝酸钴[$CO(NO_3)_2 \cdot 6H_2O$]溶液那样的红色并至少保持15 s为止。

将此溶液加到上述试样中，搅拌并在温度不高于25℃的条件下立即用 $c(KOH)=0.1$ mol/L 乙醇标准溶液滴定到如上所述的终点。

中和值的计算方法如下：

$$NV=\frac{V\times N\times 56.1}{m} \quad \cdots\cdots(1)$$

式中：

NV——试样的中和值的数值，单位为毫克氢氧化钾每克(mgKOH/g)；

V——滴定所用氢氧化钾乙醇标准溶液容积的数值，单位为毫升(mL)；

N——氢氧化钾乙醇标准溶液之物质的量浓度的数值，单位为摩尔每升(mol/L)；

56.1——氢氧化钾的摩尔质量的数值，单位为克每摩尔(g/mol)；

m——试样的质量的数值，单位为克(g)。

6.8 氯含量

本条款所述的方法适合于测定烃类液体中的总氯含量。然而，任何其他可以得到相似结果的化学分析或仪器分析方法均可采用。

6.8.1 试剂

a) 硝酸(HNO_3)标准溶液，分析级。用蒸馏水将190 g 浓硝酸稀释至1 L。

b) 异丙醇，分析级。

c) 硝酸银：$c(AgNO_3)=0.025$ mol/L 标准溶液，分析级：准确称取0.427 g 硝酸银，将它转移到1 L 容量瓶中加蒸馏水使之溶解。然后加入3 mL 浓硝酸(密度1.42 kg/dm³)，再加蒸馏水稀释至容量瓶的1 L 刻度。对照纯氯化物标样校验该溶液。至少每月校验该溶液一次以确保试剂稳定。

注1：红外光谱仪液体池所用的氯化钠晶体是恰当的氯化物标样。

注2：在制备溶液之前，将硝酸银放在干燥器中过夜。固体材料和溶液都应贮存在棕色瓶中于暗处避光保存。

d) 联苯钠溶液($C_6H_5C_6H_4Na$)。

注：通常需要该试剂30 mL 以达到过量状态。联苯钠溶液的制备参见“McCoy——The Inorganic Analysis of Petroleum, Chemical Publishing Co. Inc., 212 Fifth Avenue, New York”。

6.8.2 仪器

——250 mL 分液漏斗；

——电位滴定仪；

——电极：最好是银电极和玻璃电极组合，带有硫酸汞参比电极的银电极是可以接受的代用品；

——5 mL 微量滴定管，分度值0.01 mL。

6.8.3 程序

6.8.3.1 在150 mL 的烧杯中，将(35.5±0.1)g 被试液体样品借助于细玻璃棒搅拌将其溶解于25 mL 的甲苯中，然后把该溶液转移到分液漏斗中。用总量为25 mL 的甲苯冲洗烧杯数次，并将冲洗液加入到分液漏斗中。

6.8.3.2 向分液漏斗的溶液中加入过量的联苯钠溶液(通常 30 mL 已足够)。过量可通过蓝或绿的颜色变化被显示出来。盖上分液漏斗的玻璃塞,轻轻地摇动,使溶液完全混合,在摇动的过程中不时打开塞子以解除过压。

6.8.3.3 让蓝—绿色混合物静止 5 min 以保证反应完全。除去塞子,加入 2 mL 异丙醇。不盖塞子,轻轻摇动,直至过量的试剂消失。

6.8.3.4 慢慢地加入 50 mL 硝酸溶液。轻轻地摇晃 5 min 以保证有机相和水相彼此均匀接触。不时地松动分液漏斗的塞子以释放微小气压。把水相放入另一只烧杯中。用 50 mL 硝酸溶液再次萃取有机相。将水相放入装有第一次萃取液的烧杯里。

6.8.3.5 把装有水相萃取液的烧杯放在滴定台上,放入电极系统。开动搅拌并记录初始电位值或 pH 值。用 $AgNO_3$ 溶液(0.025 mol/L)慢慢地滴定,记录加入每一滴 $AgNO_3$ 溶液后的读数。

继续滴定直到电位或 pH 读数达到突跃点为止。以硝酸银体积为横坐标、电压或 pH 值为纵坐标作图。曲线的拐点选作滴定的终点。

6.8.3.6 空白试验。滴定相同体积不加样品的溶剂作为空白试验。

6.8.4 计算

总氯含量的计算方法如下:

$$CC = \frac{(A-B)N \times 35.5 \times 10^3}{m} \quad \cdots\cdots\cdots\cdots (2)$$

式中:

CC——试样的总氯含量的数值,单位为毫克每千克(mg/kg);

A——滴定试样所需硝酸银溶液容积的数值,单位为毫升(mL);

B——滴定空白所需硝酸银溶液容积的数值,单位为毫升(mL);

N——硝酸银溶液的摩尔浓度的数值,单位为摩尔每升(mol/L);

35.3——氯的摩尔质量的数值,单位为克每摩尔(g/mol);

m——所用试样的质量的数值,单位为克(g)。

6.9 水含量

水含量应按 GB/T 11133—1989 进行测定。

6.10 腐蚀性硫

腐蚀性硫应按 ISO 5662:1978 进行测定。

6.11 击穿电压

击穿电压应按 IEC 60156:1995 进行测定。

6.12 介质损耗因数、相对介电常数和体积电阻率

这三项性能应按 GB/T 5654—2007 进行测定。

6.13 在电场和电离作用下的稳定性(析气性)

析气性应按 GB/T 11142—1989 或 GB/T 10065—2007 进行测定。

7 准确度和试验结果的解释

在规定的方法中给出的准确度数据仅被用作对重复测定值间预期接近程度的一种指导。因此,不可将它看作适用于表 1、表 2、表 3 和表 4 中所规定的极限值的偏差。

8 电容器和电缆用烷基苯规范

当按第 6 章规定的方法试验时,用作电容器和空心电缆浸渍剂的以烷基苯为基的产品性能应符合表 1 所列的要求。

依据 IEC 61039:1990 这类产品以下列代号命名:L—NY—60867-1。

9 电容器用烷基二苯基乙烷规范

当按第6章规定的方法试验时,用作电容器浸渍剂的以烷基二苯基乙烷为基的产品性能应符合表2所列的要求。

依据 IEC 61039:1990 这类产品以下列代号命名:L—NC—60867-2。

10 电容器用烷基萘规范

当按第6章规定的方法试验时,用作电容器浸渍剂的以烷基萘为基的产品性能应符合表3所列的要求。

依据 IEC 61039:1990 这类产品以下列代号命名:L—NC—60867-3。

11 电容器用甲基多芳基甲烷规范

当按第6章规定的方法试验时,用作电容器浸渍剂的以甲基多芳基甲烷为基的产品性能应符合表4所列的要求。

依据 IEC 61039:1990 这类产品以下列代号命名:L—NC—60867-4。

表1 电容器和电缆用烷基苯规范

性能		单位	试验方法(条款)	要求 1号	要求 2号	要求 3号
一、物理性能						
外观		—	6.1	透明无悬浮杂质或沉淀物		
密度(20℃)		g/cm³	6.2	0.850~0.880		
运动粘度(40℃)		mm²/s	6.3	≤6.0	≥5.0~≤11.0	≥10.0~≤50.0
闪点		℃	6.4	≥110	≥135	≥150
倾点		℃	6.5	≤−45	≤−45	≤−30
折射率 n_D^{25}		—	6.6	1.480 0~1.495 0		
比色散(25℃)		—	6.6	≥125		
二、化学性能						
中和值		mgKOH/g	6.7	≤0.015		
氯含量		mg/kg	6.8	≤30		
水含量		mg/kg	6.9	≤75		
腐蚀性硫		—	6.10	无腐蚀性		
三、电气性能						
击穿电压		kV	6.11	≥50[a]		
体积电阻率(90℃)		Ω·m	6.12	$\geq 1.0\times10^{12}$ [a]		
介质损耗因数(90℃,40 Hz~60 Hz)		—	6.12	≤0.002[a]		
相对介电常数(25℃,40 Hz~60 Hz)		—	6.12	2.10~2.30		
电场和电离作用下的稳定性(析气性)[b]	吸气	μL /min	6.13 GB/T 11142—1989	≥20		
	吸气	cm³	6.13 GB/T 10065—2007	≥2.5		

a 这些规定的极限值是考虑到了最不利的交货条件,并且这些值是相对于收货时的液体而言的。

b 规范要求烷基苯按 GB/T 11142—1989 或 GB/T 10065—2007 测试时达到析气性要求,但并不是要求同时采用这两种方法测试析气性。

表 2　电容器用烷基二苯基乙烷规范

性能		单位	试验方法（条款）	要求	
				PXE[a]	PEPE[b]
一、物理性能					
外观		—	6.1	透明，无悬浮杂质或沉淀	
密度(20℃)		g/cm³	6.2	0.950～0.999	
运动粘度(40℃)		mm²/s	6.3	≤7.0	≤4.0
闪点		℃	6.4	≥140	≥136
倾点		℃	6.5	≤−40	≤−60
折射率 n_D^{25}		—	6.6	1.560 0～1.570 0	1.550 0～1.570 0
比色散(25℃)		—	6.6	≥180	
二、化学性能					
中和值		mg KOH/g	6.7	≤0.015	
氯含量		mg/kg	6.8	≤30	
水含量		mg/kg	6.9	≤75	
腐蚀性硫		—	6.10	无腐蚀性	
三、电气性能					
击穿电压		kV	6.11	≥55[c]	≥60[c]
体积电阻率(90℃)		Ω·m	6.12	≥1.0×10¹² [c]	
介质损耗因数（90℃，40 Hz～60 Hz）		—	6.12	≤0.001[c]	
相对介电常数(25℃，40 Hz～60 Hz)		—	6.12	2.40～2.60	
电场和电离作用下的稳定性(析气性)	吸气	μL /min	6.13 GB/T 11142—1989	≥100	
	吸气	cm³	6.13 GB/T 10065—2007	—	

a PXE 是 1-苯基-1-二甲苯基乙烷的英文名称 1-phenyl-1-xylyl ethane 的缩写。

b PEPE 是 1-苯基-1-乙苯基乙烷的英文名称 1-phenyl-1-ethyl phenyl ethane 的缩写。

c 这些规定的极限值是考虑到了最不利的交货条件，并且这些值是相对于收货时的液体而言的。

表 3　电容器用烷基萘规范

性　能	单位	试验方法（条款）	要　求
一、物理性能			
外观	—	6.1	透明，无悬浮杂质或沉淀
密度(20℃)	g/cm³	6.2	0.950～1.000
运动粘度(40℃)	mm²/s	6.3	≤8
闪点	℃	6.4	≥140
倾点	℃	6.5	≤−40

表 3（续）

性　能		单位	试验方法（条款）	要　求
折射率 n_D^{25}		—	6.6	待定
比色散(25℃)		—	6.6	待定
二、化学性能				
中和值		mg KOH/g	6.7	≤0.03
氯含量		mg/kg	6.8	≤30
水含量		mg/kg	6.9	≤75
腐蚀性硫		—	6.10	无腐蚀性
三、电气性能				
击穿电压		kV	6.11	≥60[a]
体积电阻率(90℃)		Ω·m	6.12	≥5.0×10^{11} [a]
介质损耗因数（90℃，40 Hz～60 Hz）		—	6.12	≤0.002[a]
相对介电常数(25℃，40 Hz～60 Hz)		—	6.12	待定
电场和电离作用下的稳定性(析气性)	吸气	μL /min	6.13 GB/T 11142—1989	≥100
	吸气	cm^3	6.13 GB/T 10065—2007	—

a 这些规定的极限值是考虑到了最不利的交货条件，并且这些值是相对于收货时的液体而言的。

表 4　电容器用甲基多芳基甲烷规范

性　能	单位	试验方法（条款）	要　求
一、物理性能			
外观	—	6.1	透明，无悬浮杂质或沉淀
密度(20℃)	g/cm^3	6.2	0.980～1.020
运动粘度(40℃)	mm^2/s	6.3	≤4.0
闪点	℃	6.4	≥130
倾点	℃	6.5	≤−60
折射率 n_D^{25}	—	6.6	1.570 0～1.580 0
比色散(25℃)	—	6.6	≥200
二、化学性能			
中和值	mg KOH/g	6.7	≤0.015
氯含量	mg/kg	6.8	≤30
水含量	mg/kg	6.9	≤75
腐蚀性硫	—	6.10	无腐蚀性
三、电气性能			
击穿电压	kV	6.11	≥60[a]
体积电阻率(90℃)	Ω·m	6.12	≥1.0×10^{12} [a]

表 4（续）

性　　能		单位	试验方法（条款）	要　　求
介质损耗因数（90℃，40 Hz～60 Hz）		—	6.12	≤0.002[a]
相对介电常数（25℃，40 Hz～60 Hz）		—	6.12	2.45～2.65
电场和电离作用下的稳定性（析气性）	吸气	μL /min	6.13 GB/T 11142—1989	≥130
	吸气	cm^3	6.13 GB/T 10065—2007	—

[a] 这些规定的极限值是考虑到了最不利的交货条件，并且这些值是相对于收货时的液体而言的。

附 录 A
（资料性附录）
本标准章条编号与 IEC 60867:1993 章条编号的对照

表 A.1 给出了本标准章条编号与 IEC 60867:1993 章条编号的对照一览表。

表 A.1 本标准章条编号与 IEC 60867:1993 章条编号的对照

本标准章条编号	IEC 60867:1993 章条编号
1	1
2	2
3	3
3.1～3.4	3.1～3.4
4	4
4.1～4.2	4.1～4.2
5	5
6	6
6.1～6.5	6.1～6.5
6.6	—
6.7～6.13	6.6～6.12
7	7
8	8
9	9
10	10
11	11
附录 A	—
附录 B	—

附 录 B
（资料性附录）
本标准与 IEC 60867:1993 技术性差异及其原因

表 B.1 给出了本标准与 IEC 60867:1993 技术性差异及其原因一览表。

表 B.1 本标准与 IEC 60867:1993 技术性差异及其原因

本标准章条编号	技术性差异	原 因
2	引用了部分我国标准，而非国际标准。 增加引用了 SH/T 0205—1992	以适合我国国情并方便使用。 因为增加了 6.6 条"折射率和比色散"，而"折射率和比色散"的测定按 SH/T 0205—1992 进行
6.6	增加了条款"折射率和比色散"	因为快速测定"折射率和比色散"可间接判断在电场和电离作用下的稳定性(析气性)是否达标，简化入厂检验，因而在表 1、表 2、表 3、表 4 所列的规范中增加了"折射率和比色散"的性能及要求
6.12	条标题增加了"相对介电常数"这一性能	因为"相对介电常数"这一性能对电容器产品设计人员来说是必不可少的，故在表 1、表 2、表 3、表 4 所列的规范中增加了"相对介电常数"的性能及要求
表 1、表 2、表 3、表 4	增加了"相对介电常数"、"折射率和比色散"的性能及要求。 提高了"运动粘度"、"闪点"、"倾点""中和值"、"水含量"、"击穿电压"的性能要求	以适合我国国情。 IEC 60867:1993 中给出的这些性能要求与我国现有产品的实测值相比偏低，为了真实反映我国现有产品的性能水平，故适当提高
表 2	电容器用烷基二苯基乙烷分 PXE 和 PEPE 两个产品列出各自的要求	以适合我国国情

ICS 29.035.99
K 15

中华人民共和国国家标准

GB/T 21222—2007/IEC 60897:1987

绝缘液体　雷电冲击击穿电压测定方法

Methods for the determination of the lightning impulse breakdown voltage of insulating liquids

(IEC 60897:1987,IDT)

2007-12-03 发布　　2008-05-20 实施

中华人民共和国国家质量监督检验检疫总局
中国国家标准化管理委员会　发布

前　言

本标准等同采用 IEC 60897:1987《绝缘液体　雷电冲击击穿电压测定方法》(英文版)。

为便于使用,本标准做了下列编辑性修改:

a)　删除了国际标准的“前言”;

b)　用小数点符号‘.’代替小数点符号‘,’;

c)　用阿拉伯数‘1、2’代替罗马数‘Ⅰ、Ⅱ’。

本标准的附录 A、附录 B 为资料性附录。

本标准由中国电器工业协会提出。

本标准由全国绝缘材料标准化技术委员会(SAC/TC 51)归口。

本标准起草单位:桂林电器科学研究所、西安交通大学。

本标准主要起草人:王先锋、曹晓珑。

本标准为首次制定。

绝缘液体　雷电冲击击穿电压测定方法

1　范围

1.1　本标准规定了两种试验方法A和方法B,用来评定绝缘液体在发散场下经受标准雷电脉冲的电气强度。

方法A基于一个逐级试验程序,用来评定在规定条件下的脉冲击穿电压。

方法B是一个统计试验,用来检验绝缘液体在给定的电压等级下脉冲击穿概率的假设。

1.2　两种方法均适用于未使用或使用过的绝缘液体,该液体的粘度在40℃时应低于700 mm^2/s。

两种方法都可以使用正、负脉冲。对于液体样品的准备,只要其符合工业使用的要求,并没有特殊的规定。然而,通过样品处理前和处理后进行的试验可以表明处理的效果如何。

1.3　两种方法主要用于建立评定绝缘液体的脉冲电气强度的标准程序。这些程序用来区分不同的电介质液体,也可用来检测当制造工艺或原料变化时液体的化学组成发生变化继而造成的特性变化。

2　概述

2.1　在电气设备中使用的绝缘液体可能会承受开关或雷电瞬时电压与工频正弦工作电压叠加的作用。

无论这样的过电压是单向的还是振荡的,其结果都将是正极性或负极性的瞬时作用,这就要求了解绝缘液体在这些条件下的特性。

然而,为了使在采用针—球形状电极的试验容器中得到的脉冲击穿电压与实际绝缘系统中液体的性能相一致,还需要更多的实践经验。

2.2　在绝缘液体中,脉冲击穿是一个至今还不清楚的复杂现象。它需要一个预击穿破坏(流注)的起始和蔓延过程。

击穿电压与如下的因素有关:电压波形,外加电压持续时间和电场分布。

为了得到具有可比性的结果,所有这些因素都要明确规定并严格控制。尽管如此,经常发现得到的结果比较分散,这种分散性通常被认为和预击穿机理的随机性有关。

2.3　虽然在均匀电场中,击穿特性不受施加电压的极性的影响,但是在发散场中,极性对击穿特性有显著的作用,特别是对针—球形状的电极则影响更大。实践证明,在这种电场分布下,液体的化学组成对负脉冲击穿特性起着主要的作用。因此,为了辨别在绝缘液体中化学组成的作用,必须采用上面所述两种方法中所用的高发散场形状的电极系统。

2.4　脉冲击穿电压与波的前沿时延有关,因此在两种方法中规定只使用标准全脉冲波(1.2/50 μs)。

2.5　与工频击穿电压(IEC 60156)不同,针—球脉冲击穿基本上与水分、颗粒等杂质无关。因此,只要杂质浓度不超过液体的使用极限,就不采用任何预防措施来控制这些杂质。

3　规范性引用文件

下列文件中的条款通过本标准的引用而成为本标准的条款。凡是注日期的引用文件,其随后所有的修改单(不包括勘误的内容)或修订版均不适用于本标准,然而,鼓励根据本标准达成协议的各方研究是否可使用这些文件的最新版本。凡是不注日期的引用文件,其最新版本适用于本标准。

GB/T 311.6—2005　高电压试验技术　第5部分:测量球隙(IEC 60052:2002,IDT)

GB/T 16927.1—1997　高电压试验技术　第1部分:一般试验技术(eqv IEC 60060-1:1989)

GB/T 16927.2—1997　高电压试验技术　第2部分:测量系统(eqv IEC 60060-2:1994)

IEC 60060-3　高电压试验技术　第3部分:测量装置

IEC 60060-4 高电压试验技术 第4部分:测量装置的使用导则

IEC 60475 液体电介质取样方法

4 设备

4.1 脉冲发生器

脉冲发生器应该能够产生一个标准 1.2/50 μs 雷电冲击电压全波,能按照 GB/T 16927.1—1997 中的要求调节脉冲正、负极性,并具有 GB/T 16927.2—1997 中规定的准确度,特别是峰值电压的测量必须准确到±3%。发生器的额定电压至少为 300 kV,输出能量的范围宜在 0.1 kJ 到 20 kJ 之间。

4.2 脉冲电压的调整

此操作是非常重要的,峰值电压可用手控加压装置来设定,精确到 1%;或用调节精度为±0.5%自动触发装置来设定则更好。

4.3 脉冲电压的测量

脉冲电压的测量应按照 IEC 60060-3 和 IEC 60060-4 中的规定进行。用一个精确标定的电阻分压器和一个峰值电压表比用示波器更好一些。而且,可以根据 GB/T 311.6—2005 用球隙法来校正测量系统,脉冲电压的峰值电压测量误差应已知且不应超过 3%。

4.4 试验容器的设计

4.4.1 试验容器是一个带有垂直间隙的容器,如图 1 所示。该试验容器可容纳液体的体积约为 300 mL,并限定只有两电极和它们的支撑部分可以为金属材料。

4.4.2 试验容器应设计成易拆卸易彻底清洗,其尺寸应保证闪络电压至少为 250 kV。

4.4.3 试验容器所用的绝缘材料必须具有高介电强度、在 80℃以下具有良好的热稳定性、能与被测绝缘液体相容,并耐溶剂、耐常用于被测液体的清洁剂。

4.4.4 由可调节的针—球形状的两电极来构成间隙。球电极为磨光的钢球,可用直径为 12.5 mm～13 mm 的轴承滚珠,并用一块磁铁使该球位置固定。针电极为一根留声机唱针,其锥顶的曲率半径为 40 μm～70 μm。可以用显微镜来检验针的形状和曲率半径,附录 B 给出测量曲率半径的方法。

5 液体取样

根据 IEC 60475 中的规定完成被测液体的取样。

6 试验容器的准备与维护

6.1 试验容器的清洗

试验容器的所有零件包括球电极和唱针(电极)都应用试剂级的庚烷脱脂,用洗涤剂洗涤,用热自来水彻底冲洗,然后用蒸馏水冲洗。

用无油、脱水的压缩空气干燥各零件,并保存在干燥缸里等待使用。

6.2 日常使用

按照 6.1 中规定准备好的试验容器就可以进行试验了。但是,在对新样品进行试验以前,必须用合适的溶剂重复上述的清洗程序。

当对同样的样品进行试验时,只需在每次注样前用液体试样洗涤。

7 试验准备

7.1 用液体试样彻底地洗涤试样容器和电极,并慢慢地将试样注入试验容器,注意切勿有气泡产生,在试验前让液体静置至少 5 min。

7.2 电极间隙

轻轻地使两电极接触,用欧姆表检测是否接触良好。然后,用一个测微计或螺旋计或厚度规使其中一个电极移开达到期望的间隙值。应将间隙调整到8.1.2中的规定值,其允许偏差为±0.1 mm。

7.3 将球电极接地,接线应尽可能的短。脉冲发生器的输出端应连接到针电极,而且必须注意不能形成太长的连接回路。

7.4 试验时试样的温度应与实验室温度相同,通常在15℃到30℃之间比较合适。

8 试验程序

8.1 方法A——逐级试验

8.1.1 原理

用针—球电极系统将逐级增加峰值的1.2/50 μs标准雷电脉冲电压加到液体试样上直到发生击穿。需进行五次击穿试验,取其平均值作为被试液体的雷电脉冲击穿电压。

试验电压的起始值、电压步进值(级差)和电极间隙均取决于被试液体的击穿电压。

8.1.2 程序

a) 根据第7章规定准备试验容器。

b) 参考表1,并根据15 mm间隙时的预期击穿电压值(U_e)选择合适的试验电压起始值(U_i)、电压步进值(级差)和电极间隙。

c) 施加一选定起始电压的(极性已定)脉冲,并逐级增加电压直至击穿发生。每个电压等级下要加一个脉冲,在相邻两脉冲之间时间间隔至少1 min。

d) 重复a)、b)、c)项所述的程序,直至获得被试液体的五个击穿值。在每次击穿后,应更换针电极并转动球电极,在五次击穿后,应更换球电极。

e) 为了使试验有效,试样在击穿发生前必须经受至少三个电压等级。如果在此之前发生击穿,则根据情况,选择更低的起始电压重复试验,例如5 kV或者10 kV。

f) 记录发生击穿时的预期脉冲峰值电压作为额定击穿电压。

g) 如果被测液体的击穿电压不能预先估计,则使用15 mm间隙、50 kV起始电压和步进(级差)10 kV升压来进行试验,按a)和c)项测定U_e,然后按a)到f)项继续试验。

如果采用15 mm的间隙时,不能在低于试验容器闪络电压(约250 kV)时发生击穿,则将间隙减少到10 mm,必要时,甚至可以到5 mm。

表1 起始电压和间隙的选择

15 mm时的预期击穿电压U_e/kV	$50 \leqslant U_e \leqslant 100$	$100 < U_e \leqslant 250$	$U_e > 250$
间隙/mm	25±0.1	15±0.1	10±0.1
起始电压U_i/kV	$1.5U_e-25$	U_e-50	150
步进(级差)电压/(kV)	5	5	10

8.1.3 精确度

一种试验方法的精确度是由重复性r和再现性R来表示(见ISO 5725),表2给出了按方法A进行试验的矿物绝缘油的这些参数值。

当正确地使用该方法时,对于同一种油,在相同的条件下(同一操作者、同样的设备、同样的实验室和短的时间间隔)进行的两次试验而获得的两个"单次结果"间的差异有5%的概率超过7.0%U(负脉冲)或者超过15%U(正脉冲),其中U为两个结果的平均值。

表2 对于矿物绝缘油方法A的重复性和再现性

脉冲极性	r/%	R/%
负	7	10
正	15	30

注1:r和R值表示为平均击穿电压的百分数。

注2:表中数值是由三种不同的矿物绝缘油在七个实验室的试验结果而得到的。

对于同一种油在不同条件下(不同的操作者、不同的设备、不同的实验室)进行的试验中得到的两个结果之间的差异,有5%的概率超过10%U(负脉冲)或者超过30%U(正脉冲)。

如果两个结果间的差异超过表2中规定值,则还需进一步工作,例如校准设备和重复试验。

注3:“单次结果”为8.1.1中规定的五次击穿电压的平均值。

8.2 方法B——连续试验

8.2.1 原理

经验表明,将一个脉冲波(其峰值接近于用方法A测得的击穿电压)加到试验容器时,击穿可能会发生也可能不发生。这样,就应该引进击穿概率P的概念,P是U的函数且是未知的。连续试验可将击穿概率P与任意值P_0相比较并检验假设:

H_0:$P \leqslant P_0$(称作零假设);备择假设H_1:$P > P_0$(见附录A)。

本方法是将一连串恒定峰值的脉冲加到试样上直至击穿,并将结果画到判定图上(见附录A和图A.1)。

连续试验需一直进行到能进行判定为止,当超过事先规定的脉冲数还不能裁定时,则终止试验。

8.2.2 程序

a) 根据相应的P_0值和附录A中定义的参数画出判定图;

b) 选择一个脉冲电压峰值U_0并设定脉冲发生器(见注1);

c) 根据本标准第7章的规定准备试验容器并调节电极间隙到所要求的值;

d) 施加第一个选择好极性和峰值的脉冲到电极上,如果没有发生击穿,则在加另一个脉冲前等待一分钟,然后再继续加脉冲直至发生击穿;

e) 在每次击穿后,更换针电极、转动球电极、重新充满试验容器并继续上述程序,并每五次击穿后应更换球电极;

f) 在判定图上对每个脉冲和相应的击穿描点(见图A.1);

g) 只要各点分布在直线D_1和D_2之间的区域内(见附录A)则不能判定,必须继续试验(见注2)。

若各点分布区域与直线D_1相交,则零假设被接受:$P \leqslant P_0$。

若各点分布区域与直线D_2相交,则零假设被拒绝:$P > P_0$。

注1:试验电压U_0的选择要比方法A中得到的平均击穿电压值小两个电压等级。

注2:如果在85次脉冲后不能判定,则应在更低电压水平上重复试验,如降低5 kV或10 kV。

9 报告

报告应包括如下项目:

9.1 本标准号和采用的方法。

9.2 样品的名称和制备方法。

9.3 间隙距离。

9.4 方法A

起始电压的峰值、极性和电压步进(级差)值;

每次击穿时的脉冲电压值;

平均击穿电压值;

标准平均偏差。

9.5 方法B

电压峰值和极性;

选择的统计参数;

判定图和试验结果的分布。

单位为毫米

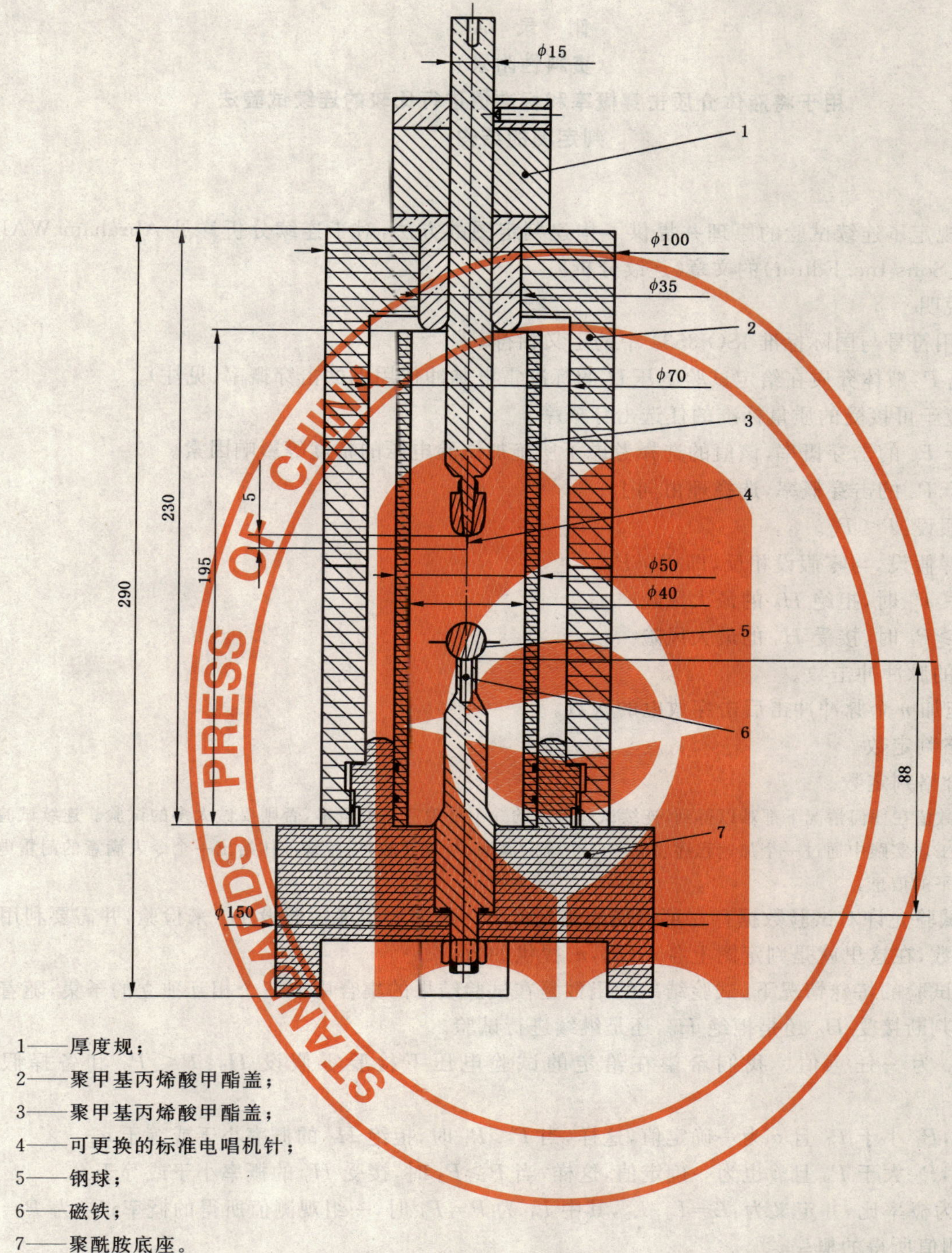

1——厚度规；

2——聚甲基丙烯酸甲酯盖；

3——聚甲基丙烯酸甲酯盖；

4——可更换的标准电唱机针；

5——钢球；

6——磁铁；

7——聚酰胺底座。

图 1 绝缘液体脉冲电强度试验的针—球电极系统

附 录 A
（资料性附录）
用于将液体介质击穿概率和标准值进行比较的连续试验法
判定图的结构

A.1 引言

本附录规定了连续试验的原理并提供了构建判定图的方法，对于连续分析详见 Abraham WALD (J. Wiley 和 Sons Inc. Editor)的文章《连续分析》。

A.2 符号说明

文中所用符号与国际标准 ISO 3534 中的定义相符。

$P(U)$或 P：液体介质在给定试验电压 U 的标准雷电脉冲作用下的击穿概率（见注）。

P_0：对应于可接受的质量标准的任选击穿概率。

P_1：低于 P_0 的击穿概率，该值的选择考虑了所施加试验电压的精度等影响因素。

P_2：高于 P_0 的击穿概率，选择理由同上。

H_0：零假设：$P \leqslant P_0$。

H_1：备择假设，与零假设相反，即 $P > P_0$。

α：当 $P \leqslant P_1$ 时，拒绝 H_0 的最大风险。

β：当 $P \geqslant P_2$ 时，接受 H_0 的最大风险。

n：施加的脉冲冲击数。

d_n：在施加 n 个脉冲冲击后击穿放电的次数。

A_n：合格判定数。

R_n：不合格判定数。

注：P 的数值在任何情况下都难以得到，连续试验的目的并不是确定这个概率，否则要做太多的试验。连续试验主要是工业实践中通过一个加速程序将它与一个确定概率 P_0 相比较，对绝缘液体给出一个令人满意的耐雷电冲击水平的信息。

A.3 统计试验允许对试验数据存在可接受的错判概率。它需要定义零假设 H_0 来检验，并需要利用试验结果的函数，在这里就是判定图上各点(d_n, n)提供的数据。

在连续试验的特殊情况下，试验结果的函数是在试验结果的集合中取三个相互独立的子集，随着试验的进行来判断接受 H_0 还是拒绝 H_0，还是继续进行试验。

A.4 设 P_0 为一任意值。我们希望在给定的试验电压下检验零假设 H_0：$P \leqslant P_0$ 和备择假设 H_1：$P > P_0$。

实际上，P_1 小于 P_0 且 α 为一确定值，这样，当 $P \leqslant P_1$ 时，拒绝 H_0 的概率小于或等于 α。

同样地，P_2 大于 P_0 且 β 也为一确定值，这样，当 $P \geqslant P_2$ 时，接受 H_0 的概率小于或等于 β。

A.5 设 L 为概率比，并定义为：$L = L_1/L_2$，其中 L_1 为 $P = P_1$ 时，一组观测值所得的概率；L_2 为 $P = P_2$ 时，一组观测值所得的概率。

连续试验要求在试验的任一阶段计算 L 并按如下的规定判断：

如果 $L \leqslant A$ 时，则 H_0 被接受，

如果 $L \geqslant R$ 时，则 H_0 被拒绝，

如果 $A < L < R$ 时，则进一步观察，继续进行试验。

A 和 R 的选择：当 $P = P_1$ 时，拒绝 H_0 的概率为 α，当 $P = P_2$ 时，接受 H_0 的概率为 β，近似公式为：

$$A = \beta/(1-\alpha) \qquad R = (1-\beta)/\alpha$$

通常当 $P \leqslant P_1$ 时，拒绝 H_0 的概率小于或等于 α；而当 $P \geqslant P_2$ 时，接受 H_0 的概率小于或等于 β。

A.6 当 $P=P_1$ 时，n 次脉冲冲击产生 d_n 次击穿的概率为：

$$L_1=\binom{n}{d}P_1^{d_n}(1-P_1)^{n-d_n}$$

当 $P=P_2$ 时，n 次脉冲冲击产生 d_n 次击穿的概率为：

$$L_2=\binom{n}{d}P_2^{d_n}(1-P_2)^{n-d_n}$$

因此，概率比为：

$$L=P_2^{d_n}(1-P_2)^{n-d_n}/P_1^{d_n}(1-P_1)^{n-d_n}$$

假设在 n 次脉冲冲击后满足条件 $L\leqslant A$，则：

$$P_2^{d_n}(1-P_2)^{n-d_n}/P_1^{d_n}(1-P_1)^{n-d_n}\leqslant\beta/(1-\alpha)$$

由上述表达式可知观察到的放电次数 d_n 为：$d_n\leqslant h_1+sn$，其中 h_1 和 s 是常数，并由下式决定：

$$h_1=\lg\frac{\beta}{1-\alpha}\bigg/\left(\lg\frac{P_2}{P_1}-\lg\frac{1-P_2}{1-P_1}\right)$$

$$s=\lg\frac{1-P_2}{1-P_1}\bigg/\left(\lg\frac{P_2}{P_1}-\lg\frac{1-P_2}{1-P_1}\right)$$

令

$$A_n=h_1+sn \qquad\cdots\cdots\cdots\cdots(\text{A.1})$$

当 $d_n\leqslant A_n$ 时，条件 $L\leqslant A$ 满足，零假设 H_0 被接受，因此，A_n 被称为合格判定数。

A.7 现在假设在 n 次脉冲冲击后 $L\geqslant R$，用与上述同样的方法 $d_n\geqslant h_2+sn$，而 h_2 由公式计算为

$$h_2=\lg\frac{1-\beta}{\alpha}\bigg/\left(\lg\frac{P_2}{P_1}-\lg\frac{1-P_2}{1-P_1}\right)$$

令

$$R_n=h_2+sn \qquad\cdots\cdots\cdots\cdots(\text{A.2})$$

当 $d_n\geqslant R_n$ 时，条件 $L\geqslant R$ 满足，零假设 H_0 被拒绝，因此，R_n 被称为不合格判定数。

A.8 n 次冲击后的试验结果，可用点(n,d_n)在 n 和 d_n 的坐标图上表示。此外，A_n 和 R_n（见 A.1 和 A.2）分别为两平行直线(D_1)和(D_2)的方程，它们将图分成三个区域（见图 A.1）。

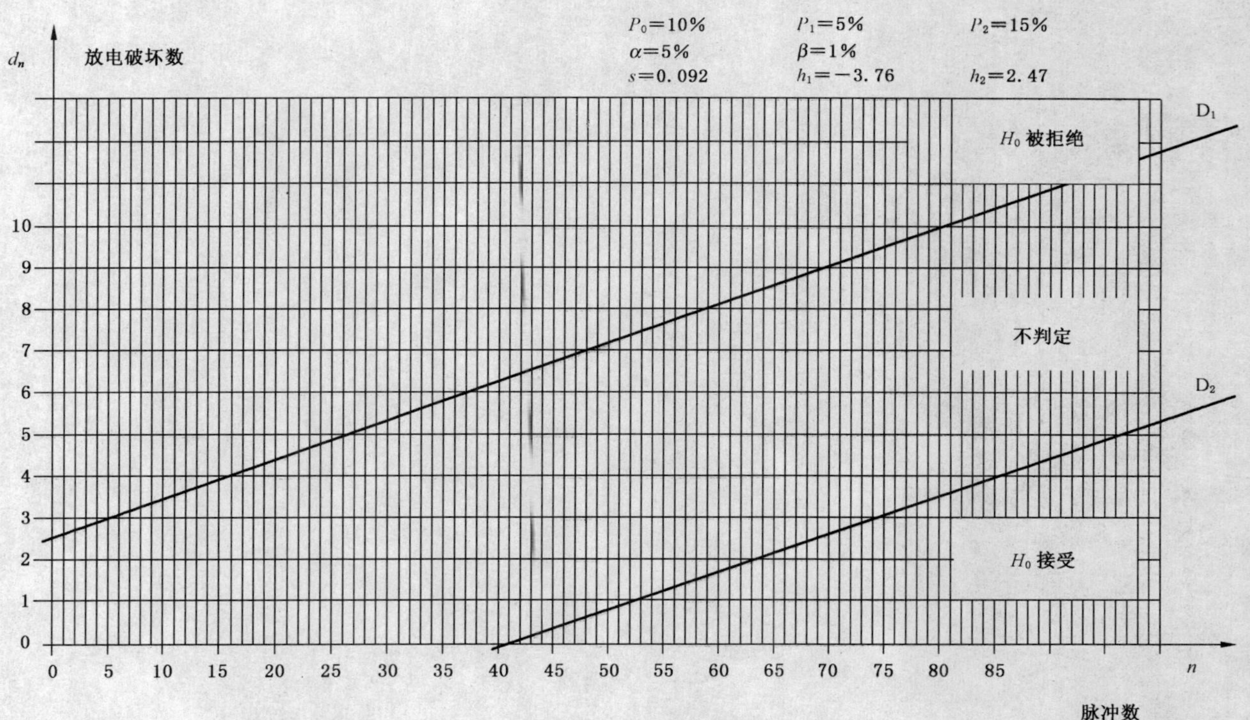

图 A.1 判定图

如果点(n,d_n)位于直线(D_1)以下的区域，则 H_0 被接受；如果点(n,d_n)位于直线(D_2)以上的区域，则 H_0 被拒绝；如果点位于两条线之间，则不能判定，需改变冲击电压继续试验。

A.9 图 A.1 所显示的判定图是一个例子，它是根据以下值画出的：

$$P_0 = 10\%;P_1 = 5\%;P_2 = 15\%;\alpha = 5\% \text{ 和 } \beta = 1\%。$$

A.10 与一般的统计试验不同，等值连续试验不需要预先确定要进行的试验次数。试验次数是一个随机变量，平均来说，比一般的统计试验所需的试验次数要少。

而且，连续试验被无限制进行下去的概率为零。然而，为了保证试验在限定次数内完成，可以用截止规则来终止试验，也可以按 8.2.2 进行判定来终止试验。

附 录 B
（资料性附录）
针的曲率半径的测量

本附录叙述了用金相显微镜测定针电极曲率半径的方法。

图 B.1 给出了光学系统示意图。

由显微镜光源(S)发出的光波被一组与待测物体(A)成 45°角的镜子(M)所反射。然后，图像通过透镜(L_1、L_2)投影到磨光玻璃(D)上，调节显微镜使物体放大到 1 000 倍。

用毫米标度尺在磨光玻璃(D)上直接测量对应于弦(b)的弦高(a)。

为了提高准确度，进行两次对应于不同弦值的测量。

从如下表达式得到曲率半径值：

$$R=\left[\left(\frac{b}{2}\right)^2+a^2\right]/2a$$

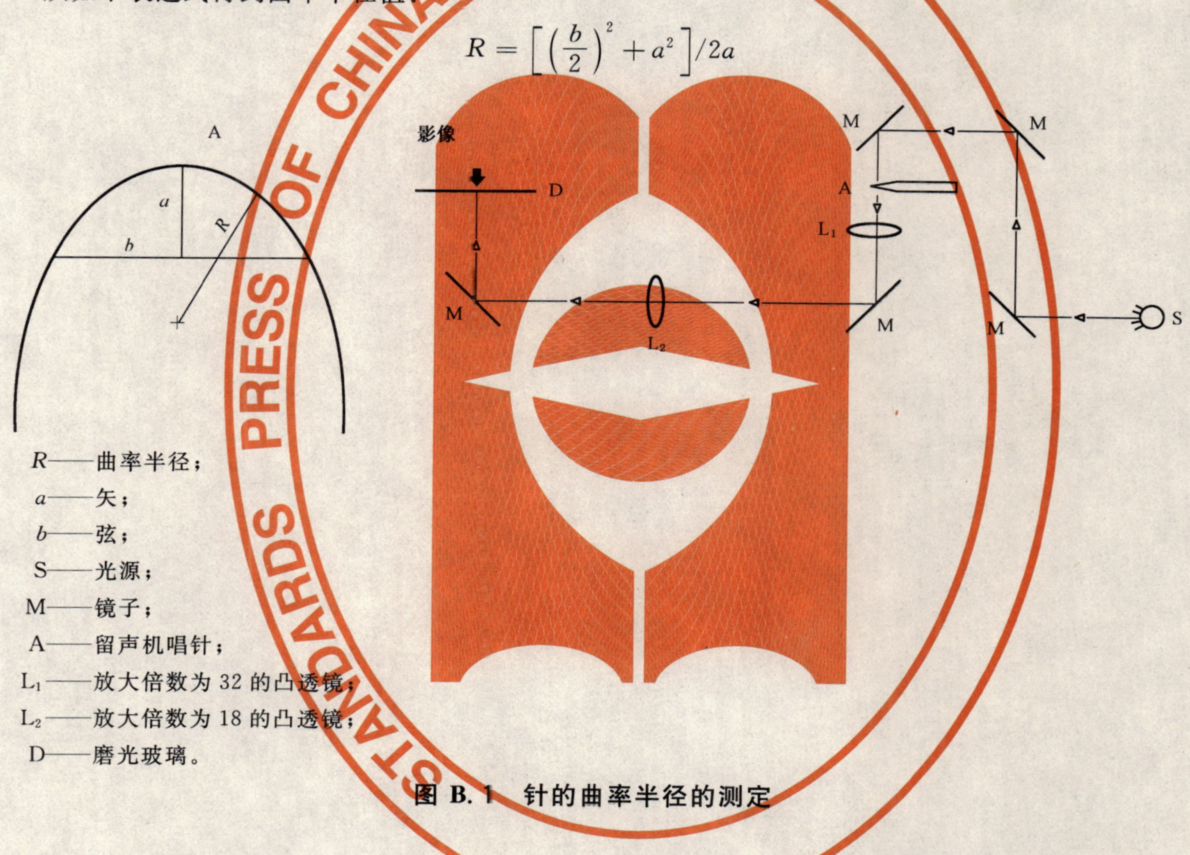

R——曲率半径；

a——矢；

b——弦；

S——光源；

M——镜子；

A——留声机唱针；

L_1——放大倍数为 32 的凸透镜；

L_2——放大倍数为 18 的凸透镜；

D——磨光玻璃。

图 B.1 针的曲率半径的测定

参 考 文 献

［1］ IEC 60156 绝缘油电气强度的测定方法.

［2］ ISO 2854 数据的统计解释.

［3］ ISO 3534 统计学 名词和符号.

［4］ ISO 5725 试验方法的精确度 实验室间多次试验的重复性和再现性的确定.

ICS 29.035.99
K 15

中华人民共和国国家标准

GB/T 21223—2007/IEC 60493-1:1974

老化试验数据统计分析导则 建立在正态分布的试验结果的平均值基础上的方法

Guide for the statistical analysis of ageing test data—Methods based on mean values of normalement distributed test results

(IEC 60493-1:1974,IDT)

2007-12-03 发布　　2008-05-20 实施

中华人民共和国国家质量监督检验检疫总局
中国国家标准化管理委员会　发布

前　言

本标准等同采用 IEC 60493-1:1974《老化试验数据统计分析导则　第1部分:建立在正态分布的试验结果的平均值基础上的方法》(英文版)。

为便于使用,本标准与 IEC 60493-1:1974 相比做了下列编辑性修改。

——删除了国际标准的“前言”和“引言”;

——增加了第2章“规范性引用文件”中的引用标准;

——删除了 IEC 60493-1:1974 中附录 A,其附录 A 的内容是引用的数理统计方面的英文参考文献，这些内容都是些基础的数理统计理论，无须查阅英文参考文献;将其附录 B 转为本标准的附录 A。

本标准的附录 A 为资料性附录。

本标准由中国电器工业协会提出。

本标准由全国电气绝缘材料与绝缘系统评定标准化技术委员会(SAC/TC 301)归口。

本标准主要起草单位:桂林电器科学研究所。

本标准主要起草人:于龙英。

本标准为首次制定。

老化试验数据统计分析导则 建立在正态分布的试验结果的平均值基础上的方法

1 范围

本导则给出了用于老化试验结果的分析和评定统计方法。

它包括建立在正态分析的试验结果的平均值基础上数的表示方法。

这些方法只有在试验数据遵从数学和物理学定律的特定假设时才是有效的。本导则还给出了关于某些假设的一些有效性的统计检验方法。

老化试验数据统计分析还包含另外一些统计方法,例如建立在下列基础上的方法:

——试验结果的图解法评定;

——试验结果的中间值法;

——裁减数据法;

——极值统计法。

2 规范性引用文件

下列文件中的条款通过本标准的引用而成为本标准的条款。凡是注日期的引用文件,其随后所有的修改单(不包括勘误的内容)或修订版均不适用于本标准,然而,鼓励根据本标准达成协议的各方研究是否可使用这些文件的最新版本。凡是不注日期的引用文件,其最新版本适用于本标准。

GB/T 11026.3—2006 电气绝缘材料 耐热性 第3部分:计算耐热特征参数的规程(IEC 60216-3:2002,IDT)

3 概述

估计老化性能的方法描述于特定的试验规程中,或者包括在特定环境(例如温度、辐射、局部放电)应力下的各种老化试验规程的一般性文件中。

在很多情况下,测定不同老化应力下的某项性能与老化时间的函数关系,并且找出每个老化应力下到达选定终点标准的破坏时间。这种破坏时间——老化应力关系图可用来获得暴露在规定应力下的同类样品破坏时间的估计值,或者获得某规定时间内将引起破坏的估计应力值。

根据支配老化行为的物理和化学规律,常可引导出这样的假设,即在固定的老化应力下,被考核的性能和老化时间之间,或者性能的某数学函数(例如平方根或对数)和老化时间之间存在线性关系。在破坏时间和老化应力之间,或者这些变量的数学函数之间也可能存在线性关系。

本导则4.7所述的方法适用于存在这种线性关系的情况。以热老化为例说明了这类方法。在一个简单化学反应过程的情况下,可以假设下降趋势服从阿伦尼乌斯(Arrhenius)定律,即破坏时间的对数是热动力学温度倒数的线性函数。

在这种情况下用这种方法计算的数字举例,在GB/T 11026.3—2006中给出。

应该指出,已有一些计算机程序用于很多步骤的计算(如计算平均值、方差、回归系数),已能很容易地建立完整的计算机程序。

本导则介绍的这些方法在绝大多数统计学教科书中都有介绍。

注:在某些情况下,以术语“寿命终点”用来代替此处的“破坏”,以“寿命时间”用来代替“破坏时间”,为避免与实际

设备的“使用寿命”相混淆，本文不采用“寿命”这个术语是合适的。

在有些情况下，评定试验结果的这些计算可以用图解法代替，虽然精确度差些，但较易实施。

4 统计方法

4.1 统计分布及其参数

随机变量 X 的分布用于下列分布函数描述：

$$F(x) = P(X \leqslant x) \quad \cdots\cdots(1)$$

式中，$P(X\leqslant x)$是 $X\leqslant x$ 时的概率。$F(x)$由 0 变到 1，是 x 的递增函数。如果 $F(x)$是 x 的连续函数，则其概率密度为：

$$f(x) = \frac{\mathrm{d}F(x)}{\mathrm{d}x} \quad \cdots\cdots(2)$$

分布可以用一些参数来表征，其中最重要的参数是：

——平均值：

$$\xi = \int_{-\infty}^{+\infty} x f(x)\mathrm{d}x \quad \cdots\cdots(3)$$

——中值 $\tilde{\xi}$，按下式求取：

$$F(\tilde{\xi}) = \int_{-\infty}^{\tilde{\xi}} f(x)\mathrm{d}x = 0.5 \quad \cdots\cdots(4)$$

——方差：

$$\sigma^2 = \int_{-\infty}^{+\infty} (x-\xi)^2 f(x)\mathrm{d}x \quad \cdots\cdots(5)$$

中值把分布分成二等分，所以总体中的半数是 $X\leqslant\tilde{\xi}$。如果该分布对称于 ξ，则 $\tilde{\xi}=\xi$。

方差的平方根称为标准差 σ。

4.2 参数的估计

从总体中随机取出 n 个独立试样构成一个样品，就可以获得总体参数(见 4.1)的估计值。

样品个别值的平均值被当作总体平均值的估计值(见式(3))，为：

$$\bar{x} = \frac{\sum_{i=1}^{n} x_i}{n} \quad \cdots\cdots(6)$$

式中：

x_i＝样品个体值($i=1,2,\cdots,n$)。

如果按数值的大小的递增顺序排列样品个别值：

$[x_1, x_2, \cdots, x_n]$，

则样品的中值(当 n 是奇数时即中间值，当 n 是偶数时是最接近正中两个数值的平均值)是总体中间值的估计值 $\tilde{\xi}$。按式(4)得

$$\tilde{x} = x_{\frac{n+1}{2}} (n\text{ 为奇数})\text{ 或} \quad \cdots\cdots(7)$$

$$\tilde{x} = \frac{1}{2}x_{\frac{n}{2}} + \frac{1}{2}x_{\frac{n}{2}+1} (n\text{ 是偶数}) \quad \cdots\cdots(8)$$

总体方差的估计值(公式(5))为样品的方差：

$$s^2 = \frac{\sum^{n}(x_i-\bar{x})^2}{n-1} = \frac{\sum x_i^2 - \frac{(\sum x_i)^2}{n}}{n-1} = \frac{n\sum x_i^2 - (\sum x_i)^2}{n(n-1)} \quad \cdots\cdots(9)$$

$n-1=f$，称作 s^2 的自由度。

4.3 显著性检验

当对一个总体参数 ϵ 的真值已经给定假设，则可以用统计检验法对该假设进行检验，即把此参数的

一个样品估计值 e，与假设值进行比较。把估计值 e 可能出现的范围分为二部分，一部分包含在这个假设的最小概率值范围内，相当于如果假设成立，在该范围内得到 e 值的总概率为 α（例如为 0.05），另一部分包含在这个假设的最大概率值范围内，对应的概率为 $1-\alpha$。

称最小概率值范围为丢弃范围，如果样品的估计值落在该范围内，则要丢弃该假设。称另一个范围为可接受范围，如果样品的估计值落在该范围内，则该假设被接受。这就意味着，如果假设是正确的，接受假设作出正确决定的概率是 $1-\alpha$（例如 95%），丢弃假设（尽管其正确）作出错误决定的概率是 α（例如 5%）。

作出接受或丢弃假设的决定被称作显著性水平 α 检验。

4.4 置信界限

总体参数值（也称作点估计值）又给出了参数值的最佳估计，但未涉及该值可能产生的不确定性。为此，可以计算置信界限。

从样品估计值 e 可以计算出每种情况下的界限值 e_1 和 e_2，在指定概率（置信度）为 $1-\alpha$ 时，e_1 和 e_2 之间包含着参数的真值 ε。此处，或者 $e_1=-\infty$，$e_2=+\infty$，都是可能的。这就意味着，在概率为 $100(1-\alpha)\%$（例如 95%）的情况下，e_1 到 e_2 之间确实包含有真实值 ε，而在概率为 $100\alpha\%$（例如 5%）的情况下，就不包含有真值 ε。

置信界限可以是双侧的，也可以是单侧的。

双侧 $(1-\alpha)$ 置信界限 e_1 和 e_2 分别是置信度为 $(1-\alpha)$ 时低于或高于 e 的两个值，在它们之间包含着真实值 ε。

下单侧 $(1-\alpha)$ 置信界限 e_1 是置信度为 $(1-\alpha)$ 时的（低于 e 的）一个值，并且它也比真实值 ε 小（在这种情况下，$e_2=+\infty$）。

上单侧 $(1-\alpha)$ 置信界限 e_2 是置信度为 $(1-\alpha)$ 时的（高于 e 的）一个值，它也比真实值 ε 大（在这种情况下，$e_1=-\infty$）。

4.5 分布类型

4.5.1 正态分布

正态分布（Gaussian）定义为：

$$f(x)=\frac{\exp\{-(x-\xi)^2/2\sigma^2\}}{\sqrt{2\pi\sigma^2}} \qquad \cdots\cdots(10)$$

并且，可用它的平均值 ξ 和方差 σ^2 完全地表征该分布。

标准的正态分布式为：

$$f(u)=\frac{\exp\frac{-u^2}{2}}{\sqrt{2\pi}} \qquad \cdots\cdots(11)$$

式中：

$$u=\frac{x-\xi}{\sigma} \qquad \cdots\cdots(12)$$

对应的分布函数 $F(u)$ 已制成表。

按正态分布的 n 个试样组成一个样品，该样品的平均值 $\bar{x}$ 本身就是正态分布的一个随机变量，平均值 $\xi_{\bar{x}}=\xi$，方差 $\sigma_{\bar{x}}^2=\sigma^2/n$，其对应的标准化变量为：

$$\bar{u}=\frac{\bar{x}-\xi}{\frac{\sigma}{\sqrt{n}}} \qquad \cdots\cdots(13)$$

4.5.2 *t* 分布

如果不知道正态分布的真实方差值 σ^2，可以用从式(9)求出的样品估计值 s^2 代替，因而标准化的样品变量为：

$$t = \frac{\bar{x} - \xi}{\frac{s}{\sqrt{n}}} \quad \cdots\cdots (14)$$

这个变量的分布称作 t 分布(或称学生分布 t),并且它与参数 $f=n-1$(s^2 的自由度数)有关。对不同 f 值的 t 分布已制成表。

4.6 方差相等性检验

4.6.1 假定

下述方差相等性检验的基础是假定用来计算方差的实测值具有独立性,并按正态分布构成随机样品。

4.6.2 F(Fisher)检验

为了检验是否有理由认为,从两个不同样品中测得的两个样品方差是同一理论方差的估计值,需要计算下面的检验变量:

$$F = \frac{s_1^2}{s_2^2} \quad \cdots\cdots (15)$$

检验的假设是:s_1^2 和 s_2^2 是同一个理论方差 σ^2 的估计值。

当检验的假设的对立面是真值 σ_1^2 大于 σ_2^2 时,把计算值 F 与表值(α, f_1, f_2)进行比较。表值 F 与选择的显著性水平 α(见 4.3),以及分别和分子 s_1^2,分母 s_2^2 的自由度值 f_1 和 f_2 有关。

如果 $F \leqslant F(\alpha, f_1, f_2)$,也就是根据显著性水平 α 可以接受检验的假设。

如果认为方差 s_1^2 和 s_2^2 两者是同一个理论方差的估计值(即接受检验假设),则可以计算该方差的联合估计值。

为:

$$s^2 = \frac{f_1 s_1^2 + f_2 s_2^2}{f_1 + f_2} \quad \cdots\cdots (16)$$

其自由度 $f = f_1 + f_2$

4.6.3 Bartlett 检验

为了检验是否有理由认为:从互不相同的样品中分别测出的几个样品方差是同一理论方差的估计值,需要计算下列的检验变量:

$$\chi^2 = \frac{2.3\left(f \lg s^2 - \sum_{i=1}^{k} f_i \lg s_i^2\right)}{c} \quad \cdots\cdots (17)$$

式中:

$$c = 1 + \frac{\left[\sum_{i=1}^{k} \frac{1}{f_i}\right] - \frac{1}{f}}{3(k-1)} \quad \cdots\cdots (18)$$

k 是方差的数目,s_i^2 是自由度为 f_1 的各个样品的方差($i=1,2,\cdots,k$),而

$s^2 = \frac{\sum_{i=1}^{k} f_i s_i^2}{\sum_{i=1}^{k} f_i}$ 是自由度为 $f = \sum_{i=1}^{k} f_i$ 的联合方差。

检验的假设是所有 k 个方差 s_i^2 都是同一个理论方差 σ_2 的估计值。

把计算值 χ^2 与表值 $\chi^2(1-\alpha, k-1)$进行比较。如果 $\chi^2 > \chi^2(1-\alpha, k-1)$,则在显著性水平 α 上假设将被否定。

Bartlett 检验是一种近似的检验法,但是在所有单个样本方差 s_i^2 的自由度 f_i 大于 2 的情况下,它是一个很好的近似检验法。

如果接受假设,则 s^2 是自由度 f 的共有方差的联合估计值。

4.7 线性回归

线性回归分析的目的是确定 x 的线性函数。例如,直线 $y=a+bx$,该直线最符合一个独立变量 x 的几个值与随机变量 y 各组实测值之间的关系。这种线性回归分析建立在最小二乘方法基础上。

例如,在阿伦尼乌斯方程中,随机变量是几个温度下几组试样上实测的破坏时间的对数,而独立变量是热动力学温度的倒数。分析的目的是找出线性函数各参数的最佳估计值(建立在最小二乘方法基础上),该线性函数表示破坏时间的对数和热动力学温度倒数之间的关系。

4.7.1 假定

下述线性回归分析的基础是假定在以下几点的:

1. 在所研究的范围内,独立变量 x 和从属变量 y 之间的关系可以严密地用线性模式表示。该范围包括全部测试点和全部外推点。

2. 用于计算回归系数的从属变量 y 的各实测值是随机独立的。每个实测值是从有关总体的随机样品中的各试样上取得的。

3. 独立变量 x 的测量误差可以忽略不计,所以可以假定 x_i 值是准确的已知数。并且可以假定:在一组固定的 i 值内,全部实测值 y_{ij} 对应的 x_i 值都是一致的。

4. 在线性假设 1. 的范围内,从属变量 y 是正态分布的。

5. 在线性范围内,从属变量 y 的方差对独立变量 x 的所有值都是一致的。

用这些假定不易检查出数据的小偏差。在一些情况下这种偏差可能是不严重的,而在另外一些情况下,它们却具有足以导出错误结论的危险。为了探讨认识和修正偏离假设的方法,以及为了对本指导给出的各方法进行更广泛的讨论,使用者可以参考专业书籍,并听取统计学专家的意见。

关于线性假设 1 可以按 4.7.3 介绍的方法,和 4.6.2 的 F 检验法进行检验。线性检验的特点是:实测值 N 越多,通常得到证实非线性概率的显著的 F 值的可能性越大。这是因为 N 值愈大,试验可检测的直线性的偏差愈小。在小偏差不重要的场合,就有理由采用相当低的 α 值(显著性水平)。

要着重指出,从统计学观点看,计算出的回归线仅描述了实测值范围内的 x 和 y 之间的关系,且线性检验仅适用于这个范围。但是,在整个研究的范围,其中包括外推点和这些点的置信界线都全部建立在线性假设的基础上,而对这种假设是不能用统计的方法进行检验的。而且,在实测值范围内用线性检验法检验不出的微小线性偏差可能在外推范围内形成大的差异。

对非线性回归曲线的假设,常常可以进行更精细的回归分析。

第 5 项假定可以用 Bartlett 检验法进行检验(4.6.3)。

如果方差不是常数,而是与独立变量 x 的已知函数成比例,则对这种数据进行修正的线性回归分析是可能的。

4.7.2 回归系数

回归线方程(见 4.7)如下:

$$y=a+bx \qquad \cdots\cdots(19)$$

回归系数 a 和 b 按下式确定:

$$a=\bar{y}-b\bar{x} \qquad \cdots\cdots(20)$$

$$b=\frac{\sum_{i=1}^{k}n_i(x_i-\bar{x})(\bar{y}_i-\bar{y})}{\sum_{i=1}^{k}n_i(x_i-\bar{x})^2}=\frac{\sum_{i=1}^{k}n_i(x_i-\bar{x})\bar{y}_i}{\sum_{i=1}^{k}n_i(x_i-\bar{x})^2} \qquad \cdots\cdots(21)$$

$$\bar{y}=\frac{\sum_{i=1}^{k}n_i\bar{y}_i}{\sum_{i=1}^{k}n_i} \qquad \cdots\cdots(22)$$

在这些公式中：

$$\bar{x} = \frac{\sum_{i=1}^{k} n_i x_i}{\sum_{i=1}^{k} n_i} \qquad \cdots\cdots(23)$$

$$\bar{y}_i = \frac{\sum_{j=1}^{n_1} y_{ij}}{n_i} \qquad \cdots\cdots(24)$$

式中，y_{ij} 是当 $x=x_i(j=1,2\cdots,n_i)$ 时第 j 个试样的实测值，而 n_i 是当 $x=x_i$ 时 $(i=1,2,\cdots,k)$ 的实测次数。

为简化计算，式(20)和式(21)可以写成稍微不同的形式。

如果 (x_m, y_m) 代表实测值 y_m 和对应的独立变量 x_m 值，以及实测值的总数是 $N=\sum_{i=1}^{k} n_i$，则：

$$a = \frac{\sum y_m - b\sum x_m}{N} \qquad \cdots\cdots(25)$$

$$b = \frac{\sum x_m y_m - \frac{\sum x_m \sum y_m}{N}}{\sum x_m^2 - \frac{(\sum x_m)^2}{N}} \qquad \cdots\cdots(26)$$

式中，所有 $\sum$ 是从 1 到 N 的总计。

如果对于每个 x 值，其实测值的数目相等(即 $n_1=n_2=\cdots n_k=n$)，则 $N=kn$。因而：

$$a = \frac{1}{N}\sum_{i=1}^{k}\sum_{j=1}^{n} y_{ij} - b\bar{x} \qquad \cdots\cdots(27)$$

$$b = \frac{\sum_{i=1}^{k}(x_i-\bar{x})(\bar{y}_i-\bar{y})}{\sum_{i=1}^{k}(x_i-\bar{x})^2} = \frac{\sum_{i=1}^{k} x_i\bar{y}_i - \frac{1}{k}\sum_{i=1}^{k} x_i \sum_{i=1}^{k}\bar{y}_i}{\sum_{i=1}^{k} x_i^2 - \frac{1}{k}\sum_{i=1}^{k} x_i^2} \qquad \cdots\cdots(28)$$

$$\bar{y} = \frac{1}{k}\sum_{i=1}^{k}\bar{y}_i = \frac{1}{N}\sum_{i=1}^{k}\sum_{j=1}^{n} y_{ij} \qquad \cdots\cdots(29)$$

式中：

$$\bar{x} = \frac{1}{k}\sum_{i=1}^{k} x_i$$

在确定了回归系数 a 和 b 值后，对应给定的独立变量 $x=X$，按式(19)可以计算出随机变量最可能出现的值 Y：

$$Y = a + bX \qquad \cdots\cdots(30)$$

例如，在 $x=1/\Theta$，$y=\log t$ 的阿伦尼乌斯方程中，对应给定的热动力学温度的倒数，可以找到时间的对数，据此可以确定温度下可能的破坏时间。

解回归方程的 x 值，该值为：

$$X = \frac{Y-a}{b} \qquad \cdots\cdots(31)$$

则可以计算出对应于选定的 $y=Y$ 值时的 x 值。

就阿伦尼乌斯方程而言，这就意味着给出选定的破坏时间，譬如说 5 000 h，则可确定温度。

4.7.3 方差显著性检验

从固定的 x_i 值下的各组实测值 $y_{ij}(j=1,2,\cdots,n_i)$，按式(9)计算各组的组内方差：

$$s_{1i}^2 = \frac{1}{n_i-1}\sum_{j=1}^{n_i}(y_{ij}-\bar{y}_i)^2 \qquad (i=1,2,\cdots,k) \qquad \cdots\cdots(32)$$

式中，$f_i = n_i - 1$，即自由度，由式(9)计算而得。

方差相等性可以用 Bartlett 检验法(4.6.3)进行检验。如果在显著性水平 α(例如 5%)上，方差无显著性差异，则按下式计算联合估计值：

$$s_1^2 = \frac{\sum f_i s_{1i}^2}{N-k} \quad \cdots\cdots(33)$$

式中，$N-k$ 为自由度。

按照式(19)，计算回归线上对应 k 个 x_i 值的各个 Y_i 值：

$$Y_i = a + bx_i \quad \cdots\cdots(34)$$

由此产生的方差：

$$s_2^2 = \frac{\sum_{i=1}^{k} n_i(\bar{y}_i - Y_i)^2}{k-2} \quad \cdots\cdots(35)$$

式中，$k-2$ 为自由度。

线性检验

如果 s_2^2 显著地大于 s_1^2，则说明围绕该线的方差大于各组样品内部的方差，因而必须丢弃关于 x 和 y 之间存在线性关系的假设。把自由度为$(k-2, N-k)$的检验变量 $F = s_2^2/s_1^2$ 和显著性水平 α，例如 5% 的表值 F 进行比较(见 4.6.2)。

如果在预定的显著性水平上，F 值是不是显著的，则其联合估计值计算如下：

$$s^2 = \frac{(N-k)s_1^2 + (k-2)s_2^2}{N-2}$$

$$s^2 = \frac{1}{N-2}\sum_{i=1}^{k}\sum_{j=1}^{n_i}(y_{ij} - Y_i)^2 \quad \cdots\cdots(36)$$

依据式(26)，上式还可以写成：

$$s^2 = \frac{\sum y_m{}^2 - N\bar{y}^2 + b(N\bar{x}\bar{y} - \sum x_m y_m)}{N-2} \quad \cdots\cdots(37)$$

如同式(28)，对所有的 i 值 $n_i = n$，则：

$$s^2 = \frac{\sum\sum y_{ij}^2 - N\bar{y}^2 + b(N\bar{x}\bar{y} - n\sum x_i\bar{y}_i)}{N-2} \quad \cdots\cdots(38)$$

4.7.4 y 的置信界限

对应于选定的独立变量 X 值，按公式(30)计算出 Y 值后，按下式确定 Y 的方差：

$$s_y^2 = s^2\left[\frac{1}{N} + \frac{(X-\bar{x})^2}{\sum n_i(x_i-\bar{x})^2}\right] \quad \cdots\cdots(39)$$

自由度为 $N-2$。

对称于 y 的置信界限为：

$Y - t_s s_y$(下置信界限)和

$Y + t_s s_y$(上置信界限)

式中，$t_s = t(1-\alpha/2, N-2)$ 可从 t 分布表(学生分布表)中查出。t 是置信水平 $1-\alpha$(例如 95%，也就是 $\alpha = 5\%$，$1-\alpha/2 = 97.5\%$)和自由度 $N-2$ 的函数。

在很多情况下，仅要求有下置信界限。如果这样，其置信界限是：

$Y - t_a s_y$(下单侧置信界限)

其中，$t_a = t(1-\alpha, N-2)$，括号中的 $1-\alpha$ 是特定的置信水平，例如 95%。

4.7.5 x 的置信界限

如果按照式(30)，已计算出对应于选定 Y 值的 X 值，则可计算下列值：

$$b_r = b - \frac{t^2 s^2}{b \sum n_i (x_i - \bar{x})^2} \quad \cdots\cdots (40)$$

$$s_r^2 = s^2 \left[\frac{b_r}{Nb} + \frac{(X - \bar{x})^2}{\sum n_i (x_i - \bar{x})^2} \right] \quad \cdots\cdots (41)$$

式中，$t_s = t(1-\alpha/2, N-2)$ 是对应于规定的置信水平$(1-\alpha)$（例如 95%，也就是 $1-\alpha/2 = 97.5\%$）和自由度 $N-2$ 时 t 分布表（学生分布表）的表值。

对称于 x 的置信界限是：

$$\bar{x} + \frac{(Y - \bar{y}) - t_s s_r}{b_r} \text{（下置信界限）}$$

和

$$\bar{x} + \frac{(Y - \bar{y}) + t_s s_r}{b_r} \text{（上置信界限）}$$

其概率为 $1-\alpha$，在该限度范围内包含有 x 的真值，也就是 $y=Y$ 值时的 x 值。

在阿伦尼乌斯方程中，经常只要求 x 的上置信界限（也就是温度 $\theta=1/x$ 的下置信界限）。如果这样的话，式(40)中的 t_s 可以用对应于规定的置信水平为 $1-\alpha$（例如 95%）$t_a = t(1-\alpha, N-2)$ 来代替，因而置信界限就是：

$$\bar{x} + \frac{(Y - \bar{y}) + t_a s_r}{b_r} \text{（上单侧置信界限）}$$

如果 $b_r \cong b$，则对称置信界限的表达式可以简化为：

$$X - \frac{t_s s_y}{b} \text{ 和 } X + \frac{t_s s_y}{b}$$

并且，上单侧置信界限化简为：

$$X + \frac{t_s s_y}{b}$$

式中的 s_y 按式(39)求取，为：

$$s_y^2 = s^2 \left[\frac{1}{N} + \frac{(X - \bar{x})^2}{\sum n_i (x_i - \bar{x})^2} \right]$$

5 老化试验结果的处理

下面这节用热老化作例子，论述老化试验结果的统计分析。老化试验就是在不同的老化应力（例如不同的温度）下，通过测量或检查试验，研究材料的某项性能与时间的关系。确定每个老化应力下的破坏时间，以及确定破坏时间对各老化应力的回归线。这个论述分为两部分。

第一部分论述采用检查试验或非破坏性测量确定试样破坏时间的情况。

第二部分论述采用破坏性测量的情况。

详细说明这种数据分析的例题在 GB/T 11026.3—2006 中给出。

5.1 非破坏性测量和检查性试验

5.1.1 连续记录

如果用频繁扫描或连续地测量并记录性能的变化，就可以直接确定试验的每个试样的破坏时间（也就是性能第一次降到超出给定终点标准的时间）。如果试样被连续地暴露于检查应力下，而该检查应力值等于规定的终点标准值，并且能记录下破坏时间，则同样可以直接确定每个试样的破坏时间。在这种情况下，检查应力可能对老化产生部分影响。若在老化应力（例如温度）θ_i 下有 n_i 个试样，可以得到总数 $N=\sum n_i$ 个破坏时间 t_{ij}。

按照(4.7)对破坏时间或者破坏时间的适当函数 $y=f_i(t)$(经常是 $\log t$)进行线性回归。以老化应力或应力的某适当函数 $x=f_2(\theta)$(在热老化试验中,经常采用阿伦尼乌斯定律,所以 $x=1/\Theta$,此式中 Θ 是热动力学温度)作为独立变量。

把 $Y=f_1(t)$ 代入 4.7.5 各公式中,从回归线可以计算出 x 值,以及对应于选定 t 值的置信界限。然后,应用函数 $x=f_2(\theta)$ 可以得到对应的 θ 值和它的置信界限。

5.1.2 周期性检查试验或测量

在采用周期性检查试验时,在预定的时间 $t_1,t_2,\cdots\cdots$ 下对试样进行试验,直到破坏发生时为止(见图 1)。如果破坏发生在时间 t_f 上,则该试样的破坏时间 t_{ij} 为:

$$t_{ij}=\frac{t_f+t_{f-1}}{2}$$

也就是说,t_{ij} 是发生破坏的那个时间和最后一次通过检查试验的那个时间的平均值。

当采用周期性非破坏测量时,可以类似地确定每个试样的破坏时间,即它是第一次测出超过终点标准值的那个时间和紧接该次的上一次测量时间的平均值。

如此获得 $N=\sum n_i$ 个破坏时间 t_{ij},然后按 5.1.1 介绍的方法对这些破坏时间进行分析。

这点是重要的,即各次试验之间的时间间隔应适当的短,以使每个老化应力下的各个破坏时间将分布在几个时间间隔里。否则,其标准偏差和置信界限的确定将会是非常不精确的。

在某些情况下,非破坏性测量对进行更正确的测量破坏时间是有利的。这可以用绘图法来做。在性能 P 对时间 t,或者这些变量的适当函数 $V=f_4(p),f_3=(t)$ 的图纸上,可以对每个试样作出一根最符合测试点的曲线。

可以用最小二乘方法做出适合的曲线,然后从这些曲线与终点标准直线的交点找出各个破坏时间 t_{ij}。

5.2 破坏性测量

当被考核性能的测量需要破坏试样(例如电气强度测量)时,就不能采用 5.1 的方法。因为在每个试样上只能获得一个测试值。

在这种情况下,把各个测试值绘在性能 P 对时间 t 的图纸上。通过终点标准线与应力 θ_i 下最符合所有测试点的那根曲线的交点,可以确定某个老化应力 θ_i 下的破坏时间 t_i,见图 2。

用适当的时间函数 $u=f_3(t)$ 和性能函数 $y=f_4(p)$,常常可以把不同老化应力下的性能—时间曲线转变为直线,见图 3。

用作图法可以作出适合的曲线,或者用最小二乘方法也可以作出适合的曲线。在 u 和 v 之间存在线性关系的情况下,按照 4.7.2 介绍的方法,它相当于求解回归方程 $v=a+bu$ 的系数。

从终点标准线与性能—时间曲线的交点,确定出各个应力 θ_i 下的 K 个破坏时间值 $t_i(i=1,2,\cdots K)$。这些点可绘在时间应力(温度)图纸上,并确定适当函数 $y=f_1(t)$ 和 $x=f_2(\theta)$ 之间的回归线。例如,如 4.7 所述的在 x 和 y 之间存在线性关系。由于对应于每个 θ 值只有一个 t 值或 y 值,所以不能按 4.7.3 介绍的方法进行线性检验,因此,必须把该线的方差 s_2^2 当作自由度仅为 $K-2$ 的 σ_2 估计值 s_2,在这种情况下,将会导致相当宽的置信界限。

假定在应力 θ_i 下,各个试样的性能—时间曲线与上述获得的曲线相平行,在代表终点标准直线与上述曲线的交点附近可获得各组样品内 y 的方差 s_{1i}^2 的一个粗略估计值。从 $P=t$(或 $v-u$)图的各测试点,例如从最靠近交点的 4 个测量时间上的各测试点,分别画出平行上述曲线的各条曲线,并且把这些曲线与终点标准直线的交点看作各个试样的破坏时间 t_{ij}(见图 3),就可按 4.7 的方法进行计算。

但是,必须着重指出:用这种方法得到的只是方差的粗略估计值,因而,计算也只是近似的。

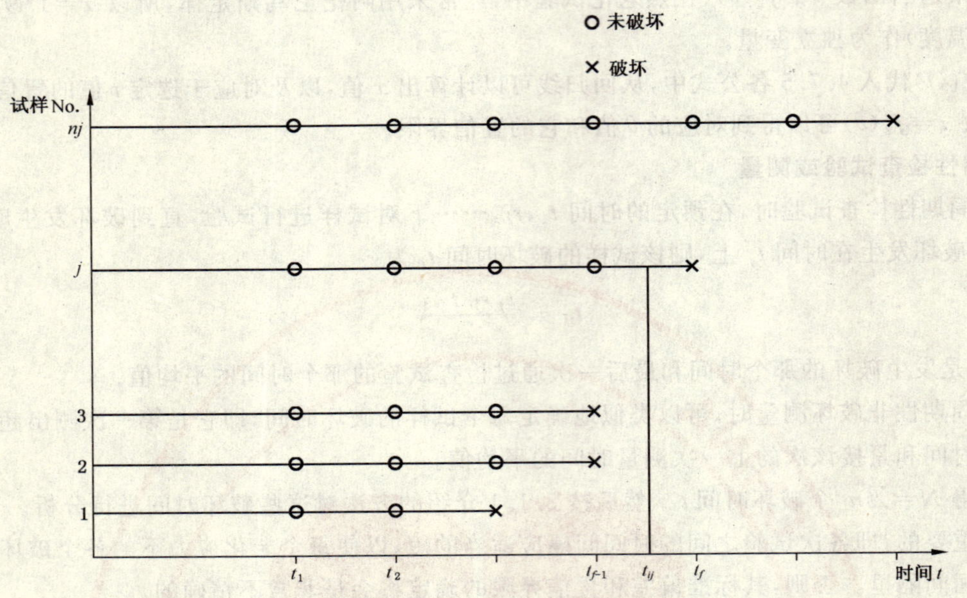

应力 Q_i 下 No. j 试样的破坏时间的确定

图 1 检查性试验

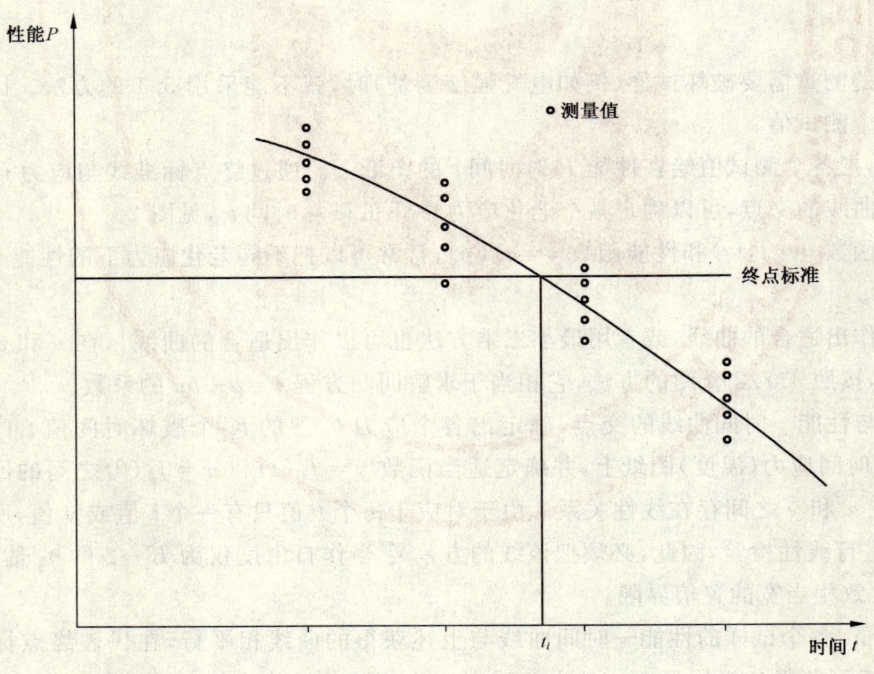

应力 Q_i 下 No. j 试样的破坏时间的确定

图 2 性能的破坏性测量

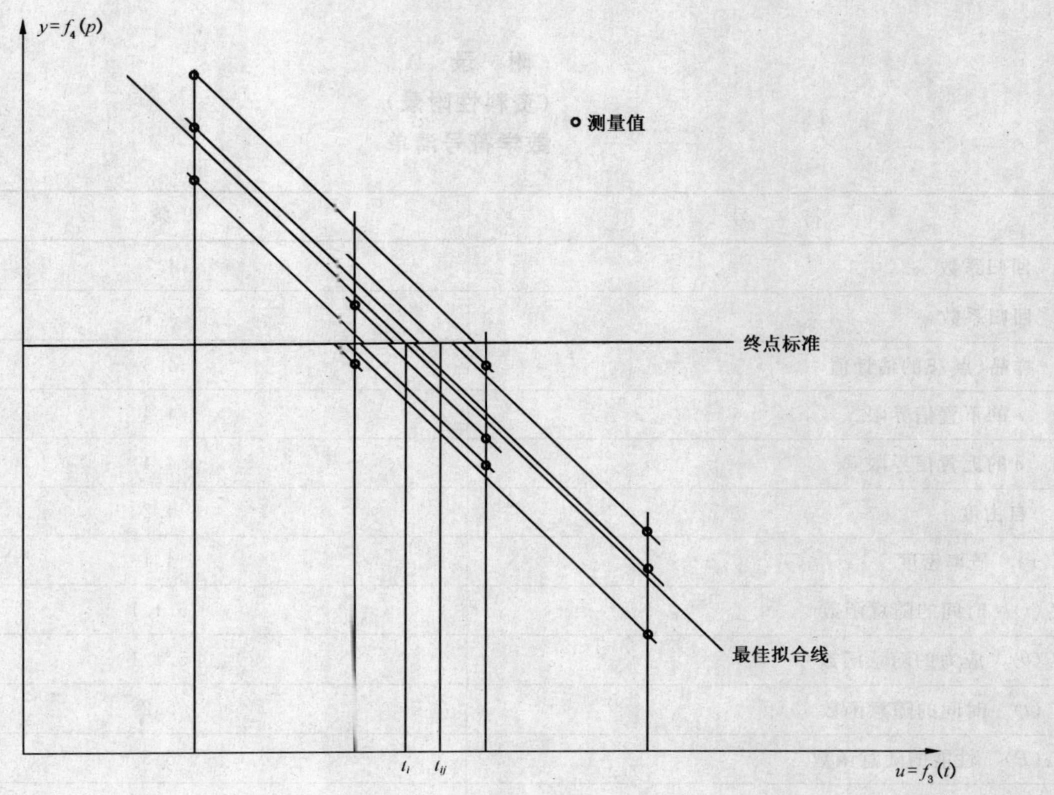

应力 Q_i 下各个试样破坏时间的近似方法

图 3　性能的破坏性测量

附 录 A
（资料性附录）
数学符号清单

符 号	条
a 回归系数	4.7
b 回归系数	4.7
e 样品（点）ξ 的估计值	4.3
e_1 e 的下置信界限	4.4
e_2 e 的上置信界限	4.4
f 自由度	4.2
$f(x)$ 概率密度	4.1
$f_1(t)$ 时间的随意函数	5.1.1
$f_2(\theta)$ 应力的随意函数	5.1.1
$f_3(t)$ 时间的随意函数	5.2
$f_4(P)$ 性能的随意函数	5.2
F Fisher—分布的随机变量	4.6.2
$F(x)$ 累计的概率分布	4.1
i 分样品的编号数	4.7.2
j 分样品 No. i 中各个试样的编号数	4.7.2
K 总样品中分样品的数目	4.7.2
m 各试样的编号数	4.7.2
n 样品中实测值的数目	4.2
n_i 分样品 No. i 中试样的数目	4.7.2
N 试样的总数	4.7.2
P 被试试样的推断性能	5.2
$P(X \leqslant x)$ $X \leqslant x$ 的概率	4.1
s^2 样品方差	4.2
s_1^2 组内方差	4.7.3
s_2^2 回归线上的方差	4.7.3
s_{1i}^2 部分样品的方差	4.7.3
t 时间/h	4.7.2
t 学生分布的随机变量	4.5.2
u 标准正态（Gaussian）分布的随机变量	4.5.1
x 独立变量（例如 $1/\Theta$）	4.7.2

符　　号	条
x_i　分样品上的 x 值	4.7.2
$\bar{x}$　样品的平均值	4.2
$\bar{x}$　x 的加权平均值	4.7.2
$\tilde{x}$　样品的中间值	4.2
X　随机变量	4.1
X　x 的规定值	4.7.2
y　从属随机变量(例如 $\log t$)	4.7.2
y_{ji}　y 的各个试样值	4.7.2
$\bar{y}_i$　y 的分样品平均值	4.7.2
$\bar{y}$　y 的全部样品的平均值	4.7.2
Y　y 的规定值	4.7.2
α　概率	4.3
α　显著性水平	4.3
ε　任意总体参数	4.3
Θ　热动力学温度/K	4.7.2
θ　老化应力(例如温度)	5.1.1
ξ　X 的均值	4.1
$\tilde{\xi}$　X 的中间值	4.1
σ　X 的标准离差	4.1
σ^2　X 的方差	4.1
χ　Bartlett 检验变量	4.6.3
$1-\alpha$　置信水平	4.4

ICS 29.035.99
K 15

中华人民共和国国家标准

GB/T 21224—2007/IEC/TS 61956:1999

评定绝缘材料水树枝化的试验方法

Methods of test for the evaluation of water treeing in insulating materials

(IEC/TS 61956:1999,IDT)

2007-12-03 发布　　　　2008-05-20 实施

中华人民共和国国家质量监督检验检疫总局
中国国家标准化管理委员会　发布

前　言

本标准等同采用 IEC/TS 61956:1999《评定绝缘材料水树枝化的试验方法》(英文版)。

为便于使用,本标准做了下列编辑性修改:

a) 删除了国际标准的“前言”;

b) 用小数点符号‘.’代替小数点符号‘,’;

c) 删除规范性引用文件中“IEC 和 ISO 各成员保持与现在有效的国际标准一致”;

d) 本标准章条编号与 IEC/TS 61956:1999 章条编号对照见附录 B。

本标准的附录 A、附录 B 为资料性附录。

本标准由中国电器工业协会提出。

本标准由全国电气绝缘材料与系统评定标准化技术委员会(SAC/TC 112)归口。

本标准起草单位:西安交通大学、桂林电器科学研究所。

本标准主要起草人:曹晓珑、王先锋。

本标准为首次制定。

评定绝缘材料水树枝化的试验方法

1 范围

本标准规定了评定聚乙烯(PE)和交联聚乙烯(XLPE)复合物中水树枝化的试验方法,即评定这些复合物在交流(AC)电应力和水存在下的相关性能。标准中叙述了两种试验方法,方法Ⅰ用于评定单独绝缘材料,方法Ⅱ用于评定覆有半导电屏蔽层的绝缘复合物的绝缘夹层。

2 规范性引用文件

下列文件中的条款通过本标准的引用而成为本标准的条款。凡是注日期的引用文件,其随后所有的修改单(不包括勘误的内容)或修订版均不适用于本标准,然而,鼓励根据本标准达成协议的各方研究是否可使用这些文件的最新版本。凡是不注日期的引用文件,其最新版本适用于本标准。

GB/T 1408.1—2006 绝缘材料的电气强度试验方法 第1部分:工频下试验(IEC 60243-1:1998,IDT)

IEC 61072:1991 评定绝缘材料抗电树枝形成的试验方法

3 定义

水树枝化是低密度聚乙烯(LDPE)和交联聚乙烯(XLPE)在交流电应力和潮湿状态下,观察到的形成所谓水树介电弱化区的劣化过程(参考文献[11])。

水树枝是亲水的树枝状特征物(特别是,开始时水树枝是一些链状充水孔穴,以后形成具有亲水性表面的树枝状微细通道),在潮湿和电应力作用下,在几年里水树枝可以增长到1 mm左右长。水树枝可区分为两种类型:

a) 弓条状水树枝,形如弓条,含有从中心点向相反方向辐射的直扩散分支。绝缘体内部含有的弓条状水树枝,通常是与电场方向一致;

b) 开口状水树枝,形如树枝,主干通向绝缘表面或绝缘/屏蔽的界面。分支通常与电场方向一致,远离绝缘表面或界面。

4 试验方法Ⅰ(片样试验)

4.1 原理

片样试验(方法A和B)是用于评定以低密度聚乙烯(LDPE)和交联聚乙烯(XLPE)为基的绝缘材料中水树枝的发展。

两种方法使用圆片状试样和相同的试验槽。是一种筛选试验,按水树枝发展情况区分和预选绝缘复合物。

电应力集中试验(方法A)是采用针状充水空穴进行模拟。主要评定绝缘体中在绝缘/屏蔽界面上从屏蔽或插入物的凸起端部发生的开口状水树枝的发展。带有一些相同凸起物的圆片放到如4.3.1所述的试验槽中,同时受水和均匀电场的作用。在凸起点形成电应力集中。

借助这个试验,可以附加评定试样内部,远离场强集中区域的弓条水树枝。

均匀场强试验(方法B)是用于评定弓条状水树枝的发展,圆片放到如4.3.1所述的试验槽中,同时受水和均匀电场的作用。

4.2 试样

从厚度为(4.0±0.1)mm,或(3.0±0.1)mm,或者(2.0±0.1)mm的平板上冲出直径为

(35±1)mm的圆盘状试样,不同材料的比较试验应用同样厚度的试样。

对开口状水树试验,可以通过压制片粒状复合物制成板块。对于弓条状水树枝试验,建议通过挤出法均化复合物,以避免在片粒状物的表面上集中添加剂和杂质。每个步骤都应十分小心,以免污染材料以及制成的板块和试样片。

对采用过氧化二异丙苯的交联聚乙烯(XLPE)复合物在压板中在大约130℃下预成型板块,然后板块加热到180℃保温30 min,在压力下冷却到大约70℃。从压板中取出的板块在(90±2)℃下退火72 h,以排除挥发性副产物。

对于没有交联剂的低密度聚乙烯(LDPE)复合物也在压板中在大约130℃下预成型板块,加热到大约200℃,然后在压力下冷却到约70℃。

试验表明,当由交联聚乙烯(XLPE)或聚乙烯(PE)复合物制造板块时,在至少5 N/mm^2 的压力下可得到满意的结果。

4.3 试验仪器

4.3.1 试验槽

图1所示的试验槽(参考文献[10])包括:

——杯子,由高密度聚乙烯(HDPE)制成,底部有一个圆形开口;

——接地电极,包括高密度聚乙烯(HDPE)支座;

——六个尼龙螺钉,用于压住杯子和接地电极之间的试样;

——透明的塑料盖,由此引入高压引线。高压引线应由贵金属,例如钯,铂或者其他制成。图2是试验槽的尺寸图(可以采用不同结构和材料,只要符合试验原理,选材时应注意避免将材料中可溶性杂质淬取到试验溶液中)。

4.3.2 电极

试验槽杯子是用于充填氯化钠(NaCl)溶液以构成高压电极(见4.3.3)。浸入氯化钠(NaCl)溶液中的引线应由贵金属制成,例如金属钯或者铂。接地电极是圆形黄铜电极,上表面是直径为(20~25)mm的圆形平面,边缘倒圆,如图1所示。

4.3.3 试验液体

溶解0.1 g氯化钠(NaCl)到1 L的蒸馏去离子水中制得1.8 mmol/L的氯化钠(NaCl)溶液。

配制溶液所用的水是把由非玻璃仪器制得的蒸馏水通过一个混和床的去离子柱而制得。并储存在密封的聚乙烯容器中。在使用前应测定水的pH值(7.0±0.1)和电导率(≤100 μS/m)。

4.3.4 针支座——插杆装置

针支座——插杆装置示于图3。此装置专门用于电应力集中的试验。可同时在试样表面上形成8个针状凹坑。针平行排列两行,每行4根针,位于试样上表面中心部位。8根针尖伸出针支架(0.5±0.05)mm,每根针用两个固定螺钉固定,以保证各支针间正确定位。

符合IEC 61072:1991要求的针应由不锈钢制成,针尖端半径为(4±1)μm,夹角30°,建议外形直径为(0.7~1.0)mm。

使用之前,应把针洗净和干燥,小心不要损坏针尖。清洗以后,放置在支座之前和之后,每根针应检查针尖半径和形状。应注意针尖不能有腐蚀物。

针支座和插杆装配(见图3):首先使用针支座固定螺杆,把针支座固定在安装板上。然后用联结螺钉把安装好的针支座连接到插杆上,螺钉拧紧后,把插杆提升,使针支座安装板的上表面与槽顶导板的下表面吻合。通过调整螺钉的拧紧程度可以消除安装板和槽顶导板之间的间隙,图4是针支座的详细图示。

4.4 试验程序(老化试验)

4.4.1 均匀电场强度的试验程序(方法B)

圆形试样放置在试验槽中。均匀拧紧六根尼龙螺钉,把径向相对螺钉逐个拧紧,不要使用太大扭力。

试验槽杯子的3/4充填试验液(见4.3.3),盖上装有高压引线套管的盖子。将装有试样的试验槽下部浸到硅油中,以防止表面放电。高压引线接到交流电源(48 Hz～62 Hz)上,接地电极接地。产生的平均电场强度(r. m. s)应是5 kV/mm,例如对于4 mm厚试样片,电压(r. m. s)应为20 kV。

推荐的老化条件是室温下240 h,也可以用其他的电场强度、老化时间和温度。

4.4.2 电场强度集中的试验程序(方法A)

如4.4.1所述准备试验槽的杯子。为了在试验片上形成凹坑,把试验槽(无盖)针支座—插杆装置、10 mL的氯化钠(NaCl)溶液和1 000 g重块放入预先加热到60℃的烘箱中,15 min后将氯化钠(NaCl)溶液倒入杯中,把插杆拉到终点位置后,插杆装置放在槽凹口处,使插杆慢慢下滑直到针尖停靠在试样的表面上。把重块小心放在插杆手把上面,把烘箱关闭。1 h后移开重块,从烘箱中取出带有插杆的槽子。大约30 min冷却到室温,移去插杆装置后,用氯化钠(NaCl)溶液填充到试验槽杯子3/4容积。立刻用蒸馏水清洗针,将其吹干并存放在干燥的地方以防生锈。

盖上试验槽,连接高压电源和接地,如4.4.1所述试验进行老化。

4.5 老化后的检查

4.5.1 弓条状水树枝的显微镜观察(方法B)

电老化完成后,检查试样的水树枝。用切片刀将试样沿其垂直于水老化的表面切成20 mm长、(0.1～0.2)mm厚的一些薄片。检查20片均匀分布的薄片。按参考文献[13]所述的方法,把所有薄片涂上染料,用100倍的光学显微镜检查染色的薄片。测观察到的每片中的弓条状水树枝的最大长度。仅测量水树枝长度大于50 μm(包括两面)的密度。当材料中水树枝多时,仅检查每个薄片的1/5总面积上的水树枝,计算在所有薄片中测得长度超过50 μm的水树枝平均密度,并写在试验报告中。

4.5.2 开口状和弓条状水树枝的显微镜检查(方法A)

原则上该检查类似4.5.1。对于开口状水树枝的检查,将试样切成(0.1～0.2)mm厚的薄片,切片时使一排4个凹坑处在一个薄片上。可以应用两排凹坑之间的薄片来观察弓条状水树枝。

在每个凹坑顶点用如同4.5.1所述的显微镜确定开口状水树枝的长度,测量凹坑顶点与水树枝最前端之间的距离。由此,取得水树枝长度分布(每个试样有八个开口状水树枝)。当凹坑顶点不能辨认时,水树枝长度(特别是较长的开口状水树枝)可以大概地由试样表面和水树枝最前端之间总的距离减去针插入长度求得。

4.6 试验报告

试验报告应包括:

——材料名称、型号;

——试样的制备方法及其预处理条件;

——试样的标称厚度和测得的厚度范围;

——在每种电压下被试试样的数量;

——采用的试验方法(均匀场强或集中场强);

——老化条件(施加的电压、时间和温度);

——弓条状水树枝的最大长度;

——弓条状水树枝长度超过50 μm平均密度(mm^{-3});

——开口状水树枝的最大长度;

——开口状水树枝的平均长度;

——观察到的其他现象。

5 试验方法Ⅱ(杯状试验)

5.1 试验目的和原理

试验方法Ⅱ目的在于定量确定直接与半导体屏蔽材料接触的聚合物绝缘材料的水树枝化特性,以便模拟挤出电力电缆的绝缘环境。

为了比较不同的绝缘材料,两面的屏蔽材料均采用已知的半导体材料制作,作为通用参照物。不同的屏蔽材料也可用于检查水树枝增长与绝缘材料和屏蔽材料的不同配合之间的关系。

试验时,杯形试样同时暴露在潮湿、恒定均匀的交流电场和温度环境中。达到预定的老化时间后,试样施加均匀提高的交流电压直到击穿。根据韦伯尔统计方法取 63.3%的电击穿强度值与未经老化的相同试样(参考组)进行比较。

击穿强度的下降值是材料受水树枝化损害程度的主要测量值。为了进一步表征材料,将试样切成薄片以便进行显微检查。

更为详细资料可参考参考文献[15]。

5.2 试样

图 5 表示试样的基本图形。

因为采用残余击穿强度定量表示老化的影响,杯形试样的闪络电压应超过试样平面中心区的闪络电压(参见 5.3.4)。

绝缘材料及其屏蔽形成杯的底部,老化时杯中充填水。为了保证试样受电应力作用的整个区域具有高的湿度,下层屏蔽装有铝衬垫。铝箔防止水从下层屏蔽扩散掉。在平衡状态每层试样的湿度是恒定的。

下层(接地)屏蔽是平的,而上层(高压)屏蔽在边缘是罗可夫斯基形状以保证试样平坦部份的均匀电场不越过周边。

按三步制造试样:

a) 均化材料(挤压);

b) 绝缘杯和屏蔽材料片的预成型;

c) 组合和压制成型。

在操作材料和试样的预成型件时应十分小心,以防止试样受污染。

注:在受电应力作用的表面上有手指印迹时会降低试验结果。

应在过滤空气的环境中处理材料和零件。为此目的,建议使用气流工作台,在制样的所有阶段都可以用气流工作台。当完成组合后,试样受电应力作用的部分被屏蔽材料复盖起来。而在老化试验之前和之中试样的操作不是很严格的。

5.2.1 均化

为了防止颗粒界面上水树枝加速增长,绝缘材料应均化。

在试验室挤出机中进行均化,均化温度应不会引起材料发生变化(例如发生交联)。可以选用可产生大约 60 mm 宽和约 6 mm 厚的带状挤出机。

挤出后,将热的均化材料立即包卷在干净的铝箔里。在铝箔中,没有强制冷却下冷却到室温。

均化材料的形状是不重要的,但适宜的形状是直径 60 mm、厚 6 mm 的圆片状。圆片的重量与预成型绝缘杯大约相同,必要时,可添加一些颗粒,以形成绝缘杯上部。

5.2.2 预成型

采用图 7～图 11 所示的工具预成型所有零件(绝缘和屏蔽材料)。这些工具应由淬硬的不锈钢制成。与绝缘和屏蔽材料接触的所有工具表面应仔细抛光。预成型前工具应喷涂无硅酮的 PTFE 喷液,并加热到 180℃除去喷液中的所有溶剂。此后,工具用软质材料抛光以除去大部分的 PTFE,除在工具表面上细微凹陷处之外。这样工具就可用于预成型几批零件而不必进行 PTFE 处理。如果已经使用相同的工具来组合和交联试样，则这些工具在用 PTFE 处理前应彻底净化和抛光。

注：应避免有手指印痕。在预成型和组合之间预成型件的操作是很严格的。

采用可以进行加热和冷却的液压机。

绝缘杯和屏蔽材料的预成型是在比实际材料的熔点较低的温度范围下进行。材料的溶解是在液压机没有任何的压力下完成，但是液压机的压板与模具接触。可以同时预成型几个试样零件。试验表明，每个试样零件施加 30 kN 压力就足够了。在保压下试样零件冷却 1 min～2 min 后，则可从模具中取出。

采用图 7～图 9 所示工具预成型的绝缘杯厚度大约 0.9 mm。在主模柱塞和液压机下压板之间有 2 mm厚的隔板。

采用图 10 所示工具将屏蔽材料预成型为厚度(0.5±0.05)mm。在模具上边和压板之间放置铝箔(例如 0.2 mm 厚)。用钢刷粗化下层屏蔽上的铝箔以保证其很好粘结到屏蔽材料上，模塑后取出上层屏蔽上的铝箔，将屏蔽切割或冲截为直径 50 mm。

预成型件应贮存在密闭、干净的容器中。所有工作应在干净、过滤空气的环境中(见 5.2)进行。

5.2.3 预成型件的组合

采用预成型用的相同模具(见图 7～图 9)进行组合。把模具的底件和预成型件放到主模的料筒中。为便于脱模，预成型杯的外壁卷包厚(0.06 mm～0.08 mm)的铝箔后才放入模具中。模具的柱塞和底件应喷涂 PTFE 喷液。

然后把模具放到液压机的底板上，柱塞在上面，在柱塞和压机的上板之间放入隔板(直径为60 mm，厚为 0.9 mm)，每个组合试样施加约 20 kN 的力。将温度逐渐提高到材料制造商推荐的交联温度(例如，对于含过氧化二异丙苯的聚乙烯为 180℃)。然后，每个试样施加的力调整到大约 30 kN。保温到建议的时间(例如，对含过氧化二异丙苯的聚乙烯为 30 min)。在保压下冷却试样。然后从模具中取出试样。

所有制成的试样在鼓风烘箱中进行条件处理((90±2)℃/72 h)。这是为了消除试样中的机械应力和除去在制造过程中产生的挥发性附产物。

当试样冷却到环境温度时，测量每个试样的电容。为了确定最小的绝缘厚度切开一个试样，用切片测量最小的绝缘厚度(精确到±0.01 mm)。从电容 C_x 对最小绝缘厚度 t_{min} 的比值计算转换因子 K：

$$K = t_{min}/C_x (mm/pF)$$

最小绝缘厚度为 0.65 mm～0.75 mm 的试样可用来进行试验。

为了预选，所有试样采用 5.3.4 所述的装置进行交流耐压试验。试验按如下进行：

——在 30 s 中逐渐提高电场强度(r.m.s)到 45 kV/mm；

——在此电场强度下保持 1 min；

——提高电场强度(r.m.s)到 50 kV/mm；

——保持电场强度(r.m.s)50 kV/mm，1 min；

——在 10 s 内逐渐降低电场强度到 0。

通过耐压试验的试样才可作进一步的试验。

5.3 试验设备

在此节叙述有关试样、老化装置和击穿的试验设备。应从每种被试材料中至少取八个试样来进行老化试验。

5.3.1 电气装置

试样应在连续平均电场强度(r.m.s)15 kV/mm 下进行老化。直径为 6 mm 的不锈钢高压电极插在每个试样的聚乙烯 PE 盖子中。

所有高压电极相互连接在一起，由带有调压装置的变压器提供电压。调压装置备有快速断路器(在工频三周期内)和时间测量装置。以测量在老化过程中发生击穿的时间。为了阻止由于击穿引起设备损坏,短路电流应限制在几安培。

5.3.2　热试验装置

在老化试验中试样放置在烘箱的铜板上。直径为10 mm的铜管焊接在铜板底面,铜管的排列应使板上各点与铜管的距离不超过50 mm。在冷却周期中冷却水在水管中循环流动。

在加热周期,循环冷却水关闭,而烘箱的加热元件打开,加热直至铜板达到90℃。然后在(90±2)℃保温。在加热周期结束时,加热元件关闭,而冷却循环水重新流动。加热和冷却周期长度由时间装置自动控制。

5.3.3　试验液体

把0.1 g氯化钠(NaCl)溶解在1 L的蒸馏去离子水中,制得氯化钠(NaCl)试验液(1.8 m mol/L)。蒸馏去离子水是由非玻璃仪器蒸得的蒸馏水通过混合床去离子柱而制得。并保存在密闭的聚乙烯容器中。在即将使用之前,必须测试水的pH值(7.0±0.1)和电导率(≤100 μS/m)。将试验液注入到杯形试样中。试验液的液面保持在液面与盖子(参见图11)的距离不超过10 mm。如有必要,可通过盖子上钻出的2 mm直径小孔加入去离子水以补偿蒸发掉的部份。老化期间小孔应封闭。

5.3.4　击穿电压试验装置

交流击穿试验要求一个低电流高电压交流变压器,装有可连续升压(最高电压至少为100 kV(r.m.s))的调压装置的。调压装置还包括一个击穿时的快速(在工频三周期中)切断装置。

按照GB/T 1408.1—2006进行试样的击穿试验,选择(电压)(r.m.s)20 kV/min的升压速度。与GB/T 1408.1—2006不同的是,此击穿试验是在杯形试样上完成。

击穿试验时的电极装置应设计成尽可能减少外部击穿的危险。为了同样目的,试验应浸在不会引起材料发生溶胀的绝缘液体(例如:硅油)中,或者具有高击穿强度的气体,例如SF_6中(注意会遇到环境保护问题)。

图12示出适用的电击穿试验装置。

5.4　试验程序(老化试验)

至少用16个按照5.3所述程序制造和试验过的试样进行此项试验。这些试样分为两组,每组至少八个试样:

a)　参照组,至少八个试样,用于测定起始击穿电压;

b)　老化组,至少八个试样。

老化组的试样充入老化液体,盖子紧靠在杯子上,并把高压电极连接在一起。

施加的老化电压(r.m.s)(10.5±0.2)kV

频率　50 Hz±2 Hz或60 Hz±2 Hz

温度　8 h冷却/16 h加热。冷却水温度(20±5)℃,在冷却周期的最后5 h试样应达到(20±5)℃的温度。冷却周期以后,开始16 h的加热周期,加热的最高温度按材料规定(例如对交联聚乙烯(XLPE)为(90±2)℃)。最高温度应在开始加热周期后3 h内达到。

老化时间　500 h

如果试样在老化时发生击穿,则在稳定的冷却周期中把它从试验装置中取出,并检查水树枝以确定发生击穿的可能原因。在老化中这种击穿不允许多于一个。

老化试验完成后,试样应在室温下稳定后,再倒出老化液体。老化液体倒出后,试样不应放在较高温度下(超过25℃)。

击穿试验应在老化液体从试样倒出后24 h内完成。

5.5　未老化和老化试样的检查

应测定老化和未老化试样的击穿强度。对于老化试样还应测定水树枝长度和密度。

5.5.1　击穿试验

按5.3.4进行击穿试验。

为了计算绝缘在击穿时的最大电气强度,应在击穿位置对试样切片,用显微镜测定最小的绝缘厚度,误差在±0.01 mm内。

5.5.2 水树枝检查

应检查至少250 mm^3总体积中的弓条状水树枝和开口状水树枝。此总体积是由所有试样的切片组成。限制在试样的平坦部分(受均匀电场作用区)进行水树枝检查(见图6)。

从垂直于电极表面的平面中心部位开始切片,应检查:

——由两个随机选出的试样按顺序切出的10个150 μm～200 μm厚的薄片;

——由余下的每个试样切出的两片150 μm～250 μm厚的薄片。

应在试样的平坦部份检查水树枝。所有的切片按参考文献[13]所述的程序进行染色。

记录下列数据

——最长的弓条状水树枝;

——靠高压屏蔽面的最长开口状水树枝;

——靠低压屏蔽面的最长开口状水树枝;

——超过50 μm长的弓条状树枝的密度(mm^{-3});

——靠高压屏蔽面的超过50 μm长的开口状水树枝的密度(mm^{-2});

——靠低压屏蔽面的超过50 μm长的开口状水树枝的密度(mm^{-2})。

5.6 试验报告

试验报告包括:

——所有试验线路,包括保护系统的说明;

——老化条件;

——被试试样的总数;

——老化试验前后材料电气强度(按照韦伯尔统计具有95%置信度的63%数值和形状参数),如果未老化试样发生闪络,对被检查的击穿试验必须应用统计方法。评定用的统计方法应是一样的;

——用于检查水树枝的体积;

——最长的水树枝(弓条状水树枝,高压屏蔽端开口状水树枝,低压屏蔽开口端水树枝);

——超过50 μm长水树枝的密度;

——(任选的)击穿位置的局部性水树枝检查;

——被试的主要材料(绝缘、屏蔽);

——辅助材料(电极、盖子、水等)。

单位为毫米

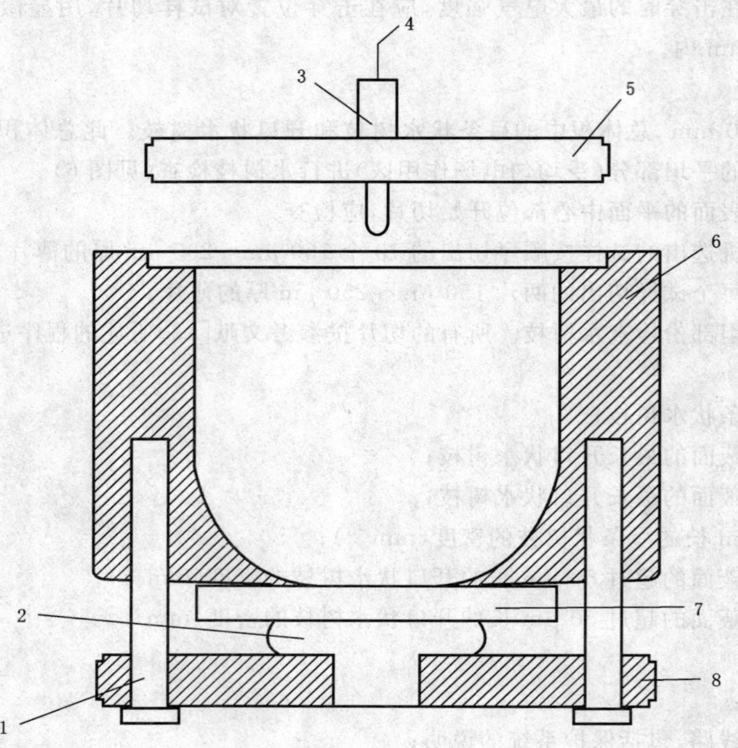

1——尼龙螺钉;
2——接地电极;
3——电极;
4——高压;
5——盖子;
6——HDPE;
7——试样;
8——HDPE。

图1 试验槽装置

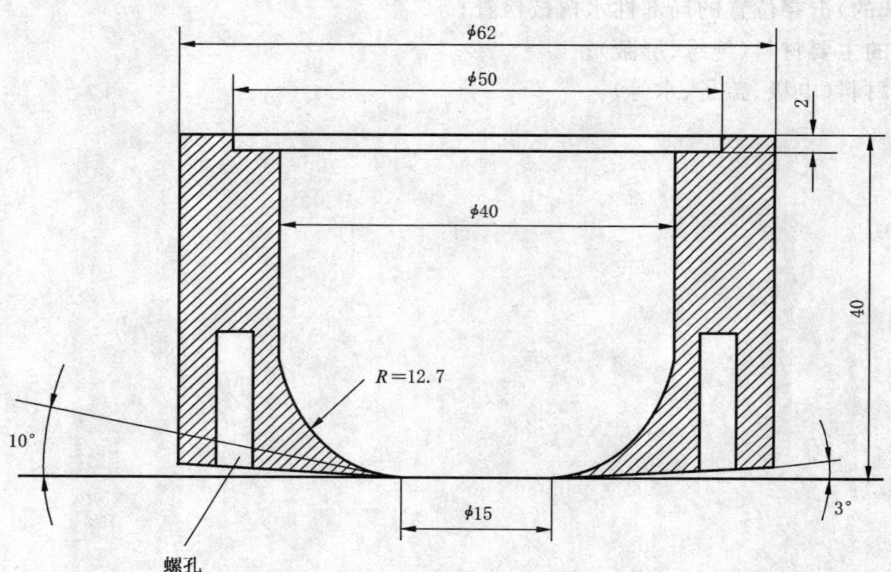

图2 试验槽的尺寸图

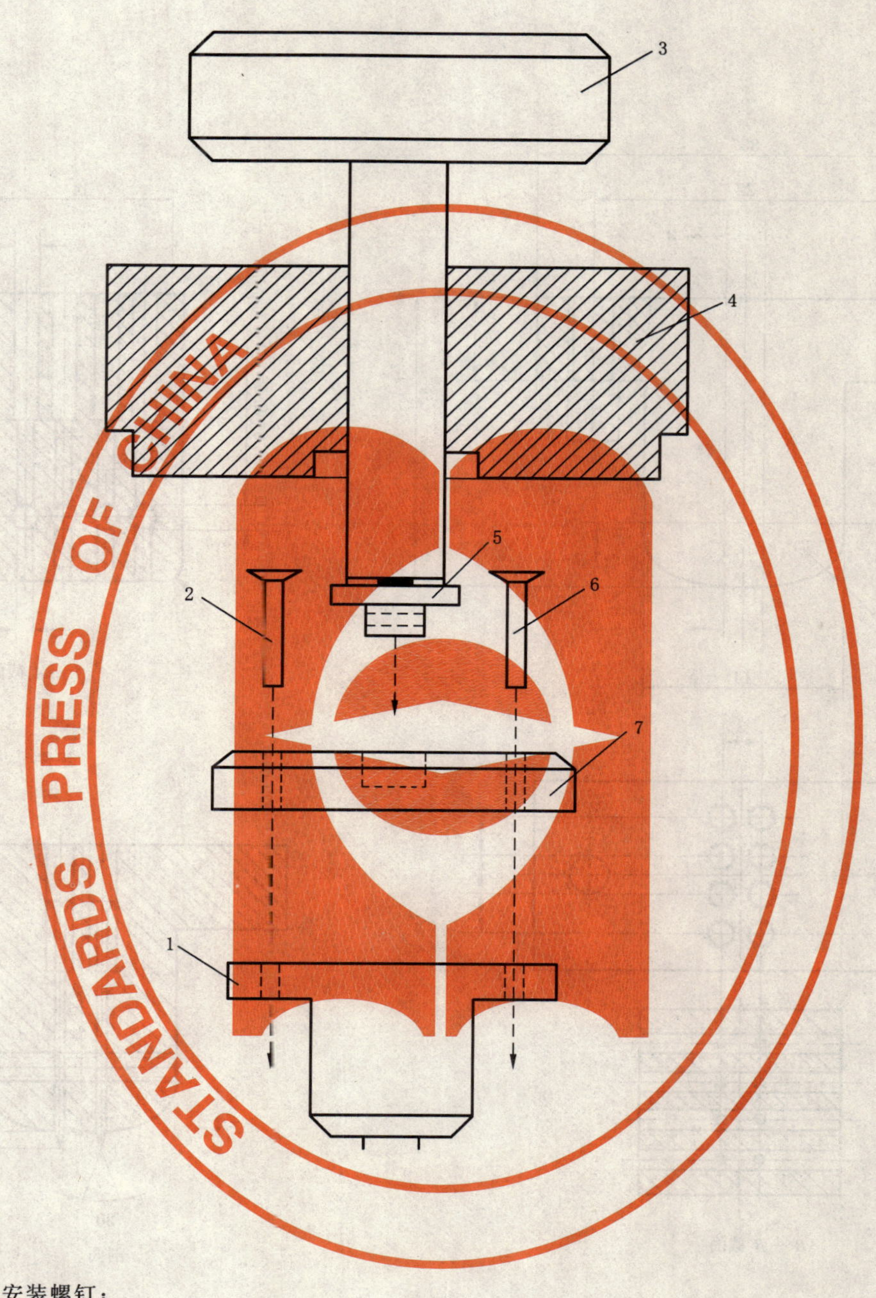

1——针支座；

2,6——针支座安装螺钉；

3——插杆；

4——槽顶导向装置；

5——联结螺钉；

7——针支座安装板。

图 3　针支座——插杆装置

单位为毫米

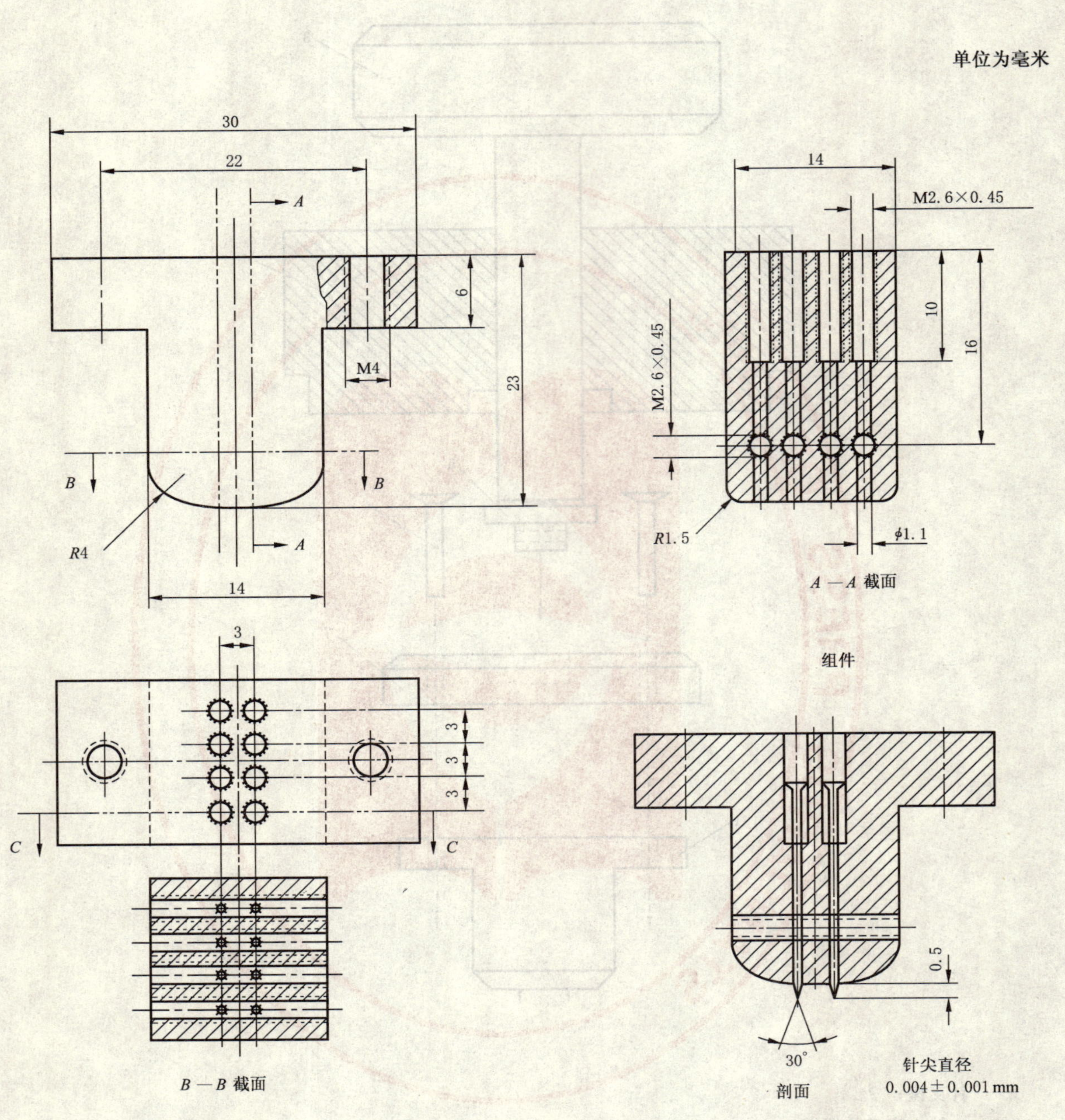

30
22
A
6
M4
23
B
B
R4
A
14
3
3
3
3
C
C
B—B 截面
14
M2.6×0.45
M2.6×0.45
10
16
R1.5
φ1.1
A—A 截面
组件
0.5
30°
剖面
针尖直径
0.004±0.001 mm

图4 针支座

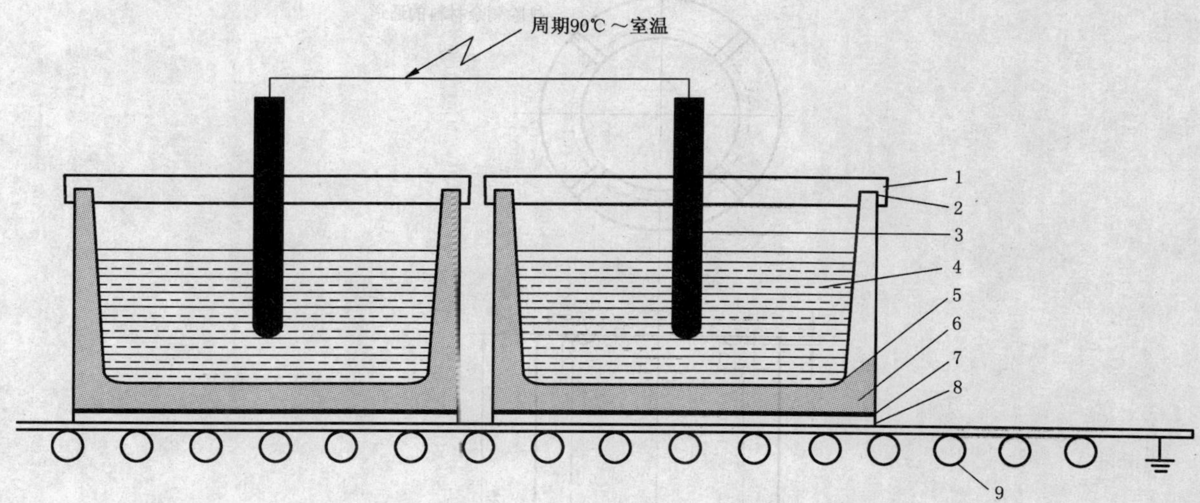

1——盖子；
2——密封；
3——H.V电极(不锈钢)；
4——老化液体；
5——H.V半导体；
6——绝缘材料(厚0.7 mm)；
7——L.V半导体；
8——铝衬垫；
9——冷却水。

图5 方法Ⅱ的基本试验图

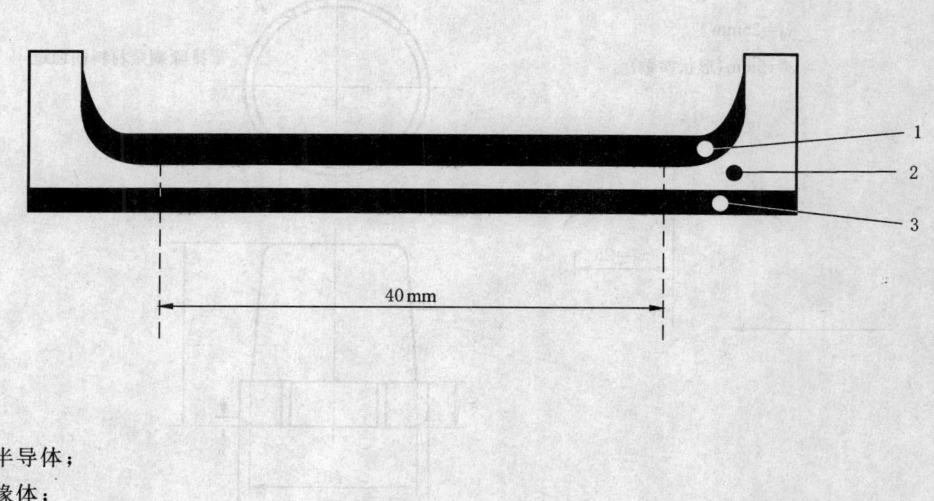

1——上半导体；
2——绝缘体；
3——下半导体。

图6 检查水树枝的截面图

单位为毫米

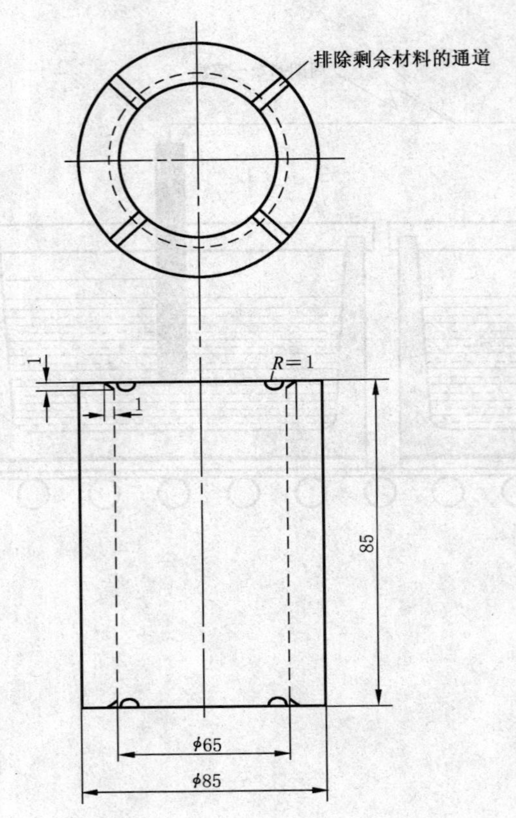

模具应采用淬硬钢。

图 7　主模外件(料筒)

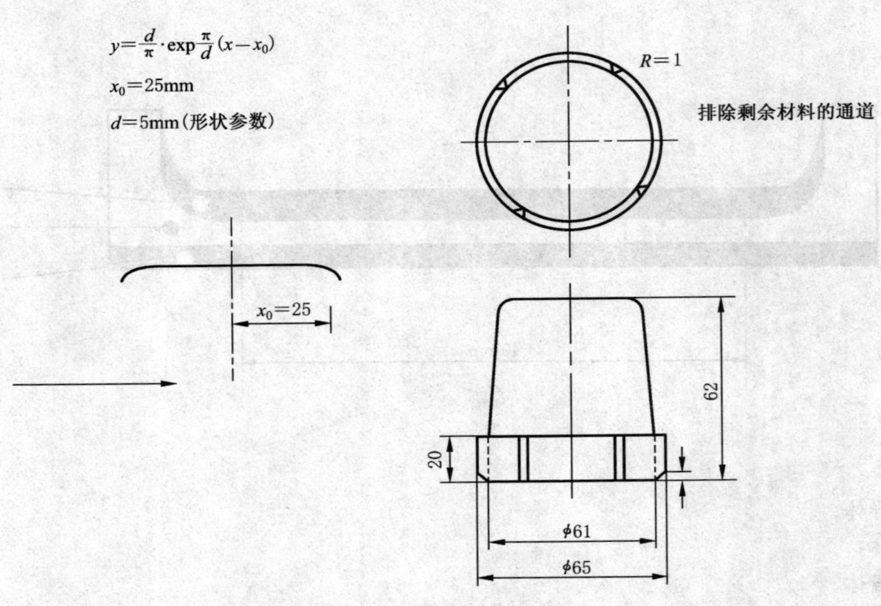

图 8　主模内件(柱塞)

单位为毫米

图9 模具的底件

图10 压制屏蔽材料的模具

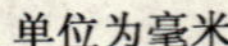

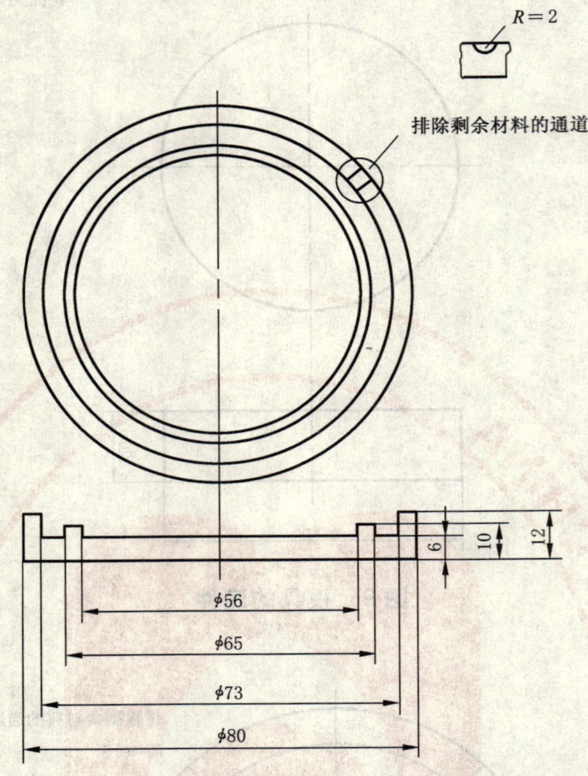

图 11 防止在老化期间水蒸发的盖子的压制模具

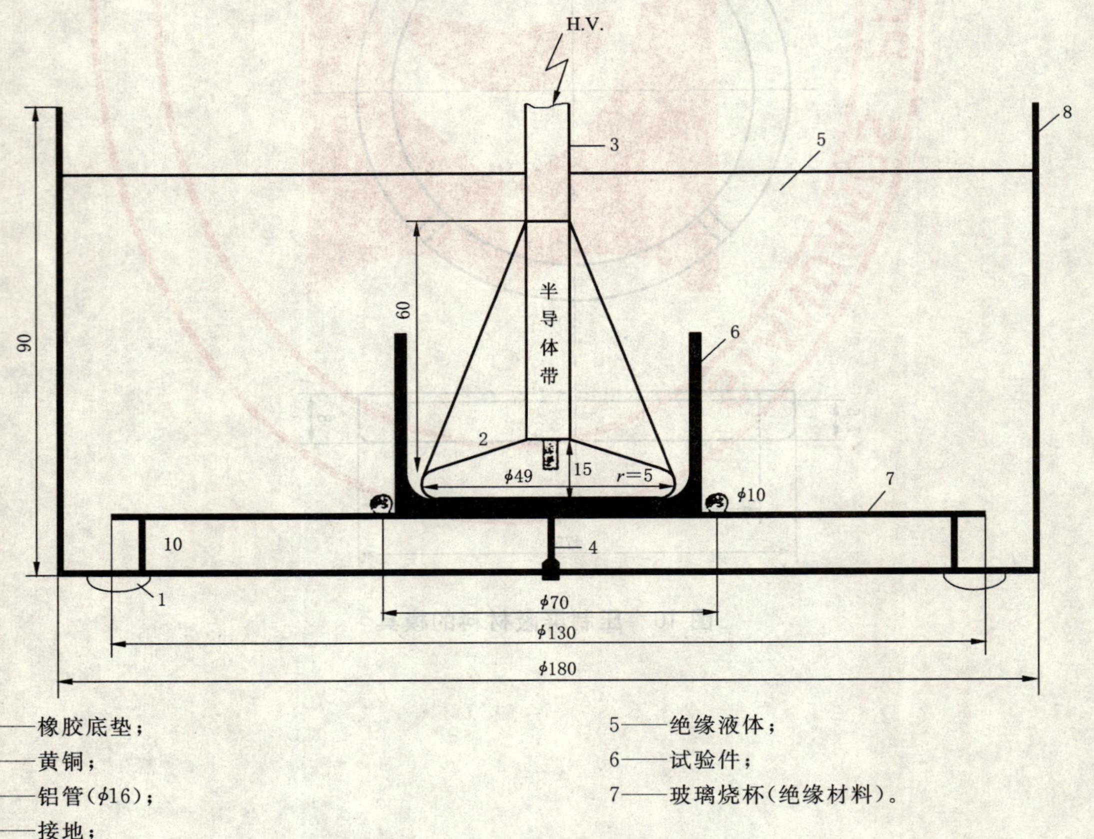

1——橡胶底垫；
2——黄铜；
3——铝管(ϕ16)；
4——接地；
5——绝缘液体；
6——试验件；
7——玻璃烧杯(绝缘材料)。

图 12 击穿试验装置示例

附 录 A
（资料性附录）
验证试验结果和讨论

A.1 试验目的

为了研究这些方法的重现性和可比性，在CIGRE工作组内部的某些试验室进行了连续3个验证试验（参考文献[17]）。在此过程中，为了使试验参数一致和改进试验方法，允许作某些改变。在此报告了用前面条款叙述的试验方法的最后方案取得的试验结果。

A.2 试验材料

在第1个验证试验（RR1）中，选择了两种已知水树枝化行为很不相同的交联聚乙烯（XLPE）复合物（Ⅰ和Ⅱ），用IA，IB和方法Ⅱ可以很好把它们鉴别出来（参考文献[2]）。为了比较鉴别更新的、改进的各种交联聚乙烯（XLPE）复合物的可能性，在第2和第3验证试验（相应为RR_2和RR_3）中，采用了代表最新开发的三种交联聚乙烯（XLPE）复合物（Ⅲ，Ⅳ和Ⅴ）：

——高纯标准材料（商业产品）交联聚乙烯（XLPE）Ⅲ；

——WTR材料（a）（试验产品）交联聚乙烯（XLPE）Ⅳ；

——WTR材料（b）（试验产品）交联聚乙烯（XLPE）Ⅴ。

为了避免由于不同制样引起的变化，用于方法Ⅰ所需的所有板片，均在一个试验室制造，而用于方法Ⅱ的试样在另一个熟悉该方法的试验室制造。复合物取自特定的某批材料，并在相同的交联条件下（180 ℃，30 min）进行处理。

A.3 采用方法1的试验结果

A.3.1 试样和试验条件

四个试验室参加验证试验（RR3），采用方法Ⅰ的试验槽和上述材料。由同一试验室采用下述方法制造试验片样：粒状材料在两倍的蒸馏去离子水中约60℃下清洗。然后用甲醇漂洗后在相同温度下干燥。干净的粒料在130℃下压模，再加热到180℃保持30 min以制造（4.0±0.1）mm厚的片样。片样在压力下冷却到70℃，然后在大气压下冷却到室温。制得的片样在90℃条件化处理72 h。由片样冲制出直径为（35±1）mm的圆片形试样。

按下列条件进行老化试验：

电压 24 kV（r.m.s），50 Hz或60 Hz；

试样 厚4 mm；

温度 室温；

试验溶液 含0.01%NaCl（1.8 m mol/L）的蒸馏去离子水（<20 μS/m）；

时间 240 h 。

A.3.2 RR3试验结果

RR3的试验结果列在下表：

表 A.1 开口状水树枝长度(方法Ⅰ:RR3)

单位为微米

	排序 (按最大长度)	交联聚乙烯 (XLPE)Ⅲ 平均/最大	交联聚乙烯 (XLPE)Ⅳ 平均/最大	交联聚乙烯 (XLPE)Ⅴ 平均/最大
实验室 1	Ⅲ>Ⅴ>Ⅳ	150±65/260	85±16/115	105±19/145
实验室 3	Ⅲ>Ⅴ>Ⅳ	102±38/160	68±20/90	94±12/120
实验室 5	Ⅲ>Ⅳ>Ⅴ	138±49/260	86±14/110	58±10/70
实验室 8	Ⅲ>Ⅳ>Ⅴ	88±15/120	65±13/90	55±12/80
总平均	Ⅲ>Ⅴ~Ⅳ	120/—	76—	78/—

按照表 A.1 的数据,所有四个试验室都表明在交联聚乙烯(XLPE)Ⅲ中最易产生开口状水树枝。试验材料交联聚乙烯(XLPE)Ⅳ和Ⅴ有交迭现象。这些材料的水树枝长度平均值彼此很接近,在标准偏差之内。各参加试验室把它们按最长水树枝长度的大小排序进行定性区分时,两个试验室表明Ⅳ较好,而另两个试验室表明Ⅴ较好。因此这些方法只是作为筛选目的,在最后选定之前还应考虑其他问题,例如,产生弓条状水树枝的难易及其他特性。

三个试验室对 RR3 作了变动,把老化时间由 240 h 扩大到 500 h,而其他条件保持不变。试验结果列在表 A.2 中。

表 A.2 开口状水树枝长度(试验时间 500 h 方法Ⅰ:RR3)

单位为微米

	排序 (按最大长度)	交联聚乙烯 (XLPE)Ⅲ 平均/最大	交联聚乙烯 (XLPE)Ⅳ 平均/最大	交联聚乙烯 (XLPE)Ⅴ 平均/最大
实验室 1a	Ⅲ>Ⅳ>Ⅴ	175±28/245	165±24/210	145±18/175
实验室 1b	Ⅲ>Ⅴ>Ⅳ	200±23/255	110±13/130	175±15/195
实验室 3	Ⅴ>Ⅳ>Ⅲ	60±17/90	80±24/120	115±21/150
实验室 5	Ⅲ=Ⅳ>Ⅴ	220±52/300	220±35/300	70±12/90
总平均值	Ⅲ>Ⅳ>Ⅴ	165/—	145/—	125/—

有一个试验室出现了相反的结果,按排序交联聚乙烯(XLPE)Ⅲ比Ⅳ好,而Ⅳ比Ⅴ好。然而,当三个试验室提供的数据进行平均时,则得到合理的结果。因为延长到 500 h 的老化时间没有明显的优点,因此 RR3 的这个变动以后没有采用。

表 A.3 列出了四个参加验证的实验室所报告的弓条状水树枝的最大长度和密度。

表 A.3 弓条状水树枝长度统计结果(方法Ⅰ:RR3)

最大尺寸单位为微米;密度单位为每立方毫米

	排序 (按最大长度)	交联聚乙烯 (XLPE)Ⅲ 平均/密度	交联聚乙烯 (XLPE)Ⅳ 平均/密度	交联聚乙烯 (XLPE)Ⅴ 平均/密度
实验室 1	Ⅲ>Ⅳ>Ⅴ	150/14 000	70/770	60/10
实验室 3	……	…/…	…/…	100/25
实验室 5	Ⅲ>Ⅳ>Ⅴ	250/9 000	170/900	…/…
实验室 8	Ⅲ>Ⅳ>Ⅴ	210/8 000	80/300	无
总平均	Ⅲ>Ⅳ>Ⅴ	~200/~10 000	~100/~650	~80/~15

虽然取得的数据不完整和密度的绝对数值范围宽，但是材料的相对排序清楚表明交联聚乙烯(XLPE)Ⅴ是最好的，而Ⅲ是最差。事实上，在交联聚乙烯(XLPE)Ⅴ中很少看到弓条状水树枝，而水树枝密度Ⅳ比Ⅲ小一个数量级。按弓条状水树枝可总结为交联聚乙烯(XLPE) Ⅴ的性能比Ⅳ好，而Ⅳ比Ⅲ好。然而，对于开口状水树枝，交联聚乙烯(XLPE) Ⅳ和交联聚乙烯(XLPE) Ⅴ之间没有明显差别。交联聚乙烯(XLPE) Ⅳ和交联聚乙烯(XLPE) Ⅴ比交联聚乙烯(XLPE) Ⅲ稍好。

A.3.3 分析

方法1减少了在RR1和RR2(参考文献[17])中示出的很多不一致性。虽然在任何单一实验室取得的相对结果是一致的。但是各个参加验证者报告的数据之间仍然有一些差别，尚须进行分析。对引起这些差别的原因进行讨论，将有助于制订纠正措施。

引起报告数据的分散性和不一致性有两个主要原因，一个是有关试验本身，另一个是有关评定和计算水树枝的方法。在方法1的试验仪器中，有四种可能性会使不同验证者取得的数据产生偏差。所有这些都与引入可促进水树枝发展的外来离子杂质有关。四个可能的离子杂质源是：

a) 制造NaCl溶液用的蒸馏水纯度不够；蒸馏水还应去离子和控制其质量，保证其导电率保持在或低于100 μS/m；

b) 针尖若清洗和贮存不合适，容易引起腐蚀；所述的试验程序要求严格针尖的清洁度；

c) 与NaCl溶液接触的高压导线；RR2试验用的试验槽因疏忽而没有采用应该采用的铂电线。从而，黄铜组份与试验溶液接触，产生腐蚀作用，一些试验槽在高压导线上发现有明显的腐蚀物；

d) 制造试验槽用的HDPE杯；如果杯子没有很好净化、漂洗和存放，则有可能把微量的NaCl从一个试验带到下一个试验。

某些试验进行的其他研究支持了这个估计。在某个有关的这种研究(参考文献[11])中对如上所述离子杂质源进行了严格控制。结果表明，开口状水树枝的绝对长度和连续试验的分散性能够减少。结果还表明，交联聚乙烯(XLPE) Ⅳ和Ⅴ的性能很接近，以致由不同实验室所作的排序很容易颠倒。在由某个参加验证的实验室采用RR3材料和国产的等同材料所进行的一系列其他试验中，所排列的顺序一直很一致且数据的分散性保持在相当低的水平上(参考文献[12])。

第二个不一致性的主要原因是与各个实验室有关，这可能是由于他们计算弓条状水树枝和测量开口状水树枝的方法不同。虽然在这方面的试验程序可以进一步改进，但是存在很多局限性，这些局限性只有把相同的老化试样展示给各个实验室进行水树枝计算，才能解决。当测量交联聚乙烯(XLPE)Ⅴ中的水树枝时，这个问题特别明显，在显微镜下，交联聚乙烯(XLPE) Ⅴ中有很多分散的夹杂物。这些夹杂物容易误认为是小的弓条状水树枝。

另外的影响因素可以用针尖痕迹的重现性和在产生针尖痕迹时不会在试样中出现细微开裂的可能性来解释。这些因素已进行系统论述(参考文献[12])，然而，发现它们对试验结果没有很大影响。

在针形电极顶端的较大电老化场强可能引起在电缆使用条件下不会发生的效应。另外，最好是测量顶端半径，它对电应力有很大影响，电应力是水树枝诱发和发展的主要参数。在具有不同机械特性的材料之间，顶端半径可能变化。

最后，在任何加速老化试验中，重要的是保证明显的老化机理与现场中电缆发生老化的机理是一样的，在使用中电缆老化的机理之一是在水树枝区材料发生氧化。由于在所有上述三种试验方法中，老化时间非常短，因此，没有足够时间引起明显的氧化(参考文献[11])。降低电应力和增长老化时间可减弱这个影响因素。

A.4 采用方法Ⅱ的结果

A.4.1 试验条件

关于方法Ⅱ，工作组的工作由第二验证组完成。关于方法Ⅱ，相应于第5章所述，这些试验在四个试验室中进行。老化条件如下：

老化电应力　15 kV/mm(50 Hz 或 60 Hz)

老化温度　周期性变化(8 h 在自来水温度/16 h 在 90℃)

老化时间　500 h

放置所有试样的底板通过循环冷却水进行冷却，在验证试验中，每个试验室采用实际的自来水温度作为最低老化温度。

A.4.2　RR2 的试验结果

下表总结了 RR2 的试验结果。

表 A.4　剩余电气强度和标准偏差(方法Ⅱ;RR2)　单位为千伏每毫米

	排序(按老化后)	交联聚乙烯(XLPE) Ⅲ		交联聚乙烯(XLPE) Ⅳ		交联聚乙烯(XLPE) Ⅴ	
		新的	老化后	新的	老化后	新的	老化后
实验室 4	Ⅲ=Ⅳ<Ⅴ	>83±12	49±7	>113±15	47±7	>92±24	76±13
实验室 7	Ⅲ=Ⅳ<Ⅴ	>81±22	48±5	>100±14	41±9	>91±15	86±8
实验室 9	Ⅲ=Ⅳ<Ⅴ	98±22	50±7	>120±13	57±7	>110±25	90±10
实验室 10	Ⅲ=Ⅳ<Ⅴ	>99±49	52±12	136±24	52±8	>110±36	100±15
注：每组中有一个或多个试样发生闪络。							

电气强度试验结果表明，在所有试验中，除了一个例外，在交联聚乙烯(XLPE)Ⅴ和交联聚乙烯(XLPE)Ⅲ和交联聚乙烯(XLPE)Ⅳ之间有较高显著差别(水平<0.1%)。在实验室 4 的交联聚乙烯(XLPE)Ⅴ的结果与实验室 9 的交联聚乙烯(XLPE)Ⅲ的结果比较时，仅处在显著水平(1%>水平>0.1%)。

对于交联聚乙烯(XLPE)Ⅲ，实验室之间差别不大。而对于交联聚乙烯(XLPE)Ⅳ，实验室之间差别很大。实验室 7 与 9 的试验结果差别大;而试验 9 与 10 之间差别较小。对交联聚乙烯(XLPE)Ⅴ，实验室 10 得到的结果比其他试验室的好。交联聚乙烯(XLPE)Ⅲ和交联聚乙烯(XLPE)Ⅳ之间的差别在实验 7 最大。

按弓条状水树枝对材料的排序与按剩余电气强度的排序不同。实验室 4 和实验 7 按击穿试验把交联聚乙烯(XLPE)Ⅲ和Ⅳ排成一样。而按弓条状水树枝时则不相同。实验室 9 发现三种材料之间仅有微小差别。基于弓条状水树枝的长度，实验室 10 把交联聚乙烯(XLPE)Ⅲ和交联聚乙烯(XLPE)Ⅴ排成比交联聚乙烯(XLPE)Ⅳ好。

表 A.5　弓条状水树枝长度(方法Ⅱ:RR2)　单位为微米

	排序(按最大长度)	交联聚乙烯(XLPE) Ⅲ 平均/最大	交联聚乙烯(XLPE) Ⅳ 平均/最大	交联聚乙烯(XLPE) Ⅴ 平均/最大
实验室 4	Ⅳ>Ⅲ>Ⅴ	128±49/260	136±72/420	38±21/100
实验室 7	Ⅲ>Ⅳ>Ⅴ	140±100/380	120±50/230	30±40/130
实验室 9	Ⅳ>Ⅲ>Ⅴ	80±? /190	95±? /280	85±? /140
实验室 10	Ⅳ>Ⅴ>Ⅲ	84±15/116	129±39/206	80±22/123

还记录了弓条状水树枝的密度。交联聚乙烯(XLPE)Ⅲ的结果在 10 和 100 水树枝/mm^3 之间，交联聚乙烯(XLPE)Ⅳ在 10 和 40 水树枝/mm^3 之间，而交联聚乙烯(XLPE)Ⅴ在 O 和 3 水树枝/mm^3 之间(检查范围≥50 μm)。在交联聚乙烯(XLPE)Ⅳ几乎所有观察到的水树枝都大于 50 μm;其他的研究认为在这些试样中的弓条状水树枝是由材料粒状界面上的盐污染物引起。这表明，交联聚乙烯(XLPE)Ⅳ的某些相反的排序可能是由于在制造时引入污染物所致。

表 A.6　开口状水树枝长度(方法Ⅱ:RR2)　　单位为微米

	排序 (按最大长度)	交联聚乙烯 (XLPE)　Ⅲ 平均/最大	交联聚乙烯 (XLPE)　Ⅳ 平均/最大	交联聚乙烯 (XLPE)　Ⅴ 平均/最大
实验室 4	Ⅳ>Ⅲ>Ⅴ	161±57/320	160±93/420	73±53/220
实验室 7	Ⅲ>Ⅳ>Ⅴ	160±120/400	190±30/230	80±40/160
实验室 9	Ⅲ>Ⅴ>Ⅳ	160±?/400	175±?/270	110±?/280
实验室 10	Ⅳ>Ⅲ>Ⅴ	121±59/260	114±74/345	109±49/197

观察到的最长开口状水树枝,对交联聚乙烯(XLPE)Ⅲ在 260 μm～400 μm 之间;对交联聚乙烯(XLPE)Ⅳ在 230 μm～420 μm;对交联聚乙烯(XLPE)Ⅴ在 160 μm～280 μm。按这些数据进行的排序,一般符合按击穿试验所得的结果。

A.4.3　分析

方法Ⅱ是可能进行电击穿试验(为了判断水树枝化老化后的剩余电气强度)和可以对半导体和绝缘材料之间的相容性进行试验的方法。与方法 A 和 B 相比,它要求比较复杂的试样,并能够使半导体内部的杂质和其他效应对剩余电气强度产生影响。

然而,特别对试验方法Ⅱ,试样的制造比较费时而且要求几种比较复杂的试验设备。试样制备应在清净的环境中进行,小心避免把污染物带入被试材料中。

再者,比较高的电老化场强和高水温可能诱发电缆甚至在恶劣的使用条件下也不会发生的效应。但是方法Ⅱ提供了电缆用交联聚乙烯(XLPE)绝缘材料和绝缘系统有关水树枝化行为的最全面信息。

从事材料水树枝试验的 CIGRE 工作组和从事电缆水树枝试验(参考文献[14]、[16])的工作组之间的大量合作认为方法Ⅱ可模拟完整电缆的水树枝老化。在合作完成的试验中,在模压制样之前,应将试验材料进行均匀化。

方法Ⅱ是以老化作用引起交流电气强度下降作为评定标准。然而,水树枝长度和密度也应作为评定的一部份,因为某些材料在没有水树枝时也出现击穿强度下降。试样最弱的地方(长的水树枝)通常被击穿通道破坏,大部分情况下,引起击穿破坏的水树枝不能测量。因此,观察到的最长水树枝不是正确的排序标准。经验表明,水树枝是一种随机参数,应该用统计方法进行处理。

在本附录中,材料基于水树枝长度的排序,是根据最长的水树枝长度。交联聚乙烯(XLPE)Ⅰ和Ⅱ之间的差别,在统计上是显著的。然而,如果在验证试验 2(RR2)中应用了统计方法,则交联聚乙烯(XLPE)Ⅲ、Ⅳ、Ⅴ之间的差别,在大部份情况下,统计上是不显著的。这有力说明从水树枝长度来看交联聚乙烯(XLPE)Ⅲ、Ⅳ和Ⅴ之间没有明显差别。

A.5　总结

报告了评定聚乙烯绝缘材料中水树枝化的各种试验方法。在各个实验室已经证明这些方法可以用于水树枝区分和材料排序。再者,在对各种相同材料的国际会议验证试验中,也在一定程度上表明可用这些方法对各种材料进行区分。然而,不同实验室测得的绝对数值是不一致的,再者,研究了在不同地方制备试样的影响。因此,这些方法尚不具备为国际标准。然而这个技术规范可使得有关实验室对这些试验方法获得经验。

在已往的验证试验中取得的结果表明,必须减少分散性和改进重复性。严格控制试验条件,排除试验槽遭受侵蚀和避免污染可提高试验结果的一致性和减少分散性。再者,降低电应力,增加试验时间,把粒状材料压制成片样的制样方法改变为由无污染的均化融体碾压成薄片试样可得到理想的效果。

这些试验方法不能代替实际尺寸的挤出绝缘结构的试验,因为水树枝会受到在制造过程中的工艺缺陷的影响。然而,这些试验方法对于加速材料的筛选和评价材料的改性效果是很有价值的。与用实际尺寸电缆进行的老化试验相比,这些方法对长期老化试验的挤出研究,在费用上也是经济的。

附　录　B
（资料性附录）
本标准章条编号与 IEC TS 61956:1999 章条编号对照

表 B.1 给出了标准章条编号与 IEC TS 61956:1999 章条编号对照一览表。

表 B.1　本标准章条编号与 IEC TS 61956:1999 章条编号对照

本标准章条编号	对应的国际标准章条编号
1	1.1
2	1.2
3	1.3
4	2
4.1～4.3	2.1～2.3
4.3.1～4.3.4	2.3.1～2.3.4
4.4	2.4
4.4.1～4.4.2	2.4.1～2.4.2
4.5	2.5
4.4.1～4.4.2	2.5.1～2.5.2
4.6	2.6
5	3
5.1～5.2	3.1～3.2
5.2.1～5.2.3	3.2.1～3.2.3
5.3	3.3
5.3.1～5.3.4	3.3.1～3.3.4
5.4～5.5	3.4～3.5
5.5.1～5.5.2	3.5.1～3.5.2
5.6	3.6

参 考 文 献

[1] M. Saure, W. Kalkner: "On Water Tree Testing of Materials. Status Report of CIGRE TF 15-06-05", CIGRE Symposium 05-87, Vienna 1987, Paper 620-10.

[2] M. Saure, W. Kalkner, H. Faremo: "On Water Tree Testing of Materials and Systems. Paper in the Name of TF 15-06-05", CIGRE Symposium, Paris, Aug/Sept 1990, Paper 15/21-03.

[3] C. Katz and B. S. Bernstein, "Electrochemical Treeing at Contaminants in Polyethylene and Crosslinked Polyethylene Insulation" 1973 Annual Report CEIDP, pp. 307- 316, 1973.

[4] A. C. Ashcraft, "Factors Influencing Treeing Identified", Electrical World, Dec. 1, 1977, 38-44.

[5] S. L. Nunes, M. T. Shaw, S. H. Shaw, and R. A. Weiss "Testing the Resistance of Polyethylene to Water Trees", 1982 Annual Report CEIDP, pp 615- 619, 1982.

[6] W. Gölz: "Water Tree Growth in Low Density Polyethylene", Colloid and Polymer Science 263, 1985, p. 286-292.

[7] N. Müller, H.-J. Henkel: "Phänomenologische Aspekte der Wasserbäumchen in Polyolefinen für Kabelisolierungen", ETG Fachberichte Nr. 16, VDE Verlag (1985), p. 199-122.

[8] H. Faremo, E. Ildstad: "The EFI Test Method for Accelerated Growth of Water Trees", IEEE Electrical Insulation, Toronto, June 1990, Paper V9:191-194.

[9] D. Fredrich, W. Kalkner: "Accelerated Watertree Testing of XLPE Insulated Cables", 6th ISH, New Orleans, Aug. 1989, Paper 27. 30.

[10] M. Mashikian et al.: "round robin Test on CIGRE Water Tree Resistance Evaluation Methods for Extruded Cable Insulation", EPRI Report EL-7432, Vol. 1, Phase 1, Sept. 1994.

[11] R. Ross, J. J. Smit: "Composition and Growth of Water Trees in XLPE", IEEE Trans. on Electrical Insulation, Vol 27-3 (June 1992) pp. 519 - 531 (see also "round robin Ⅲ A-Test" KEMA R&D, 15-06-05 (Smit) 01/92).

[12] M. Mashikian et al.: "round robin Test on CIGRE Water Tree Resistance Evaluation Methods for Extruded Cable Insulation" EPRI Final Report EL-7432-V2, 1994.

[13] P. B. Larsen: "Dyeing Methods Used for the Detection of Watertrees in Extruded Cable Insulation", Electra no. 86, 1983: 53-59.

[14] E. F. Steennis, H. Faremo: "The Development of an Accelerated Ageing Test". Paper in the name of WG21-11 and TF 15-06-05. CIGRE Symp., Aug/Sept 1992. Paper no 15/21-03.

[15] H. Faremo "The EFI Test Method - Wet Ageing of High Voltage Materials", EFI Technical Report A 4172, May 1994.

[16] H. Faremo, V. A. A. Banks, E. F. Steennis: "An Accelerated Ageing Test for Water Treeing in Cables". JICABLE 1995, Paris, June 1995.

[17] H. Faremo, M. Saure, J. Densley, W. Kalkner, M. Mashikian, J. J. Smit "Water Tree Testing of Materials" Paper in the name of CIGRE TF 15-06-05, Electra, no. 167 1996 pp 59 - 80.

ICS 29.200
K 85

中华人民共和国国家标准

GB/T 21225—2007

逆变应急电源

Emergency power supply with inverter

2007-12-03 发布　　　　2008-05-20 实施

中华人民共和国国家质量监督检验检疫总局
中国国家标准化管理委员会　发布

前言

本标准的附录A、附录B、附录C和附录D为规范性附录，附录E为资料性附录。

本标准由中国电器工业协会提出。

本标准由全国电力电子学标准化技术委员会(SAC/TC 60)归口。

本标准起草单位：青岛经济技术开发区创统科技发展有限公司、大连国彪应急电源有限公司、青岛市质量技术监督局、中国建筑设计研究院、南京冠亚电源设备有限公司、上海复旦复华科技股份有限公司、合肥阳光电源有限公司、西安电力电子技术研究所。

本标准主要起草人：隋学礼、孙毅彪、华宁、李炳华、张振声、张海波、王敖生、曹仁贤、周观允、杨国栋、管恩灼、蔚红旗。

本标准为首次发布。

逆变应急电源

1 范围

本标准规定了逆变应急电源(简称 EPS)的定义，产品分类和特征参数，技术要求，试验方法，检验规则及标志、包装、运输、贮存。

本标准适用于一般工业、民用等场所在应急状态向照明、动力等及其混合负载提供交流电能的 EPS。

本标准适用于输出单相或三相工频正弦波，额定电压不超过 1 000 V，功率 0.5 kW～1 MW 的 EPS。

注 1：输出电压超过 1 000 V 或功率超过 1 MW 的 EPS、输出频率不是工频(50 Hz 或 60 Hz)和/或非正弦波 EPS 应由供货者与购买者协商确定要求。

注 2：高强度气体放电灯、0 ms 转换等专门负载用途的 EPS 除满足本标准相关要求外，还应满足供货者与购买者协商确定的要求。

2 规范性引用文件

下列文件中的条款通过本标准的引用而成为本标准的条款。凡是注日期的引用文件，其随后所有的修改单(不包括勘误的内容)或修订版均不适用于本标准，然而，鼓励根据本标准达成协议的各方研究是否可使用这些文件的最新版本。凡是不注日期的引用文件，其最新版本适用于本标准。

GB/T 191—2000 包装储运图示标志(eqv ISO 780:1997)

GB/T 2423.1—2001 电工电子产品环境试验 第 2 部分:试验方法 试验 A:低温(idt IEC 60068-2-1:1990)

GB/T 2423.2—2001 电工电子产品环境试验 第 2 部分:试验方法 试验 B:高温(idt IEC 60068-2-2:1974)

GB/T 2423.5—1995 电工电子产品环境试验 第 2 部分:试验方法 试验 Ea 和导则:冲击(idt IEC 60068-2-27:1987)

GB/T 2423.8—1995 电工电子产品环境试验 第 2 部分:试验方法 试验 Ed:自由跌落(idt IEC 60068-2-32:1990)

GB/T 2423.9—2001 电工电子产品环境试验 第 2 部分:试验方法 试验 Cb:设备用恒定湿热(idt IEC 60068-2-56:1988)

GB/T 2900.1 电工术语 基本术语

GB/T 2900.11 蓄电池名词术语

GB/T 2900.33 电工术语 电力电子技术(GB/T 2900.33—2004，IEC 60050-551:1998 和 IEC 60050-551-20:2001,IDT)

GB/T 3797—2005 电气控制设备

GB/T 3859.1 半导体变流器 基本要求的规定(GB/T 3859.1—1993,eqv IEC 60146-1-1:1991)

GB/T 3859.4 半导体变流器 包括直流直流变流器的半导体自换相变流器(GB/T 3859.4—2004，IEC 60146-2:1999,IDT)

GB 4208 外壳防护等级(IP 代码)(GB 4208—1993,eqv IEC 60529:1989)

GB/T 4365 电工术语 电磁兼容(GB/T 4365—2003,idt IEC 60050-161:1990)

GB 7251.1—2005 低压成套开关设备和控制设备 第 1 部分:型式试验和部分型式试验成套设

备(IEC 60439:1999,IDT)

GB/T 7260.2—2003 不间断电源设备(UPS) 第2部分:电磁兼容性(EMC)要求(IEC 62040-2:1999,MOD)

GB/T 7260.3—2003 不间断电源设备(UPS) 第3部分:确定性能的方法和试验要求(IEC 62040-3:1999,MOD)

GB 9254—1998 信息技术设备的无线电骚扰限值和测量方法(idt CISPR 22:1997)

GB 16895.1 建筑物电气装置 第1部分:范围、目的和基本原则(GB 16895.1—1997,idt IEC 60364-1:1992)

GB/T 16895.2 建筑物电气装置 第4-42部分:安全防护 热效应保护(GB 16895.2—2005,idt IEC 60364-4-42: 2001,IDT)

GB/T 16895.3 建筑物电气装置 第5-54部分:电气设备的选择和安装 接地配置、保护导体和保护联结导体(GB/T 16895.3—2004;IEC 60364-5-54: 2002,IDT)

GB/T 16895.4 建筑物电气装置 第5部分:电气设备的选择和安装 第53章:开关设备和控制设备(GB/T 16895.4—1997,idt IEC 60364-5-53:1994和IEC 60364-5-537:1981)

GB/T 16895.5 建筑物电气装置 第4部分:安全防护 第43章:过电流保护(GB/T 16895.5—2000,idt IEC 60364-4-43:1977)

GB/T 16895.6 建筑物电气装置 第5部分:电气设备的选择和安装 第52章:布线系统(GB/T 16895.6—2000,idt IEC 60364-5-52:1993)

GB/T 18039.3 电磁兼容 环境 公用低压供电系统低频传导骚扰及信号传输的兼容水平(GB/T 18039.3—2003,IEC 61000-2-2:1990,IDT)

3 术语和定义

GB/T 2900.33、GB/T 3859、GB/T 7260 确立的以及下列术语和定义适用于本标准。

3.1

应急电源 emergency power supply

在主电源中断或电压低于规定值时,为负载提供应急供电的静止式电源装置/设备。

3.2

逆变应急电源 emergency power supply with inverter

一种采用电力电子技术,将直流电能转化成正弦波交流电能的应急电源。

3.3

变流器 converter

电力电子变换的运行单元,包含一个或几个电子阀器件、变压器,必要时还有滤波器和辅助装置(如有)。

[GB/T 2900.33—2004]

3.4

蓄电池充电器 battery charger

变交流为直流,用于蓄电池充电的设备。

[GB/T 7260.3—2003]

3.5

(电力)(电子)逆变 (electronics)(power)inversion

直流到交流的变流。

[GB/T 2900.33—2004]

3.6

直流系统　DC system

由单个或多重器件(典型的是蓄电池)构成,用于应急时间内提供直流电能的系统。

3.7

(二次)蓄电池　(secondary)battery

能量恢复后,可重复使用的可充电电池。

[GB/T 2900.11—1988]

3.8

转换装置　transfer equipment

由一个或几个开关类器件组成,用以从一个电源供电转换到另一个电源供电的装置。

3.9

主电源　primary power

在正常情况下,可以持续向EPS提供交流电能的电源。一般指电力公司供电的公共电网,但有时由用户自行发电。

3.10

正常运行方式　normal operation mode

在满足下列情况供电时,最终达到的稳定运行状态:

a)　主电源存在,并处于规定的允差之内;

b)　蓄电池(组)已充满电,或者蓄电池(组)充电已超过规定的能量恢复时间;

c)　连续运行或可连续运行;

d)　负载在给定的范围内;

e)　输出电压在给定的允差内。

3.11

逆变应急运行方式　inverter emergency operation mode

在满足下列供电情况下运行:

a)　主电源中断或超出规定的允差;

b)　直流系统的电能开始供电;

c)　负载在给定的范围内;

d)　输出电压在给定的允差内。

3.12

电磁干扰　electromagnetic interference;EMI

电磁骚扰引起的设备、传输通道或系统性能的下降。

[GB/T 4365—2003]

3.13

可移动设备　movable equipment

不被固定的设备,或者具有车轮、脚轮及其他便于让操作者搬动以完成原定用途的设备。

3.14

静置设备　stationary equipment

不移动的设备。

3.15

固定设备　fixed equipment

予以紧固或者用其他方法固定安装于指定位置的静置设备。

3.16

绝缘试验　dielectric test

为检验绝缘材料的绝缘强度和绝缘距离，施加高于额定电压值的电压且持续规定时间的试验。

3.17

绝缘强度　dielectric withstand strength

规定的电压或电位变化梯度曲线。低于此值时，绝缘材料应能持续阻止电流通过。

3.18

额定值　rated value

通常由供货者为元器件或设备针对规定运行条件而选定的量值。

[GB/T 2900.1—1992]

3.19

标称值　nominal value

用于指明或识别元器件或设备的适当近似值。

[GB/T 2900.1—1992]

3.20

限值　limiting value

在技术条件中为某一个量所规定的最大或最小允许值。

[GB/T 2900.1—1992]

3.21

额定电压　rated voltage

由供货者规定的输入和输出电压(对于三相电源，指线电压)。

3.22

电压变化范围　voltage variation range

由供货者规定的输入和输出电压的变化范围。

3.23

表观功率　apparent power

S

在一个端口上的电压方均根值与电流方均根值之积。

[GB/T 2900.1—1992]

$$S = UI$$

3.24

频率变化范围　frequency variation range

由供货者规定的输入或输出频率的变化范围。

3.25

应急供电时间　emergency time

储能供电时间　stored energy time

直流系统的蓄电池已充分充电，当主电源故障，EPS 在规定的运行条件下能确保负载电力连续性的最短时间。

3.26

逆变应急供电能力　power supply competence of inverter emergency mode operation

EPS 在逆变应急运行状态向负载提供符合要求的连续性电力的能力(即持续时间)。

3.27

截止电压　cut-off voltage

认定蓄电池终止放电的规定电压。

[GB/T 2900.1—1992]

3.28

能量恢复时间　restored energy time

在规定的使用条件下，EPS 按 3.25 规定的程度放电之后，为保证具有另一次同样放电的电量，储能装置再充满电所需要的最长时间。

注：该时间是指在应急供电时间(储能供电时间)的放电之后，为保证满足重复进行应急供电时间(储能供电时间)的放电要求而充分恢复到原储存能量所需的时间。

3.29

总谐波畸变率　total harmonic distortion；THD

电压波形失真度　voltage waveform distortion

(电压)谐波含量的方均根值对交流量的基波分量或基准基波分量的方均根值之比。

3.30

输入值　input values

3.30.1

输入电压允差　input voltage tolerance

在正常运行方式，稳态输入电压的与基准值之间的最大偏差。

3.30.2

输入频率允差　input frequency tolerance

在正常运行方式，稳态输入频率的与基准值之间的最大偏差。

3.30.3

输入功率因数　input power factor

额定输出表观功率，在正常运行方式下，输入有功功率对输入表观功率之比。

3.30.4

额定输入电流　rated input current

在额定输入电压、额定输出表观功率和额定输出有功功率下，直流系统完全恢复时，在正常方式下运行的输入电流。

3.30.5

最大输入电流　maximum input current

在所允许的过载和输入电压允差的最不利条件下，以及直流系统电能耗尽时，EPS 运行的输入电流。

3.31

输出值　output values

3.31.1

输出电压　output voltage

输出端子之间的电压方均根值(另有规定除外)。

3.31.2

输出电压允差　output voltage tolerance

在正常运行方式或逆变应急运行方式时，稳态输出电压的与基准值之间的最大偏差。

3.31.3

输出频率允差　output frequency tolerance

在正常运行方式或逆变应急运行方式时，稳态输出频率的与基准值之间的最大偏差。

3.31.4

输出电流 output current

输出端子的电流方均根值。

3.31.5

过载能力 overload capability

输出电压保持在规定的变化范围,在正常运行方式或逆变应急运行方式下,在给定的时间内,输出电流超过所规定额定电流的能力。

3.31.6

负载功率因数 load power factor

在假定理想的正弦波电压下,用有功功率对表观功率之比所表示的交流负载特性。

注:为实用需要,在供货者的技术参数表中,可规定包含谐波分量的总负载功率因数。

3.31.7

输出表观功率 output apparent power

输出电压方均根值对输出电流方均根值之积。

3.31.8

额定输出表观功率 rated output apparent power

供货者申明的,持续输出的表观功率。

3.31.9

额定输出有功功率 rated output active power

供货者申明的输出有功功率。

3.31.10

转换时间 transfer time

输出电压波形开始突变(瞬间)到开始恢复(瞬间)的时间间隔。

3.31.11

不对称率 unbalance ratio

三相交流系统中,电流或电压基波分量的最大和最小方均根值之差与对应的三相基波分量的平均方均根值之比。

[GB/T 3859.4—2004]

3.31.12

不平衡负载 unbalanced load

三相负载的任一相的电流或功率因数存在差异的情况。

[GB/T 7260.3—2003]

4 产品分类和特征参数

4.1 产品分类

4.1.1 按输出方式

a) 单相输出;

b) 三相输出。

4.1.2 按输入方式

4.1.2.1 按输入相数

a) 单相输入;

b) 三相输入。

4.1.2.2 按输入路数

a) 单路输入;

b) 双路及多路输入。

4.1.3 按安装方式

a) 可移动设备;

b) 静置设备;

c) 固定设备。

4.1.4 按适用环境

a) C1 类 EPS;

b) C2 类 EPS;

c) C3 类 EPS;

d) C4 类 EPS。

4.2 特征参数

4.2.1 输入参数

4.2.1.1 由供货者确定的输入参数

供货者应规定 EPS 输入特性的如下特征参数(但不限于此):

a) 额定交流输入电压,单位为伏(V);

b) 交流输入电压允差,用百分数(%)表示;

c) 额定输入频率,单位为赫(Hz);

d) 输入频率允差,用百分数(%)表示;

e) 相数(若非单相);

f) 输入路数;

g) 额定输入电流,单位为安(A);

h) 最大连续输入电流(最严酷状态下,即包括蓄电池进行充电、电源的允差和允许的过载);

i) 输入中性线要求;

j) 对地漏电流要求(若超过 3.5 mA);

k) 所涉及的电力系统结构(按 GB/T 16895 的定义)。

4.2.1.2 由购买者确认的输入参数

购买者应确认与 4.2.1.1 的差异。这些差异可能需要特殊设计和/或专门的保护特性及防护措施。

a) 电压超出 5.1.4 a)的要求;

b) 频率超出 5.1.4 b)的要求;

c) 瞬态电压或其他电噪声(如由雷电、电容性投切或电感性投切所引起的);

d) 输入电源保护装置的特性;

e) 所有电极的绝缘要求(按国家布线规程的要求)。

4.2.2 由供货者确定的输出参数

供货者应规定 EPS 输出特性的如下参数(但不限于此):

a) 额定输出电压;

b) 额定输出电压允差;

c) 相数和相序;

d) 标称频率和频率允差;

e) 输出电压波形失真度;

f) 允许的负载不平衡;

g) 输出电压不对称率;

h） 效率(额定负载时)；

i） 短路保护功能；

j） 过载能力；

k） 储能供电时间(环境温度 25℃和额定有功功率条件下)；

l） 转换时间；

m） 能量恢复时间(若需要)；

n） 容量、功率因数。

5 技术要求

5.1 环境条件

5.1.1 概述

除非供货者与购买者之间另有协议，符合本标准的 EPS 应在 5.1.2～5.1.4 的规定条件下达到要求。

5.1.2 正常使用的环境条件

5.1.2.1 大气条件

a） 户内使用大气条件

空气清洁，EPS 周围空气温度范围为－5℃～＋40℃，且其 24 h 内的平均温度不得超过＋35℃。在温度＋40℃时，空气相对湿度不得超过 50％。在较低温度时，允许有较大的相对湿度。例如：＋20℃且相对湿度为 90％时，可能会偶然产生适度的凝露。

b） 户外使用大气条件

EPS 周围空气温度范围为－25℃～＋40℃，且其平均温度在 24 h 内不得超过＋35℃。在温度＋25℃时，相对湿度短时可高达 100％。

注 1：在严寒地区户外使用的 EPS 的周围空气温度下限值由供货者与购买者协商确定。

注 2：EPS 在周围空气温度极限条件下应能正常运行，但可能会影响某些储能组件的寿命和储能时间。相关情况可参阅供货者对寿命限度的详细说明。

5.1.2.2 污染等级

EPS 一般在污染等级 3 的环境中使用。

5.1.2.3 海拔高度

海拔高度不超过 1 000 m。

在海拔高度 1 000 m 以上，EPS 应降额使用。供货者可依据附录 C 的规定说明降额使用的要求。

5.1.3 贮存环境和运输条件

若无其他规定，贮存和运输过程温度范围为－25℃～＋55℃。有特殊要求的，由供货者与购买者协商确定。

由于包含蓄电池(组)的再充电要求，贮存期可能受到限制。供货者应说明这些要求。

5.1.4 正常使用的电气条件

与公用低压供电电源兼容。若无其他规定，符合本标准的 EPS 连接至符合下列条件的输入电源时，应能正常方式运行：

a） 输入电压允差：输入电压允差的上限值为额定电压的＋10％，下限值为额定电压的－15％；

注：输入电压允差的上限值仅对使 EPS 可靠运行而设。

b） 输入频率允差：输入频率允差为额定频率的±5％；

c） 三相输入电压不对称：不对称率应不超过 5％。

5.1.5 由购买者确定的特殊环境条件

见附录 D。

5.2 性能和功能

5.2.1 一般要求

5.2.1.1 配置图

EPS电路结构的配置图参见附录E。

5.2.1.2 设备标记和说明书

a) 符合本标准的EPS,其安装、操作、运行及其控制、信号指示和设备外表面等应有明显的标记(例如:操作开关的通、断,仪表显示的输入电压、电流,输出电压、电流,保护接地标志,输入和输出端的相序等)和相应的说明。

b) 符合本标准的EPS应有产品说明书,说明安装、操作、维修、运输或贮存EPS的注意事项和需要采取的特别预防措施,以避免导致危险。由用户安装的EPS,应提供安装说明书。

5.2.1.3 显示功能要求

EPS应能显示主电源电压、逆变输入直流电压、输出电压、输出电流,并应设主电源、充电(如有)、故障和应急状态指示。

5.2.2 输出

5.2.2.1 概述

在中间直流电路电压不低于额定值的情况下,应满足下述规定:

a) 输出电压允差

在逆变应急运行方式,EPS稳态运行,中间直流电路电压不低于额定值时,输出电压允差不超过额定输出电压的±5%。

b) 输出电压不对称

在逆变应急运行方式,空载或平衡负载条件下,EPS三相输出电压的不对称率应不超过5%。

c) 输出频率允差

在逆变应急运行方式,EPS输出频率允差不超过额定输出频率的±1%。

d) 总谐波畸变率(电压波形失真度)

在逆变应急运行方式,EPS满载时的总谐波畸变率(输出电压波形失真度)应不超过5%。

e) 三相负载不平衡度

允许的三相负载不平衡度为0~100%。最大一相与最小一相的负载基波电流方均根值之差不超过EPS额定电流的100%。

5.2.3 过载能力

在逆变应急运行方式,EPS输出表观功率为额定值的120%时,在正常情况下,应能正常工作3 min;在紧急情况下(如火灾、抢险等),应能继续工作不少于30 min。

5.2.4 逆变应急运行供电能力

环境温度为25℃和额定表观功率时,且以逆变应急运行方式供电,EPS应具有满足不同行业使用场所规定要求的应急供电时间。

注:若要求考核EPS配套蓄电池的供电时间,即为对应急供电时间(储能供电时间)的要求。若不要求考核蓄电池的供电能力(如配置其他形式的直流系统),则为对逆变应急运行供电能力的要求。

5.2.5 转换时间

当主电源中断或电压低于规定值时,EPS从正常运行方式转换到逆变应急运行方式的转换时间应保证使用场所的应急要求。

5.2.6 噪声

在正常运行方式下,应满足国家环境噪声的有关规定。

在逆变应急运行方式,EPS噪声水平应不超过65 dB(A)。

5.2.7 能量恢复时间(如有)

蓄电池(组)电压低于截止电压后,EPS应能对蓄电池(组)按蓄电池供货者的规定自动恒流、自动恒压充电,直至充满。对于不超过 100 kW 的 EPS,所需时间应不超过 24 h;对于超过 100 kW 的 EPS,所需时间应不超过 72 h。

5.2.8 效率

在逆变应急运行方式下,对于额定输出功率不超过 10 kW 的 EPS,效率应不低于 85%;对于额定输出功率为 10 kW~100 kW 的 EPS,效率应不低于 90%;对于额定输出功率超过 100 kW 的 EPS,效率应不低于 92%。

5.2.9 容量、负载功率因数

a) 负载功率因数为 1 时,EPS 的容量应达到额定值;

b) 对于表观功率 50 kVA 及以上的 EPS,功率因数在 0.4~1 的范围内,应能满足负载正常工作的需要。

5.3 安全要求

5.3.1 概述

一般安全要求应符合 GB 7251.1 的有关规定。

用于操作人员可触及区和/或可由操作人员安装的 EPS,除非另有明显的警示标志,应符合适用的安全要求和 GB 7251.1 要求。

5.3.2 爬电距离

最小爬电距离应符合 GB 7251.1—2005 的 7.1.2 及其表 16 的规定。

5.3.3 电气间隙

EPS 一次电路的绝缘以及一次电路与二次电路之间绝缘的最小电气间隙应符合 GB 7251.1—2005 的 7.1.2 及其表 14 的规定。

5.3.4 外壳防护

外壳防护应满足使用场所的防护要求。供货者应按 GB 4208 的规定选用相应的防护等级。

一般情况下,EPS 的防护等级至少应为 IP20。如有特殊要求,由制造厂商与购买者协商确定。

5.3.5 保护接地措施

EPS 内部应设置具有抗腐蚀措施的保护接地端子,且有明显、清晰的标志。发生单一故障可能会带来危险电压的可触及零部件应与保护接地端子可靠连接。接地端子与需要接地的零部件之间的连接电阻应不超过 0.1 Ω。

5.3.6 绝缘电阻

应符合 GB/T 3797—2005 中 4.8.1 的规定。有特殊要求时,按相关规定。

5.3.7 绝缘强度

EPS 应能承受表 1 规定的试验电压。试验电压波形为正弦波,频率为 50 Hz 或 60 Hz。

表 1 绝缘试验电压 单位为伏

工作电压(U_m[a]$/\sqrt{2}$)	试验电压(方均根值)
≤60	500
≤125	1 000
≤250	1 500
≤500	2 000
>500	$1\,000+2U_m/\sqrt{2}$

a U_m 是 EPS 任意一对端子间预期的最高峰值电压。如果 EPS 对地电压高于两端子间的电压,则使用较高的 U_m 值。

5.4 蓄电池检测功能

当串接蓄电池(组)的额定电压高于或等于 12 V 时,应对蓄电池(组)分段检测。每段蓄电池(组)额定电压应不高于 12 V,且在蓄电池(组)充满电时,每段蓄电池(组)电压应不低于额定电压。

5.5 **强制启动功能**

有特殊规定时，应设置只有专业人员可操作的强制应急启动装置。强制启动后，EPS应不受过放电保护的影响。

5.6 **保护功能**

a) EPS输入端和输出端应具有短路保护功能。

b) EPS在逆变运行方式下应具有过载保护功能：输出表观功率为额定值的120%时，正常情况下能正常工作3 min，超过3 min时能保护；紧急情况下应能继续工作。

c) EPS的中间直流电路电压低于截止电压值时，应能报警并自动关机。

EPS对蓄电池(如有)应具有过放电保护功能：蓄电池(组)电压降到截止电压时，应能报警并自动关机。

d) EPS应具有防止主电源和应急电源同时向负载供电的可靠措施(互锁功能)，防止转换装置误动作，避免向电网馈电。

5.7 **EPS中间直流电路和/或蓄电池电路**

见附录B。

5.8 **内置充电器**

EPS内置充电器应满足5.2.7的要求，同时具有直流过电压、直流过电流保护功能。

注：外配充电器亦应满足该要求。有特殊要求时，可按照使用场所相关行业的有关标准执行，或由供货者与购买者协商确定。

5.9 **电磁兼容性**

5.9.1 **传导发射**

a) 电源端子骚扰电压限值

根据EPS的类别和额定输出电流，骚扰电压不应超过表2或表3的限值。

表2 C1类和C2类EPS在0.15 MHz～30 MHz频率范围内的电源端子骚扰电压限值

频率范围/MHz	限值/dBμV			
	C1类		C2类	
	准峰值	平均值	准峰值	平均值
0.15～0.50	66～56[a]	56～46[a]	79	66
0.50～5.0[b]	56	46	73	60
5.0～30.0	60	50	73	60

a 限值随频率的对数线性减小。

b 在过渡频率应采用较低的限值。

表3 C3类EPS在0.15 MHz～30 MHz频率范围内的电源端子骚扰电压限值

额定输出电流/A	频率范围/MHz	限值/dBμV	
		准峰值	平均值
16～100	0.15～0.50[b]	100	90
	0.50～5.0[b]	86	76
	5.0～30.0	90～70[a]	80～60[a]
>100	0.15～0.50[b]	130	120
	0.50～5.0[b]	125	115
	5.0～30.0	115	105

a 限值随频率的对数线性减小。

b 在过渡频率应采用较低的限值。

分别采用平均值检波接收仪和准峰值检波接收仪测量时，按 GB 7260.2—2003 的 A.5 的方法测量，EPS 应既满足平均值限值要求也满足准峰值限值要求。

采用准峰值检波接收仪测量时，如果满足平均值限值要求，则认为其也满足准峰值限值要求，不必再采用平均值检波接收仪测量。

如果显示的读数在限值附近波动，则在每个测量频率下观测读数的时间应不短于 15 s，记录最大读数，但任何孤立的瞬间大读数应忽略不计。

b) 交流输出骚扰电压限值

表 2 和表 3 规定的限值适用。

除电流超过 100 A 的 C3 类 EPS 外，表 2 和表 3 规定的输出端传导骚扰限值的允差规定为 14 dB。

这些限值只适用于供货者在其使用说明书中声明的 EPS 电缆长度超过 10 m 的情况。

限值采用 GB 7260.2—2003 的 A.1.3 所述的电压探头测量。

5.9.2 辐射发射

a) 电磁场

受试 EPS 应满足表 4 的限值。如果显示的读数在限值附近波动，则在每个测量频率下观测读数的时间应不短于 15 s，记录最大读数，但任何孤立的瞬间大读数应忽略不计。

尚无限值适用于低于 30 MHz 的辐射发射。

测量方法见 GB 7260.2—2003 的 A.11，资料性限值参见表 5 和表 6。在过渡频率应采用较低的限值。

表 4 EPS 在 30 MHz～1 000 MHz 频率范围内的辐射发射限值

频率范围/MHz	准峰值限值/dB(μV/m)		
	C1 类	C2 类	C3 类
30～230	30	40	50
230～1 000	37	47	60

注 1：测量距离为 10 m。如果存在高的环境噪声电平或其他原因不能在 10 m 处测量，则可以在较近处（如 3 m）测量（见 GB 9254—1998 中 10.2.1 的注）。

注 2：测量中出现干扰时，应采取附加措施。

表 5 额定输出电流小于或等于 16 A 的 EPS 的电磁发射限值

频率范围/MHz	准峰值限值/dB(μV/m)	
	C1 类	C2 类
0.01～0.15	40.0～16.5[a]	52.0～28.5[a]
0.15～1.0	16.5～0	28.5～12.0
1.0～30.0	0～−10.5	12.0～1.5

[a] 150 kHz 及以下是非强制性的。

注：在所有频率范围，限值随频率的对数线性减小。

表 6 额定输出电流大于 16 A 的 EPS 的电磁发射限值

频率范围/MHz	准峰值限值/dB(μV/m)	
	C1 类	C2/C3 类
0.01～0.15	52.0～28.5[a]	64.0～40.5[a]
0.15～1.0	28.5～12.0	40.5～24.0
1.0～30.0	12.0～1.5	24.0～13.5

[a] 150 kHz 及以下是非强制性的。

注：在所有频率范围，限值随频率的对数线性减小。

b) 磁场

尚无限值适用于磁场发射。

测量方法见 GB 7260.2—2003 的 A.11,资料性限值参见表 5 和表 6。

5.10 防浪涌和雷电冲击功能(有要求时)

EPS 应根据要求加装专用装置,以防止浪涌和雷电冲击。

5.11 机械性能

符合本标准要求的 EPS 应能承受 GB/T 2423.5—1995 规定的冲击、和 GB/T 2423.8—1995 规定的自由跌落试验(不含蓄电池)。试验后,其外观、结构不应有损伤,且能正常工作。

6 试验方法

6.1 性能特性试验

EPS 性能特性试验项目如表 7 所示。

6.1.1 输入特性试验

在正常运行方式,EPS 应承载额定输出表观功率。

输入由频率/电压可变发生器供电,其输出电压波形保持在 GB/T 18039.3 的限值范围内。若无频率/电压可变发生器,允许使用替代的试验方法。

6.1.1.1 输入电压允差试验

在正常运行方式,输入频率置于标称频率,调节输入电压到供货者规定的允差值,EPS 应保持主电源输出。

在规定的输入电压范围内,测量输出电压,并记录输入电压允差。

该试验可以与能量恢复时间试验(6.1.7.3)结合进行。

6.1.1.2 输入频率允差试验

将输入频率调节到供货者规定的限值,结合 6.1.1.1 进行。

注:试验时,频率下降不会与主电源电压升高同时发生。反之亦然。

6.1.2 反向馈电试验

见 GB/T 7260.3—2003 附录 F。

6.1.3 控制和监测信号检查

显示功能、指示和信号的运行情况属常规检查,可结合各项试验实施。

表 7 EPS 性能特性试验

序号	性能特性	条号
1	输入特性	6.1.1
	1) 输入电压允差	6.1.1.1
	2) 输入频率允差	6.1.1.2
2	反向馈电试验	6.1.2
3	控制和监测信号	6.1.3
4	输出特性——稳态条件	6.1.4
	1) 正常运行方式——空载	6.1.4.1
	2) 正常运行方式——满载	6.1.4.2
	3) 逆变应急运行方式——空载	6.1.4.3
	4) 逆变应急运行方式——满载	6.1.4.4
	5) 输出电压不对称	6.1.4.5

表 7（续）

序号	性能特性	条号
5	输出特性——过载与短路	6.1.5
	1） 过载——正常运行方式	6.1.5.1
	2） 过载——逆变应急运行方式	6.1.5.2
	3） 短路——正常运行方式	6.1.5.3
	4） 短路——逆变应急运行方式	6.1.5.4
6	运行方式转换——电阻性负载	6.1.6
7	应急供电时间、逆变应急供电能力和能量恢复时间	6.1.7
	1） 应急供电时间	6.1.7.1
	2） 逆变应急供电能力	6.1.7.2
	3） 能量恢复时间	6.1.7.3
8	效率和功率因数	6.1.8
9	电磁兼容性	6.1.9

6.1.4 输出特性试验——稳态条件

6.1.4.1 正常运行方式——空载

EPS 在正常运行方式工作，测得的空载输入电压和输出电压应相等。

6.1.4.2 正常运行方式——满载

在输出端连接 100％额定输出表观功率的阻性负载，在稳态条件下测量输入电压和输出电压，按下式计算空载对满载的电压允差。

$$\Delta U = \frac{(U_{max} - U_{min})}{U_n} \times 100\%$$

式中：

ΔU——电压允差；

U_{max}——最大电压基波分量的方均根值；

U_{min}——最小电压基波分量的方均根值；

U_n——电压额定值。

6.1.4.3 逆变应急运行方式——空载

EPS 在逆变应急运行方式工作，输出空载，测量输出电压、输出频率，并与额定输出电压、额定输出频率进行比较，其值应符合输出电压允差和输出频率允差的要求。

6.1.4.4 逆变应急运行方式——满载

在输出端连接 100％额定输出表观功率的阻性负载，在稳态条件下，EPS 中间直流电路电压不低于额定值时，测量输出电压、输出频率，并用失真度测量仪测量输出电压波形失真度，其值应符合 5.2.2.1 的规定。按 6.1.4.2 的公式计算空载对满载的电压允差。

注：对于应急供电时间小于 10 min 的 EPS，允许连接一个附加蓄电池以支持试验和稳定测量。本试验要求测量仪器足以观察逆变供电装置电压随时间下降的任何变化。

6.1.4.5 输出电压不对称

在逆变应急运行方式，空载和对称负载条件下，测量三相输出 EPS 的输出线电压或相电压（如有中性点）。

电压不对称以电压不对称率给出。计算公式如下：

$$K = \frac{U_{max} - U_{min}}{(U_R + U_S + U_T)/3}$$

式中：

K——电压不对称率；

U_{max}——最大电压基波分量的方均根值；

U_{min}——最小电压基波分量的方均根值；

U_R、U_S、U_T——分别为三相电压基波分量的方均根值。

6.1.5 输出特性试验——过载与短路

6.1.5.1 过载——正常运行方式

在正常运行方式施加输出表观功率额定值120%的阻性负载，耐受30 min，EPS应能正常工作。

6.1.5.2 过载——逆变应急运行方式

一般情况状态试验：中间直流电路电压不低于额定值时，施加输出表观功率额定值120%的阻性负载，持续工作3 min，EPS应能保护。

紧急情况状态试验：中间直流电路电压不低于额定值时，施加输出表观功率额定值120%的阻性负载，施加紧急信号，EPS应能连续工作不少于30 min。

6.1.5.3 短路——正常运行方式

除在输出端子施加短路之外，重复6.1.4.1试验。

对于三相输出，应在相间短路、相与中性线(如有)短路或相与地间短路。

上述试验之后，EPS保护装置应复位和/或更换，再起动时应正常工作(本试验允许在EPS外加装适当的预保护装置)。

6.1.5.4 短路——逆变应急运行方式

中间直流电路电压不低于额定值时，除在输出端子施加短路之外，重复6.1.4.3试验。

对于三相输出，应在相间短路、相与中性线(如有)短路或相与地间短路。

上述试验之后，EPS保护装置应复位和/或更换，再起动时应正常工作(本试验允许在EPS外加装适当的预保护装置)。

6.1.6 运行方式转换试验——电阻性负载

在满载条件下，以正常运行方式工作，然后中断主电源至少1 min，EPS转换至逆变应急运行方式工作持续20 s，再投入主电源，转换至正常运行方式。

试验按此循环3次，EPS应正常工作。

6.1.7 应急供电时间、逆变应急供电能力和能量恢复时间试验

6.1.7.1 应急供电时间试验

进行本试验前，在主电源不低于额定值及空载输出情况下，EPS处于正常运行方式，其运行时间应超过供货者规定的能量恢复时间。

施加等于额定容量的阻性负载，切断主电源，转换到逆变应急运行方式。

逆变应急运行方式开始时，输出电压应为规定值。记录EPS从开始工作到停机为止的运行时间。在环境温度25℃时，该时间应不短于供货者的规定值。

逆变应急运行方式供电时间结束时，蓄电池电压应仍不低于截止电压。

注：由于新蓄电池通常在初次充电后达不到满容量，如果未满足规定时间而进行的试验失败，则可经过一个合理的能量恢复时间后再次进行试验。在最终达到要求之前，往往需要数次循环。

6.1.7.2 逆变应急供电能力试验

逆变应急供电能力通过切断主电源，使EPS投入逆变应急运行方式工作，在中间直流电路电压不低于额定值的情况下，施加6.1.7.1规定的负载，测量保持规定输出电能的持续时间来确定。

6.1.7.3 能量恢复时间试验(如有)

蓄电池(组)电压低于截止电压后，恢复符合要求的主电源，EPS对蓄电池(组)进行自动恒流充电。测量初充电流应符合蓄电池供货者规定的充电要求，充电所需时间应符合5.2.7的规定。断开蓄电池

(组)充电电路,测量充电电压,应符合蓄电池供货者规定的恒压要求。必要时,可通过重新放电试验来验证。

试验后,采用相应的方法检查充电器,应符合5.8的规定。

6.1.8 效率和功率因数测量

6.1.8.1 效率的测量

a) 在正常运行方式并达到稳定的额定输入条件下,连接100%额定输出功率的阻性负载,测量输入和输出功率。

b) 中间直流电路电压不低于额定值时(若有蓄电池,应完成额定能量恢复过程),EPS处于逆变应急运行方式,连接100%额定输出功率的阻性负载,分别测量直流输入电流、电压和交流输出功率。

按下述公式计算的效率应在供货者规定的限值内:

$$\eta = (P_o / P_i) \times 100\%$$

式中:

η——效率(%);

P_o——输出功率;

P_i——输入功率。

6.1.8.2 负载功率因数的测量

中间直流电路电压不低于额定值时(若有蓄电池,应完成额定能量恢复过程),EPS处于逆变应急运行方式,其电流为额定负载时的输出电流,EPS应满足负载正常工作。

对于表观功率50 kVA及以上的三相输出EPS,调节功率因数在0.4～1范围内连续变化时,工作应不发生异常。

6.1.9 电磁兼容性试验

a) 试验条件

——额定输入电压;

——正常运行方式和逆变应急运行方式;

——接入能产生最大干扰电平的阻性负载。

b) 试验方法

见5.9和GB 7260.2—2003附录A。

6.2 工厂验证试验/现场试验

下列试验通常是购买合同的一部分,涉及在发货前供货者对EPS或EPS功能单元进行试验的程度。因而供货者应与购买者协商。

完整的EPS可在工厂进行型式试验或出厂试验。与蓄电池和负载一起进行的运行试验,可在现场进行。另一办法是,在工厂进行的出厂试验仅限于EPS功能单元或其组合,以现场进行的最终试验代替EPS的出厂试验。

6.2.1 试验要求

表8所示的EPS的验证试验/现场试验在功能单元联结成完整的EPS之后进行。试验可在工厂内进行,也可到安装现场再进行。试验次序可任意。

6.2.2至6.2.18的试验在现场进行时,应使用现场可得到的、不超过完整EPS配置的额定负载的最大负载。

所有试验应全部在规定的电阻性负载条件下进行。

6.2.2 连接电缆检查

检查选用的电缆规格和相互连接是否正确,连接质量和绝缘是否符合要求。

6.2.3 中间直流电路和/或蓄电池电路检查

结合进行的各项试验检查 EPS 的中间直流电路和/或蓄电池电路，应符合 5.7 的要求。

6.2.4 安全试验

6.2.4.1 一般安全试验

a) 按 GB 7251.1—2005 的 8.2.5 检查爬电距离和电气间隙，应符合 5.3.2 和 5.3.3 的规定；

b) 外壳防护等级应符合 5.3.4 的规定；

c) 保护接地措施应符合 5.3.5 的规定。

6.2.4.2 绝缘电阻测量

按 GB/T 3797—2005 中 5.2.4 的规定测量。有特殊要求时，按相关规定。

表 8 EPS 验证试验/现场试验一览表

序号	试验项目	出厂试验	非强制性试验，特殊应用要求时进行	条号
1	连接电缆检查	×		6.2.2
2	中间直流电路和/或蓄电池电路检查		×	6.2.3
3	安全试验	×		6.2.4
4	轻载试验	×		6.2.5
5	辅助装置检查	×		6.2.6
6	主电源故障试验	×		6.2.7
7	主电源恢复试验	×		6.2.8
8	噪声测量		×	6.2.9
9	不平衡负载试验		×	6.2.10
10	平衡负载试验		×	6.2.11
11	转换时间试验		×	6.2.12
12	蓄电池检测功能试验		×	6.2.13
13	保护功能检查	×	×	6.2.14
14	接地故障试验		×	6.2.15
15	现场通风试验		×	6.2.16
16	强制启动试验(有要求时)	×		6.2.17
17	防浪涌和雷电冲击功能检查(有要求时)	×		6.2.18

6.2.4.3 绝缘强度试验

试验应在正常负载条件下，EPS 连续运行直至建立起热平衡后进行。

符合 5.3.7 规定的试验电压，应以不短于 10s 的时间从零逐渐升高至规定值。受试 EPS 应持续耐受此电压 1 min，无击穿或闪络现象。

试验可将二次电路中的电子控制电路等不宜承受上述试验电压的部分拆除后进行。

6.2.5 轻载试验

本试验是为了验证 EPS 连接是否正确，功能是否正常。应在正常运行方式和逆变应急运行方式进行下列试验：

a) 输出电压和频率；

b) 控制开关、仪表和其他 EPS 正常工作所需部件的操作；

c) 用相序表(或其他相应方法)检查输出相序(仅对三相 EPS)。EPS 在缺相或相序不正确时也不应损坏。检查在空载下进行(如要求检查在满载条件下进行，则应在购买合同中声明)。

6.2.6 辅助装置检查

检查辅助装置如照明、冷却、报警器和非强制性装置的功能。检查可结合轻载试验或其他试验进行。

6.2.7 主电源故障试验

连接蓄电池(如有)或其他适当中间直流电路的情况下,通过中断主电源进行试验。

测得的输出电压和频率的变化应在规定限值内。

6.2.8 主电源恢复试验

可通过中断主电源后再重新接通进行试验。测得的交流输入电压和频率的变化应在规定限值内。

试验应连接蓄电池或适当的中间直流电路进行。若有 6.1.7 规定的试验,则本试验可在其末尾进行。

6.2.9 噪声测量

EPS 置于预期使用的正常位置,在正常运行方式和逆变应急运行方式的稳态条件、规定输入电压和额定阻性负载下工作,EPS 的自动投切风机应处于合闸状态(其报警声不在测量之列)。将声级计分别置于距被测设备放置底平面高 1 m、前后左右各 1 m 处测量(环境噪声应不高于 10 dB(A))。测得的噪声平均值应符合 5.2.6 的要求。

6.2.10 不平衡负载试验

EPS 或 EPS 单元应连接合适的不平衡负载,在逆变应急运行方式下,测量输出电压的不对称。通过测得的线电压值或相电压值计算输出电压允差值。

6.2.11 平衡负载试验

EPS 或 EPS 单元应连接平衡负载,在逆变应急运行方式下,测量输出电压,通过测得的线电压值或相电压值计算输出电压允差值。

6.2.12 转换时间试验

试验可在加载的情况下进行。

用示波器观测从正常运行方式转换到逆变应急运行方式的输出电压波形,和从逆变应急运行方式供电转换到正常运行方式输出电压波形。根据波形计算的转换时间应符合 5.2.5 的规定。

6.2.13 蓄电池检测功能试验

检查蓄电池(组)的额定电压及分段情况,然后,在蓄电池(组)充满电的条件下,启动检测装置测量每段蓄电池(组)的电压。

6.2.14 保护功能检查

6.2.14.1 短路保护功能检查

检查分别在 EPS 处于正常运行方式和逆变应急运行方式进行。本检查允许在 EPS 外部加装适当的预保护装置。若进行 6.1.5.3 和 6.1.5.4 的试验,则本检查可省略。

短路时,保护装置和保护电路应动作。保护装置复位后,EPS 应正常工作。

6.2.14.2 过载保护功能检查

EPS 处于逆变应急运行方式,调整输出表观功率达到额定值的 120%,持续 3 min,EPS 应能正常工作。当超过 3 min,EPS 应能保护,此时,施加紧急信号,保护解除,EPS 应能继续工作。

本检查可与 6.1.5.2 的试验合并进行。

6.2.14.3 蓄电池(组)过放电保护功能(如有)检查

EPS 在逆变应急运行方式下应具有蓄电池(组)过放电保护功能。当蓄电池(组)或中间直流电路电压降到截止电压时,应报警并自动关机(EPS 未处于强制启动时)。

6.2.14.4 互锁功能检查

进行正常运行方式/逆变应急运行方式转换试验。EPS 在不同运行状态及转换过程中,互锁措施应达到其预期功能。

6.2.15 接地故障试验

如果 EPS 输出对地绝缘,并且负载系统是通过对地漏电检测装置对地隔离,则接地故障可施加于任何输出端子。观测 EPS 输出的瞬态过程(如合适),观测结果应在供货者给定的限值之内。

若直流环节对地绝缘,则在蓄电池端施加接地故障,并观测 EPS 输出瞬态过程(如有)。

6.2.16 现场通风试验

如合适,试验可采用实际负载或等效模拟负载进行。如果采用模拟负载,则应置于 EPS 区域之外,以避免其热耗散影响 EPS 的通风效果。监视所有 EPS 柜体的温升。

根据实际值和预期值,或根据入口空气的规定值和冷却方法,可计算预期的最高温度。

6.2.17 强制启动试验(有要求时)

启动强制启动装置,使 EPS 转入逆变应急运行方式,并直至放电终止,EPS 的过放电保护不应动作。

6.2.18 防浪涌和雷电冲击功能检查(有要求时)

进行一般性检查的同时,检查 EPS 是否按要求安装了适当的专用装置。

6.3 非电气性能试验

型式试验时,应进行如下非电气性能试验。在承受气候环境和机械性能试验后,EPS 外观和结构应无明显损伤,接通电源应正常工作。

6.3.1 低温试验

6.3.1.1 工作状态温度下限试验

a) EPS 在正常大气条件下放置 2 h~4 h 后,放入低温试验箱中,接通电源使其处于正常运行方式。

b) 试验方法按 GB/T 2423.1,正常环境条件:-25℃±3℃,2 h。

试验后,EPS 的外观、结构和工作应正常。

6.3.1.2 贮存、运输状态温度下限试验

试验方法按 GB/T 2423.1,正常环境条件:-25℃±3℃,16 h。

试验后,EPS 的外观、结构和工作应正常。

6.3.2 高温试验

6.3.2.1 工作状态温度上限试验

a) 干热试验:按 GB/T 2423.2,正常环境条件:+40℃±2℃,16 h;

b) 湿热试验:按 GB/T 2423.9,正常环境条件:+30℃±2℃,湿度 93%±3%,96 h。

试验后,EPS 的外观、结构和工作应正常。

6.3.2.2 贮存、运输状态温度上限试验

a) 干热试验:按 GB/T 2423.2,正常环境条件:+55℃±2℃,16 h;

b) 湿热试验:按 GB/T 2423.9,正常环境条件:+40℃±2℃,湿度 93%±3%,96 h。

试验后,EPS 的外观、结构和工作应正常。

6.3.3 机械性能试验

按规定选择进行下列试验,以评价 EPS 的结构在运输过程的正常吊装和/或操作中防止损坏的能力。试验前后均应按表 9 评定 EPS 的电气特性。

表 9 电气特性评定

运行方式	参　数	试验条件
正常方式	输出电压 输出频率	额定输出电压 额定输出频率 空载和额定输出表观功率
逆变应急方式	输出电压 输出频率	空载和额定输出表观功率

6.3.3.1 **冲击试验**

仅对整体重量(不包括包装箱)低于 50 kg 的 EPS 或 EPS 单元实施本试验。试验期间,EPS 不工作,并按正常装运要求包装。

a) 原始测量:包装前,按表 9 检查 EPS 的电气特性;

b) 试验方法:按 GB/T 2423.5,样机应经受三个互相垂直方向 15 g,标称持续时间为 11 ms 的两个正弦半波的脉冲冲击;

c) 试验期间不进行测量;

d) 最终要求:试验结束后,拆除包装,检查有无物理损伤痕迹或部件变形,是否仍具有本标准规定的功能,并按上述 a)进行测量。

6.3.3.2 **自由跌落试验**

试验期间,EPS 不工作,并按正常装运要求包装。

a) 原始测量:包装前,按表 9 检查 EPS 的电气特性;

b) 试验方法:按 GB/T 2423.8,任由样机从悬挂点自由降落到一个坚硬的地面(通常是其底托面与坚硬地面碰撞),最低要求如表 10:

  1) 降落高度应为样机最接近地面的部分至试验地面的垂直距离,其值按表 10 规定;

  2) 试验应进行两次。

c) 试验期间不进行测量;

d) 最终要求:试验结束后,拆除包装,检查有无物理损伤痕迹或部件变形,并按上述 a)进行测量。EPS 应保持原始测量所达到的性能,并满足结构安全性要求。

表 10 自由跌落试验

样机净重(M)/kg	降落高度/mm
$M \leqslant 10$	250
$10 \leqslant M \leqslant 50$	100
$50 < M \leqslant 100$	50
$100 < M$	25

7 检验规则

7.1 基本要求

本标准所包含的 EPS,可以完整的设备成套供货(如中小型产品),也可提供 EPS 功能单元,最终在现场组装和接线。对于成套供货的 EPS,发运前应按规定进行出厂试验;对于提供功能单元,最终在现场安装和接线的大型 EPS,出厂试验可限于独立功能单元的试验。这样的功能单元一般单独装运。

如果规定大型整体 EPS 的其他试验或现场试验,亦应包含在试验项目中。

对于既没有列为出厂试验也没有列为型式试验的项目,可由供货者和购买者协商作为合同约定,列为选择性试验项目。

EPS 试验项目列于表 11。

7.2 出厂试验

为了质量控制,验证产品是否满足设计要求,供货者对每台设备或代表性样机所做的试验,也可是生产过程中对零部件、材料或整机所做的试验。

若 EPS 功能单元单独装运,为验证它们都符合本标准的要求,亦应逐台进行出厂试验。

7.3 型式试验

在代表性样机上进行的试验,其目的在于确定设备的设计和制造符合本标准的要求。

为了验证产品设计符合本标准和/或供货者或购买者为特殊用途而单独规定的性能要求,遇到下列

情况之一时,应进行型式试验:

a) 设计有重要更改或主要工艺变更时;

b) 主要元器件、零部件或主要材料发生改变时;

c) 设计定型和生产定型时;

d) 停止生产满一年,再恢复生产时;

e) 出厂试验结果与上次型式试验结果有较大差异,或者发生重大质量事故时。

型式试验的样机(品)应在出厂试验合格的产品中随机抽取,其数量一般为1～2台/批。

注:购买者应认识到:对物理尺寸和/或功率额定值较大的设备来说,完成某些型式试验的适用设施可能不存在,或不经济可行。这种情况也存在于某些电气试验,没有现成的商用模拟试验设备可供使用,或者这些试验所需要的特殊试验设施超出了供货者的工厂条件。这时,供货者可从下述方法中选择:

a) 供货者可委托经认可的检验机构进行试验。应承认第三方的认可证书足以证明产品符合相关条款;

b) 用类似设计或类似条件下的局部装置计算、经验和/或试验结果证明设计符合要求。

7.4 试验条件

试验应在与实际使用等效的电气条件下进行。如无法实现,则EPS和EPS功能单元应分别在能测定其规定性能的条件下试验。

注1:提出试验大纲作为购买合同的一部分之前,购买者应注意7.3的注。出于经济上的考虑,试验宜限制在合适的范围内。

注2:若购买者或其代表要求目睹供货者试验,则应在购买合同中明确规定。若在购买前获得此承诺,则合同可要求供货商提供所进行试验的试验报告。

注3:以前在相同产品或类似产品上进行过的、试验条件至少与合同或购买者的技术规范的要求相等那些型式试验可作为参考。

注4:在供货者工厂可完成的试验和最终在安装现场完成的试验,应由供货者与购买者协商确定。

注5:必要的现场试验通常适用于大型系统和/或蓄电池不包括在购买合同中的EPS,或除非最终装配,否则不能交付使用的那种类型的EPS,和/或希望验证整体配置符合国家EMC标准的情形。

表11 EPS试验项目

序号	试验项目	出厂试验	型式试验	选择性试验	条号
1	连接电缆检查	×	×		6.2.2
2	中间直流电路和/或蓄电池电路检查			×	5.7;6.2.3
3	安全试验	×	×		5.3;6.2.4
4	轻载试验	×	×		6.2.5
5	辅助装置检查	×	×		6.2.6
6	主电源故障试验	×	×		6.2.7
7	主电源恢复试验	×	×		6.2.8
8	输入特性试验	×	×		5.1.4;6.1.1
9	控制与监测信号检查	×	×		5.2.1;6.1.3
10	输出特性试验——稳态条件	×	×		5.2.2;6.1.4
11	输出特性试验——过载与短路		×		5.2.3;6.1.5
12	运行方式转换试验		×		6.1.6
13	应急供电时间试验		×		5.2.4;6.1.7.1
14	逆变应急供电能力试验	×	×		5.2.4; 6.1.7.2
15	能量恢复时间试验	×	×		5.2.7; 6.1.7.3

表 11（续）

序号	试验项目	出厂试验	型式试验	选择性试验	条号
16	效率和功率因数测量		×		5.2.8；5.2.9；6.1.8
17	反向馈电试验		×		6.1.2
18	电磁兼容性试验		×		5.9；6.1.9
19	噪声测量		×		5.2.6；6.2.9
20	不平衡负载试验		×		5.2.2；6.2.10
21	平衡负载试验		×		6.2.11
22	转换时间试验		×		5.2.5；6.2.12
23	蓄电池检测功能检查			×	5.4；6.2.13
24	保护功能检查	×	×		5.6；6.2.14
25	接地故障试验		×		6.2.15
26	现场通风试验			×	6.2.16
27	强制启动试验			×	5.5；6.2.17
28	防浪涌和雷电冲击功能检查			×	5.10；6.2.18
29	低温试验		×		6.3.1
30	高温试验		×		6.3.2
30	冲击试验		×		6.3.3.1
31	自由跌落试验		×		6.3.3.2
注：标有“×”者表示该类试验应做的项目。					

8 标志、包装、运输、贮存

8.1 标志

每台 EPS 应有清晰、耐久的标志，包括 EPS 的标志和包装箱的标志。

8.1.1 EPS 的标志

EPS 的标志一般采用铭牌的形式。其内容应包括：

a) 产品名称和型号规格；

b) 主要技术参数；

c) 制造日期和产品编号；

d) 制造厂名称；

e) 执行标准。

8.1.2 包装箱的标志

包装箱的标志应包括以下内容：

a) 产品名称和型号规格；

b) 制造日期和产品编号；

c) 注册商标(如有)；

d) 制造厂名称和地址。

8.2 包装

a) 产品出厂时应进行包装。包装箱应具有防潮、防尘、防震的能力；

b) 包装箱外侧印刷或粘贴的运输和安全防护标志应符合 GB/T 191 的规定，且不得在运输或贮存条件正常的情况下退色或脱落；

c) 包装箱内应放置装箱单、产品合格证、附件或备件和随机文件。

8.3 运输

包装后的EPS能以合适的交通工具运往目的地。长途运输时，不得装在敞蓬的车厢、船舱中。中途转运不得存放在露天仓库中。不得与易燃、易爆、易腐蚀的物品同车(或其他运输工具)装运，且不允许经受雪或液体物质的淋袭及机械损伤。

8.4 贮存

EPS使用前应存放在原包装箱内。存放的仓库环境内不允许有各种有害气体，易燃、易爆、腐蚀性的化学物品，且不应有强烈的机械振动、冲击和强磁场。包装箱距离地面应不少于10 cm，距离墙壁、热源、冷源、窗口或空气入口应不少于30 cm。

在上述条件下的贮存期一般为6个月。长期贮存，应按蓄电池(如有)的规定处置。

附 录 A
（规范性附录）
EPS的类别及其适用环境

A.1 EPS的适用环境

下述环境覆盖了大部分EPS的安装场所：

a） 1类环境：包括住宅区、商业区和轻工业区，无中间变压器，直接连接至公用低压供电系统；

b） 2类环境：除直接连接至公用低压供电系统的住宅建筑物外，还包括所有商业区、轻工业区和工业区。

A.2 EPS的类别

供货者应在产品说明书中声明EPS的类别。

A.2.1 C1类EPS

该类EPS适用于1类环境，无任何限制。该类EPS适用于住宅设施。

C1类EPS应满足该类相应的发射限值和耐受抗扰度要求。

A.2.2 C2类EPS

该类EPS输出电流不超过16A，适用于2类环境（即除直接连接至公用低压电网供电的住宅建筑物外，包括所有商业区、轻工业区和工业区），无任何限制。如采用以下连接方式之一，该类EPS也适用于1类环境：

——采用工业插头、插座；

——采用国家标准插头、插座；

——永久连接。

C2类EPS应满足该类相应的发射限值和耐受抗扰度要求。而且，在产品说明书中应有如下文字：

警告：这是一台（套）C2类EPS产品。本产品用于住宅区可能产生射频干扰，在这种情况下，要求使用者采取附加措施。

A.2.3 C3类EPS

该类EPS输出电流超过16A，适用于2类环境（即除直接连接至公用低压电网供电的住宅建筑物外，包括所有商业区、轻工业区和工业区）。该类EPS适用于与1类环境的其他建筑物至少距离30 m的商业和工业设施。

C3类EPS应满足该类相应的发射限值和耐受抗扰度要求。而且，在产品说明书中应有如下文字：

警告：这是一台（套）用于2类环境中商业和工业用途的C3类EPS产品。需采取安装限制或附加措施以防止骚扰。

A.2.4 C4类EPS

该类EPS适用于复合环境，其发射限值和耐受抗扰度要求应由购买者与供货者/供应商协商确定。

C4类EPS对电流额定值无限制要求。

A.2.5 EPS的类别与适用环境的关系

若环境条件确定为1类环境，宜选用C1或C2类EPS；

若环境条件确定为2类环境，宜选用C2或C3类EPS；

若环境条件不仅仅属于1类环境或2类环境，宜选用C4类EPS。

附 录 B
（规范性附录）
EPS 中间直流电路和/蓄电池电路的技术要求

供货者应规定下列额定值和特性(如合适)：

a) 标称直流电压；

b) 标称直流电流；

c) 直流环节与输入和/或输出间的隔离；

d) 直流环节的接地情况；

e) 蓄电池类型(如内置的话)；

f) 蓄电池数量和额定安时(A·h)值(如内置的话)；

g) 储能供电时间(仅对内置蓄电池而言)；

h) 能量恢复时间(仅对内置蓄电池而言)；

i) 蓄电池标称直流充电电压和允差带；

j) 充电电流限值或范围；

k) 蓄电池纹波电流或电压；

l) 蓄电池欠压和/或过压充电保护电平；

m) 蓄电池充电规范，即恒压、恒流、升压或均衡充电能力；

n) 蓄电池保护装置额定值、类型和数量；

o) 蓄电池保护要求(远置蓄电池)；

p) 蓄电池电缆压降推荐值(远置蓄电池)。

附　录　C
（规范性附录）
EPS 在海拔高度 1 000 m 以上使用的降额系数

高于正常使用海拔高度环境条件下，EPS 应降额使用。供货者可依据表 C.1 给出的规定，说明降额使用的要求。

表 C.1　在海拔高度 1 000 m 以上使用的降额系数

海拔高度/m	降额系数[a]
1 000	1.00
1 500	0.95
2 000	0.91
2 500	0.86
3 000	0.82
3 500	0.78
4 000	0.74
4 500	0.70
5 000	0.67
注：基于干燥空气密度（于海平面＋15℃）＝1.225 kg/m³	
a　对强迫风冷设备来说，由于风扇效率随海拔高度而下降，其降额系数还要小些。	

附　录　D
（规范性附录）
由购买者确定的特殊条件

如果购买者不能保证本标准5.1.2中所给出的正常环境条件，则应确定与这些条款之间的差异。这些条件可能需要特殊的设计或保护。

D.1　环境条件

a)　危害的烟尘；
b)　霉菌和微生物、潮湿、蒸汽或盐雾；
c)　灰尘和粉尘；
d)　爆炸性混合粉尘或气体；
e)　有火灾危险的场所；
f)　淋雨或滴水；
g)　温度骤然变化；
h)　冷却水含酸或杂质；
i)　强电磁场；
j)　超过自然背景的放射性水平；
k)　导致危害的动物等；
l)　通风限制；
m)　受其他热源的辐射或热传导；
n)　储能供电运行条件。

D.2　机械条件

a)　受异常振动、冲击、摇摆或地震；
b)　特殊的运输和贮存条件（购买者应确定设备的装卸方法）；
c)　空间和质量的限制。

附 录 E
（资料性附录）
使用导则（电路配置）

本标准所述的EPS，其基本功能是在主电源中断或输入电压低于规定值时，向用电负载装置/设备提供符合规定要求的工频交流电能的电源装置/设备。

EPS能够满足不同类型的负载对供电的连续性和供电质量的要求。这些负载设备有电阻性负载、电感性负载、基准非线性负载（稳态整流/电容器负载）和混合性负载。主要如：照明设备、仪器、泵类、风机类、电梯和通讯设备、数据处理设备等。

图E.1给出了EPS电路配置。

在主电源正常时，输出如图所示，充电器对蓄电池（组）（如有）充电。当控制器检测到主电源中断或电压过低时，Q2转换，逆变器工作，EPS处于逆变应急运行方式向负载提供需要的交流电能。

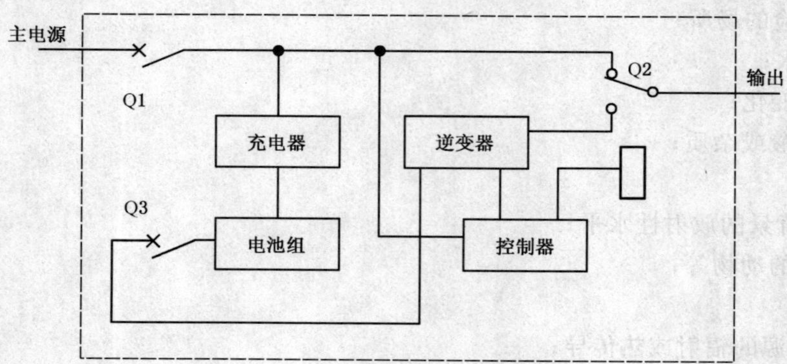

图 E.1 EPS电路配置

参 考 文 献

[1] GB/T 2424.19—2005 电工电子产品环境试验 模拟贮存影响的环境试验导则(IEC 60068-2-48:1982，IDT).

[2] GB/T 2900.18—1992 电工术语 低压电器(eqv IEC 60050-441:1984).

[3] GB 17625.1—2003 电磁兼容 限值 谐波电流发射限值(设备每相输入电流≤16 A)(IEC 61000-3-2:2001,IDT).

[4] GB 17945—2000 消防应急灯具.

[5] ISO 7240-4:2003 火灾探测和报警系统 第4部分:供电设备.

[6] IEC 62040-2:2005 不间断电源设备(UPS) 第2部分:电磁兼容性(EMC)要求.

[7] UL 924:2001 应急照明和电源设备.

[8] 集中型电源应急照明系统. 中国建筑标准设计研究院. 2004.

ICS 29.200
K 46

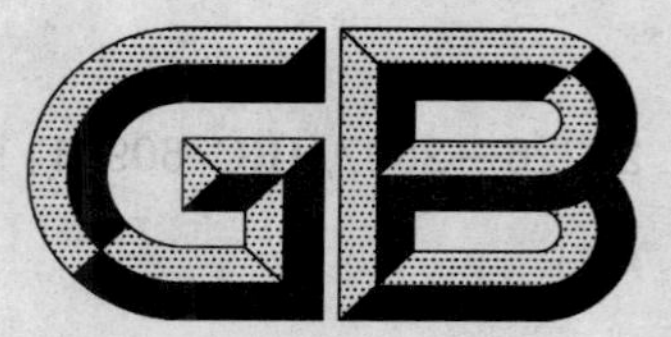

中华人民共和国国家标准

GB/T 21226—2007/IEC 60971:1989

半导体变流器　变流联结的标识代号

Semiconductor convertors—
Identification code for convertor connections

(IEC 60971:1989,IDT)

2007-12-03 发布　　2008-05-20 实施

中华人民共和国国家质量监督检验检疫总局
中国国家标准化管理委员会　发布

前　言

本标准等同采用 IEC 60971:1989《半导体变流器　变流联结的标识代号》(英文版)。除改正其编辑性差错(在正文中用脚注说明)外,技术内容完全相同,但编辑格式按 GB/T 1.1 的规定。

本标准由中国电器工业协会提出。

本标准由全国电力电子学标准化技术委员会(SAC/TC 60)归口。

本标准由西安电力电子技术研究所起草。

本标准起草人:周观允、陆剑秋、蔚红旗。

本国家标准在机械行业标准 JB/T 7062—1993 基础上制定。

半导体变流器　变流联结的标识代号

1　范围和目的

1.1　范围

本标准适用于 GB/T 3859 所包括的变流器设备的二极管和晶闸管堆、变流器装置的变流联结。

本标准规定的仅仅是最主要和最常用的、由阀器件构成的变流联结，并可用于作为堆和装置整个额定值代号的一部分。

本标准的适当部分也可用于其他标准涉及电力电子变换的阀器件堆和装置的变流联结。

1.2　目的

本标准的目的是规定一个逻辑系统，使用一组字母和数字符号来标识阀器件堆和装置的主臂和最主要辅助臂(如有)的联结，包括所有正在研究中的联结结构的必要资料。

因此，这种代号能代替联结图形，并且适合插入堆和装置总体额定值代号之中，也便于变流器特性资料的传播、交流、贮存和重印。

本标准使用的术语和定义见 GB/T 2900.33 和 GB/T 3859。

注：在现行标准(例如 GB/T 3859 等)中，所限定选用的变流联结列表说明，并以系列号标识。这些系列号在上述标准中仅作为参考，不作为通用目的或堆和装置总体额定值代号的一部分。

2　规范性引用文件

下列文件中的条款通过本标准的引用而成为本标准的条款。凡是注日期的引用文件，其随后所有的修改单(不包括勘误的内容)或修订版均不适用于本标准，然而，鼓励根据本标准达成协议的各方研究是否可使用这些文件的最新版本。凡是不注日期的引用文件，其最新版本适用于本标准。

GB/T 2900.33　电工术语　电力电子技术(GB/T 2900.33—2004，IEC 60050-551：1998，IDT；IEC 60050-551-20：2001，IDT)

GB/T 3859(所有部分)　半导体变流器(GB/T 3859—1993，eqv IEC 60146：1991)

IEC 60050-151　国际电工词汇　第 151 部分：电和磁的器件

3　标识代号的结构

基本变流联结的代号由一列字母和数字符号组成，每个符号表示联结的一个特征。通常，代号有 4～5 位，在本章解释性说明中，用字符 D1～D5、m、n 和 p 表示。

为了标识基本联结的组合，引入了一个关联字符和一个多重性因子 k。

注：在本章中，字符 D1～D5、k、m、n 和 p 只用作解释性说明，其本身并不表示变流联结的任何特征。具体的特征代号字符在第 4 章至第 7 章中给出。

3.1　基本联结

3.1.1　单拍和双拍联结(见 4.1 和 4.2)

通常，单个堆或装置的单元只由主臂的一个基本联结组成。这种基本联结的代号通常是 4 位，其形式为：

D1　p　D3　D4

其中：

D1——联结形式(见 4.1 和 4.2)；

p——脉波数；

D3——基本联结的可控性(见 5.1);

D4——附加内容,如:

——特征端子的极性(见 5.2);

——辅助臂(见 5.3)。

如果基本联结标识只需要 3 位,则应在位置 4 加空档符号 O,以便计算机编码。如:D1 p D3 O。

有辅助臂的基本联结的详细标识可能要求一两个附加位:D4′和 D4″(见 5.3),但是,辅助臂的标识是可选择的。

3.1.2 (交流控制器的)双向联结

多相的双向联结由反并联臂对或由单向主臂以多边形的形式组成。反并联臂对的多相联结(见 4.3.1和 4.3.2)可由数量等于电源相数或数量为电源相数减 1 的臂对构成。考虑到这两种可能性,双向联结代号再划分为两部分,并用关联字符“-”隔开,其形式如下:

D1 m D3-n D5

其中:

D1——主臂联结形式(见 4.3.1 和 4.3.3);

m——电源相数;

D3——反并联臂对的可控性(见 5.1);

n——反并联臂对或单向臂的数目;

D5——反并联臂对之间或单向臂之间的联结(见 4.3.2)。

对于多边形的单向臂多相联结(见 4.3.3 和 4.3.4),使用电源相数等于单向臂数目相同的代号结构。

表 1 给出了标识代号的结构,包括联结特征、代号字母、在代号中的位置以及对应的条款号。

3.2 基本联结的组合

3.2.1 一般情况

对于堆或装置由两个基本联结构成的情况,这两个基本联结分别用脚标 1 和 2 标注,并用一定的方式把它们关联起来,则代号可以扩展为以下形式:

$(D1_1 \quad p_1 \quad D3_1 \quad D4_1)+(D1_2 \quad p_2 \quad D3_2 \quad D4_2)$

其中,+——关联字符。

基本联结组合的示例在第 6 章中给出。

3.2.2 特殊情况

3.2.2.1 彼此完全隔离的两个基本联结[1)]

关联字符:+。

$(D1_1 \quad p_1 \quad D3_1 \quad D4_1)+(D1_2 \quad p_2 \quad D3_2 \quad D4_2)$

3.2.2.2 给出相同联结数目“k”

(D1 p D3 D4)k×

其中,×——相互联结形式的关联字符(见表 2)。在彼此隔离的情况下可省略:

(D1 p D3 D4)k

注:目前的代号中只考虑最常用的基本联结之间的相互联结(见表 2)。其他相互联结建议用图形详细说明。

1) IEC 60971:1989 给出的联结代号形式$(D1_1 \quad p1_1 \quad D3_1 \quad D4_1)+(D1_2 \quad p_2 \quad D3_2 \quad D4_2)$有误。

表 1　标识代号的结构、联结特征和代号字母

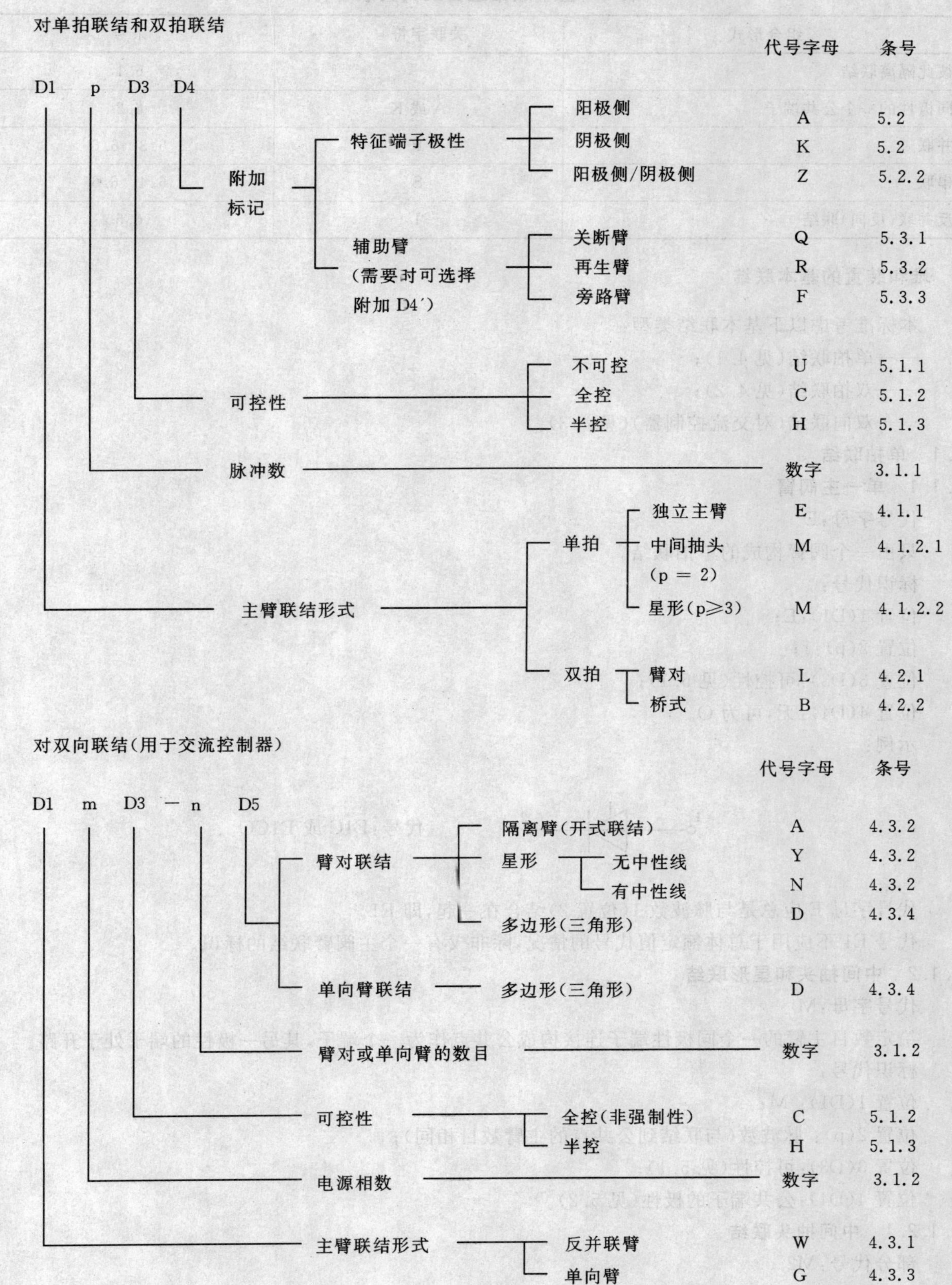

表 2　基本联结组合及其关联字符

组合形式	关联字符×	条号
彼此隔离联结	—	6.1
同极性的一个公共端子	A 或 K	6.2
并联	P	6.3　6.6
串联	S	6.4　6.6
反并联(反向)联结	I	6.5

4　堆和装置的基本联结

本标准考虑以下基本联结类型：

——单拍联结(见 4.1)；

——双拍联结(见 4.2)；

——双向联结(对交流控制器)(见 4.3)。

4.1　单拍联结

4.1.1　单一主阀臂

代号字母：E

只由一个阀臂构成的单拍联结。

标识代号：

位置 1(D1)：E；

位置 2(p)：1；

位置 3(D3)：可控性(见 5.1)；

位置 4(D4)：无，可为 O。

示例：

代号：E1C 或 E1CO

代号字母 E 应总是与脉波数 1(位置 2)结合在一起，即 E1。

代号 E1 不应用于总体额定值代号的情况，除非仅有一个主阀臂联结的标识。

4.1.2　中间抽头和星形联结

代号字母：M

给定数目主臂的一个同极性端子连接构成公共点作为一个端子，其另一极性的端子处于开路。

标识代号：

位置 1(D1)：M；

位置 2(p)：脉波数(与联结到公共点的主臂数目相同)；

位置 3(D3)：可控性(见 5.1)；

位置 4(D4)：公共端子的极性(见 5.2)。

4.1.2.1　中间抽头联结

部分代号：M2

术语“中间抽头联结”只适用于脉波数为 2 的情况。

示例：

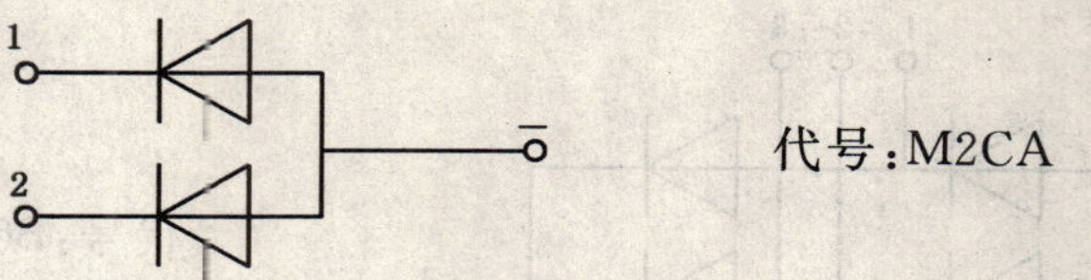

代号:M2CA

4.1.2.2　**星形联结**

部分代号:Mp,这里,p≥3。

术语“星形联结”适用于脉波数等于和大于 3 的情况。

示例：

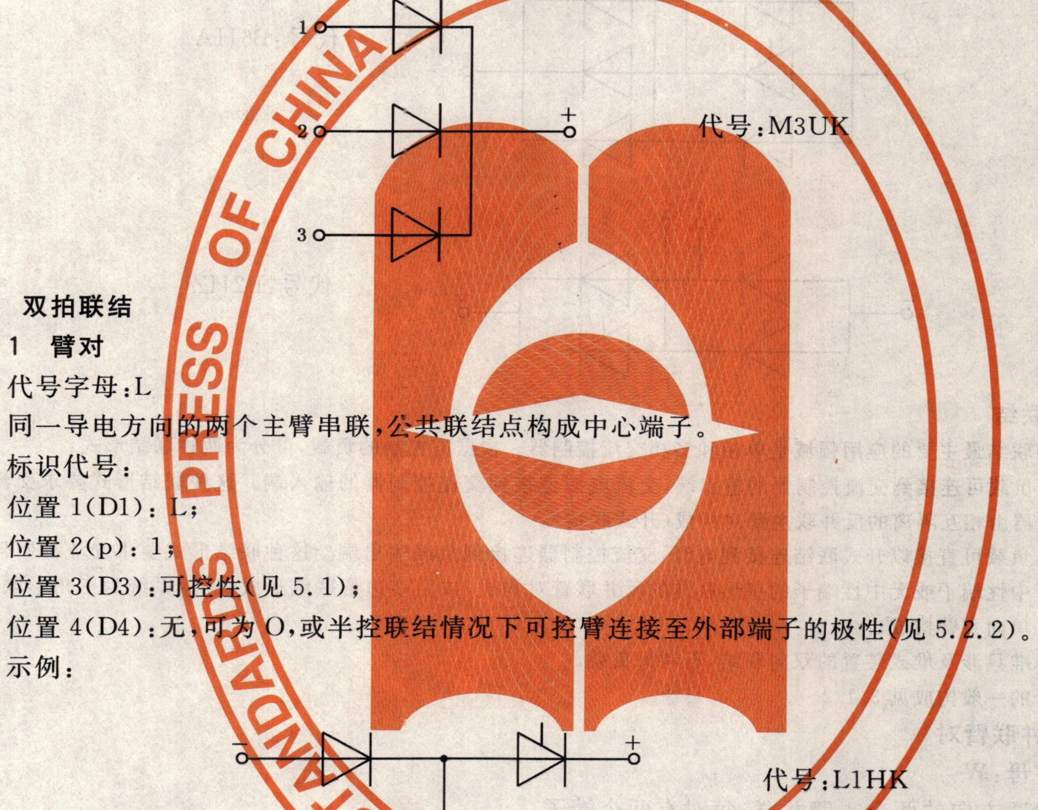

代号:M3UK

4.2　**双拍联结**

4.2.1　**臂对**

代号字母:L

同一导电方向的两个主臂串联,公共联结点构成中心端子。

标识代号：

位置 1(D1)：L;

位置 2(p)：1;

位置 3(D3):可控性(见 5.1);

位置 4(D4):无,可为 O,或半控联结情况下可控臂连接至外部端子的极性(见 5.2.2)。

示例：

代号:L1HK

代号字母 L 总是与位置 2 的数字 1 组合在一起使用,即 L1。

代号 L1 不适用于总体额定值的情况。

4.2.2　**桥式联结**

代号字母:B

给定数目臂对的同极性外部端子连接在一起,构成直流端子的正极和负极,臂对中心端子保持开路。

标识代号：

位置 1(D1):B;

位置 2(p)：脉波数 p;

位置 3(D3):可控性(见 5.1);

位置 4(D4):无,可以为 O,或半控桥式联结情况下可控臂连接在一起的端子的极性(见 5.2.2)。

示例：

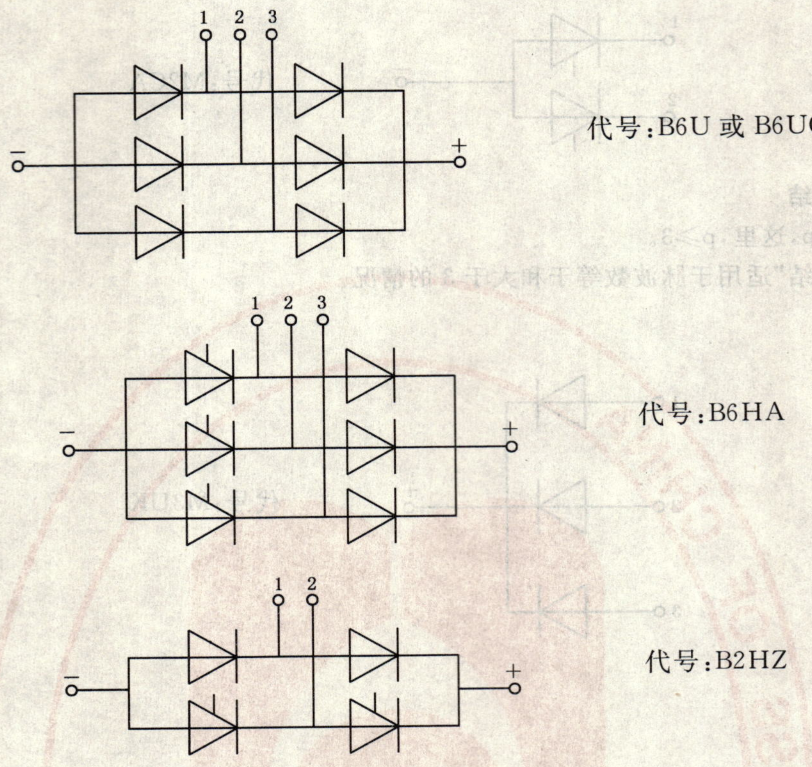

代号：B6U 或 B6UO

代号：B6HA

代号：B2HZ

4.3 双向联结

注：双向联结最主要的应用领域是单相和多相交流控制器。根据需控制的负载，可分为两种联结形式：

a) 负载可连接到交流控制器的输出端，交流电源连接到交流控制器的输入端。这种联结形式要求交流控制器由相互隔离的反并联主臂对构成（开式联结）。

b) 负载可直接以开式联结连接到电源，交流控制器连接到负载输出端。这种联结形式要求交流控制器由有中性端子或无中性端子的星形联结的反并联臂对构成，或由多边形联结形式（三相系统为三角形联结）的单向主臂构成。

本标准只涉及堆或装置的双向联结，不考虑负载。

代号的一般构成见 3.1.2。

4.3.1 反并联臂对

代号字母：W

相反导通方向的两个主臂并联，每对有两个端子。

单个反并联臂对的标识代号为：

位置 1(D1)：W；

位置 2(m)：1；

位置 3(D3)：可控性，C——全控（非强制性）；H——半控；

位置 4 和位置 5：无。

示例：

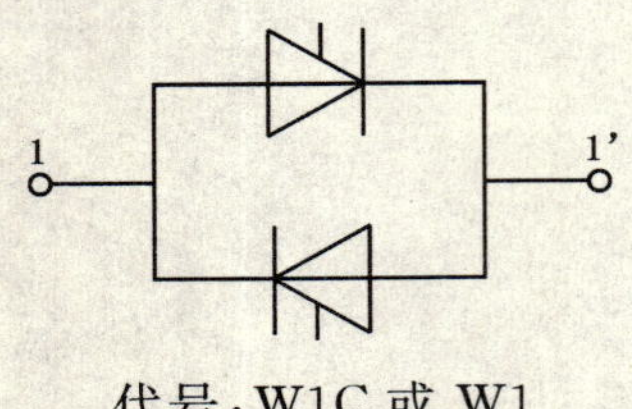

代号：W1C 或 W1

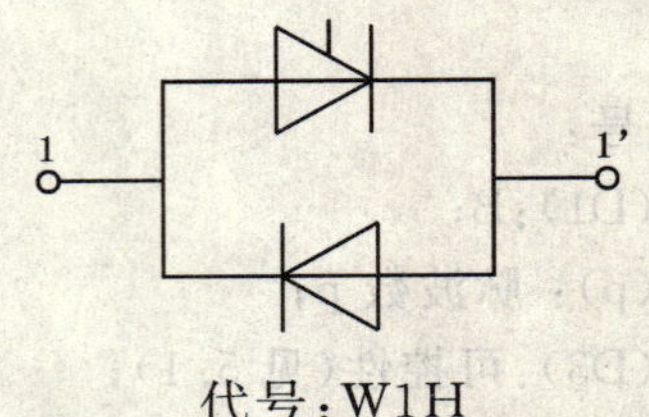

代号：W1H

4.3.2 反并联臂对的组合

给定数目的反并联臂对相互隔离,或连接到一个公共星点(有中性端子或无中性端子)。

反并联臂对的数量可等于电源相数,或有时为电源相数减1。这意味着完整的标识代号包含有电源相数和臂对数两者。

因此,代号由一个关联字符分成两部分。第一部分除了基本代号字母W外,还包括电源相数和可控性信息;第二部分标识反并联臂对数和联结形式。

标识代号:

位置1(D1):W;

位置2(m):电源相数;

位置3(D3):可控性,(见5.1和下面的注);

"-":分开位置3和位置4的关联字符;

位置4(n):反并联臂对数;

位置5(D5):反并联臂对的联结形式:

A——开式联结中,臂对相互隔离;

Y——无中性端子的星形联结;

N——有中性端子的星形联结;

D——多边形联结(三相系统为三角形联结)。

注:对于全控情况,位置3为C是常规,故为非强制性。对于半控情况,为了标识可控主臂(见5.2.3)的极性,位置3为H时,其后可设附加位3'。

示例:

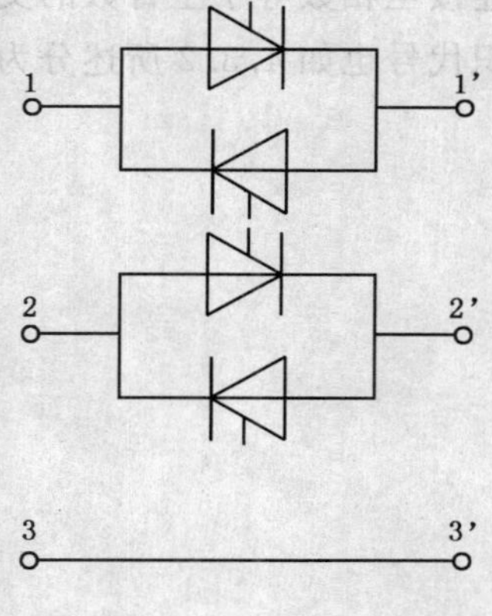

代号:W3C-2A或W3-2A

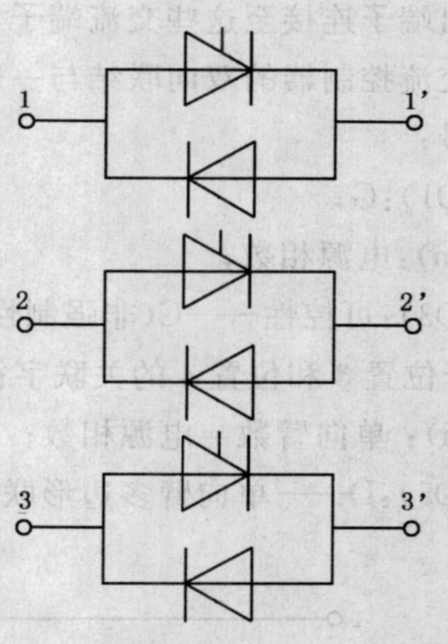

代号:W3H-3A

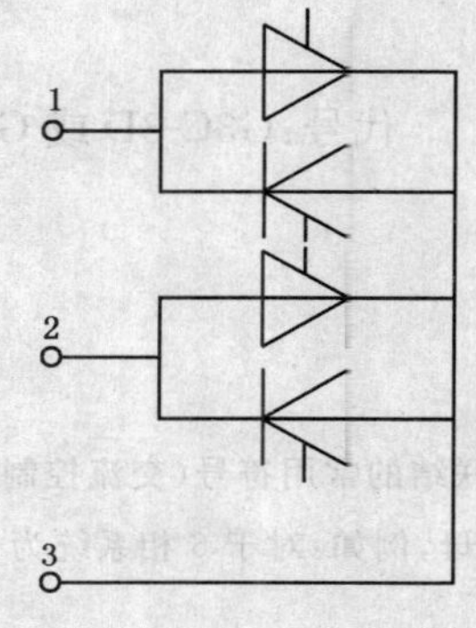

代号:W3C-2Y或W3-2Y

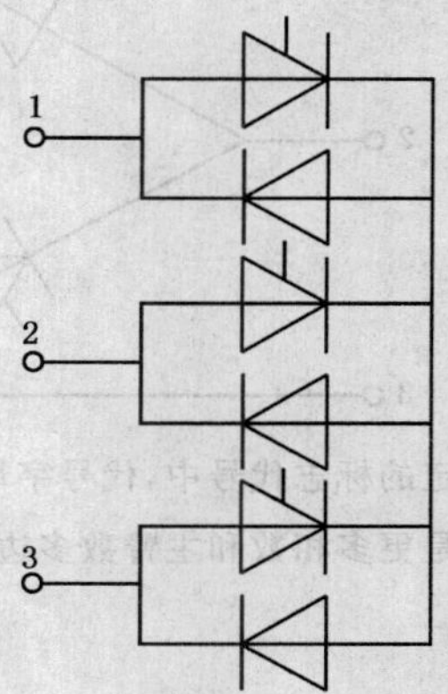

代号:W3H-3Y或W3HK-3Y

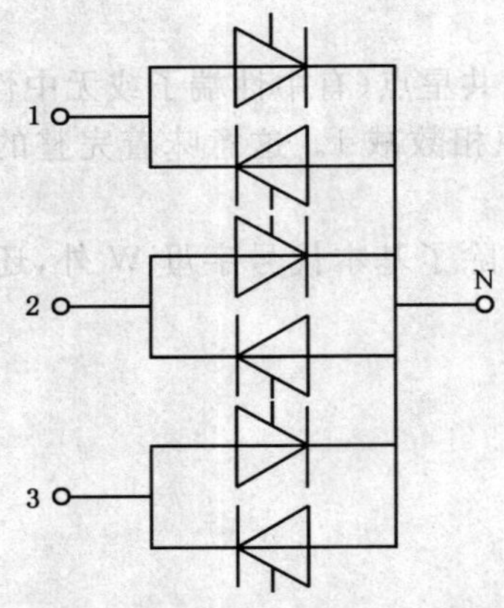

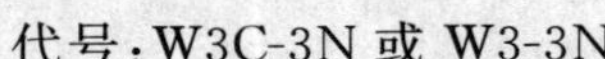

代号:W3C-3N 或 W3-3N

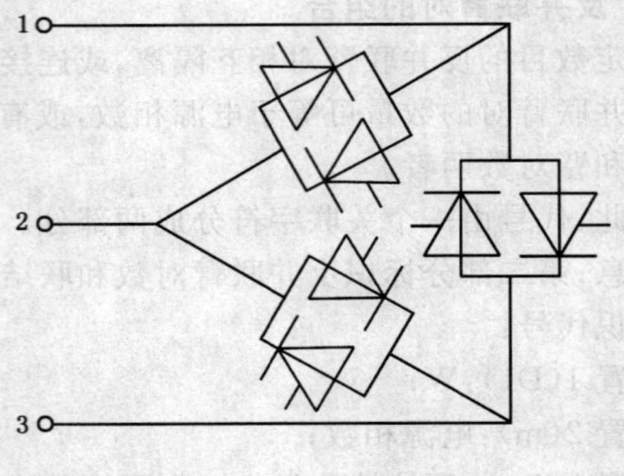

代号:W3C-3D 或 W3-3D

4.3.3 单向主臂

代号字母:G

单个单向主臂专用于多边形联结(见4.3.4)。因此,代号字母G只用于多边形联结。

4.3.4 (单向臂的)多边形联结

代号字母:G和D组合

给定数目的单向主臂按相同导电方向串联形成封闭回路。该回路的每一联结点作为一个交流端子。

负载输出端子连接至这些交流端子,而其输入端子连接至相数等于主臂数的交流供电电源。

为了使交流控制器的双向联结与一般代号一致,标识代号也如4.3.2所述分为两部分。

标识代号:

位置1(D1):G;

位置2(m):电源相数;

位置3(D3):可控性——C(非强制性);

"-":分开位置3和位置4的关联字符;

位置4(n):单向臂数=电源相数;

位置5(D5):D——单向臂多边形联结。

示例:

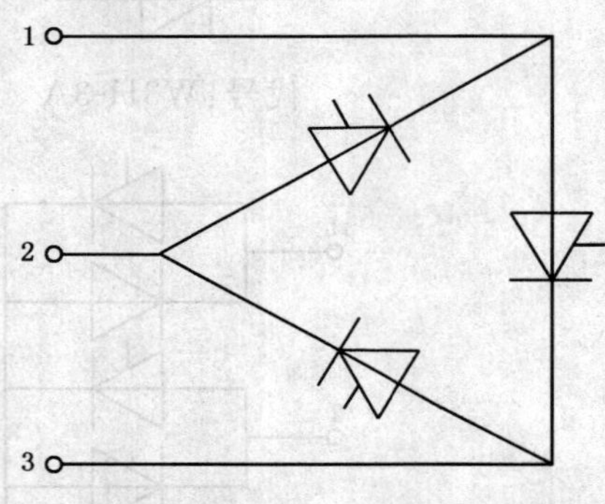

代号:G3C-3D 或 G3-3D

注:在上述规定的标志代号中,代号字母D是三相系统三角形联结的常用符号(交流控制器的多边形系统使用最为频繁),也是更多相数和主臂数多边形联结很通用的代号字母,例如:对于6相系统为G6C-6D。

5 附加标记

附加标记加在标识代号的基本联结代号字母(位置1)和脉波数或相数(位置2)中,表示以下特征:

——可控性(见 5.1),构成位置 3;

——需要区别的特征端子的极性(见 5.2),构成位置 4;

——辅助臂(如有,见 5.3),构成位置 4。

如果位置 4 给出了基本联结的极性,辅助臂的代号字母则作为附加位 4'。

5.1 可控性

相对于主臂,堆或装置联结可控性的标记用下述代号字母之一表示。

5.1.1 不可控联结,只由二极管构成

代号字母:U

5.1.2 全控联结,只由晶闸管构成

代号字母:C

5.1.3 半控联结

在双拍联结(4.2)和反并联臂对(4.3)中,其一半主臂是可控的,由晶闸管构成;另一半主臂是不可控的,由二极管构成(见 5.2.2 和 5.2.3)

代号字母:H

5.2 特征端子的极性

为详细而清楚地说明 4.1 至 4.3 规定的联结,可能需要标识堆或装置中一个或几个互连主臂特征端子的极性。

特征端子或互连端子的类型有:

——阳极端子　代号字母为 A;

——阴极端子　代号字母为 K。

示例见第 4 章相关条款。

注 1:辅助臂和主臂之间互连的极性见 5.3 与辅助臂相关的内容;

注 2:阳极和阴极的定义根据 IEC 60050-151。阳极:通常是电流流入不同导电率介质的电极。阴极:通常是电流流出不同导电率介质的电极。

5.2.1 单拍联结(见 4.1)

中间抽头(见 4.1.2.1)或星点(见 4.1.2.2)由主臂的阳极或主臂的阴极互连构成:

——主臂的阳极　代号位置 4:A;

——主臂的阴极　代号位置 4:K。

5.2.2 半控,双拍联结(见 4.2)

5.2.2.1 单极可控桥式联结

所有可控主臂连接至一点,且为同一端子的半控桥式联结。

该端子由可控主臂的阳极或可控主臂的阴极互连构成:

——可控主臂的阳极　代号位置 3 和位置 4:HA;

——可控主臂的阴极　代号位置 3 和位置 4:HK。

5.2.2.2 单臂对可控桥式联结

单相半控桥式联结(脉波数为 2),其两个臂对之一是可控的,另一臂对不可控:代号位置 3 和位置 4:HZ。

5.2.3 半控反并联臂对星形联结,有或无中性端子(4.3.2)

可控主臂连接为星点:

——阳极连接为星点　代号位置 3 和位置 3':HA;

——阴极连接为星点　代号位置 3 和位置 3':HK。

注:此时,位置 3 分解为 3 和 3',均位于关联字符之前。

5.3 辅助臂

注1：辅助臂设计通常依据其在变流器中的功能确定。一般情况下，这也决定了它的结构，即导通方向、与主臂的联结形式及其可控性。在堆和装置有辅助臂的情况下，允许使用一个或者两个代号字母(见5.3.1至5.3.3)来标识辅助臂，并附加至基本联结的标识代号中。

基于此，以下条款中给出的辅助臂描述应认为仅仅是为了本标准的说明，而与GB/T 2900.33的定义不同。

代号字母的规定限于最常用的基本结构的辅助臂和以下5.3.1至5.3.3所述的基本联结。

注2：5.3.1至5.3.3规定的代号字母的应用是可选择的。

辅助臂的标识代号字母通常构成位置4。关于辅助臂可控性和极性的更多信息，可能需要把代号扩展一两个位置

5.3.1 关断臂

代号字母：Q

基本电路：可控关断阀的一个端子与主臂相同极性的端子连接，另一个端子保持开路，以便与附加关断电路部件互连。

此时，关断臂的阀和主臂可有：

——阳极互连　　附加代号字母为：……QA；

——阴极互连　　附加代号字母为：……QK。

示例：

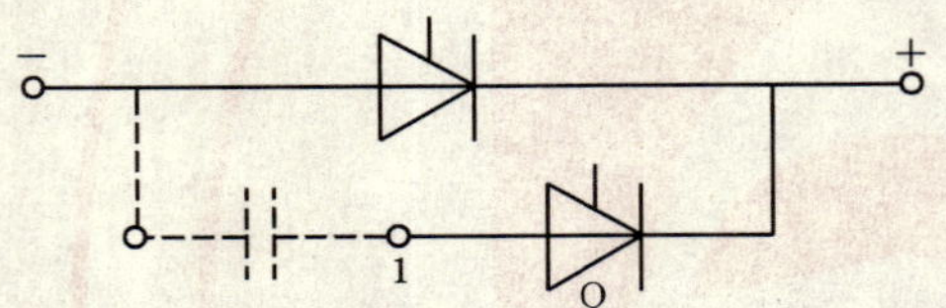

代号：E1CQK或E1QK

5.3.2 再生臂

代号字母：R

基本电路：不可控阀臂以相反导通方向与主臂或基本联结连接。

再生臂与主臂互连，但其中一端可不连接，以便以后与附加电路部件连接。

此时，再生臂的阀可连接到主臂的阳极或阴极：

——连接到阳极　　附加代号字母为：……RA；

——连接到阴极　　附加代号字母为：……RK。

示例：

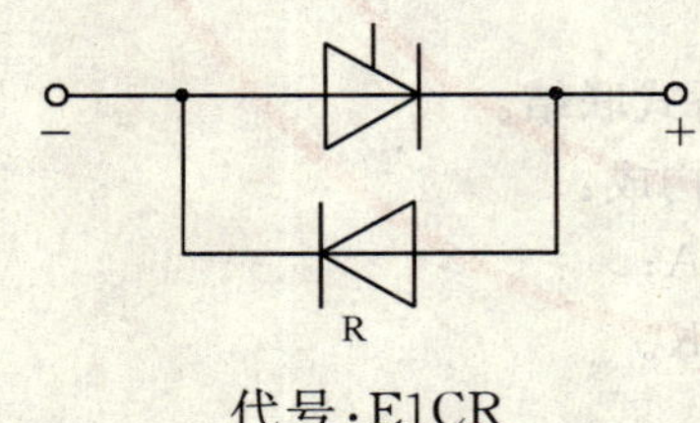

代号：E1CR

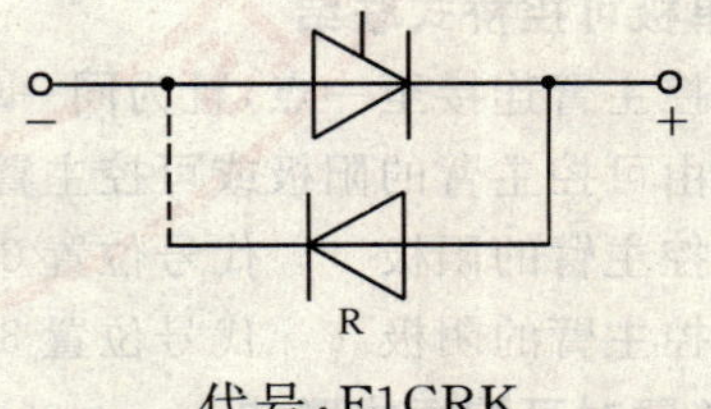

代号：E1CRK

5.3.3 旁路臂

代号字母：F

基本电路：不可控或可控阀臂以相同的导通方向与基本联结并联连接。

使用不可控旁路臂时，附加代号部分字母为：……FU，允许缩写(一般如此)为：……F；

使用可控旁路臂时，附加代号部分字母为：……FC。

旁路臂与基本联结互连，但其中一端可不联结，以便以后与附加电路部件连接。

此时，旁路臂的阀可连接到主臂的阳极或阴极：

——连接到阳极　　附加代号字母为：A；

——连接到阴极　　附加代号字母为：K。

并增加到该部分代号的后面，例如：FA 或 FCK。

示例：

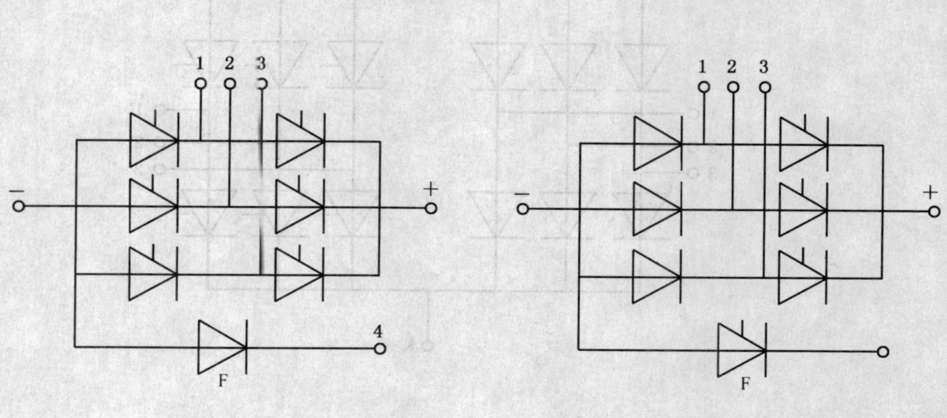

代号：B6CFA　　　　代号：B6HKFC

6　通用堆或装置中基本单拍联结和双拍联结的组合

通用的堆或装置组合在一起，变流器联结的组合由该组合中所包含的基本联结的代号来标识。各基本联结代号均分别加括号，并由表示组合方式的关联字符关联在一起。组合方式的说明见 6.1 至 6.5。

对通用堆或装置内 k 个相同的基本联结，代号可以使用在带括号的联结后面加字母 k 以及表明组合方式的关联字符（如有）进行简化。

6.1　相互隔离的基本联结

关联字符：＋

通用堆或装置中，两个或多个独立基本联结没有公共端子且互不连接的代号，由关联字符"＋"连接在一起。

示例：

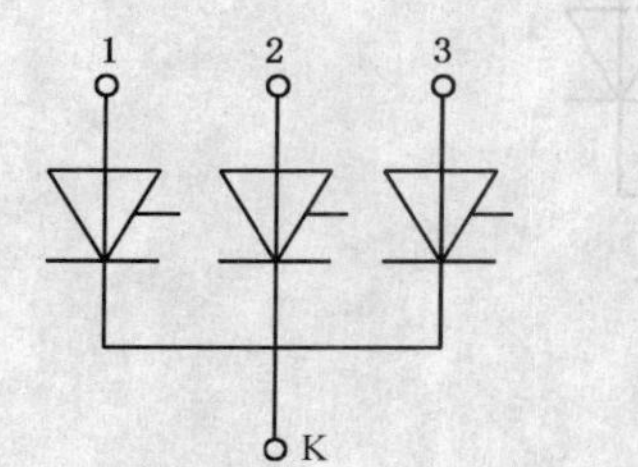

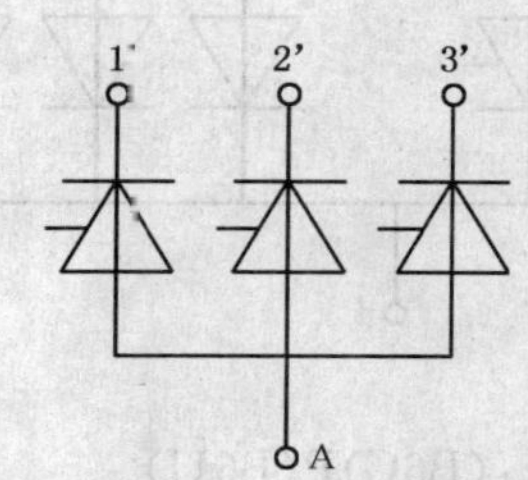

代号：(M3CK)＋(M3CA)

对于两个相同的基本联结，则为：(M3CK)2。

6.2　有一个公共直流端的基本联结

关联字符：A 或 K

通用堆或装置中的两个或多个基本联结：

——仅阳极侧（负极端子）相互连接　　关联字符为：A；

——仅阴极侧（正极端子）相互连接　　关联字符为：K。

示例：

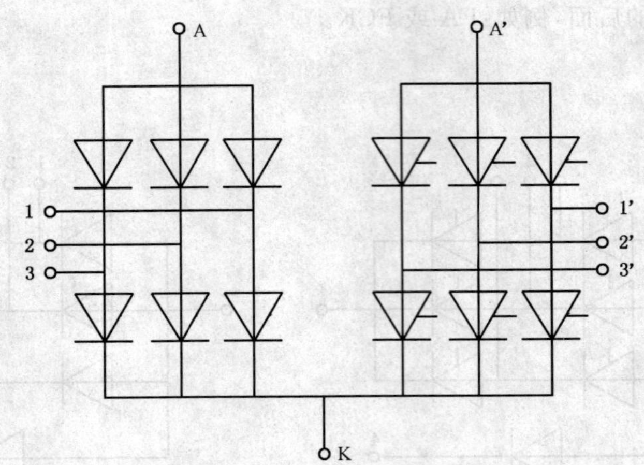

代号：(B6U)K(B6C)

对于两个相同的不可控联结，则为：(B6U)2K。

6.3 直流侧并联的基本联结

关联字符：P

两个(或多个)基本联结的阳极侧和阴极侧分别并联连接，具有公共的直流端子。代号用关联字符P关联。

示例：

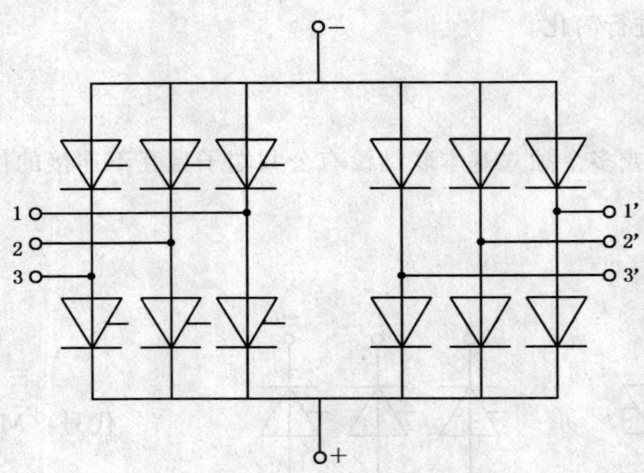

代号：(B6C)P(B6U)

对于两个相同的可控联结，则为：(B6C)2P。

6.4 直流侧串联的基本联结

关联字符：S

两个(或多个)基本联结的直流侧串联。用关联字符S关联。

示例：

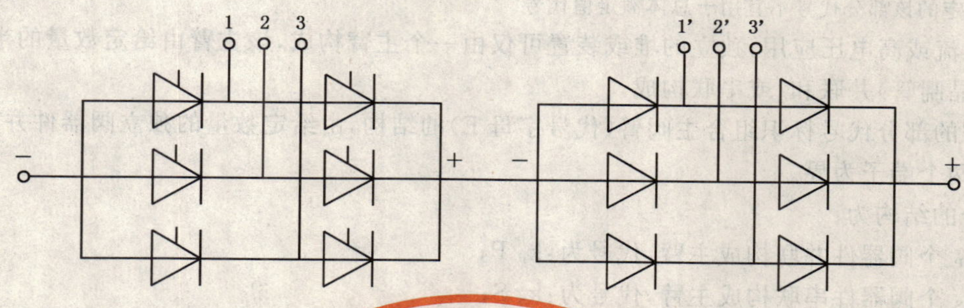

代号：(B6C)S(B6U)

对于两个相同的可控联结，则为：(B6C)2S。

6.5 反并联（逆向）单拍和双拍联结

关联字符：I

两个基本单拍或双拍联结直接反并联连接，则这两个基本联结的代号用关联字符 I 关联。

注：举例来说，对于单拍和双拍联结，反并联基本联结适用关联字符 I，而不适用代号字母 W。

在特殊情况下，用主臂直接反并联的中间抽头联结和星形联结(见 4.1.2)连接到一个公共直流端子，为交流到直流和/或直流到交流的变换提供了两个导通方向，宜采用关联字符 I 标识。

星形联结带中性端子的双向联结(相同图形)宜采用代号字母 W 标识(见 4.3)。

示例：

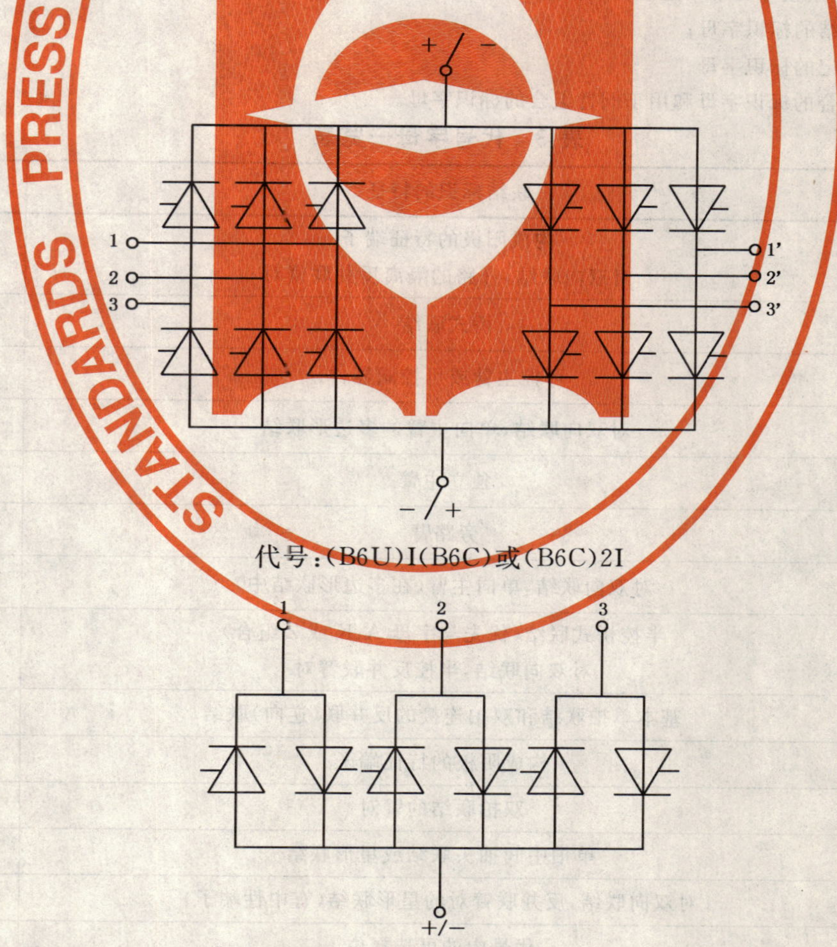

代号：(B6U)I(B6C)或(B6C)2I

代号：(M3CK)I(M3CA)或(M3C)2I

6.6 阀器件并联和/或串联组合构成一个独立主臂

注：本条规定的该部分代号不宜用于总体额定值代号。

对于大电流或高电压应用，独立的堆或装置可仅由一个主臂构成，该主臂由给定数量的半导体阀器件（二极管或晶闸管）并联和/或串联构成。

下面附加的部分代号标识组合主阀臂（代号字母 E）的结构，由给定数量的独立阀器件并联和/或串联构成，且以两个端子为界。

部分代号的结构为：

——由 k_P 个阀器件并联构成主臂，代号为：k_P P；

——由 k_S 个阀器件串联构成主臂，代号为：k_S S；

——由 k_P 个阀器件并联构成主臂，且每个主臂由 k_S 个阀器件串联构成，其代号为：(k_P P)k_S S；

——由 k_S 个阀器件串联构成主臂，且每个主臂由 k_P 个阀器件并联构成，其代号为：(k_S S)k_P P。

该部分代号应直接放在基本联结的主代号字母 E 和标识可控性的代号字母（U 或 C）之后。为更清楚起见，部分代号（EU）或（EC）应采用括号。

那么，扩展后的完整代号为：(E.)(k_P P)k_S S 或(E.)(k_S S)k_P P。

7 代号字母一览表

表 3 为按字母顺序排列的变流联结标识代号用字母一览表，给出了单个字母表示的联结特征，以及标识更多特征信息的参考条款。

注：表中最后一栏条款号的第一位数表示相应字母归属的联结特征组别。这些组别为：

4——基本联结的标识字母；

5——附加标记的标识字母；

6——联结组合的标识字母和用于阀臂组合的标识字母。

表 3 代号字母一览表

字母	联结标识的特征	参考条款
A	构成阳极的特征端子 对双向联结，开路的隔离反并联臂对	5.2 4.3.2
B	桥式联结	4.2.2
C	可控主臂或可控阀器件	5.1.2
D	对双向联结，单向主臂的多边形联结	4.3.4
E	独立主臂	4.1.1
F	旁路臂	5.3.3
G	对双向联结，单向主臂（在多边形联结中）	4.3.3
H	半控桥式联结（优先与字母 A、K 或 Z 组合） 对双向联结，半控反并联臂对	5.1.3
I	基本单拍联结和双拍连接的反并联（逆向）联结	6.5
K	构成阴极的特征端子	5.2
L	双拍联结的臂对	4.2.1
M	单拍中间抽头联结或星形联结	4.1.2
N	对双向联结，反并联臂对的星形联结（有中性端子）	4.3.2
O	代号中的可选择位	3.1

表 3(续)

字母	联结标识的特征	参考条款
P	基本联结的并联联结 阀器件的并联联结	6.3 6.6
Q	关断臂	5.3.1
R	再生臂	5.3.2
S	基本联结的串联联结 阀器件的串联联结	6.4 6.6
U	不可控主臂或不可控阀器件	5.1.1
W	对双向联结,反并联主臂对	4.3.1
Y	对双向联结,反并联臂对的星形联结(无中性端子)	4.3.2
Z	单对半控、丙脉波桥式联结,只用于与字母 H 组合成 HZ	5.2.2
+	堆或装置内两个或多个独立基本联结的关联字符	6.1

ICS 17.220.20
H 21

中华人民共和国国家标准

GB/T 21227—2007/IEC 61788-13:2003

交流损耗测量 Cu/Nb-Ti 多丝复合线磁滞损耗的磁强计测量法

AC loss measurements—Magnetometer methods for hysteresis loss in Cu/Nb-Ti multifilamentary composites

(IEC 61788-13:2003,IDT)

2007-11-14 发布　　2008-05-01 实施

中华人民共和国国家质量监督检验检疫总局
中国国家标准化管理委员会　发布

前　言

本标准等同采用 IEC 61788-13:2003《交流损耗的测量　Cu/Nb-Ti 多丝复合线磁滞损耗的磁强计测量法》。

本标准对 IEC 61788-13:2003 个别条目中出现的编辑性错误做了修改。

本标准的附录 A 为资料性附录。

本标准由国家超导技术联合研究开发中心和全国超导标准化技术委员会提出。

本标准由全国超导标准化技术委员会归口。

本标准负责起草单位:中国科学院物理研究所。

本标准参加起草单位:南京大学、中国科学技术大学、北京有色金属研究总院、西北有色金属研究院、中国科学院电工研究所。

本标准主要起草人:郑东宁、丁世英、曹烈兆、华崇远、汪京荣、林良真。

本标准为首次发布。

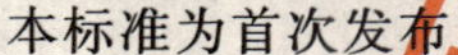

引　言

国际电工委员会超导技术委员会(IEC/TC 90)提出用磁强计和探测线圈方法来测定 Cu/Nb-Ti 复合超导线在随时间变化的横向磁场中的交流损耗。这是为了使横向磁场中(也是测量中常见的构型)交流损耗各影响因子的测量标准化而做出的初始努力。

经讨论,决定将上述提议拆分为两个文件,分别涵盖两种标准方法。其中之一用于描述磁滞损耗和在低频磁场(或低扫场速率)下总交流损耗的磁强计测量法,另一个用于描述在较高频磁场(或较高扫场速率)下总交流损耗的探测线圈测量法。磁强计法测量频率范围为 0 Hz～0.06 Hz,探测线圈法测量频率范围为 0.005 Hz～1 Hz。重叠部分(0.005 Hz～0.06 Hz)是两种方法都可用的频率范围。

本标准所涉及的是磁强计测量法。

交流损耗测量　Cu/Nb-Ti 多丝复合线磁滞损耗的磁强计测量法

1　范围

本标准描述了运用直流或低扫场速率磁强计方法对 Cu/Nb-Ti 多丝复合线磁滞损耗进行测量的相关事宜。本标准所针对的是 Cu/Nb-Ti 多丝复合导体中磁滞损耗的测量。测量应在 4.2 K 或 4.2 K 附近的温度下针对圆形线进行。直流或低扫场速率磁强计法使用的是超导量子干涉器件(SQUID)磁强计或振动样品磁强计(VSM)。如果测量中发现用不同的(但均校准过的)磁强计所得的结果存在差异，则以 VSM 在外推至零扫场速率下测量的结果为准。

2　规范性引用文件

下列文件中的条款通过本标准的引用而成为本标准的条款。凡是注日期的引用文件，其随后所有的修改单(不包括勘误的内容)或修订版均不适用于本标准，然而，鼓励根据本标准达成协议的各方研究是否可使用这些文件的最新版本。凡是不注日期的引用文件，其最新版本适用于本标准。

GB/T 13811—2003　电工术语　超导电性(IEC 60050-815:2000,MOD)

IEC 61788-5　超导电性　第 5 部分:基-超体积比测定　Cu/Nb-Ti 复合超导体的铜-超体积比

3　术语和定义

GB/T 13811—2003　确立的以及下列术语和定义适用于本标准。

3.1

交流损耗 AC loss

P

因随时间变化的磁场或电流，复合超导体中损耗的功率。

[GB/T 13811—2003 中 815-04-54 条]

注：每个磁场周期中的交流损耗指定为 Q。虽然从一般意义上来说，所有这种损耗都不可避免地是“磁滞性”，但超导复合材料中的损耗常常划分为磁滞型、涡流型以及耦合型损耗，定义见 GB/T 13811—2003 中 815-04-54 条的注 1 和注 2。

3.2

磁滞损耗 hysteresis loss

P_h

超导体在变化磁场中出现的一种损耗，其每一周期内的损耗值和频率无关。

注：磁滞损耗由磁通钉扎导致超导材料的不可逆磁性所引起。

[GB/T 13811—2003 中 815-04-55 条]

注：磁滞损耗仅发生于 Cu/Nb-Ti 复合材料的超导区，复合材料中即使不存在基体材料，该损耗也会发生。每个周期下的磁滞损耗(Q_h)与磁化强度—磁场(M-H)磁滞回线面积有密切联系，相关的 M 有时被当作“持续电流磁化强度”。

3.3

涡流损耗 eddy current loss

P_e

在变化的外磁场或自场中，超导体的常导基体或结构材料中感应的涡流所产生的损耗。

[GB/T 13811—2003 中 815-04-56 条]

注:每个周期内的涡流损耗指定为 Q_e。

3.4

[丝]耦合[电流]损耗 (filament)coupling(current)loss

P_c

有正常基体的多丝超导线中,耦合电流产生的损耗。

[GB/T 13811—2003 中 815-04-59 条]

注:每个周期内的耦合损耗指定为 Q_c。

3.5

邻近效应耦合损耗 proximity effect coupling loss

P_{pe}

由于邻近效应而使复合超导体中超导丝之间的基体材料呈现超导时,超导电流沿超导丝流动并穿过基体材料形成环流而导致的损耗。

注:在这种情形下,邻近效应电流与耦合电流为相同路径而发生竞争。由于邻近效应,整个电流路径呈超导电性,P_{pe}表现为一种持续电流的效应。邻近效应的存在会使 P_h 增大。当 Cu/Nb-Ti 复合超导体的丝间距减少至 1μm 以下时,就会产生邻近效应。每个周期内邻近效应损耗指定为 Q_{pe}。

3.6

退磁 demagnetization

超导样品的磁化使超导体感受到的外加磁场降低的现象。

注:退磁不仅与磁化强度有关,还依赖于样品几何尺寸和外加磁场取向。在 4.2 K 和强磁场下,Cu/Nb-Ti 多丝复合线的退磁现象是可以忽略的。

3.7

磁通蠕动 flux creep

热激活引起的磁通涡旋从一个钉扎中心到另一个钉扎中心的运动。

[GB/T 13811—2003 中 815-03-20 条]

注:磁通蠕动指的是在外磁场和样品温度恒定时超导体的持续电流磁化强度随时间衰减的现象(本标准所涉及的 Cu/Nb-Ti 多丝复合线通常呈对数衰减)。磁通蠕动显著时磁滞损耗与频率关系变得明显。除非存在邻近效应耦合,否则 Cu/Nb-Ti 复合材料中的磁通蠕动是可以忽略的。

3.8

磁通跳跃 flux jump

被钉扎的磁通涡旋协同和瞬时的运动,是由机械、热、磁或电的干扰触发的磁不稳定性所引起的。

[GB/T 13811—2003 中 815-03-22 条]

注:磁通跳跃以超导体磁化强度骤然降低的形式表现出来。

3.9

超导丝体积 filamentary volume

给定样品中超导丝的总体积。

3.10

复合材料体积 composite volume

包含超导和基体材料的样品总体积。

3.11

扫描幅值 sweep amplitude

H_{max}

外加磁场的最大值。

3.12

磁滞回线 magnetization loop

当外磁场从 $+H_{max}$ 开始到 $-H_{max}$ 再回到 $+H_{max}$ 变化一周时，样品磁化强度随外磁场强度相应变化而得到的闭合曲线。

注：磁滞回线面积(Q)是每周期内的能量损耗。与上述的功率损耗类比，Q 由 Q_h、Q_e、Q_c 及 Q_{pe} 各部分组成。

4 要求

本标准要求在各个不同实验室间进行比对测试时，用本方法测量的磁滞损耗的复现性应优于5%，即变化系数(COV，标准偏差除以磁滞损耗测定的平均值)小于5%。

影响结果精确度的重要变量和因素说明如下：

4.1 外加磁场精确度、精密度和均匀性

外加磁场精确度应等于或优于1%，精密度应等于或优于0.5%。外加磁场在样品测试位置区域内的不均匀性应小于0.1%。

4.2 VSM 的校准

校准 VSM 是为了确保样品磁矩测量精确度等于或优于2%。校准应在所有低温恒温器和其他金属部件到位的情况下(如在实际测量中那样)进行。应运用以下方法之一来进行校准。

a) 饱和磁化强度法

磁强计用小镍(Ni)球进行标定，可沿用美国国家标准技术研究所(NIST，USA)的标准参考材料772a进行校准。它是由高纯镍(Ni)制成的直径为2.383 mm 的镍(Ni)球。在298 K 和398 kA/m ($\mu_0 H=0.5$ T)的磁场 H 下，镍球的标准磁矩为 $m=(3.47\pm 0.01)\text{mA m}^2$。利用此球进行校准时，磁矩随温度和磁场的变化由下式修正：

$$m=3.47[1+0.0026\ln(H/398)][1-0.00047(T-298)] \quad (\text{mA m}^2)$$

其中，H 的单位为 kA/m(1 kA/m=12.56 Oe)，T 的单位为 K。为方便起见，推荐在400 kA/m 左右的磁场下进行校准。

b) 磁化率法

磁强计的校准也可以利用超导体在低于下临界磁场下迈斯纳抗磁磁化率 $X_{Mei}=(M/H)_{Mei}=-1$ 原理进行。为此，可用退火过的纯铌(Nb)样品。显然，该方法只能在低磁场下进行，而且测量时必须对外加磁场进行准确的测量。同时校准中还需根据样品形状进行退磁修正。另外也可通过测量钯(Pd)的顺磁磁化率来校准磁强计。这种方法也需要知道外磁场的准确值，但不需进行退磁修正。

4.3 温度

测量应在接近液氦正常沸点4.2 K 的温度下进行。如测量是在其他温度下进行的，应将测量结果校正到4.2 K。温度测量精确度应在±0.1 K 以内，并在报告中指出。

4.4 样品长度

若干磁化强度分量是样品长度 L 的函数。在测量中，这种长度依赖关系引起的效应应予以消除或控制在允许的范围内。

a) 在较短的样品中，临界电流密度在纵向和横向的各向异性会引起一个能被测出的"末端效应"，因而 Q_h 会与样品长度有关。为避免这种影响，样品制备时其中超导丝长度-直径比应大于20。

b) 当丝间距 d_s 小于1 μm 时，Cu/Nb-Ti 多丝复合线中会产生邻近效应。此情形下，邻近效应对磁化强度的贡献与样品长度 L 和扭距 L_p 有关。在报告结果时，应按照以下方式将这些长度

考虑在内：

——当 d_s 小于大约 1 μm 且丝不扭绞时，Q_h 应被当作 L 的函数进行测定并将结果外推至 L 为零；

——当 d_s 小于大约 1 μm 且丝存在扭绞时，应在 $L>5L_p$ 条件下测量 Q_h。

4.5 样品取向和退磁效应

损耗测量应在横向磁场下在一束股线样品上进行。当磁场完全穿透 Cu/Nb-Ti 多丝股线中的超导细丝时，退磁效应是可以忽略的。同样，所测股线束的截面形状（如圆形、扁平形及方形等）对损耗测定的影响也是可以忽略的。然而，为了结果报告的完整性，股线束的形状应写入报告中。

4.6 约化体积

有时需要根据超导材料体积来评估磁滞损耗。为此，有必要采用一种决定铜-超体积比的标准步骤。具体参见 IEC 61788-5。在本标准中，交流损耗是以复合材料总体积给出的，上述决定铜-超体积比的步骤可不必考虑。体积测量精确度应等于或优于 1%。

4.7 磁场循环或扫描方式

在整个测量中外加磁场可以逐点变化，起始并终止于 H_{max}。当使用 SQUID 磁强计时，仅限于这种磁场变化模式。而 VSM 既可以逐点变化，也可以以半连续的扫场模式进行。M-H 回线可由约 200 个数据对构成。

5 VSM 测量方法

对于 VSM 技术应用的完整描述见参考文献[2]。

5.1 VSM 测量原理

VSM 基本原理如下[3]：待测样品置于均匀磁场中，磁场使样品磁化。样品在一套探测线圈中作机械振动。磁矩的振动引起与探测线圈相耦合的磁场振动，从而在探测线圈中感应出交流电压。交流电压由电子线路检测并转换成磁矩值。测量中磁强计是“相对测量”装置，而非“绝对测量”装置，因而其输出信号需要对照标样进行校准。虽然也存在自制的 VSM，但测量中已越来越多地使用商用仪器。一般来说，它们都拥有如下共性：待测样品固定于纵向（竖直方向）振动的竖直杆上，振荡幅度约 1 mm，振荡频率选取一较低的适当值。

磁场既可由水平放置的铁芯电磁体也可由竖直放置的超导螺线管提供。按习惯，它们分别对应于样品振动方向垂直或平行于磁场方向。探测线圈以适当形式成对放置和连接，以消除任何外部磁场振荡（磁噪声）的影响，而仅探测到由样品振动而产生的磁场振荡。

损耗值由完整的 M-H 回线面积的数值积分确定。

样品置于探测线圈空间的“优区”（sweet spot）处的小范围内。在此范围内，信号随样品在竖直或水平方向上的位置变化仅发生微小的改变。样品沿竖直方向运动（沿 z 方向）时，无论是在电磁铁型 VSM 还是在超导螺线管型 VSM 中，信号均是在样品通过“优区”时最强。而当样品在水平方向运动时，对电磁铁型 VSM 而言，“优区”位于磁场的“鞍点”（沿磁场方向呈现极小值，垂直于磁场方向呈现极大值）；而对超导螺线管型 VSM 而言，则位于“盆底”（即当样品沿任意半径方向移动时信号在螺线管轴线上最弱）。

5.2 VSM 样品制备

典型 VSM 中“优区”区域的空间要求样品体积一般小于 30 mm^3。就 Cu/Nb-Ti 多丝复合线的 VSM 测量而言，可采用以下三种不同样品形式之一：

a) 短直型样品：此类样品由一根或多根长度不超过 1 cm 的股线组成（选用的根数依信号强度要求确定）。每根股线末端应仔细打磨平整（参见参考文献[2]）。

b) 多匝线圈：如需测量长细线样品，则它们可以绕成多匝线圈来进行测量（参见参考文献[4]）。利用电磁铁型 VSM 进行测量时，线圈为椭圆形且固定时保持长轴竖直向上（即平行于振动轴)，线圈平面垂直于磁场方向。利用超导螺线管型 VSM 进行测量时，多匝线圈为圆形，线圈平面垂直于振动轴。

为使股线间耦合降至最低，短直线束股线和多匝线圈应用清漆、罐封装或其他电绝缘方法绝缘。

c) 螺旋型线圈：介于短直样品和多匝线圈间的结构是螺旋型线圈。按参考文献[5]的建议，线圈由一根股线沿螺纹沟槽绕制而成。螺旋轴与磁场保持平行，若螺旋角小于 8°仍可视为磁场横向加在样品上。用螺旋线圈法，可以测量较长且比较粗的股线。

5.3 VSM 测量条件及校准

5.3.1 磁场幅值

应当明确给出根据具体需要所采用的测量磁场幅值(见第 6 章)。

5.3.2 外加磁场方向

磁场应横向施加在股线轴上。因此，外加磁场将垂直于短直型样品的轴线，垂直于多匝线圈平面，或平行于螺旋线圈轴线。

5.3.3 外加磁场变化率(扫描速率)

5.3.3.1 耦合效应

外加磁场扫描速率应足够低，以使得耦合损耗 P_c 对交流损耗的贡献可忽略不计。但是在极低的扫描速率下(含逐点测定情形)，强耦合效应以涡流衰减(指数蠕变)的形式重新表现出来时，这种效应应加以考虑。如在通常的 VSM 扫描速率下测量中遇到可探测到的耦合，Q_h 应外推至 dH/dt 为零时来确定。已经证明，Q_c 值随 dH/dt 线性变化。

5.3.3.2 邻近效应

测量者应该清楚，细丝复合体中损耗可能包含邻近效应的贡献。与邻近效应相对应的是对数型蠕变。因此，邻近效应与涡流耦合的区别在于它对 dH/dt 的依赖关系不同。

5.3.4 磁场变化的波形

当采用连续扫场模式测量时，磁场应匀速地在端点 $\pm H_{max}$ 之间变化。参见上述的 3.11 和 4.7。

5.3.5 样品尺寸及形状修正

校准应按 4.2 的内容进行，而且应考虑到被测样品的尺寸和形状以及校准样品的尺寸和形状之间的关系。

被测样品应置于“优区”中心处。

对小于校准样品的被测样品，无须进行尺寸修正。

对大于校准样品的被测样品，可采用以下两种方法之一进行尺寸修正：

a) 用 Ni 制作被测样品的复制品，并作为次级标准使用；

b) 测出“优区”附近的信号响应分布，并根据测试响应来获得尺寸和形状的修正。

5.3.6 附加物修正(背底扣除)

测量人员应清楚，被测样品支架及附加部件(如温度传感器)有可能对损耗有明显的贡献。当存在这种情形时，应进行修正。

5.3.7 数据点密度

现代计算机程控的 VSM 测量中，所采集的数据点数可以根据需要由少到多在一个很宽的范围内变化，因此可选取适当的数据对数来构成 M-H 回线。如曲线中存在精细结构(例如反映邻近效应磁化强度的各种细节)，则有必要获得很高的数据点密度。当采用逐点测量模式时，M-H 回线应由不少于 100 个数据对构成。

6 测试报告

交流损耗测量结果报告至少应包括如下具体说明,任何缺失的信息应说明理由。

6.1 有关测量的基本情况

a) 进行测量的实验室名称;

b) 提出测量要求的单位或人员名称;

c) 提出测量的其他细节。

6.2 技术细节

a) 有关超导股线的尽可能详细情况,如:

——制造商及股线编号;

——股线材料;

——股线设计参数,如组装次数;

——芯丝束的和整线的铜-超体积比;

——基材剩余电阻比 RRR;

——扭距;

——丝数;

——丝径。

b) 样品——待测股线

——样品形式(线束或线圈):

● 线束尺寸,线束内复合线数目;

● 线束长度。

——线圈尺寸。

——样品中股线总长度。

——样品固定方式(与外磁场的相对取向)。

c) 测试设备——仪器和条件

——磁强计校准过程及相关细节;

——磁场测定的精确度及校准步骤;

——温度测定的精确度及所用步骤;

——说明外磁场是逐点还是连续变化模式,对后一模式还应说明磁场的变化速率;

——绘制整个四象限的 M-H 回线所用数据点数目。

d) 结果——最终报告及分析

——修正到 4.2 K 的(如果必要)股线的单位体积磁滞损耗 Q_h;

——磁场扫描幅值;

——进行测量的温度;

——一套典型的 M-H 回线图;

——说明是否观察到邻近效应;

——说明是否观察到磁通跳跃;

——讨论损耗与 $\mathrm{d}H/\mathrm{d}t$ 的依赖关系,以及是否需要外推至 $\mathrm{d}H/\mathrm{d}t$ 为零来确定静态 Q_h 值;

——讨论是否需要考虑低扫场速率时的蠕变效应修正。

附 录 A
（资料性附录）
SQUID 测量方法

A.1 SQUID 测量原理

超导量子干涉器件（Superconducting Quantum Interference Device——简称 SQUID）由一个被单个（射频 SQUID）或两个（直流 SQUID）弱连接隔断的超导环组成，弱连接处的超导电性受到强烈抑制。这类器件呈现出与环内磁通密切相关的可观察到的宏观量子干涉效应。借助于适当的电路，这种量子干涉效应可用来对该磁通进行极为准确的确定。用超导磁通变换器可将外部复杂的超导探测线圈组内的总磁通耦合到 SQUID 器件的环内。有关运用 SQUID 器件的物理基础，电子线路及一般误差源的详细介绍参见参考文献[6]。

在 SQUID 磁强计中，样品磁矩是根据其在探测线圈内产生的磁通推导出来的，而此磁通则可以由 SQUID 器件精确地测量出来。同 VSM 方法一样，结果有赖于仪器的正确校准。一般来讲，这种校准是基于被测磁通由磁偶极子磁矩而激发这一解释来进行的。为了抑制磁通噪声和大的外场背景磁通，探测线圈由构成一级或二级梯度计的探测线圈系统替代。样品在探测线圈系统中移动，SQUID 器件的输出电压相应地随样品位置变化，根据这一变化关系计算出磁矩。样品的周期运动使磁矩变化得以在更长的时间范围内得到监测，而且能够避免探测电子学中的漂移效应。

常见的商用 SQUID 系统中，探测线圈直径为数厘米，与探测线圈间距差不多。为获得最大的信号幅值，样品运动范围也扩展到数厘米。但在更新型的商用机型中，运动幅度可能被大大减少了。磁化样品的磁场由超导磁体产生，且超导磁体的主轴与样品运动方向平行。

A.2 样品制备

常见尺寸和样品结构形状在 5.2 中有描述。如样品垂直于探测线圈轴向的线度大于常规的 5 mm 时（与样品仪器中探测线圈的设计有关），则需根据样品几何尺寸（见 5.3.5）来对仪器重新进行校准。

A.3 特定 SQUID 测定条件及校准

SQUID 磁强计中，除必须采用逐点测量模式外，5.3 中的所有说明均能适用。显然，逐点测量模式会导致更长的测量时间和数据点的大幅度减少。由于 SQUID 数据采集速度低，一个完整的磁化曲线回线应由不少于 50 个数据点构成。为了分辨磁滞回线中的任何精细结构，可能需要更多（远多于 50）的数据点。

A.4 测试报告

见第 6 章。

参 考 文 献

[1] CHEN, D. X., BRUG, J. A. and GOLDFARB, R. B. IEEE Trans. Magn. 27, 1991:3601.

[2] COLLINGS, E. W., SUMPTION, M. D., ITOH, K., WADA, H. and TACHIKAWA, K. Cryogenics 37, 1997:49-60.

[3] FONER, S., Rev. Sci. Instrum. 30, 1959:548.

[4] SUMPTION, M. D. and COLLINGS, E. W. Adv. Cryo. Eng. (Materials) 38 (1992):783-790 (see also SUMPTION, M. D., PYON, D. S. and COLLINGS, E. W. IEEE Trans. Appl. Supercond. 3, 1993:859-862.)

[5] GOLDFARB, R. B. and ITOH, K., J. Appl. Phys. 75, 1994:2115.

[6] GALLOP, J. C. SQUIDs, the Josephson Effects and Superconducting Electronics. IOP Publishing Ltd., 1991.

ICS 91.120.20
A 59

中华人民共和国国家标准

GB/T 21228.1—2007/ISO 17497-1:2004

声学　表面声散射特性 第1部分:混响室无规入射声散射系数测量

Acoustics—Sound-scattering properties of surfaces
Part 1:Measurement of the random-incidence scattering coefficient in a reverberation room

(ISO 17497-1:2004,IDT)

2007-11-14 发布　　　　2008-05-01 实施

中华人民共和国国家质量监督检验检疫总局
中国国家标准化管理委员会　发布

前言

GB/T 21228《声学 表面声散射特性》包括以下两部分：

——第1部分：混响室无规入射声散射系数测量

——第2部分：自由场指向性扩散系数测量

本部分是GB/T 21228的第1部分，本部分等同采用ISO 17497-1:2004《声学 表面声散射特性 第1部分：混响室无规入射声散射系数测量》(英文版)。

本部分的附录A为资料性附录。

本部分由中国科学院提出。

本部分由全国声学标准化技术委员会(SAC/TC 17)归口。

本部分主要起草单位：中国科学院声学研究所、中国建筑科学研究院、同济大学、中广电广播电影电视设计研究院。

本部分主要起草人：吕亚东、谭华、盛胜我、莫方朔、王季卿、陈建华、张明照、尹铫。

引　言

表面声散射程度在室内声学各个方面(如:音乐厅、录音棚、车间和混响室)研究中非常重要。散射不足会导致严重偏离指数型声压衰减规律。另一方面,室内通过强散射表面可以获得近似扩散的声场。室内散射程度是与室内音质相关的一个重要因素。

GB/T 21228 的本部分将声散射系数作为一个新概念引入。声散射系数与吸声系数在室内声学计算、模拟和预测建模中非常有用。表面散射模型的建立对于得到室内声学的可靠预测十分重要。GB/T 21228 的本部分提出定量测量表面散射特性的方法,以代替以前曾经应用但不被广泛接受的估算法。

GB/T 21228 的第 2 部分将重点介绍指向性扩散系数的测量方法,指向性扩散系数虽不同于无规入射声散射系数,但与其相关。声散射系数是用来粗略描述声散射程度的物理量,扩散系数则是描述声散射的指向性均匀度,即扩散表面的质量。因此两个概念都需要,它们有不同的应用场合。

声学　表面声散射特性
第1部分:混响室无规入射声散射系数测量

1　范围

GB/T 21228 的本部分规定了由表面粗糙度引起的表面无规入射声散射系数的测量方法。应在混响室中以足尺模型或实物缩尺模型进行测量。测量结果可用来描述有多少来自表面的声反射偏离了镜面反射。其结果还可用于与室内声学和噪声控制有关的对比和设计计算。

本方法不适用于表征表面声散射的空间均匀分布特性。

2　规范性引用文件

下列文件中的条款通过 GB/T 21228 的本部分的引用而成为本部分的条款。凡是注日期的引用文件,其随后所有的修改单(不包括勘误的内容)或修订版均不适用于本部分,然而,鼓励根据本部分达成协议的各方研究是否可使用这些文件的最新版本。凡是不注日期的引用文件,其最新版本适用于本部分。

GB/T 17247.1　声学　户外声传播衰减　第1部分:大气声吸收的计算(GB/T 17247.1—2000,idt ISO 9613-1:1993)

GB/T 20247　声学　混响室吸声测量(GB/T 20247—2006,ISO 354:2003,IDT)

3　术语和定义

下列术语和定义适用于本部分。

3.1

镜面反射　specular reflection

遵循斯奈尔(Snell)定律的反射,即:反射角等于入射角。

注:镜面反射可通过远大于入射声波长的刚性平面来近似得到。

3.2

扩散声场　diffuse sound field

能量密度均匀,在各个传播方向为无规分布的声场。

3.3

声散射系数　scattering coefficient

s_θ

总反射声能减去镜面反射声能之后与总反射声能的比值。

注:理论上,s_θ 可在0和1之间取值,其中:0表示完全镜面反射表面,1则表示完全散射的表面。下标 θ 用来表示相对表面法向的入射角度。若无下标,则表示无规入射。

3.4

无规入射声散射系数　random-incidence scattering coefficient

s

总反射声能减去扩散声场中表面镜面反射声能之后与总反射声能的比值。

3.5

无规入射吸声系数 random-incidence absorption coefficient

α_s

入射声能减去扩散声场中表面总反射声能之后与入射声能的比值。

3.6

无规入射镜面吸声系数 random-incidence specular absorption coefficient

α_{spec}

入射声能减去扩散声场中表面上镜面反射声能之后与入射声能的比值。

注：当损失包含散射声能和被吸收的声能时，这是表观吸声系数。α_{spec} 可在 α_s 和 1 之间取值。

3.7

实物缩尺比例 physical scale ratio

1：N

实物缩尺模型的任一线性尺度与足尺实物同一线性尺度之比。

注：用于声学测量的缩尺模型中的声波波长遵循同样的实物缩尺比例。因此，如果缩尺模型与足尺实物采用同样的声速，则模型测量所用的频率应是足尺实物所用频率的 N 倍。

4 原理

本方法的原理可以通过观察时域反射和散射效果来进行阐释。图 1 表示自由场中从试件不同方位凹凸表面反射引起的 3 个带通脉冲。

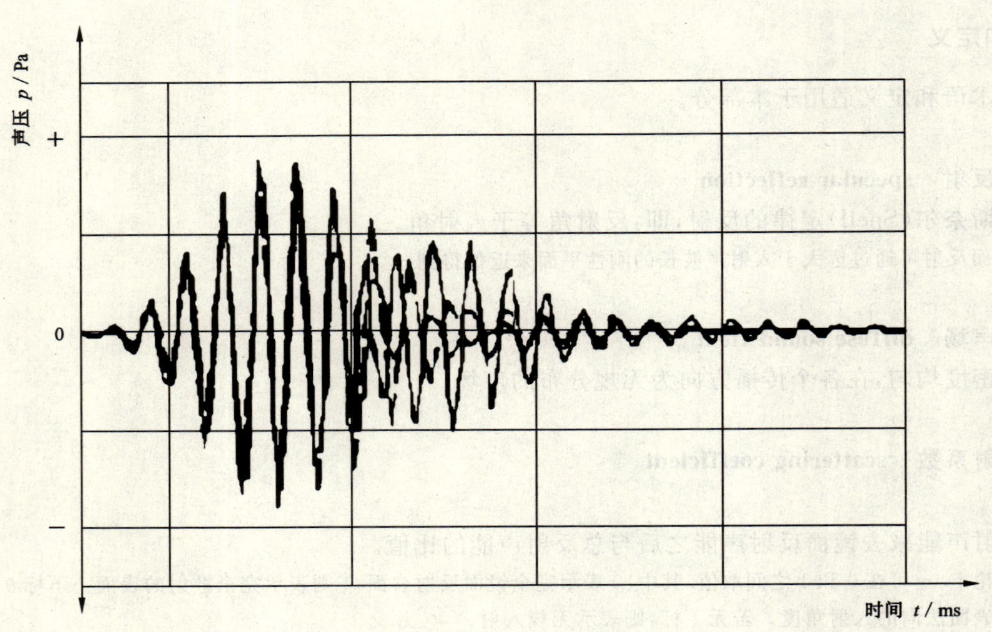

图 1 在试件 3 个不同位置测得的带通脉冲响应示例

显然,早期反射部分是高度相关的,该相关部分等同于镜面反射分量。相反,后期部分相位不同并且取决于特定方位,反射脉冲的“尾部”能量包括了散射部分。

测量方法原理是从反射脉冲中提取镜面能量,即:可以通过不同试件方位获得的脉冲响应同步(锁相)平均得到。

该原理可以直接应用于混响室测量。除常规吸声系数测量外,可将(圆形)试件放置在旋转台上测量不同试件方位的脉冲响应。通过声压脉冲响应的同步平均,镜面分量得到同相相加,而散射声则干涉相消。

假定散射分量统计意义上彼此无关,可以看出(见参考文献[1])n 个室内脉冲响应同步相加后,早期衰变与声吸收和试件声散射引起的表观能量损失的联合效应相关。

5　频率范围

应按 1/3 倍频程进行测量,其中心频率在 100 Hz～5 000 Hz 频率范围内。这是针对足尺测量计算而言的。如果采用 1∶N 实物缩尺比例,则中心频率位于 N×100 Hz～N×5 000 Hz 频率范围内。

注 1:倘若缩尺模型填充的气体声速不同于空气声速,则测量频率应按波长遵循实物缩尺比例 1∶N 进行选择。

注 2:如果空气衰减过大,则测量可忽略高频,详见 6.1.3。

6　测试安排

6.1　混响室

6.1.1　概述

GB/T 20247 给出了混响室的技术要求。扩散体位置应固定,即运动扩散体(旋转扩散体)不应使用。房间及室内设备尽可能不变。温度和湿度对测量有很大影响,见 7.4。任何可能产生空气运动或改变室内空气特性的设备,如通风系统不宜启动。

6.1.2　室内容积

混响室容积 V(单位:m^3)至少为:

$$V \geqslant 200 \times N^{-3}$$

6.1.3　空室声吸收

空室的吸声量 A_1,包括空气衰减不宜超过:

$$A_1 \leqslant 0.3 \times V^{\frac{2}{3}}$$

注:根据 6.3.1 试件尺寸要求,导出经验关系 $A_1/S \leqslant 1$,其中:S 为试件面积。

6.2　旋转台和底板

要求旋转台能够旋转试件。旋转台应具有圆形刚性底板,底板应相对旋转轴对称。底板尺寸应为试件最大尺寸,见 6.3。

旋转台的任何部分距室内墙壁的距离不应小于 N^{-1}×1.0 m,见图 2。

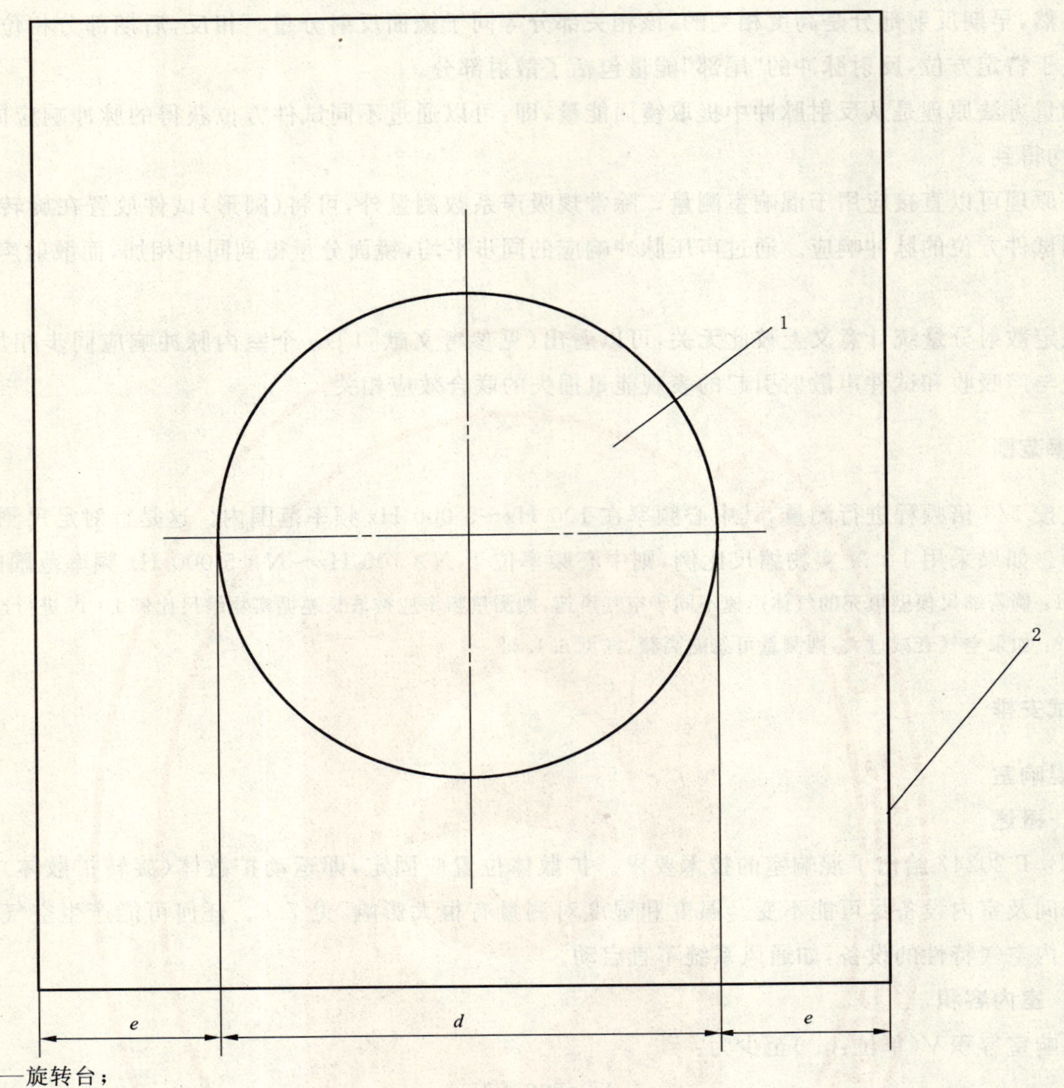

1——旋转台；

2——墙面；

d——直径；

e——距室内墙壁的最小距离。

图2　具有试件旋转台的混响室平面图

应测量底板本身的声散射系数，以便核查测试装置对测试结果的影响，见8.1.4。不应超过表1列出的与频率相关的数值。

表1　底板本身的最大声散射系数

频率(f / N)/Hz	100	125	160	200	250	315	400	500	630
声散射系数/S_{base}	0.05	0.05	0.05	0.05	0.05	0.05	0.05	0.05	0.10
频率(f / N)/Hz	800	1 000	1 250	1 600	2 000	2 500	3 150	4 000	5 000
声散射系数/S_{base}	0.10	0.10	0.15	0.15	0.15	0.20	0.20	0.20	0.25

6.3　试件

6.3.1　试件面积

试件面积宜尽可能大，以获得良好的测量准确度。试件宜为圆形，其直径至少宜为 $N^{-1}\times 3.0$ m。

或者试件可为正方形，其边长至少为 $N^{-1}\times 2.65$ m。这时，底板的直径至少应为 $N^{-1}\times 3.75$ m。如果试件不是圆形的，那么试件应齐平安装。

6.3.2 试件结构深度

这里所述测量方法旨在测定表面粗糙度。因此只有当结构深度与试件尺寸相比足够小时，结果才可靠。结构深度(见图 3)宜为：

$$h \leqslant d/16$$

式中：

d——旋转台直径。

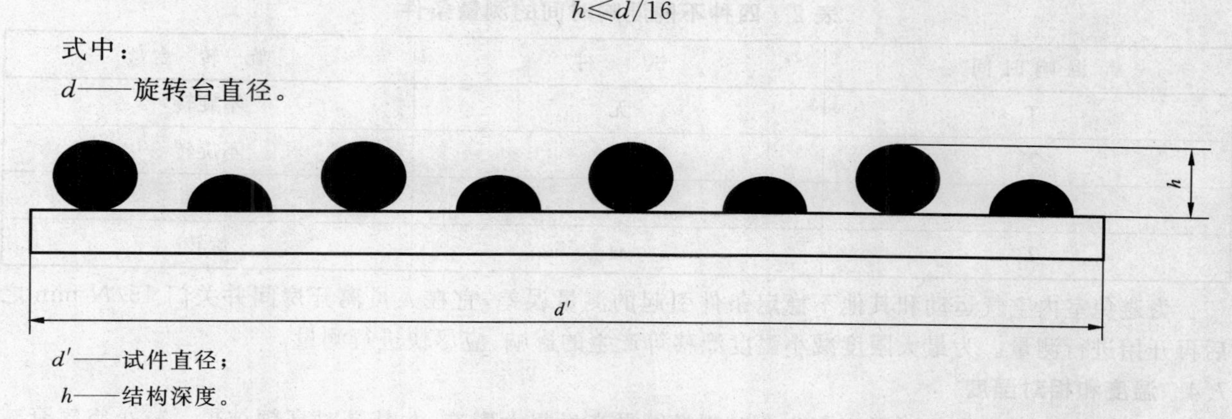

d'——试件直径；

h——结构深度。

图 3　结构深度的定义

注：由于沿试件边缘试件高度变化，会出现边缘效应。和同样试件结构无限大表面声散射系数相比，其结果会导致声散射系数很高。边缘效应有时会使测得的声散射系数 $s>1$。

6.3.3 旋转台上试件位置

试件周边表面宜尽可能光滑并具有刚性。不要用固定高度刚性边来覆盖周边表面，沿试件周边表面的开孔应被密封。

如果试件旋转对称，试件应以下述方式放置在旋转台上。对称中心应至少偏离旋转台中心 $d/8$，其中：d 为旋转台直径。

6.3.4 试件声吸收

试件吸声系数不宜超过 $\alpha_s=0.5$。但是，倘若声吸收是声散射结构一部分的话，则试件本身也应具有相应的吸声性能。

注：具有高吸声系数的试件，本测量不会得出可靠的测量结果，见附录 A。

7 测试步骤

7.1 测试信号

由于估算需要相干平均，所以测试信号应是确定性的信号。应采用脉冲响应积分法。

建议采用周期性伪随机噪声信号如 MLS，以便获得脉冲响应。对于与测试信号相关的其他要求(如正弦扫频、周期长度、谱能密度、滤波等)参照 GB/T 20247。

7.2 声源和接收设备

声源和接收设备的技术要求和位置参见 GB/T 20247。

GB/T 20247 给出的尺度宜按缩尺因子 N 进行缩尺。

7.3 脉冲响应的测量

根据 GB/T 20247 在无试件和有试件情况下测量脉冲响应，分别得到混响时间 T_1 和 T_2。应至少采用两个声源位置和 3 个传声器位置，共得到 6 个测量结果。混响时间为每个测量位置测定的混响时间的算术平均。

对声源和接收位置的每一种组合，连续发射一组周期性伪随机信号，并在旋转台旋转时接收测量。总测量时间应等于旋转台旋转一周的时间。例如：使用 5 s 测试周期的伪随机信号和转速 1 r/min，必须连续发射 12 个信号周期。或者对于每组声源一接收位置组合可以进行 n 次测量，每次测量试件旋转 $360°/n$。相干平均数 n 宜在 $60 \leqslant n \leqslant 120$ 之间。$n=72$ 为优选值，相应的旋转角 $\Delta\phi=5°$。

每次测量声源信号应该相同。为获得非时变响应，需要进行 n 次测量的锁相平均。这可以通过在计算脉冲响应之前，进行声压脉冲响应平均或接收信号平均来得到。

包括底板但不包括试件的步进或连续转动旋转台的测量结果为混响时间 T_3。旋转试件的测量结果为混响时间 T_4（见表 2）。

表 2 四种不同混响时间的测量条件

混响时间	试 件	旋 转 台
T_1	无	不旋转
T_2	有	不旋转
T_3	无	旋转
T_4	有	旋转

为避免室内空气运动和其他不稳定条件引起的测量误差，宜在人员离开房间并关门 15/N min 之后再开始进行测量。为最大限度减小温度漂移等产生的影响，应尽快进行测量。

7.4 温度和相对湿度

测量过程中温度和相对湿度变化会对测量结果产生很大影响，尤其是对高频结果。减小空气衰减能够提高测量准确度。四种测量情况（见 7.3）每次测量之前和测量之后，应测量室内温度和相对湿度。取每种测量情况的平均值用于第 8 章所述的校正。

7.5 衰变曲线的估算

采用 GB/T 20247 规定的脉冲响应积分法进行脉冲响应估算。特别是反向积分应限制在脉冲响应级的线性斜率范围内。T_1、T_2、T_3 宜线性衰变到背景噪声级，而 T_4 的衰变由两条叠加衰变曲线构成，仅宜估算第 1 条衰变曲线。

设积分范围为 −30 dB，并假定第 1 个衰变处于该范围内，估算 −5 dB 和 −20 dB 之间范围内的混响时间。

按照 GB/T 20247 进行混响时间的空间平均。

8 结果表述

8.1 计算方法

8.1.1 计算无规入射吸声系数 α_s：

利用式(1)计算无规入射吸声系数 α_s：

$$\alpha_s = 55.3\frac{V}{S}\left(\frac{1}{c_2T_2}-\frac{1}{c_1T_1}\right)-\frac{4V}{S}(m_2-m_1) \qquad \cdots\cdots(1)$$

式中：

V——混响室容积，单位为立方米(m^3)；

S——试件面积，单位为平方米(m^2)；

T_1——无试件，但有底板时测得的混响时间，单位为秒(s)；

T_2——有试件时测得的混响时间，单位为秒(s)；

c_1——T_1 测量期间空气声速，单位为米每秒(m/s)；

c_2——T_2 测量期间空气声速，单位为米每秒(m/s)；

m_1——采用 T_1 测量期间的温度和相对湿度；按照 GB/T 17247.1 计算得到的空气声能衰减系数，单位为每米(m^{-1})；

m_2——T_2 测量期间的空气声能衰减系数，单位为每米(m^{-1})。

测量混响时间 T_1、T_2 时，无需旋转转台。根据 GB/T 17247.1，空气声速由式(2)计算：

$$c = 343.2\sqrt{\frac{273.15+t}{293.15}} \qquad \cdots\cdots(2)$$

式中：

t——空气温度，单位为摄氏度(℃)。

在该标准中，声压衰减系数 α 的单位为分贝每米(dB/m)。声能衰减系数 m 可由式(3)计算：

$$m=\frac{\alpha}{10\lg(e)}\approx\frac{\alpha}{4.343} \quad \cdots\cdots(3)$$

8.1.2 **计算无规入射镜面吸声系数 α_{spec}**

镜面吸声系数 α_{spec} 可由式(4)计算：

$$\alpha_{spec}=55.3\frac{V}{S}\left(\frac{1}{c_4T_4}-\frac{1}{c_3T_3}\right)-\frac{4V}{S}(m_4-m_3) \quad \cdots\cdots(4)$$

式中：

T_3——无试件旋转底板时测得的混响时间，单位为秒(s)；

T_4——试件放置在旋转的旋转台上测得的混响时间，单位为秒(s)；

c_3——T_3 测量期间空气声速，单位为米每秒(m/s)；

c_4——T_4 测量期间空气声速，单位为米每秒(m/s)；

m_3——T_3 测量期间空气声能衰减系数，单位为每米(m^{-1})；

m_4——T_4 测量期间空气声能衰减系数，单位为每米(m^{-1})。

其他符号如8.1.1所述。

8.1.3 **计算无规入射声散射系数 s**

利用式(5)计算无规入射声散射系数 s：

$$s=1-\frac{1-\alpha_{spec}}{1-\alpha_s}=\frac{\alpha_{spec}-\alpha_s}{1-\alpha_s} \quad \cdots\cdots(5)$$

8.1.4 **计算底板声散射系数 s_{base}**

理想情况下，混响时间 T_1 和 T_3 应该相等。但是底板的一些非对称性会导致 T_3 减小。试件存在时也会引起该误差。底板本身的声散射系数(如6.2所述)由式(6)计算：

$$s_{base}=55.3\frac{V}{S}\left(\frac{1}{c_3T_3}-\frac{1}{c_1T_1}\right)-\frac{4V}{S}(m_3-m_1) \quad \cdots\cdots(6)$$

式中符号如上所述。

8.2 **准确度**

测量结果的准确度取决于试件大小，试件吸声系数和测试室空室的吸声量，准确度按附录A计算。

8.3 **结果表达**

对于所有测量频率，应以图表形式报告如下内容：

——吸声系数 α_s；

——无规入射声散射系数 s。

表格中的结果应修约到0.01，舍去小于0的值，大于1的值可能会出现(由边缘效应引起，见6.3.2)并且应予报告。

在图形表示中，横坐标为对数尺度上的频率，纵坐标为线性尺度上的测量结果。测量点应用直线连接。如果两条曲线能够清楚地标出，其结果可以出现在同一张图中。频率按照等效足尺频率(f/N)给出，并注明缩尺比例1∶N。

纵坐标从0到1的距离长度与横坐标5个倍频程距离长度之比宜为2∶3。

9 测试报告

测试报告应参考GB/T 21228的本部分，并包括下述内容：

a) 测试机构名称；

b) 测试日期；

c) 试件描述、表面面积、结构深度以及在旋转台上的安装方式，最好给出图示；

d) 混响室形状、扩散处理方式、传声器和声源位置数量；

e) 混响室尺寸、容积和总表面积；

f) 对于四种测量情况，每一情况的温度和相对湿度；

g) 按照8.3报告测量结果；

h) 测量准确度估算。

附 录 A
（资料性附录）
测量结果的准确度

对于式(1)和式(4)中的每一个混响时间(T_1、T_2、T_3 及 T_4)的标准偏差(δ_1、δ_2、δ_3 和 δ_4)可由以下式得出：

$$\delta = \sqrt{\sum_{i=1}^{K} \frac{(T_i - \overline{T})^2}{K(K-1)}} \qquad \text{(A.1)}$$

式中：

K——混响时间测量次数；

$\overline{T}$——混响时间 T_i 的空间平均：

$$\overline{T} = \frac{1}{K}\sum_{i=1}^{K} T_i \qquad \text{(A.2)}$$

式(1)和式(4)吸声系数的不确定度：

$$\delta_{\alpha_s} = \frac{55.3V}{cS}\sqrt{\left(\frac{\delta_2}{{T_2}^2}\right)^2 + \left(\frac{\delta_1}{{T_1}^2}\right)^2} \qquad \text{(A.3)}$$

$$\delta_{\alpha_{\text{spec}}} = \frac{55.3V}{cS}\sqrt{\left(\frac{\delta_4}{{T_4}^2}\right)^2 + \left(\frac{\delta_3}{{T_3}^2}\right)^2} \qquad \text{(A.4)}$$

最后，声散射系数标准偏差为：

$$\delta_s = \left|\frac{\alpha_{\text{spec}} - 1}{1 - \alpha_s}\right| \sqrt{\left(\frac{\delta_{\alpha_{\text{spec}}}}{\alpha_{\text{spec}} - 1}\right)^2 + \left(\frac{\delta_{\alpha_s}}{1 - \alpha_s}\right)^2} \qquad \text{(A.5)}$$

声散射系数 95％置信度范围估计为标准偏差的 2 倍。

参 考 文 献

［1］ VORLANDER M. and MOMMERTZ E. Definition and measurement of random-incidence scattering coefficients. Applied Acoustics，60，2000:187-199.

［2］ GB/T 3240—1982 声学测量中的常用频率

［3］ GB/T 3241—1998 倍频程和分数倍频程滤波器

ICS 17.140.01
A 59

中华人民共和国国家标准

GB/T 21229—2007/ISO 5135:1997

声学 风道末端装置、末端单元、风道闸门和阀噪声声功率级的混响室测定

Acoustics—Determination of sound power levels of noise from air-terminal devices, air-terminal units, dampers and valves by measurement in a reverberation room

(ISO 5135:1997,IDT)

2007-11-14 发布 2008-05-01 实施

中华人民共和国国家质量监督检验检疫总局
中国国家标准化管理委员会 发布

前　言

本标准等同采用ISO 5135:1997《声学　风道末端装置、末端单元、风道闸门和阀噪声声功率级的混响室测定》(英文版)。

本标准由中国科学院提出。

本标准由全国声学标准化技术委员会(SAC/TC 17)归口。

本标准起草单位:同济大学声学研究所、中国科学院声学研究所、北京市劳动保护研究所。

本标准主要起草人:毛东兴、李晓东、俞悟周、李孝宽、徐欣。

声学 风道末端装置、末端单元、风道闸门和阀噪声声功率级的混响室测定

1 范围

本标准旨在建立按 GB/T 14367 规定进行声学测试通用准则,适用于 ISO 3258 所规定的空气配给与空气扩散系统所采用的风道末端装置、末端单元、风道闸门和阀噪声的声功率级测定。

2 规范性引用文件

下列文件中的条款通过本标准的引用而成为本标准的条款。凡是注日期的引用文件,其随后所有的修改单(不包括勘误的内容)或修订版均不适用于本标准,然而,鼓励根据本标准达成协议的各方研究是否可使用这些文件的最新版本。凡是不注日期的引用文件,其最新版本适用于本标准。

GB/T 14367 声学 噪声源声功率级的测定 基础标准使用指南(GB/T 14367—2006,ISO 3740:2000,IDT)

GB/T 6881.1 声学 声压法测定噪声源声功率级 混响室精密法(GB/T 6881.1—2002,ISO 3741:1999,IDT)

ISO 3258:1976 空气配给与空气扩散 名词术语

ISO 5219:1984 空气配给与空气扩散 风道末端装置空气动力性能的实验室测试与评价

ISO 5220:1981 空气配给与空气扩散 恒流和变流的双导管箱或单导管箱及单导管装置空气动力性能的测试与评价

3 术语和定义

下列术语和定义适用于本标准。

3.1

声压级 sound pressure level

L_p

声压与基准声压之比的以 10 为底的对数乘以 2,单位为贝[尔](B)。但通常用 dB 为单位,基准声压必须指明。

注:基准声压为 20 μPa。

3.2

声功率级 sound power level

L_W

声功率与基准声功率之比的以 10 为底的对数,单位为贝[尔](B)。但通常用 dB 为单位,基准声功率必须指明。

注:基准声功率为 1 pW (10^{-12} W)。

3.3

测量频率范围 frequency range of interest

中心频率为 63 Hz～8 000 Hz 的倍频带或中心频率为 50 Hz～10 000 Hz 的 1/3 倍频程范围。

注:许多混响室在 1/3 倍频程中心频率低于 100 Hz 或倍频程中心频率低于 125 Hz 的频带不符合测量要求。这时只要在报告中清楚地标明各项偏差,仍可出具测试结果的报告。

3.4

混响声场 reverberant sound field

测试室中，来自声源直达声的影响可忽略的声场部分。

4 声学测试设施和方法

本标准适用于在稳定状态下运行并且其体积小于混响室体积2%的设备。

GB/T 6881.1中给出了测量应采用的声学测试设备、仪器和测量程序，包括混响室认证测试。本标准提供两种混响室测定声功率级的方法：使用已知声功率输出的标准声源的对比法和需要知道所用混响室的混响时间的直接法。

如果因被测声源的置入而造成混响室特性出现明显变化，则测试室要在所有设备置入的条件下按照GB/T 6881.1要求重新检定。

5 被测设备的安装与运行

5.1 总则

5.1.1 当设备距离一个或多个反射面小于1 m时，则设备与反射面的相对位置会严重影响声功率级的测定。因此，应将设备安装在正常使用状态下的代表性位置，图1给出总体的测试环境，图2～图6为每种测试环境的具体细节。

注：实际情况中反射面可以用面密度大于7 kg/m^2 的板来模拟，该板在各个方向上距离被测装置的每一个边都应大于1.2 m，且与被测设备隔振。

5.1.2 通过符合标准ISO 5219或ISO 5220要求的一个测试装置向被测设备供气或排气。

5.1.3 测试时，被测设备的安装应包括正常使用时与设备连接的气流控制的配件（风闸、导流板、整流器、均压管等）。它们的位置和安装应与设备使用时所推荐的方式相同。

5.2 混响室内辐射声测量时风道末端单元、风闸和阀门的测试安装

5.2.1 正常使用时安装在边界面上的风道末端装置，测量时应摆放在与任何相邻表面交叉线的距离不应小于1 m的位置，且不在所装边界面的对称轴上（如图2）。

5.2.2 正常使用时安装在两面交叉线处的风道末端装置，测量时应安装在两面的交叉线处，且距离第三面不小于1 m的位置（如图3）。

5.2.3 正常使用时不置于任何边界面上的风道末端装置，测量时应置放在距任何一面不小于1 m的位置，且不在房间的任何对称轴线上（如图4）。安装在不靠近顶棚的管道上的散流器就是典型例子。

5.2.4 5.2.1至5.2.3规定的安装细节同样适用于同风道末端单元集成的风道末端装置。这种情况下要测量组合的总辐射声。

5.3 混响室内连接管辐射噪声测量时风道末端单元、风闸和阀门的测试安装

对于通常安装在天花板之上或与送风房间相邻的另一空间的设备的测量，则要把该设备安装在测试室之外，并用1.5 m长、与室内的设备连接面同样截面形状和面积的无内衬管道把它与测试室相连（见图5）。连接管末端在测试室墙面上并与墙面齐平。同时，其末端与任何相邻表面相距不小于1 m，且不在房间的任何对称轴线上。其举例如图5。

5.4 连接管道壁面辐射噪声测量时空气末端单元的测试安装

为测定套管辐射的声音，用适当的连接管道或符合6.2.3和ISO 5220的管道将单元装置安装在混响室中。图6给出了安装的尺寸要求，并依据下述两种方法进行测量：

a) 用双管方法时，要求连接单元装置的两个管都要伸到混响室外。

b) 用单管方法时，要求连接单元装置的管道伸出混响室外。为得到套管的辐射声，要计算由本测试得到的各倍频带或1/3倍频带声功率级 L_W 与按5.3测得的相应声功率级之差。如果差值大于或等于4 dB，则这个方法才是有效的。

5.5 测试方法

5.5.1 应当在被测设备处于典型的正常使用条件范围内工作时进行声测量。

5.5.1.1 对不可调节的风道末端装置,应在正常使用范围的上半段的至少四个流量情况下进行声测量。这一正常使用范围是 ISO 5219 中规定的确定标准风道末端设备压力要求的正常使用范围。

5.5.1.2 对可调节的风道末端装置,应针对测试数据所需要的每个调节位置,在其正常使用范围上半段的至少四个流量情况下进行声测量。

5.5.1.3 对流量可调的风道末端单元,应在至少四个流量情况下进行声测量,即最小流量、最大流量和至少两个中间流量。

5.5.2 如果设备在正常使用范围内工作产生的声压级低于测量限值,则可在更高的流量下测试并记录声学结果,但至少应按规定的测试次数,然后外推到正常的范围。

外推可采用以下步骤:

a) 在以一恒定总压损失系数 ζ 进行测试的情况下,以 $\lg(q_V)$ 为自变量画出每个倍频带或 1/3 倍频带声功率级 L_W 和 A 计权声功率级 L_{WA} 的值,其中 q_V 是体积流量。

b) 在以一恒定流量 q_V 进行测试的情况下,以 $\lg(\Delta p_t)$ 为自变量画出每个倍频带或 1/3 倍频带声功率级 L_W 和 L_{WA} 的值。其中 Δp_t 是总压损失。

用最小二乘法画出穿过每个参数点的最优拟合直线。所有测试结果与该直线的最大偏差为 ±3 dB,这些直线可以分别向下和向上延伸到 q_V 或 Δp_t 最小值的一半和最大值的两倍。

上述范围内,对应于特定的 q_V 或 Δp_t 值的 L_W 或 L_{WA} 可以从图中获得(见图 7a)和 b)的示例)。

6 辅助设施

6.1 总则

与被测设备相连接的电线导管、管路或空气管道等产生的噪声至少要比待测的声压级低6 dB,最好低 10 dB。

6.2 声学测量的辅助设施

6.2.1 应提供一套安静的空气系统,以使测试频率范围内每个频带的背景噪声至少比待测声压级低 6 dB,最好低10 dB。对于与背景声压级的差值为6 dB~10 dB的测试结果,按 GB/T 6881.1 进行修正。

注:对本标准,测试期间有气流通过风道末端装置时的背景声压级应在移去风道末端装置并在与测试中所用的体积流量近似相同的情况下来测量。但必须注意,有些情况下风道末端装置的噪声可能要比没有风道末端装置的系统低。

6.2.2 通过消声器与室内送、回风。在消声器安装到位的条件下对被测设备、标准声源以及背景噪声(见 6.2.1 注)等,以同样方式进行声学测试。通过消声器的气流所产生的噪声应符合对背景噪声的要求(见 6.2.1 注)。

6.2.3 用于 5.4 中所述安装的送、回风连接管道辐射(连接管壁辐射)的噪声,在测试频率范围内的每个频带,至少都应比被测声压级低 6 dB,最好低10 dB。应按 GB/T 6881.1 对背景声压级进行修正。

7 测量和计算

离散频率或窄带成分重要性的确定、混响室的认定、声压级的测量以及测试频率范围内所有倍频带声功率级和 A 计权声功率级 L_{WA} 的计算,应按 GB/T 6881.1 的要求进行。

对于 5.3 所述安装情况,按下述公式计算连接套管中的声功率级 $L_{W\mathrm{duct}}$,即辐射到房间的声功率级 L_W 加上开口套管的末端反射损失 ΔL_r:

$$L_{W\mathrm{duct}} = L_W + \Delta L_r \quad \cdots\cdots (1)$$

式中：

$$\Delta L_r = 10\lg\left[1+\left(\frac{c}{4\pi f}\right)^2\cdot\frac{\Omega}{S}\right] \quad \cdots\cdots(2)$$

式中：

c——声速，单位为米每秒(m/s)；

f——频带中心频率，单位为赫兹 Hz；

S——测试室内管道的开口面积，单位为平方米(m^2)；

Ω——开口辐射路径的立体角(见表 1)。

表 1 图 1 所示不同位置的 Ω 值

位 置	Ω
A	2π
B	π
C	4π
D	2π
E	4π

注：除了采用式(2)来进行修正，也可使用符合 ISO 7235 的传输单元而不做任何修正。

8 测试报告

测试报告应包含以下资料：

a) 测试日期；

b) 被测设备的描述；

c) 被测设备的安装位置及方式，包括草图；

d) 混响室的描述及认定(包括尺寸)；

e) 所有报告结果的获得完全符合本标准的说明；

f) 进入测试单元的气流的体积流量、温度、表压；

g) 频率分析的带宽；

h) 与测试频率范围内所有频带声功率级有关的声源的运行工况；

i) 如果有的话，整个仪器系统频率响应、背景噪声以及末端反射的各个频带修正，单位为 dB；

j) 测量时的气温、相对湿度、大气压；

k) 在选定的被测设备测量工作点上，对每个测试频带的完整修正和计算的声功率级(dB)，列出表格或作成曲线，修约到最接近的 0.5 dB，并应清楚说明是否为外推值或是否所有点都直接处于测量范围内；

l) 声源所有工作状态下的 A 计权声功率级 L_{WA}。

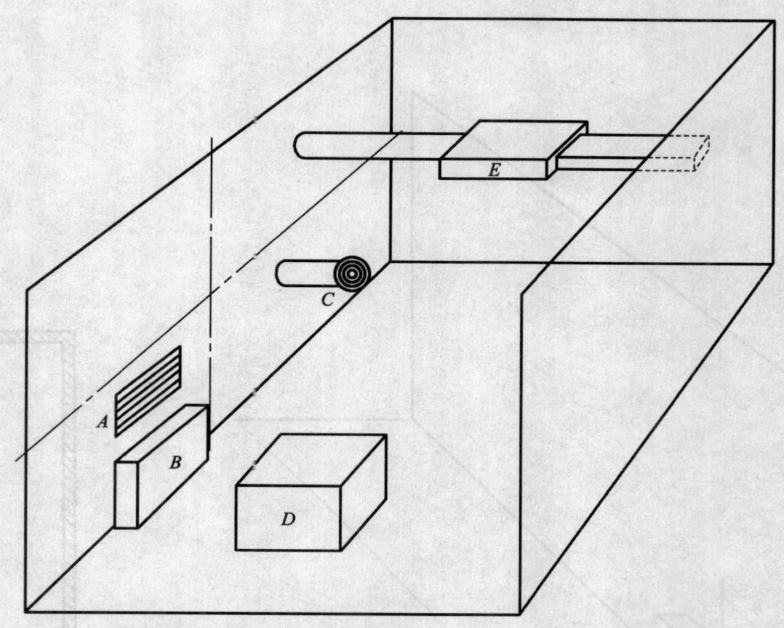

注：参照 5.2 、5.3 、5.4 中的详细安装说明。

图 1 测试室中被测设备位置

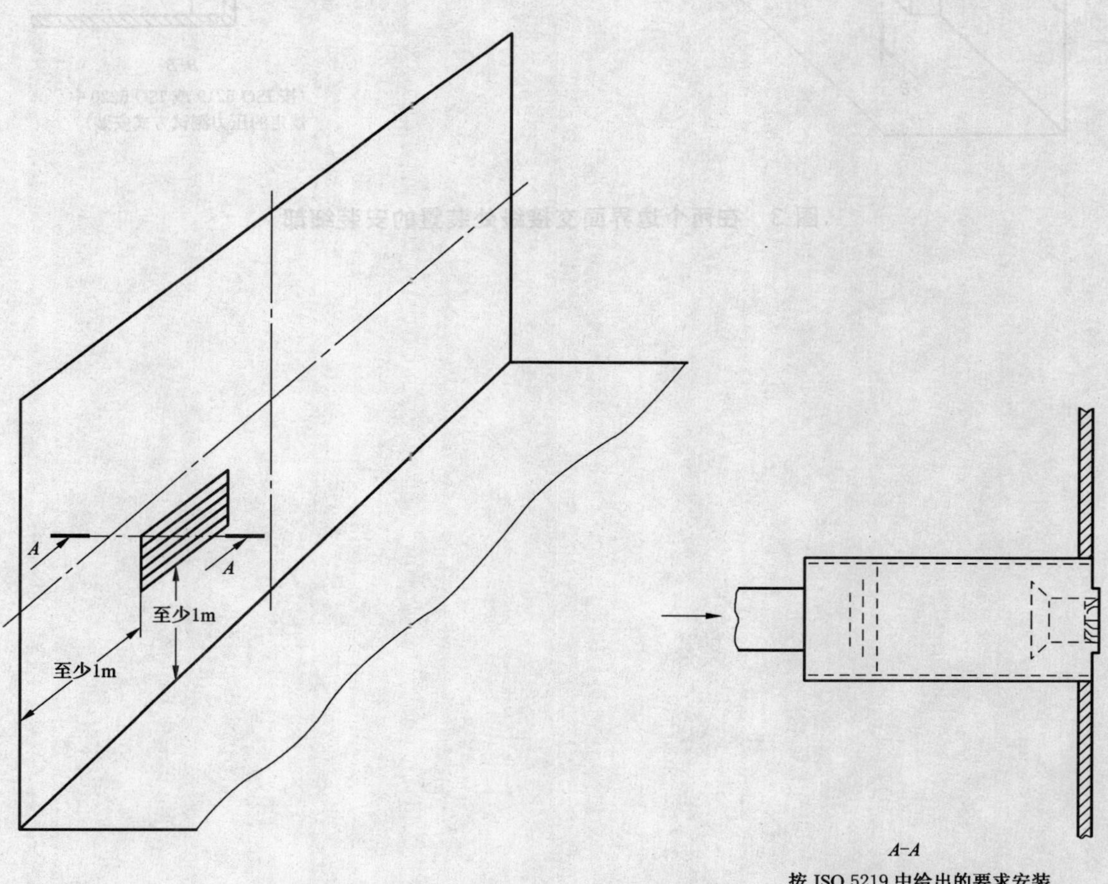

图 2 在边界面上或对着边界面的风道末端装置的安装

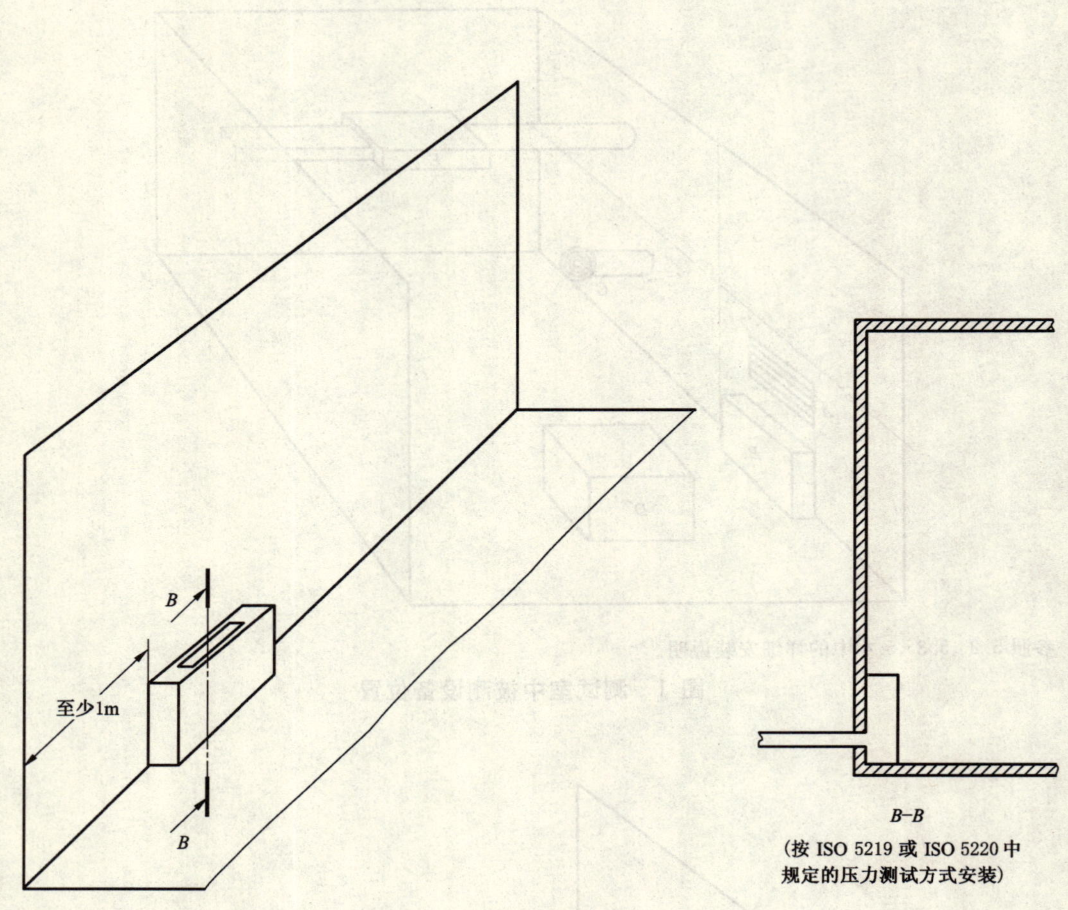

图 3　在两个边界面交接线处装置的安装细部

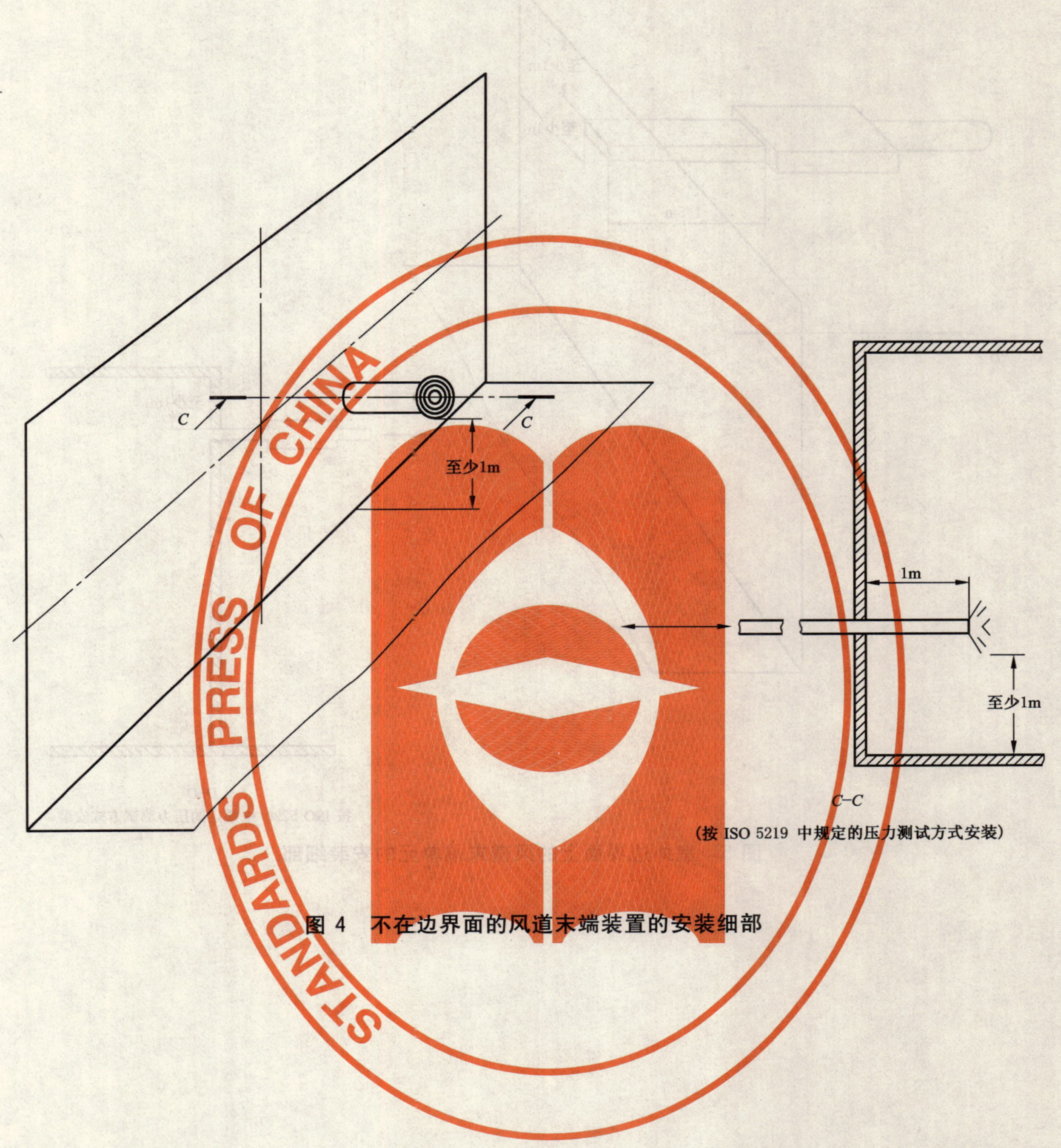

图 4 不在边界面的风道末端装置的安装细部

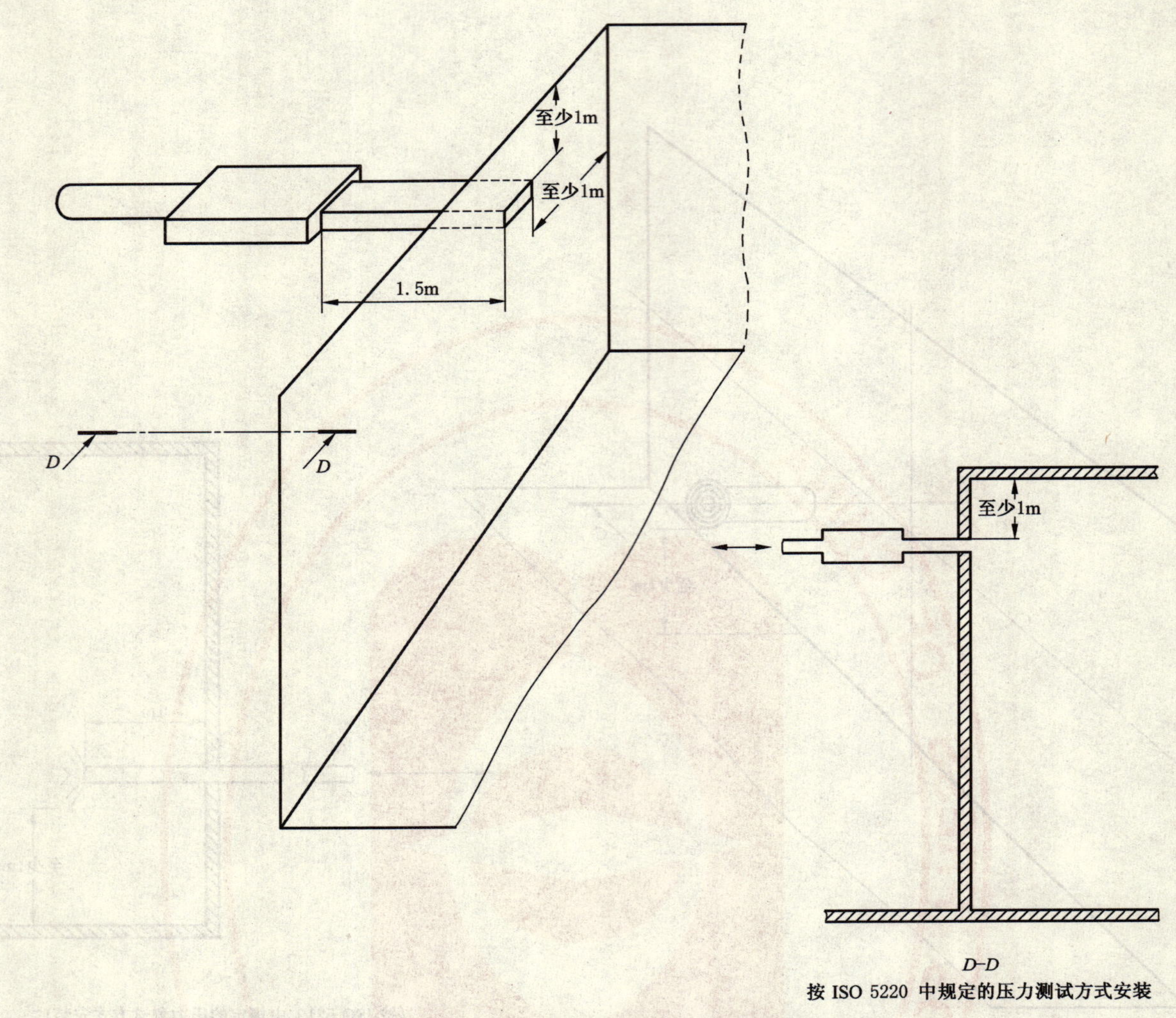

按 ISO 5220 中规定的压力测试方式安装

图 5　室外边界面上的风道末端单元的安装细部

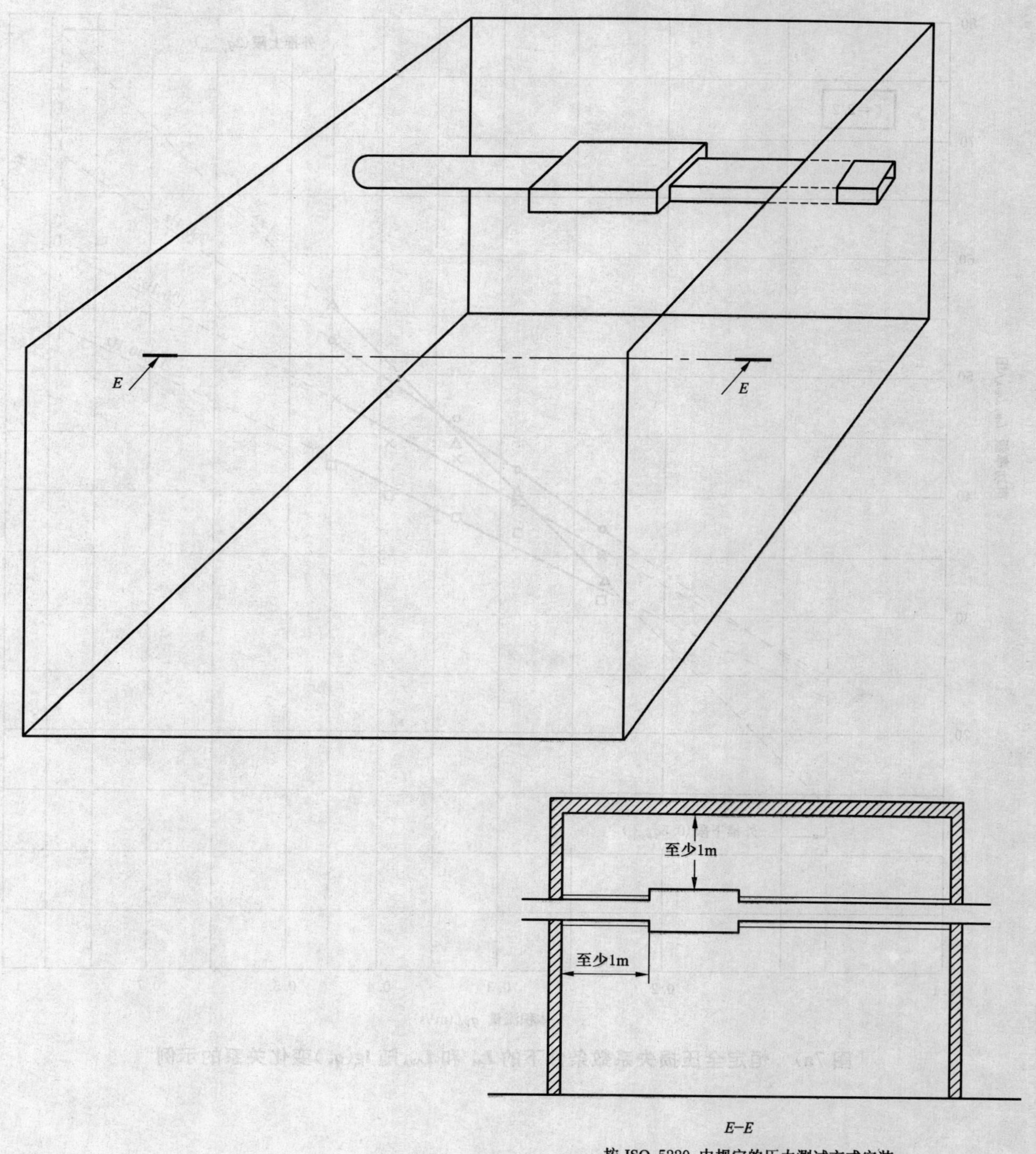

E-E

按 ISO 5220 中规定的压力测试方式安装

图 6 测定连接管壁辐射声时风道末端单元的安装细部

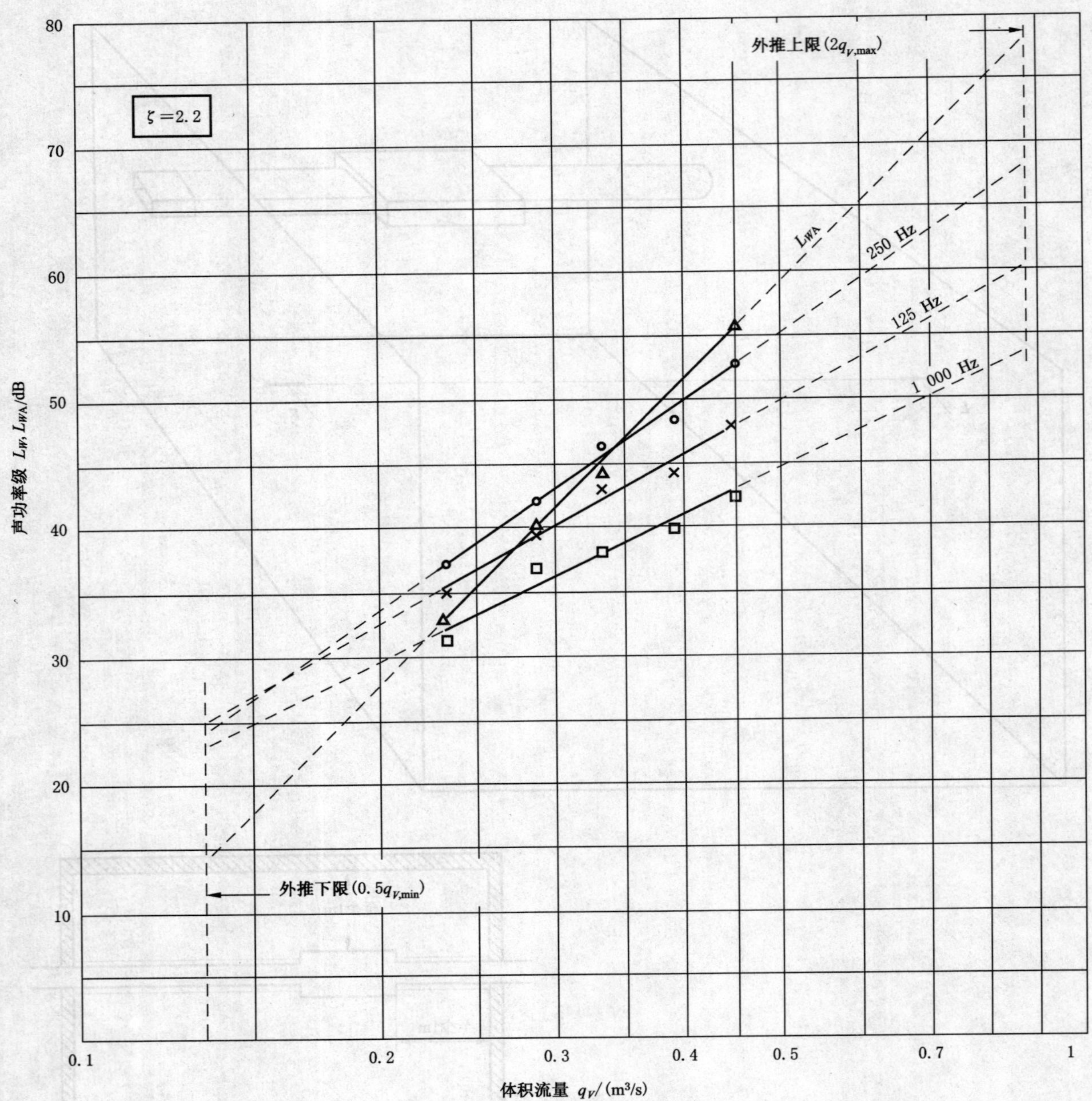

图 7a) 恒定全压损失系数条件下的 L_W 和 L_{WA} 随 $\lg(q_V)$ 变化关系的示例

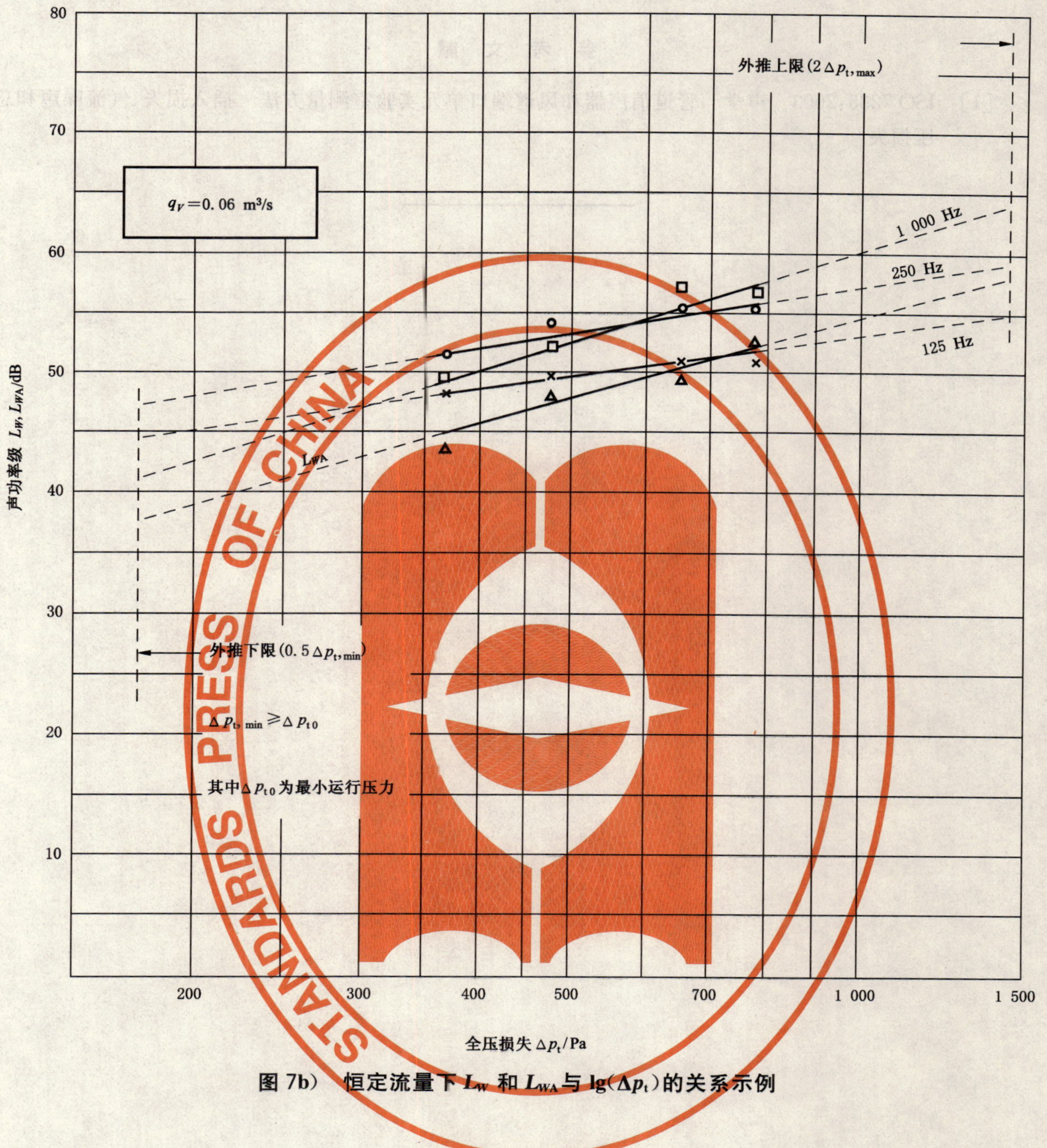

图 7b) 恒定流量下 L_W 和 L_{WA} 与 lg(Δp_t)的关系示例

参 考 文 献

[1] ISO 7235:2003 声学 管道消声器和风道端口单元实验室测量方法 插入损失、气流噪声和总压损失

ICS 17.140
A 59

中华人民共和国国家标准

GB/T 21230—2007/ISO 9612:1997

声学　工作环境中噪声暴露的测量与评价导则

Acoustics—Guidelines for the measurement and assessment of exposure to noise in a working environment

(ISO 9612:1997,IDT)

2007-11-14 发布　　　　2008-05-01 实施

中华人民共和国国家质量监督检验检疫总局
中国国家标准化管理委员会　发布

ICS 17.140
A 59

中华人民共和国国家标准

GB/T 21230—2007/ISO 9612:1997

声学 工作环境中噪声暴露的测量与评价导则

Acoustics—Guidelines for the measurement and assessment of exposure to noise in a working environment

(ISO 9612:1997,IDT)

2007-11-14发布 2008-05-01实施

中华人民共和国国家质量监督检验检疫总局
中国国家标准化管理委员会
发布

前　　言

本标准等同采用 ISO 9612:1997《声学　工作环境中噪声暴露的测量与评价导则》(英文版)。

本标准的附录 A、附录 B、附录 C 和附录 D 均为资料性附录。

本标准由中国科学院提出。

本标准由全国声学标准化技术委员会(SAC/TC 17)归口。

本标准起草单位:中国科学院声学研究所、浙江大学、南京大学、深圳中雅机电实业有限公司。

本标准主要起草人:程明昆、田静、张邦俊、翟国庆、邱小军、方庆川。

引　言

工作场所噪声的统一测量、分析和评价对于评估噪声对工作者健康、舒适、安全和工作效率的潜在影响十分重要。尽管目前已有规范操作者位置和特定设施环境下噪声测量的标准和其他描述噪声对人特定机能影响的标准，但为了评估噪声对工作人员的影响，本标准仍给出了需要在哪些位置进行何种类型测量的通则，以便监测是否符合相应的噪声标准文件和指明是否需要采取控制措施来降低噪声。

声学　工作环境中噪声暴露的测量与评价导则

1　范围

本标准描述了声学量的确定、特别是所要进行的声压级测量的类型和位置、所需的时间采样和频率分析以及所应考虑被测噪声的特殊特征，目的是为了能够评价工作环境中的噪声对日常习惯性暴露在该环境中的工作人员的各种影响。本标准供负责确定和监测是否符合工作场所的噪声限值、并决定是否需要听力保护计划和降噪措施的相关管理部门使用。标准本身并没有规定或推荐可接受的噪声限值。虽然参考书目包括了有关统计采样方法的参考文献，但标准并没有规定描述群体噪声暴露的统计采样方法。标准叙述了测量结果相对于噪声对听力影响、交谈干扰和其他噪声影响的应用，其中还包括了描述次声和超声暴露的特殊要求。

附录A摘要给出了标准在噪声对健康、工作效率、舒适及报警信号可听程度影响方面的应用。附录B给出了连续等效A计权声压级的计算实例。附录C讨论了包含纯音和脉冲噪声修正的评价声级的计算。附录D规定了噪声测量准确度等级。

2　规范性引用文件

下列文件中的条款通过本标准的引用而成为本标准的条款。凡是注日期的引用文件，其随后所有的修改单（不包括勘误的内容）或修订版均不适用于本标准，然而，鼓励根据本标准达成协议的各方研究是否可使用这些文件的最新版本。凡是不注日期的引用文件，其最新版本适用于本标准。

GB/T 3222.1　声学　环境噪声的描述、测量与评价　第1部分：基本参量与评价方法（GB/T 3222.1—2006，ISO 1996-1:2003，IDT）

GB/T 3240　声学测量中的常用频率（GB/T 3240—1982，neq ISO 266:1975）

GB/T 3241　倍频程和分数倍频程滤波器（GB/T 3241—1998，eqv IEC 1260:1995）

GB/T 3947—1996　声学名词术语

GB/T 7584.1　声学　护听器　第1部分：声衰减测量的主观方法（GB/T 7584.1—2004，ISO 4869-1:1990，IDT）

GB/T 7584.2　声学　护听器　第2部分：戴护听器时有效的A计权声压级估算（GB/T 7584.2—1999，idt ISO 4869-2:1994）

GB/T 14366　声学　职业噪声测量与噪声引起的听力损伤评价（GB/T 14366—1993，eqv ISO 1999:1990）

GB/T 15952　个人声暴露计技术要求（GB/T 15952—1995，idt IEC 61252:1993）

GB/T 17248.2　声学　机器和设备发射的噪声　工作位置和其他指定位置发射声压级的测量　一个反射面上方近似自由场的工程法（GB/T 17248.2—1999，eqv ISO 11201:1995）

ISO 532:1975　声学　响度级的计算

ISO/TR 3352:1974　声学　噪声对语言可懂度影响的评价

ISO 3891:1978　声学　地面耳闻飞机噪声的描述方法

ISO/TR 4870:1991　声学　语言可懂度测试的装置和校准

ISO 7196:1995　声学　次声测量用的频率计权特性

ISO 7731:1986　声学　工作场所的危险信号　可听的危险信号

ISO 9921-1:1995 声学 语言交谈的人类工效学评价 第1部分:听力正常的人们在直接交谈时的语言干扰级和交谈距离(SIL法)

IEC 60942:2003 电声 声校准器

IEC 61672-1:2002 电声 声级计 第1部分:规范

3 量与定义

本标准用到以下的量,其定义请参看有关的标准,此处不再重复。

量	符号	引述定义的标准
声压级	L_p	GB/T 14366—1993, GB/T 3947—1996
峰值声压级	L_{peak}	IEC 61672-1
A计权声压级	L_{pA}	GB/T 14366—1993, GB/T 3947—1996
峰值C计权声压级	L_{Cpeak}	IEC 61672-1
持续时间为 T 的连续等效A计权声压级	$L_{Aeq,T}$	GB/T 14366—1993, GB/T 3947—1996,ISO 9921-1, IEC 61672-1
累计百分数声级	$L_{AN,T}$	GB/T 3222.1—2006, GB/T 3947—1996
倍频带声压级		ISO 532
1/3倍频带声压级		ISO 532
8小时时间段	T_0	
归一化时间段:连续等效A计权声压级的时间段	T_N	
工作人员日常有效持续噪声暴露的时间段	T_e	
持续时间为 T 的A计权声暴露	$E_{A,T}$	GB/T 14366—1993
暴露声级	$L_{EX,T}$	GB/T 14366—1993, GB/T 3947—1996
噪声性永久阈移	NIPTS	GB/T 14366—1993, GB/T 3947—1996
脉冲噪声		GB/T 19052—2003
评价声级	L_{Ar}	GB/T 3222.1—2006
语言干扰级	SIL	ISO 9921-1,GB/T 3947—1996, ISO/TR 3352
响度级	L_N	ISO 226,GB/T 3947—1996
感觉噪声级	L_{PN}	ISO 3891,GB/T 3947—1996

4 工作环境中的噪声测量

4.1 总则

本章介绍了工作场所声压级的测量方法。测量方法包括了测量仪器的使用(见4.2)和传声器位置、测量时间段、几个噪声量,特别是等效连续A计权声压级(见4.3.4),规一化的等效连续A计权声压级(见4.3.5),昼间噪声暴露(见4.3.6)和评价声级(见4.3.10和附录C)的测定。附录D.1给出了利用采样技术测定等效连续 A 计权声压级及其不确定度的方法。为了确定与规定的噪声限值的符合性和评价测量的不确定度(见附录 D.2),附录中给出了将结果与限值进行比较(见附录 D.3)和测量报告内容(见附录 D.4)的指南。

4.2 测量仪器

4.2.1 声级计

声级计至少应满足 IEC 61672-1:2002 指定的 2 级仪器的要求,最好能采用 1 级声级计。

个体声暴露计应符合 GB/T 15952。为了显示仪器峰值声压是否过载,最好选用具有过载指示的仪器。

积分平均声级计至少应符合 IEC 61672-1:2002 中规定的 2 级仪器。

4.2.2 倍频带和 1/3 倍频带滤波器

倍频带和 1/3 倍频带滤波器应符合 GB/T 3241 的要求。频段的中心频率应符合 GB/T 3240 中的规定。

4.2.3 辅助测量设备

记录声级的声级记录器应符合 IEC 61672-1:2002 的相应条款,例如对时间计权的要求。

测量累积百分数声级的统计分析仪应符合 IEC 61672-1:2002 的时间计权 F。级差分挡的选取与噪声级的整个范围有关,但不应大于 5 dB。

磁带式记录器或储存噪声信号的其他设备至少应符合 IEC 61672-1:2002 中 2 级仪器规定的技术指标。

用于校准和检验声学测量仪器的声校准器应符合或优于 IEC 60942:2003 规定的 2 级技术指标。

4.2.4 校准和检验

为了符合 IEC 61672-1:2002 或 GB/T 15952 的要求,校准器应定期进行校准。校准时间间隔建议不大于三年。

使用者至少应在每组测量的前后进行现场检验。放大器、记录器和指示器都应进行电校准,同时还要对包括传声器的整套系统进行声学校准(如使用声校准器)。声学校准应尽量在现场进行。测量的准确度必须确定(见附录 D)。

4.3 测量

4.3.1 总则

基本测量量最好是给定时间段 T 内的等效连续 A 计权声压级($L_{\mathrm{Aeq},T}$)和 A 计权声暴露。

根据噪声的类型和被评估的影响类型,可能需要测量峰值声压级 L_{peak}、峰值 A 计权声压级 L_{Apeak}、峰值 C 计权声压级 L_{Cpeak} 或其他测量量。

在某些情况下,可能需要测量可听声、超声或次声的倍频带和 1/3 倍频带声压级。如果要求评估噪声环境下的交谈能力,则需要测量语言干扰级(SIL)、信噪比(S/N)或其他量。

根据测量目的,测量可在固定位置或工作期间的人员身上进行。若要求高准确度,则最好是选择在受暴露的人员身上布放传声器的测量方法。

工作场所的噪声暴露由该处产生的噪声和环境中其他声源传来的噪声组成。

如果在评价诸如烦恼度和舒适度时,某些时间段被排除在测量之外,则必须在测试报告中说明。可能排除的时间段包括:

特定工作场所中的人在该处与别人交谈时产生的声音;

向特定工作场所通话构成的噪声(例如电话、公共广播系统)。

测量应给出工作场所特有的潜在噪声暴露的量化描述。如果在工作岗位上噪声出现的次数、类型和来源对工作场所而言长时间范围内是典型的,则测量给出的是特有的潜在噪声暴露。为支持这个论点,可收集合适的资料或进行足够数量的独立测量(样本)。如果是针对一个明确的工作位置来测定噪声暴露,则测量就在该位置进行。如果工作人员有一个以上的工作场所,那么可以分别对不同的工作位置或者对占有这些工作位置的该人员来测定等效连续 A 计权声压级或 A 计权声暴露,对一个时间周期,每一种测量都能确定该工作人员在工作变换期间的累积暴露量。

4.3.2 传声器位置和测量位置

传声器位置最好应考虑工作人员不在场地的情况下,放在占有该工作场所的工作人员的头部。

对于其他情况,当工作人员必须在场时,为能获得较高的等效连续 A 计权声压级,传声器应当尽可能地放在离外耳道入口大约 0.1 m 的位置。佩戴在人身上的声暴露计和声级计的传声器应该安放在头盔、肩部和领部距离外耳道入口 0.1 m～0.3 m 的部位。

注 1:为了支撑传声器,可以使用头盔或框架。

注 2:在方便的情况下,传声器应放置在肩部。

如果测量仪器或其部件佩戴在工作人员身上,必须注意不能干扰其正常工作,特别要避免带来安全隐患。类似地,要避免测量时错误使用仪器。

如果工作位置的头部位置不明确也没有相应的管理部门指明,则应采用如下的传声器高度(见 GB/T 17248.2):

站姿——人站立的地面之上 1.55 m ± 0.075 m 处;

坐姿——在水平和垂直调节器中点或紧靠中点安置的座椅平面中央之上 0.91 m ± 0.05 m 处;

在特殊的测量位置,传声器的基准方向应该符合制造商家说明书的要求(可能的话,传声器应指向处在该工作位置的工作人员视线方向)。

如果工作人员的位置紧靠噪声源,则传声器的位置和方向应在测量报告中详细说明。

注 1:靠近声源的传声器位置即使很小的变化也可能引起声压级的改变。如果在工作场所可以清楚地听到有调声(见附录 B),则说明可能有驻波产生。为了测定声压级的局部变化,传声器应在 0.1 m～0.5 m 范围内移动。在传声器移动期间测得的声压级变化被看作为时变声级并进行平均处理。

注 2:如果传声器必须紧靠人体放置,则必须通过人员在场和不在场时获得的结果比较来作适当的(有时是非常麻烦的)调整。这个特别适用于高频成分很强的噪声和短距离的小声源。通常人员在场时的值要高于人员不在场时的值。

注 3:当使用传声器不在人耳附近的个人声级计时要特别当心。

注 4:戴耳机(如秘书、接线员、飞行员、空管员)或戴头盔(如飞行头盔和摩托头盔)时的噪声暴露测量要求特殊的测量方法;本标准没有包括这些方法。

在有大量工作位置的区域里,为了缩短测量时间可以采用以下方法:

按等声暴露将工作场所分区,并在典型工作场所抽样进行测量。这些点位测量结果的平均则代表该等声暴露区的所有工作场所的声级值。如果在不同场所测定的声级 $L_{\mathrm{Aeq},T}$ 之差不超过 5 dB,则可作为一个等声暴露区。此外,万一有怀疑,则应该检查所有工作场所与噪声限值的符合性。对某些工作区域,按照等 $L_{\mathrm{Aeq},T}$ 声级来划区会更合适。

具有等噪声暴露的工作场所可以是:

相同作业工作人员的工作场所;

噪声暴露基本上是由远距离的噪声源决定的工作场地(如在工厂车间内超过 5 m～20 m 的距离)。

注 5:低吸声的普通工厂车间内在距噪声源一定距离(大约 5 m～20 m),距离加倍噪声级减小 2 dB～4 dB。高吸声的工厂车间内距离加倍噪声级减小 4 dB～6 dB。

4.3.3 测量时间

4.3.3.1 归一化/参考时间段 T_{N},它是代表一个工作日持续时间的时间段[通常为 8 h(T_0)],在这个时间段内测定连续 A 计权声压级。

测量时间段 T,在这段时间内平方 A 计权声压级被积分和平均。

注:测量的时间和日期及测量的持续时间应该在报告中说明。

测量时间段的选择应包括工作场所噪声级的所有变化和测量。进一步,测量时间段的选择应使得测量结果符合重现性。

在测量时间段内,必须存在表征特定工作场所的声音(见 4.3.1)。可以采用两种方法来获得特征噪声暴露:

$T=T_N$:假如测量时间段延长到归一化/参考时间段,则额定工作日的总噪声暴露可以直接确定。

$T<T_N$:假如测量时间段小于归一化/参考时间段,则待测的特征噪声暴露可以根据经验来选择。

4.3.3.2　如果测量只延续很短的时间($T<T_N$),则测量时间段或样本的选择必须使测定的噪声暴露能够表征工作场所的噪声暴露及代表归一化时间段的噪声暴露。通过对典型噪声源的问卷调查/信息收集(如工序、机器设备、在工作场所及工作环境中的活动),可以确定它们在工作日中所占的时间比例和每部分时间段贡献的平均声级(见附录 B)。

测量时间段取决于噪声暴露的类型。可以根据相同类型的噪声暴露将测量时间段划分为小的测量时间段,如对应于工作场所或者工作环境中的不同作业。

测量持续时间的选择将取决于噪声的起伏变化。测量持续时间应足够长,以使得噪声暴露声级的测量结果能够代表工作人员进行的作业。持续时间应是一个作业的整个过程,或者是该作业的一部分,或者如要求的那样,为使暴露声级或等效连续 A 计权声压级的读数稳定在 0.5 dB 内,持续时间应是该作业的几次重复。

最小持续时间应为 15 s。如果噪声具有明显的周期性,则最小持续时间至少应包括一个周期;否则应包括多个完整的周期。

采样过程可以扩展到多个工作日并取平均(见附录 D)。

4.3.4　等效连续 A 计权声压级的测定

在规定的测量时间段 T 内测量等效连续 A 计权声压级 $L_{\mathrm{Aeq},T}$ 的最佳方法是采用积分平均声级计。

如果使用声级计,当噪声级的起伏不大(见注)时,表头(或记录仪)所指示的读数之算术平均近似等于等效连续 A 计权声压级 $L_{\mathrm{Aeq},T}$。

注:用时间计权 S(慢档)测得的表头总变化量在 5 dB 范围内时可认为噪声的起伏不大。

如果测量时间段 T 被分成更小的时段 T_i,则时间段 T 内的等效连续 A 计权声压级(单位:dB)可用式(1)计算:

$$L_{\mathrm{Aeq},T}=10\ \lg\left(\frac{1}{T}\sum_{i=1}^{m}T_i\cdot 10^{L_{\mathrm{Aeq},Ti}/10}\right) \quad\cdots\cdots(1)$$

式中:

$L_{\mathrm{Aeq},Ti}$——时段 T_i 内的等效连续 A 计权声压级,单位为分贝(dB);

$T=\sum_{i=1}^{m}T_i$,T 单位为秒(s);

m——各时段 T_i 的总数。

4.3.5　归一化为额定 8 小时工作日的等效连续 A 计权声压级

为了比较持续时间不同的工作日的噪声暴露,在很多场合,希望将持续时间 T_e 或短或长的日常职业性噪声暴露归一化为额定 8 小时工作日的噪声暴露。在本标准中,8 小时时间段表示为 T_0。归一化的日常暴露声级(单位:dB)由式(2)得到:

$$L_{\mathrm{EX,8h}}=L_{\mathrm{Aeq},Te}+10\ \lg\frac{T_e}{T_0} \quad\cdots\cdots(2)$$

注:归一化为 8 小时工作日的暴露声级 $L_{\mathrm{EX,8h}}$(单位:dB)可通过式(3)由日常 A 计权声暴露 $E_{\mathrm{A},Te}$(单位:$\mathrm{Pa}^2\cdot\mathrm{s}$)计算得到:

$$L_{\mathrm{EX,8h}}=10\ \lg\frac{E_{\mathrm{A},Te}}{1.15\times10^{-5}} \quad\cdots\cdots(3)$$

表 1 给出了一些选定的 $E_{\mathrm{A},Te}$ 值和它们对应的 8 小时工作日归一化暴露声级值。

表 1　日常 A 计权声暴露 $E_{A,Te}$ 和对应的归一化为额定 8 小时工作日的暴露声级

$E_{A,Te}/(Pa^2 \cdot s \times 10^3)$	$L_{EX,8h}$/dB
0.364	75
0.458	76
0.576	77
0.726	78
0.913	79
1.15	80
1.45	81
1.82	82
2.29	83
2.89	84
3.64	85
4.58	86
5.76	87
7.26	88
9.13	89
11.5	90
14.5	91
18.2	92
22.9	93
28.9	94
36.4	95
45.8	96
57.6	97
72.6	98
91.3	99
115.0	100

4.3.6　A 计权声暴露 $E_{A,Te}$ 的测定

最佳方法是使用个人声暴露计或积分平均声级计。$E_{A,Te}$ 与 $L_{Aeq,Te}$ 的关系由式(4)给出：

$$E_{A,Te} = p_0^2 \cdot T_e \times 10^{L_{Aeq,Te}/10} \quad \cdots\cdots(4)$$

式中：

$p_0 = 2 \times 10^{-5}$ Pa；

T_e 单位为 s。

如果将测量时间 T_e 划分为更小的时间段 T_{ei}，在 T_{ei} 内测量 $E_{A,Tei}$，则 $E_{A,Te}$ 由式(5)计算得到：

$$E_{A,Te} = \sum_i E_{A,Tei} \quad \cdots\cdots(5)$$

4.3.7　多天的归一化日常暴露声级的测定

如希望计算 n 日的平均暴露，例如：假如考虑一星期暴露的额定归一化暴露声级，则 $L_{EX,8h}$(单位：dB)在这段时间的平均值可用式(6)由每日的 $(L_{EX,8h})_i$ 值计算得到：

$$L_{EX,8h} = 10\ \lg\left[\frac{1}{n}\sum_{i=1}^{n} 10^{0.1(L_{EX,8h})_i}\right] \quad \cdots\cdots(6)$$

注：当进行超过一周时间的平均时，建议同时提供最大及最小的日暴露声级。

4.3.8　归一化为额定 40 小时工作周的等效连续 A 计权声压级

如果考虑一周的归一化暴露声级时，$L_{EX,8h}$ 一周的平均值 $L_{EX,w}$(单位：dB)可由 4.3.7 中的式(6)计算得到：

$$L_{EX,w} = 10\ \lg\left[\frac{1}{5}\sum_{i=1}^{n} 10^{0.1(L_{EX,8h})_i}\right] \quad \cdots\cdots(7)$$

式中：

$L_{EX,w}$——日暴露声级 $L_{EX,8h}$ 的周平均值，单位为分贝(dB)；

n——每周的工作天数(可以不是 5)。

4.3.9 群体声暴露

某些情况适宜计算群体声暴露。这样做并不需要对每个个体采样即可获得可靠的结果。参考文献介绍了群体噪声暴露测量的统计抽样方法。

4.3.10 评价声级

采用评价声级(见 GB/T 3222.1)来表征工作环境中噪声的总影响。对于这种用基本上是考虑给具有纯音和/或脉冲特性的噪声以额外计权的场合，等效连续 A 计权声压级可以根据纯音和/或脉冲特性进行修正并归一化为额定的 8 小时工作日的暴露声级。附录 C 中有关纯音和脉冲修正的指南介绍了如此修正和归一化的暴露声级。

4.4 频谱分析

如果要求提供工作人员操作位置的噪声频谱资料，例如为了设计声屏障或吸声措施，可以用倍频程或 1/3 倍频程滤波器进行频谱分析(见 4.2.2)。

根据频谱分析的目的来选择适当的测量时间，例如在最高的 $L_{Aeq,T}$ 值出现的时间段，特殊操作条件的时间段，噪声包含明显纯音的时间段。

为防止频谱分析的错误结果，建议通过一系列重复、独立的测量来进行平均。

4.5 次声、超声

如果工作人员操作位置噪声以次声(频率低于 20Hz)为主，建议用 1/3 倍频带滤波器或具有 ISO 7196:1995 中规定特性的带宽滤波器进行附加测量。

如果工作人员操作位置的噪声以超声或高频可听声为主，则应使用中心频率能覆盖所关注的频率范围的 1/3 倍频带滤波器或窄带滤波器来进行测量，但至少应包括 16 000 Hz～40 000 Hz 的中心频率。使用的声级计或积分声级计应符合 IEC 61672-1:2002 中 1 级仪器并具有高于 12 000 Hz 的频率响应。

选择的测量时间段应使测量结果能够代表长期的平均情况。至少应当提供次声和超声频率范围内近似暴露声级的信息。

4.6 特殊的噪声特性

当特殊的噪声特性不能由上述规定的测量描述时，应该在测量报告中说明并由附加测量结果，如示波图、语图仪、累计百分数声级、声级记录、L_{peak} 值、L_{Aimax} 值、噪声脉冲持续时间、尖锐度等来支持和完善。

注：L_{Aimax} 为脉冲时间计权的最大 A 计权声压级。

特殊特性的实例如下：

噪声来源	——工作人员操作的机械； ——同一车间内其他机械； ——车间外部(交通，飞机，……)； ——工人交谈声； ——叉车或其他卡车。
噪声种类	——机械噪声； ——可懂的或不可懂的语言； ——音乐； ——动物声音； ——电话铃声； ——交通噪声； ——指示换班或休息的旋笛或汽笛。

噪声特性	——稳定的； ——不稳定的； ——脉冲的； ——孤立脉冲声； ——突发噪声； ——有节奏的/周期的； ——宽带的； ——窄带的； ——纯音的、低频或高频； ——尖叫声； ——尖锐声； ——高信息成分。

5 测量结果的应用

5.1 总则

第4章中叙述的测量方法可用于评估或评价职业噪声对人体的不同影响，具体如下：

测量结果的应用和特殊的潜在影响的评价要求有相应的测量方法和测量位置。如果测量是为了与规定的指南或限值进行比较，期望的总准确度通常会增加，使测量值更接近限值。总准确度取决于与测量的精密度和采样的技术(见附录D)。本章叙述了测量在评估噪声对工作人员不同影响方面的应用。

5.5中概括给出了测量结果的应用。

5.2 对听力的影响及保护

用于评价噪声对听力影响的量是：

——归一化为额定8小时工作日的暴露声级，$L_{EX,8h}$；

——持续时间T(通常是8 h)的A计权暴露声级，E_{A,T_i}；

——纯音修正$K_1=0$的8小时评价声级，附录C中做了阐述；

——峰值声压级，L_{peak}；

——C计权峰值声压级，L_{Cpeak}。

这些量可以通过使用第4章中描述的积分声级计或个人声暴露计测量导出。这些量用来确定职业性噪声暴露(GB/T 14366)，评估潜在的噪声性听力损伤(GB/T 14366)和危险评估(职业性噪声规范)。

此外，危险评估也会需要最大声压级值及其持续时间(职业性噪声规范)。与此相关连，也分别需要将A计权和C计权声压级用于护听器的评价(GB/T 7584.2)，而噪声控制工程和听力保护计划均需要噪声的频率分析。

听力损失可以是暂时的或永久的。GB/T 14366与噪声性永久阈移(NIPTS)有关。NIPTS是由长时间噪声暴露引起的不可逆的神经性听力损失，它完全是由噪声暴露单独作用引起的听力损失，与其他原因无关。噪声暴露人群的永久性听阈由年龄相关的听阈级和NIPTS共同决定。由于人的听觉关于NIPTS和与年龄相关的阈移的敏感度存在显著的差异，因此噪声环境的危险性可以用“听力损伤危险”来描述。听力损伤危险是用噪声环境中受噪声暴露而使其听阈级超过一给定的警戒限值的人群百分比增加量来表示的，该警戒限值与未受噪声暴露人群的听阈级相关，但是未受噪声暴露人群在别的方面与受噪声暴露人群等效。对于瞬时峰值声压级超过140 dB的脉冲噪声，GB/T 14366中对损伤危险的评估一直未得到统计数据的证实，因此不应采用。

根据第4章进行的噪声测量，相应的管理机构可以评估职业性声暴露的噪声性听力损伤危险并决定听力保护计划的要求，包括听力监测、佩戴合适的护听器、降低个体或群体噪声暴露的工程或管理措施。

5.3 对语言交流的影响

已经建立了一系列声学指标来表明噪声对语言感知的干扰程度。具体包括：

——累计百分数声级($L_{AN,T}$)：时间 T 内平均 N%的时间超过的声压级。

——语言干扰级(SIL)：500 Hz、1 000 Hz、2 000 Hz 和 4 000 Hz 倍频带声压级的平均(ISO 9921-1：1995，ISO/TR 3352：1974)。这是一个评价噪声对语言干扰影响的近似方法。

——清晰度指数(AI)：评价语言干扰影响最可靠的预测方法。考虑到某些频率对语言的掩蔽比其他频率要大的事实，把 250 Hz～7 000 Hz 的频率范围分为 20 个频带，计算每个频带的语言与噪声级的差值，最后得到的综合数值给出一单个指数。

有时用到适当时间内的 A 计权声压级 L_{pA} 和等效 A 计权声压级，它们同样也是很方便的语言干扰指数(ISO 9921-1：1995)。

ISO/TR 4870：1991 也提及评价语言可懂度的方法。

5.4 次声和超声的影响

建议用 1/3 倍频带分析或窄频谱分析作为高至 40kHz 的超声的影响评价。对于空气超声，一般危险的器官是人耳，因此保护措施是模仿可听频率范围的方法。固体、液体中超声的影响超出了本标准的范围。

足够强的次声能够产生不同的听觉感觉并且有影响人舒适度方面的报道。一直没有把听力的永久性影响归因于对次声的职业性暴露。作为对 1 Hz～20 Hz 频率范围之内次声的标准化描述，ISO 7196：1995 定义了一个频率计权特性，并将其用于评价听觉感知和非特定的反应。

有时问题是以仍可听的低频占主要成分的噪声出现，但却是由次声引起。

注：因为 G 计权仅限于次声范围，因此不能反映此类噪声的影响。

5.5 概要

表 2 提供了使用相关标准评价 5.1～5.4 中所描述的噪声对工作人员的各种影响时，参考采用的测量结果。其他影响在附录 A 中讨论。

表 2 测量结果在相关标准中的应用

应用	标准		声学量 (测量或计算得到)
	编号	名称	
听力影响			
职业性噪声暴露的测量、噪声引起的听力损伤及危险评估(职业噪声规范)	GB/T 14366	声学 职业噪声测量与噪声引起的听力损伤评价	$L_{Aeq,T}$ L_{peak} $L_{p,max}$ $L_{EX,8h}$
听阈范围内护听器声衰减的主观测量方法	GB/T 7584.1	声学 护听器 第 1 部分：声衰减测量的主观方法	L_{pA} L_{pC}
	GB/T 7584.2	声学 护听器 第 2 部分：戴护听器时有效的 A 计权声压级估算	L_{pA}
通讯及安全影响			
	ISO 9921	声学 语言交谈的人类工效学评价	L_{Aeq}，L_{pA}
噪声对语言可懂度影响的评价	ISO/TR 3352:1974	声学 噪声对语言可懂度影响的评价	$L_{AN,T}$ SIL AI

表 2(续)

应用	标准 编号	标准 名称	声学量（测量或计算得到）
	ISO/TR 4870:1991	声学　语言可懂度测试的装置和校准	L_{Aeq}
工作场所可听危险信号的标准化	ISO 7731:1986	声学　工作场所的危险信号　可听的危险信号	L_{Aeq}
烦恼度、舒适度、精神状态			
响度级计算（它可以用作评价工具）	ISO 532:1975	声学　响度级的计算	$L_{p,\mathrm{octave}}$ $L_{p,1/3-\mathrm{octave}}$
环境噪声的描述和测量 用适当方法评价社区噪声级以评估其反应	GB/T 3222.1	声学　环境噪声的描述、测量与评价　第1部分：基本参量与评价方法	$L_{\mathrm{Aeq},T}$
地面飞机噪声的描述和测量	ISO 3891:1978	声学　地面耳闻飞机噪声的描述方法	L_{Aeq}，$L_{p\mathrm{N}}$
次声对人影响的描述	ISO 7196:1995	声学　次声测量用的频率计权特征	

附 录 A
（资料性附录）
噪声的其他影响

A.1 范围

目前，噪声的其他影响尚缺少可依照的标准，但是本附录摘录出可以使用本标准给出的那些方法。

A.2 听觉之外的健康影响

等效连续 A 计权声压级 $L_{Aeq,T}$ 通常用来作为评价精神压力的首选方法。然而，噪声级的信息内容及其变化会强烈地影响生理反应。

噪声与精神压力之间的关系目前仍不是很清楚。实验研究已表明噪声会造成促肾上腺皮质激素(ACTH)释放的增加和肾上腺皮质醇水平的升高；对人体循环的影响包括血管收缩和高血压；对自主神经系统的影响如瞳孔扩大、心动过速和皮肤电导增加。所有这些影响都是通常的生理反应。如果经过长时间的习惯性暴露之后暂时的紧张影响能够导致或产生永久的健康改变，如血压升高和高血压，但是达到何种程度和水平的暴露还不清楚，需要在该领域进一步深入研究。

A.3 噪声的安全影响

众所周知，在工作情况下噪声对语言和听力的干扰会因为曲解、不理解、或无法听到警告的呼叫、驶近的车辆、下落的物体等原因而可能导致事故的发生。佩戴护听器时通话要求要特别留意，并且需要一些方法来评价和描述佩戴护听器时听觉提示的理解力。听者的听觉能力也会影响听者对噪声环境中语言的理解水平。其他需要特别注意语言通话的特殊场合包括教室和会议室。

许多有关救护车、报警信号及警报器噪声的标准，如 ISO 7731:1986，规定了时间模式、频率和噪声级，继而需要详细的频率分析。

A.4 工作效率的影响

常用的描述量是相应时间段 T 内的等效连续 A 计权声压级 $L_{Aeq,T}$。

噪声对工作效率的影响不仅仅由噪声品质决定，还同其他变量诸如工作任务、个人情况有关。显然，当一个工作任务由听觉提示来决定时，噪声对这些提示的掩蔽将干扰工作的执行。有听力障碍的同样需要额外的听觉提示信号级。工作效率的评价必须以个人经验和特殊环境的研究为基础。

噪声能够起分散刺激的作用，也会影响个人的心理、生理状态。脉冲声可能造成因惊吓反应而引起的破坏性影响。噪声可改变个人的警惕性和增加或降低效率。噪声不一定会降低包含单调活动的作业执行。警惕性、信息收集和分析过程等心理行为看来对噪声特别敏感。具体的影响完全取决于噪声的种类、持续时间和职业。

目前还没有针对工作效率的标准。

A.5 烦恼度、舒适度和精神状态的影响

噪声烦恼度可以定义为噪声引起的不愉快感。噪声对烦恼度、舒适度和精神状态的影响由生理、心理和经济环境决定，并且个人对同一噪声的反应有十分显著的差别。

已经提出了一系列的声学指标来评价噪声暴露和烦恼度之间的关系，其中用宋表示的响度或用方表示的响度级由倍频带和 1/3 倍频带频谱分析(ISO 532:1975)计算得到，主要用于飞机噪声评价的感觉噪声级 L_{PN} 由 1/3 倍频带频谱分析(ISO 3891:1978)计算得到。由倍频带谱分析计算得到的噪声评

价数NR,是为了评价社区对噪声的反应而制定的一系列指标的一个。诸如特定事件数等其他指标对表征环境也是有用的。

不管用何种声学量来评价烦恼度,必须认识到人的反应会因心理因素有很大差别。如人的噪声远比机械噪声烦恼。无论怎样,对这两种噪声来说,适当时间的等效连续A计权声压级是评价烦恼度、舒适度和精神状态的一个有用的量。

应当注意到噪声并不总是有害的。工作时的音乐可以提神,办公室中掩蔽噪声的低声级可能提供更好的私密性及降低其他噪声的干扰(见A.4)。

附 录 B
(资料性附录)
用 4.3.4 中的公式计算等效连续 A 计权声压级实例

需考虑工作场所(装配位置)中领班和工人们在不同时间段 T_i 的不同作业活动。测量每个时间段 T_i 内特征噪声的等效连续 A 计权声压级 L_{Aeq,T_i}。对于表 B.1 中的四种作业,噪声暴露由这四个邻接工作场所的噪声来确定。

表 B.1 计算等效连续 A 计权声压级实例

序号	作业	T_i/min	L_{Aeq,T_i}/dB	$10\lg\left(\frac{T_i}{T}10^{L_{\mathrm{Aeq},T_i}/10}\right)$/dB
1	钻孔	5	107	87.2
2	锯管 (圆锯)	285	91	88.7
3	紧螺丝 (电动螺丝刀)	70	98	89.6
4	划线和准备	120	89	83

根据 4.3.4 的式(1)来计算 $L_{\mathrm{Aeq,8h}}$(单位:dB):

$$T=\sum T_i=8\ \mathrm{h};$$

$$L_{\mathrm{Aeq,8h}}=94$$

附 录 C
（资料性附录）
评价声级的确定

C.1 评价声级计算公式

每个参考时间段的评价声级(单位为 dB)由式(C.1)计算：

$$(L_{\mathrm{Ar},Tr})_i=(L_{\mathrm{Aeq},Tr})_i+K_{\mathrm{T}i}+K_{\mathrm{I}i} \qquad \cdots\cdots(\mathrm{C}.1)$$

式中：

T_r——参考时间段（见 C.5）；

$(L_{\mathrm{Aeq},Tr})_i$——规定参考时间段的等效连续 A 计权声压级，单位为分贝(dB)；

$K_{\mathrm{T}i}$——可用于参考时间段的纯音修正，单位为分贝(dB)（见 C.2）；

$K_{\mathrm{I}i}$——可用于第 i 个参考时间段的脉冲修正，单位为分贝(dB)（见 C.3）。

注：本附录的参考时间段与 4.3.3.1 中的归一化时间段相等。

如果纯音或脉冲特性只部分出现在参考时间段内，K_{T} 值和 K_{I} 值可以与持续时间成比例调节或按式(C.2)来修正(单位:dB)：

$$(L_{\mathrm{Ar},Tr})_i=10\lg\frac{1}{T_r}\sum_{j=1}^{N}T_j\times10^{[(L_{\mathrm{Aeq},Tr})_j+K_j]/10} \qquad \cdots\cdots(\mathrm{C}.2)$$

式中：

$(L_{\mathrm{Ar},Tr})_i$——参考时间段 i 内的评价声级，单位为分贝(dB)；

T_r——参考时间段持续时间；

T_j——子时间段(见 C.5)；

$(L_{\mathrm{Aeq},Tr})_j$——子时间段 T_j 内的等效连续 A 计权声压级,单位为分贝(dB)；

K_j——子时间段 T_j 内的纯音和脉冲修正，单位为分贝(dB)。$K_j=K_{\mathrm{T}j}+K_{\mathrm{I}j}$。

结果应修约为最近的整数分贝值。

C.2 纯音修正 K_{T}

如果规定时间段内纯音成分是噪声的基本特征，当计算评价声级 L_{Ar} 时，要对该时间段内测量的等效连续 A 计权声压级进行修正。该修正值必须要说明。然而目前纯音修正 K_{T} 尚无客观的测量方法。

注：在某些特殊情况下，如果一个 1/3 倍频带的声级比相邻频带高 5 dB 以上，则可以发现 1/3 倍频程谱中突出的纯音成分，但是如果噪声信号中有一个以上的可听纯音，通常则需要进行窄带频率的详细分析。

如果纯音成分可以清楚地听到且能够用 1/3 倍频程谱分析检测到，则修正值可以是 5 dB～6 dB。如果纯音成分刚能被观测者察觉和/或由窄带分析证明，那么 2 dB～3 dB 的修正是适合的。

C.3 脉冲修正 K_{I}

如果特定时间段内噪声的基本特征是脉冲，则计算评价声级 L_{Ar} 时，要对该时间段内测量的等效连续 A 计权声压级进行修正。修正值必须说明。

描述特定测量时间段内噪声脉冲特性的方法是测量 $L_{\mathrm{AIeq},T}$（即 T 时间段内脉冲时间计权 I 的平均 A 计权声压级）与 $L_{\mathrm{Aeq},T}$ 之差。声压级 $L_{\mathrm{AIeq},T}$ 和 $L_{\mathrm{Aeq},T}$（用时间计权 I 和 S 或 F 测量的）应同时测定。

差值可作为脉冲修正，用式(C.3)计算：

$$K_{\mathrm{I}}=L_{\mathrm{AIeq},T}-L_{\mathrm{Aeq},T} \qquad \cdots\cdots(\mathrm{C}.3)$$

这样定义的 K_{I} 的优点是测量量 $L_{\mathrm{AIeq},T}$ 自动将脉冲修正包含在测量结果之中。在这种情况下不需要明确说明脉冲修正 K_I。

$K_I \leqslant 2$ dB 的噪声脉冲修正可以忽略。如果 K_I 不按以上方法定义，根据噪声脉冲的显著性，脉冲修正常用 3 dB 或 6 dB。

噪声特征也可由特定时间段内测定的峰值声级和峰值数目来说明。

注：I 为脉冲响应时间计权，S 为慢响应时间计权，F 为快响应时间计权。

C.4　长期平均评价声级

如果工作场所日噪声暴露的变化值大于与要求的准确度级有关的不确定度(附件 D)，则特征噪声暴露由长期平均评价声级(单位：dB)给出，用式(C.4)计算：

$$L_{\mathrm{Ar,LT}} = 10\lg\left[\frac{1}{N}\sum_{i=1}^{N} 10^{(L_{\mathrm{Ar},T_r})_i/10}\right] \quad \cdots\cdots\cdots\cdots (C.4)$$

式中：

$(L_{\mathrm{Ar},T_r})_i$——时间段 i 的评价声级，单位为分贝(dB)；

T_i——时间段 i 的持续时间；

N——参考时间段 T_r 的数量。

长期时间段的选择必须涵盖噪声暴露的长期变化。通常数量级为一星期。

C.5　8 小时评价声级 $L_{\mathrm{Ar,8h}}$

8 小时评价声级由 C.1～C.4 中给出的方法以 $T_r = 8$ h 计算。这种方法也用于 $\sum T_i \neq T_r$ 的那些情况。

如果噪声暴露每日变化且希望使用 N 天的平均值，例如考虑周暴露平均，那么平均 8 小时评价声级(单位：dB)用式(C.5)计算：

$$(L_{\mathrm{Ar,8h}})_{\mathrm{av}} = 10\lg\left[\frac{1}{N}\sum_{i=1}^{N} 10^{(L_{\mathrm{Ar,8h}})_i/10}\right] \quad \cdots\cdots\cdots\cdots (C.5)$$

式中：

$(L_{\mathrm{Ar,8h}})_i$——第 i 天的 8 小时评价声级，单位为分贝(dB)；

N——总天数。

附　录　D
（资料性附录）
噪声测量准确度等级

D.1　等效连续 A 计权声压级评价的采样技术

D.1.1　原理

在测量时间段 T 内一组不相关的 L_{Aeq,T_i} 值（这里称为 L_i）被收集。$L_{\mathrm{Aeq},T}$ 及与其相关的置信界限的估算由下面给出。

D.1.2　$L_{\mathrm{Aeq},T}$ 的估算

如果 n 为独立的样品的数量，$L_{\mathrm{Aeq},T}$（单位：dB）可以由式（D.1）近似：

$$L_{\mathrm{Aeq},T}=10\ \lg\frac{1}{n}\sum_{i=1}^{n}10^{0.1L_i}=\overline{L}+0.115\ s^2 \qquad \cdots\cdots\cdots\cdots(\text{D.1})$$

式中：

$\overline{L}$——算术平均，单位为分贝（dB）。

$$\overline{L}=\frac{1}{n}\sum_{i=1}^{n}L_i$$

s——标准偏差，单位为分贝（dB）。

$$s=\sqrt{\frac{\sum_{i=1}^{n}(L_i-\overline{L})^2}{n-1}}$$

D.1.3　置信界限的估算

与 $L_{\mathrm{Aeq},T}$ 估算相关的置信界限的估算由式（D.2）给出：

$$\mathrm{CL}=\pm\sqrt{\frac{s^2}{n}+\frac{0.026\cdot s^4}{n-1}}\cdot t_{n-1} \qquad \cdots\cdots\cdots\cdots(\text{D.2})$$

式中：

t_{n-1}——自由度为（$n-1$）和所选概率为 α 的学生分布因数；

s——标准偏差，单位为分贝（dB）。

表 D.1　给出了置信区间为 90％的置信界限。

表 D.1　对应于样品数为 n 及其声级的标准偏差为 s 的 90％置信界限

n	s											
	0.5	1	1.5	2	2.5	3	3.5	4	4.5	5	5.5	6
5	0.5	1.0	1.5	2.0	2.6	3.3	3.9	4.7	5.5	6.4	7.4	8.4
6	0.4	0.8	1.3	1.7	2.2	2.8	3.4	4.0	4.7	5.5	6.3	7.2
7	0.4	0.7	1.1	1.6	2.0	2.5	3.0	3.6	4.2	4.9	5.6	6.4
8	0.3	0.7	1.0	1.5	1.8	2.3	2.7	3.3	3.8	4.4	5.1	5.8
9	0.3	0.6	1.0	1.3	1.7	2.1	2.5	3.0	3.5	4.1	4.7	5.3
10	0.3	0.6	0.9	1.2	1.6	2.0	2.4	2.8	3.3	3.8	4.4	5.0
12	0.3	0.5	0.8	1.1	1.4	1.7	2.1	2.5	2.9	3.4	3.9	4.4
14	0.2	0.5	0.7	1.0	1.3	1.6	1.9	2.3	2.7	3.1	3.5	4.0
16	0.2	0.4	0.7	0.9	1.2	1.5	1.8	2.1	2.5	2.9	3.3	3.7
18	0.2	0.4	0.6	0.9	1.1	1.4	1.7	2.0	2.3	2.7	3.1	3.5

表 D.1(续)

n	s											
	0.5	1	1.5	2	2.5	3	3.5	4	4.5	5	5.5	6
20	0.2	0.4	0.6	0.8	1.0	1.3	1.6	1.9	2.2	2.5	2.9	3.3
25	0.2	0.3	0.5	0.7	0.9	1.1	1.4	1.6	1.9	2.2	2.5	2.9
30	0.2	0.3	0.5	0.7	0.8	1.0	1.3	1.5	1.7	2.0	2.3	2.6

D.2 测量的精确度

测量的总不确定度(ε)考虑了仪器的不确定度(u_i)及所用方法的不确定度。

D.2.1 仪器的不确定度 u_i

表 D.2 给出了使用不同类型仪器的测量不确定度(90%置信水平)。

表 D.2 仪器引起的不确定度 u_i

符合 IEC 61672-1:2002 的声级计	1 级	2 级	3 级
符合 IEC 61672-1:2002 的积分声级计	1 级	2 级	3 级
符合 IEC 60942:2003 的声校准器	0 型	1 型	2 型
不确定度 u_i	可忽略	1 dB	1.5 dB
注 1:这里的不确定度是相对于频率到 8 kHz 的宽带频谱和入射方向已知的传统车间噪声来估算的。 注 2:如果使用 1 级声级计,不确定度可以忽略。			

D.2.2 采样的不确定度(如果使用了采样技术)u_s

在表 D.1 中给出了 90%置信界限的采样不确定度(u_s),也可用 D.1.3 的式(D.2)取 $\alpha=0.1$ 来计算。

D.2.3 测量的总不确定度 ε

如果测量时间扩展到总时间段 T,总不确定度 ε 应考虑等于表 D.2 中给出的 u_i 值。

如果使用采样技术,总不确定度 ε 应考虑为 u_i 和 u_s 平方之和的平方根,用式(D.3)计算:

$$\varepsilon=\sqrt{u_i^2+u_s^2} \qquad \text{(D.3)}$$

如果不用采样技术,且测量时间没有涵盖总时间段 T(例如:在含有典型噪声的特定时间段内进行测量),对应所用仪器等级的总不确定度 ε 在表 D.3 中给出。

表 D.3 不用采样技术,也没有在整个时间段 T 内连续进行测量时的总不确定度 ε

符合 IEC 61672-1:2002 的声级计	1 级	2 级	3 级
符合 IEC 61672-1:2002 的积分声级计	1 级	2 级	3 级
符合 IEC 60942:2003 的声校准器	0 型	1 型	2 型
不确定度 u_i	1.5 dB	3 dB	8 dB

对应总不确定度 ε 规定的三种测量精密度级在表 D.4 中给出。

表 D.4 测量精密度级

总不确定度 ε/dB	ε≤1.5	1.5<ε≤3	3<ε≤8
测量精密度级	1	2	3
指定使用范围	基准测量	工程测量	调查测量

数字举例:

使用采样技术,在测量时间段 T 收集了 10 个不相关样品,它们每个的声级 L_i 为:91 dB,92 dB,87.5 dB,93 dB,88.5 dB,97 dB,84 dB,86 dB,95 dB,90 dB。

算术平均 $\bar{L}$ 为:90.4 dB。

标准偏差 s 为:4 dB。

根据 D.1 中的式(D.1)计算出 $L_{\mathrm{Aeq},T}$ 为:92.2 dB。

根据表 D.1,在 90%置信界限和 $n=10$ 时的采样不确定度 u_s 为 2.8 dB。

如果使用了 2 级声级计和 1 级声校准器,仪器不确定度 u_i 将为 1 dB,而总不确定度为:

$$\sqrt{1^2+2.8^2}\,\mathrm{dB}=3\mathrm{dB}$$

测量精密度级将为 2 级"工程测量"。

D.3 与指定声级限值的比较

按照本标准测量得到的等效连续 A 计权声压级 $L_{\mathrm{Aeq},T}$ 与指定的声级限值 L_{lim} 比较时,应当按以下方法结合与所做测量相关的不确定度 ε(见 D.2.3)来考虑:

如果 $L_{\mathrm{Aeq},T}-\varepsilon\leqslant L_{\mathrm{lim}}\leqslant L_{\mathrm{Aeq},T}+\varepsilon$,无法得到任何结论且必须使用更精确的方法重新测量;

如果 $L_{\mathrm{Aeq},T}+\varepsilon\leqslant L_{\mathrm{lim}}$,没有超过声级限值;

如果 $L_{\mathrm{Aeq},T}-\varepsilon\geqslant L_{\mathrm{lim}}$,超过声级限值。

D.4 测量报告

a) 测量目的。

b) 测量位置表示(依照测量的是工作人员的噪声暴露还是工作场所的噪声级来区分)。

c) 工作位置、工作程序和工种的描述:

——工种的性质;

——工作程序;

——工作岗位和工作环境中的噪声源,脉冲型噪声的特性和比率;

——代表给定的一组工作位置,适于用于测量的典型岗位。

d) 使用的测量仪器。

类型、精密度级、制造商及序列号。

e) 测量方法。

——操作过程的详细描述,特别是使用采样技术时的采样时间,样品的数量和持续时间以及总的测量时间。

——工作和工作条件的详细描述,包括对记录中给出的代表整个工作日的作业活动和工作时间历程的典型噪声的描述。

f) 结果。

包括按照附录 D 测量的工作场所等效连续 A 计权声压级 $L_{\mathrm{Aeq},T}$ 或评价声级及它们相关的不确定度,以及最终的测量精密度级。还应包括工作人员的归一化日常暴露声级的估算和与限值的比较。

参 考 文 献

[1] GB/T 4963 自由场纯音标准等响线.

[2] GB/T 17248.1 声学 机器和设备发射的噪声 测定工作位置和其他指定位置发射声压级的基础标准使用导则.

[3] GB/T 19052 声学 机器和设备发射的噪声 噪声测试规范起草和表述的准则.

[4] Ward W. D. ,Fricks J. E. (Eds.)Proceedings of the 1st International Congress on noise as a Public Health Hazard. Washington D. C. , 1968. ASHA Report 4, the American Speech and Hearing Association, February 1969.

[5] Dubrovnik Yugoslavia Proceeding of the International Congress on Noise as a Public Health problem. U. S. EPA Report 55019-73-008,1973.

[6] Noise as a public Health Problem (1980). Proceedings of the Third International Congress on Noise as a Public Health Problem, Freiburg, West Germany, Sept. 1978. 25-29, ASHA Reports 10, The American Speech-Language Hearin Association, Rochville, Maryland, USA, April.

[7] Rossi G. (Ed.)Noise as a Public Health Problem (1983). Proceedings of the 4th International Congress on Noise as a Public Health Problem, Center Richerche estudi amplifou, Milano, Italy, 1983.

[8] Proceedings of the 5th International Congress on noise as a Public Health Problem, Stockholm, Sweden August 1988. Swedish Council for Buiding Research, Stochholm, Sweden.

[9] Proceedings of the 6th International Congress on Noise as a Public Health Problem, Nice July 1993. INRETS Nice, France, 1993.

[10] BEHAR A,PLENER R. Noise Exposure-Sampling Stratery and Risk Assessment, Am. Ind. Hyd. Assoc. J. , 45(2):105-109, 1984.

[11] DEWELL P. Some practical Applications of Statistics in Occupational Hygiene, in Pappers presented to the Institute in 1983, 1984, Institute of Occupational Hygienists.

[12] FILLIBEN J.J. The probablility plot correlation coefficient test for normality. 1975, Tchnomentrics, v17:111-117.

[13] JACKSON R. A. ,BEHAR A. Sample Size and Confidence Limit Calculation. Am. Ind. Hyg. Assoc. J. , July 1985.

[14] JACKSON R. A. , BEHAR A. ,KELSALL J. T. Noise Exposure-Strategy for Minising Sample Size. Am. Ind. Hyd. Assoc. J.

[15] LEIDEL N. A. , BUSCH K. A. ,LYNCH J. R. Ocupational Exposure Sampling Strategy Manual. Niosh Publication 77-173, Cincinatti, Ohio, USA, 1977.

[16] ROYSTER L. H. , BERGER E. H. ,ROYSTER J. D. "Noise Survey and Data Analysis" in Berger, WARD E. H. , MORILL W. D. , AND ROYSTER J. C. ,L. H. eds. Noise and Hearing Conservation Manual, American Industrial Hyginene Association, Akron, Ohio, USA.

[17] REUTZSCH M. , SORG, B. , Einfluss von Schall (Larm) auf Mikrotatigkeiten, Die Technik (10) 1978: 567-571.

[18] SIEGAL S. Non-Parametric Statistics, McGraw Hill, New York, N. Y. , USA, 1956: 123-130.

[19] SHAW E. A. G Occupational Noise Exposure and Noise-Inducted Hearing Loss: Scientific Issue, Technical Arguments and Practical Recommendations. APS 707, NRCC No. 25051, NRC, Montreal Road, Ottawa, K1A OR6, 30 October 1985.

[20] VON GIERKE H. E., ELDRED K. MK, Effects of Noise on people, Noise/News International col. 1993,1(2): 67-89.

[21] VON GIERKE H. E., Parker D. E. Infrasound in Vol. V/3, Handbook of Sensory Physiology (W. D. Keidel, W. D. Neff eds.), Apringer Berlin Heidelberg New York 1976.

[22] PASSCHIER-VERMEER W. Noise and Health. The Hague: Health Council of the Netherlands, 1993. Publication No. A 93/02 E.

ICS 17.140.20;23.120
A 59

中华人民共和国国家标准

GB/T 21231—2007/ISO 10302:1996

声学　小型通风装置辐射空气噪声的测量方法

Acoustics—Method for the measurement of airborne noise emitted by small air-moving devices

(ISO 10302:1996,IDT)

2007-11-14 发布　　2008-05-01 实施

中华人民共和国国家质量监督检验检疫总局
中国国家标准化管理委员会　发布

ICS 17.140.20;23.120
A 59

中华人民共和国国家标准

GB/T 21231—2007/ISO 10302:1996

声学 小型通风装置辐射空气噪声的测量方法

Acoustics—Method for the measurement of airborne noise emitted by small air-moving devices

(ISO 10302:1996,IDT)

2007-11-14 发布　　2008-05-01 实施

中华人民共和国国家质量监督检验检疫总局
中国国家标准化管理委员会　发布

前 言

本标准等同采用ISO 10302:1996《声学 小型通风装置辐射空气噪声的测量方法》(英文版)。

本标准的附录A、附录B是规范性附录,附录C是资料性附录。

本标准由中国科学院提出。

本标准由全国声学标准化技术委员会(SAC/TC 17)归口。

本标准主要起草单位:中国科学院声学研究所、同济大学、南京大学、大连明日环境工程有限公司。

本标准主要起草人:程明昆、毛东兴、邱小军、武道忠、俞悟周、刘运峰。

引　　言

针对主要用于冷却电子设备(如计算机和商用设备)的小型通风装置,本标准详细规定了对其辐射的空气噪声进行测量和报告的一种实验室方法。

为保持与这类设备辐射噪声测量的一致性,本标准采用 GB/T 18313—2001 辐射噪声的描述量和声功率测量方法。被测通风装置总噪声发射的描述量是 A 计权声功率级。1/3 倍频带声功率级是噪声发射的详细描述量。除 1/3 倍频带声功率级外,也可采用倍频带声功率级。

声学 小型通风装置辐射空气噪声的测量方法

1 范围

本标准规定了小型通风装置辐射空气噪声的测量方法。这类通风装置主要用于冷却电子、电气和机械设备,包括螺旋桨式通风机、轴流风机、翼式轴流风机、离心风机、贯流式风机、柜式鼓风机和这些装置的变型。

本标准描述了测定和报告小型通风装置辐射空气噪声的方法和测试设备,该噪声是通风装置的流量和通风装置在测试设备上形成的静压的函数。本标准供通风装置制造商、采用通风装置冷却电子设备和类似应用的制造商,以及为这些制造商进行测试的实验室使用。用本标准得到的测试结果预计可用作工程信息和性能鉴定,并且本方法还可在采购技术说明书和买卖双方签订的合同中加以引用。噪声发射测量的最终目的是为设计包含一个或多个通风装置的电子、电气或机械设备的设计师提供数据。

本标准可用于冷却电子以及类似设备的小型通风装置总声功率级的测量。试验数据表明该方法对于空气流量不大于 1 m^3/s 和风扇静压不大于 750 Pa 的场合都是有效的。

本标准适用于型式试验,同时为通风装置制造商、电子等应用设备制造商和测量实验室获得可比结果提供了方法。本标准规定的方法参照了 GB/T 18313—2001,提供了在符合特定要求的环境中测定声功率级的方法,即采用基于 GB/T 6881.1 或 GB/T 14367—2006 的混响室比较法或基于 GB/T 3767—1996 或 GB/T 6882—1986 的一个反射面上方近似自由场的直接法。本标准规定的方法适用于辐射宽带噪声、窄带噪声和具有离散频率分量噪声的通风装置。

本标准规定的方法允许测定单个被测设备的噪声发射级。如果测定的是同产品系列若干设备的噪声发射级,则可采用 GB/T 14573.4 或 GB/T 18698 规定的方法来确定产品系列的统计值。

注意:实际应用中振动、扰流、插入损失和其他现象会改变辐射声功率的大小,因此按照本标准得到的测量结果会与通风装置安装到设备上以后的测量结果有差异。

注:本标准没有描述通风装置产生的结构声的测量,并且不包括通风装置的气动性能测量。

2 规范性引用文件

下列文件中的条款通过本标准的引用而成为本标准的条款。凡是注日期的引用文件,其随后所有的修改单(不包括勘误的内容)或修订版均不适用于本标准,然而,鼓励根据本标准达成协议的各方研究是否可使用这些文件的最新版本。凡是不注日期的引用文件,其最新版本适用于本标准。

GB/T 1236—2000 工业通风机 用标准化风道进行性能试验(idt ISO 5801:1997)

GB/T 3240 声学测量中的常用频率(GB/T 3240—1982,neq ISO 266:1975)

GB/T 3767—1996 声学 声压法测定噪声源声功率级 反射面上方近似自由场的工程法(eqv ISO 3744:1994)

GB/T 6881.1 声学 声压法测定噪声源声功率级 混响室精密法(GB/T 6881.1—2002,idt ISO 3741:1999)

GB/T 6881.2 声学 声压法测定噪声源声功率级 混响场中小型可移动声源工程法 第1部分:硬壁测试室比较法(GB/T 6881.2—2002,idt ISO 3743-1:1994)

GB/T 6881.3 声学 声压法测定噪声源声功率级 混响场中小型可移动声源工程法 第2部分:专用混响测试室法(GB/T 6881.3—2002,idt ISO 3743-2:1994)

GB/T 6882—1986 声学 噪声源声功率级的测定 消声室和半消声室精密法(neq ISO 3745:1977)

GB/T 14367—2006 声学 噪声源声功率级的测定 基础标准使用指南(ISO 3740:2000,MOD)

GB/T 18313—2001 声学 信息技术设备和通信设备空气噪声的测量(idt ISO 7779:1999)

3 术语和定义

下列术语和定义适用于本标准。

3.1

声功率级 sound power level

L_W

声功率与基准声功率之比的以 10 为底的对数,单位为贝[尔](B)但通常用 dB 为单位。基准声功率必须指明。基准声功率为 1 pW(=10^{-12} W)。

所用的频率计权或频带宽度应说明。如 A 计权声功率级、倍频带声功率级、1/3 倍频带声功率级等。

注:GB/T 18698 要求计算机和办公室设备的 A 计权声功率级标示值用“贝尔”表示(1 贝尔=10 分贝)。这个要求主要用于办公室和类似于办公室环境中的以及计算机装备中的设备和功能部件,而不是这些设备的元器件。有些制造商也习惯用“贝尔”来表述一些设备、组件及部件,包括小型通风装置的 A 计权声功率级。

3.2

通风装置 air-moving device

通过电子或机械控制,让电机驱动叶轮旋转,实现令空气运动的装置。

注 1:一个通风装置至少有一个进风口和一个出风口。进出风口可以有也可以没有与管路或其他气流路径的连接件。

注 2:测试在某种安装框架、电机、转轴设置下进行,但可能有不同的附件(例如手指保护罩)。依据本标准,每种不同的设置和组合都被称为一种通风装置。

3.3

风机 fan

一种通风装置。

注:在一些工业领域,包括信息技术领域,未加定语的术语“风机”意指“轴流式通风装置”,而未加定语的术语“鼓风机”意指“离心装置”。本标准中术语“风机”用来表示“通风装置”,而不一定指轴流式的。修饰定语(如轴流、离心或混流)则在需要区分类型时加上。这样用法与 GB/T 1236—2000 相一致。

3.4

测试箱 test plenum

为噪声发射测量而安装到被测通风装置上的一种结构。

注:测试箱对通风装置提供流阻,但对通风装置发出的噪声尽可能不衰减。这样就能够在箱外通过声学测量确定通风装置辐射的声功率。

3.5

通风装置性能曲线 air-moving device performance curve

根据 GB/T 1236—2000 在标准空气条件及恒定的工作电压和频率下,风机静压随体积流量变化的函数曲线。

3.6

工况点 point of operation

通风装置性能曲线上对应指定体积流量的点。

注:测试时,通过调节测试箱出口部件的滑块来控制工况点。

3.7

通风装置的全静态效率 overall static efficiency of air-moving device

风机静压乘体积流量除以输入电功率,用百分数表示见式(1):

$$\eta_{os}=\frac{p_{sF}\times q_V\times 100}{P_0} \quad \cdots\cdots\cdots\cdots\cdots\cdots\cdots\cdots (1)$$

式中：

η_{os}——全静态效率，%；

p_{sF}——风机静压，单位为帕(Pa)；

q_V——体积流量，单位为立方米每秒(m^3/s)；

P_0——电机的功率，不包括抗性分量，单位为瓦(W)。

注：通风装置的定义包括电机、叶轮和框架。因此全静态效率既包括电机的电机效率，也包括叶轮和框架的气动效率。

3.8

标准空气密度　standard air density

标准状况下的密度，1.201 kg/m^3。本标准所指的标准状况为20℃，50%相对湿度和 1.013×10^5 Pa大气压。

3.9

测试频率范围　frequency range of interest

从100 Hz～10 kHz的1/3倍频带频率范围。GB/T 3240给出了这些1/3倍频带的中心频率及其范围。

4　测量不确定度

按照本标准的方法进行测量产生的再现性标准偏差近似地等于表1给出的值。

表1　按照本标准测定的通风装置声功率级的再现性标准偏差估计值

倍频带中心频率/Hz	1/3倍频带中心频率/Hz	再现性标准偏差/dB
125	100～160	4.0
250	200～315	2.5
500～4 000	400～6 300	1.5
8 000	8 000	2.5
	10 000	3.0
A计权		1.5

A计权声功率级测定时的再现性标准偏差估计值为1.5 dB。

注1：这些估计值是按照ISO 5725:1986指南，在10个实验室内对风量范围为0.016m^3/s～0.456 m^3/s之间的轴流式风机、前弯式离心风机所做的实验室比对测试结果得到的。

注2：表1给出的是再现性标准偏差，反映了包括实验室间差异等所有测量不确定因素的累计影响，但不包含样本与样本之间的声功率级差异。同一个样本在同一个实验室测量条件下的重复性标准偏差要比表1所给出的不确定度小得多。

5　测试箱的设计及性能要求

5.1　概述

所述设计旨在满足规定的最大体积流量和最大风机静压的极限值。设计对通风装置提供可调的流阻，同时保证透声。

5.1～5.6叙述了测试箱的参考设计，如图1～图8所示。本标准的这些条款及其他条款中也指出允许设计可与本标准的不同，主要是在选择减小框架或其他部件的线性尺寸方面。但从全尺度到半尺度范围内应保持几何尺寸比例不变。随着设计尺寸的减小，被测通风装置的最大线性尺寸也同时按尺度比例减小，并且被测设备的允许体积流量按线性尺度的立方降低。

注：这些改变可能更加适合使用较小或较安静的风机以及对参考设计的测试箱而言门太窄小的测试箱。

安装板部件(由转接板和柔性板组成)可以用有类似开口的(不包括连接板)特殊材料的单块阻尼板来替代，该板应不会严重影响按本标准进行的空气声测量。板材的规格为：将尺寸为 1.0 m²、没有风机安装孔的板在两个角自由悬挂的情况下于板中央测量的 25 Hz～5 000 Hz 的输入力阻抗为－50 dB(基准是 1 N·s/m)。导纳测量允差分别为：25 Hz～100 Hz 为±8 dB，100 Hz ～200 Hz 为±4 dB，200 Hz～5 000 Hz 为±2 dB。这些允差限制保证了板具有充分的阻尼以防框架的振动被激励，这些替换板有时用于同风机振动有关的测量中(在本标准中未编入)。声音和振动测量时使用相同的安装板会改善联合测试的效率，如果在板材阻抗测试的基础上，替换了标准设计的安装板，则应在测试报告中声明。

以上允许的改变产生的标准偏差均在表 1 的范围内。而本标准的其他改变对通风装置声功率级测定不确定度的影响程度尚不清楚。

5.2 测试箱：主要部件

如图 1 所示，测试箱是密封腔结构，其框架为长方体，除了前安装板以及一个可调节的出口端装置组成的后面板，其他四面都覆盖着一层透声不透气的聚酯膜。

注：所有入射到薄膜上的声音都应能透过而没有明显的衰减；即：对 50 μm 厚的聚酯膜，在 5 000 Hz 以下衰减小于 1 dB，在 12 500 Hz 以下小于 3 dB。

单位为米

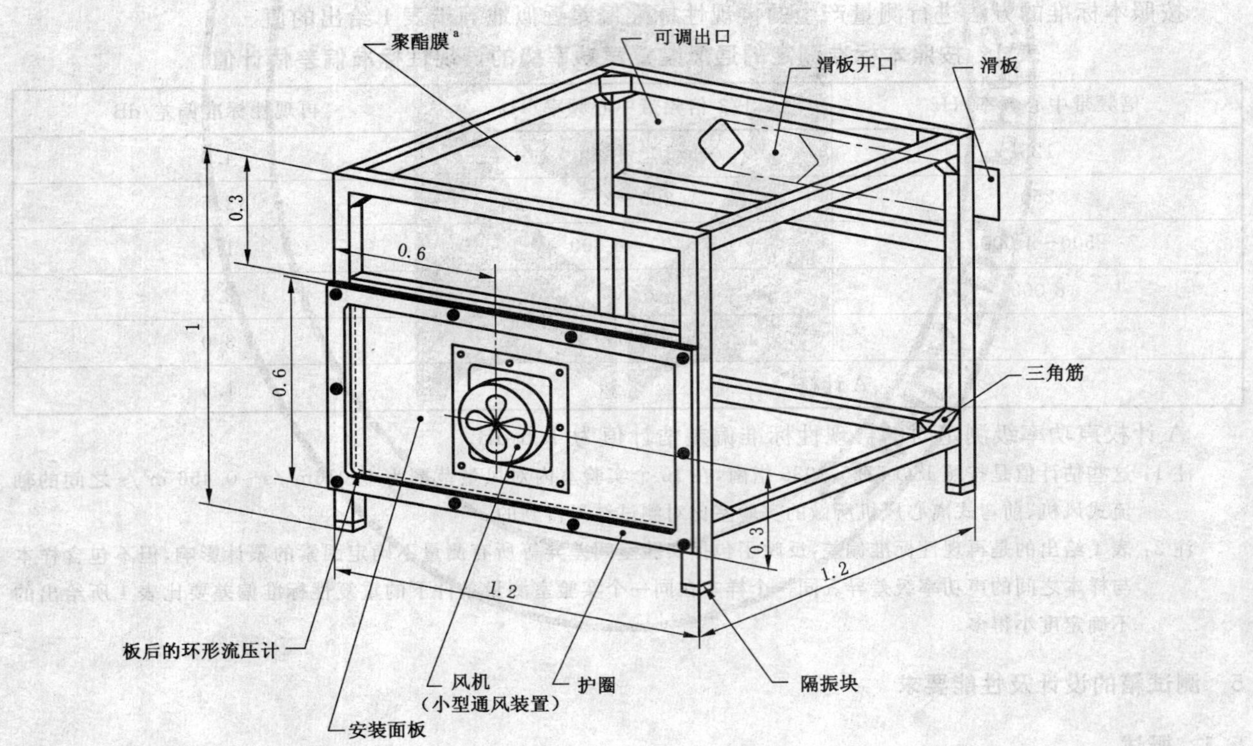

[a] 覆盖除安装面板和出气口外的所有面(包括顶部)。

图 1 测试箱

测试箱需满足下述要求：

a) 箱的尺寸：图 1 给出了供参考的实尺度测试箱尺寸。

b) 覆盖层：标称厚度为 38 μm 的各向同性聚酯膜，其厚度与测试气室大小无关，覆盖层将用适宜的粘接材料固定到框架上，可使用压条对覆盖层进行保护(见图 2)。

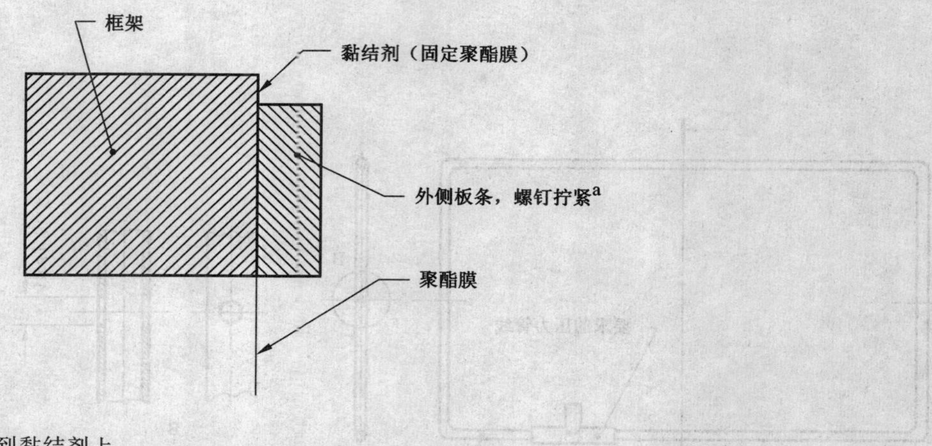

[a] 聚酯膜粘到黏结剂上。

图 2　测试箱——覆膜详图

c) 框架：木材的标称尺寸为 5 cm×5 cm，抛光或磨光的木条尺寸为 3.8 cm^2，推荐的角撑板如图 3 所示，框架的线性尺寸及木料的厚度应与测试箱成比例。

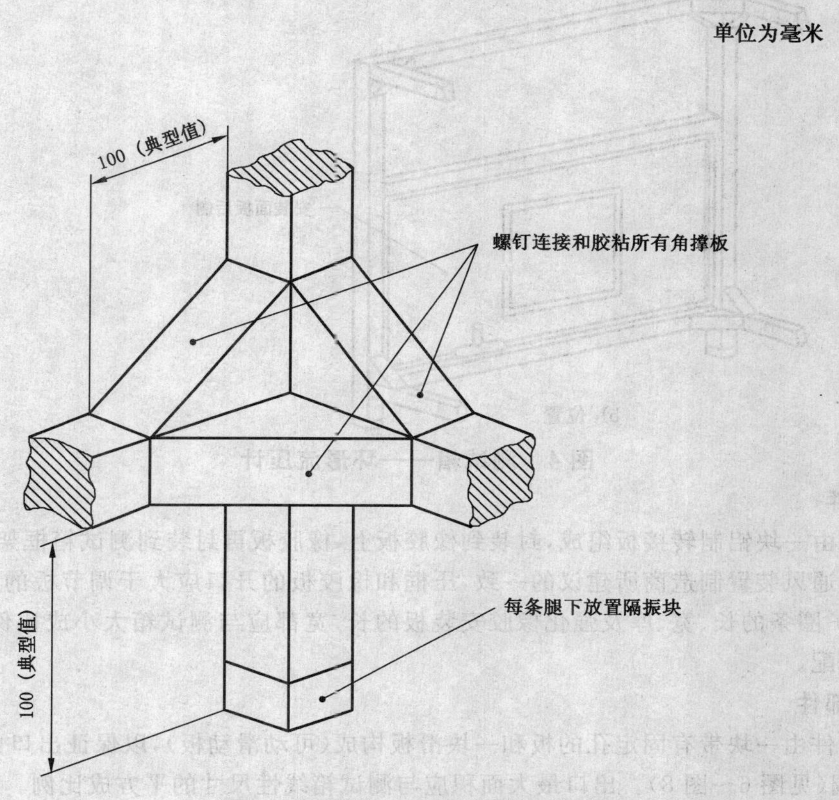

图 3　测试箱——角撑板和隔振

d) 框架材料：最好选用桦木之类的硬木，以保证强度、刚性及耐久性。

e) 隔振：测试箱支架应对地板固有频率低于 10 Hz 的垂直运动提供隔振，以阻断测试箱与地板间的振动传递。无论选择什么方法，都应保证腿的总高为 0.1 m(见图 1 和图 3)，这个高度应与测试箱大小成比例。

f) 风机静压嘴：环形流压计应直接固定在安装板后，环的尺寸与安装板的周长相匹配(见图 4)，环形流压计周长应与测试箱的尺寸按比例变化，但流压计的管径和开孔不一定按比例。

单位为毫米

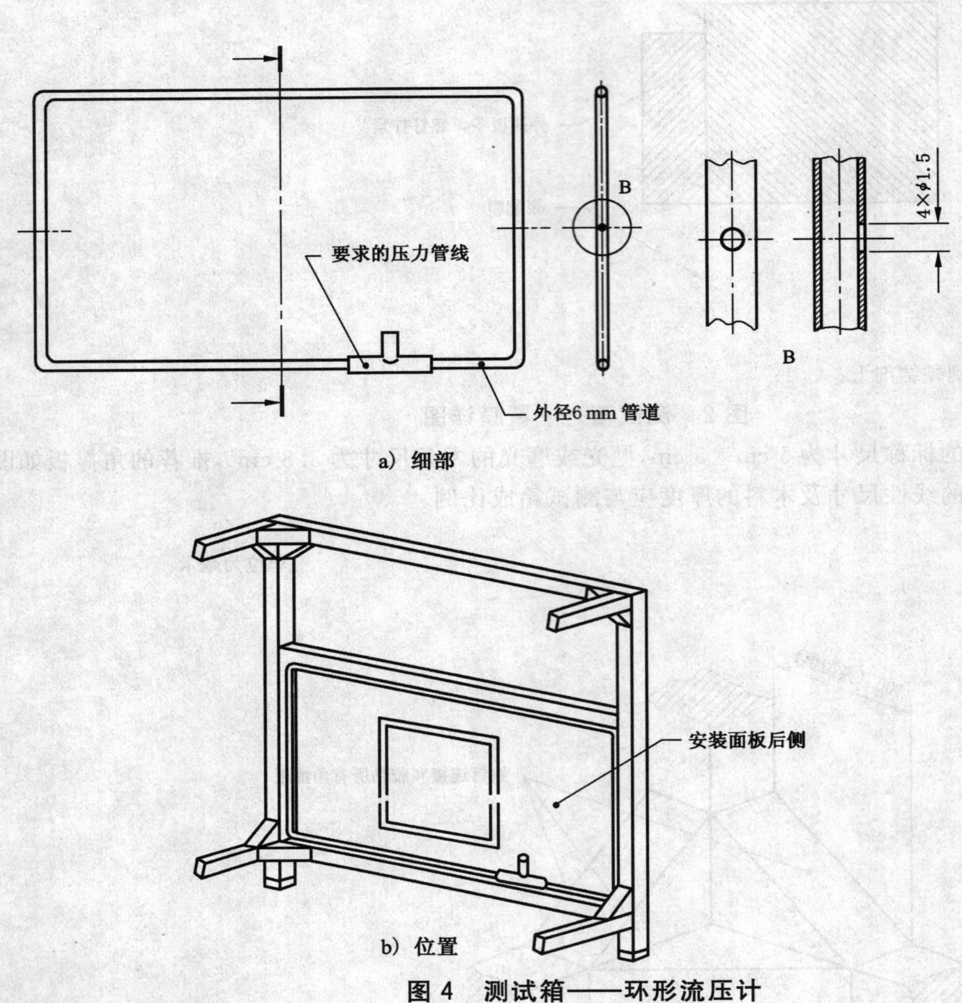

图 4 测试箱——环形流压计

5.3 安装板部件

安装板部件由一块铝制转接板组成，封装到橡胶板上，橡胶板再封装到测试箱框架上(见图 5)。转接板的开口应与通风装置制造商所建议的一致，压框和橡胶板的开口应大于调节板的开口以降低对气流的扰动，铝制护圈条的长、宽、厚及强化橡胶安装板的长、宽都应与测试箱大小成比例。其他尺寸，如面板厚度可不匹配。

5.4 可调出口部件

可调出口部件由一块带有固定孔的板和一块滑板构成(可动滑动板)，以保证出口面积从 0.0 m^2～0.2 m^2 连续可调(见图 6～图 8)。出口最大面积应与测试箱线性尺寸的平方成比例。

注：测试期间通过调节出口部件滑板的位置来控制通风装置的工作点。

5.5 测试箱的插入损失

按照下述方法测定时，测试箱的 1/3 倍频带的插入损失不应超过 −2 dB～+3 dB，建议不要超过 ±1.5 dB。

5.5.1 扬声器声功率源的声功率级应测定两次：一次是声源在测试箱里面，另一次是声源在测试箱外部，但需在测试室内同一个位置进行测量。在自由场反射平面之上测定插入损失情况下，半球传声器阵列应以声功率源为中心。

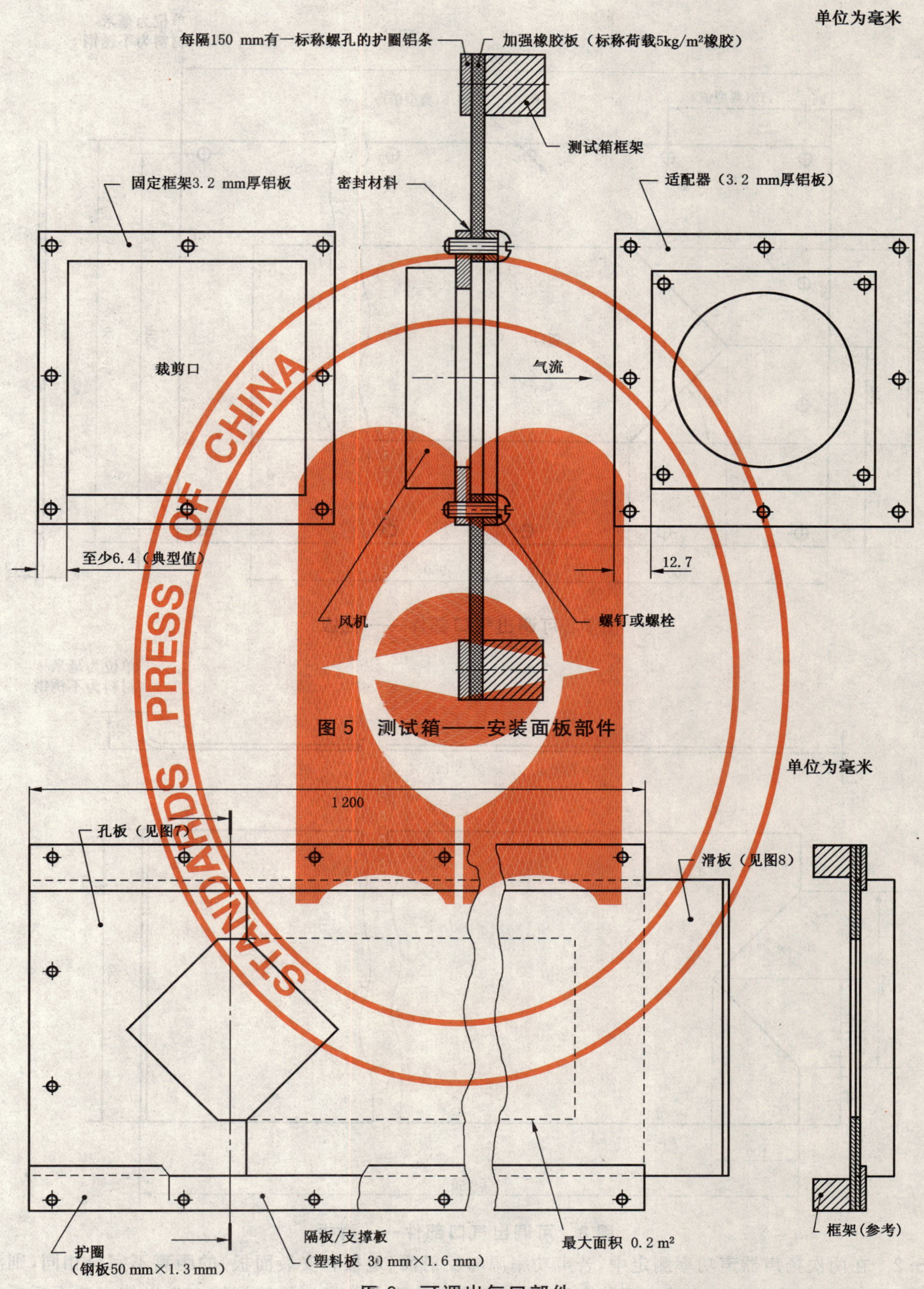

图5 测试箱——安装面板部件

图6 可调出气口部件

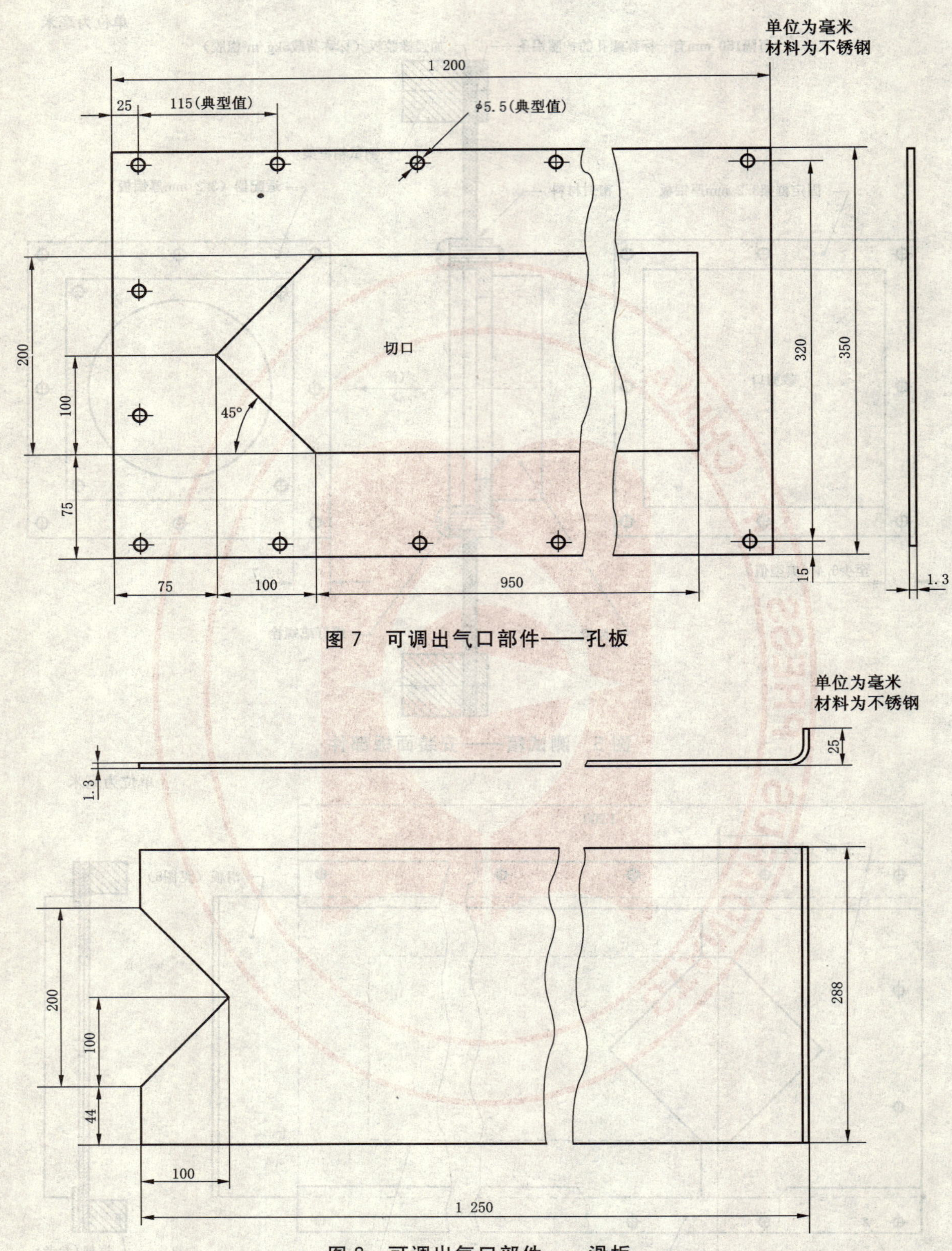

图 7　可调出气口部件——孔板

图 8　可调出气口部件——滑板

5.5.2　在两次扬声器声功率测定中，若声功率源与反射面(地板和安装面板)的距离不完全相同，则测定误差会增大。为此要把声功率源装在地面上，卸下安装面板并把测试箱翻转 90°，以使安装面板覆盖的面平行于地面，出口在顶面上。这样就能够通过上下垂直移动测试箱以覆盖或暴露声功率源，而保证声功率源的位置不变。

5.5.3 声源安装要使声功率源传递到测试箱框架或盖板的固体声辐射尽量小。

5.5.4 在测定插入损失时，出口滑板应处于关闭状态。

5.6 仪表

通风装置在测试箱内产生的风机静压用环形流压计来测定(见图4)。该环如所示的有4个相隔90°的嘴(开孔)，并指向通风装置的卸压中心(在环平面上)。环形流压计应安装在支撑安装面板的框架上。在木框上钻个光滑无刺的小孔，将压力管线引出箱外，风机静压就能够通过校正的气压表或数字压力表读出。

6 安装

6.1 测试室中测试箱的安装

测试箱应作为一件地面支架设备安放在测试室地面上，测试室应符合 GB/T 18313—2001 第5章或第6章要求，适合进行声功率级测量。

6.2 气流方向

测试时最好通风装置向测试箱送风。为避免不良流动条件，也可采用其他流向。如无涡壳的离心风机可以在测试箱进气口测试。

6.3 通风装置的安装

通风装置应按照5.3所述安装，并与安装面板部件密封。此外还必须使用隔振支撑保持安装平面与测试箱面相平行。

注1：对每一种装配通风装置都需要测定(见3.2的注2)。

注2：有时通风装置在自由排气状态时(即测试箱出口完全打开时)会引起聚酯膜抖动而产生不希望的噪声。这时，需要采取一些措施使抖动噪声降到最低。例如把安装面板部件和通风装置整体从测试箱框架上卸下来，并将测试箱移开。安装面板部件应保持平面状态，并如6.1所述悬挂在测试室同一位置的地面上方。

注3：在高气流速度情况下，由于开口尺寸的限制，即使在可调出口完全打开情况下，通风设备也无法处于自由排气状态。这时，可将安装面板部件和通风装置整体从测试箱框架上卸下来，并将测试箱移开。安装面板部件应保持平面状态，并如6.1所述悬挂在测试室同一位置的地面上方。

7 通风装置的运行

7.1 输入电源

7.1.1 交流(AC)通风装置

通风装置应在额定电源频率下工作，并且工作电压范围在以下额定值的±1.0%内。

a) 额定电压(应标明)或

b) 标明电压范围的均值电压，如标明电压工作范围为210 V～230 V，则在220 V操作。

对于两相以上的电源，相间电压变化不能超过额定值的1%。

7.1.2 直流(DC)通风装置

通风装置的工作电压在以下直流电源的三个额定电压参数的±1.0%内。

a) 额定的标称电压；

b) 额定最大电压；

c) 额定最小电压。

附加的测试可在其他电压下进行。

7.2 工况点(交流/直流通风装置)

针对7.1中给出的每一电源频率和电压，应分别对通风装置在三个工况点下进行测量，这些工况点应符合下列要求：

a) 最大体积流量(自由排风);

b) 最大体积流量的80%;

c) 最大体积流量的20%。

附加测试可在其他工况点进行,包括最大全静态效率工况点,以获得声功率级和体积流量的关系曲线。有些通风装置(如小型管式轴流风机)可能在最大全静压效率工况点附近工作时不稳定。不应在不稳定工况点下进行测试。

工况点应按下述方式建立:

a) 指定体积流量百分比下风机静压值应在通风装置性能曲线上获得。该曲线是在相同气流方向的条件下按GB/T 1236—2000获得。

b) 在噪声测量时如果环境大气密度与GB/T 1236—2000规定值相差超过1%,则风机静压应按式(2)作如下修正:

$$p_2 = p_1 \times \frac{\rho_2}{\rho_1} \quad \cdots\cdots(2)$$

式中:

p_1——由GB/T 1236—2000确定的原始风机静压;

p_2——测试箱中要设置的风机静压;

ρ_1——由GB/T 1236—2000报告的空气密度;

ρ_2——噪声发射测量时的环境大气密度。

c) 应调节滑板以使获得的风机静压p_2,偏差在±1.0%内,或2.5 Pa,要选用大的那个。风机及风机静压应在每个工况点都保持稳定。

如果在最大全静态效率工况点下进行测试,调节测试箱时应特别注意。有些通风装置在这种状态下有三个或更多体积流量对应相同的一个风机静压值,只有最大体积流量工况点才是最大全静态效率工况点。要得到这个工况点,应从自由排气开始逐渐增加压力,直到达到这一点。

如果通风装置在推荐的工况点之一不稳定(如流速或压力不稳定),则要降低风机静压直到稳定状态,并采用这一新的工况点。不稳定状态需要注明且应描述替代的工况点。

注:依据GB/T 1236—2000获得的通风性能曲线可能与测试箱中的不同。假定这一差别和通风装置典型应用时的相同,无需进行修正。

8 测量步骤

应根据GB/T 18313—2001确定声功率。GB/T 18313—2001第5章允许在混响室中依据GB/T 6881.1(仅适用于宽带声源)或GB/T 6881.2、GB/T 6881.3使用比对法。GB/T 18313—2001第6章则允许依据GB/T 3767—1996和GB/T 6882—1986在一个反射面上的自由场测定声功率。如果使用GB/T 18313—2001第6章规定的方法,要求使用8.1所述传声器位置组的一个。

8.1 反射面上方近似自由场测定时传声器的位置

在反射面上方近似自由场测定声功率时,应使用下述两种传声器位置之一。无论哪种情形,坐标原点都定在安装孔出口中心在反射面上的垂直投影处。如果所用测试箱的几何尺寸小于图1所示,半径应选在2 m和测试箱的几何缩尺半径之间。

注:这两组传声器位置可降低反射面的反射所引起的干扰,并可避开进气或排气的气流。

8.1.1 半球上的固定点

如图9所示,在半径为2.0 m的球面上选定具有相等球表面积的10个点,标号从1到10,其相应坐标值列于表2。

注:这些传声器位置与GB/T 3767—1996表4(针对发射离散音的声源)所给的类似。

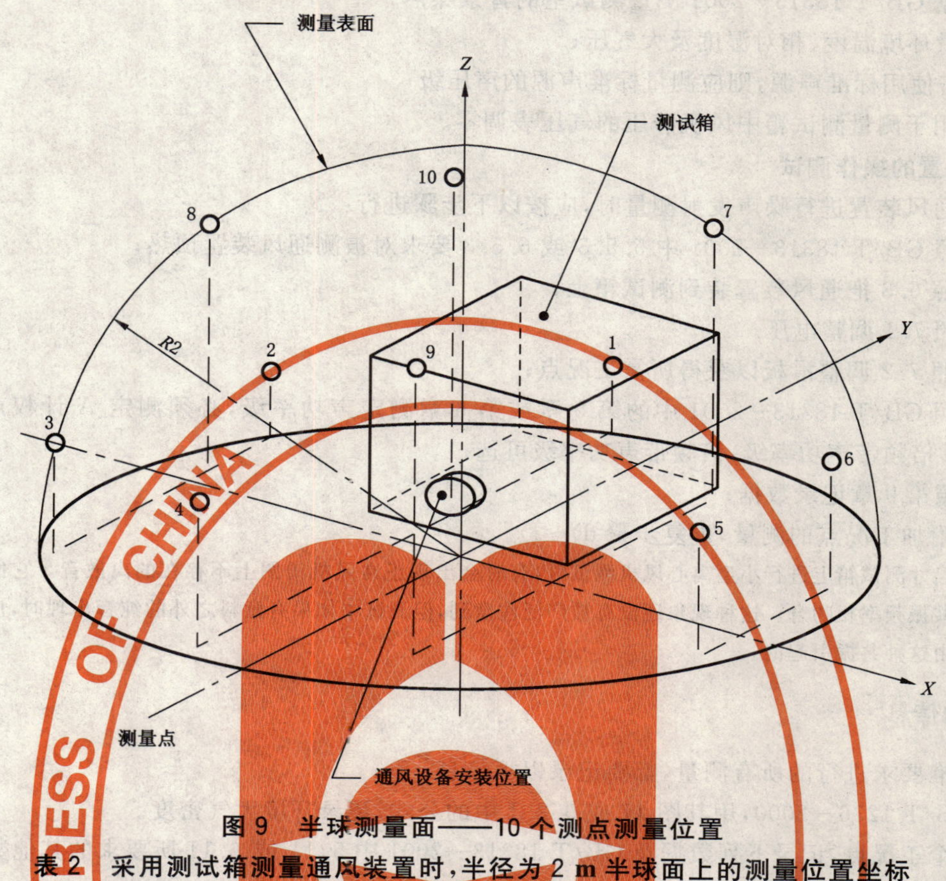

图 9 半球测量面——10 个测点测量位置

表 2 采用测试箱测量通风装置时，半径为 2 m 半球面上的测量位置坐标

传声器测点	X	Y	Z
1	C.32	1.92	0.44
2	1.56	1.20	0.40
3	1.56	1.10	0.62
4	C.32	1.80	0.82
5	1.66	0.64	0.90
6	1.66	0.80	0.76
7	C.52	1.30	1.42
8	1.48	0.14	1.34
9	C.53	1.00	1.66
10	C.20	0.20	1.98

8.1.2 在 5 个或更多平行平面上的共轴圆路径

参考 GB/T 6882—1986 中 7.3.3 和附录 D，采用半径为 2 m 的半圆。

8.2 测量准备

对每个通风装置进行噪声发射测量时应按以下步骤做准备：

a) 记录被测通风装置的名称、型号、序列号、规格、铭牌数据及全部说明；

b) 根据 GB/T 1236—2000 获取该通风装置的性能曲线；

c) 按照 GB/T 18313—2001 的 5.4.6 或 6.4.5 检查传声器的校准；

d) 依据 GB/T 18313—2001 测量测试室的背景噪声；

e) 测量环境温度、相对湿度及大气压；

f) 如需使用标准声源，则应测量标准声源的声压级；

g) 将用于测量测试箱中风机静压的气压表调零。

8.3 通风装置的操作测试

对每个通风装置进行噪声发射测量时，应按以下步骤进行：

a) 按照 GB/T 18313—2001 中 5.5.3 或 6.5.3 要求对被测通风装置预热；

b) 按照 6.3 把通风装置装到测试箱上；

c) 按照 7.1 调整电压；

d) 按照 7.2 调整滑板以获得所需工况点；

e) 按照 GB/T 18313—2001 中的第 5 章或第 6 章测定声功率级，必须测定 A 计权声功率级和 1/3 倍频带声功率级，倍频带声功率级可选；

f) 按照第 9 章记录数据；

g) 对附加工况点的测量，重复步骤 d)～f)。

注：在全尺寸测试箱上进行小型离心风机测试时，有时会出现正常风机谱图上不存在的离散音。它们显然与测试箱的共振频率相吻合。这种现象还没有被广泛注意到，但测试中如果有意料之外的纯音出现时，应当考虑很可能是由这种共振引起的。

9 应记录的信息

按本标准要求进行的所有测量，都要记录以下信息：

按照 GB/T 1236—2000，用其图 17 或 9.2.1 中的公式，记录环境大气密度。

在每一个工况点，记录下列数据及 GB/T 18313—2001 中 5.11 或 6.11 所要求的其他数据：

a) 输入电压(V)±1%；

b) 风机静压(Pa)，测定值的±1%，若小于 2.5 Pa，则取 2.5 Pa；

c) 滑板位置或出口的开口面积(可选)；

d) 转速(r/min)，精确到 5 r/min；

e) 必要时，输入电功率(W)；

f) 电源频率(Hz)；

g) A 计权声功率级(dB)(基准值为 1 pW)，符合 GB/T 18313—2001；

h) 1/3 倍频带声功率级(dB)(基准值为 1 pW)，修约到 0.5 dB；

i) 倍频带声功率级(dB)(基准值为 1 pW)，修约到 0.5 dB(可选)。

10 应报告的信息

应按照附录 B 相似的格式给出数据，报告应包括以下内容：

a) 所测通风装置符合本标准以及测定的声功率符合 GB/T 18313—2001 的表述，还应说明测定声功率级的方法；

b) 被测通风装置的制造商、产品名称(如有)、制造商零件号、序列号(如有)、尺寸(长、宽、深、轮毂直径、轮毂外径)及其他铭牌数据以及对被测通风设备的详细描述；

c) 通风装置性能曲线或所用的参考工作点；

d) 每个工况点的 A 计权声功率级 L_{WA}(dB)(基准值为 1 pW)，精确到 1.0 dB；

注 1：可以用“贝”(B)来替代 A 计权声功率级的单位：(1B=10 dB)。

注 2：为了表述通风装置声功率级的统计数值，例如使用 GB/T 18698，A 计权声功率级可以用分贝(精确到 1.0 dB)，也可以用贝(精确到 0.1 B)。如果使用统计值，在报告中应明确说明。

e) 每一个工况点下的 1/3 倍频带声功率级 L_W(dB,基准参考值 1 pW,精确到 1.0 dB)和倍频带的声功率级(后者可选);

f) 详细说明依据第 9 章记录的被测通风装置的操作条件(电压、频率、风扇静压、体积流速、输入功率、转速);

g) 温度(℃)、相对湿度(%)、大气压(kPa)等信息,以及对于特殊被测通风装置可能有关的相关信息。

附　录　A
（规范性附录）
空气密度的影响

风机和鼓风机等气动声源声功率级测量中必须考虑空气密度的四种主要影响。

a)　空气密度或大气压力变化影响传声器灵敏度。应按制造商说明书要求确保对传声器进行适当的空气密度校准。

b)　声功率按式(A.1)由声压测定：

$$W \approx p^2/\rho c \qquad \text{(A.1)}$$

式中：

ρ——空气密度，单位为千克每立方米(kg/m^3)；

c——声速，单位为米每秒(m/s)；

p^2——声压的方均值，单位为二次方帕(Pa^2)；

W——声源声功率，单位为瓦(W)。

如果采用 GB/T 18313—2001 一个反射面上方自由场法，那么，可按照 GB/T 6882—1986 第 8 章对空气密度的影响进行修正。

如果采用 GB/T 18313—2001 混响室比较法，由于修正量本身已包含在比较法中，因此无须进行显示修正。本标准不允许采用混响室直接法。

c)　许多气动声源(如轴流风机和离心风机)辐射的声功率与空气密度成正比。和 GB/T 6882—1986 一致，本标准没有对测量期间的温度和大气压等其他因素的影响进行修正。

d)　如果大气密度和标准状态密度有很大不同，以至于明显改变了通风装置的转速，这会引入误差。在这种情况下，其他量(如电机电流、输入电功率和总静态效率)也会不同于标准状态下的值。本标准没有对测量期间通风装置转速的影响提供修正数据。

附 录 B
（规范性附录）
数据表达格式

通风装置噪声辐射测试报告

制 造 商： 第1页/共______页

型 号： 部件/序列号：

铭牌数据：

制造日期：

说 明：

本报告所列数据按照 GB/T 21231—2007《声学 小型通风装置辐射空气噪声的测量方法》的要求进行测定。

声功率测定方法：

测试电源电压： 测试电源频率：

工况点	标称数据			测量数据	
	电功率/W	体积流量/(m^3/s)	风机静压/Pa	转速/(r/min)	L_{WA}(基准 1 pW)/dB
最大体积流量					
80%最大体积流量					
20%最大体积流量					

测试环境条件：

干球温度： ℃

相对湿度： %

空气密度： kg/m^3

大气压力： kPa

测试人员：

测试日期：

测试机构：

报告编号：

通风装置噪声辐射测试报告

第 2 页/共______页

通风装置性能：

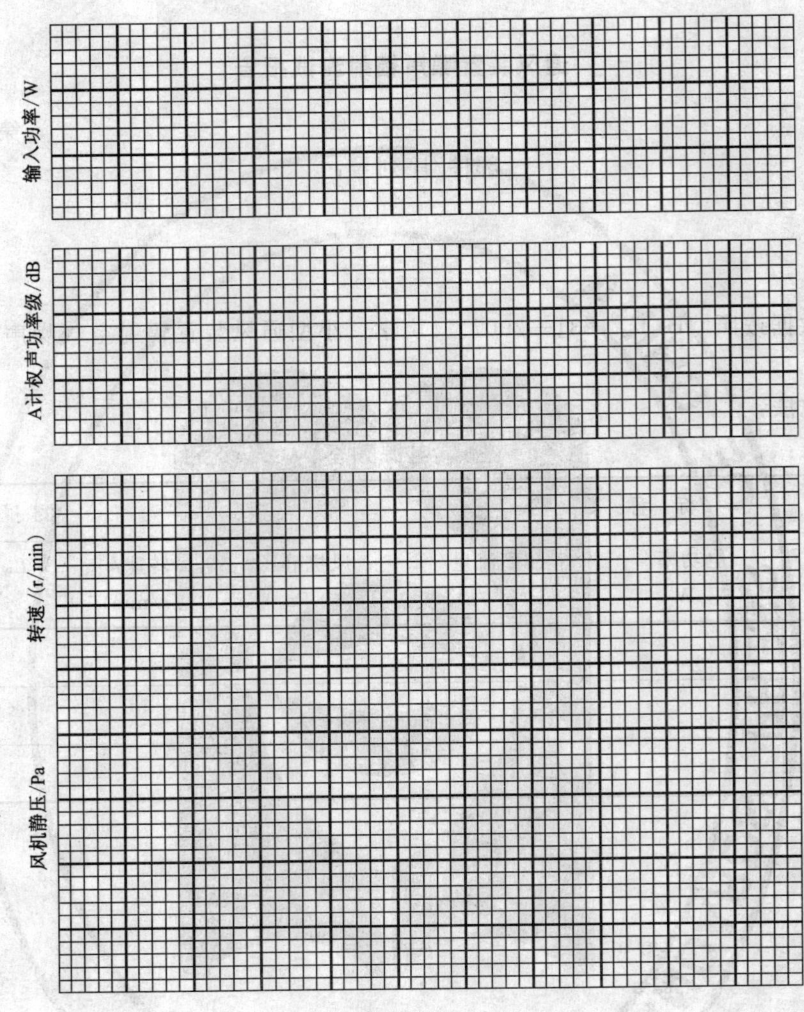

型号：　　　　　　部件/序列号：

输入电压：　　　　电源频率：

日期：　　　　　　其他信息：

通风装置噪声辐射测试报告

第 3 页/共______页

通风装置 1/3 倍频带声功率级

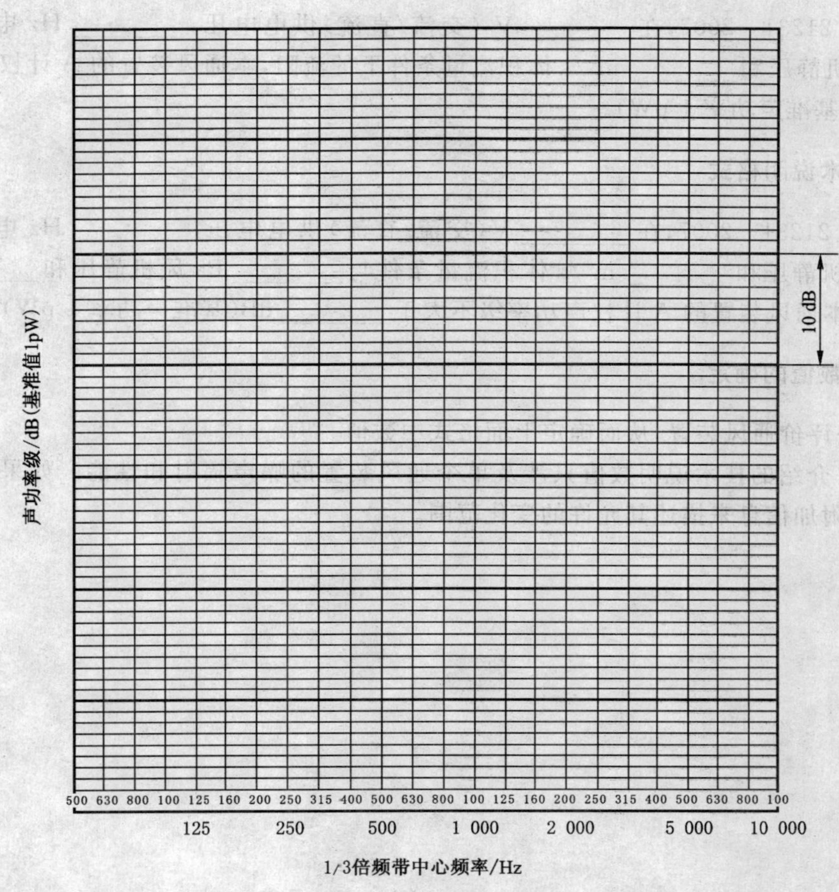

型号：	部件/序列号：
输入电压：	电源频率：
日期：	其他信息：

附 录 C
（资料性附录）
通风装置噪声技术说明

C.1 推荐技术说明格式

按照GB/T 21231—2007，在________V（交流/直流）供电电压，________Hz电源频率，相对于________Pa风机静压和________m^3/s体积流量条件下的流阻，本通风装置的A计权声功率级不大于__________dB（基准声功率1 pW）。

C.2 另一种技术说明格式

按照GB/T 21231—2007，在________V（交流/直流）供电电压，________Hz电源频率，相对于________Pa风机静压和________m^3/s体积流量条件与________Pa风机静压和________m^3/s流量条件之间流阻，本通风装置的A计权声功率级不大于________dB（基准声功率1 pW）。

C.3 技术说明数值的确定

根据本方法评价通风装置，从而确定上面格式中数值。

C.1和C.2介绍的技术说明数值只涉及单个通风装置的噪声辐射和性能。如果针对一批通风装置，还需要其他附加信息来描述其允许的变化范围。

参 考 文 献

[1] ISO 5725:1986 Precision of test methods—Determination of repeatability and reproducibility for a standard test method by inter-laboratory tests.

[2] GB/T 14573.1 声学 确定和检验机器设备规定的噪声辐射值的统计学方法 第一部分:概述与定义.

[3] GB/T 14573.2 声学 确定和检验机器设备规定的噪声辐射值的统计学方法 第二部分:单台机器标牌值的确定和检验方法.

[4] GB/T 14573.4 声学 确定和检验机器设备规定的噪声辐射值的统计学方法 第四部分:成批机器标牌值的确定和检验方法.

[5] GB/T 18698 声学 信息技术设备和通信设备噪声发射值的标示.

ICS 17.140.01
A 59

中华人民共和国国家标准

GB/T 21232—2007/ISO 17624:2004

声学　办公室和车间内声屏障控制噪声的指南

Acoustics—Guidelines for noise control in offices and workrooms by means of acoustical screens

(ISO 17624:2004,IDT)

2007-11-14 发布　　2008-05-01 实施

中华人民共和国国家质量监督检验检疫总局
中国国家标准化管理委员会　发布

前　　言

本标准等同采用 ISO 17624:2004《声学　办公室和车间内声屏障控制噪声的指南》(英文版)。

本标准的附录 A 为资料性附录。

本标准由中国科学院提出。

本标准由全国声学标准化技术委员会(SAC/TC 17)归口。

本标准起草单位:中国科学院声学研究所、上海环境科学研究院、深圳中雅机电实业有限公司、上海众汇泡沫铝材有限公司、南京常荣噪声控制环保工程有限公司、北京市劳动保护研究所、长沙奥邦环保实业有限公司。

本标准主要起草人:程明昆、周裕德、方庆川、祝文英、赵利民、张荣初、任文堂、莫建炎。

引　　言

室内声屏障是消声器和隔声罩之外(参见 GB/T 20431—2006《声学　消声器噪声控制指南》和“GB/T 19886—2005《声学　隔声罩和隔声间噪声控制指南》)的一种办公室和车间内噪声控制的辅助措施。在 GB/T 17249.2—2005《声学　低噪声工作场所设计指南　第 2 部分:噪声控制措施》的附录 E 和附录 F 给出了与工作场所(包括机器在内)有关的室内声屏障及表面声学处理的一些信息。更详细的资料可在参考文献中找到。

声学　办公室和车间内声屏障控制噪声的指南

1　范围

本标准论述了声屏障的效用。它规定了声屏障用户与供应商或厂家需协商一致的声学和使用要求。本标准可用于下列各种声屏障：

a)　用于办公室、服务区、展区及类似场所的独立声屏障；

b)　与此类场所的家具设施相结合的声屏障；

c)　用于车间的便携式和移动式声屏障；

d)　未作声学处理的、具有10%以上开口面积的房间固定分隔墙。

与房间边界面一起同样将房间分隔的局部隔声罩和工作间的墙体，其表面未做声学处理，并且具有10%以上开口面积，也可看作为声屏障。

注：GB/T 19886 给出了全封闭隔声罩的指南。

本标准不适用于小房间的墙和厚度超过0.2 m的类似多层墙，也不适用于横幅和其他类型的悬吊障板。

2　规范性引用文件

下列文件中的条款通过本标准的引用而成为本标准的条款。凡是注日期的引用文件，其随后所有的修改单(不包括勘误的内容)或修订版均不适用于本标准，然而，鼓励根据本标准达成协议的各方研究是否可使用这些文件的最新版本。凡是不注日期的引用文件，其最新版本适用于本标准。

GB/T 17249.1—1998　声学　低噪声工作场所设计指南　第1部分：噪声控制规划(eqv ISO 11690-1:1996)

GB/T 17249.2—2005　声学　低噪声工作场所设计指南　第2部分：噪声控制措施(ISO 11690-2:1996,IDT)

GB/T 18696.1　声学　阻抗管中吸声系数和声阻抗的测量　第1部分：驻波比法(GB/T 18696.1—2004,ISO 10534-1:1996,IDT)

GB/T 18696.2　声学　阻抗管中吸声系数和声阻抗的测量　第2部分：传递函数法(GB/T 18696.2—2002,ISO 10534-2:1998,IDT)

GB/T 19887　声学　可移动屏障声衰减的现场测量(GB/T 19887—2005,ISO 11821:1997,IDT)

GB/T 19889.3　声学　建筑和建筑构件隔声测量　第3部分：建筑构件空气声隔声的实验室测量(GB/T 19889.3—2005,ISO 140-3,IDT)

GB/T 20247　声学　混响室吸声测量(GB/T 20247—2006,ISO 354:2003,IDT)

GB/T 50121　建筑隔声评价标准(GB/T 50121—2005)

ISO 9053　声学　吸声材料　流阻的测定

ISO 11654　声学　建筑用吸声装置　吸声评价

3　术语和定义

下列术语和定义适用于本标准。

3.1

(声)屏障　(acoustical)screen

为给定区域内一个或几个指定位置专门设计的、用来遮挡指定声源噪声的物体。

3.2

轻便的或可移动(声)屏障　portable or removable (acoustical) screen

不需改变其他环境条件而设计的可拆卸或可移动的声屏障。

3.3

插入声压级差　insertion sound pressure level difference

现场声衰减　in-situ sound attenuation

D_p

当一个或几个特定声源工作时,一指定位置声屏障安装前后的倍频带或1/3倍频带声压级之差,单位为dB。

3.4

A计权插入声压级差　A-weighted insertion sound pressure level difference

A计权(现场)声衰减　A-weighted (in-situ) sound attenuation

D_{pA}

当一个或几个特定声源工作时,在某一指定位置声屏障安装前后的A计权声压级差,单位为dB。

3.5

插入损失　insertion loss

D_i

待遮蔽的声源在声屏障安装前后辐射到室内的倍频带或1/3倍频带声功率级差,单位为dB。

注:声功率是在包围待遮蔽声源和供安放屏障空间的包络面上测量的,它主要用于紧靠声源的屏障。

3.6

隔声量　sound reduction index

传声损失　transmission loss

R

按照GB/T 19889.3入射到建筑构件的声功率与透过此建筑构件的透射声功率之比值,再取以10为底的对数乘以10,单位为dB。

3.7

屏障自由场声衰减　free-field screen sound attenuation

D_z

待遮蔽声源在屏障安装前到一指定位置的直达声与屏障安装后的绕射声的声压级差,单位为dB。其计算式见式(1):

$$D_z = 10\ \lg\left(3 + 40\frac{z}{\lambda}\right) \qquad \cdots\cdots(1)$$

式中:

z——屏障绕射效果最小的边附近较长声传播路径与直达路径的声程差,单位为米(m);

λ——该频率为f(Hz)的声波波长,单位为米(m)。

注1:给出的是倍频带或1/3倍频带中心频率的屏障声衰减。

注2:对位于声源混响半径之内的接收点,由于靠近声源的墙壁反射和屏障绕射效果最小边的绕射,屏障声衰减有所减少,减少后的声衰减$D_{z,r}$(单位:dB)可由式(2)估算:

$$D_{z,r} = 10\ \lg\left(1 + 20\frac{z}{\lambda}\right) \qquad \cdots\cdots(2)$$

它要比声屏障自由场的声衰减D_z低3 dB至5 dB。

4　符号

本标准所用的符号如下:

A——等效吸声面积，单位为米(m)，见5.3；

α——吸声系数，见8.1；

B——屏障附近的房间平均宽度，单位为米(m)；

h——屏障高度，单位为米(m)；

H——屏障附近的房间平均高度，单位为米(m)；

l_S——散射物之间反射的平均自由程长度，单位为米(m)，典型的长度为10 m；

r_r——混响半径，单位为米(m)；见5.3；

s——声源距接收点的距离，单位为米(m)，见6.1；

T——混响时间，单位为秒(s)，见5.3；

V——体积，单位为立方米(m^3)，见5.3。

5 基本原理和应用条件

5.1 对声衰减的贡献

声屏障在办公室和车间内提供的典型A计权声衰减可达10 dB，此衰减(见图1)来自于：

——屏障表面的声吸收；

——对声源到接收点对直达声传播的遮挡；

——屏障两边声场的局部去耦。

由于结构要求，构成屏障的所有部件的隔声量通常都足够大，因此，无需任何进一步的考虑。为了使声屏障的性能最佳，以便提供大于10 dB的插入损失，唯一需要注意的是屏障部件之间连接的密封。

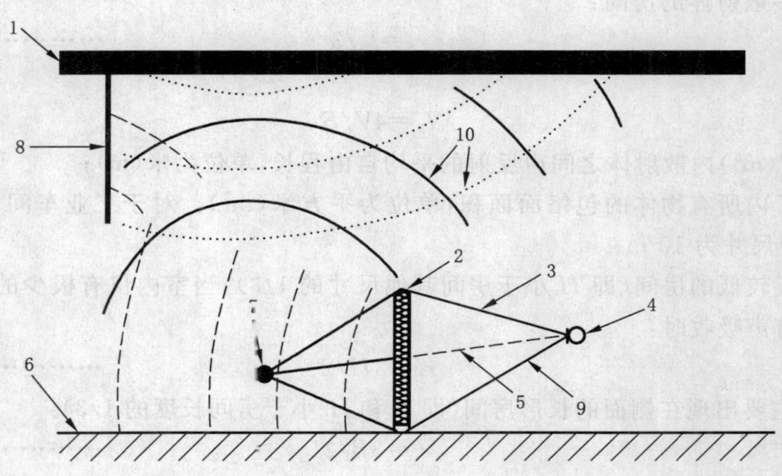

1——天花板；
2——声屏障；
3——绕射声；
4——接收点；
5——直达声；
6——地面；
7——声源；
8——障碍物；
9——透射声；
10——反射及散射声。

图1 设有屏障的室内声传播示意图

5.2 靠近声源的吸声

一个靠近声源的屏障的吸声会降低声源辐射到屏障背面空间的声功率，它由插入损失 D_i 来表征：

——屏障朝向声源的表面吸声越高，D_i 值越大；

——声源朝向屏障的声辐射指向性越强，D_i 值越大；

——声源被屏障围蔽得越严密，D_i 值越大。

5.3 遮挡效果

阻挡声源和接收点间直达声的传播路径，会降低直达声，直达声的降低量由式(2)确定的屏障衰减 $D_{z,r}$ 表征：

——屏障的最小尺寸越大，$D_{z,r}$ 值越大；

——声源与屏障间的距离越短，$D_{z,r}$ 值越大；

——接收点与屏障间的距离越短，$D_{z,r}$ 值越大。

屏障的形状和吸声特性对遮挡效果都不太重要。对处于声源周围混响半径之外的接收点，直达声的遮挡对现场声衰减的影响较小。在这样的点位，房间各个面及设备的反射声(详情参看 GB/T 17249.1—1998 中的 3.4.7)比直达声强。混响半径通常只有几米。

对于无指向性声辐射特性的声源，其混响半径(单位为米)近似为：

a) 对可用赛宾公式的近似立方体房间：

$$r_r=\sqrt{\frac{A}{16\,\pi}}=0.057\sqrt{\frac{V}{T}} \qquad \cdots\cdots(3)$$

A 参见 GB/T 17249.1—1998 中的 3.4.3，T 参见 GB/T 17249.1—1998 中的 3.4.10。

b) 对有许多散射体的房间：

$$r_r=l_S/3 \qquad \cdots\cdots(4)$$

式中：

$$l_S=4V/S$$

l_S——体积 V(m^3)内散射体之间声反射的平均自由程长，单位为米(m)；

S——体积 V 内所有物体的包络面面积，单位为平方米(m^2)。对于工业车间和敞开式办公室，l_S 的典型尺寸为 10 m。

c) 对天花板较低的房间(即 H 小于房间其他尺寸的 1/3)，当室内仅有极少的散射物体和天花板几乎没有声吸收时：

$$r_r=3H/2 \qquad \cdots\cdots(5)$$

d) 对反射主要出现在侧面的长形房间(即 B 和 H 小于房间长度的 1/3)：

$$r_r=3B/2 \qquad \cdots\cdots(6)$$

5.4 去耦

将房间分隔为几个区域的屏障称之为隔断。它们使屏障声源一侧的声场与房间其余部分的声场局部去耦。当屏障旁的敞开面积越小和敞开处周边的吸声越大，则去耦更有效，获得的声压级差更大。

本标准仅涉及薄屏障，屏障顶边的吸声不考虑。因此，吸声主要与房间边界和相关的屏障表面有关。如果要有较好的去耦，靠近屏障边缘应当有一个足够大的、强吸声表面积。

5.5 远离声源的吸声

屏障两侧的吸声使混响声场或扩散场(详情参看 GB/T 17249.1—1998 中的 3.4.7)得到衰减。但是，在强吸声的房间里，这种效果会变小，在低吸声的混响车间，吸声屏障的安装可以使空间平均声压级得到明显的降低。

5.6 屏障的其他效果

5.6.1 除噪声控制外，屏障还有其他期望效果，如：

a) 在吹灰和打磨过程中防止工件碎片的伤害；

b) 焊接过程中,保护眼睛;

c) 防护诸如化学侵蚀或炙热液体以及热熔材料的溅落;

d) 防护热辐射;

e) 使靠近窗户的目视显示设备(VDU)工作场所或照明条件不太好的区域内免受眩光的影响;

f) 将房间分隔以建立娱乐或私秘区域;

g) 电源或信息技术设备电缆敷设的综合考虑;

h) 建立适宜的工作或展览区域。

5.6.2 同样也有副作用,如:

a) 妨碍对车间的监视管理;

b) 工作场所的通行受限;

c) 降低工作场所的照明;

d) 限制材料或部件的运输;

e) 降低划定工作区域大小的灵活性;

f) 影响采暖、通风和空调。

5.6.3 声屏障的最佳设计取决于工作场所的类型以及受到下列因素选择的影响:

a) 材料,即是否吸声、透明或不透明;

b) 尺寸,及由此带来的质量和机动性;

c) 形状和表面特性;

d) 屏障和房间边界面之间的空间。

6 声屏障的类型和特殊要求

6.1 大房间的分隔

大屏障与办公家具设备一起用于分隔房间时,应考虑下列因素:

a) 屏障高度与房间高度之比,它是根据表1估计可能达到的插入声压级差来考虑的;

b) 吸声系数,它主要对混响房间内的插入声压级差有影响;

c) 为了采暖、通风和空调,需要有大约0.2 m的间隙;

d) 防火(通常在生产设备中要求不可燃材料,参看 ISO 1182、ISO/TR 11925-1、ISO 11925-2 和 ISO 11925-3)、足够的力学稳定性、耐油性(必要时)以及有关清洁、卫生的要求;

e) 织物表面的耐磨性,以及开放式平面办公室、谈话区、展览室等区域内光反射特性。

表1 低天花板房间内声屏障插入声压级差的典型经验值

h/H	s/H		
	<0.3	0.3~1	1~3
<0.3	7 dB	4 dB	—
0.3~0.5	10 dB	7 dB	4 dB
>0.5	—	9 dB	6 dB

注:500 Hz 至 4 000 Hz 的倍频带内,标准偏差大约为 1 dB。

6.2 单个工作岗位的噪声控制

对工业工作岗位,声屏障可做为大百分比敞开面积的局部隔声罩,它应满足如下要求:

a) 方便机器操作、零配件供应和维修的进出,如有必要,还应考虑起重传送装置、工业用载重车辆(传送装置、叉车)等的操作,必要时,同时还应考虑到定型的屏障单元的更换和拆卸;

b) 结构稳定性(必要时,包括门窗),同时应符合有关工作场所安全的其他相关规定;

c) 用砖块或金属板或者使用其他防损护面防止外表面的机械损伤;

d) 靠声源一边为吸声表面,屏障两面均应是不燃或难燃的、耐油的、防爆的,必要时,还应当符合卫生要求。

注:屏障不能防护位于声源(机器、设备、槌击、研磨等)与屏障之间的工作岗位不受声源声音的影响。

屏障决不能安置在紧急疏散的通道上,屏障也不应影响采光,此外,所有与工作场所相关的规定都应当遵守。

6.3 单个工作岗位的防护

声屏障可做成一个无顶的小室或隔声罩,它们应该有:

a) 充分的通风,特别是安装在有空调的房间内;

b) 大约 1.4 m 高的部分都应是挡光和吸声的,为了增加对噪声的防护,在此高度之上可用玻璃部件;

c) 根据 EN 1023 对安全的要求,应特别考虑屏障的结构稳定性、边角对人员的伤害性危险,以及屏障支架引起的绊倒危险;

d) 电源或 IT 设备电缆敷设的综合考虑。

在有吸声天花板的办公室,对单个工作岗位而言,屏障的吸声系数没有特别的要求,然而当更高级别的语言私密性很重要时,则要求声屏障是吸声的。

7 声屏障和声学饰面层的综合效果

通常房间的声学措施主要是为了工作场所的噪声控制。这些措施包括房间边界面,诸如天花板和墙体的吸声饰面,地毯以及悬挂的吸声板和吸声体。这些措施的效果和房间的设施决定了房间内声屏障的插入声压级差比自由场声屏障声衰减 D_z 减少的量值。房内设施用平均设施密度(设施的反射声之间平均自由程长度的倒数)和设施的声吸收来表征。

通常下列措施对提高房间内声屏障插入声压级差是有效的:

a) 在天花板没有吸声或吸声很小的室内使用两面都是高吸声的屏障;

b) 在有许多声反射设备的房间里,对于屏障顶边上方悬吊相对低矮的吸声体;

c) 在离屏障侧向距离较小的墙上用吸声饰面。

墙或天花板上饰面的宽度至少应当是它们与屏障边缘距离的两倍。

8 作为设计和检验目的的声学要求

8.1 吸声

当拟用屏障作为包围声源的局部隔声罩时,应规定靠声源的一面是强吸声的。如果没有任何可用的声源资料,则应当采用 ISO 11654 的 B 级吸声等级。换言之,在接收点处,对 A 计权声压级起主导作用的频率范围内所有 1/3 倍频带或倍频带的垂直入射吸声系数 α 均应超过 0.8,垂直入射吸声系数的测量应按照 GB/T 18696.1(驻波比法)和 GB/T 18696.2(传递函数法)的规定进行。多孔性屏障样品可在一消声末端的前面进行测量。此外,它们的流阻要按 ISO 9053 的规定测量。流阻不应低于1 600 $N \cdot s/m^3$。

当屏障用作为房间的隔断或包围一工作岗位的敞开式小室时,它的等效吸声面积(参看 GB/T 17249.1—1998 中的 3.4.3)很重要,对于单个独立式屏障,它可依照 GB/T 20247 通过混响时间的测量来确定。

为了评价打算采用屏障的房间,需要对计划安装屏障周围的房间或房间边界所提供的吸声进行估算。它们可以通过屏障安装前的混响时间测量或按照传递法测量得到。

8.2 隔声

隔声(隔声量)的资料只是对具有大的多孔性吸声面积的屏障或者在连接处出现明显漏声从而导致计权表观隔声量(参看 GB/T 50121 的定义)R'_w<20 dB 时才需要。具体数值按 GB/T 50121 检验。

8.3 现场声衰减

声屏障用户关心的基本声学量是A计权现场声衰减 D_{pA}。供货商或专家必须根据5.3中提出的方法和GB/T 17249.1—1998中的方法的计算来预测这个量，预测中要考虑房间条件和相关的声源。应当根据GB/T 19887检验一个可移动屏障与规定的性能的相符性。

一个可移动屏障的现场声衰减 D_f 也可以根据GB/T 19887用一个人工声源来测定。当背景噪声突出时，应当选用这种方法。它同样也可用于固定的(即非移动的)屏障。

对于固定屏障，当室内装修完毕而屏障还未安装时，应当在设计阶段，在所有相关声源运行时，对房间内GB/T 19887规定的传声器位置进行测量。声源附近应当采用全频段和1/3倍频带或倍频带的测量进行评估。屏障安装后，应在相同的传声器位置进行重复测量，如果声源附近对A计权总声压级起主导作用的那些频带的声压级在屏障安装前后的测量之间变化不大于3 dB，那么可以按照GB/T 19887的规定对数据进行评估。

设计的室内固定屏障的效果可以通过声学上可比较的房间、声源和屏障的测量来检验。

按照GB/T 19513的办公室屏障的实验室测量，将无法提供屏障现场声衰减的可靠信息。

9 用户调查资料和屏障供应商/制造商提供的信息

9.1 用户提供的信息

为了确定声屏障需要满足的要求，月户/买方至少应当提供以下信息：

a) 需要遮挡的机器、设备或工作岗位的类型和尺寸；

b) 房间的尺寸(长、宽、高)、设施和房间的声吸收；

c) 屏障类型(便携的、可移动的或固定的)；

d) 要求的声学性能(见第8章)；

e) 屏障表面的材料(样式、表面处理、颜色和表面防护)；

f) 允许的吸声材料和护面；

g) 透明部分的材料及尺寸；

h) 安全和卫生要求；

i) 安装屏障房间的通风和空调；

j) 采光；

k) 电气设施；

l) 屏障单元可允许的最大质量和尺寸；

m) 声屏障的其他用途(如信息显示、防眩光设备)；

n) 更多的特殊信息。

9.2 供应商/制造商提供的信息

屏障供应商/制造商至少应当提供下列信息，同时应明确声屏障的使用要求。

a) 声学特性，用A计权现场声衰减和倍频带吸声量表示；

b) 屏障几何尺寸(草图)；

c) 所用的材料及吸声材料的护面类型；

d) 屏障单元的质量、安装和连接；

e) 更多的特殊信息。

附 录 A
（资料性附录）
案 例 分 析

A.1 带支架的可移动简易屏障

房间和屏障的特点如下：

——房间形状：低天花板；

——天花板：具有高、低吸声的不同面积；

——屏障：有 50 mm 厚矿棉和织物材料护面的框架结构。

见图 A.1 至图 A.3。

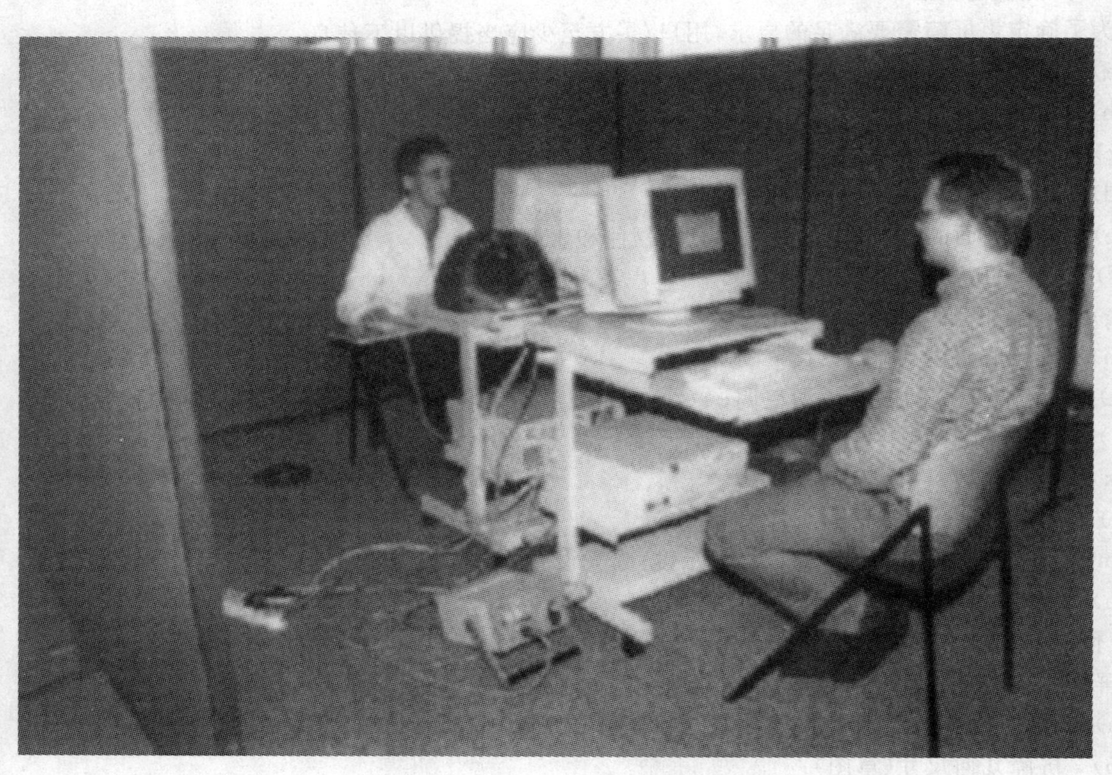

图 A.1 可移动的办公室屏障

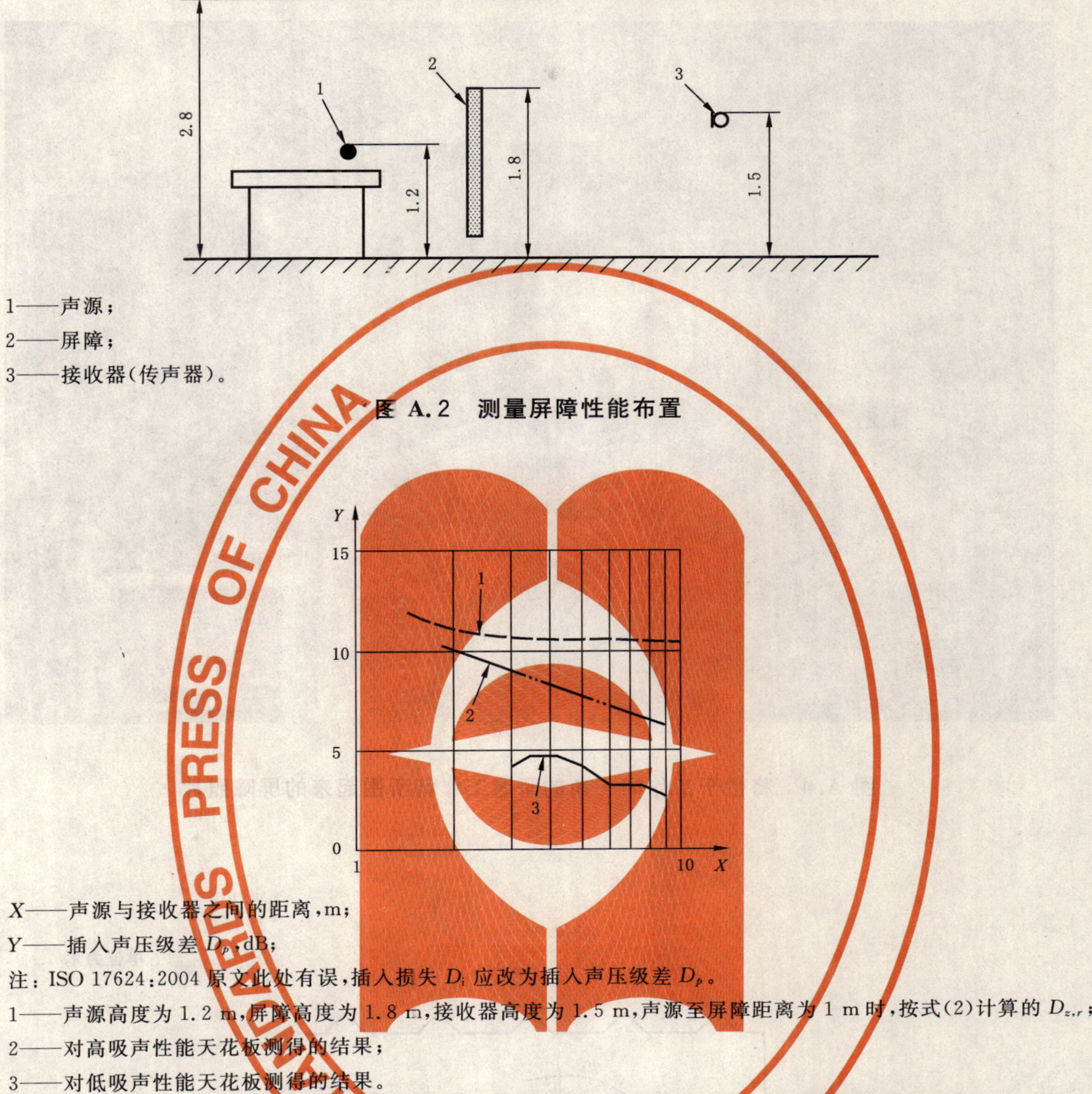

1——声源；

2——屏障；

3——接收器(传声器)。

图 A.2　测量屏障性能布置

X——声源与接收器之间的距离，m；

Y——插入声压级差 D_p，dB；

注：ISO 17624:2004 原文此处有误，插入损失 D_i 应改为插入声压级差 D_p。

1——声源高度为 1.2 m，屏障高度为 1.8 m，接收器高度为 1.5 m，声源至屏障距离为 1 m 时，按式(2)计算的 $D_{z,r}$；

2——对高吸声性能天花板测得的结果；

3——对低吸声性能天花板测得的结果。

图 A.3　用中心频率为 1 000 Hz 的倍频带插入损失表示的、作为声源与接收器之间距离的函数的屏障性能

A.2　将位于一角的研磨工作场所围起来的屏障

房间和屏障的特征如下：

a)　房间形状：低天花板；

b)　天花板：几乎不吸声；

c)　屏障(自接收器侧至声源侧)：

——约 1 mm 厚的钢板；

——约 50 mm 厚的矿棉；

——约 1 mm 厚的穿孔板。

见图 A.4 至图 A.6。

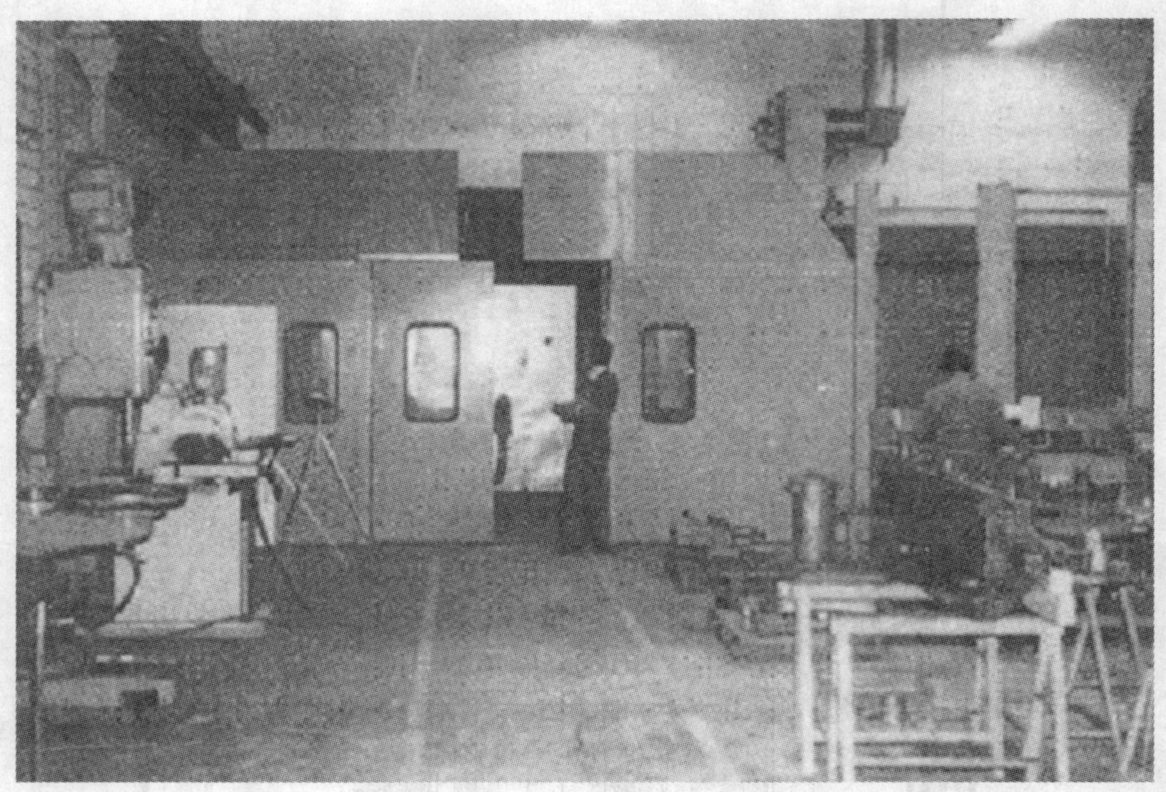

图 A.4 将位于工作间一角的研磨工作场所围起来的屏障照片

单位为米

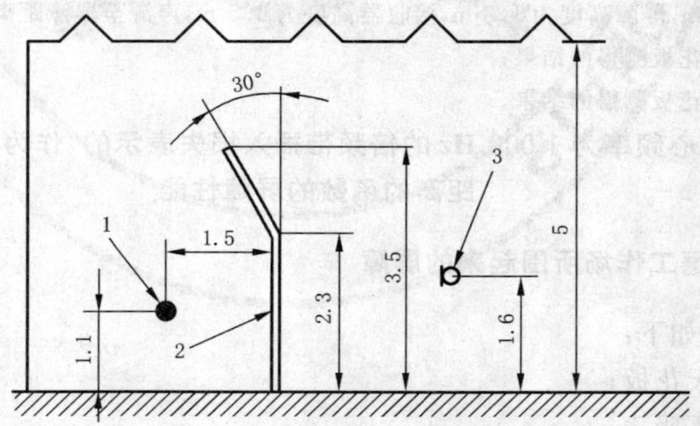

1——声源；

2——屏障；

3——接收器(传声器)。

图 A.5 屏障性能测量的布置

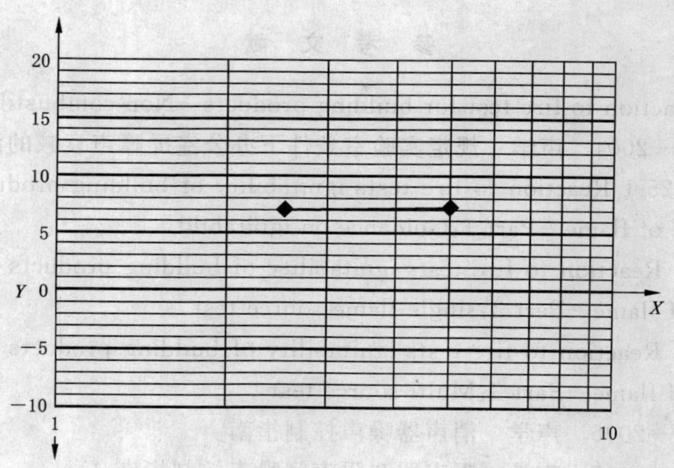

X——声源与接收器之间的距离，m；

Y——插入声压级差 D_p，dB。

注：ISO 17624:2004 原文此处有误，插入损失 D_i 应改为插入声压级差 D_p。

图 A.6 用中心频率为 1 000 Hz 的倍频带插入损失表示的、作为声源与接收器之间距离的函数的屏障性能

参 考 文 献

[1] ISO 1182 Reaction to fire test for building products—Non-combustibility test

[2] GB/T 19513—2004 声学 规定实验室条件下办公室屏障声衰减的测量

[3] ISO/TR 11925-1 Reaction to fire tests-ignitability of building products subjected to direct impingement of flame—Part 1:Guidance on ignitability

[4] ISO 11925-2 Reaction to fire tests-ignitability of building products subjected to direct impingement of flame—Part 2:single-flame source test

[5] ISO 11925-3 Reaction to fire tests-ignitability of building products subjected to direct impingement of flame—Part 3:Multi-source test

[6] GB/T 20431—2006 声学 消声器噪声控制指南

[7] GB/T 19886—2005 声学 隔声罩和隔声间噪声控制指南

[8] IEC 61672-1 Electroacoustics—Sound level meters—Part 1: Specification

[9] DIN 18041 Acousticai quality in small to medium-size rooms(in Geman)

[10] CDI 2569 Sound protection and Acoustical in offices(in German)

[11] EN 1023-1 Office furniture—Screens—Part 1:Dimensions

[12] EN 1023-2 Office furniture—Screens—Part 2:Mechanical safety requirements

[13] EN 1023-3 Office furniture—Screens—Part 3:Test methods

ICS 13.140
A 59

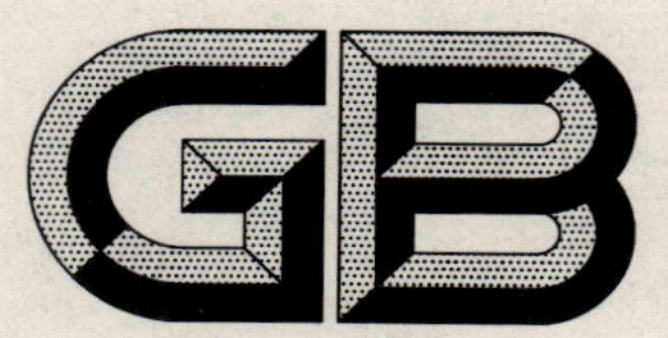

中华人民共和国国家标准化指导性技术文件

GB/Z 21233—2007/ISO/TS 15666:2003

声学 应用社会调查和社会声学调查评价噪声烦恼度

Acoustics—Assessment of noise annoyance by means of social and socio-acoustics surveys

(ISO/TS 15666:2003,IDT)

2007-11-14 发布 2008-05-01 实施

中华人民共和国国家质量监督检验检疫总局
中国国家标准化管理委员会 发布

ICS 13.140
A 59

中华人民共和国国家标准化指导性技术文件

GB/Z 21233—2007/ISO/TS 15666:2003

声学 应用社会调查和社会声学调查评价噪声烦恼度

Acoustics—Assessment of noise annoyance by means of social and socio-acoustic surveys

(ISO/TS 15666:2003,IDT)

2007-11-14发布　　2008-05-01实施

中华人民共和国国家质量监督检验检疫总局
中国国家标准化管理委员会　发布

前　言

本指导性技术文件等同采用ISO/TS 15666:2003《声学　应用社会调查和社会声学调查评价噪声烦恼度》(英文版)。

本指导性技术文件按照《国家标准化指导性技术文件管理规定》的要求,对ISO/TS 15666:2003进行了编辑性修改。

本指导性技术文件的附录A、附录B为资料性附录。

本指导性技术文件由中国科学院提出。

本指导性技术文件由全国声学标准化技术委员会(SAC/TC 17)归口。

本指导性技术文件主要起草单位:浙江大学、南京大学、河北科技大学、上海环境科学研究院。

本指导性技术文件主要起草人:张邦俊、翟国庆、邱小军、赵仁兴、周裕德、祝文英。

引　言

许多国家已经或者将要制定有关环境噪声暴露可接受程度的规定。这些规则常常需要考虑噪声暴露量和噪声导致的烦恼度之间的关系。

环境噪声的测量方法已经被标准化，如 GB/T 3222.1—2006，ISO 1996-2，ISO 1996-3 等。然而到目前为止，关于如何测量与评价由噪声引起的烦恼度，还没有一个标准。

本指导性技术文件的目的在于提供一个用社会调查和社会声学调查的方法评价噪声烦恼度的技术规范。在环境噪声的烦恼影响及相关的调查工作中运用本指导性技术文件，将会提高比较和汇总调查结果的统计相关性，从而为环境政策的制定者提供更多更高质量的有用信息。

声学 应用社会调查和社会声学调查评价噪声烦恼度

1 范围

本指导性技术文件给出了采用社会声学调查和对包含有关噪声影响问题的社会调查(以下简称“社会调查”)的规范,对以下问题作了规定:

a) 调查问卷的基本问题;

b) 反馈意见的分级;

d) 调查过程中的关键因素;

e) 调查结果的报告。

对于从答卷中获得的数据进行分析的方法,本指导性技术文件不作具体规定。

本指导性技术文件的某些技术规范可能和现有的社会学或社会声学研究的特定要求和协议不相符。本指导性技术文件不否认那些研究的优点、价值和有效性。

本指导性技术文件规定的调查方法只适用于获取在“家中”有关噪声烦恼度的数据,而不适用于在娱乐场所、工作场所或者车辆内部等处获取环境噪声烦恼度数据。

本指导性技术文件只规定了在社会调查中需要用到的有关噪声烦恼度方面的问题,以及需要和其他研究作对比时所涉及的一些最重要的规范。其他有利于提高调查质量(如取样方法),但并不是噪声社会调查所特别要求的规范,可以在教科书中找到(如参考文献[1]和[2])。

使用本指导性技术文件并不能保证所得到的有关噪声烦恼度以及它和噪声暴露之间关系的信息的准确性、精确性和可靠性。调查实验设计的其他方面,以及噪声暴露测量和估算的不确定性都会在很大程度上影响调查结果的解释。

2 规范性引用文件

下列文件中的条款通过本指导性技术文件的引用而成为本指导性技术文件的条款。凡是注日期的引用文件,其随后所有的修改单(不包括勘误的内容)或修订版均不适用于本指导性技术文件,然而,鼓励根据本指导性技术文件达成协议的各方研究是否可使用这些文件的最新版本。凡是不注日期的引用文件,其最新版本适用于本指导性技术文件。

GB/T 3222.1 声学 环境噪声的描述、测量与评价 第1部分:基本参量与评价方法(GB/T 3222.1—2006,ISO 1996-1:2003,IDT)

GB 9660—1988 机场周围飞机噪声环境标准

GB 12525—1990 铁路边界噪声限值及其测量方法

ISO 1996-2 声学 环境噪声的描述、测量与评价 第2部分:与现场应用有关的数据采集

ISO 1996-3 声学 环境噪声的描述、测量与评价 第3部分:噪声限值的应用

3 术语和定义

下列术语和定义适用于本指导性技术文件。

3.1

噪声烦恼度 noise annoyance

人对噪声的个体不良反应。

注1:由噪声引起的不良反应包括“不舒适”、“干扰”、“烦恼”、“精力不易集中”等各种不同症状(参见参考文献[3])。

注2:社区噪声烦恼度是指在社区内存在以上个体不良反应的比率。该比率由经过统计学上合理设定的调查问题的反馈信息得到。第5章对此作了相关规定。

3.2

社会声学调查　socio-acoustics surveys

与噪声烦恼度评价有关的社会调查，该调查将计算或测得的噪声值和调查对象的居住环境联系起来。

注：有许多对环境因素进行的一般性社会调查虽包含了噪声因素，但因其不具备相关联的噪声数据，故不能称为社会声学调查。

4　烦恼度评价的表述和分级

烦恼度评价的表述方式有两种：描述性的等级量表、数字等级量表。

4.1　采用描述性等级量表的问题

说明：采用5个表示不同程度的词语，来描述当您正在家的时候，(噪声源发出的)噪声使您感到干扰、扰乱和烦恼的程度。

问题：请回忆一下过去(如过去12个月)，当您正在家的时候，(噪声源发出的)噪声使您感到干扰、扰乱和烦恼的程度？

——一点没有？

——轻微？

——一般？

——严重？

——非常严重？

4.2　采用数字等级量表的问题及其附带说明

说明：用0～10这11个数字来描述当您正在家的时候，(噪声源发出的)噪声使您感到干扰、扰乱和烦恼的程度。如您一点没有感受干扰，则选择0；如感受到非常严重的干扰，则选择10；如处在以上两种状态之间，则选择0～10之间的一个适当的数字。

问题：请回忆一下过去(如过去12个月)，0～10中哪个数字最能描述(噪声源)发出的噪声使您感到干扰、扰乱和烦恼的程度？

附录A阐述了以上规范和表述的基本原理；附录B列举了汉语和英语最精确的表达。

5　有关噪声烦恼度的社会调查和社会声学调查的其他技术指导规范

大量的文章、论文和教材已经阐述了社会调查的一般指导方法(见参考文献[1]和[2])。本章不对这些规范进行全面的总结回顾，只侧重于有关噪声烦恼度的调查问卷的其他设计规范，详见附录A。

a）不能根据是否受到噪声干扰或者居住此地的时间长短等因素而直接将部分居住者排除在调查范围之外，每一位被调查者都必须被问到第4章中的两种类型的问题。如果有必要确认被调查者是否受到噪声干扰，请在回答问卷以后单独提出这样的问题。

b）不能首先问被调查者是否受到干扰；然后，如果受干扰，再问其烦恼程度是多少。

c）第4章中的问题应该放在问卷的前面，除非与其他的调查目的相冲突，或者此前已经问过有关噪声方面的更详细的问题。如果根据调查目的，其他一些关于噪声烦恼度的问题更加重要，那么以上规范化的问题可以在后面提出。

d） 在提问有关烦恼度的问题时，不要暗示被调查者正处在这样的噪声环境中。例如，可以问“飞机噪声”，但不要问“这个飞机的噪声”。

e） 如预测试显示被调查者感觉问卷中存在重复的问题，则需加入适当的填写说明。详见附件A中的参考案例。

f） 如使用答题卡，那么采用描述性等级量表的问题的5个答案应按照如下的顺序进行排列，并且不标注任何数字：

描述性等级量表答题卡（QV卡）：请在下列选择栏内划“√”				
一点没有	轻微	一般	严重	非常严重

采用数字等级量表的问题答题卡形式如下：

数字等级量表答题卡（QN卡）：请在下列选择栏内划“√”										
一点没有					至					非常严重
0	1	2	3	4	5	6	7	8	9	10

被选数字必须在所在框中清楚地标记出。

g） 为调查者准备调查指导说明

无论是电话调查还是访问调查，都应为调查者配备调查指导说明，其内容包括：

——指导调查者准确按照书面内容提问；

——训练调查者对“我不知道”回答的反应方法，该方法要求不对问题给予解释；

——督促被调查者在提供的答案中作选择；

——鼓励所有的被调查者回答问卷（新迁入的居民可回答最近居住阶段的情况）；

——当被调查者发现问卷中存在重复问题时，调查者应作的说明。

6 烦恼度等级评定过程的技术规范

若可以对各类噪声暴露进行调查，问卷的结果应给出对各类噪声的频次分布或者累积分布，也可给出其他统计结果，如烦恼度的平均值或者中间值，或选择某一烦恼度等级的被调查者的比率。

对于如何根据被调查者人数的比率来定义烦恼度等级的方法，如“高”烦恼度等级，本条款不作规定。不同的研究人员在评定等级时所截取的统计值不同，因而产生的结果也不同。只要符合规定的频次分布，任何截取统计值的方法都可以被接受。

7 报告社会调查和社会声学调查关键信息的技术规范

表1给出了对社会调查、社会声学调查关键信息进行科学报告的基本技术规范。在与其他调查作对比研究时，这些内容是必不可少的。更多详细信息见参考文献[4]。

表1　对社会调查和社会声学调查关键信息进行科学报告的基本技术规范

类　别	序列	主　题	基　本　内　容
调查的整体设计	1	调查日期	调查的年份和月份
	2	调查地点	调查地点所在的省份和城市
	3	调查点的选择	调查点选择的原则 调查点选择和排除的原则
	4	调查范围	调查时间和地点的全部重要特征和噪声源有关的调查点的地图或文字描述
	5	调查要求	调查点的数量 各个调查点的被调查者数量 调查初始目标说明
调查样本的设计	6	样本的选择	被调查者的选择方法(随机选取、通过判断选取等) 被调查者的排除的原则(年龄、性别、居住时间等)
	7	样本数量和质量	问卷回收率 不能回收的原因
调查数据的收集	8	调查方法	方法(面对面访谈、电话访谈等)
	9	问题的表述	主要问题的准确文字表述(包括可供选择的答案)
	10	样本估算的准确度	主要分析所需的样本反馈数量
声学条件	11	噪声源	主要声源的类型(飞机噪声、道路交通噪声等) 被考虑或者排除的声源的运行方式 判别声源的方法协议(如最小声级、运行方式、每周工作日数等)
	12	噪声量值	根据GB/T 3222.1、ISO 1996-2、ISO1996-3、GB 12525 和 GB 9660,完整表达每个调查点的噪声量值: ——提供所有调查点的 $L_{Aeq,24h}$,L_{dn} 和 L_{den}(或者某时间段的 L_{Aeq}); ——提供在特殊研究条件下所需的 $L_{Aeq,24h}$,L_{dn} 和 L_{den} 的转换公式; ——对计算公式进行适当的说明和注解; ——提供脉冲和/或单频声或有调声的修正方法
	13	时间段	噪声量值表征的一天中的小时数 噪声量值表征的时间段(年数、月数)
	14	评价/测量程序	评价方法(建模方法、采样期间的测量方法等)
	15	参考位置	相对于噪声源和反射面的标称位置 给出最吵外墙的噪声暴露量(或给出转换原则),指出来自外墙的反射声是否计算在内
	16	噪声评价的准确度	噪声暴露评价准确度方面可获得的最好信息
基本的剂量-反应分析	17	剂量-反应关系	每一类噪声暴露的烦恼度频次列表

附　录　A
（资料性附录）
烦恼度问题的表述和分级的基本原则

A.1　说明

本附录包含了有关烦恼度问题的表述和分级的基本原则。更详尽的内容，请参见参考文献[7]。

A.2　问题的类型

直接认定的问题：

——给出噪声源的名称；

——询问被调查者对该噪声的态度，以及；

——给被调查者提供有限数量的选择答案。

以上类型的直接认定的问题已经普遍被接受，并作为评价噪声和受声者反应之间关系的主要量化标准。这种问题的答案比间接的问题或者对比的问题更加直接，且容易理解（其他两种类型的问题在噪声调查中有时有特殊的作用）。

间接的用于评价噪声对人们的潜在影响问题：

——不指明噪声源的非限制性问题；

——使被调查者报告抱怨的行为，而不是态度的问题；或者

——使被调查者报告行为上的反应，而不是态度的问题。

虽然这样的问题在有特定目的调查中有用，但并不能代替直接认定的问题作为噪声影响的主要评价指标。它们只能用作判别噪声对人们的影响的间接依据。此外，间接的问题与噪声暴露的联系不是很紧密（见参考文献[7]）。间接、非限制性的问题允许被调查者自由回答，因此其答案较难分析，且不能做直接的比较分析。

另一种类型的问题是对比问题，用于比较被调查者对某一个标定噪声的态度与其他噪声的态度之间的差别和不同的等级。这种对比问题存在的致命缺陷是缺乏普遍性的标定噪声，使之无法对其他调查结果，甚至同一次调查中的不同对象，给出统一的比较结果。最明显的一种标定噪声，如邻居的令人烦恼的噪声，在不同的调查点也有很大的差别，因此不能用于调查点之间的比较分析。幅值评估技术在理论上能通过其他共享的参考要点来解决这个问题，但是先前研究表明这种技术方法目前还没充分地细化为一个问卷问题，因而还不能在大范围的噪声—反应调查中推广应用。

A.3　“噪声”，不要称之为“声音”

对于令人讨厌的不需要的声音，一般应该称之为“噪声”而不是仍称之为“声音”。

A.4　单向评价等级（中性评价-消极评价）

根据过去的调查研究，对交通噪声的反应都是中性的或消极的，因此问卷问题的答案选项设置应该单向的，从消极的（受到严重干扰）到中性的（没有受到干扰），而不用延伸至积极的一面（非常喜欢这种干扰）。

A.5　两类问题

本指导性技术文件推荐使用两类问题对烦恼度进行评价，并在每份问卷中使用两种评价等级。研究证明使用一种以上的评价等级可以提高调查结果在心理测量学上的可信度。

A.6 描述性评价等级和数字量化评价等级

两种评价等级各有优点。描述性评价等级工作只需要简单、顺畅的交流。任何文化背景下不同类型的被调查者只需要简单地选择一个词汇来配合调查。被调查者所选择的词汇在报告中可直接传给读者。这些等级词汇的选择应使人们对于这些等级词汇的通常理解和它们在等级分类上的顺序相一致。

数字量化等级可用在关键问题上验证被调查者对其回答的连贯性(一致性)。此外,数字量化等级不像描述性评价等级那样具有主观性,因此可以作为第二问题(补充问题)提出。而且数字量化等级适用于不同方言区域和民族地区,也适用于国际合作中。

A.7 一般,而非特指的反应问题

推荐使用的问题是用来获得被调查者根据他们在家中或家附近不同时间和不同地点(如阳台或者花园)的总的经验,对噪声的基本的、一致的反应。这些问题不会设置一系列特定的环境条件,因为一个总的反应度量必须包括在不同类型的经验范围上所得出的完整反应。这些问题不会明确地列出这些结合了他们的经验的条件之范围,其原因主要有以下5条:

a) 完整的清单上将会列出过多的条件(如家中的某个房间、地产位置、季节、日期、时间、窗户开关状态、处在暴露状态下个体的活动状态、噪声事件数量和噪声事件的峰值)。

b) 太长的清单会导致调查者对噪声暴露水平进行客观评价,而偏离关于噪声暴露的主观感觉。

c) 长而复杂的问题会使被调查者迷惑。他们回答带有较多复杂条件的问题时,往往只会针对某一个条件(或许是第一个或者最后一个条件)来回答问题,而忽视了他们最重要的,但并不太复杂的关于一般主观反应的感觉。

d) 太长的清单不适合用于不同的文化背景和语言环境。

e) 冗长的问题一般不会出现在大量的调查问卷中。

A.8 问卷问题的文字表述

描述性评价中涉及5个等级的措辞确认如下:

a) 请回忆一下过去(如过去12个月左右),当……

“回忆”和“如过去12个月”等模糊定义旨在挖掘被调查者对噪声的一般反应,而不是把最近的12个月与其他时间段进行比较。

b) ……您……

只针对被调查者个人的回答,而不是家庭中的其他成员的。给调查者的指导说明必须指明在调查开始时应告知被调查者只需要他(她)个人的回答。因此在问卷中应使用“您”或“你”而不要使用“你们”。

c) ……目前……

“目前”能挖掘被调查者一般的,习惯上的对噪声的反应,如a)中所要求的。因此问卷中一般明确目前,而不强调以前。

d) ……在家……

这个词语旨在评价被调查者的居住环境,不包括公共购物和娱乐场所(这些场所建议用“附近”、“周围”这种词表达),但不要把空间只限制在室内(如使用“在家中”这样的词)。调查说明中,针对这个问题的注解中必须说明:“‘在家’指的是在房间里和包括花园、阳台等户外空间”。

e) ……程度……

暗示被调查者根据自己的烦恼程度选择一个适当的答案。

f) ……现在……

表明时间,参见c)。

g) ……噪声……

用“噪声”而不用“这噪声”是因为可以避免被调查者只考虑现在正在发生的噪声，而忽视了平时的情况。此外，根据上述原因，“噪声”比其他的中性词更加适用。

h) ……××发出的……

注明噪声源的名称，不要含糊。

i) ……干扰、扰乱和烦恼……

用于描述对噪声干扰的负面反应的一般印象。

j) ……你……

再次强调自己的反应，见 b)。

k) ……一点没有……

许多研究表明这个词可以表达出最小的噪声烦恼度(见参考文献[8])。

l) …… 轻微？一般？严重？非常严重？……

根据参考文献[5]的研究经验，这 4 个词比较适合于表达烦恼度等级。

A.9 其他语言中的烦恼度等级评价词汇

使用方言或少数民族语言时，每个问题必须具备对比词语或译文。描述性评价等级和量化评价等级必须使用该方言或民族语言习惯中的标准词汇，不能简单地借用汉语普通话或从汉语翻译过来(如需进行相关研究，请参见参考文献[5]的要求)。

A.10 量化评价的 11 个等级

0～10 这 11 个量化等级比 7 个等级、9 个等级或者 10 个等级更容易被理解和操作。由于“0～10”这个数字系统被广泛地应用于人们的生活，因此绝大多数人对其非常熟悉。按普通逻辑，0 一般代表“一点没有”，10 代表“非常严重”，且这个顺序不能被颠倒。

有时被调查者“不清楚”、“拒绝”或者“遗漏”某个问题，因此可能无法从该问题中得到相关信息，这时要求问卷中的所有问题都需要准备一个标记用于记录以上情况的发生。建议调查的组织者做好这方面的准备。

注意：以上 3 种可能回答不能提示给被调查者，并且也不能出现在邮件问卷中。有关问题表述实验的研究结果强调，当“不清楚”这个选项被提供给调查对象的时候，该选项的被选率急速上升。

调查者在使用诸如“以下答案哪一个更接近您的观点？”等问题来提醒被调查者，但是被调查者还未作选择的情况下，调查者才能提示以上 3 种选项。

A.11 描述性评价的 5 个等级

为了便于进行比较，在不同的调查中，描述性评价的等级数必须相同。经研究，评价等级的级数会对问题的回答产生影响，因而不能成为等级分类的依据。鉴于此，本技术规范决定使用 5 个等级。有研究表明 5 个等级的效果不比 4 个等级差(详见参考文献[5])。

A.12 适当的时间段

问卷问题中用括号给出“如 12 个月左右”的提示是因为不同的调查需要设计的时间段是不同的。时间长短的设计必须要考虑能充分表达出被调查者的噪声暴露时间。一般推荐使用一年左右的时间，使被调查者给出他们对于环境噪声的一般反应。如果环境噪声最近发生改变，或需要对特定的时间段进行研究，或者不可能在长的时间段内作正确的评价时，那么需要指定较短的时间段。

A.13 噪声源描述的概括程度

如果调查的目的之一是作比较研究(如不同地区的噪声烦恼度，一年中不同时期的噪声烦恼度，或者不同噪声源引起的烦恼度)，那么所有噪声源应该用一个统一提取的级来描述。

注：例如对道路交通噪声和货车噪声有不同的噪声源概括级。

A.14 调查者的调查文字说明

A.14.1 对判断题的一般说明

所有判断题必须按照文字内容让被调查者阅读。调查者不能对其进行解释。被调查者对于每一个问题的选择都必须非常认真，且每个被调查者都应正确听到用同样的词汇描述的问题，调查者不能随意添加任何个人主观的表述。在通常情况下，如果被调查者表示对问题的不理解，重复陈述一遍即可，这不仅可以让被调查者再次听问题，而且也留给他们更多思考答案的时间。很少情况下，被调查者还是会不理解问题，这时调查者可以这样回答："随便如何理解都可以"。

有时候被调查者可能拒绝选择所提供回答的任一个，或者用很长的合理陈述进行回答，但不同于预先编号的任一个答案。在这些情况下，调查者只须重复问题，如果需要，可以加一句："是的，这样给出的答案中哪一个和您的观点最接近呢?"如果被调查者仍觉得不可能回答或选择，则可在调查表中填上"没有回答"。

A.14.2 对矩阵问题的说明

注：下面的问题 QX 仅是一个例子。

问题对提到的共 9 种噪声源的评价使用同样的等级尺度。按表格给出的次序分别向被调查者提问。提问时，每个问题包括其答案都要表述完整。对于大多数被调查者，全部问题可能不需要读两遍。随后，可以提出"那么××(铁路)噪声怎么样呢?"等类型的替代问题。但如果因此而产生误解或者歧义，那么应该重复完整的问题和所有 5 种选项。如果被调查者犹豫或混淆不清的话，再重复读出 5 种选项。

仅当被调查者回答"不知道"，或者拒绝回答，或者疏漏该问题时，请重复确认被调查者的回答。

QX　请回忆一下最近 12 个月左右，当您在家的时候，××噪声源的发出的噪声使您感到干扰、扰乱和烦恼的程度："一点没有"、"轻微"、"一般"、"严重"或者"非常严重"?

噪声源类型	一点没有	轻微	一般	严重	非常严重	无回答(NA)
公路交通	一点没有	轻微	一般	严重	非常严重	NA
飞　机	一点没有	轻微	一般	严重	非常严重	NA
铁　路	一点没有	轻微	一般	严重	非常严重	NA
工厂机械	一点没有	轻微	一般	严重	非常严重	NA
建筑工地	一点没有	轻微	一般	严重	非常严重	NA
室外动物	一点没有	轻微	一般	严重	非常严重	NA
室外小孩	一点没有	轻微	一般	严重	非常严重	NA
室外其他人群	一点没有	轻微	一般	严重	非常严重	NA
其他噪声源(特定)	一点没有	轻微	一般	严重	非常严重	NA

A.14.3 在预调查中问卷被发现有被感到重复的问题

如果这样的问题不是出现在问卷的开头，可以用以下类似回答来解决调查者或被调查者发现重复问题时产生的疑惑：

a)　现在我们回到刚才从××发出的噪声问题上，并考虑我们已谈论到的所有的事情，请回忆一下最近 12 个月左右，……(插入推荐要问的问题)。

b) 在其他调查中，有人对这个问题给出了他们对于噪声的反应，现在您可以把这个问题运用到这里的噪声上，请回忆一下最近12个月左右，……(插入推荐要问的问题)。

c) 尽管所有问题都是略有区别的，但对于特定环境中的一部分问题的人会认为一部分问题是相似的。如果您对任何一项问题感觉是重复的，您可以直接快速回答，然后进入下面的问题。

附 录 B
（资料性附录）
烦恼度问题在汉语和英语中的文字表述

B.1 引言

根据第4章中的问题，描述性的和数字量化的评价等级是必须的。尤其是描述性的评价等级将会在很多语种中运用。然而，仅仅把这些问题和评价等级从英语翻译到其他语种是不够的，因为字面上的翻译往往会偏离原来的涵义。

噪声生理影响国际评价委员会（ICBEN）认识到了这个问题，并启动了一个研究课题，旨在完成所有翻译，使得每个国家都能正确执行这个技术规范。本附件给出了此项研究的汉语翻译，详情可参见参考文献[5]。ICBEN的研究和本技术规范的不同之处是颠倒了回答等级的次序。

注：除了ISO官方语种（英语、法语、俄语）之外的本技术规范的其他语种版本由相关的成员国出版发行。

B.2 中文

QV 请回忆一下过去（如过去12个月），当您正在家的时候，（噪声源）发出的噪声使您感到干扰、扰乱和烦恼的程度？

——一点没有？

——轻微？

——一般？

——严重？

——非常严重？

QN 用0～10这11个数字来描述当您正在家的时候，（噪声源）发出的噪声使您感到干扰、扰乱和烦恼的程度。如您一点没有感受干扰，则选择0；如感受到非常严重的干扰，则选择10；如处在以上两种状态之间，则选择0～10之间的一个适当的数字。

请回忆一下过去（如过去12个月），0～10中哪个数字最能描述（噪声源）发出的噪声使您感到干扰、扰乱和烦恼的程度？

B.3 英文

QV ***Thinking about the last 12 months or so, when you are here at home, how much does noise from (noise source) bother, disturb, or annoy you: not at all, slightly, moderately, very or extremely***?

QN Next is a 0-to-10 opinion scale for how much (source) noise bothers, disturbs or annoys you when you are here at home. If you are not at all annoyed choose 0; if you are extremely annoyed choose 10; if you are somewhere in between choose a number between 0 and 10.

Thinking about the last (12 months or so), what number from 0 to 10 best shows how much you are bothered, disturbed or annoyed by (source) noise?

参 考 文 献

[1] SMITH R. B. Handbook of social science methods. Praeger, New York, 1985.

[2] ROSSI P. H., WRIGHT J. D. and ANDERSON A. B. Handbook of survey research. Academic Press, New York, 1983.

[3] GUSKI R., SCHUEMER R. and FELSCHER-SUHR U. The concept of noise annoyance: How intemational experts see it. *J. Sound Vibr.*, 223, 1999:513-527.

[4] FIELDS J. M., JONG R. G. de, BROWN A. L., FLINDELL I. H., GJESTLAND T., JOB R. F. S., KURRA S., LERCHER P., SCHUEMER-KOHRS A., VALLET M. and YANO T. Guidelines for reporting core information from community noise reaction surveys. *J. Sound Vibr.*, 206(5), 1997:685-695.

[5] FIELDS J. M., JONG R. G. de, GJESTLAND T., FLINDELL I. H., JOB R. F. S., KURRA S., LERCHER P., VALLET M., YANO T., GUSKI R., FLESCHER-SUHR U. and SCHUEMER R. Standardized general-purpose noise reaction questions for community noise surveys: research and a recommendation. *J Sound Vibr.*, 242, 2001:641-679.

[6] FIELDS J. M. and WALKER J. G. The response to railway noise in residential areas in Great Britain. *J. Sound Vibr.*, 85, 1982:177-255.

[7] FIELDS J. M. Progress towards the use of shared noise reaction questions. Inter-noise 96: 2389-2391.

[8] LEVINE N. The development of an annoyance scale for community noise assessment. *J. Sound Vibr.*, 74, 1981:301-305.

ICS 67.040
C 53

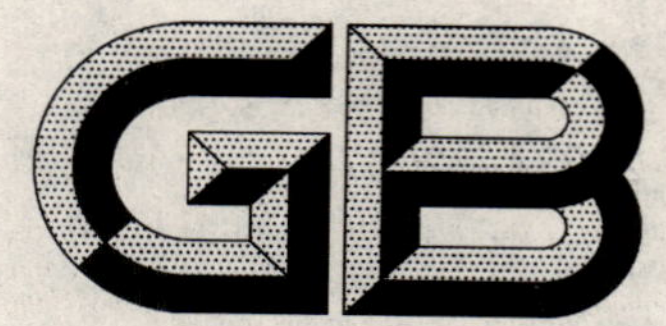

中华人民共和国国家标准

GB/T 21234—2007

铁强化酱油中乙二胺四乙酸铁钠的测定

Determination of sodium iron(Ⅲ)ethylenediaminetetraacetate, trihydrate ($NaFeEDTA \cdot 3H_2O$) in iron fortified soy sauce

2007-10-29 发布　　　　2008-04-01 实施

中华人民共和国卫生部
中国国家标准化管理委员会　发布

前　言

本标准由中华人民共和国卫生部提出并归口。

本标准由中国疾病预防控制中心营养与食品安全所、佛山市海天调味食品有限公司负责起草。

本标准主要起草人：霍军生、黄建、魏峰、黄文彪、于波、孙静。

铁强化酱油中乙二胺四乙酸铁钠的测定

1 范围

本标准规定了铁强化酱油中乙二胺四乙酸铁钠(NaFeEDTA)的测定方法。

本标准适用于铁强化酱油中乙二胺四乙酸铁钠的测定。

本标准第一法的检出限为 0.030 μg/mL,当取样为 2.5 mL 时,最低检出浓度为 6.0 μg/mL,最佳线性范围为 0.2 μg/mL~20 μg/mL。第二法的最低检出限为 0.24 μg/mL,当取样为 3.0 mL 时,最低检出浓度为 40 μg/mL,最佳线性范围为 4.0 μg/mL~24 μg/mL。

第一法 高效液相色谱法

2 原理

铁强化酱油试样,经甲醇沉淀后,过滤,稀释,用反相离子对高效液相色谱法将乙二胺四乙酸铁钠中的 $FeEDTA^-$ 与试样中的杂质分离,经紫外检测器 254 nm 波长处检测,根据色谱峰保留时间定性,标准曲线法峰面积定量。

3 试剂

本方法中所用试剂,除另有规定外,均为分析纯试剂,水为蒸馏水或同等纯度水。

3.1 甲醇:色谱纯。

3.2 40%四丁基氢氧化铵水溶液(TBAOH)。

3.3 甲酸稀溶液:将 88%甲酸用水稀释 10 倍进行配制。

3.4 乙二胺四乙酸铁钠标准物:纯度(以 NaFeEDTA·$3H_2O$ 计)≥99.0%。

3.5 75%甲醇溶液:将体积为 750 mL 的甲醇加到体积为 250 mL 的水中,混匀。

3.6 乙二胺四乙酸铁钠标准储备溶液:准确称取乙二胺四乙酸铁钠标准物 0.1 g,置入 50 mL 棕色容量瓶中,用水溶解并稀释至刻度,摇匀,此溶液浓度为 2 000 μg/mL。于冰箱中避光保存,推荐 15 日内使用。

3.7 乙二胺四乙酸铁钠标准中间溶液:准确吸取乙二胺四乙酸铁钠标准储备溶液 2.50 mL,置于 50 mL棕色容量瓶中,用 75%甲醇溶液定容,摇匀,此溶液浓度为 100 μg/mL。于冰箱中避光保存,推荐 15 日内使用。

3.8 乙二胺四乙酸铁钠标准使用溶液:分别吸取乙二胺四乙酸铁钠标准中间溶液 1.0 mL、2.0 mL、4.0 mL、6.0 mL、8.0 mL、10.0 mL 于 50 mL 容量瓶中,用水定容至刻度,摇匀后,即得到乙二胺四乙酸铁钠标准系列,分别含 NaFeEDTA·$3H_2O$ 为 2.0 μg/mL、4.0 μg/mL、8.0 μg/mL、12.0 μg/mL、16.0 μg/mL、20.0 μg/mL。临用时配制。

4 设备与仪器

4.1 实验室常用设备。

4.2 高效液相色谱仪:具有紫外检测器。

4.3 酸度计。

5 分析步骤

5.1 试样处理

吸取铁强化酱油试样 2.50 mL,置于 50 mL 棕色容量瓶中,加 75%甲醇溶液定容,摇匀。于避光处静置 50 min 后,滤纸过滤。吸取滤液 5.00 mL,置于 50 mL 棕色容量瓶中,用水定容至刻度,摇匀,用 0.45 μm 滤膜过滤,即得试样液,供仪器测定用。

5.2 高效液相色谱分析

5.2.1 色谱条件(参考条件)

5.2.1.1 分析柱:Zorbax C_8 柱 4.6 mm×150 mm,5 μm。

5.2.1.2 流动相:吸取 40%四丁基氢氧化铵水溶液 3.25 mL,置于烧杯中,加水 130 mL,再用甲酸稀溶液将 pH 调至 3.30,将此溶液转移至 1 000 mL 容量瓶中,加 125 mL 甲醇,用水稀释至刻度,摇匀,脱气后使用。

5.2.1.3 紫外检测器检测波长:254 nm。

5.2.1.4 进样量:20 μL。

5.2.1.5 流速:1.0 mL/min。

5.2.2 标准曲线的制备

分别用 3.8 中的标准使用溶液 20 μL 进行 HPLC 分析,以浓度为横坐标、峰面积为纵坐标绘制标准曲线,或计算回归方程。

5.2.3 试样分析

取试样液 20 μL 进行 HPLC 分析。

5.2.3.1 定性:与标准品色谱峰的保留时间比较定性。

5.2.3.2 定量:在实验条件下,对试样液进行测定。取其峰面积平均值从标准曲线上查得或根据回归方程计算其含量。

6 结果计算

试样中乙二胺四乙酸铁钠含量按式(1)计算:

$$X = \frac{X_1 \cdot V_1}{V} \times \frac{50}{5 \times 1\,000} \qquad \cdots\cdots (1)$$

式中:

X——试样中乙二胺四乙酸铁钠的含量,单位为毫克每毫升(mg/mL);

X_1——由标准曲线上查到的乙二胺四乙酸铁钠含量,单位为微克每毫升(μg/mL);

V_1——试样液定容体积,单位为毫升(mL);

V——试样的体积,单位为毫升(mL);

计算结果保留三位有效数字。

7 精密度

在重复条件下获得的两次重复测定结果的相对差值不得超过算术平均值的 10%。

8 分离色谱图

铁强化酱油试样液中的分离色谱图见图 1。

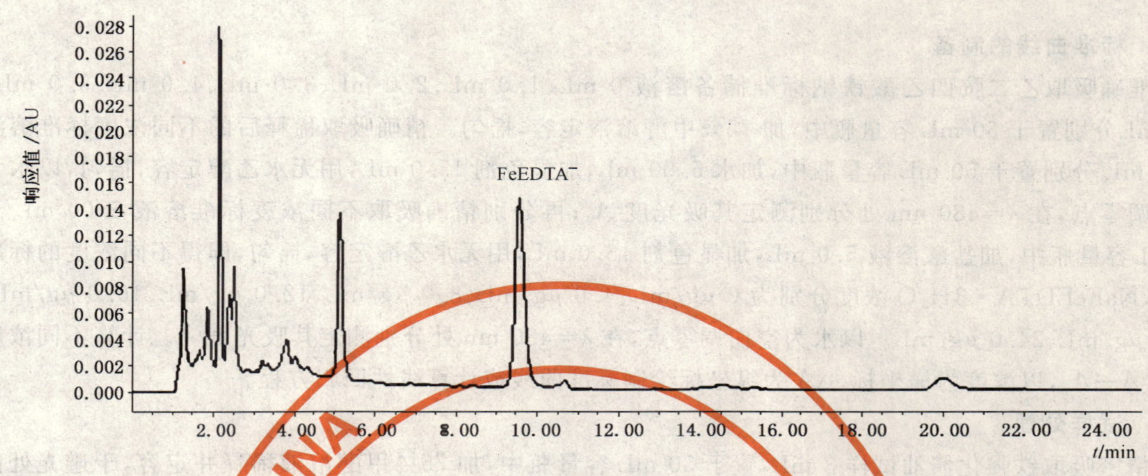

图 1 铁强化酱油试样液中的分离色谱图

第二法 比色法

9 原理

乙二胺四乙酸铁钠在酸性溶液中（pH≤0.5）中完全解离，游离的 Fe^{3+} 与显色剂硫氰酸铵（NH_4SCN）反应生成红色络合物，该络合物在含有乙醇或丙酮的有机溶液中较为稳定，于波长 480 nm 处有最大吸收，且吸光度与浓度成线性关系。利用可见分光光度法，通过与未酸化处理的试液做空白比对，计算乙二胺四乙酸铁钠含量。而其他铁营养强化剂，Fe^{2+} 与显色剂 NH_4SCN 生成无色络合物，Fe^{3+} 与显色剂 NH_4SCN 在酸化或未酸化溶液中都同样生成红色络合物，可比对扣除。

10 试剂

本方法中所用试剂，除另有规定外，均为分析纯试剂，水为蒸馏水或同等纯度水。

10.1 乙二胺四乙酸铁钠标准物：纯度（以 $NaFeEDTA \cdot 3H_2O$ 计）≥99.0%。

10.2 75%甲醇溶液：将体积为 750 mL 的甲醇加到体积为 250 mL 的水中，混匀。

10.3 过硫酸铵。

10.4 无水乙醇。

10.5 盐酸溶液：量取盐酸 500 mL，加水稀释至 1 000 mL，摇匀。

10.6 15%硫氰酸铵显色剂：称取硫氰酸铵 75 g，置 500 mL 容量瓶中，加水 250 mL，溶解后加丙酮 75 mL，用水稀释至刻度，摇匀。

10.7 丙酮-水溶液：于 500 mL 容量瓶中，加 75 mL 丙酮，用水稀释至刻度，摇匀。

10.8 乙二胺四乙酸铁钠标准储备溶液：准确称取乙二胺四乙酸铁钠标准物 0.1 g，置入 50 mL 棕色容量瓶中，用水溶解并稀释至刻度，摇匀，此溶液浓度为 2 000 μg/mL。于冰箱中避光保存，推荐 15 日内使用。

11 仪器

11.1 实验室常用设备。

11.2 可见分光光度计。

12 分析步骤

12.1 标准曲线的制备

准确吸取乙二胺四乙酸铁钠标准储备溶液 0 mL、1.0 mL、2.0 mL、3.0 mL、4.0 mL、5.0 mL、6.0 mL分别置于 50 mL 容量瓶中,加 75%甲醇溶液定容,摇匀。精确吸取稀释后的不同浓度标准溶液 5.00 mL 分别置于 50 mL 容量瓶中,加水 5.00 mL,加显色剂 15.0 mL,用无水乙醇定容,摇匀,以水为空白调零点,在 $\lambda=480$ nm 处分别测定其吸光度 A_0;再分别精确吸取不同浓度标准溶液 5.00 mL 于 50 mL容量瓶中,加盐酸溶液 5.0 mL,加显色剂 15.0 mL,用无水乙醇定容,摇匀,即得不同浓度的标准溶液,NaFeEDTA·$3H_2O$ 浓度分别为 0 μg/mL、4.0 μg/mL、8.0 μg/mL、12.0 μg/mL、16.0 μg/mL、20.0 μg/mL、24.0 μg/mL。以水为空白调零点,在 $\lambda=480$ nm 处分别测定其吸光度 A。计算不同浓度 $\Delta A=A-A_0$,以浓度为横坐标、ΔA 为纵坐标绘制标准曲线或计算线性回归方程。

12.2 试样处理

精密吸取铁强化酱油试样 3 mL,置于 50 mL 容量瓶中,加 75%甲醇溶液稀释并定容,于避光处静置 30 min 后,滤纸过滤,取滤液 5.00 mL 四份,分别置于四个 50 mL 的棕色容量瓶中。

试样液 1 配制:在其中一个容量瓶中加水 5.00 mL,过硫酸铵 0.100 g,15%硫氰酸铵显色剂 15.0 mL,加无水乙醇定容,摇匀。

试样液 2 配制:于另一个容量瓶中加盐酸溶液 5.00 mL,过硫酸铵 0.100 g,15%硫氰酸铵显色剂 15.0 mL,加无水乙醇定容,摇匀。

试样液 3 配制:于另一个容量瓶中加水 5.00 mL,过硫酸铵 0.100 g,加 15.0 mL 丙酮-水溶液,再用无水乙醇定容,摇匀。

试样液 4 配制:于另一个容量瓶中加盐酸溶液 5.00 mL,过硫酸铵 0.100 g,加 15.0 mL 丙酮-水溶液,再用无水乙醇定容,摇匀。

12.3 测定

于 $\lambda=480$ nm 处测定试样液 1、2、3、4 的吸光度,分别为 $A'_{样}$、$A_{样}$、A'_{H^+}、A_{H^+}。

注:由于 Fe^{3+} 与硫氰酸铵生成的红色络合物对光、热不稳定,试验应在 30℃ 以下并避光操作。

13 结果计算

试样中乙二胺四乙酸铁钠的吸光度值按式(2)计算。

$$\Delta A_{样} = A_{样} - A'_{样} - (A_{H^+} - A'_{H^+}) \qquad \cdots\cdots(2)$$

式中:

$A_{样}$——试样液 2 的吸光度值;

$A'_{样}$——试样液 1 的吸光度值;

A_{H^+}——试样液 4 的吸光度值;

A'_{H^+}——试样液 3 的吸光度值。

根据 $\Delta A_{样}$ 值,从标准曲线上得到测定试样液中乙二胺四乙酸铁钠含量 X_2(μg/mL),供计算试样中乙二胺四乙酸铁钠含量用。

试样中乙二胺四乙酸铁钠的含量按式(3)计算。

$$X = \frac{X_2 \cdot V_1}{V} \times \frac{50}{5 \times 1\,000} \qquad \cdots\cdots(3)$$

式中:

X——试样中乙二胺四乙酸铁钠的含量,单位为毫克每毫升(mg/mL);

X_2——由式(2)计算后从标准曲线上得到的乙二胺四乙酸铁钠含量,单位为微克每毫升(μg/mL);

V_1——试样液定容体积，单位为毫升(mL)；

V——试样的体积，单位为毫升(mL)；

计算结果保留三位有效数字。

14 精密度

在重复条件下获得的两次重复测定结果的相对差值不得超过算术平均值的10%。

ICS 67.040
X 04

中华人民共和国国家标准化指导性技术文件

GB/Z 21235—2007

微生物危险性评估的原则和指南

Principles and guidelines for the conduct of microbiological risk assessment

2007-10-29 发布 2008-04-01 实施

中华人民共和国国家质量监督检验检疫总局
中国国家标准化管理委员会 发布

前　言

本指导性技术文件修改采用国际食品法典委员会标准 CAC/GL 30—1999《微生物危险性评估的原则和指南》(Principles and guidelines for the conduct of microbiological risk assessment)。

本指导性技术文件与 CAC/GL 30—1999 的主要不同之处如下：

1. 本指导性技术文件“引言”部分删除了 CAC 标准原文中的“本标准主要是从政府的角度出发，尽管其他组织、公司和其他需要开展微生物危险性评估的有关团体会发现本标准颇有价值”，删除了 CAC 标准原文中的“而且在那些将其视为很有必要的国家中，也需要开展特殊的培训。发展中国家尤其如此”。

2. 本指导性技术文件“范围”部分增加了“本标准规定了进行微生物危险性评估应采用的框架结构和基本要素”。

3. 本指导性技术文件“术语和定义”部分删除了 CAC 标准原文中的“本标准列举的定义是为了便于对所引用的特定词汇或短语的理解”和“食品法典委员暂时采纳这些定义的原因是，根据危险性分析这一学科的发展以及为协调不同学科之间类似定义所做努力的结果，这些定义还需进一步修改”。

本指导性技术文件由中国标准化研究院提出。

本指导性技术文件由中华人民共和国卫生部归口。

本指导性技术文件主要起草单位：中国标准化研究院、中国疾病预防控制中心营养与食品安全所、国家质量监督检验检疫总局国际检验检疫标准与技术法规研究中心、农业部国家饲料质检中心。

本指导性技术文件主要起草人：杨丽、刘文、刘秀梅、计融、张晓丽、杨松、杨曙明。

引　言

微生物危害对人类健康直接构成严重的危险性。微生物危险性分析包括以下三方面内容:危险性评估、危险性管理和危险性信息交流。

本指导性技术文件主要论及危险性评估,危险性评估是确保在为食品安全制定标准、准则以及其他推荐标准时,充分使用科学依据的关键要素之一,其最终目标是加强对消费者的保护和促进国际贸易。

微生物危险性评估应尽最大可能把定量信息用于危险性估计。微生物危险性评估应按本指导性技术文件所阐述的方法进行。由于微生物危险性评估是一个发展中的学科,这些准则的实施尚需一段时间。尽管本指导性技术文件主要着重于微生物的危险性评估,但其方法也可用于其他特定种类的生物危害。

微生物危险性评估的原则和指南

1 范围

本指导性技术文件规定了进行微生物危险性评估应采用的框架结构和基本要素。

本指导性技术文件适用于食品中微生物危害的危险性评估。

2 术语和定义

下列术语和定义适用于本指导性技术文件。

2.1

剂量反应评估 dose-response assessment

确定某一化学、生物或物理因素的暴露(剂量)与产生健康不良结果(反应)的严重程度和(或)频率之间的关系。

2.2

暴露评估 exposure assessment

对可能通过食物摄入及其他相关来源暴露的生物、化学和物理因素进行的定性和(或)定量评价。

2.3

危害 hazard

食品中对健康有潜在不良影响的生物、化学、物理因素或条件。

2.4

危害描述 hazard characterization

对与危害相关的健康不良结果特性的定性和(或)定量评价。微生物危险性评估则主要针对微生物和(或)其毒素。

2.5

危害识别 hazard identification

对可能存在于某种或某些食品中能够引起健康不良结果的生物、化学和物理因素的识别。

2.6

定量危险性评估 quantitative risk assessment

对危险性及其造成的不确定性进行数字化描述的危险性评估。

2.7

定性危险性评估 qualitative risk assessment

基于资料的危险性评估方法,虽然其无法对危险性做出量化评估,但是在条件具备的情况下,可以根据以往专家的经验及对伴随不确定因素的确定对危险性进行分类,或者将危险性分为若干描述性等级。

2.8

危险性 risk

食品中某种(或某些)危害造成健康不良后果的可能性及其严重程度。

2.9

危险性分析 risk analysis

由危险性评估、危险性管理和危险性信息交流三部分组成的过程。

2.10

危险性评估　risk assessment

以科学为基础的包含危害识别、危害描述、暴露评估、危险性描述等阶段的过程。

2.11

危险性描述　risk characterization

以危害识别、危害描述和暴露评估为基础，对特定人群进行危险性的定性和(或)定量估计，包括对已知的或潜在的健康不良结果的严重程度、发生的可能性、伴随的不确定性进行测定的过程。

2.12

危险性信息交流　risk communication

危险性评估者、危险性管理者、消费者和其他相关团体之间就有关危险性和危险性管理的观点与信息的相互交流。

2.13

危险性估计　risk estimate

危险性描述的结果。

2.14

危险性管理　risk management

根据危险性评估的结果，权衡、制定政策的过程，包括选择和实施适当的控制措施。

2.15

敏感性分析　sensitivity analysis

一种用于检验由输入变量变化而产生输出变化的模型的方法。

2.16

透明性　transparent

全面系统地陈述某种过程进展的合理性、逻辑性、局限性、假设、评价意见、决策和不确定性，并形成可审核的文件。

2.17

不确定性分析　uncertainty analysis

用于评价模型输入、假设和结构(构成)的不确定性的方法。

3　微生物危险性评估的原则

3.1　微生物危险性评估应以科学为基础。

3.2　微生物危险性评估和危险性管理之间应有功能区分。

3.3　微生物危险性评估应按框架方式进行，包括危害识别、危害描述、暴露评估和危险性描述。

3.4　微生物危险性评估应清楚地陈述其运用的目的，包括将要形成的危险性估计的形式。

3.5　进行微生物危险性评估应透明。

3.6　应确定成本、资源和时间等任何对危险性评估造成影响的限制并描述其可能的后果。

3.7　危险性估计应包含对不确定性的描述以及危险性评估过程中不确定性的来源。

3.8　资料应能确定危险性评估中的不确定性，资料和资料收集系统应尽可能保证准确和精确，使危险性评估中的不确定性降到最小。

3.9　微生物危险性评估应直接考虑微生物在食品中生长、存活和死亡的动态性，在随后的消费中人和影响因素之间相互作用的复杂性(包括结果)及进一步传播的潜在性。

3.10　在任何可能的情况下，通过与人群疾病资料的比较，危险性评估要多次重复进行。

3.11 在获得新的相关信息时，需要重新进行微生物危险性评估。

4 应用指南

本指导性技术文件提供了微生物危险性评估的要素框架，包括每一阶段需要考虑的决策类型。

4.1 概述

危险性分析的要素是：危险性评估、危险性管理和危险性信息交流。危险性评估与危险性管理从功能上分开可确保危险性评估过程没有偏见。然而，进行复杂和系统的危险性评估则需要相互协作，包括危害的排序及危险性评估决策。危险性评估要考虑危险性管理中的问题，做出结论的过程应透明。透明的、没有偏见的过程非常重要，不论谁是评估者或谁是管理者。

只要可能，应允许任何相关团体在危险性评估中发挥作用，以改善危险性评估的透明性。通过获得更多专家意见和信息，提高危险性评估的质量、结果的可接受性和可信度，促进危险性信息交流。

当科学依据不足、不完整或存在矛盾时，需要采取透明通告的方式确定如何完成危险性评估程序。危险性评估要使用高质量的信息，其重要性就是减少不确定性，提高危险性评估的可靠性。鼓励尽可能地使用定量信息，但是定性信息的价值和使用亦不可忽视。

应该认识到，并不是任何时候都能得到足够的信息资源，资源的局限性可能会影响危险性评估的质量。资源受限时，透明就非常重要，这些局限性要在正式报告中进行描述。在可能的情况下，报告中应包括资源的局限性对危险性评估的影响。

4.2 危险性评估的目的

首先要明确地阐明特定危险性评估的目的，详细说明危险性评估结果的表达方式或可能的表达方式。例如，可能会估计疾病的流行情况、年发病率（每 10 万人的发病事件）或每次食用的人群发病率和严重程度等。

微生物危险性评估可能需要进行预调查、调查阶段，需要将支持从农场到餐桌危险性模型的证据纳入到危险性评估的框架中去。

4.3 危害识别

对于微生物因素，危害识别的目的是识别与食品相关的微生物或微生物毒素。危害识别基本上是一个定性的过程。危害识别依据相关资料，可以从科技文献、食品行业、政府机构的数据库、相关国际组织，也可以通过专家的咨询意见获得。相关信息包括以下领域的资料：临床研究、流行病学研究与调查、实验动物研究、微生物特性的研究、从初级生产到消费整个食物链微生物与环境之间的相互作用、相似微生物及其生存环境的研究等。

4.4 暴露评估

暴露评估包括对实际的或预测的人群暴露程度的评估。微生物因素的暴露评估可以食品中某一特定微生物及其毒素潜在污染的程度以及有关的膳食信息为基础。暴露评估应指明所针对的食品的计量单位，例如在大多数或所有急性病例中所占的比例。

暴露评估必需考虑的因素包括食品被致病菌污染的频率及致病菌在食品中的污染水平。例如，这些因素受病原菌的特性、食品中的微生物生态、食物原料的初始污染包括生产地区和季节差异的影响、卫生状况和过程控制的水平，食品加工、包装、配送、贮藏的方法，以及诸如烹饪和保存等制备阶段的影响。另一个需要考虑的因素是消费模式。消费模式与社会经济、文化背景和宗教信仰、季节性、年龄差异（人口统计学）、地区差异，以及消费者爱好和行为等有关。其他因素是接触食品者作为污染源，手接触食品的次数，以及忽略环境时间与温度之间关系的潜在不良影响。

微生物病原菌的污染水平是动态的，在食品加工过程中通过适当的时间、温度控制可将其控制在低水平。在不适当的条件下（例如不适当的食品贮藏温度或与其他食品的交叉污染），病原菌数量可能会快速增长。因此,暴露评估应描述从生产到消费的整个过程。评估人员要预测可能暴露的范围。包括加工过程对食品的影响,如卫生设计、清洁、消毒,以及时间、温度和食品来源、食品加工处理、消费模式、控制管理,监测体系等方面的其他条件。

在各种不确定性水平的范围内,暴露评估评价微生物病原菌或微生物毒素的水平,以及在食品消费时存在污染的可能性。食品的质量可根据食品原料在其源头是否可能被污染进行分类,即食品是否有利于病原菌的生长;是否有对食品进行不适当处理的潜在可能性;或食品是否经过加热处理。食品中微生物(包括病原菌)的存在、生长、存活和死亡受加工、包装、贮藏环境的影响,如贮藏温度、环境的相对湿度、空气组分等。其他相关因素包括 pH 值、水分含量和水活性(aw)、营养含量、抗菌物质及竞争微生物菌群等。预测微生物学是暴露评估的有用工具。

4.5 危害描述

本阶段对可能由于食品中微生物或其毒素的摄取而产生健康不良影响的严重性和持续时间进行定性或定量的描述。如果可以获得数据,应进行剂量反应评估。

危害描述时需要考虑一些与微生物和人类宿主都有关系的重要因素。与微生物有关的重要因素包括:微生物的增殖能力;微生物依赖其与宿主和环境的相互作用而变化的毒力和感染性;遗传物质在微生物之间的转移导致遗传特性的转移,如抗生素耐药性和毒力因子;微生物可以通过二次感染和第三方传染而传播;临床症状可能显著滞后于暴露;微生物可以在某些个体内生存,导致微生物连续排泄,出现感染扩散的持续危险性。某些个案中,食物的属性例如脂肪含量高也可能会改变微生物的致病性,以致低剂量微生物也能导致严重的后果。

与宿主有关的重要因素如下:遗传因素如人白细胞抗原(HLA)类型;由于生理屏障破坏导致的易感性;个体宿主的易感性(如年龄、妊娠、营养、健康和用药状况、并发感染、免疫状况、暴露病史);人群特征如人群免疫性、医疗以及带菌状况等。

最理想的危害描述方式是建立剂量反应关系。建立剂量反应关系时,要考虑感染或患病的不同结果。当不存在已知的剂量反应关系时,可采用专家意见等其他危险性评估方式,对传染性等不同因素进行危害特征的描述。另外,专家可以设计用于区别疾病严重性和病程的分级系统。

4.6 危险性描述

危险性描述是综合危害识别、危害描述和暴露评估结果而形成的危险性估计;对某指定人群产生不良结果的可能性和严重程度进行定性或定量的估计,包括与这些估计有关的不确定性的描述。可以通过比较与疾病流行相关的危害的流行病学资料进行评估。

危险性描述综合前面各阶段所有的定性和定量信息,提供对指定人群风险性的合理估计。危险性描述依据可获得的资料和专家意见。定量和定性信息的综合仅限于对危险性进行定性估计。

危险性评估最终的可信程度依据变异性、不确定性和各阶段的假设。不确定性和变异性的区别对随后选择危险性管理模式很重要。不确定性与资料本身和模型的选择有关。资料不确定性包括那些可能由流行病学、微生物学和实验动物研究获得的信息进行评价和推断时引起的不确定性。当使用在某条件下发生某事件的相关数据来估计或预测在其他条件下发生而无法得到相关数据的事件时,会导致不确定性。生物性变量包括微生物种群毒力的不同、人群及特定人群组分的易感性不同。

证实用于危险性评估的估计和假设的影响非常重要;定量危险性评估,可以运用敏感性分析和不确定性分析。

4.7 形成文件

危险性评估应全面系统地形成文件,并与危险性管理者进行信息交流。对决策过程中重要的透明度,最基本的是理解任何影响危险性评估的局限性。例如,应对专家的意见进行甄别并对其理由进行解释。为确保透明的危险性评估,应向相关团体提供正规记录包括概要,以便其他危险性评估者能够重复和指正。正式的记录和概要应对局限性、不确定性、假设及其对危险性评估的影响加以说明。

4.8 重新评估

监测计划可以提供重新评估与食品中病原菌有关的公众健康危险性的时机，由此获得新的相关信息和资料。为测定预测评估的可靠性，微生物危险性评估者需要将由微生物危险性评估模型得到的预测危险性估计与已报告的人类疾病资料进行比较。比较着重于模型的重复性。当可以获得新的数据时，需要重新进行某种微生物的危险性评估。

ICS 73.080
H 31

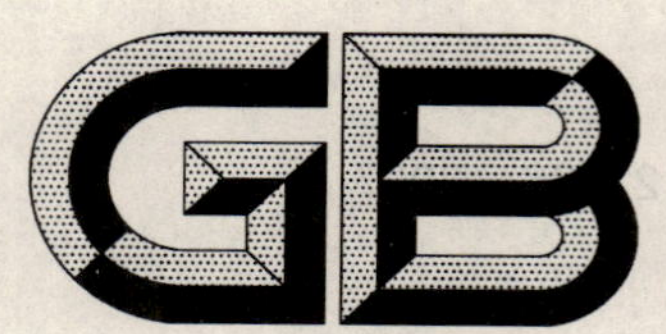

中华人民共和国国家标准

GB/T 21236—2007

电炉回收二氧化硅微粉

Silica fume from electric-furnace

2007-10-25 发布　　2008-04-01 实施

中华人民共和国国家质量监督检验检疫总局
中国国家标准化管理委员会　发布

前　言

本标准由中国钢铁工业协会提出。

本标准由全国钢标准化技术委员会归口。

本标准起草单位：天津大学、天津朝耐建材公司、天津地质矿产研究所、冶金工业信息标准研究院。

本标准主要起草人：许大雄、梁辉、徐铁民、高建平、冯超。

电炉回收二氧化硅微粉

1 范围

本标准规定了二氧化硅微粉产品的牌号、技术要求、试验方法、检验规则、包装、标志、贮存、运输和质量证明书。

本标准适用于硅铁和工业硅等生产中，通过电炉的烟罩收集的含硅气体氧化凝聚后，经干法收尘装置收集的二氧化硅微粉，该产品在本标准中被称为“电炉回收二氧化硅微粉”，简称为“二氧化硅微粉”(俗称“硅灰”)。

2 规范性引用文件

下列文件中的条款通过本标准的引用而成为本标准的条款。凡是注日期的引用文件，其随后所有的修改单(不包括勘误的内容)或修订版均不适用于本标准，然而，鼓励根据本标准达成协议的各方研究是否可使用这些文件的最新版本。凡是不注日期的引用文件，其最新版本适用于本标准。

GB/T 3007 耐火材料 含水量试验方法

GB/T 6901.1 硅质耐火材料化学分析方法 重量法测定灼烧减量

GB/T 6901.2 硅质耐火材料化学分析方法 重量-钼蓝光度法测定二氧化硅量

GB/T 6901.3 硅质耐火材料化学分析方法 氢氟酸重量法测定二氧化硅量

GB/T 6901.5 硅质耐火材料化学分析方法 铬天青S光度法测定氧化铝量

GB/T 6901.6 硅质耐火材料化学分析方法 EDTA容量法测定氧化铝量

GB/T 6901.8 硅质耐火材料化学分析方法 火焰原子吸收光谱法测定氧化钙、氧化镁量

GB/T 9274 化学试剂 pH值测定通则

GB/T 14506.5—1993 硅酸盐岩石化学分析方法 三氧化二铁的测定

GB/T 14506.11—1993 硅酸盐岩石化学分析方法 氧化钾和氧化钠的测定

GB/T 16555.1—1996 碳化硅耐火材料化学分析方法 吸收重量法测定碳化硅量

GB/T 16555.2—1996 碳化硅耐火材料化学分析方法 气体容量法测定碳化硅量

GB/T 18736—2002 高强高性能混凝土用矿物外加剂

GB/T 19587 气体吸附BET法测定固态物质比表面积

YB/T 5142 冶金矿产品包装、标志、运输、贮存和质量证明书

YB/T 5164 耐火泥浆筛分析试验方法

JC/T 420 水泥原料中氯的化学分析方法

3 牌号

二氧化硅微粉共分五个牌号，即：SF96，SF93，SF90，SF88，SF85。

SF取自二氧化硅微粉英文名称(Silica Fume)的缩写。数字为二氧化硅质量分数。

4 技术要求

各种牌号的技术要求见表1，如有特殊要求，由供需双方协商确定。

表 1 二氧化硅微粉的技术要求

检验项目		技术指标				
		SF96	SF93	SF90	SF88	SF85
SiO_2/%	≥	96.0	93.0	90.0	88.0	85.0
Al_2O_3/%	≤	1.0	1.0	1.5	—	—
Fe_2O_3/%	≤	1.0	1.0	2.0	—	—
CaO＋MgO/%	≤	1.0	1.5	2.0	—	—
K_2O＋Na_2O/%	≤	1.0	1.5	2.0	—	—
C/%	≤	1.0	2.0	2.0	2.5	2.5
Cl^-/%	≤	0.1	0.1	0.1	0.2	0.3
pH 值		4.5～7.5	4.0～8.5	4.0～8.5	4.0～8.5	—
灼烧减量/%	≤	1.0	3.0	3.0	4.0	6.0
水分/%	≤	1.0	2.0	2.5	3.0	3.0
比表面积/(m^2/g)	≥	15				
45 μm 筛余量/%	≤	2.0	3.0	3.0	5.0	10.0
火山灰活性指数(28d)/%	≥	85				
需水量比/%	≤	125				

5 试验方法

5.1 二氧化硅的测定按照 GB/T 6901.2 或 GB/T 6901.3 的规定进行。

5.2 氧化铝的测定按照 GB/T 6901.5 或 GB/T 6901.6 的规定进行。

5.3 氧化铁的测定按照 GB/T 14506.5—1993 的第三篇“邻二氮杂非光度法测定三氧化二铁量”的规定进行。

5.4 氧化钙和氧化镁的测定按照 GB/T 6901.8 的规定进行。

5.5 氧化钾和氧化钠的测定按照 GB/T 14506.11—1993 的第二篇“火焰原子吸收分光光度法测定氧化钾和氧化钠量”的规定进行。

5.6 碳含量的测定按照 GB/T 16555.1—1996 中 7.4.2 的规定进行，或按照 GB/T 16555.2—1996 中 7.3.2 的规定进行。

5.7 氯离子的测定按照 JC/T 420 的规定进行。

5.8 pH 值的测定：称取二氧化硅微粉 5.00 g，置于 150 mL 的烧杯中，加入 50 mL 煮沸过并且冷却到室温的蒸馏水，连续搅拌 5 min 使之呈均匀浆体，以下步骤按照 GB/T 9274 的规定进行。

5.9 灼烧减量的测定按照 GB/T 6901.1 的规定进行。

5.10 水分的测定按照 GB/T 3007 的规定进行。

5.11 比表面积的测定按照 GB/T 19587 的规定进行。

5.12 45 μm 筛余量的测定按照 YB/T 5164 的规定进行。

5.13 需水量比及火山灰活性指数的测定按照 GB/T 18736—2002 的附录 C 规定的方法进行。

6 检验规则

6.1 组批与取样

6.1.1 组批 以连续生产二氧化硅微粉 20 t 为一批，不足 20 t 视为一批。

6.1.2 取样 从袋装的二氧化硅微粉中随机抽取10袋，然后每袋取一份试样，每份试样重200 g～500 g组成大样，混拌均匀后按四分法缩分为试验需用量。

6.1.3 本标准的验收检验项目为：SiO_2，灼烧减量，水分，45 μm 筛余量，pH 值；如更改生产工艺或原料，应提供表1中的全部检验项目的检验结果；如有特殊要求，由供需双方协商确定。

6.2 判定规则

所抽取试样的技术指标应符合表1的规定，若有一项不合格，应从同一批料中再抽取双倍数量的试样进行该项目的复验，若仍不合格即判定为不合格品。

7 包装、标志、运输、贮存和质量证明书

产品的包装、标志、运输、贮存和质量证明书按照 YB/T 5142 的规定进行。

ICS 77.140.50
H 46

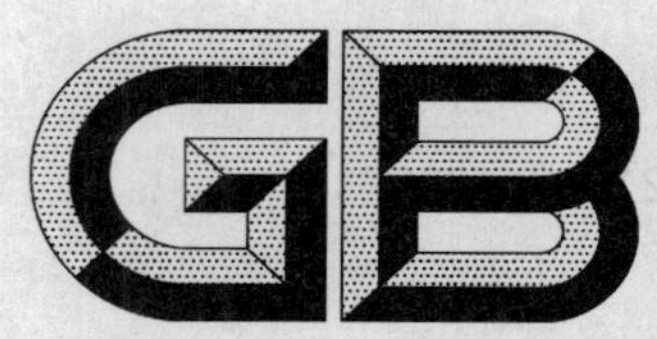

中华人民共和国国家标准

GB/T 21237—2007

石油天然气输送管用宽厚钢板

Wide and heavy plates for line pipe of petroleum and natural gas

2007-10-25 发布　　　　2008-04-01 实施

中华人民共和国国家质量监督检验检疫总局
中国国家标准化管理委员会　发布

前　言

本标准系参考 API SPEC 5L：2004《管线钢管规范》、ISO 3183：1996《石油天然气工业输送钢管交货技术条件》、GB/T 9711—1997《石油天然气工业输送钢管交货技术条件》、GB/T 14164—1997《石油天然气输送管用热轧宽钢带》标准，并结合国内管线用宽厚板生产发展情况和使用要求而制订。

本标准附录 A 为规范性附录，附录 B 为资料性附录。

本标准由中国钢铁工业协会提出。

本标准由全国钢标准化技术委员会归口。

本标准由邯钢集团舞阳钢铁有限责任公司、冶金工业信息标准研究院、鞍钢股份有限公司、南京钢铁联合有限公司负责起草。

本标准主要起草人：常跃峰、赵文忠、王晓虎、梁永昌、谢良法、张华红。

石油天然气输送管用宽厚钢板

1 范围

本标准规定了油气输送管线用宽厚钢板的尺寸、外形、重量、技术要求、试验方法、检验规则、包装、标志和质量证明书等。

本标准适用于按 API SPEC 5L、ISC 3183、GB/T 9711 等标准生产的石油、天然气输送直缝焊管以及其他有类似要求的其他流体输送直缝焊管用的厚度为 6 mm～40 mm 的宽厚钢板。

2 规范性引用文件

下列文件中的条款通过本标准的引用而成为本标准的条款。凡是注日期的引用文件，其随后所有的修改单(不包括勘误的内容)或修订版均不适用于本标准，然而，鼓励根据本标准达成协议的各方研究是否可使用这些文件的最新版本。凡是不注日期的引用文件，其最新版本适用于本标准。

GB/T 222　钢的成品化学成分允许偏差

GB/T 223.3　钢铁及合金化学分析方法　二安替吡啉甲烷磷钼酸重量法测定磷量

GB/T 223.11　钢铁及合金化学分析方法　过硫酸铵氧化容量法测定铬量

GB/T 223.14　钢铁及合金化学分析方法　钽试剂萃取光度法测定钒含量

GB/T 223.16　钢铁及合金化学分析方法　变色酸光度法测定钛量

GB/T 223.18　钢铁及合金化学分析方法　硫代硫酸钠分离-碘量法测定铜量

GB/T 223.23　钢铁及合金化学分析方法　丁二酮肟分光光度法测定镍量

GB/T 223.24　钢铁及合金化学分析方法　萃取分离-丁二酮肟分光光度法测定镍量

GB/T 223.26　钢铁及合金化学分析方法　硫氰酸盐直接光度法测定钼量

GB/T 223.27　钢铁及合金化学分析方法　硫氰酸盐-乙酸丁酯萃取分光光度法测定钼量

GB/T 223.36　钢铁及合金化学分析方法　蒸馏分离-中和滴定法测定氮量

GB/T 223.37　钢铁及合金化学分析方法　蒸馏分离-靛酚蓝光度法测定氮量

GB/T 223.40　钢铁及合金　铌含量的测定　氯磺酚 S 分光光度法

GB/T 223.54　钢铁及合金化学分析方法　火焰原子吸收分光光度法测定镍量

GB/T 223.58　钢铁及合金化学分析方法　亚砷酸钠-亚硝酸钠滴定法测定锰量

GB/T 223.59　钢铁及合金化学分析方法　锑磷钼蓝光度法测定磷量

GB/T 223.60　钢铁及合金化学分析方法　高氯酸脱水重量法测定硅量

GB/T 223.61　钢铁及合金化学分析方法　磷钼酸铵容量法测定磷量

GB/T 223.62　钢铁及合金化学分析方法　乙酸丁酯萃取光度法测定磷量

GB/T 223.63　钢铁及合金化学分析方法　高碘酸钠(钾)光度法测定锰量

GB/T 223.64　钢铁及合金化学分析方法　火焰原子吸收光谱法测定锰量

GB/T 223.67　钢铁及合金化学分析方法　还原蒸馏-次甲基蓝光度法测定硫量

GB/T 223.68　钢铁及合金化学分析方法　管式炉内燃烧碘酸钾滴定法测定硫含量

GB/T 223.69　钢铁及合金化学分析方法　管式炉内燃烧后气体容量法测定碳含量

GB/T 223.71　钢铁及合金化学分析方法　管式炉内燃烧后重量法测定碳含量

GB/T 223.72　钢铁及合金化学分析方法　氧化铝色层分离-硫酸钡重量法测定硫量

GB/T 223.74　钢铁及合金化学分析方法　非化合碳含量的测定

GB/T 223.75　钢铁及合金化学分析方法　甲醇蒸馏-姜黄素光度法测定硼量

GB/T 223.76 钢铁及合金化学分析方法 火焰原子吸收光谱法测定钒量

GB/T 228 金属材料 室温拉伸试验方法(GB/T 228—2002,eqv ISO 6892:1998)

GB/T 229 金属夏比缺口冲击试验方法(GB/T 229—1994,eqv ISO 83:1976,eqv ISO 148:1983)

GB/T 232 金属材料 弯曲试验方法(GB/T 232—1999,eqv ISO 7438:1985)

GB/T 247 钢板和钢带检验、包装、标志及质量证明书的一般规定

GB/T 709 热轧钢板和钢带的尺寸、外形、重量及允许偏差

GB/T 2970 中厚钢板超声波检验方法

GB/T 2975 钢及钢产品力学性能试验取样位置及试样制备(GB/T 2975—1998,eqv ISO 377:1997)

GB/T 4336 碳素钢和中低合金钢火花源原子发射光谱分析方法(常规法)

GB/T 8363 铁素体钢落锤撕裂试验方法

GB/T 17505 钢及钢产品一般交货技术要求(GB/T 17505—1998,eqv ISO 404:1992)

GB/T 20066 钢和铁 化学成分测定用试样的取样和制样方法(GB/T 20066—2006,ISO 14284:1996,IDT)

3 牌号表示方法

钢的牌号表示方法与 GB/T 9711.1 相一致。由代表输送管线的"Line"一词的首位英文字母及最小规定屈服强度的数值组成。

例如:L415

L——代表输送管线的"Line"一词的首位英文字母

415——最小规定屈服强度的数值,单位为兆帕(MPa)。

4 订货内容

订货时需方应提供如下信息:

a) 标准编号;

b) 产品名称;

c) 牌号;

d) 尺寸;

e) 重量;

f) 其他特殊要求。

5 尺寸、外形、重量及允许偏差

5.1 钢板的尺寸、外形、重量及允许偏差符合 GB/T 709 的规定,厚度偏差按 B 类。

5.2 经供需双方协议,可供应其他尺寸、外形及允许偏差的钢板,具体在合同中注明。

6 技术要求

6.1 牌号及化学成分

6.1.1 钢的牌号及化学成分(熔炼分析)应符合表 1 的规定。按照需方要求,经供需双方协商,订货牌号可转化为附录 B 中的相应牌号。

6.1.2 对 L290 及更高屈服强度的牌号,经供需双方协商,可以添加表 1 中所列元素(包括铌、钒、钛)以外的其他元素(Cr、Mo、Ni 等)。

6.1.3 成品钢板化学成分的允许偏差应符合 GB/T 222 的规定。

6.1.4 Cr、Ni、Cu 为残余元素时,其含量应各不大于 0.30%。

表 1 牌号及化学成分(熔炼成分)

牌号	化学成分(质量分数)/%,≤					
	C	Si	Mn	P	S	其他
L245	0.20	0.35	1.30	0.025	0.015	b,d
L290	0.20	0.35	1.30	0.025	0.015	c,d
L320	0.20	0.35	1.40	0.025	0.015	c,d
L360	0.20	0.35	1.40	0.020	0.015	c,d
L390	0.12	0.40	1.65	0.020	0.015	c,d
L415[f]	0.12	0.40	1.65	0.020	0.010	c,d
L450[e,f]	0.12	0.40	1.65	0.020	0.010	c,d
L485[e,f]	0.10	0.40	1.80	0.020	0.010	c,d
L555[e,f]	0.10	0.40	2.00	0.020	0.010	c,d
L690[e,f]	0.10	0.40	2.10	0.020	0.010	c,d

a 碳含量比规定最大值每降低 0.01%,锰含量则允许比规定最大值提高 0.05%,但对于 L290~L360,最高锰含量不允许超过 1.50%;对于 L485~L555,最高锰含量不允许超过 2.00%;对于 L690,最高锰含量不允许超过 2.20%。

b 经供需双方协商,可在铌、钒、钛三种元素中或添加其中一种,或添加它们的任一组合。

c 由生产厂选定,可在铌、钒、钛三种元素中或添加其中一种,或添加它们的任一组合。

d 铌、钒、钛含量之和不应超过 0.15%。

e 只要满足注[d] 的要求及表中对磷和硫的要求,经供需双方协商,还可按其他化学成分交货。

f N≤0.008%;当钢中有固氮元素时,N≤0.012%。允许用成品分析代替熔炼分析。

6.1.5 碳当量(CE)、焊接裂纹敏感性指数(Pcm)

6.1.5.1 各牌号钢板的碳当量或焊接裂纹敏感性指数应符合表 2 的相应规定。碳当量或焊接裂纹敏感性指数按公式 1 或公式 2 计算。

$$CE(\%) = C + Mn/6 + (Cr + Mo + V)/5 + (Ni + Cu)/15 \quad \cdots\cdots\cdots(1)$$

$$Pcm(\%) = C + Si/30 + Mn/20 + Cu/20 + Ni/60 + Cr/20 + Mo/15 + V/10 + 5B \quad \cdots\cdots\cdots(2)$$

表 2 碳当量(CE)、焊接裂纹敏感性指数(Pcm)

牌号	Pcm,适用于 C≤0.12%	CE,适用于 C>0.12%
L245,L290,L320,L360,L390,L415,L450,L485,L555	≤0.23%	≤0.43%
L690	≤0.25%	—

6.1.5.2 应在质量证明书中注明用于计算碳当量或焊接裂纹敏感性指数的化学成分。

6.2 冶炼方法

钢由转炉或电炉冶炼,并进行炉外精炼。

6.3 交货状态

钢板的交货状态为热轧或控轧(CR、TMCP、TMCP+回火等)。

6.4 力学性能和工艺性能

6.4.1 钢板的力学和工艺性能应符合表 3 的规定。

6.4.1.1 若供方能保证弯曲试验结果符合表 3 规定，可不作弯曲试验。若需方要求作弯曲试验，应在合同中注明。

6.4.1.2 经供需双方协商，冲击试验、落锤撕裂试验的温度也可为其他温度，冲击功也可另外协商，具体在合同中注明。

表 3 钢板的力学和工艺性能

牌号	屈服强度[a] $R_{t0.5}$[c]/MPa	抗拉强度 R_m/MPa	屈强比[a]，不大于	断后伸长率/%[b]，不小于		冲击试验 −20℃，横向 A_{kv}/J，不小于	180°弯曲试验	落锤撕裂试验[e]（DWTT）−10℃，横向
				A	A_{50mm}			
L245	245～445	415～755	0.90	23	见 6.4.1.3	80	$d=2a$	—
L290	290～495	415～755	0.90	22		80	$d=2a$	—
L320	320～525	435～755	0.90	21		90	$d=2a$	—
L360	360～530	460～755	0.90	21		90	$d=2a$	—
L390	390～545	490～755	0.92	19		120	$d=2a$	—
L415	415～565	520～755	0.92	19		120	$d=2a$	2 个试样平均值≥85%，单个试样值≥70%
L450	450～600	535～755	0.92	18		120	$d=2a$	
L485	485～620	570～755	0.92	18		150	$d=2a$	
L555	555～690	625～825	0.93	18		150	$d=2a$	
L690[d]	690～840	760～990	0.95	17		150	$d=2a$	

[a] 需方在按钢管标准来选用表中的牌号时，应充分考虑制管过程中包辛格效应对屈服强度和屈强比的影响，以保证钢管成品性能符合相应标准的要求。在考虑包辛格效应时，规定的屈服强度数值和屈强比可作相应调整。

[b] 在供需双方未规定拉伸试样标距时，试样类型由生产厂在表 3 中选择。当发生争议时，以标距固定为 50 mm、宽度为 38 mm 的板状拉伸试样进行仲裁。

[c] 若屈服现象明显，$R_{t0.5}$ 可以用 R_{eL} 代替。

[d] 屈服强度可取 $R_{p0.2}$。

[e] 钢板厚度＞25 mm 时，DWTT 试验结果由供需双方协商。

6.4.1.3 固定标距 50 mm 时的断后伸长率 A_{50mm} 最小值按式(3)计算：

$$A_{50mm} = 1956 \times S_0^{0.2} / R_m^{0.9} \qquad \cdots\cdots(3)$$

式中：

A_{50mm}——固定标距 50 mm 时的断后伸长率最小值，%；

S_0——拉伸试样原始横截面积，单位为平方毫米(mm^2)；

R_m——规定的最小抗拉强度，单位为兆帕(MPa)。

有关不同厚度拉伸试样和不同牌号的断后伸长率最小规定值见附录 A。

6.4.1.4 冲击功值按一组三个试样算术平均值计算，允许其中一个试样值低于表 3 规定值，但不得低于规定值的 70%。

当夏比(V 型缺口)冲击试验结果不符合上述规定时，应从同一张钢板或同一样坯上再取 3 个试样进行试验，前后两组 6 个试样的算术平均值不得低于规定值，允许有 2 个试样值低于规定值，但其中低于规定值 70% 的试样只允许有 1 个。

6.4.1.5 对厚度小于 12 mm 钢板的夏比(V 型缺口)冲击试验应采用辅助试样，厚度为 6 mm～8 mm

的钢板，其尺寸为10 mm×5 mm×55 mm，其试验结果应不小于表4规定值的50%。厚度>8 mm～<12 mm的钢板其尺寸为10 mm×7.5 mm×55 mm，其试验结果应不小于表3规定值的75%。

6.5 表面质量

6.5.1 钢板表面不允许存在裂纹、气泡、结疤、折叠、夹杂和压入的氧化铁皮。钢板不得有分层。

6.5.2 钢板表面允许有不妨碍检查表面缺陷的薄层氧化铁皮、铁锈、由压入氧化铁皮脱落所引起的不显著的表面粗糙、划伤、压痕及其他局部缺陷，但其深度不得大于厚度公差之半，并应保证钢板的最小厚度。

6.5.3 钢板表面缺陷不允许焊补，允许修磨清理，但应保证钢板的最小厚度。修磨清理处应平滑无棱角。

6.5.4 经供需双方协议，表面质量可参照GB/T 14977的规定。

6.6 超声波检验

钢板应逐张进行超声波检验，检验方法为GB/T 2970，其验收级别应在合同中注明。经供需双方协商，也可采用其他超声波探伤方法，具体在合同中注明。

6.7 其他特殊技术要求

经供需双方协议，需方可对钢板提出其他特殊技术要求(如成分、屈强比、落锤撕裂试验、冲击功及剪切面积、试验温度、硬度、晶粒度、非金属夹杂物、抗HIC要求等)，具体在合同中注明。

7 试验方法

每批钢板的检验项目、取样数量、取样方法、试验方法应符合表4的规定。

表4 检验项目、取样数量、取样方法、试验方法

序号	检验项目	取样数量	取样方法	试验方法
1	化学分析	1个(每炉罐号)	GB/T 222	GB/T 223 GB/T 4336
2	拉伸	1个	GB/T 2975	GB/T 228
3	冲击	3个		GB/T 229
4	弯曲	1个		GB/T 232
5	落锤撕裂试验(DWTT)	2个	GB/T 2975，试样在距纵边为板宽1/4处切取	GB/T 8363
6	超声波检验	逐张	—	GB/T 2970

8 检验规则

8.1 钢板验收由供方技术监督部门进行。

8.2 钢板应成批验收，每批钢板由同一牌号、同一炉号、同一交货状态、同一厚度的钢板组成，每批重量不大于60 t。

8.3 钢板检验结果不符合本标准要求时，可进行复验。检验项目的复验和验收规则应符合GB/T 17505的规定。

9 包装、标志、质量证明书

钢板的包装、标志、质量证明书应符合GB/T 247的规定。

附　录　A
（规范性附录）
断后伸长率

不同厚度拉伸试样和不同牌号的断后伸长率最小规定值见表 A.1。

表 A.1　断后伸长率表

拉伸试样面积/mm^2	钢板厚度/mm	试样宽度 38 mm、标距长度 50 mm 伸长率/%，最小值								
		牌号								
		L245/L290	L320	L360	L390	L415	L450	L485	L555	L690
230	6.0-6.1	26	25	24	22	21	21	19	18	15
240	6.2-6.3	26	25	24	22	21	21	19	18	15
250	6.4-6.6	26	25	24	22	21	21	20	18	15
260	6.7-6.9	26	25	24	22	21	21	20	18	15
270	7.0-7.1	26	25	24	23	22	21	20	18	15
280	7.2-7.4	26	25	24	23	22	21	20	18	15
290	7.5-7.6	27	26	24	23	22	21	20	19	15
300	7.7-7.9	27	26	25	23	22	21	20	19	16
310	8.0-8.2	27	26	25	23	22	22	20	19	16
320	8.3-8.4	27	26	25	23	22	22	21	19	16
330	8.5-8.7	27	26	25	24	22	22	21	19	16
340	8.8-9.0	28	26	25	24	23	22	21	19	16
350	9.1-9.2	28	27	25	24	23	22	21	19	16
360	9.3-9.5	28	27	26	24	23	22	21	19	16
370	9.6-9.7	28	27	26	24	23	22	21	19	16
380	9.8-10.0	28	27	26	24	23	22	21	20	16
390	10.1-10.3	28	27	26	24	23	23	21	20	16
400	10.4-10.5	28	27	26	24	23	23	21	20	16
410	10.6-10.8	29	27	26	25	23	23	22	20	17
420	10.9-11.1	29	28	26	25	24	23	22	20	17
430	11.2-11.3	29	28	26	25	24	23	22	20	17
440	11.4-11.6	29	28	27	25	24	23	22	20	17
450	11.7-11.8	29	28	27	25	24	23	22	20	17
460	11.9-12.1	29	28	27	25	24	23	22	20	17
470	12.2-12.4	29	28	27	25	24	23	22	20	17
480	12.5-12.6	29	28	27	25	24	24	22	20	17
485	≥12.7	30	28	27	25	24	24	22	21	17

附　录　B
（资料性附录）
牌号对照

表 B.1 给出了本标准牌号与钢带、钢管标准（国标、ISO 标准、API SPEC 5L）规定牌号的对照。

表 B.1　牌号对照表

本标准	GB/T 14164	ISO 3183-1 GB/T 9711.1	ISO 3183-2 GB/T 9711.2	ISO 3183-3 GB/T 9711.3	API SPEC 5L	ISO 3183/FDIS
L245	S245	L245	L245NB L245MB	L245NC	B	
L290	S290	L290	L290NB L290MB	L290NC L290MC	X42	
L320	S320	L320			X46	
L360	S360	L360	L360MB	L360NC L360MC	X52	
L390	S390	L390			X56	
L415	S415	L415	L415NB L415MB	L415MC	X60	
L450	S450	L450	L450MB	L450MC	X65	
L485	S485	L485	L485MB	L485MC	X70	
L555	S555	L555	L555MB	L555MC	X80	
L690						L690M(X100M)

参 考 文 献

[1] GB/T 9711—1997　石油天然气工业输送钢管交货技术条件
[2] GB/T 14164—1997　石油天然气输送管用热轧宽钢带
[3] GB/T 14977　热轧钢板表面质量的一般要求
[4] ISO 3183:1996　石油天然气工业输送钢管交货技术条件
[5] API SPEC 5L:2004　管线钢管规范

ICS 83.120
Q 23

中华人民共和国国家标准

GB/T 21238—2007

玻璃纤维增强塑料夹砂管

Glass fiber reinforced plastics mortar pipes

(ISO 10639:2004(E), Plastics piping systems for pressure and non-pressure water supply—Glass-reinforced thermosetting plastics(GRP) systems based on unsaturated polyester (UP) resin, NEQ)

2007-10-21 发布　　　　2008-04-01 实施

中华人民共和国国家质量监督检验检疫总局
中国国家标准化管理委员会　发布

前　言

本标准对应于ISO 10639:2004《压力和非压力给水塑料管系统——玻璃纤维增强热固性塑料(不饱和聚酯树脂)管》(英文版),与ISO 10639的一致性程度为非等效。

本标准自实施之日起,CJ/T 3079—1998《玻璃纤维增强塑料夹砂管》、JC/T 838—1998《玻璃纤维缠绕增强热固性树脂夹砂压力管》、JC/T 695—1998《离心浇铸玻璃纤维增强不饱和聚酯树脂夹砂管》废止。

本标准的附录A、附录B和附录C为规范性附录,附录D和附录E为资料性附录。

本标准由中国建筑材料工业协会提出。

本标准由全国纤维增强塑料标准化技术委员会归口。

本标准负责起草单位:同济大学、北京玻璃钢研究设计院。

本标准参加起草单位:武汉理工大学、哈尔滨玻璃钢研究院、中国玻璃钢工业协会、上海耀华玻璃钢有限公司、中复连众复合材料集团有限公司、辽宁水业玻璃钢管道有限公司、昊华中意玻璃钢有限公司、浙江东方豪博管业有限公司、惠州天联实业有限公司、新疆永昌积水复合材料股份有限公司。

本标准主要起草人:周仕刚、薛元德、胡中永、李卓球、刘在阳、沈碧霞、吕琴。

本标准为首次发布。

玻璃纤维增强塑料夹砂管

1 范围

本标准规定了玻璃纤维增强塑料夹砂管(以下简称 FRPM 管)的分类和标记、原材料、要求、试验方法、检验规则、标志、包装、运输和贮存等。

本标准适用于公称直径为 100 mm～4 000 mm,压力等级为 0.1 MPa～2.5 MPa,环刚度等级为 1 250 N/m²～10 000 N/m² 地下和地面用给排水、水利、农田灌溉等管道工程用 FRPM 管,介质最高温度不超过 50℃。

非夹砂玻璃纤维增强塑料管及公称直径、压力等级、环刚度等级不在本标准规定范围内的 FRPM 管也可参照使用。

2 规范性引用文件

下列文件中的条款通过本标准的引用而成为本标准的条款。凡是注日期的引用文件,其随后所有的修改单(不包括勘误的内容)或修订版不适用于本标准,然而,鼓励根据本标准达成协议的各方研究是否使用这些文件的最新版本。凡是不注日期的引用文件,其最新版本适用于本标准。

GB/T 1447 纤维增强塑料拉伸性能试验方法

GB/T 1449 纤维增强塑料弯曲性能试验方法

GB/T 1458 纤维缠绕增强塑料环形试样拉伸试验方法

GB/T 1634.2—2004 塑料 负荷变形温度的测定 第 2 部分:塑料、硬橡胶和长纤维增强复合材料

GB/T 2576 纤维增强塑料树脂不可溶分含量试验方法

GB/T 2577 玻璃纤维增强塑料树脂含量试验方法

GB/T 3854 增强塑料巴柯尔硬度试验方法

GB/T 5349 纤维增强热固性塑料管轴向拉伸性能试验方法

GB/T 5351 纤维增强热固性塑料管短时水压失效压力试验方法

GB/T 5352 纤维增强热固性塑料管平行板外载性能试验方法

GB 5749 生活饮用水卫生标准

GB/T 8237 纤维增强塑料用液体不饱和聚酯树脂

GB 13115 食品容器及包装材料用不饱和聚酯树脂及其玻璃钢制品卫生标准

GB/T 18369 玻璃纤维无捻粗纱

ISO 8483:2003 玻璃纤维增强热固性塑料管和管件 证实法兰螺栓连接设计的试验方法

ISO 8533:2003 玻璃纤维增强热固性塑料管和管件 证实粘接或包缠连接设计的试验方法

ISO 8639:2000 玻璃纤维增强热固性塑料管和管件 柔性接头密封性试验方法

ISO 10928:1997 塑料管系统 玻璃纤维增强热固性塑料管和管件 回归分析方法及其应用

3 术语和定义

下列术语和定义适用于本标准。

3.1

玻璃纤维增强塑料夹砂管　glass fiber reinforced plastics mortar pipes

以玻璃纤维及其制品为增强材料，以不饱和聚酯树脂等为基体材料，以石英砂及碳酸钙等无机非金属颗粒材料为填料，采用定长缠绕工艺、离心浇铸工艺、连续缠绕工艺方法制成的管道。

3.2

环刚度　ring stiffness

指单位长度的管环在外压作用下，在一定径向变形下所承受的荷载大小。它表征管环抵抗外荷载能力。以下式计算：$S=EI/D^3$，通常以 N/m^2 作单位。其中 EI 为沿管轴方向单位长度内管壁环向弯曲刚度，D 为管道计算直径。

3.3

定长缠绕工艺　filament winding process

在长度一定的管模上，采用螺旋缠绕和/或环向缠绕工艺在管模长度内由内至外逐层制造管材的一种生产方法。

3.4

离心浇铸工艺　centrifugal casting process

用喂料机把玻璃纤维、树脂、石英砂等按一定要求浇铸到旋转着的模具内，固化后形成管材的一种生产方法。

3.5

连续缠绕工艺　continuous advancing mandrel method

在连续输出的模具上，把树脂、连续纤维、短切纤维和石英砂按一定要求采用环向缠绕方法连续铺层，并经固化后切割成一定长度的管材产品的一种生产方法。

3.6

长期静水压设计压力基准 HDP　long-term hydrostatic design pressure basis

对一组规格相同的 FRPM 管试样分别施加不同的静水内压，测出每个试样的失效时间，再由回归曲线外推至 50 年(4.38×10^5 h)后管能承受的静水内压值即为长期静水压设计压力基准。

3.7

长期静水压设计应力基准 HDB　long-term hydrostatic design stress basis

对一组规格相同的 FRPM 管试样分别施加不同的静水内压，测出每个试样的失效时间，再由回归曲线外推至 50 年(4.38×10^5 h)后管壁所能承受的应力值即为长期静水压设计应力基准。

3.8

长期弯曲应变 S_b　long-term ring－bending strain

对一组规格相同的 FRPM 管试样，通过平行板施加不同的恒定外载荷，或通过平行板施加外载荷并保持不同的恒定直径变化值，测出每个试样的破坏时间，换算出相应的弯曲应变，再由回归曲线外推至 50 年(4.38×10^5 h)后管弯曲应变即为长期弯曲应变。

4　分类和标记

4.1　分类

产品按工艺方法、公称直径、压力等级和环刚度等级进行分类。

4.1.1　工艺方法

Ⅰ——定长缠绕工艺；Ⅱ——离心浇铸工艺；Ⅲ——连续缠绕工艺。

4.1.2　公称直径 DN

公称直径见表 2。

4.1.3　**压力等级 PN**

压力等级(MPa):0.1、0.25、0.4、0.6、0.8、1.0、1.2、1.4、1.6、2.0、2.5。

4.1.4　**环刚度等级 SN**

环刚度等级(N/m²):1 250、2 500、5 000、10 000。

4.2　**标记**

FRPM 管的标记方法如下:

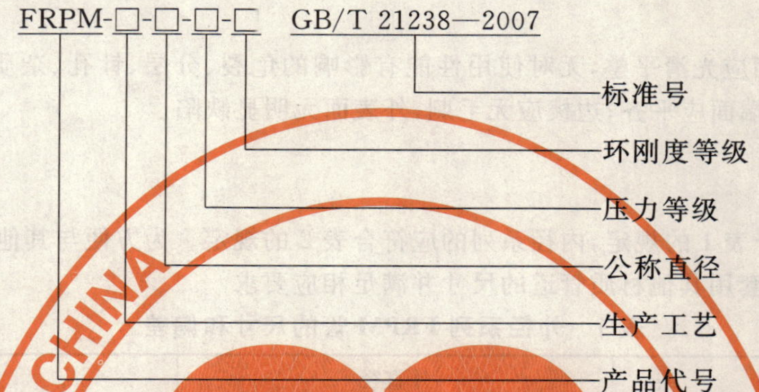

示例:采用定长缠绕工艺生产、公称直径为 1 200 mm、压力等级为 0.6 MPa、环刚度等级为5 000 N/m²,按本标准生产的 FRPM 管标记为:

FRPM-I-1200-0.6-5000　GB/T 21238—2007。

5　原材料

5.1　**增强材料**

应采用无碱玻璃纤维及其制品制造 FRPM 管。所采用的无碱无捻玻璃纤维纱应符合 GB/T 18369 的规定。无碱玻璃纤维制品应符合相应的国家标准或行业标准的规定。

注:在需要输送特定介质的场合,经供需双方商定后,可采用性能能满足要求的其他增强材料。

5.2　**树脂**

5.2.1　所采用的不饱和聚酯树脂应符合 GB/T 8237 的规定。其他树脂应符合相应的国家标准或行业标准的规定。

5.2.2　内衬层树脂应采用间苯型不饱和聚酯树脂或乙烯基酯树脂或双酚 A 型树脂。

5.2.3　给水工程用 FRPM 管的内衬层树脂的卫生指标必须满足 GB 13115 的规定。

5.2.4　树脂浇铸体的性能应达到下列要求:

a)　内衬层树脂

对于定长缠绕工艺和连续缠绕工艺:

拉伸强度:≥60 MPa;

拉伸弹性模量:≥2.50 GPa;

断裂伸长率:≥3.5%。

对于离心浇铸工艺:

拉伸强度:≥10 MPa;

断裂伸长率:≥15%。

b)　结构层树脂

拉伸强度:≥60 MPa;

拉伸弹性模量:≥3.0 GPa;

断裂伸长率:≥2.5%;

热变形温度:≥70℃。

热变形温度按 GB/T 1634.2—2004 中 A 法进行测试。

5.3 颗粒材料

颗粒材料的最大粒径不得大于 2.5 mm 和五分之一管壁厚度之间的较小值。其中石英砂的 SiO_2 含量应大于 95%，含水量应不大于 0.2%；碳酸钙的 $CaCO_3$ 含量应大于 98%，含水量应不大于 0.2%。

6 要求

6.1 外观质量

FRPM 管的内表面应光滑平整，无对使用性能有影响的龟裂、分层、针孔、杂质、贫胶区、气泡和纤维浸润不良等现象；管端面应平齐；边棱应无毛刺；外表面无明显缺陷。

6.2 尺寸

6.2.1 直径

外径系列的应符合表 1 的规定，内径系列的应符合表 2 的规定。为方便与其他材质管道的连接，经供需双方协商确定，可套用其他材质管道的尺寸并满足相应要求。

表 1 外径系列 FRPM 管的尺寸和偏差

单位为毫米

公称直径 DN	外直径	偏 差
200	208.0	+1.0，−1.0
250	259.0	+1.0，−1.0
300	310.0	+1.0，−1.0
350	361.0	+1.0，−1.2
400	412.0	+1.0，−1.4
450	463.0	+1.0，−1.6
500	514.0	+1.0，−1.8
600	616.0	+1.0，−2.0
700	718.0	+1.0，−2.2
800	820.0	+1.0，−2.4
900	924.0	+1.0，−2.6
1 000	1 026.0	+2.0，−2.6
1 200	1 229.0	+2.0，−2.6
1 400	1 434.0	+2.0，−2.8
1 600	1 638.0	+2.0，−2.8
1 800	1 842.0	+2.0，−3.0
2 000	2 046.0	+2.0，−3.0
2 200	2 250.0	+2.0，−3.2
2 400	2 453.0	+2.0，−3.4
2 600	2 658.0	+2.0，−3.6
2 800	2 861.0	+2.0，−3.8
3 000	3 066.0	+2.0，−4.0
3 200	3 270.0	+2.0，−4.2
3 400	3 474.0	+2.0，−4.4
3 600	3 678.0	+2.0，−4.6
3 800	3 882.0	+2.0，−4.8
4 000	4 086.0	+2.0，−5.0

注 1：可根据实际情况采用其他外径系列尺寸，但其外径偏差应满足相应要求。

注 2：对于 DN 300 的 FRPM 管，外直径也可采用 323.8 mm，对于 DN 400 的 FRPM 管，外直径也可采用 426.6 mm，该两种规格的正偏差为 1.5 mm，负偏差为 0.3 mm。

表2　内径系列 FRPM 管的尺寸和偏差

单位为毫米

公称直径 DN	内直径范围		偏　差
	最小	最大	
100	97	103	±1.5
125	122	128	±1.5
150	147	153	±1.5
200	196	204	±1.5
250	246	255	±1.5
300	296	306	±1.8
350	346	357	±2.1
400	396	408	±2.4
450	446	459	±2.7
500	496	510	±3.0
600	595	612	±3.6
700	659	714	±4.2
800	795	816	±4.2
900	895	918	±4.2
1 000	995	1 020	±4.2
1 200	1 195	1 220	±5.0
1 400	1 395	1 420	±5.0
1 600	1 595	1 620	±5.0
1 800	1 795	1 820	±5.0
2 000	1 995	2 020	±5.0
2 200	2 195	2 220	±5.0
2 400	2 395	2 420	±6.0
2 600	2 595	2 620	±6.0
2 800	2 795	2 820	±6.0
3 000	2 995	3 020	±6.0
3 200	3 195	3 220	±6.0
3 400	3 395	3 420	±6.0
3 600	3 595	3 620	±6.0
3 800	3 795	3 820	±7.0
4 000	3 995	4 020	±7.0
注：管两端内直径的设计值应在本表的内直径范围内，两端内直径的偏差应在本表规定的偏差范围之内。			

6.2.2　长度

a）FRPM 管的有效长度为 3 m、4 m、5 m、6 m、9 m、10 m、12 m。如果需要特殊长度的管，在订货时由供需双方商定。

b）FRPM 管的长度偏差：有效长度的±0.5%。

6.2.3 **管壁厚度**

任一截面的管壁平均厚度应不小于规定的设计厚度，其中最小管壁厚度应不小于设计厚度的90%。

6.2.4 **管壁结构**

管壁通常由内衬层、结构层和外表层组成。内衬层的厚度应不小于1.2 mm。

6.2.5 **管端面垂直度**

管端面垂直度应符合表3的规定。

表3 管端面垂直度要求 单位为毫米

公称直径 DN	管端面垂直度偏差
DN＜600	4
600≤DN＜1 000	6
DN≥1 000	8

6.3 **巴氏硬度**

FRPM 管外表面的巴氏硬度应不小于40。

6.4 **树脂不可溶分含量**

管壁中树脂的不可溶分含量应不小于90%。

6.5 **直管段管壁组分含量**

直管段管壁中玻璃纤维、树脂和颗粒材料的含量由管材设计确定，并应在相关技术文件中明确给出。

6.6 **初始力学性能**

6.6.1 **初始环刚度 S_0**

初始环刚度 S_0 应不小于相应的环刚度等级值 SN。

6.6.2 **初始环向拉伸强力 F_{th}**

a) 初始环向拉伸强力 F_{th} 应根据工程设计来确定，但其最小值根据式(1)确定：

$$F_{th} = C_1 \cdot PN \cdot DN/2 \quad (1)$$

式中：

F_{th}——管的初始环向拉伸强力，单位为千牛每米(kN/m)；

C_1——系数，见表4；

PN——压力等级，单位为兆帕(MPa)；

DN——公称直径，单位为毫米(mm)。

表4 系数 C_1

压力等级 PN/MPa	α				
	1.5	1.75	2.0	2.5	3.0
0.1	4	4	4.2	5.3	6.3
0.25	4	4	4.2	5.3	6.3
0.4	4	4	4.1	5.1	6.2
0.6	4	4	4	5.0	6.0
0.8	4	4	4	4.9	5.9
1.0	4	4	4	4.8	5.7
1.2	4	4	4	4.7	5.6
1.4	4	4	4	4.6	5.5
1.6	4	4	4	4.5	5.4
2.0	4	4	4	4.3	5.1
2.5	4	4	4	4	4.8

注1：$\alpha = P_0/HDP$；其中：P_0 为短时失效水压；HDP 为长期静水压设计压力基准。

注2：当管的环向拉伸强力值的离散系数 $C_V > 9.0\%$ 时，C_1 应取为表中值乘以 $0.823\,6/(1-1.96C_V)$。

b) 当无长期静水压设计压力基准试验(HDP)结果时取 $C_1=6.3$，取 $C_1=6.3$ 时初始环向拉伸强力的最小值见表 5。

表 5 无 HDP 时初始环向拉伸强力 F_{th} 的最小值

单位为千牛每米

公称直径 DN/mm	压力等级/MPa										
	0.1	0.25	0.4	0.6	0.8	1.0	1.2	1.4	1.6	2.0	2.5
100	32	79	126	189	252	315	378	441	504	630	788
125	39	98	158	236	315	394	473	551	630	788	984
150	47	118	189	284	378	473	567	662	756	945	1 181
200	63	158	252	378	504	630	756	882	1 008	1 260	1 575
250	79	197	315	473	630	788	945	1 103	1 260	1 575	1 969
300	95	236	378	540	756	900	1 134	1 323	1 440	1 800	2 250
350	110	276	441	662	882	1 103	1 323	1 544	1 764	2 205	2 756
400	126	315	504	756	1 008	1 260	1 512	1 764	2 160	2 520	3 150
450	142	354	567	851	1 134	1 418	1 701	1 985	2 268	2 835	3 544
500	158	394	630	945	1 260	1 575	1 890	2 205	2 520	3 150	3 938
600	189	473	756	1 134	1 512	1 890	2 268	2 646	3 024	3 780	4 725
700	221	551	882	1 323	1 764	2 205	2 646	3 087	3 528	4 410	5 513
800	252	630	1 008	1 512	2 016	2 520	3 024	3 528	4 032	5 040	6 300
900	284	709	1 134	1 701	2 268	2 835	3 402	3 969	4 536	5 670	7 088
1 000	315	788	1 260	1 890	2 520	3 150	3 780	4 410	5 040	6 300	7 875
1 200	378	945	1 512	2 268	3 024	3 780	4 536	5 292	6 048	7 560	9 450
1 400	441	1 103	1 764	2 646	3 528	4 410	5 292	6 174	7 056	8 820	11 025
1 600	504	1 260	2 016	3 024	4 032	5 040	6 048	7 056	8 064	10 080	12 600
1 800	567	1 418	2 268	3 402	4 536	5 670	6 804	7 938	9 072	11 340	14 175
2 000	630	1 575	2 520	3 780	5 040	6 300	7 560	8 820	10 080	12 600	15 750
2 200	693	1 733	2 772	4 158	5 544	6 930	8 316	9 702	11 088	13 860	17 325
2 400	756	1 890	3 024	4 536	6 048	7 560	9 072	10 584	12 096	15 120	18 900
2 600	819	2 048	3 276	4 914	6 552	8 190	9 828	11 466	13 104	16 380	20 475
2 800	882	2 205	3 528	5 292	7 056	8 820	10 584	12 348	14 112	17 640	22 050
3 000	945	2 363	3 780	5 670	7 560	9 450	11 340	13 230	15 120	18 900	23 625
3 200	1 008	2 520	4 032	6 048	8 064	10 080	12 096	14 112	16 128	20 160	25 200
3 400	1 071	2 678	4 284	6 426	8 568	10 710	12 852	14 994	17 136	21 420	26 775
3 600	1 134	2 835	4 536	6 804	9 072	11 340	13 608	15 876	18 144	22 680	28 350
3 800	1 197	2 993	4 788	7 182	9 576	11 970	14 364	16 758	19 152	23 940	29 925
4 000	1 260	3 150	5 040	7 560	10 080	12 600	15 120	17 640	20 160	25 200	31 500

6.6.3 初始轴向拉伸强力及拉伸断裂应变

a) 当管道不承受由管内压直接产生的轴向力或未受到特殊轴向力时，其管壁初始轴向拉伸强力 F_{tL} 应不小于表 6 的规定值；管壁轴向拉伸断裂应变应不小于 0.25%。

b) 当管道承受由管内压产生的轴向力时，其管壁初始轴向拉伸强力 F_{tL} 应满足式(2)的要求。

$$F_{tL} \geq C_1 \cdot PN \cdot DN/4 \cdots\cdots\cdots\cdots\cdots\cdots\cdots\cdots\cdots\cdots\cdots\cdots (2)$$

式中：

F_{tL}——管的初始轴向拉伸强力，单位为千牛每米(kN/m)；

C_1——系数，见表4，当无长期静水压设计压力基准试验结果时取 $C_1=6.3$；

PN、DN——同式(1)。

注：承受由管内压产生轴向力的管主要有一端与阀门、盲堵等连接而又没有设置可靠的支墩的管。

表6 初始轴向拉伸强力最小值 F_{tL}

单位为千牛每米

公称直径 DN/mm	压力等级/MPa								
	≤0.4	0.6	0.8	1.0	1.2	1.4	1.6	2.0	2.5
100	70	75	78	80	83	87	90	100	110
125	75	80	85	90	93	97	100	110	120
150	80	85	93	100	103	107	110	120	130
200	85	95	103	110	113	117	120	130	140
250	90	105	115	125	128	132	135	150	165
300	95	115	128	140	143	147	150	170	190
350	100	123	137	150	156	162	168	192	215
400	105	130	145	160	168	177	185	213	240
450	110	140	158	175	184	194	203	234	265
500	115	150	170	190	200	210	220	255	290
600	125	165	193	220	232	244	255	300	345
700	135	180	215	250	263	277	290	343	395
800	150	200	240	280	295	310	325	378	450
900	165	215	263	310	325	340	355	430	505
1 000	185	230	285	340	357	373	390	473	555
1 200	205	260	320	380	407	433	460	558	655
1 400	225	290	355	420	457	493	530	643	755
1 600	250	320	390	460	507	553	600	728	855
1 800	275	350	425	500	557	613	670	813	955
2 000	300	380	460	540	607	673	740	898	1 055
2 200	325	410	495	580	657	733	810	983	1 155
2 400	350	440	530	620	707	793	880	1 068	1 255
2 600	375	470	565	660	757	853	950	1 153	1 355
2 800	400	505	605	705	810	915	1 020	1 238	1 455
3 000	430	540	645	750	863	977	1 090	1 323	1 555
3 200	460	575	685	795	917	1 038	1 160	1 408	1 655
3 400	490	610	725	840	970	1 100	1 230	1 493	1 755
3 600	520	645	765	885	1 023	1 162	1 300	1 578	1 855
3 800	550	680	805	930	1 077	1 223	1 370	1 663	1 955
4 000	580	715	845	975	1 130	1 285	1 440	1 748	2 055

6.6.4 水压渗漏

对整管或带有接头连接好的整管施加该管压力等级1.5倍的静水内压，保持2 min，管体及连接部位应不渗漏。

6.6.5 短时失效水压

短时失效水压应不小于管的压力等级 C_1 倍(C_1 按表4取值)，当无长期静水压设计基准试验结果时，取 $C_1=6.3$。

6.6.6 初始挠曲性

每个试样初始挠曲水平 A 和挠曲水平 B 应满足表 7 要求。

注：表 7 的规定是建立在安装后长期使用的现场最大挠度为 5%的基础上。如果样品管在满足其中的一项或两项要求(即水平 A 和水平 B)下失效，样品管代表的同批管材的长期许用挠曲值必须将规定值按比例降低。

表 7 初始挠曲性的径向变形率及要求

挠曲水平	环刚度等级/(N/m²)				要　　求
	1 250	2 500	5 000	10 000	
A/%	18	15	12	9	管内壁无裂纹
B/%	30	25	20	15	管壁结构无分层、无纤维断裂及屈曲

注：对于其他环刚度管的初始挠曲性的径向变形率按下述要求执行：

a) 对于环刚度 S_0 在标准等级之间的管，挠曲水平 A 和 B 对应的径向变形率分别按线性插值的方法确定；

b) 对于环刚度 $S_0 \leqslant 1\,250\ \mathrm{N/m^2}$ 或 $\geqslant 10\,000\ \mathrm{N/m^2}$ 的管，挠曲水平 A 和 B 按下式计算确定：

挠曲水平 A 对应的径向变形率 $=18\times(1\,250/S_0)^{1/3}$

挠曲水平 B 对应的径向变形率 $=30\times(1\,250/S_0)^{1/3}$。

6.6.7 初始环向弯曲强度

管壁的初始环向弯曲强度 F_{tm} 应根据工程设计确定，但其最小值根据式(3)确定。

$$F_{tm} = 4.28\,\frac{E_p t \Delta}{(D+\Delta/2)^2} \quad \cdots\cdots (3)$$

式中：

F_{tm}——管壁环向初始弯曲强度，单位为兆帕(MPa)；

t——管壁实际测试厚度，单位为毫米(mm)；

D——管的计算直径，单位为毫米(mm)，$D=D_n+t$；

D_n——管的内直径，单位为毫米(mm)；

Δ——管材初始挠曲性检验达到挠曲水平 B 时的径向压缩变形量，单位为毫米(mm)；

E_p——管壁环向弯曲弹性模量，单位为兆帕(MPa)；由式(4)确定。

$$E_p = 12\times10^{-6} S_0 D^3/t^3 \quad \cdots\cdots (4)$$

其中，S_0——实测的环刚度，单位为牛每平方米(N/m²)；

D、t——同式(3)。

注 1：对于离心浇铸工艺生产的 FRPM 管，在计算 E_p 时，其中 S_0 采用挠曲性检验时变形量达到挠曲水平 A 时对应的荷载值计算得到的环刚度值。

注 2：当通过试验得到了长期弯曲应变 S_b 后，同规格产品检验时可不进行初始环向弯曲强度的检验。

6.7 长期性能

6.7.1 长期静水压设计压力基准 HDP

长期静水压设计压力基准 HDP 应满足下列要求：

$$\mathrm{HDP} \geqslant C_3 \cdot \mathrm{PN} \quad \cdots\cdots (5)$$

式中：

HDP——长期静水压设计压力基准，单位为兆帕(MPa)；

PN——同式(1)；

C_3——系数，见表 8。

表 8　系数 C_3

压力等级/MPa	系数 C_3
≤0.25	2.1
0.4	2.05
0.6	2.0
0.8	1.95
1.0	1.9
1.2	1.87
1.4	1.84
1.6	1.8
2.0	1.7
2.5	1.6

6.7.2　长期弯曲应变 S_b

长期弯曲应变 S_b 值应满足式(6)的要求。

$$S_b \geqslant 4.28 \frac{\Delta_s \cdot t}{(D+\Delta_s/2)^2} \quad \cdots\cdots (6)$$

式中：

S_b——长期弯曲应变；

Δ_s——管材初始挠曲性检验达到挠曲水平 B 时的径向压缩变形量 Δ 的 60%，单位为毫米(mm)；

D、t——同式(3)。

注：在没有长期弯曲应变 S_b 值时，在管道工程结构设计中，建议按式(6)计算确定 S_b 值，其中对于供水管道 Δ_s 取 $\Delta/2$；对于污水管取 $\Delta/3$；Δ 为管材初始挠曲性检验达到挠曲水平 B 时的径向压缩变形量。

7　卫生性能

用于给水的管应符合 GB 5749 的要求，并按国家卫生部门要求进行定期检测。

8　试验方法

8.1　外观质量

目测 FRPM 管的内、外表面及两端面情况。

8.2　尺寸测量

8.2.1　FRPM 管的直径

8.2.1.1　FRPM 管的外直径

在 FRPM 管两端处用精度为 1 mm 的 π 尺或钢卷尺(尺面应为平面)绕管一周(确保其垂直于管轴线)测出管的周长，计算出外直径。对于直径较小的管，可采用精度为 0.02 mm 的游标卡尺直接测出同一截面相互垂直的两个方向的外直径，取 2 次测量结果的算术平均值。

8.2.1.2　FRPM 管的内直径

用精度为 0.1 mm 的内径测量尺测出同一截面的垂直和水平方向的内直径，取 2 次测量结果的算术平均值。也可采用游标卡尺按上述要求测量。

8.2.2　有效长度

将 FRPM 管放在平面上，用精度为 1 mm 的钢卷尺沿管的母线测量其长度，取 4 条母线长度的算术平均值作为管材长度(含接头)，减去插入长度为有效长度。

8.2.3 管壁厚度和内衬厚度

8.2.3.1 管壁厚度

a) 对于离心浇铸工艺和连续缠绕工艺生产的 FRPM 管，垂直切割管的端部，用精度为 0.02 mm 的游标卡尺沿圆周测量 7 次，测点均布，取 7 次测量结果的算术平均值。

b) 对于定长缠绕工艺生产的 FRPM 管，可采用 8.2.1 的方法测出同一截面的内、外直径，然后计算出该截面的管壁厚度作平均厚度，每根管至少测 3 个截面。环刚度检测时测出的管壁厚度应首选作为管壁厚度的测试结果。

8.2.3.2 内衬厚度

垂直切割管的端部。用砂细度为 0.074 mm(或更细)的砂纸把切断口打磨平滑，用水除去粉尘，将扎磨处完全洗净后，用精度 0.02 mm 的游标卡尺测量内衬层的厚度，至少测量 4 次，测点均布，取每次测量结果的算术平均值。

8.2.4 管端面垂直度

用直角尺和精度为 1 mm 的钢板尺测定管端面垂直度。

8.3 巴氏硬度

按 GB/T 3854 的规定进行。

8.4 树脂不可溶分含量

按 GB/T 2576 的规定进行。

8.5 直管段管壁组分含量

按 GB/T 2577 的规定进行。

8.6 初始力学性能

8.6.1 初始环刚度

测试设备、测试环境及试样按照 GB/T 5352 的规定，加载速度按式(7)确定。初始环刚度 S_0 按式(8)进行计算，取 3 个试样环刚度的算术平均值作为测试结果。

$$V = 3.50 \times 10^{-4} D^2 / t \quad \cdots\cdots (7)$$

式中：

V——加载速度，取整数，管径大于 500 mm 时可修约到个位数为 0 或 5，单位为毫米每分钟(mm/min)；

D、t——同式(3)。

$$S_0 = 0.019\ 35 F / \Delta_Y \quad \cdots\cdots (8)$$

式中：

S_0——初始环刚度，单位为牛每平方米(N/m²)；

Δ_Y——管直径变化量，取试样计算直径的 3%，单位为米(m)；

F——与 Δ_Y 相对应的线载荷，单位为牛每米(N/m)。

8.6.2 初始环向拉伸强力

8.6.2.1 初始环向拉伸强力按下述方法之一进行：

a) 方法 A：按 GB/T 1458 进行测试，其中试样厚度为管壁厚度，试样直径为管环直径，试样宽度为 20 mm，并且在水平直径的两端试样两侧各开一个直径为 10 mm 的半圆。每根管的有效试样不少于 5 个，所有有效试样测试结果的算术平均值作为测试结果。

b) 方法 B：按 GB/T 1447 进行测试，试样型式和试样尺寸见附录 A，加载速度取(2～5)mm/min。每根管的有效试样不少于 5 个，所有有效试样测试结果的算术平均值作为测试结果。

c) 方法 C：按 GB/T 5351 进行测试。有效试样不少于 5 个，所有有效试样测试结果的算术平均值作为测试结果。

8.6.2.2 仲裁试验：

当公称直径不大于 2 000 mm 时，按方法 A；

当公称直径大于 2 000 mm 时，按方法 B。

8.6.3 初始轴向拉伸强力及拉伸断裂应力

8.6.3.1 初始轴向拉伸强力及拉伸断裂应力按下列方法之一进行：

a) 方法 A：按 GB/T 5349 进行测试，试样数量 1 个。

b) 方法 B：按 GB/T 1447 进行测试，试样为直条状，其宽度取 20 mm。每根管的有效试样不少于 5 个，所有有效试样测试结果的算术平均值作为测试结果。

8.6.3.2 仲裁试验按方法 B。

8.6.4 水压渗漏

按 GB/T 5351 进行试验，试样为 1 根整管。如果管道在使用中不承受由内压产生的轴向力时，其密封型式应采用约束端密封；若承受由内压产生的轴向力，则其密封型式应采用自由端密封。试验压力为压力等级的 1.5 倍，保压 2 min。

8.6.5 短时失效水压

按 GB/T 5351 进行试验，试样数量(1～2)个，如果管道在使用中不承受由内压产生的轴向力时，其密封型式应采用约束端密封；若承受由内压产生的轴向力，则其密封型式应采用自由端密封。当管材直径较大时，可采用(2～5)∶1 缩比试样进行短时失效水压检验，但缩比试样公称直径不宜小于 500 mm。

8.6.6 初始挠曲性

测试设备、测试环境及试样按 GB/T 5352 的规定，加载速度同 8.6.1。当加载至挠曲水平 A 后保持 2 min，观察试样情况，然后继续加载至挠曲水平 B 保持 2 min，观察试样情况。

注：根据环刚度实测值 S_0 按表 7 确定挠曲水平 A 和挠曲水平 B。

8.6.7 初始环向弯曲强度

8.6.7.1 初始环向弯曲强度按下述方法之一进行：

a) 方法 A：按 GB/T 1449 进行测试，试样宽度取 20 mm，当管壁厚度超过 20 mm 时，试样宽度取为管壁厚度(个位数取约为 0 或 5 的整数)。试验时试样的凹面向下放置在支座上，支承跨距为 20 倍的管壁厚度。每根管的有效试样不少于 5 个，所有有效试样测试结果的算术平均值作为测试结果。

b) 方法 B：按 GB/T 5352 进行测试，加载速度同 8.6.1。每根管的有效试样不少于 3 个，弯曲强度可按式(9)计算，所有有效试样测试结果的算术平均值作为测试结果。

$$F_{tm} = \frac{3F_1 D}{\pi \cdot t^2} \qquad (9)$$

式中：

F_{tm}——管壁环向初始弯曲强度，单位为兆帕(MPa)；

F_1——管环沿轴向单位长度所承受的最大线荷载，单位为千牛每米(kN/m)；

D、t——同式(3)。

8.6.7.2 仲裁试验按方法 B。

8.7 长期性能

8.7.1 长期静水压设计压力基准 HDP

按附录 B 的规定进行。

8.7.2 长期弯曲应变 S_b

按附录 C 的规定进行。

9 检验规则

9.1 检验类型

检验类型分为出厂检验和型式检验。

9.2 出厂检验

9.2.1 检验项目

外观质量、尺寸、巴氏硬度、树脂不可溶分含量、直管段管壁组分含量、水压渗漏、初始环刚度、初始环向拉伸强力、初始轴向拉伸强力、初始挠曲性、初始环向弯曲强度。

9.2.2 检验方案

9.2.2.1 每一根 FRPM 管均应进行外观质量、尺寸(除内衬层厚度)、巴氏硬度的检验。

9.2.2.2 以相同材料、相同工艺、相同规格的 100 根 FRPM 管为一批(不足 100 根的也作一批),随机抽取 1 根,进行内衬层厚度、树脂不可溶分含量、直管段管壁组分含量、初始环刚度、初始环向拉伸强力、初始轴向拉伸强力、初始挠曲性及初始环向弯曲强度检验。

9.2.2.3 水压渗漏的检验数量,由供需双方商量确定,但应不少于 1%。

9.2.3 判定规则

9.2.3.1 外观质量、尺寸(除内衬层厚度)、巴氏硬度均应达到相应的要求,否则判该根管不合格。

9.2.3.2 内衬层厚度、树脂不可溶分含量、直管段管壁组分含量、初始环刚度、初始环向拉伸强力、初始轴向拉伸强力、初始挠曲性、初始环向弯曲强度检验及水压渗漏均达到相应的要求,判该批产品合格;如水压渗漏检验不合格,则该批管逐根进行水压渗漏检验,通过的判该根管该项目合格;如内衬层厚度、树脂不可溶分含量、直管段管壁组分含量、初始环刚度、初始环向拉伸强力、初始轴向拉伸强力、初始挠曲性、初始环向弯曲强度检验中不合格项超过 2 项,判该批产品不合格;如不合格项不多于 2 项,可对不合格项加倍抽样、复检,复检项目应全部达到要求,否则,判该批产品不合格。

9.3 型式检验

9.3.1 检验条件

有下列情况之一时应进行型式检验:

a) 新产品或老产品的转产试制定型鉴定;

b) 正式投产后,当产品的材料、结构、工艺有较大改变可能影响产品性能时;

c) 正常生产时,应每年进行一次检验;

d) 产品长期停产(3 个月以上)再恢复生产时;

e) 出厂检验结果与最近一次型式检验结果有较大差异时;

f) 国家质量监督机构提出进行检验的要求时。

9.3.2 检验项目

第 6 章要求中除长期性能外的所有项目。

9.3.3 检验方案

9.3.3.1 外观质量、尺寸(除内衬层厚度)、巴氏硬度

以相同材料、相同工艺、相同规格的 100 根 FRPM 管为一批(不足 100 根的也作为一批),随机抽样 6 根,进行外观质量、尺寸、巴氏硬度检验。

9.3.3.2 水压渗漏、内衬层厚度、树脂不可溶分含量、直管段管壁组分含量、初始力学性能

以相同材料、相同工艺、相同规格的 100 根 FRPM 管为一批(不足 100 根的也作为一批),采用两次抽样法,样本均为 2,其中缩比法制样进行短时失效水压检验的试样数量可取(1~2)个。

9.3.4 判定规则

9.3.4.1 所抽样本的外观质量、尺寸(除内衬层厚度)、巴氏硬度和水压渗漏均达到相应的要求,判相应项的型式检验合格,否则判型式检验不合格。

9.3.4.2 第一次所抽检的水压渗漏、内衬层厚度、树脂不可溶分含量、直管段管壁组分含量、初始力学性能均达到相应的要求,判型式检验合格;2 根均不符合要求判型式检验不合格;如有 1 根不合格且不合格项不超过 2 项时,可对不合格项进行第二次抽样检验,第二次抽样检验仍有不合格,判型式检验不合格。

9.3.5 长期性能试验

各 FRPM 管生产厂应在投产后 3 年内完成长期性能试验。

10 标志、包装、运输和贮存

10.1 标志

每根 FRPM 管至少应在一处做上耐久标志。标志不应损伤管壁，在正常装卸和安装中字迹仍应保持清楚。标志应包括下列内容：

a) 生产厂名称(或商标)；

b) 产品标记；

c) 批号及产品编号；

d) 生产日期。

10.2 包装

10.2.1 FRPM 管发运前应用发泡塑料膜等柔性包装物对管道两端的管端面和外侧连接面进行包装。

10.2.2 包装宽度应比管道外侧连接面宽度大 100 mm。

10.3 运输及起吊

10.3.1 FRPM 管的起吊宜用柔性绳索，若用铁链或钢索起吊，必须在吊索与管道棱角处衬填橡胶或其他柔性物。

10.3.2 FRPM 管起吊时必须采用双点起吊，严禁单点起吊。

10.3.3 FRPM 管起吊及装卸时，应轻起轻放，严禁抛掷。

10.3.4 FRPM 管运输时应固定牢靠，应采用卧式堆放。

10.3.5 在运输和装卸过程中应不受到剧烈的撞击。

10.4 贮存

10.4.1 FRPM 管应按类型、规格、等级分类堆放。

10.4.2 堆放场地应平整。管的叠层堆放应满足表 9 的要求。堆放处应远离热源，不宜长期露天存放。

表 9 FRPM 管的最大堆放层数

公称直径/mm	200	250	300	400	500	600～700	800～1 200	≥1 400
最大层数	8	7	6	5	4	3	2	1

10.4.3 FRPM 管堆放时应设置管座，层与层之间应用垫木隔开。

10.5 出厂证明书

每批 FRPM 管出厂时应附有出厂证明书。出厂证明书应包括下列内容：

a) 生产厂名称；

b) 产品规格；

c) 生产日期；

d) 产品出厂检验证明书。

附　录　A
（规范性附录）
初始环向拉伸强力试样

A.1　FRPM 管的初始环向拉伸强力试样如图 A.1 所示，试样尺寸见表 A.1。

A.2　首先沿管的环向切割出符合规定宽度的板条，然后在其两侧的中间部位开半椭圆形槽。试验时夹持面为试样的侧面。

注：若需提高试样夹持段的强度，可对试样夹持面进行加强。

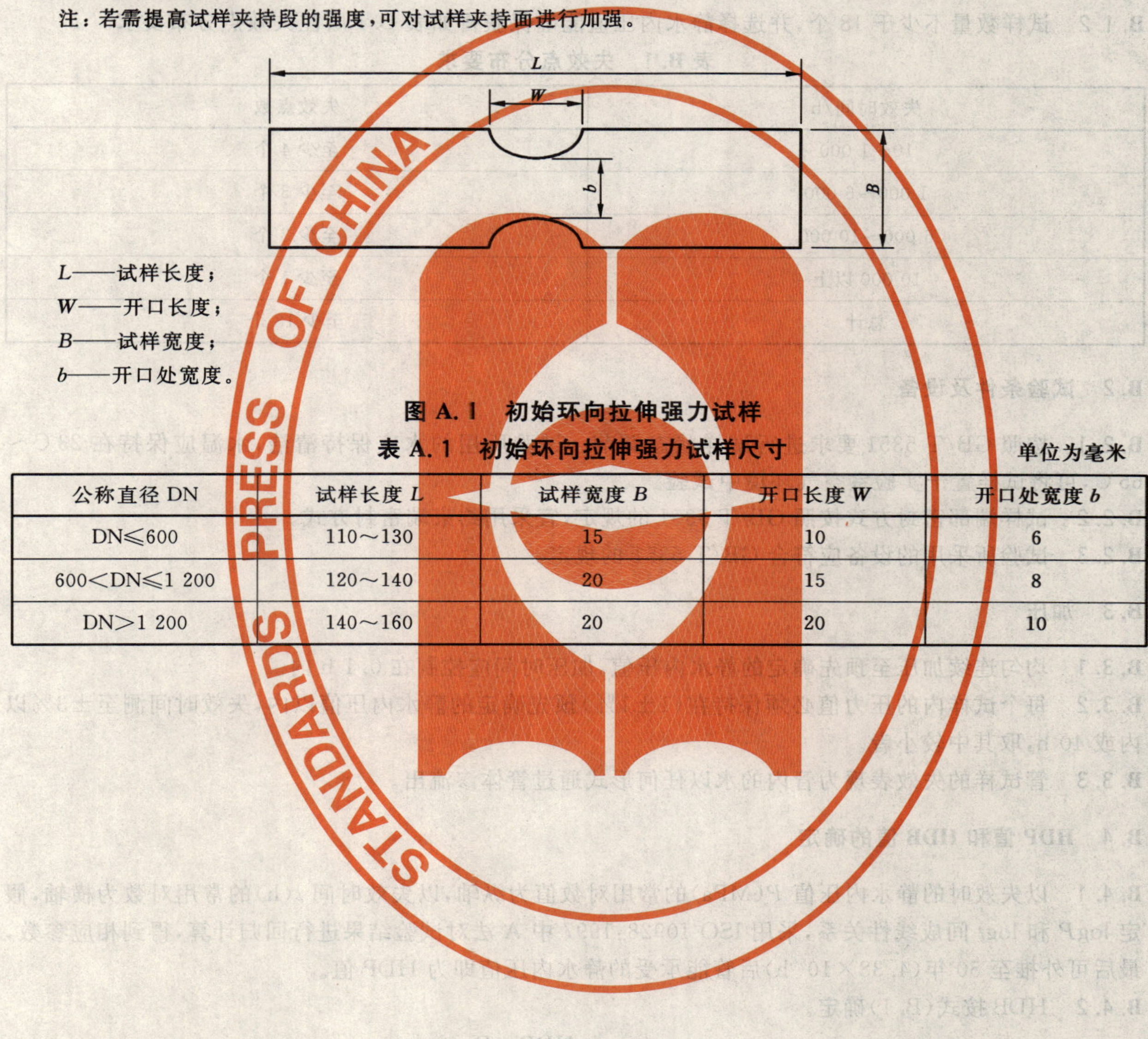

L——试样长度；

W——开口长度；

B——试样宽度；

b——开口处宽度。

图 A.1　初始环向拉伸强力试样

表 A.1　初始环向拉伸强力试样尺寸

单位为毫米

公称直径 DN	试样长度 L	试样宽度 B	开口长度 W	开口处宽度 b
DN≤600	110～130	15	10	6
600<DN≤1 200	120～140	20	15	8
DN>1 200	140～160	20	20	10

附　录　B
（规范性附录）
长期静水压性能试验及确定方法

B.1　试样

B.1.1　按照 GB/T 5351 要求进行取样。

B.1.2　试样数量不少于 18 个，并选择静水内压值能确保获得如表 B.1 所注失效点分布要求。

表 B.1　失效点分布要求

失效时间/h	失效点数
10～1 000	至少 4 个
1 000～6 000	至少 3 个
6 000～10 000	至少 3 个
10 000 以上	至少 1 个
总计	至少 18 个

B.2　试验条件及设备

B.2.1　按照 GB/T 5351 要求进行试样状态调节。试验所用的水应保持清洁，水温应保持在 23℃～65℃，可将试样置于实验室空气环境中试验。

B.2.2　试样端部密封方式按照 GB/T 5351 的规定，宜采用约束端密封方式。

B.2.3　试验所采用的设备应符合 GB/T 5351 的规定。

B.3　加压

B.3.1　均匀连续加压至预先确定的静水内压值，加压时间应控制在 0.1 h 内。

B.3.2　每个试样内的压力值必须保持在（1±1%）预先确定的静水内压值以内，失效时间测至±3%以内或 40 h，取其中较小者。

B.3.3　管试样的失效表现为管内的水以任何形式通过管体渗流出。

B.4　HDP 值和 HDB 值的确定

B.4.1　以失效时的静水内压值 P(MPa)的常用对数值为纵轴，以失效时间 t(h)的常用对数为横轴，假定 $\log P$ 和 $\log t$ 间成线性关系，采用 ISO 10928:1997 中 A 法对试验结果进行回归计算，得到相应参数，最后可外推至 50 年（4.38×10^5 h）后管能承受的静水内压值即为 HDP 值。

B.4.2　HDB 按式(B.1)确定。

$$\mathrm{HDB}=\frac{\mathrm{HDP}\cdot D}{2t} \quad \cdots\cdots \text{(B.1)}$$

式中：

HDB——长期静水压设计应力基准，单位为兆帕（MPa）；

HDP——长期静水压设计压力基准，单位为兆帕（MPa）；

t——管壁实际测试厚度，单位为毫米（mm）；

D——管的计算直径，单位为毫米（mm），$D=D_n+t$；

D_n——管的内直径，单位为毫米（mm）。

附 录 C
（规范性附录）
长期弯曲应变 S_b 试验及确定方法

C.1 试样

C.1.1 按照GB/T 5352要求进行取样。

C.1.2 试样数量

A法：需要2组试样，每组试样不少于18个；

B法：需要1组试样，不少于18个。

选择一定的恒定荷载或一定的恒定直径变化值应确保获得如表C.1所注失效点分布要求。

表C.1 失效点分布要求

失效时间/h	失效点数
10～1 000	至少4个
1 000～6 000	至少3个
6 000～10 000	至少3个
10 000以上	至少1个
总计	至少18个

C.2 试验条件及设备

C.2.1 试验温度

A法：(23±5)℃；

B法：(23±2)℃。

C.2.2 试验用溶液

A法：1组为pH值＝5的水溶液，另1组为pH值＝9的水溶液；在整个试验过程中应保持水溶液的pH值在±5%的范围内。

B法：0.5 mol/L H_2SO_4，在整个试验过程中应保持溶液浓度在±5%的范围内。

C.2.3 试验设备及加载板、加载形式、加载速度、变形测量等应符合GB/T 5352的要求。

C.3 试验步骤

C.3.1 按C.1要求取样，试样两端面进行封边处理，进行状态调节，对合格试样编号，测量壁厚，壁厚精度到0.02 mm，测量加载方向及其垂直方向的内直径，准确到0.1 mm。

C.3.2 加载方法

A法：将试样置于加载板中心位置并进行加载至预先规划好的恒载值，如图C.1所示，然后在30 min内加入试验用水溶液。在整个试验过程中，应确保试样浸泡在溶液中。

B法：将试样置于加载板中心位置并进行加载（若用应变计测量应变，应预先在下加载点管环试样内壁的1/4、2/4及3/4宽度处分别沿环向粘贴三个量程不小于1.5%的应变片），使直径变化量达到预定值（可用一简易加载装置，如图C.2所示，当直径变化达到预定值时，固定螺栓）。然后在30 min内，在下加载点试样两侧粘上两块柔性挡板，并把预先调配好的溶液倒入。在整个试验过程中，溶液深度不应小于25 mm。

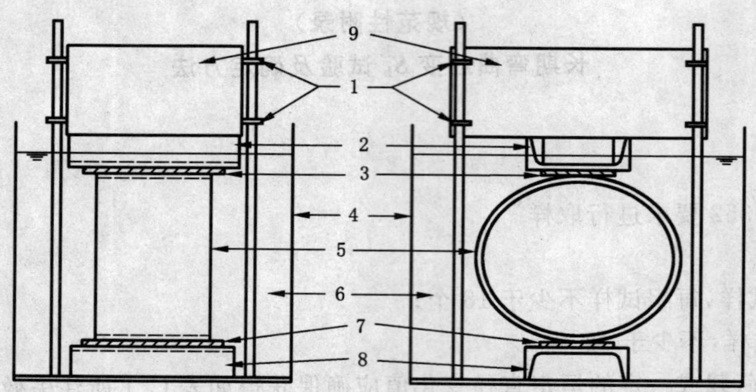

1——荷载导向环；

2、8——加载板；

3、7——6 mm 厚橡胶片；

4——容器；

5——试样；

6——水溶液；

9——恒载。

图 C.1 A 法试验装置图

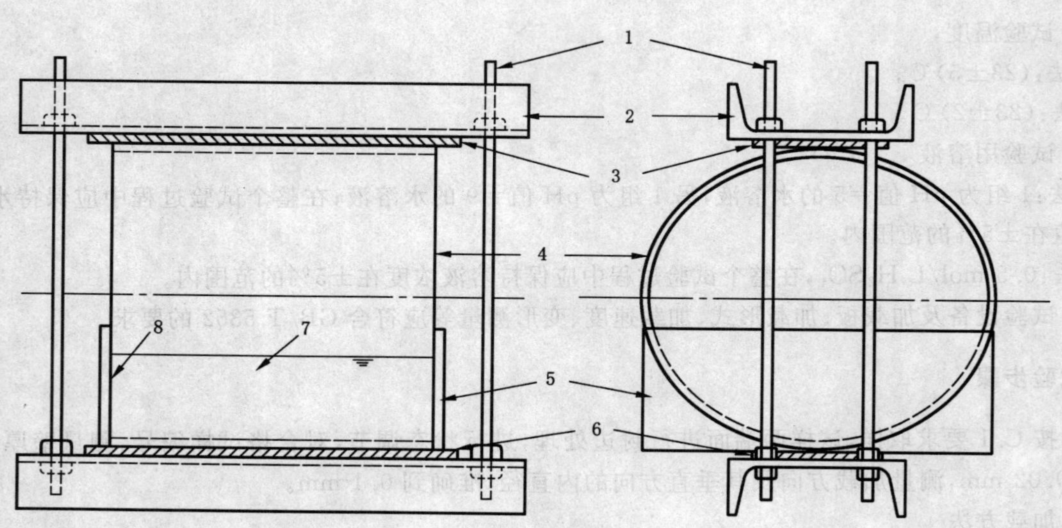

1——拉杆；

2——槽钢；

3、6——6 mm 厚橡胶片；

4——试样；

5、8——柔性挡板；

7——溶液。

图 C.2 B 法试验装置图

C.3.3 加入溶液后开始记时并观察试样，观察间隔时间见表 C.2。

表 C.2 观察间隔时间

试验时间/h	观察间隔时间/h
10～20	1
20～40	2
40～60	4
60～100	8
100～600	24
600～6 000	48
6 000 以上	168(一星期)

若观察试样时，试样已破坏，则把上次观察时的试验时间作为试样破坏时间，记录该时间点及相应的直径变化值 Δ。

C.4 长期弯曲应变值 S_b 的确定

C.4.1 以试样破坏时间 t(h)的常用对数值为横轴，以相应的应变 ε_t(%)的常用对数为纵轴，假定 $\log t$ 和 $\log \varepsilon_t$ 间成线性关系，采用 ISO 10928:1997 中 A 法对试验结果进行回归计算，得到相应参数，最后可外推至 50 年(4.38×10^5 h)后的应变值即为 S_b 值。

C.4.2 试样的应变值可通过应变计直接测出，也可由式(C.1)计算得到：

$$\varepsilon_t = \frac{4.28 t_1 \cdot \Delta}{(D+\Delta/2)^2} \quad\cdots\cdots\cdots\cdots (C.1)$$

式中：

ε_t——应变，%；

t_1——下加载点处的平均壁厚，单位为毫米(mm)；

Δ——直径变化量，单位为毫米(mm)；

D——管的计算直径，单位为毫米(mm)，$D=D_n+t$；

t——管壁实际测试厚度，单位为毫米(mm)；

D_n——管的内直径，单位为毫米(mm)。

同时采用应变计及式(C.1)确定应变时，两值相差不应超过 10%。

附 录 D
（资料性附录）
接头技术要求

D.1 基本要求

D.1.1 必须对管与管之间连接用的接头进行设计并通过相应的检验。接头的技术要求应不低于管体的相应技术要求。

D.1.2 在需要与其他管道进行连接时，生产厂商应能提供尺寸相容的管或配件，并根据使用情况确定合理的性能指标要求。

D.2 柔性接头

D.2.1 基本要求

D.2.1.1 接头允许偏转角应满足表 D.1 的要求。

表 D.1 接头允许偏转角

公称直径 DN/mm	接头允许偏转角 δ
≤500	3°
500<DN≤900	2°
900<DN≤1 800	1°
>1 800	0.5°

注：当压力等级超过 1.6 MPa 时，宜经供需双方商定，减小表中的接头允许偏转角 δ。

D.2.1.2 接头最大允许平移量 D，对于压力管，不得小于管材有效长度的 0.3%；对无压管，则为 0.2%。

注：平移量是指管道安装到设计位置后，管接口内插口端面沿管轴向滑出的量。

D.2.2 柔性接头的性能检验

D.2.2.1 接头的测试项目和性能要求见表 D.2。

表 D.2 柔性接头测试项目和性能要求

项　　目	安装要求	压力类型	测试压力	性能要求
密封性 (ISO 8639:2000,7.2)	正常安装	初始压力	1.5×PN	保持 15 min，无渗漏
外部压力变化 (ISO 8639:2000,7.3)	插口端面处于最大允许平移位置	负压	−0.08 MPa	保持 1 h，负压降不超过 0.008 MPa
极限状态的密封性 (ISO 8639:2000,7.5)	最大允许平移量和最大允许偏转角同时发生	持续压力	2.0×PN	保持 24 h，接头无破坏、无渗漏
拉伸载荷试验 (ISO 8639:2000,7.6)	最大允许平移量，同时接口处承受 20 DN 的拉伸载荷	循环压力	从 0 增加到 1.5×PN，再返回到 0	10 个循环，每个循环持续 (1.5～3)min，接头无破坏、无渗漏
偏转时拉伸载荷试验 (ISO 8639:2000,7.4)	最大允许偏转角，同时接口处承受 20 DN 的拉伸载荷	预备压力	1.5×PN	保持 15 min，接头无破坏、无渗漏
		持续压力	2.0×PN	保持 24 h，接头无破坏、无渗漏

注 1：公称直径 DN 以 mm 为单位；拉伸载荷以 N 为单位。

注 2：在试样安装时，接头处应设鞍形支座，圆心角宜取为 120°。若管的有效长度较大时，可在管的中间设置支座，但支座间距不得小于 2 m。

注 3：正常安装时，管接口两侧的管轴线应一致（无偏转），插口端面应处在接口内的设计位置。

D.2.2.2 每种规格的接头定型前均应通过D.2.2.1的性能测试。

D.2.2.3 每次测试的试样数量为1个，同一个试样可多次用于表D.2所描述的测试。试样由一个接头和两段管子组成，试样总长度不得小于各项测试所要求的最小长度。

D.3 刚性接头

D.3.1 对接接头

D.3.1.1 接头的测试项目和性能要求见表D.3。

表 D.3 对接接头测试项目和性能要求

项目	压力种类	测试压力	持续时间	性能要求
初始渗漏 (ISO 8533:2003,7.3)	初始压力	1.5×PN	15 min	无渗漏或泄漏，不得出现任何其他形式的失效
外部压力变化 (ISO 8533:2003,7.2)	负压	−0.08 MPa	1 h	接头不得出现任何可见的失效，且压力的变化值不得大于0.008 MPa/h
弯曲下内压 (ISO 8533:2003,7.4)	预备压力	1.5×PN	15 min	无渗漏或泄漏，不得出现任何其他形式的失效
	持续压力	1.5×PN	24 h	无渗漏或泄漏，不得出现任何其他形式的失效
循环压力 (ISO 8533:2003, 7.5.1～7.5.6)	持续压力	1.5×PN	24 h	无渗漏或泄漏，不得出现任何其他形式的失效
	循环压力	从大气压变化到1.5×PN，再返回到大气压	10个循环，每个循环持续(1.5～3)min	无渗漏或泄漏，不得出现任何其他形式的失效
短期水压 (ISO 8533:2003, 7.5.7～7.5.9)	持续压力	3.0×PN	6 min	无渗漏或泄漏，不得出现任何其他形式的失效
注：对于承受端部荷载的接头，上面的测试是在接头加端部荷载的条件下进行的；对于非承受端部荷载的接头，在测试时不加端部荷载，并且压力传到测试配件的其他部分。				

D.3.1.2 每种规格的接头定型前均应通过D.3.1.1的性能测试。

D.3.1.3 每次测试的试样数量为1个，同一个试样可多次用于表D.3所描述的测试。试样由一个接头和两段管子组成，试样总长度不得小于各项测试所要求的最小长度。

D.3.2 法兰接头

D.3.2.1 接头的测试项目和性能要求见表D.4。

表 D.4 法兰接头测试项目和性能要求

测试	压力种类	测试压力	持续时间	要　求
初始渗漏 (ISO 8483:2003,7.3)	初始压力	1.5×PN	15 min	无渗漏或泄漏，不得出现任何其他形式的失效
外部压力变化 (ISO 8483:2003,7.2)	负压	0.08 MPa	1 h	接头不得出现任何可见的失效，且压力的变化值不得大于0.008 MPa/h

表 D.4(续)

<table>
<tr><th>测试</th><th>压力种类</th><th>测试压力</th><th>持续时间</th><th>要　求</th></tr>
<tr><td rowspan="2">循环压力
(ISO 8483:2003,7.4)</td><td>顶备压力</td><td>1.5×PN</td><td>15 min</td><td>无渗漏或泄漏,不得出现任何其他形式的失效</td></tr>
<tr><td>循环压力</td><td>从大气压变化到1.5×PN,再返回到大气压</td><td>10个循环,每个循环持续(1.5～3)min</td><td>无渗漏或泄漏,不得出现任何其他形式的失效</td></tr>
<tr><td rowspan="2">弯曲下内压
(ISO 8483:2003,7.5)</td><td>顶备压力</td><td>1.5×PN</td><td>15 min</td><td>无渗漏或泄漏,不得出现任何其他形式的失效</td></tr>
<tr><td>持续压力</td><td>1.5×PN</td><td>24 h</td><td>无渗漏或泄漏,不得出现任何其他形式的失效</td></tr>
<tr><td rowspan="2">短期水压
6 min</td><td rowspan="2">持续压力</td><td>2.5×PN</td><td>100 h</td><td>无渗漏或泄漏,不得出现任何其他形式的失效</td></tr>
<tr><td>3.0×PN</td><td>6 min</td><td>无渗漏或泄漏,不得出现任何其他形式的失效</td></tr>
<tr><td colspan="5">注1:对于承受端部正荷载的接头,在测试时将荷载直接作用于接头端部;对于非承受端部荷载的接头,在测试时不承受端部荷载;
注2:对于用于与金属的法兰连接的接头,在测试时应与金属法兰连接;对于用于与玻璃钢法兰连接的接头,在测试时应与玻璃钢法兰连接。</td></tr>
</table>

D.3.2.2　每个规格的接头定型前均应通过D.3.2.1的性能测试。

D.3.2.3　每次测试的试样数量为1个,同一个试样可多次用于表D.4所描述的测试。试样由一个接头和两段管子组成,试样总长度不得小于各项测试所要求的最小长度。

D.3.2.4　接头连接过程中拧紧螺栓时,应无任何可见的破坏。

D.3.2.5　接头制造者必须提供所有信息,包括法兰、垫圈、螺栓扭矩、螺栓润滑剂的种类以及螺栓紧绷顺序。

附 录 E
（资料性附录）
管件技术要求

E.1 范围

本附录适用于以无碱玻璃纤维及其制品为增强材料，以不饱和聚酯树脂、环氧树脂等为基体材料，采用模制方法或接缝方法制造的给水排水用玻璃纤维增强塑料管件。在满足基本技术要求的条件下，可以采用含有石英砂及碳酸钙等无机非金属颗粒为填料的直管段作为部件进行管件制造。

E.2 一般规定

E.2.1 概述

所有管件除了要满足各自的特定要求之外，还必须符合 E.2.2～E.2.8 中的一般要求。

E.2.2 直径系列

管件的直径系列应采用管道系统中与其所连接的直管段相同的直径系列。

E.2.3 压力等级(PN)

管件的压力等级(PN)可以根据本标准 4.1.3 给出的管道的压力等级值中选取，并且不得小于与其所连接的直管段的压力等级。

E.2.4 刚度等级(SN)

管件的刚度等级(SN)可以根据本标准 4.1.4 给出的刚度等级值中选取。

注：由于管件的壁厚和铺层与直管相同，因此管件的刚度值不会低于管道的刚度值，所以管件可以不进行刚度测试。

E.2.5 接头类型

接头分为柔性接头和刚性接头两种类型，在这两类接头中又可按能否承受端部荷载分为两种：一种能承受端部荷载，一种不能承受端部荷载。

E.2.5.1 柔性接头

柔性接头是指在相连接的部件之间允许发生位移的接头。这类接头的形式有：

a) 承插型接头(包括套筒式双插口型式)；

b) 锁件承插型接头(包括套筒式双插口型式)。

E.2.5.2 承受端部荷载的柔性接头

承受端部荷载的柔性接头的形式有：

a) 带高弹性密封材料的承插型接头(包括套筒式双插口型式)；

b) 带高弹性密封材料的锁件承插型接头(包括套筒式双插口型式)；

c) 机械加压型接头，例如，包括采用有别于玻璃纤维增强塑料在内的材料制成的螺栓联结器。

E.2.5.3 刚性接头

刚性接头是指在相连接的部件之间不允许发生位移的接头。这类接头的形式有：

a) 法兰型接头；

b) 粘接固定接头。

E.2.5.4 承受端部荷载的刚性接头

承受端部荷载的刚性接头的形式有：

a） 安装盲板等的法兰接头；

b） 安装盲板等的粘接固定接头。

E.2.6 管件的力学特征

当管件应用于管道系统时，必须按照相关的设计规范进行设计和制造，使得它的力学性能等于或者优于具有相同压力和刚度等级的玻璃钢直管。尤其对于端部承受载荷的管件，不仅要求其管件的环向强度等于或者优于具有相同压力和刚度等级的玻璃钢夹砂直管，而且其轴向强度有更高的要求。例如：对于带盲板的管件等，其轴向强度应不小于玻璃钢夹砂直管环向强度的二分之一；对于承受不均匀沉降引起的弯曲荷载的管件，其轴向强度应满足结构设计要求。

接缝管件的粘接部分材料的环向与轴向拉伸强度均不得小于 80 MPa。可通过检验与管件同炉的板材的力学性能来代替管件的力学性能检验。

管件的制造者应将管件的设计和制造程序整理成文件的形式。

E.2.7 管件安装的密封性

当购买者单独或与制造商经协商共同提出进行特定的现场安装测试时，管件和其接头必须能够承受测试而不会出现渗漏情况。

E.2.8 可选尺寸

E.3～E.7 中规定的管件尺寸和偏差的限制是一般性的要求。由于玻璃纤维增强塑料材料设计和加工的灵活性，可以选择其他的尺寸和偏差，并通过购买者和制造商之间的约定加以规定。

E.3 弯头

E.3.1 弯头分类

E.3.1.1 概述

弯头设计时应考虑公称尺寸、直径系列、压力等级、刚度等级、接头类型、弯头角度、弯头成型工艺和管道类型。

E.3.1.2 公称尺寸(DN)

弯头的公称尺寸(DN)应该是管道系统中弯头所连接的直管段的公称尺寸，并符合本标准表 1 或表 2 的要求。

E.3.1.3 弯头类型

弯头的类型包括模制弯头和接缝弯头，分别如图 E.1 和图 E.2 所示。模制弯头是在弯头模具上采用玻璃纤维及其制品直接糊制或缠绕而成；接缝弯头是从直管上裁剪具有斜截面的若干段短管，采用玻璃纤维及其制品和树脂粘接固定而成。

E.3.2 弯头的尺寸和偏差

E.3.2.1 直径的偏差

弯头在插口处的直径偏差应符合本标准表 1 或表 2 的偏差要求。

E.3.2.2 弯头角度和角度误差

弯头角度 α，是指弯头部分轴线的偏转角(见图 E.1 和图 E.2)。

如果接头处为法兰连接，则弯头部分实际改变的方向角的偏差不得超过±0.5°；如果是其他类型则为±1°。

注：一般而言，弯头角度值通常取为 11.25°，15°，22.5°，30°，45°，60°和 90°，通过购买者与制造商之间的约定可以提供其他的弯头角度值。

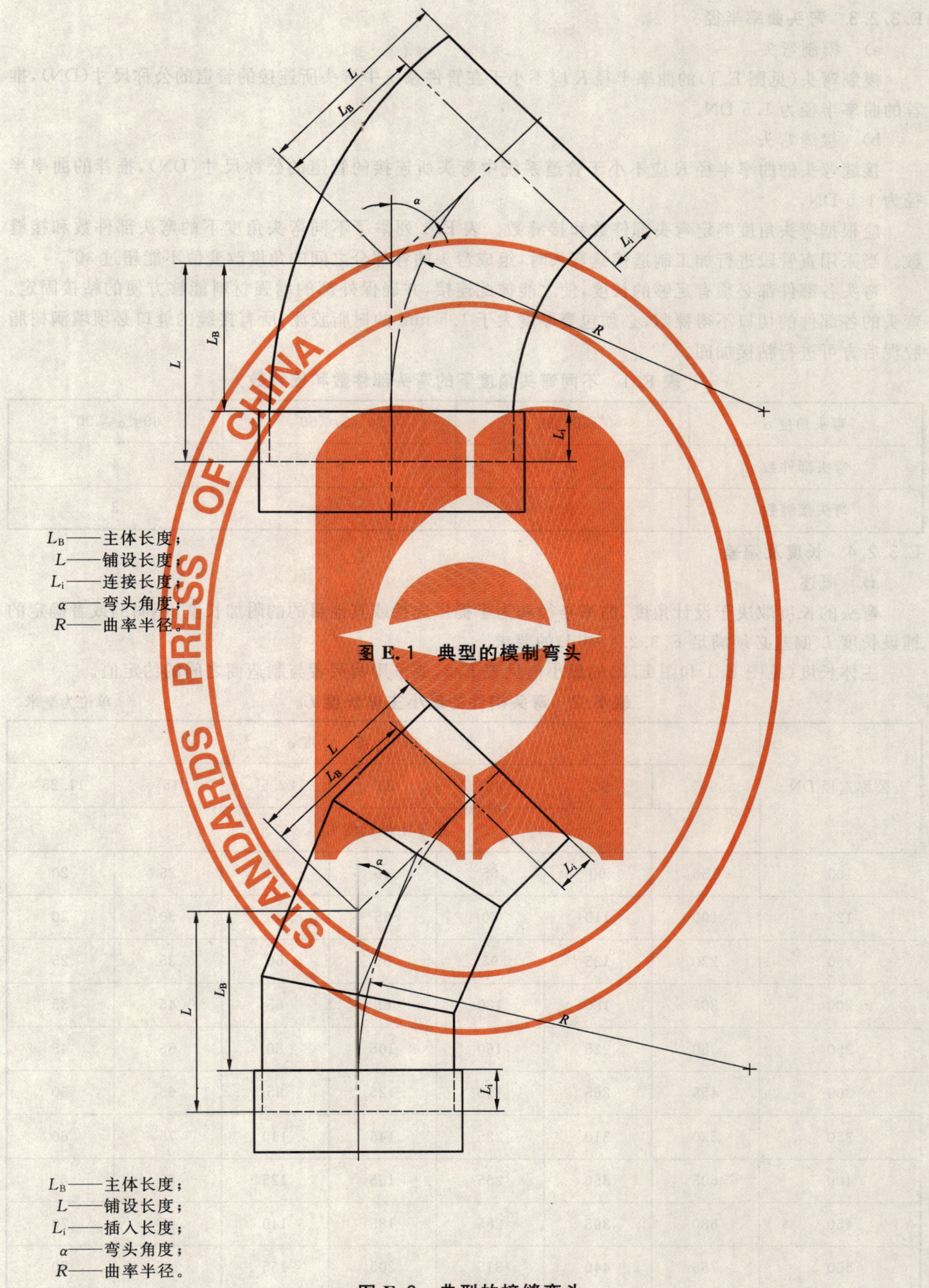

L_B——主体长度；
L——铺设长度；
L_i——连接长度；
α——弯头角度；
R——曲率半径。

图 E.1 典型的模制弯头

L_B——主体长度；
L——铺设长度；
L_i——插入长度；
α——弯头角度；
R——曲率半径。

图 E.2 典型的接缝弯头

E. 3. 2. 3 弯头曲率半径

a) 模制弯头

模制弯头(见图 E. 1)的曲率半径 R 应不小于在管件系统中弯头所连接的管道的公称尺寸(DN),推荐的曲率半径为 1. 5 DN。

b) 接缝弯头

接缝弯头的曲率半径 R 应不小于管道系统中弯头所连接的管道的公称尺寸(DN),推荐的曲率半径为 1. 5 DN。

应根据弯头角度确定弯头部件数和接缝数。表 E. 1 列举了不同弯头角度下的弯头部件数和接缝数。当采用直管段进行加工制造接缝弯头时,组成弯头的各部分之间的角度改变值不能超过 30°。

弯头各部件都必须有足够的长度,使之能彼此连接,并确保外部的增强材料能够方便的粘接固定。弯头的各部件的切口不得裸露,必须包裹厚度大于 1. 5 mm 的树脂胶泥;所有接缝的缝口必须填满树脂胶泥后方可进行粘接加固。

表 E. 1 不同弯头角度下的弯头部件数和接缝数

弯头角度 α	$0° < \alpha \leqslant 30°$	$30° < \alpha \leqslant 60°$	$60 < \alpha \leqslant 90°$
弯头部件数	2	3	4
弯头接缝数	1	2	3

E. 3. 2. 4 长度及偏差

a) 概述

弯头的长度取决于设计角度、曲率半径和为了提供连接或其他目的的附加长度,声明的或者确定的铺设长度 L 偏差必须满足 E. 3. 2. 4 中 d)的要求。

主体长度(见图 E. 1 和图 E. 2)的最小值见表 E. 2,或采用购买者与制造商之间的约定值。

表 E. 2 弯头构件的最小主体长度 L_B

单位为毫米

公称直径 DN	弯头角度 α						
	90°	60°	45°	30°	22. 5°	15°	11. 25°
	最小主体长度 L_B						
100	155	90	65	45	35	25	20
125	190	110	80	55	40	30	20
150	230	135	95	65	50	35	25
200	305	180	130	85	65	45	35
250	380	225	160	105	80	55	45
300	455	265	190	125	95	65	50
350	530	310	225	145	110	75	60
400	605	350	255	165	125	85	65
450	680	395	285	185	140	95	70
500	755	440	315	205	155	105	80

表 E.2(续)

单位为毫米

公称直径 DN	弯头角度 α						
	90°	60°	45°	30°	22.5°	15°	11.25°
	最小主体长度 L_B						
600	905	525	380	245	185	125	95
700	1 055	615	440	290	215	145	105
800	1 205	700	505	330	245	165	125
900	1 355	785	565	370	275	185	140
1 000	1 505	875	670	410	305	200	155

b) 铺设长度

弯头的铺设长度 L,起点是弯头的一个端面形心,如果有承口,则起点不包括插入长度;沿着弯头的这个端面的轴线方向,终点则是该轴线与弯头另一个端面轴线的交点。如果弯头另一端有插口,则铺设长度 L,等于主体长度 L_B 加上插入长度 L_i(见图 E.1 或图 E.2)。

c) 主体长度

弯头的主体长度 L_B 起点是弯头两端面的轴线的交点,终点为其中一条轴线的起点(即为弯头一端面的中心)的轴线长度,其长度等于铺设长度 L 减去连接长度 L_i:表 E2 提供的是最小长度,它们是由构件的几何尺寸决定的。在实际安装施工中,有可能需要进一步增加主体长度,以提供足够的长度用于斜接面和接头处的外部缠绕。

d) 铺设长度的误差

对于模制弯头,声明的铺设长度的允许偏差值为±25 mm,对于接缝弯头,声明的铺设长度的允许偏差值为±(15×弯头中接缝数)。

E.4 三通

E.4.1 三通的分类

E.4.1.1 概述

三通设计时应考虑公称尺寸、直径系列、压力等级、刚度等级、接头类型、三通角度、三通类型和管道类型。

E.4.1.2 公称尺寸(DN)

三通的公称尺寸(DN)是管道系统中三通所连接的直管的公称尺寸,并符合本标准表 1 或表 2 的要求。

E.4.1.3 三通角度

如图 E.3 所示,三通角度 α 为三通的轴线方向的改变值,对于压力管,α 取 90°。

注:α=90°的三通称为 T 形三通。

E.4.2 三通的尺寸及容许偏差

E.4.2.1 直径偏差

在插口位置的三通的直径的偏差应符合本标准表 1 或表 2 的要求。

E.4.2.2 角度允许偏差

三通角度的允许偏差,当采用法兰接头时,不得超过±0.5°;采用其他接头类型时,不得超过±1°。

E.4.2.3 长度及偏差

本标准中仅涉及 T 型三通的尺寸要求,其他型式三通由购买者与制造商之间协商确定。

E.4.2.3.1 模制 T 型三通

模制 T 型三通的主体长度不得小于表 E.3 所给出的最小值。

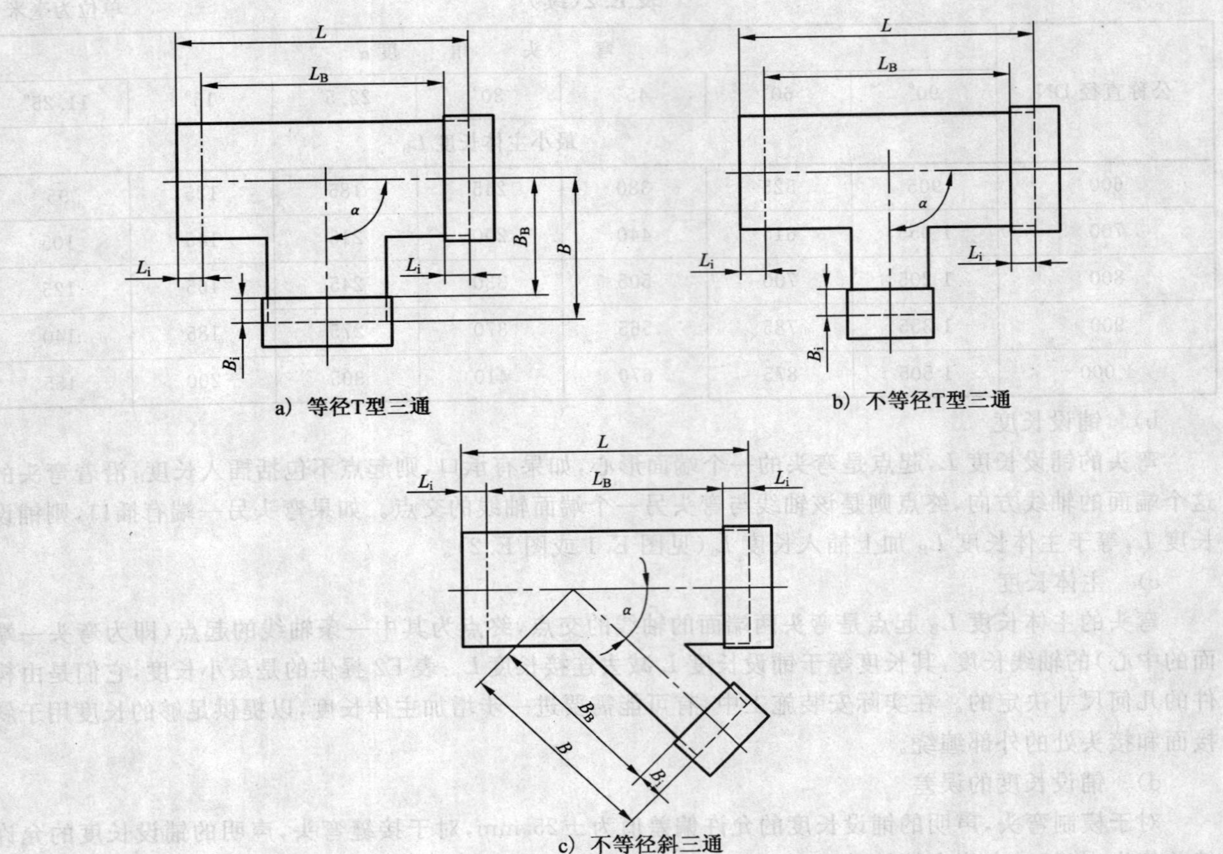

a) 等径T型三通

b) 不等径T型三通

c) 不等径斜三通

α——三通角度；

B——三通支管铺设长度；

B_B——三通支管长度；

B_i——三通支管连接长度；

L——三通主管铺设长度；

L_B——三通主管主体长度；

L_i——三通主管连接长度。

图 E.3 典型的三通

表 E.3 模制 T 型三通的最小主体长度 L_B

单位为毫米

公称直径 DN	L_B	公称直径 DN	L_B
100	200	450	650
125	220	500	700
150	290	600	800
200	360	700	900
250	430	800	1 000
300	510	900	1 120
350	540	1 000	1 220

E.4.2.3.2　装配 T 型三通

对装配 T 型三通，最小主体长度 L_B 应满足表 E.4 的要求。

表 E.4　装配 T 型三通的最小主体长度 L_B　　单位为毫米

公称直径 DN	L_B
DN≤250	750
250<DN≤600	1 250
600<DN≤1 000	1 750

E.4.2.3.3　支管长度

三通支管长度 B_B（见图 E.3）为三通支管的端面形心（如有承口，插入深度不包括在内）到三通主管轴线与支管轴线交点的长度。T 型三通的支管长度 B_B，应取为主体长度的 50%。

E.4.2.3.4　铺设长度

对于包含一个插口和一个承口的三通其主管的铺设长度 L，等于主体长度 L_B 加上插口处的插入长度（见图 E.3）；对于双插口的三通，其主管的铺设长度 L 等于主体长度 L_B 加上两倍的插于深度 L_i。

E.4.2.3.5　长度的允许偏差

a）　刚性接头的三通

刚性接头的三通，主体长度和支管长度的允许偏差在表 E.5 中给出。

表 E.5　带刚性接头的三通的长度的允许偏差　　单位为毫米

公称尺寸 DN	允许偏差
100≤DN<300	±1.5
300≤DN<600	±2.5
600≤DN≤1 000	±4.0

b）　柔性接头的三通

柔性接头的三通，主体长度和支管长度的允许偏差为±25 mm 和铺设长度的±1%中较大者。

E.5　变径管

E.5.1　变径管的分类

E.5.1.1　概述

变径管设计时应考虑公称尺寸、直径系列、压力等级、刚度等级、接头类型、变径管类型和管道类型。

E.5.1.2　公称尺寸（DN）

变径管的公称尺寸 DN_1 和 DN_2，应与其所连接的直管的公称尺寸相同，并符合本标准表 1 或表 2 的要求。

E.5.1.3　变径管的类型

变径管包括同心变径管和偏心变径管（见图 E.4）。

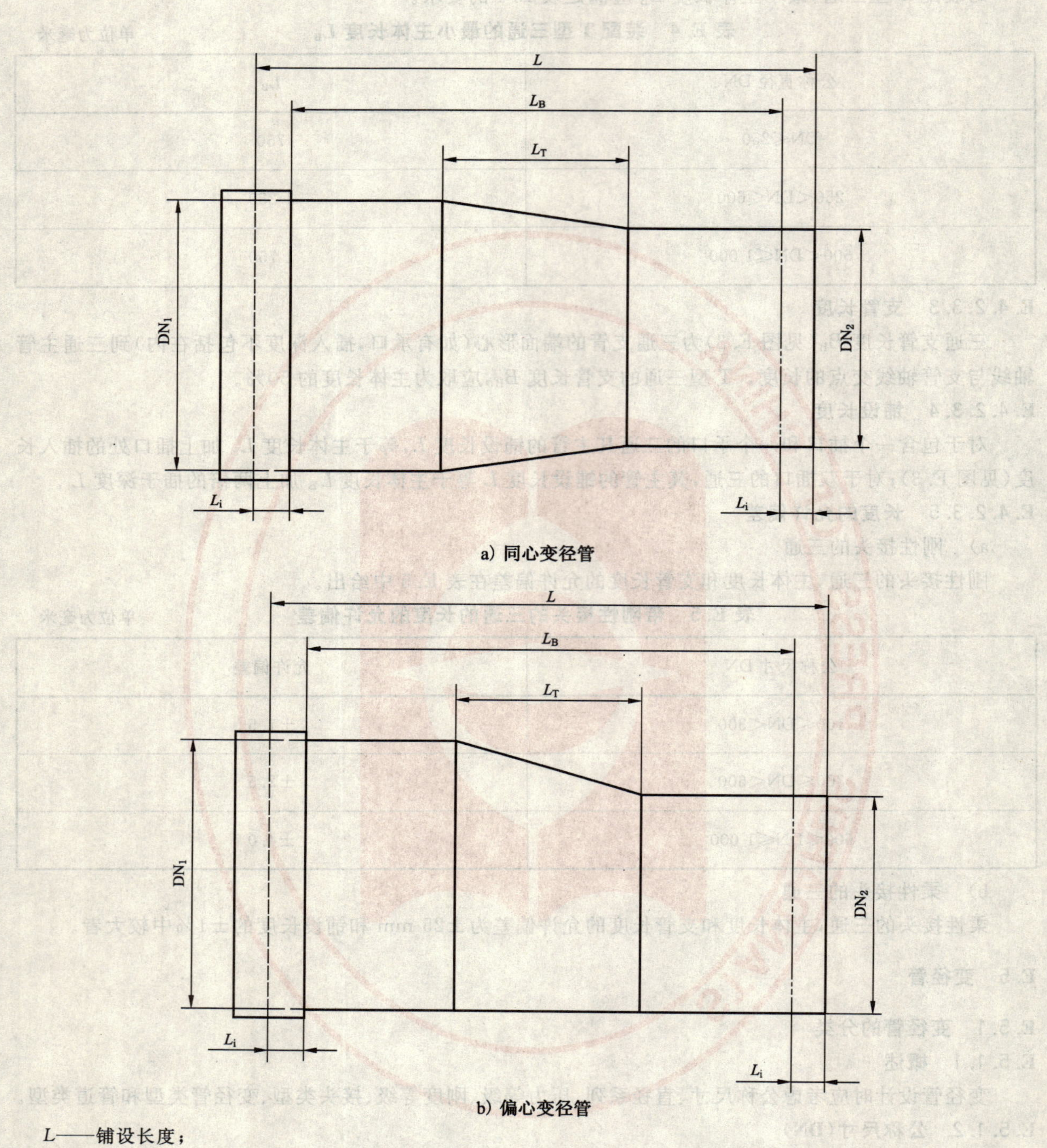

a) 同心变径管

b) 偏心变径管

L——铺设长度；

L_B——主体长度；

L_T——渐缩段长度；

L_i——插口插入深度；

DN_1——大头公称尺寸；

DN_2——小头公称尺寸。

图 E.4 同心和偏心变径管

E.5.2 变径管的尺寸及容许偏差

E.5.2.1 直径的容许偏差

变径管在插口处直径的容许偏差应符合本标准表1或表2中的要求。

E.5.2.2 管壁厚度

E.5.2.2.1 除非满足E.5.2.2.2所给出的要求，变径管的变径段的管壁厚度应不小于下列各值中的较大者：

a) 径大的一端(见图E.4的DN_1)直管部分的管壁厚度，不同公称直径(DN)对应的管壁厚度在表E.6中给出。

b) 用式(E.1)确定的最小管壁厚度。

$$e_{min}=6\times\frac{Pd_i}{2\sigma_t} \quad \cdots\cdots (E.1)$$

式中：

e_{min}——变径段的最小管壁厚度，单位为毫米(mm)；

6——安全系数；

P——压力等级值，单位为兆帕(MPa)；

d_i——直径大的一端直管段(DN_1，见图E.4)的内直径，单位为毫米(mm)；

σ_t——变径段的初始环向拉伸强度，单位为兆帕(MPa)。

E.5.2.2.2 如果制造商使用的值小于E.5.2.2.1所给出的管壁厚度值，那么他必须证明该层合板的初始环向拉伸强度大于80 MPa。

E.5.2.3 长度及偏差

E.5.2.3.1 概述

图E.4中的长度L,L_B和L_T由制造者给出，并符合E.5.2.3.5所给出的容许偏差要求。

E.5.2.3.2 铺设长度

变径管的铺设长度视作总长度，不包括承口端的插口插入深度。

E.5.2.3.3 主体长度

变径管的主体长度L_B，等于铺设长度L减去2倍的插口插入深度L_i。

表E.6 变径管的最小管壁厚度

单位为毫米

公称直径DN	最小管壁厚度
300或更小	2.8
350	3.3
400	3.8
450	4.2
500	4.7
600	5.6
700	6.6
800	7.5
900	8.4
1 000	9.4
1 100	10.4
1 200	11.3

表 E.6(续)

单位为毫米

公称直径 DN	最小管壁厚度
1 300	12.2
1 400	13.1
1 500	14.1
1 600	15.0
1 700	15.9
1 800	16.9
1 900	17.8
2 000	18.8
2 100	19.7
2 200	20.6
2 300	21.6
2 400	22.5
2 500	23.4
2 600	24.4
2 700	25.3
2 800	26.3
2 900	27.2
3 000	28.1

注 1：以上的最小管壁厚度适用于压力等级不超过 0.25 MPa 的情况。如果压力超过 0.25 MPa，使用公式(E.1)确定最小管壁厚度。

注 2：以上的厚度均假设初始环向抗拉强度 σ_t 为 80 MPa。

注 3：以上的厚度并不能确保设计所需要的刚度。

E.5.2.3.4　变径段的长度

变径段的长度 L_T(见图 E.4)，不得小于 1.5×(DN_1—DN_2)。

注：由于水压性能方面的原因，无压偏心变径管的 L_T 比同种条件下的同心变径管小一些是可行的。

E.5.2.3.5　铺设长度的容许偏差

1)　刚性接头的变径管

对于变径管，铺设长度 L 的允许偏差，不得大于表 E.5 中所给出的三通的铺设长度容许偏差。

2)　柔性接头的变径管

变径管中铺设长度的容许偏差，为±50 mm 或者±1%L 中的较大者。

E.6　鞍形三通

E.6.1　鞍形三通的分类

E.6.1.1　概述

鞍形三通设计时应考虑公称尺寸、直径系列、压力等级、接头类型、管件的角度和管道类型。

E.6.1.2　公称尺寸(DN)

鞍形三通的公称尺寸，由 2 个公称尺寸合在一起组成，一个是在管线上起连接作用的主管的公称尺寸，另一个则是支管的公称尺寸。鞍形三通的公称尺寸应符合本标准表 1 或表 2 的要求。

注：DN 600/150 是鞍形管件的尺寸，其中 DN 150 为支管的尺寸，DN 600 则为主管的尺寸。

E.6.1.3 鞍形三通角度

鞍形三通角度 α，是鞍形三通主管和支管轴线的夹角(见图 E.5)。

E.6.2 鞍形三通的尺寸及容许偏差

E.6.2.1 直径的容许偏差

三通在插口位置直径的容许偏差，应符合表 1 或表 2 的要求。

E.6.2.2 长度

三通长度 L_B，取决于管件角度 α 和为提供连接或其他目的所需的长度。三通长度 L_B 通常不小于 300 mm，或根据供需双方协商确定。

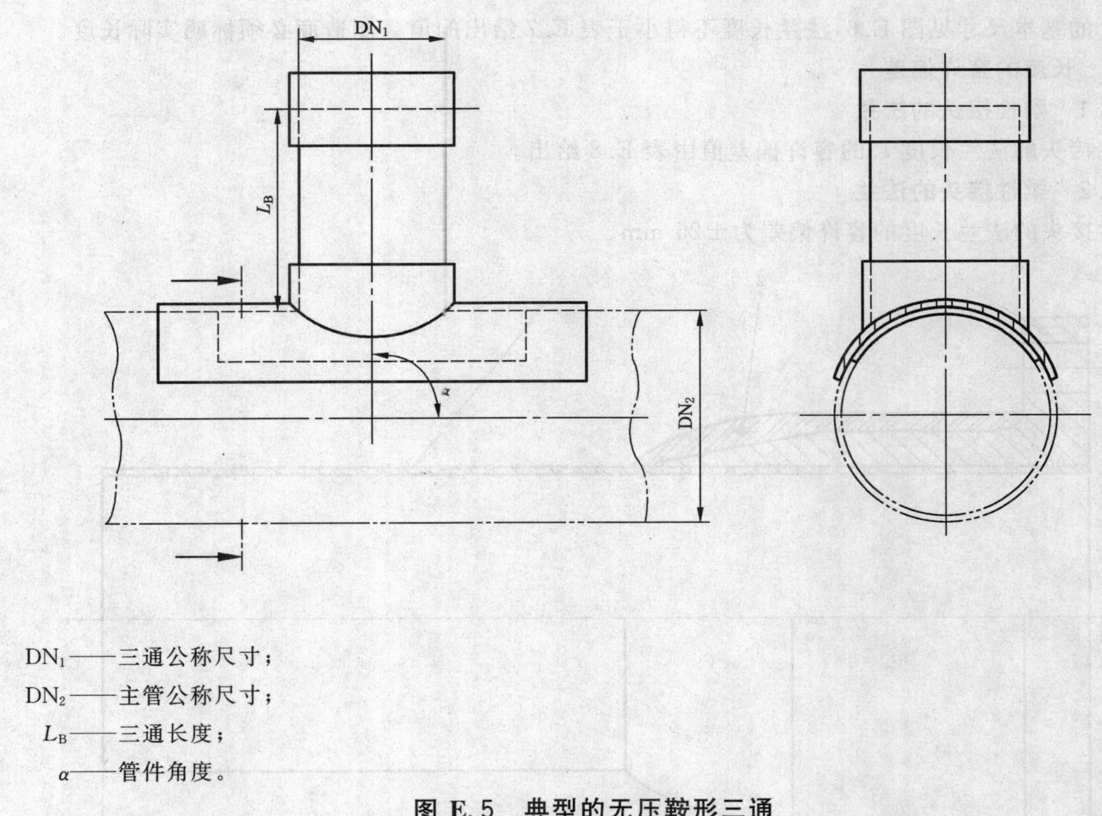

DN_1——三通公称尺寸；
DN_2——主管公称尺寸；
L_B——三通长度；
α——管件角度。

图 E.5 典型的无压鞍形三通

E.7 法兰

E.7.1 法兰的分类

E.7.1.1 概述

法兰设计时应考虑公称尺寸、直径系列、压力等级、刚度等级、接头类型、法兰钻孔和管道类型。

E.7.1.2 公称尺寸(DN)

法兰的公称尺寸(DN)是管道系统中法兰所连接的直管的公称尺寸，并符合本标准表 1 或表 2 的要求。

E.7.1.3 法兰设计

法兰须根据购买者的要求，对例如螺栓位置，螺栓孔直径，平的或者凸的端面，法兰外径，以及垫圈直径等进行设计。

接头制造者应提供全部的信息，包括法兰、垫圈、螺栓拧紧扭矩、螺栓润滑剂的类型，以及螺栓扭紧次序。

E.7.2 法兰尺寸以及容许偏差

E.7.2.1 直径的容许偏差

法兰直径的容许偏差，应符合本标准表1或表2的偏差要求。

E.7.2.2 管壁厚度

制造法兰的管的最小管壁厚度，不得小于与其所连接的管道的最小厚度。在粘接补强部分的壁厚以及法兰根部厚度要依据压力等级增加厚度，且不得小于管壁的2倍。

E.7.2.3 法兰盘的厚度

制造商须标明满足长期使用要求的法兰盘的实际厚度。

注：法兰盘必须采用树脂、无碱玻璃纤维毡和无碱玻璃纤维布交替进行制作，不能含有夹砂层，与其同炉的标准试样的拉伸强度应不小于100 MPa。

E.7.2.4 基本尺寸

法兰的基本尺寸见图E.6，法兰长度不得小于表E.7给出的值。制造商必须标明实际长度。

E.7.2.5 长度的容许偏差

E.7.2.5.1 刚性接头的法兰

刚性接头的法兰长度 L 的容许偏差值由表E.8给出。

E.7.2.5.2 柔性接头的法兰

柔性接头的法兰长度的容许偏差为±25 mm。

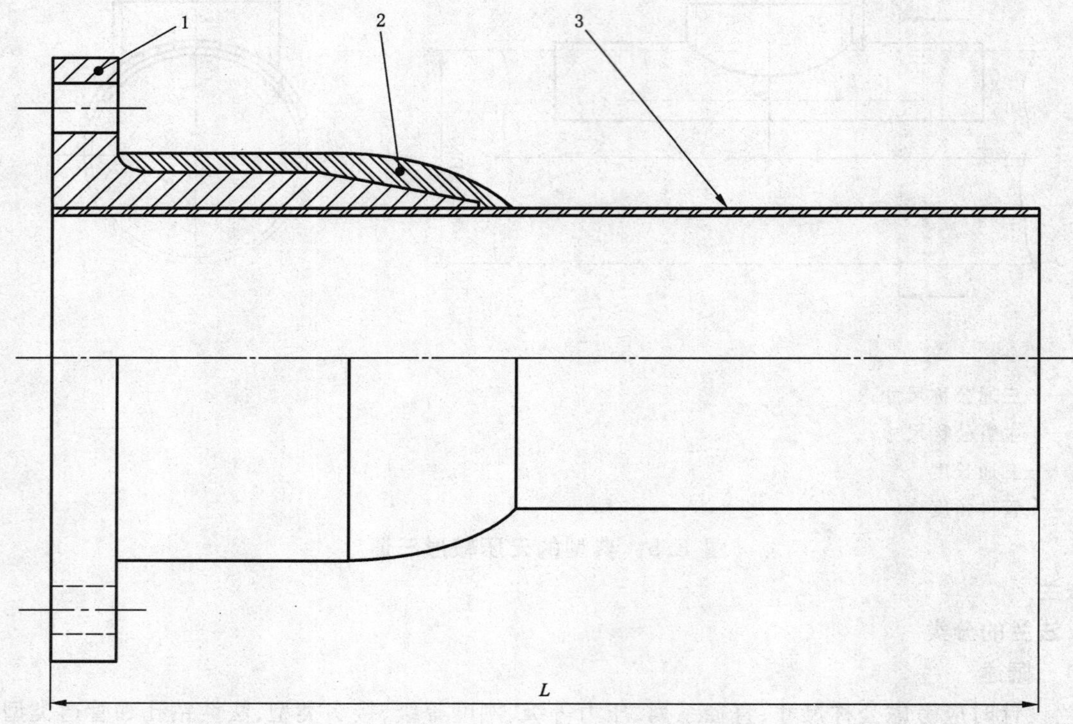

1——法兰；

2——GRP外缠绕；

3——插口；

L——连接器长度。

图 E.6 法兰连接

表 E.7 法兰基本尺寸

单位为毫米

公称直径 DN	法兰长度 L
100	100
125	150
150	150
200	200
250	200
300	250
350	250
400	300
450	300
500	350
600	350
700	400
800	400
900	450
1 000	500

表 E.8 刚性连接法兰长度的容许偏差值

单位为毫米

公称直径 DN	法兰长度的容许偏差值
DN≤400	±2
400＜DN≤600	±5
600＜DN	±10

ICS 83.120
Q 23

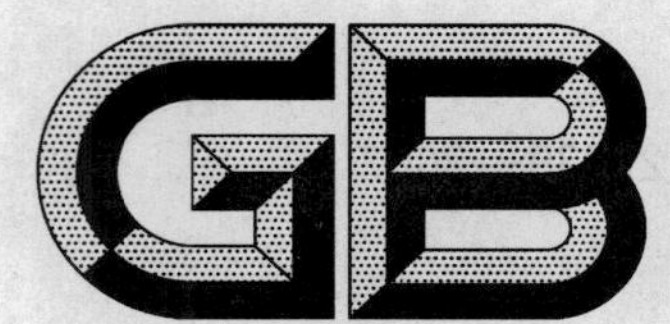

中华人民共和国国家标准

GB/T 21239—2007

纤维增强塑料层合板冲击后压缩性能试验方法

Test method for compression after impact properties of fiber reinforced plastic laminates

2007-10-21 发布 2008-04-01 实施

中华人民共和国国家质量监督检验检疫总局
中国国家标准化管理委员会 发布

前　言

本标准参考了 ASTM D 7136M—05《纤维增强聚合物基复合材料对落锤冲击的损伤阻抗试验方法》和 ASTM D 7137M—05《含损伤聚合物基复合材料层合板压缩剩余强度性能试验方法》。

本标准的附录 A 和附录 B 为资料性附录。

本标准由中国建筑材料工业协会提出。

本标准由全国纤维增强塑料标准化技术委员会归口。

本标准由中国航空工业第一集团公司北京航空材料研究院、北京航空航天大学、中国飞机强度研究所、北京航空工艺研究所和哈尔滨玻璃钢研究院共同起草。

本标准主要起草人：许凤和、陈新文、李晓骏、冠长河、沈真、王立平、李建国。

本标准为首次发布。

纤维增强塑料层合板
冲击后压缩性能试验方法

1 范围

本标准规定了纤维增强塑料层合板冲击后压缩性能试验的方法原理、试样、试验条件、试验设备、试验步骤、结果计算和试验报告。

本标准适用于测定具有多个纤维方向，且纤维方向相对试验方向均衡对称的连续纤维增强塑料层合板的冲击后压缩强度。

2 规范性引用文件

下列文件中的条款通过本标准的引用而成为本标准的条款。凡是注日期的引用文件，其随后所有的修改单(不包括勘误的内容)或修订版不适用于本标准，然而，鼓励根据本标准达成协议的各方研究是否使用这些文件的最新版本。凡是不注日期的引用文件，其最新版本适用于本标准。

GB/T 1446 纤维增强塑料性能试验方法总则

GB/T 3961 纤维增强塑料术语

3 术语、定义和符号

3.1 术语和定义

GB/T 3961 中确立的以及下列术语和定义适用于本标准。

3.1.1

固化后单层名义厚度 nominal cured ply thickness

固化后单层名义厚度是通过计算得到的复合材料层合板的单层厚度，数值上等于纤维材料面密度除以纤维材料体积密度和纤维体积含量之积。

3.2 符号

下列符号适用于本标准。

i、j、k——复合材料层合板中某一单层重复连续铺贴的次数；

n——复合材料层合板铺设对称面一侧子层合板重复铺贴的次数；

S——对称层合板，复合材料子层合板重复铺贴 n 次后，再进行对称铺贴。

4 方法原理

矩形试样沿厚度方向在试样中心受到一定能量的冲击后，对试样沿长度方向施加压缩载荷，直到试样失效。

5 试样

5.1 试样形状及尺寸

试样形状及长度、宽度尺寸见图 1。除非另有规定，试样长度、宽度尺寸公差为±0.25 mm。

单位为毫米

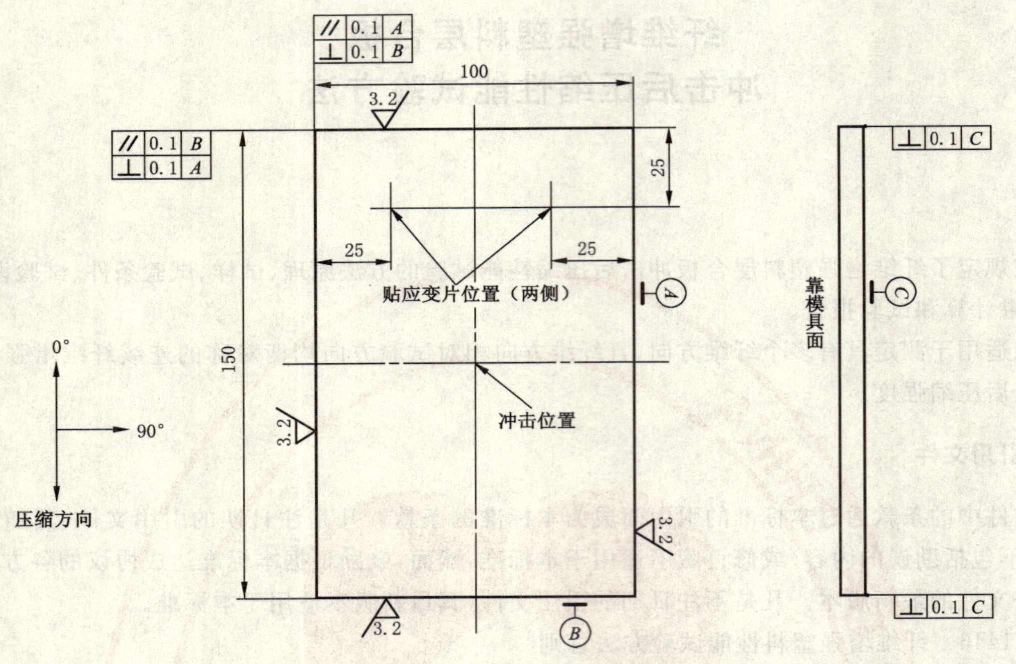

图 1　冲击后压缩试样

5.2　试样厚度

试样厚度为 4.0 mm～6.0 mm，尽可能使试样厚度接近 5.0 mm。

5.3　层合板的铺层方式

5.3.1　单向层合板

铺层顺序为$[45/0/-45/90]_{nS}$，其中 n 为整数。如果预计的厚度值小于 4.0 mm，则 n 值应变为 $n+1$。针对不同的固化后单层名义厚度推荐了层合板的铺层方式，见表 1。层合板的 0°纤维方向与试样长度方向相一致。

表 1　对不同的固化后单层名义厚度推荐的单向预浸带层合板铺层方式

固化后单层名义厚度/mm		层　数	铺　层
最　小　值	最　大　值		
0.085	0.10	48	$[45/0/-45/90]_{6S}$
0.10	0.13	40	$[45/0/-45/90]_{5S}$
0.13	0.18	32	$[45/0/-45/90]_{4S}$
0.18	0.25	24	$[45/0/-45/90]_{3S}$
0.25	0.50	16	$[45/0/-45/90]_{2S}$
0.50	0.75	8	$[45/0/-45/90]_{S}$

5.3.2　机织物层合板

铺层顺序则为$[(45/-45)/(0/90)]_{nS}$，其中 n 为整数。如果预计的厚度小于 4.0 mm，则 n 值应变为 $n+1$。记号(45/－45)和(0/90)表示机织物单层。除非另有规定，含缎纹织物的层合板应具有对称的经向切面。针对不同的固化后单层名义厚度推荐了层合板的铺层方式，见表 2。层合板的 0°纤维方向与试样长度方向相一致。

表 2 对不同的固化后单层名义厚度推荐的机织物预浸带层合板铺层方式

固化后单层名义厚度/mm		层 数	铺 层
最 小 值	最 大 值		
0.085	0.10	48	$[(45/-45)/(0/90)]_{12S}$
0.10	0.13	40	$[(45/-45)/(0/90)]_{10S}$
0.13	0.15	32	$[(45/-45)/(0/90)]_{8S}$
0.15	0.18	28	$[(45/-45)/(0/90)]_{7S}$
0.18	0.20	24	$[(45/-45)/(0/90)]_{6S}$
0.20	0.25	20	$[(45/-45)/(0/90)]_{5S}$
0.25	0.36	16	$[(45/-45)/(0/90)]_{4S}$
0.36	0.50	12	$[(45/-45)/(0/90)]_{3S}$
0.50	1.00	8	$[(45/-45)/(0/90)]_{2S}$
1.00	1.50	4	$[(45/-45)/(0/90)]_{S}$

5.3.3 其他铺层方式

层合板应有多个纤维方向(对单层为单向纤维的层合板纤维方向至少为 3 个,对织物层合板至少 2 个铺层方向),它们相对试验方向是均衡对称的。通常铺层方式应选择$[45_i/0_i/-45_j/90_k]_{nS}$单向层合板或$[45_i/0_j]_{nS}$织物层合板,使得纤维在 4 个主方向上每个方向的分布不少于 5%。

5.4 试样制备

按照 GB/T 1446 的规定进行。

5.5 试样数量

每组有效试样应不少于 5 个。

6 试验条件

6.1 试验标准环境条件应符合 GB/T 1446 的规定。

6.2 冲击能量按照公式(1)进行计算。

$$E = C_E \cdot h \qquad (1)$$

式中:

E——冲击能量,单位为焦耳(J);

C_E——规定的冲击能量与试样厚度的比,取 6.7 J/mm;

h——试样厚度,单位为毫米(mm)。

6.3 压缩加载速度为 1.25 mm/min±0.5 mm/min。

7 试验设备

7.1 落锤冲击试验装置

7.1.1 落锤总质量为 5.5 kg±0.25 kg,应带有直径为 16 mm±0.1 mm、硬度为 60 HRC～62 HRC 的半球形光滑冲击头。如果试验使用了不同的冲击头,则应记录其形状、尺寸和质量。

7.1.2 落锤冲击头应有导向装置,冲击点的重复性偏差应不大于 3 mm。

7.1.3 试验装置应有防止二次冲击的装置。如果没有防二次冲击的装置,可以通过在冲击头离开试样表面反弹后,用一片刚性材料(木头、金属等)插到冲击头和试样之间,以防止二次冲击。

7.1.4 落锤高度可调,高度标尺精度为 0.5 mm。

7.2 材料试验机

7.2.1 试验机和测试仪表

试验机和测试仪表应符合 GB/T 1446 的规定。

7.2.2 冲击试验支撑夹具

冲击试验支撑夹具上下表面的平行度应能够保证试样在受冲击位置水平放置，导向销必须保证试样中心受到冲击，铰接夹及其橡皮头在试样受到冲击过程中能够压紧试样。冲击试验支撑夹具参见附录 A。

7.2.3 冲击后压缩试验夹具

冲击后压缩试验夹具应有足够的刚度和尺寸精度，以保证试样均匀受压，并且不会发生屈曲。冲击后压缩试验夹具参见附录 B。

8 试验步骤

8.1 按照 GB/T 1446 的规定检查试样外观。

8.2 按照 GB/T 1446 的规定对试样进行状态调节。

8.3 测量试样中心点(冲击点)四周四点的厚度，取平均值；在试样中心线测量试样的宽度。测量精度按照 GB/T 1446 的规定。

8.4 计算对试样中心施加的冲击能量，将试样放在冲击试验支撑夹具上，使冲头对准试样中心，试样四个角压头处垫上硬橡胶并固紧。冲击高度按照公式(2)进行计算，根据计算的冲击高度对试样进行冲击。

$$H=\frac{E}{m\cdot g} \qquad \cdots\cdots(2)$$

式中：

H——冲击高度，单位为米(m)；

E——冲击能量，单位为焦耳(J)；

m——试样质量，单位为千克(kg)；

g——重力加速度，取 9.81 m/s^2。

8.5 测量并记录冲击表面和背面损伤状况，包括冲击坑尺寸和背面的裂纹形状、尺寸。若需要可用无损检测方法测量和记录分层面积。

8.6 按照图 1 所示背对背粘贴轴向应变片。

8.7 将试样安装在压缩试验夹具中，施加初载，检查四个应变片的应变值，调整夹具，以保证轴向应力传递均匀。每个背靠背应变计的位置在施加最大力时的弯曲百分数按照公式(3)确定。

$$B_Y=\frac{\varepsilon_1-\varepsilon_2}{\varepsilon_1+\varepsilon_2}\times 100 \qquad \cdots\cdots(3)$$

式中：

B_Y——弯曲百分数，%；

ε_1——一个面上两个应变计的指示应变的平均值；

ε_2——背面两个应变计的指示应变的平均值。

注：弯曲百分数的正负号表明了试样弯曲的方向。试样两表面应变计读数快速偏离或弯曲百分数迅速增大预示了层合板开始失稳，如果出现其中任何一种情况，或施加最大载荷时的弯曲百分数超过 10%，则要检查夹具、试样和加载平台，以找出可能引发试样弯曲的情况。如存在间隙、紧固件松动或平台不对中，应松开夹具螺栓，调节侧板和滑动板及平台，以尽可能减小层合板在压缩载荷下的弯曲。

8.8 按照规定的速率对试样加载直至达到最大值，在载荷下降约 30% 的最大载荷时终止试验，以防止真实的破坏模式被大范围的畸变所遮蔽，同时也防止损坏支持夹具。记录试验过程中的时间、位移(应变)、载荷等数值。

9 结果计算

9.1 冲击后压缩强度按照公式(4)计算。

$$\sigma_{CAI}=P/bh \qquad (4)$$

式中：

σ_{CAI}——冲击后压缩强度，单位为兆帕(MPa)；

P——最大压缩载荷，单位为牛顿(N)；

b——试样宽度，单位为毫米(mm)；

h——试样厚度，单位为毫米(mm)。

9.2 按照 GB/T 1446 的规定计算平均值、标准差和离散系数。

10 试验报告

试验报告应包括下列内容：

a) 试验项目和名称；

b) 材料牌号、规格、铺层方式和纤维体积含量；

c) 材料来源；

d) 试样编号、尺寸和数量；

e) 试验温度和相对湿度；

f) 试验设备；

g) 冲击头尺寸和质量、冲击能量；

h) 试验结果单个值、平均值和标准差；

i) 试验人员和日期；

j) 其他。

附 录 A
（资料性附录）
冲击试验支撑夹具

A.1 冲击试验支撑夹具

冲击试验支撑夹具见图 A.1。

单位为毫米

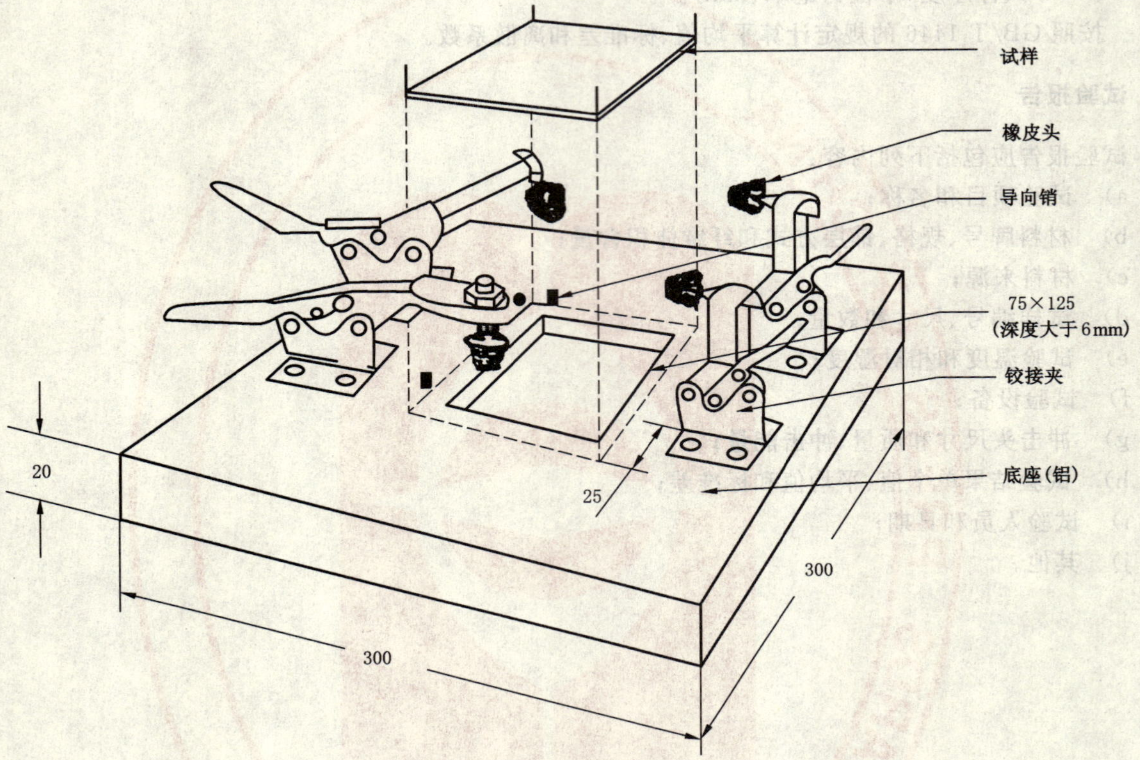

图 A.1 冲击试验支撑夹具

附 录 B
（资料性附录）
冲击后压缩试验夹具

B.1 冲击后压缩试验夹具简图，见图 B.1 所示。

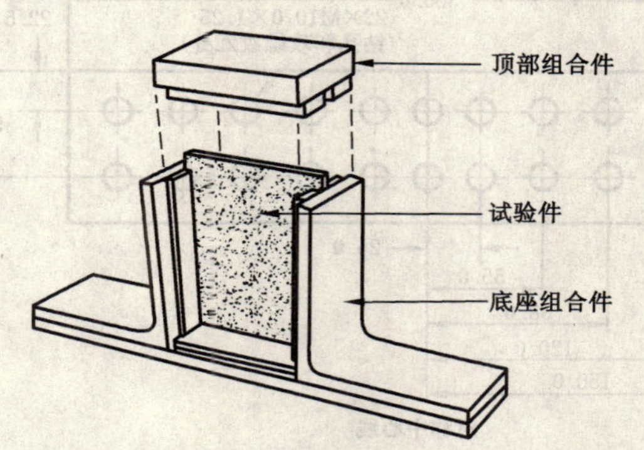

图 B.1 装有试件的冲击后压缩试验夹具简图

B.2 底座组合件（含角板），见图 B.2 所示。

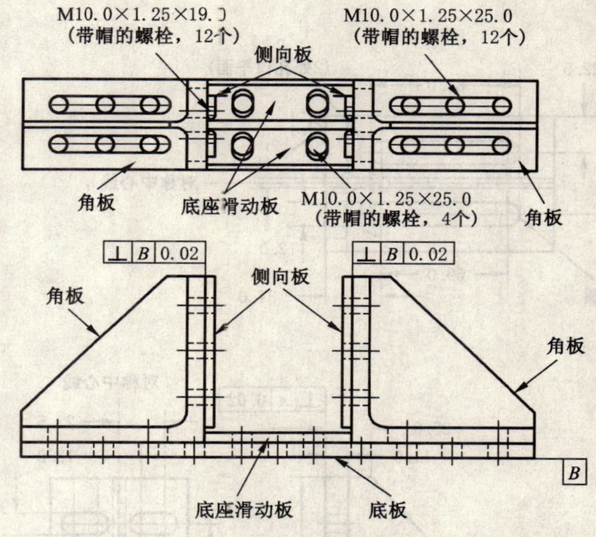

图 B.2 底座组合件（含角板）

B.3 顶部组合件，见图 B.3 所示。

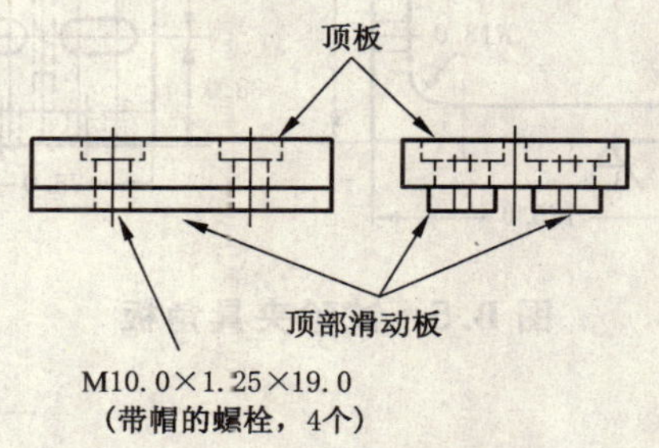

图 B.3 顶部组合件

B.4 组合图分解后包括：底板(见图 B.4 所示)、角板(见图 B.5 所示)、侧向板和底座滑动板(见图 B.6 所示)、顶板和顶部滑动板(见图 B.7 所示)。

单位为毫米

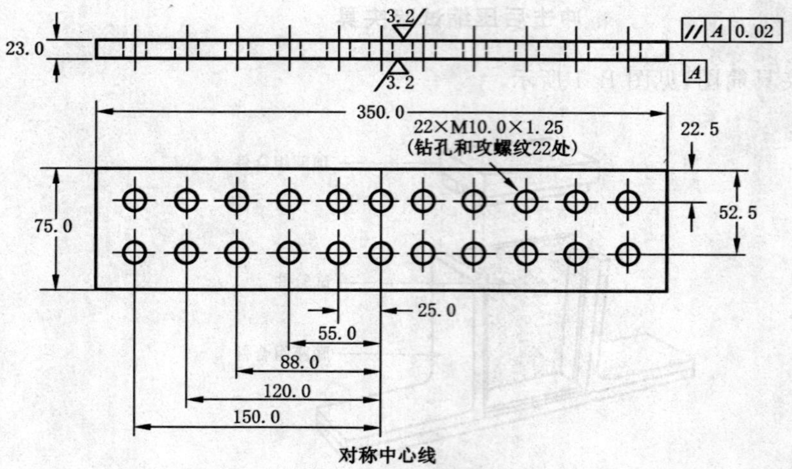

图 B.4 试验夹具底板

单位为毫米

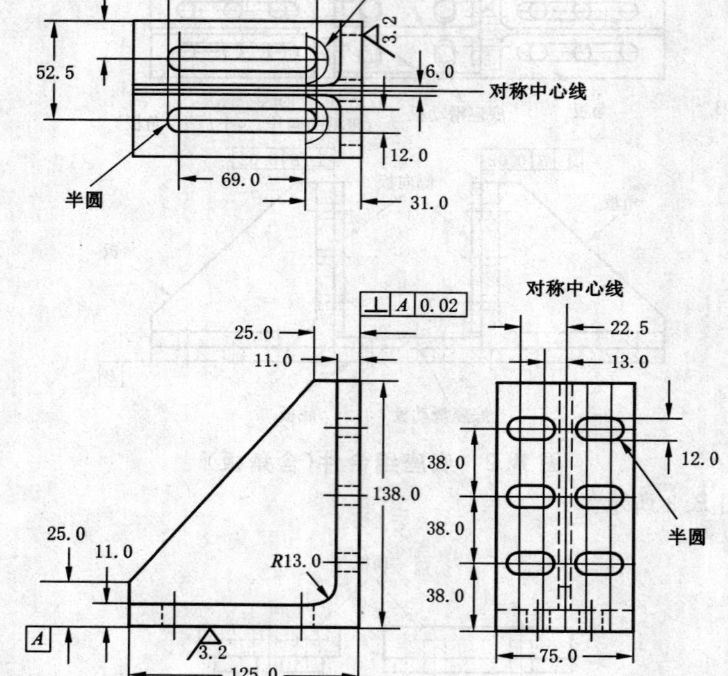

图 B.5 试验夹具角板

单位为毫米

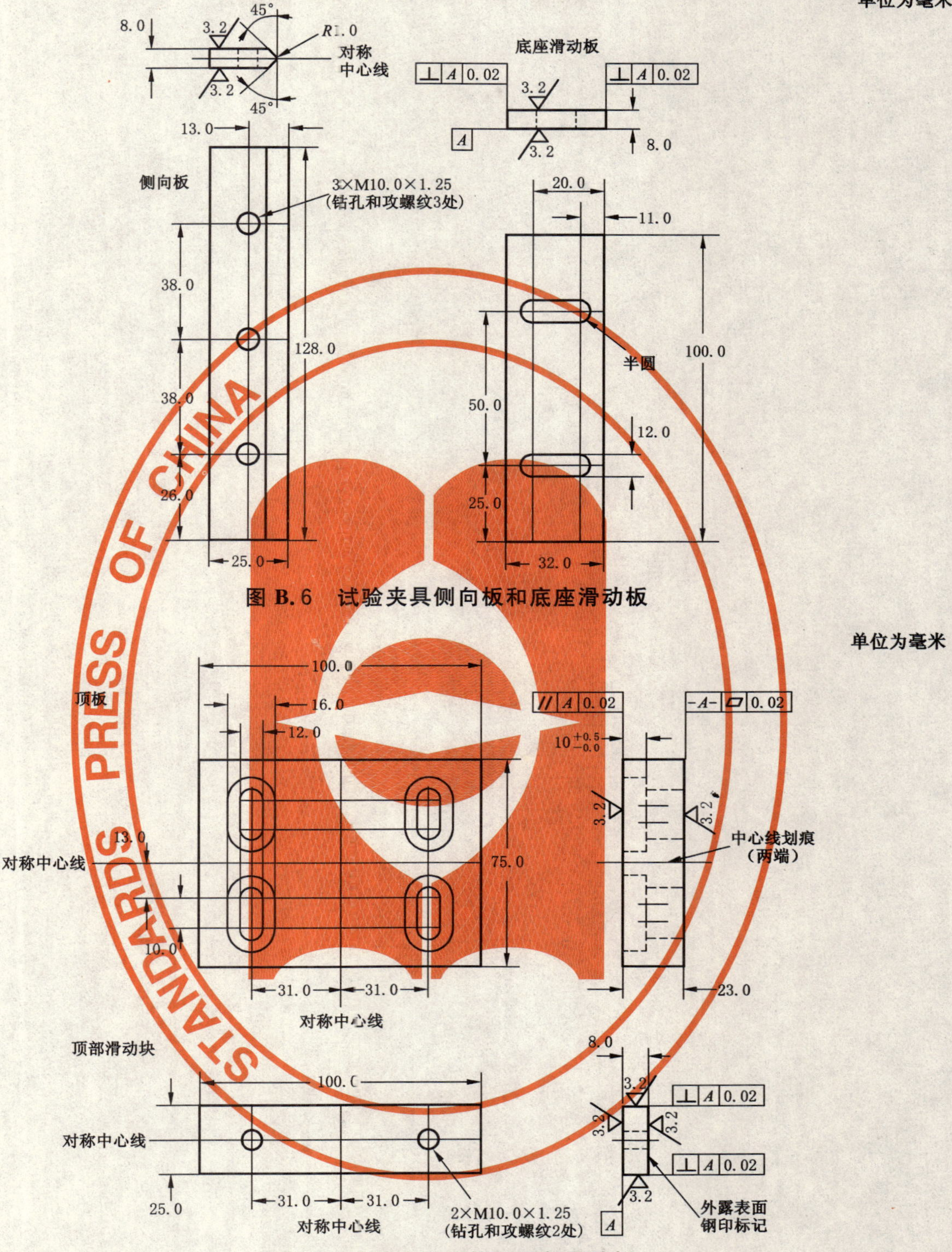

图 B.6 试验夹具侧向板和底座滑动板

单位为毫米

图 B.7 试验夹具顶板和顶部滑动板

除图中有标注外,试验夹具加工应按照以下规定:长度尺寸公差为±0.5 mm,角度公差为±0.5°;所有尖角倒圆;角板为可选件,但推荐使用。